Multisim 和 LabVIEW 电路与虚拟仪器设计技术

(第 2 版)

周润景　托　亚　王　亮　编著

北京航空航天大学出版社

内容简介

本书结合大量的实例由浅入深地介绍了利用 Multisim 12.0 软件进行电路设计仿真的方法和技巧，并对音频功率放大器、正负电压跟随可调直流稳压源、数字骰子、模拟乘法器 4 个综合设计进行了详细分析。还详细地介绍了如何利用 Multisim 12.0 和 LabVIEW2012 两个软件对系统进行联合仿真，并通过几个传感器测量系统的设计，说明了将 LabVIEW 虚拟仪器加入 Multisim 仿真电路中和将 Multisim 导入 LabVIEW 虚拟仪器中不仅可以方便扩展系统的功能，还可提高整个系统的设计效率。所有电路都通过实际的验证，且附有习题和参考题。

和第 1 版相比，书中的内容使用了 Multisim 12.0 和 LabVIEW2012 最新版软件，更新了 5～8 章的内容，第 9 章以后增加了 Multisim 和 LabVIEW 交互调用联合仿真的新方法。

本书可供电子设计人员参考，也可作为高等院校电子、自动化类专业的教材。

图书在版编目(CIP)数据

Multisim 和 LabVIEW 电路与虚拟仪器设计技术 / 周润景，托亚，王亮编著. -- 2 版. -- 北京 ：北京航空航天大学出版社，2014.9

ISBN 978-7-5124-1576-8

Ⅰ. ①M… Ⅱ. ①周… ②托… ③王… Ⅲ. ①电子电路—计算机仿真—应用软件②软件工具—程序设计 Ⅳ. ①TN702②TP311.56

中国版本图书馆 CIP 数据核字(2014)第 200545 号

Multisim 和 LabVIEW 电路与虚拟仪器设计技术
(第 2 版)

周润景　托　亚　王　亮　编著
责任编辑　何　献　王国兴　叶建曾

*

北京航空航天大学出版社出版发行
北京市海淀区学院路 37 号(邮编 100191)　http://www.buaapress.com.cn
发行部电话：(010)82317024　传真：(010)82328026
读者信箱：emsbook@gmail.com　邮购电话：(010)82316524
涿州市新华印刷有限公司印装　各地书店经销

*

开本：710×1 000　1/16　印张：26.5　字数：565 千字
2014 年 9 月第 2 版　2014 年 9 月第 1 次印刷　印数：3 000 册
ISBN 978-7-5124-1576-8　定价：54.00 元

第 2 版前言

Multisim 软件以其界面形象直观、操作方便、分析功能强大、易学易用等突出优点，深受广大电子设计工作者的喜爱，特别是在许多院校，已将 Multisim 软件作为电子类课程和实验的重要辅助工具。Multisim 12.0 是 Multisim 软件的最新版本，不仅具有强大的交互式 SPICE 仿真和电路分析功能，而且集成了 LabVIEW 虚拟仪器，可在电路设计分析中调用自定义的 LabVIEW 虚拟仪器以完成数据的获取和分析。该功能应用于工程设计，可提高设计效率，减少设计系统开发时间。

和第 1 版相比，书中的内容使用了 Multisim 12.0 和 LabVIEW2012 最新版软件，增加了 5～8 章新的内容，第 9 章以后增加了 Multisim 和 LabVIEW 交互调用联合仿真的新方法和内容。

本书通过大量的综合设计实例，不仅可使读者熟悉 Multisim 12.0 主要功能的使用方法，而且可加深读者对这些设计电路与系统的理解与掌握，提高理论与实践的能力。LabVIEW 虚拟仪器编程灵活方便，可方便用户对 Multisim 仿真电路的输出数据进行自定义分析，拓展了一些设计的功能。

本书共分为 13 章，第 1 章是 Multisim 软件的入门篇，主要介绍了软件的基本界面和基本操作；第 2 章介绍了 Multisim 12.0 的一些高级功能，如元件模型的编辑、层次化电路的设计和电路设计向导等；第 3 章对 Multisim 12.0 中的元件库和各类仪表进行了介绍；第 4 章通过实例说明了 Multisim 中各仿真方法的相关原理和使用设置方法；第 5～8 章是 4 个基于模拟电路的综合设计，这 4 章不仅对整体设计电路进行了完整的仿真分析，而且对各组成部分的电路原理分别进行了详细的描述；第 9 章介绍了对 Multisim 和 LabVIEW 进行联合仿真的方法，包括 Multisim 和 LabVIEW 接口的研究、Multisim 中导入 LabVIEW 虚拟仪器的方法、LabVIEW 虚拟仪器中导入 Multisim 的方法和数据采集的一些基本知识；第 10～13 章介绍了几类传感器测量系统的设计，每个设计由两部分组成，其中测量电路部分完成测量信号的放大和矫正等处理，虚拟仪器部分完成各类测量信息的显示和简单的数据分析。

刘晓霞编写了第 1、2 章，苏日编写了第 9 章，其余由周润景编写。姜攀、张丽娜、张红敏、张丽敏、宋志清、陈雪梅、刘怡芳、陈艳梅、贾雯、张龙龙、托亚、魏晓敏、周敬也参与了书稿的编写,在此表示感谢。

本书的出版得到了 NI 软件中国公司的大力支持,在此表示感谢!

由于作者水平有限,加以时间仓促,书中难免有错误和不足之处,敬请读者批评指正!

编著者

2014 年 8 月

前　言

Multisim 软件以其界面形象直观、操作方便、分析功能强大、易学易用等突出优点，深受广大电子设计工作者的喜爱；许多高等院校已将 Multisim 软件作为电子类课程和实验的重要辅助工具。Multisim 10.0 不仅具有强大的交互式 SPICE 仿真和电路分析功能，而且集成了 LabVIEW 虚拟仪器，可在电路设计分析中调用自定义的 LabVIEW 虚拟仪器以获取和分析数据。该仿真和电路分析功能应用于工程设计，可提高设计效率，减少设计系统开发时间。

本书通过大量的综合设计实例，不仅可使读者熟悉 Multisim 10.0 主要功能的使用方法，而且可加深读者对这些设计电路与系统的理解和掌握程度，以此提高理论水平与实践的能力。LabVIEW 虚拟仪器的编程灵活方便，可方便用户对 Multisim 仿真电路的输出数据进行自定义分析，又可拓展设计的能力。

本书共分为 12 章，第 1 章是 Multisim 软件的入门篇，主要介绍软件的基本界面和基本操作；第 2 章介绍 Multisim 10.0 的一些高级功能，例如，元件模型的编辑、层次化电路的设计和电路设计向导等；第 3 章对 Multisim 10.0 中的元件库和各类仪表进行介绍；第 4 章通过实例说明 Multisim 中各仿真方法的相关原理和使用设置；第 5 章和第 6 章是两个基于模拟电路的综合设计，这两章不仅对整体设计电路进行完整的仿真分析，而且对各组成部分的电路原理分别进行详细的描述；第 7 章介绍对 Multisim 和LabVIEW进行联合仿真的方法，包括 Multisim 和 LabVIEW 接口的研究、Multisim 中导入 LabVIEW 虚拟仪器的方法和数据采集的一些基本知识；第 8～12 章介绍几类传感器测量系统的设计，每个设计由两部分组成，其中，测量电路部分完成测量信号的放大和矫正等处理，虚拟仪器部分完成各类测量信息的显示和简单的数据分析。

本书第 1 章由郝晓霞负责编写，其余各章及附录和参考文献由周润景负责编写。全书由周润景统稿、定稿。此外，张丽娜、赵阳阳、张丽敏、张严东、吕小虎、宋志清、刘培智和陈雪梅等同志参与了本书例子的验证与录入工作，在此表示感谢！

由于作者水平有限，书中若有错误和不足之处敬请读者批评指正！

编　者

2008 年 6 月

目 录

第 1 章

Multisim 12.0 入门导航

1.1 Multisim 软件简介

Multisim 的前身为 EWB(Electronics Workbench)软件。它以其界面形象直观、操作方便、分析功能强大、易学易用等突出优点，早在 20 世纪 90 年代就在我国得到迅速推广，作为电子类专业课程教学和实验的一种辅助手段。跨入 21 世纪初，将 EWB 5.0 版本更新换代推出 EWB 6.0，并更名为 Multisim 2001，2003 年升级为 Multisim 7.0，2005 年发布 Multisim 8.0，其功能已十分强大，能胜任电路分析、模拟电路、数字电路、高频电路、RF 电路、电力电子及自控原理等各方面的虚拟仿真；并提供多达 18 种基本分析方法。

Multisim 12.0 和 Ultiboard 12.0 是美国国家仪器公司下属的 ElectroNIcs Workbench Group 推出的交互式 SPICE 仿真和电路分析软件的最新版本，专用于原理图捕获、交互式仿真、电路板设计和集成测试。这个平台将虚拟仪器技术的灵活性扩展到了电子设计者的工作台上，弥补了测试与设计功能之间的缺口。通过将 NI Multisim 12.0 电路仿真软件和 LabVIEW 测量软件相集成，需要设计制作自定义印制电路板(PCB)的工程师能够非常方便地比较仿真和真实数据，规避设计上的反复，减少原型错误并缩短产品上市时间。

使用 Multisim 12.0 可交互式地搭建电路原理图，并对电路行为进行仿真。Multisim 提炼了 SPICE 仿真的复杂内容，这样使用者无需懂得深入的 SPICE 技术就可以很快地进行捕获、仿真和分析新的设计，这也使其更适合电子学教育。通过 Multisim 和虚拟仪器技术，使用者可以完成从理论到原理图捕获与仿真再到原型设计和测试这样一个完整的综合设计流程。

Multisim 12.0 和 Ultiboard 12.0 推出了很多专业设计特性，主要是高级仿真工具、增强的元件库和扩展的用户社区，主要的新增特性包括：

- 元件库包括有 1 200 多个新元器件和 500 多个新 SPICE 模块，这些都来自于如美国模拟器件公司(Analog Devices)、凌力尔特公司(Linear Technology)和德州仪器(Texas Instruments)等业内领先的厂商，其中也包括 100 多个开关模式电源模块。

● 会聚帮助(Convergence Assistant),能够自动调节 SPICE 参数纠正仿真错误。

● 数据的可视化与分析功能,包括一个新的电流探针仪器和用于不同测量的静态探点,以及对 BSIM 4 参数的支持。

NI Ultiboard 12.0 为用户在做 PCB 设计时的布板布线提供了一个易于使用的直观平台。整个设计的过程从布局、元器件摆放到布铜线都在一个灵活设计的环境中完成,使得操作速度和控制都达到最优化。拖放和移动元器件及布铜线的速度在 NI Ultiboard 12.0 得到了显著提高。在修改了设计规则检查后,用户现在打开一个大型设计的速度快了两倍。这些功能的增强都使从原理图到实际电路板的转换变得更便捷,也使最后的 PCB 设计质量得到很大提高。

本书主要集中介绍 Multisim 12.0 仿真软件的主要功能及构建电路原理图和分析电路的方法,有关 NI Ultiboard 12.0 PCB 设计的内容不作介绍。

1.2 Multisim12.0 的安装

下面逐步介绍 Multisim12.0 的安装过程,安装前应关闭 Windows 其他应用程序,禁止病毒扫描功能,这样可以提高安装速度。Multisim 12.0 的安装步骤如下:

1) 放入安装光盘将自动运行安装程序,出现图 1-1 所示的安装界面。如果没有自动运行安装程序,可手动打开光盘,运行其中的 SETUP.EXE 文件。安装程序首先初始化,如要取消安装,则单击 Cancel 按钮。

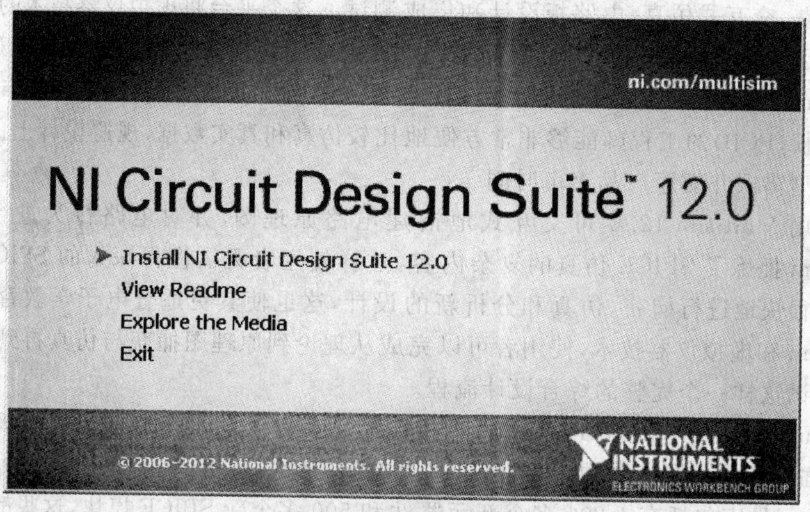

图 1-1 安装界面

2) 初始化后单击 NEXT 按钮可执行下一步安装。

3) 弹出用户信息对话框,要求输入用户全名及公司或组织名称。如已有软件产品序列号，则输入相应序列号；如没有序列号，则选择后面的备选项，安装评估版产品。单击 Cancel 按钮取消安装，单击 Next 按钮继续执行下一步安装，单击 Back 按钮回到上一步。

4）输入的序列号校验通过后，将弹出程序安装地址对话框，用户可选择默认的安装路径，或者单击 Browse 按钮选择新的安装地址。

5）选择要安装的功能模块如图 1－2 所示，这部分包括两个备选模块，一个是 Support and Upgrade Utility，即支持和升级单元，此部分允许程序自动检测并进行产品升级，并可接收网络信息；另一个是主要程序部分，即 NI Circuit Design Suite 10.0.1。对话框下面的按钮的作用如下：Restore Defaults 按钮可恢复默认设置，Disk Cost 按钮可对相应磁盘的剩余空间及所需的安装空间进行分析，其他按钮的功能和上面相同。

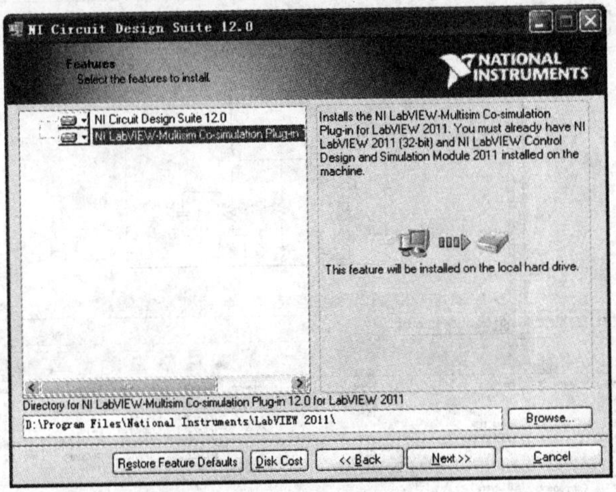

图 1－2　安装特性选择

6）弹出 NI 软件许可协议对话框，选择接受协议，才可选择下一步。

7）仍然是两个协议，选择接受协议，进入下一步。

8）对安装信息进行确认，空白框内为已安装模块，可单击 Adding or Changing 重新选择安装模块。如确认无误，单击进行软件安装，一共有 16 个功能模块需要安装。

9）软件安装完毕后，选中备选项后可对支持和升级单元进行配置。如不准备配置支持和升级单元，可结束安装。

10）软件安装及配置结束后，软件提示重启电脑。计算机重启后，软件就可以使用了。此时已安装的软件除了 Multisim 12.0 以外，还包括 Ultiboard 12.0。

1.3 Multisim 12.0 的基本界面

打开 Multisim 12.0 后,其基本界面如图 1-3 所示。Multisim 12.0 的基本界面主要包括菜单烂、标准工具栏、视图工具栏、主工具栏、仿真开关、元件工具栏、仪器工具栏、设计工具栏、电路工作窗、电子表格视窗等,下面将对它们进行详细说明。

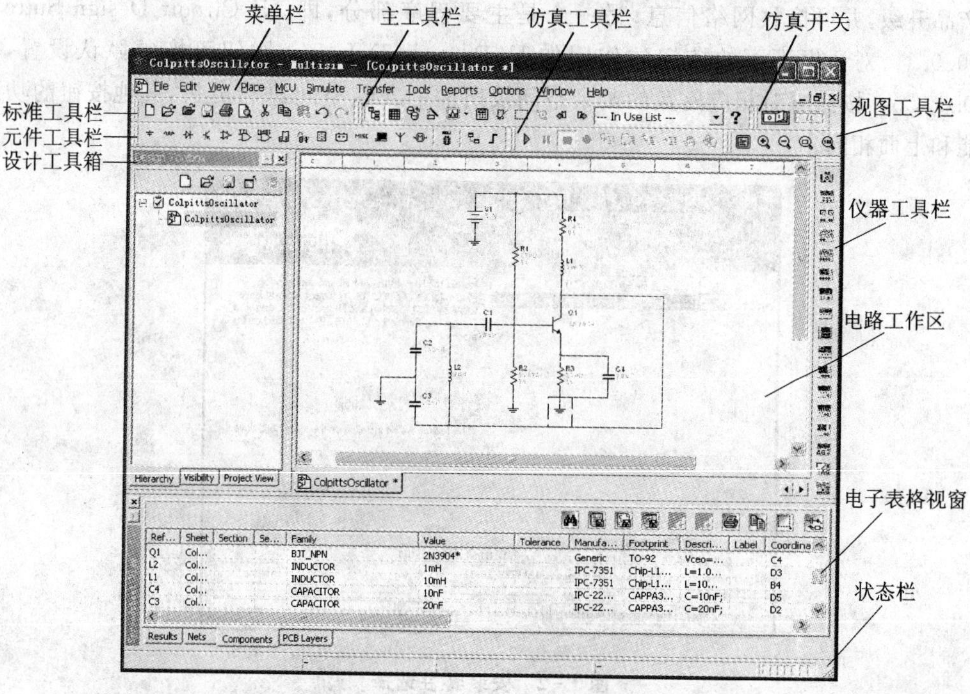

图 1-3 Multisim12.0 的基本界面

1. 菜单栏

和所有应用软件相同,菜单栏中分类集中了软件的所有功能命令。Multisim 12.0 的菜单栏包含 12 个菜单项,分别为文件(File)菜单、编辑(Edit)菜单、视图(View)菜单、放置(Place)菜单、MCU 菜单、仿真(Simulate)菜单、文件输出(Transfer)菜单、工具(Tools)菜单、报告(Reports)菜单、选项(Options)菜单、窗口(Window)菜单和帮助(Help)菜单。以上每个菜单下都有一系列功能命令,用户可以根据需要在相应的菜单下寻找功能命令。下面对各菜单项做详细介绍。

(1) 文件(File)菜单

该菜单主要用于管理所创建的电路文件,如对电路文件进行打开、保存和打印等操作,如图 1-4 所示,其中大多数命令和一般 Windows 应用软件基本相同,这里不再赘述，下面主要介绍一下 Multisim 12.0 特有的命令菜单。

- Open Samples：可打开软件安装路径下的自带实例。
- New Project、Open Project、Save Project 和 Close Project 命令分别为对工程文件进行创建、打开、保存和关闭操作。一个完整的工程包括原理图、PCB 文件、仿真文件、工程文件和报告文件几部分。
- Version Control 用于控制工程的版本，用户可以用系统默认产生的文件名或自定义文件名作为备份文件的名称对当前工程进行备份，也可以恢复以前版本的工程。
- Print Options 选项包括两个子选项，Print Circuit Setup 为打印电路设置选项，Print Instruments 为打印当前工作区内仪表波形图选项。

(2) 编辑(Edit)菜单

编辑菜单下的命令，主要用于绘制电路图的过程中，对电路和元件进行各种编辑，其中一些常用操作如复制、粘贴等和一般 Windows 应用程序基本相同，这里不再赘述。下面介绍一些 Multisim 12.0 特有的命令：

- Delete Multi - Page：从多页电路文件中删除指定页，执行该项操作一定要小心，尽管用撤销命令可恢复一次删除，但删除的信息无法找回。
- Paste as Subcircuit：将剪贴板中的已选内容粘贴成子电路形式。
- Find：搜索当前工作区内的元件，选择该项后可弹出如图 1 - 4 的对话框，其中包括要寻找元件的名称、类型以及寻找的范围等。
- Graphic Anootation：图形注释选项，包括填充颜色、类型，画笔颜色、类型和箭头类型。
- Order：安排已选图形的放置层次。
- Assign to Layer：将已选的项目（如 ERC 错误标志、静态探针、注释和文本/图形）安排到注释层。
- Layer Setting：设置可显示的对话框。
- Orientation：设置元件的旋转角度。
- Title Block Position：设置已有标题框的位置。
- Edit Symbol/Title Block：对已选元件的图形符号或工作区内的标题框进行编辑。在工作区内选择一个元件，选择该项命令编辑元件符号，则弹出图 1 - 5 的元件编辑窗口，在这个窗口中可对元件各引脚端的线型、线长等参数进行编辑，还可自行添加文字和线条等；选择工作区内的标题框，选择该项命令，则弹出图 1 - 6 的标题框编辑窗口，可对选中的文字、边框或位图等进行编辑。
- font：对已选项目的字体进行编辑。
- Comment：对已有注释项进行编辑。
- Form/Questions：对有关电路的记录或问题进行编辑；当一个设计任务由多

人完成时，常需要通过邮件的形式对电路图、记录表及相关问题进行汇总和讨论，Multisim 12.0 可方便实现这一功能。

● Properties：打开一个已被选中的元件的属性对话框，可对其参数值、标识符等信息进行编辑。

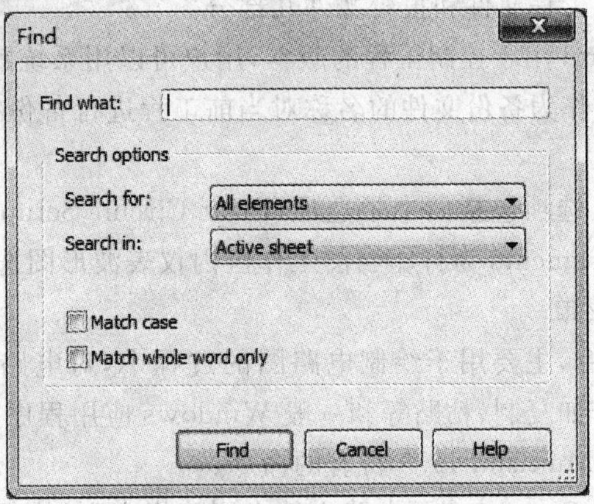

图 1－4　寻找元件对话框

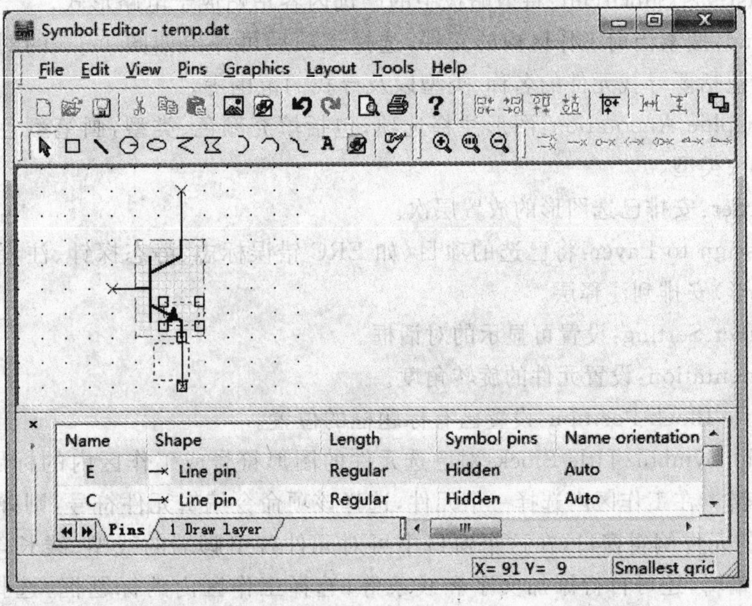

图 1－5　元件符号编辑窗口

(3) 视图(View)菜单

用于设置仿真界面的显示及电路图的缩放显示等，其视图菜单的主要命令及功能如下：

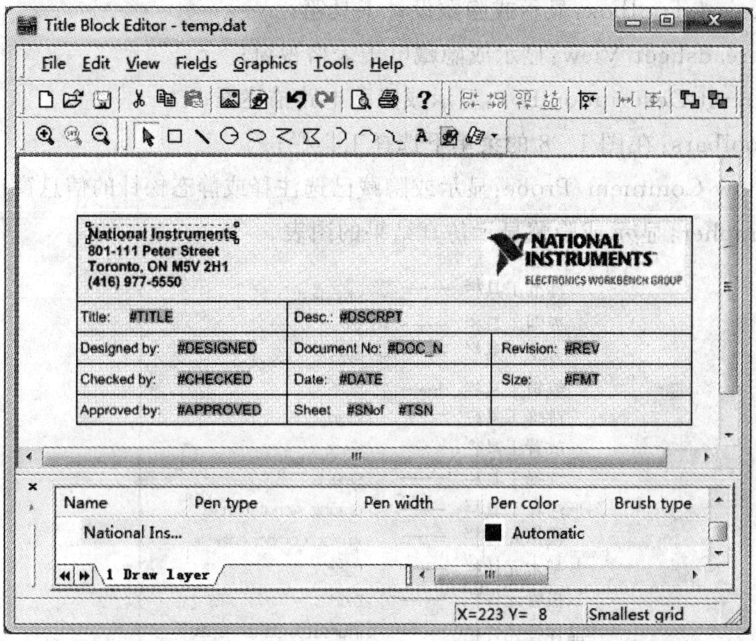

图 1-6　标题框编辑窗口

- Full Screen：将电路图全屏显示；
- Parent Sheet：总电路显示切换，当用户正编辑子电路或分层模块时，单击该命令可快速切换到总电路，当用户同时打开许多子电路时，该功能将方便用户的操作；
- Zoom In：原理图放大；
- Zoom Out：原理图缩小；
- Zoom Area：当工作区显示小于100％时，放大所选的元件；
- Zoom Fit to Page：使整个电路图大小适合在工作空间中显示；
- Zoom to magnification：用户可根据图1-7的设置放大电路；

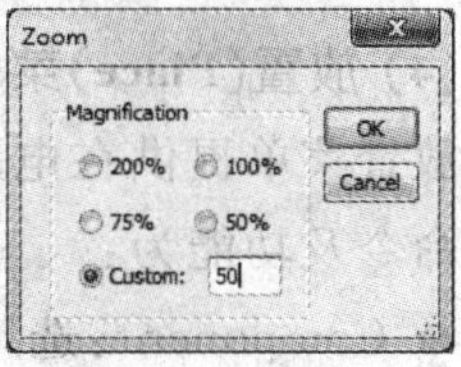

图 1-7　放大比例设置对话框

- Zoom Selection：对所选的电路进行放大；
- Show Grid：显示栅格；
- Show Border：显示边界；
- Show Page Bounds：显示纸张边界；
- Ruler Bar：显示或隐藏工作空间外上边或左边的尺度条；
- Statusbar：显示或隐藏工作空间下方的状态栏；

- Design Toolbox：显示或隐藏设计工具箱；
- Spreadsheet View：显示或隐藏电子表格视窗；
- Circuit Description Box：显示或隐藏电路描述框；
- Toolbars：在图 1－8 的菜单下选择工具栏；
- Show Comment/Probe：显示或隐藏已选注释或静态探针的信息窗口；
- Grapher：显示或隐藏显示仿真结果的图表。

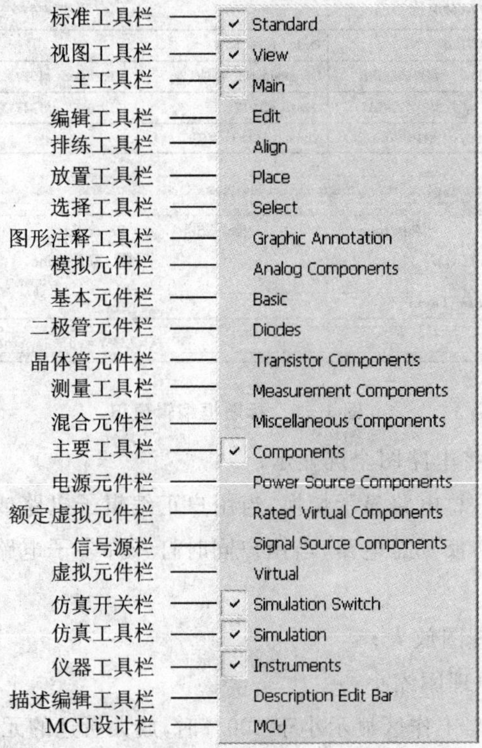

图 1－8　工具栏选项

(4) 放置(Place)菜单

放置菜单提供在电路窗口内放置元件、连接点、总线和子电路等命令，其菜单的主要命令及功能为：

- Component：选择一个元件；
- Junction：放置一个节点；
- Wire：放置一根导线(可以不和任何元件相连)；
- Bus：放置一根总线；
- Connectors：放置连接器，其下拉菜单包括层次电路或子电路(HB/SB)连接器、总线层次电路或子电路连接器、平行页(Off-Page)连接器和总线平行页连接器，如图 1-9 所示；

- New Hierarchical Block：放置一个新的层次电路模块；
- Replace by Hierarchical Block：将已选电路用一个层次电路模块代替；
- Hierarchical Block from File：从已有电路文件中选择一个作为层次电路模块；
- New Subcircuit：放置一个新的子电路；
- Replace by Subcircuit：将已选电路用一个子电路模块代替；
- Multi-Page：新建一个平行设计页；
- Merge Bus：将两条总线合并，使它们的总线名相同；
- Bus Vector Connect：放置总线矢量连接器，这是从多引脚器件上引出很多连接端的首选方法；
- Comment：在工作空间中放置注释；
- Text：放置文字；
- Graphics：放置图形；
- Title Block：放置标题栏，可从 Multisim 12.0 自带的模版中选择一种进行修改。

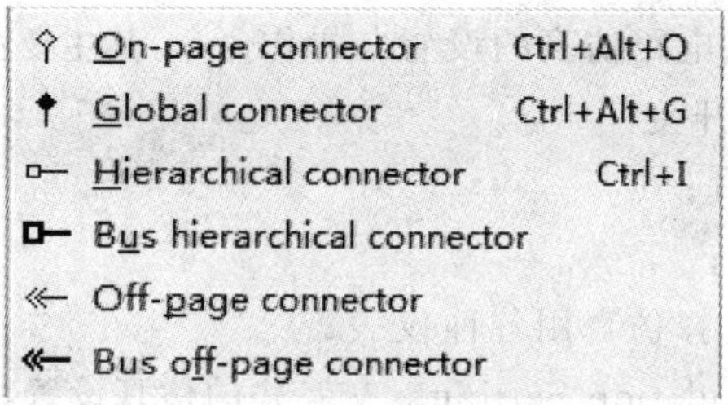

图 1-9 连接器子菜单

(5) MCU 菜单

MCU 模块用于含微控制器的电路设计，MCU 菜单提供微控制器编译和调试等功能。图 1-10 为工作空间内没有微控制器时的 MCU 菜单，图 1-11 为工作空间内含有 8051 微控制器时的 MCU 菜单，其主要功能和一般编译调试软件类似，这里不详细介绍。

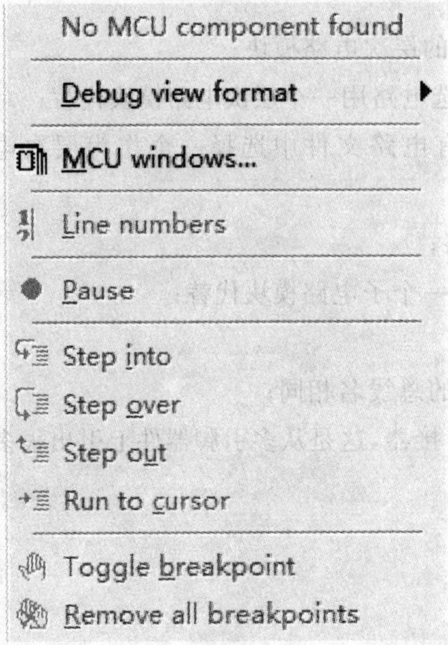

图 1-10　无微控制器时的 MCU 菜单图

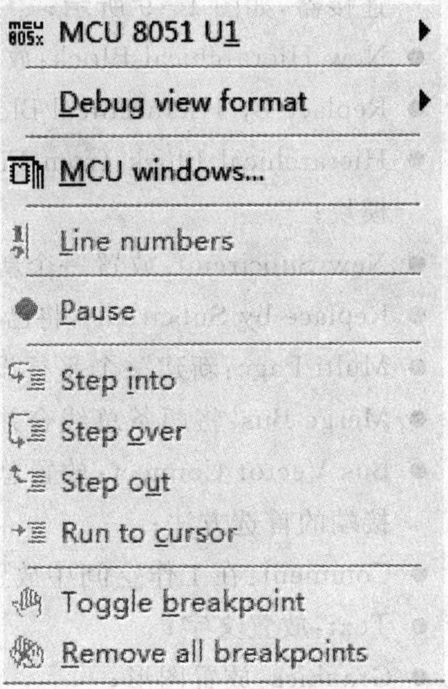

图 1-11　含有 8051 微控制器时的 MCU 菜单

(6) 仿真(Simulate)菜单

仿真菜单主要提供电路仿真的设置与操作命令，其主要命令及功能如下：

- Run：运行仿真开关；
- Pause：暂停仿真；
- Stop：停止仿真；
- Instruments：选择仿真用各种仪表；
- Interactive Simulation Settings：交互式的仿真设置，包括瞬态分析仪器的初始条件和仿真步长等；
- Mixed-mode Simulation Settings：混合模式仿真设置，如图 1-12 所示，用户可以选择进行理想仿真或实际仿真，理想仿真较快，而实际仿真更准确；
- Analyses：选择仿真分析方法，具体仿真方法的介绍可参见第 4 章；
- Postprocessor：打开后处理器对话框；
- Simulation Error Log/Audit Trail：显示仿真的错误记录/检查仿真轨迹；
- XSpice Command Line Interface：打开可执行 XSpice 命令的窗口；
- Load Simulation Settings：加载曾经保存的仿真设置；
- Save Simulation Settings：保存仿真设置；
- Auto Fault Option：电路故障自动设置选项，如图 1-13 所示，用户可以设置添加到电路中的故障的类型和数目；

● Dynamic Probe Properties：设置动态探针的属性；

● Reverse Probe Direction：选择探针，执行该命令可改变探针的方向；

● Clear Instrument Data：清除仿真仪器（如示波器）中的波形，但不清除仿真图形中的波形；

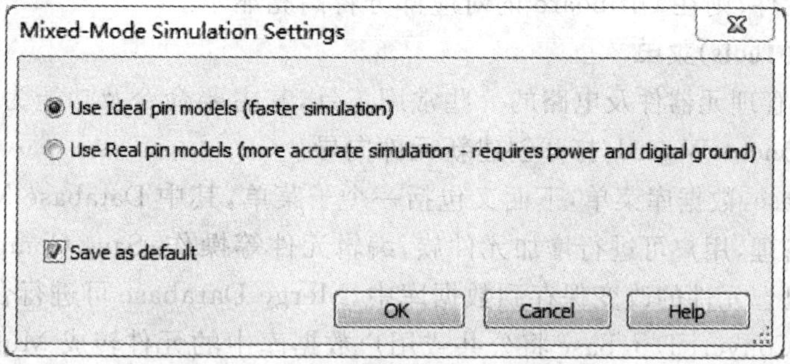

图 1-12　混合模式仿真设置

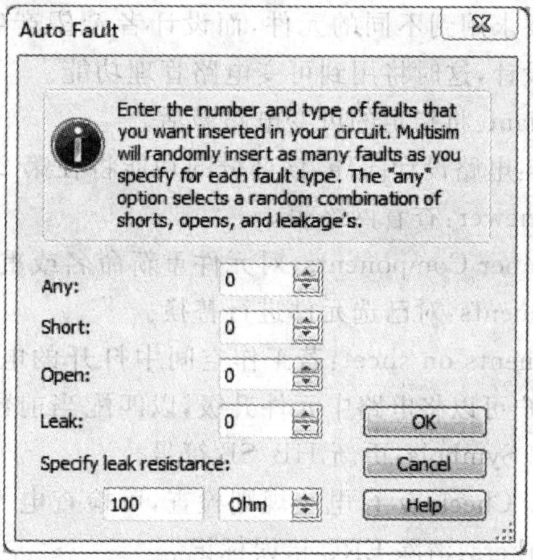

图 1-13　电路故障自动设置选项

● Use Tolerances：设置在仿真时是否考虑元件容差。

(7) 文件输出(Transfer)菜单

文件输出菜单提供将仿真结果输出给其他软件处理的命令，其主要命令及功能为：

● Transfer to Ultiboard：将原理图传送给 Ultiboard；

● Forward annotate to Ultiboard：将原理图传送给 Ultiboard 9 或其更早的版本；

● Backward annotate from file：将 Ultiboard 电路的改变反标到 Multisim 电路文件中，使用该命令时，电路文件必须打开；

- Export to other PCB Layout file：如果用户使用的是 Ultiboard 外的其他 PCB 设计软件，可以将所需格式的文件传到该第三方 PCB 设计软件中；
- Export SPICE Netlist：输出网格表；
- Highlight Selection in Ultiboard：当 Ultiboard 运行时，如果在 Multisim 中选择某元件，则在 Ultiboard 的对应部分将高亮显示。

(8) 工具(Tools)菜单

提供一些管理元器件及电路的一些常用工具，其主要命令及功能为：

- Component Wizard：打开创建新元件向导。
- Database：数据库菜单，下面又包括一个子菜单，其中 Database Manager 为数据库管理，用户可进行增加元件族，编辑元件等操作；Save Component to DB 将对已选元件的改变保存到数据库中；Merge Database 可进行合并数据库的操作；Convert Database 将公共或用户数据库中的元件转成 Multisim 格式。
- Variant Manager：打开可变电路管理窗口，该功能是针对对于不同市场需求而需要对设计进行部分修改的情况，例如欧洲和北美的供电电源标准不同，因而设计中会要求用到不同的元件，而设计者希望产生一个 PCB 文件来满足两种不同的设计，这时将用到可变电路管理功能。
- Set Active Variant：将指定的可变电路激活。
- Circuit Wizards：电路设计向导，该部分的功能将在第 2 章详细介绍。
- SPICE netlist viewer：查看网络表。
- Rename/Renumber Components：对元件重新命名或重新编号。
- Replace Components：对已选元件进行替换。
- Updata Components on sheet：若工作空间中打开的电路是由旧版本 Multisim 创建的，用户可以将电路中元件升级，以匹配当前数据库。
- Updata HB/SB Symbols：更新 HB/SB 符号。
- Electrical Rules Check：运行电气规则检查，可检查电气连接错误。
- Clear ERC Markers：清除 ERC 错误标记。
- Toggle NC(no connection) Markers：在已选的引脚放置一个无连接标号，防止将导线错误连接到该引脚。
- Symbol Editor：打开符号编辑器。
- Title Block Editor：打开标题栏编辑器。
- Description Box Editor：打开描述框编辑器。
- Capture Screen Area：对屏幕上的特定区域进行图形捕捉，可将捕捉到的图形保存到剪切板中。
- Online design resources：在线设计资源。

(9) 报告(Reports)菜单

报告菜单用于输出电路的各种统计报告，其主要的命令及功能为：

- Bill of Materials：材料清单；
- Component Detail Report：元件细节报告；
- Netlist Report：网络表报告，提供每个元件的电路连通性信息；
- Cross Reference Report：元件的交叉相关报告；
- Schematic Statistics：原理图统计报告；
- Spare Gates Report：空闲门报告。

(10) 选项(Options)菜单

选项菜单用于对电路的界面及电路的某些功能的设定，其主要的命令及功能为：

- Global Preferences：打开整体电路参数设置对话框；
- Sheet Properties：打开页面属性设置对话框；
- Lock toolbars：锁定工具条；
- Customize User Interface：自定义用户界面。

(11) 窗口(Window)菜单

窗口菜单为对文件窗口的一些操作，其主要命令及功能为：

- New Window：打开一个和当前窗口相同的窗口；
- Close：关闭当前窗口；
- Close All：关闭所有打开的文件；
- Cascade：层叠显示电路；
- Tile Horizontal：调整所有打开的电路窗口使它们在屏幕上水平排列，方便用户浏览所有打开的电路文件；
- Tile Vertical：调整所有打开的电路窗口使它们在屏幕上垂直排列，方便用户浏览所有打开的电路文件；
- Next window：转到下一个窗口；
- Previous window：转到前一个窗口；
- Windows：打开窗口对话框，用户可以选择对已打开文件激活或关闭。

(12) 帮助(Help)菜单

帮助菜单主要为用户提供在线技术帮助和使用指导，其主要命令及功能为：

- Multisim Help：显示关于 Multisim 的帮助目录；
- Getting Started：打开 Multisim 入门指南；
- Multisim Fundamentals：打开电路仿真基础入门介绍；
- Release Notes：显示版本信息；
- Patents：打开专利对话框；
- Find examples：查找实例；
- About Multisim：显示有关 Multisim 的信息。

2. 标准工具栏

标准工具栏如图 1-14 所示，主要提供一些常用的文件操作功能，按钮从左到右的功能分别为:新建文件、打开文件、打开设计实例、文件保存、打印电路、打印预览、剪切、复制、粘贴、撤销和恢复。

3. 视图工具栏

视图工具栏如图 1-15 所示,其中按钮从左到右的功能分别为:全屏显示、放大、缩小、对指定区域进行放大和在工作空间一次显示整个电路。

图 1-14　标准工具栏

图 1-15　视图工具栏

4. 主工具栏

主工具栏如图 1-16 所示,集中了 Multisim 12.0 的核心操作,从而可使电路设计更加方便。该工具栏中的按钮从左到右分别为:显示或隐藏设计工具栏;显示或隐藏电子表格视窗;打开数据库管理窗口;打开创建新元件向导;图形和仿真列表;对仿真结果进行后处理;ERC 电路规则检测;屏幕区域截取;切换到总电路;将 Ultiboard 电路的改变反标到 Multisim 电路文件中;将 Multisim 原理图文件的变化标注到存在的 Ultiboard 12 文件中;使用中元件列表;帮助。

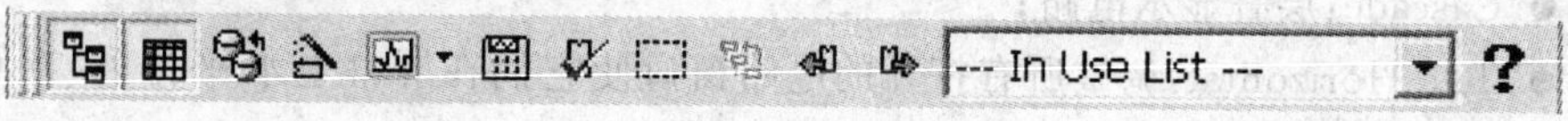

图 1-16　主工具栏

5. 仿真开关

用于控制仿真过程的开关有两个,如图 1-17 所示。左边开关为仿真启动/停止开关,开关拨向左边停止仿真,拨向右边启动仿真;右边开关为暂停开关。

图 1-17　仿真开关

6. 元件工具栏

Multisim 12.0 的元件工具栏包括 16 种元件分类库,如图 1-18 所示,每个元件库放置同一类型的元件;此外元件工具栏还包括放置层次电路和总线的命令。元件工具栏从左到右的模块分别为:电源库、基本元件库、二极管库、晶体管库、模拟器件库、TTL 器件库、CMOS 元件库、其他数字元件库、混合元件库、显示元件库、功率元件库、其他元件库、高级外围元件库、RF 射频元件库、机电类元件库、微处理器模块、层次化模块和总线模块,其中层次化模块是将已有的电路作为一个子模块加到当前电路中。各元件库又有不同的分类将在第 3 章详细介绍。

图1-18 元件工具栏

7. 仪器工具栏

仪器工具栏包含各种对电路工作状态进行测试的仪器仪表及探针，如图1-19所示。仪器工具栏从左到右分别为：数字万用表、函数信号发生器、瓦特表、双通道示波器、四通道示波器、波特图仪、频率计、字信号发生器、逻辑分析仪、逻辑转换仪、伏安特性分析仪、失真分析仪、频谱分析仪、网络分析仪、安捷伦函数发生器、安捷伦万用表、安捷伦示波器、泰克示波器、测量探针、LabVIEW 虚拟仪器和电流探针。各仪器仪表的功能将在第3章详细介绍。

图1-19 仪器工具栏

8. 设计工具箱

设计工具箱用来管理原理图的不同组成元素。设计工具箱由3个不同的标签页组成，它们分别为层次化（Hierarchy）页、可视化（Visibility）页和工程视图（Project View）页，如图1-20所示。下面介绍一下各标签页的功能：

- Hierarchy 页：该页包括了所设计的各层电路，页面上方的5个按钮从左到右分别为新建原理图、打开原理图、保存、关闭当前电路图和（对子电路、层次电路和多页电路）重命名；
- Visibility 页：由用户决定工作空间的当前页面显示哪些层；
- Project View 页：显示所建立的工程，包括原理图文件、PCB文件、仿真文件等。

9. 电路工作区

在电路工作区可进行电路图的编辑绘制、仿真分析及波形数据显示等操作，如果需要，还可在电路工作区内添加说明文字及标题框等。

10. 电子表格视窗

在电子表格视窗中可方便查看和修改设计参数，如元件详细参数、设计约束和总体属性等。电子表格视窗包括5个页面，下面简单介绍各页面的功能：

- Results 页：该页面可显示电路中元件的查找结果和ERC校验结果，但要使ERC校验的结果显示在该页面，需要运行ERC校验时选择将结果显示在Result Pane。
- Nets 页：显示当前电路中所有网点的相关信息，部分参数可自定义修改；该

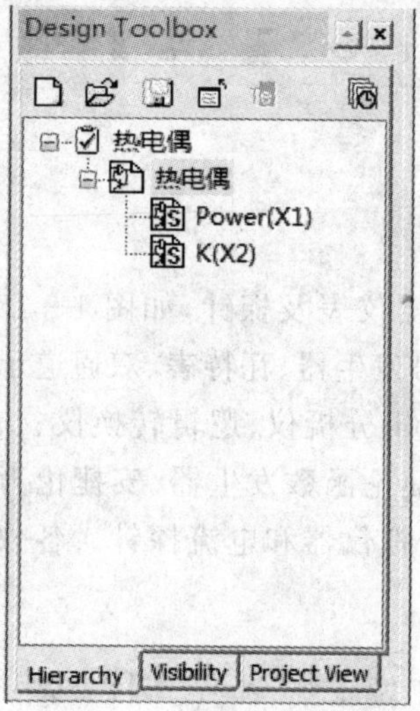

(a) 层次化页

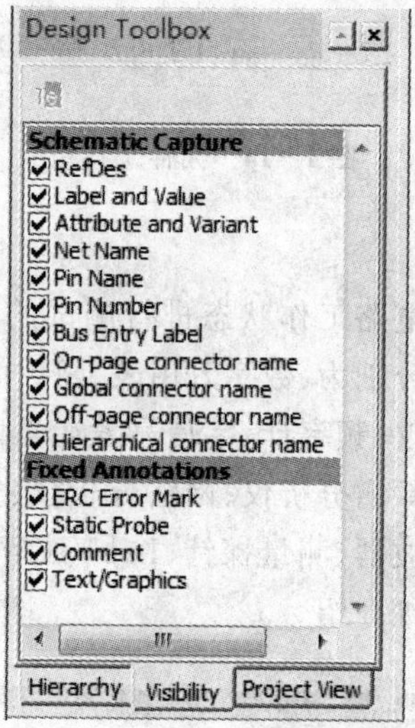

(b) 可视化页

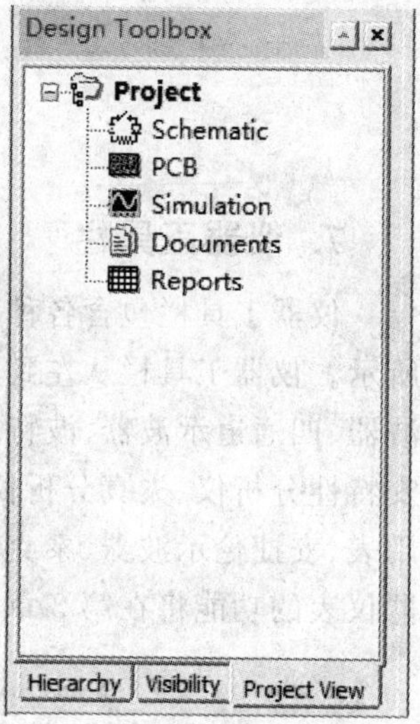

(c) 工程视图页

图 1-20　设计工具箱

页面上方有 9 个按钮，它们的功能分别为：找到并选择指定网点、将当前列表以文本格式保存到指定位置、将当前列表以 CSV (Comma Separate Values) 格式保存到指定位置；将当前列表以 Execl 电子表格的形式保存到指定位置、按已选栏数据的升序排列数据、按已选栏数据的降序排列数据、打印已选表项中的数据、复制已选表项中的数据到剪切板和显示当前设计页面中的所有网点(包括所有子电路、层次电路模块及多页电路)。

- Components 页：显示当前电路中所有元件的相关信息，部分参数可自定义修改。
- Copper Layers 页：显示 PCB 层的相关信息。
- Simulation 页：显示运行仿真时相关信息。

11. 状态栏

状态栏用于显示有关当前操作以及鼠标所指条目的相关信息。

12. 其　他

以上主要介绍了 Multisim 12.0 的基本界面组成，当用户常用 View 菜单下其他的功能窗口和工具栏时，也可将其放入界面中，各功能窗口和工具栏的说明不再重复。

1.4　用户界面与环境参数自定义

上节简单认识了 Multisim 的基本界面和主要功能，下面将介绍在设计电路前应如何对用户界面与环境参数进行自定义，以适合用户的需要和习惯。软件和界面的相关设置可在 Options 菜单下进行修改。下面对各类参数的设置进行分类介绍。

1.4.1 总体参数设置

总体参数设置(Global Preferences)完成对软件的相关设置，其对话框包括 7 页选项卡，各页面的相关设置为：

- Paths 页：该页的设置项主要包括电路的默认路径设置、用户按钮图像路径、用户配置文件路径和数据库文件路径。这些设置用户一般不用修改，采用软件默认设置即可。
- Message prompts 页：检查提示想要显示的情况，包括代码片段、注释和出口、网表变化、NI 例程查找器、项目包装和网络表查看器。
- Save 页：该页用于定义文件保存的操作，主要设置项包括是否创建电路文件安全复制、是否自动备份及备份间隔、是否保存仪器的仿真数据及数据最大容量和是否保存. txt 文件作为无编码文件。如用户有特殊要求，该页的设置也可按默认设置。
- Components 页：该页分为 3 部分，它们分别是放置元件模式设置、符号标准设置、视图设置。在放置元件模式设置中，用户可以选择是否在放置元件完毕后返回元件浏览器和元件放置的方式，如一次放置一个元件、连续放置元件(按 ESC 或右击结束)或仅对复合封装元件连续放置；符号标准设置可将元件的符号设为美国的 ANSI 标准和欧洲的 DIN 标准；视图设置为当文本移动时查看相关组件和当元件移动时显示原始位置。
- General 页：该页可设置框选行为、鼠标滑轮滚动行为、元件移动行为、走线行为和语言种类。框选行为可选择 Intersecting 或 Fully enclosed，Intersecting 项指当元件的某一部分包括在选择方框内时，即将元件选中，Fully enclosed 项指只有当元件的所有部分(包括元件的所有文本、标签等)都在选择框内，才能选中该元件；鼠标滑轮滚动时的操作可设为放大工作空间或滚动工作空间；本页中还可设置移动元件文本(元件标号、标称值等)时是否显示和元件的连接虚线及移动元件时是否显示它和原位置的连接虚线；走线行为设置的内容为当引脚互相接触时是否自动连线，是否允许自动寻找连线路径，当移动元件时 Multisim 是否自动优化连线路径以及删除元件时是否删除相关的连线；语言可选英文、德文、日文或本系统语言。
- Simulation 页：网络表错误提示、图表设置、正相位移动方向设置。当网络发生错误时是否提示或者继续运行；为图表和仪器设置背景颜色；正相位移动方向的设置仅影响交流分析中的相位参数。
- Preview 页：预览页，包括显示选项卡式窗口，显示设计工具箱，显示电路多页预览，显示分支电路/分层块预览。

1.4.2 页面属性设置

页面属性设置(Sheet Properties)用于对工作区内的当前页面进行设置,该窗口包括 7 页选项卡,如选中窗口最下方的 Save as default 选项,当前的保存的设置将作为其他页的默认设置。各选项页的功能说明如下:

- Sheet visibility 页:该页面主要分为电路参数显示。参数显示部分包括元件参数、网点名称及总线标签的显示设置。
- colors 页:该页面用于背景颜色设置。背景颜色有多种被选项,用户也可自己定义。
- Workspace 页:该页面主要用于工作区显示形式和页面大小的设置。可选择工作区内是否显示栅格、页边界和页边框;页面大小可选已有尺寸,也可自定义大小,且可定义纸张方向为横向或纵向。
- Wiring 页:该页面中可设置导线和总线的宽度以及总线的类型。
- Font 页:该页用于设置字体的类型和大小,以及应用的对象。
- PCB 页:该页用于设置印刷电路板的相关内容。
- Layer settings 页:该页可自定义注释层。

1.4.3 用户界面自定义

用户界面自定义窗口包含 5 个选项页,各页的主要功能为:

- Commands 页:该页左边栏内为命令的分类菜单,右边栏内为各类菜单下的全部命令列表。左边栏中各菜单下的命令可能不全包含在软件菜单栏的各子菜单下,可以将要用到的命令拖拽到相应子菜单下,或直接拖拽到菜单栏的空白处,右击已移到菜单栏空白处的命令,可选择将其移动到新的子菜单下,对该子菜单重命名,即完成了新子菜单的建立。如不需要某个子菜单或其某一命令,右击可选择将其删除。
- Toolbars 页:可将已选工具栏显示在当前界面中,用户也可新建工具栏。
- Keyboard 页:该页用于设置或修改各已选命令的快捷键。
- Menu 页:用于设置打开菜单时菜单的显示效果。
- Options 页:用于工具栏和菜单栏的自定义设置,如是否显示工具栏图标的屏幕提示,即快捷键、是否选用大图标及工具栏和菜单栏的显示风格等。

1.5 Multisim 12.0 电路初步设计

下面将以 BJT 共射放大电路为例来介绍电路原理图的建立和仿真的基本操作。所要建立的电路如图 1-21 所示,电路中所用到的元件都为常用元件,如电源、电阻、电容和晶体管等。

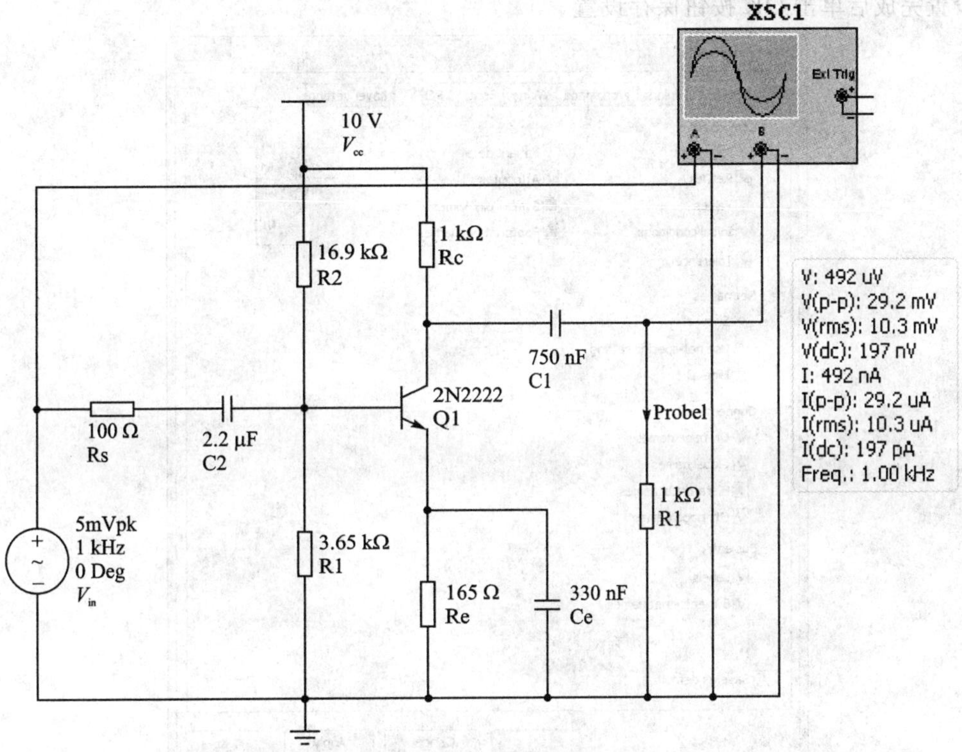

图 1-21 BJT共射放大电路

1.5.1 建立新电路图

首先从系统开始菜单的所有程序中找到 National Instruments/Circuit Design Suite 10.0/Multisim，启动 Multisim 12.0 后程序将自动建立一个名为 Circuit1 的空白电路文件，用户也可以选择 File→New→Schematic Capture 菜单项来新建一个空白电路文件，或直接单击标准工具栏中的 New 按钮新建文件。所新建的文件都按软件默认命名，用户可对其重新命名。

在建立电路原理图之前，需要对页面进行一些简单设置。首先选择 Options→Global Preferences 菜单项，在弹出的对话框中，将元件的符号标准选为 ANSI，然后再选择 Options→Sheet Properties 进行简单的页面设置，主要的设置页如图 1-22(a)和(b)所示。

在 Sheet visibility 页中，主要设置整体电路图中元件参数的显示项目，选中 Component 框内的相应参数项，在左边的图中将有显示浏览；为了方便电路的仿真分析，可选择显示所有的网点名称(Net Names)；设置完成后单击 OK 按钮保存设置。

Workspace 页中，主要设置页面的形式，为了抓图清晰可以不选择栅点；页面的大小根据所设计电路的情况进行设置，由于本例中电路较简单，选择较小页面即可；

设置完成后单击 OK 按钮保存设置。

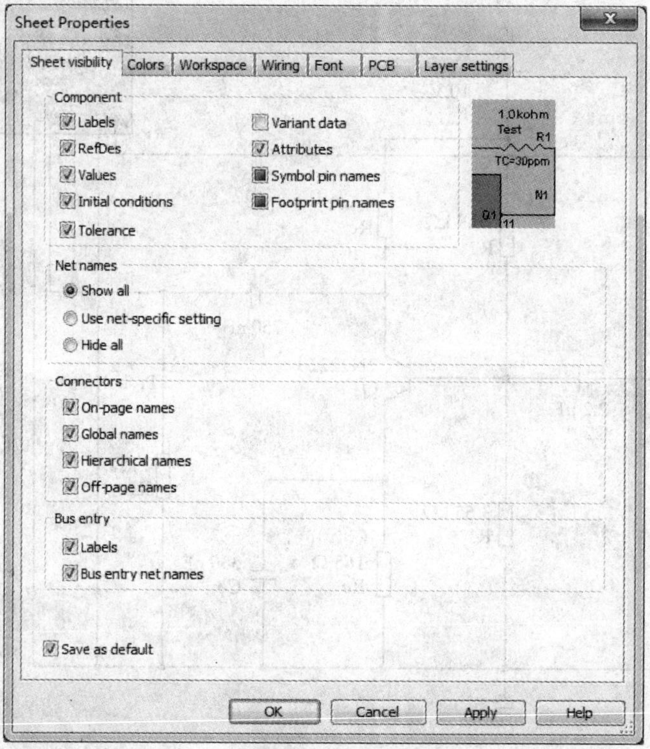

(a) Sheet visibility页

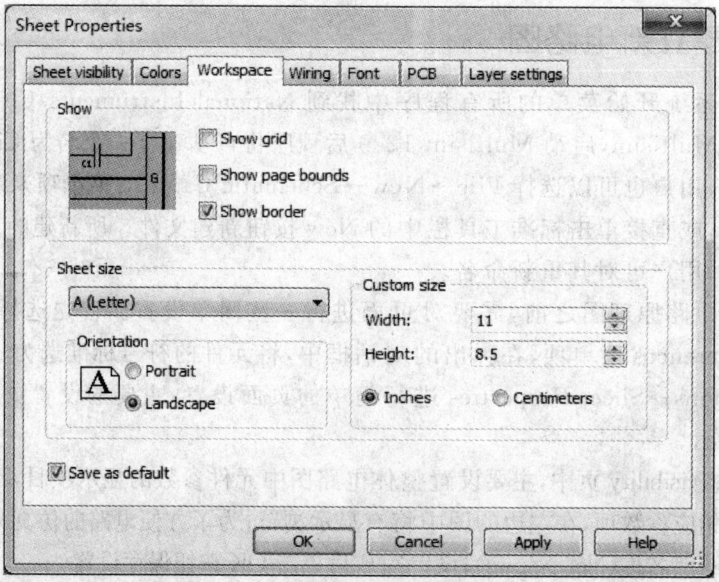

(b) Workspace页

图 1－22　简单页面设置

1.5.2 元件操作与调整

1. 元器件的操作

元器件的操作包括以下几种：

● 选取元件：元件可在界面中的元件工具栏中选取，也可选择 Place→Component 菜单项打开元件选择对话框，如图 1-23 所示。所有元件总的分为几组(Group)，各组下又分出几个系列(Family)，各系列元件在 Component 栏下显示。当选中相应的元件，元件的符号将在右边的符号窗内显示；单击右边的 Detail Report 按钮，将显示元件的详细信息；单击 Model 按钮，将显示元件的模型数据；单击 OK 按钮，将选择当前元件；当不清楚要选择的元件在哪个分类下，单击 Search 按钮，将弹出图 1-24 的查找元件对话框，当仅知道芯片的部分名称，可用"*"号代替未知的部分进行查找，如要查找晶体管 2N2222，但用户仅知道元件后面的编号，此时用户可按图 1-24 的形式输入，然后按 Search 按钮进行查找，图 1-25 为元件查找结果，选择要找的元件，单击 OK 按钮选取元件。

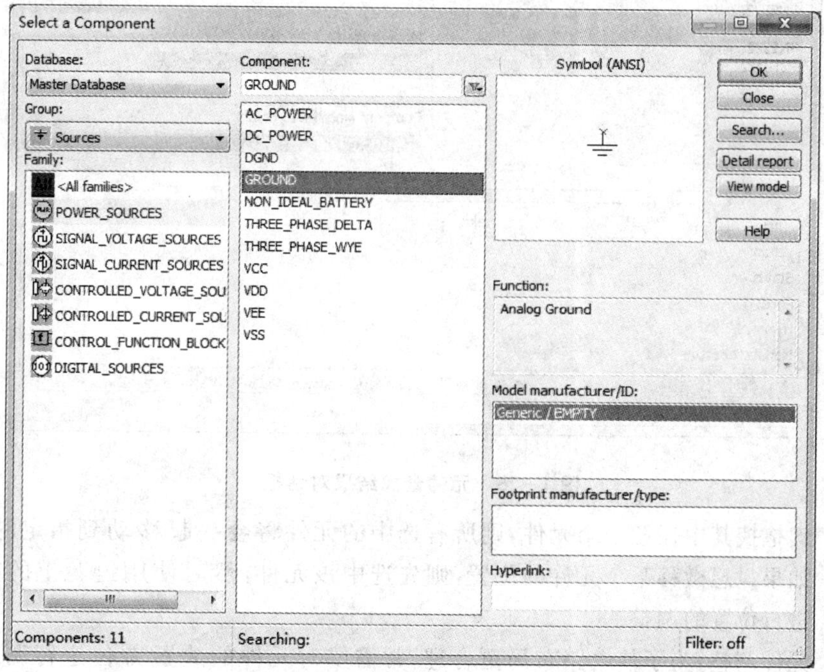

图 1-23　元件选择对话框

● 移动元件：要把工作区内的某元件移到指定位置，只要按住鼠标左键拖动该元件即可；若要移动多个元件，则需将要移动的元件框选起来，然后用鼠标左

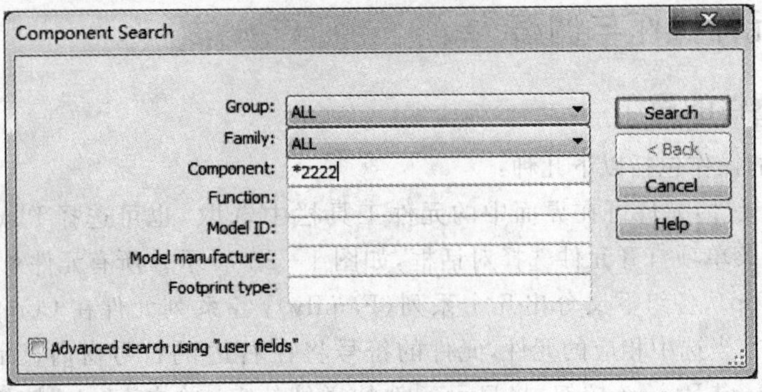

图 1-24 元件查找对话框

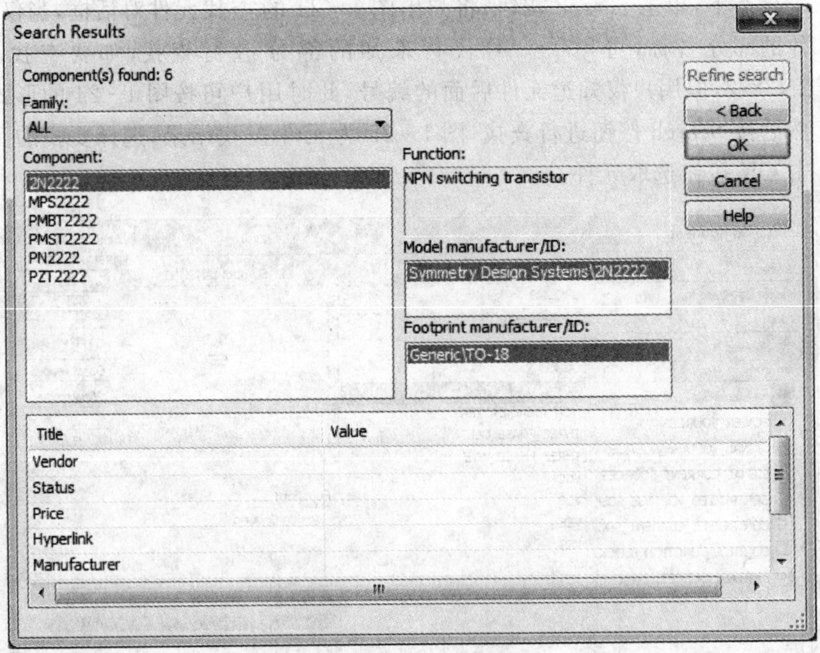

图 1-25 元件查找结果对话框

键拖拽其中任意一个元件，则所有选中的元件将会一起移动到指定的位置。如果只想微移某个元件的位置，则先选中该元件，然后使用键盘上的箭头键进行位置的调整。

- 元件调整：为了使电路布局更合理，常需要对元件的放置方位进行调整。元件调整的方法为右击要调整的元件，将弹出一个菜单，其中包括元件调整的 4 种操作，如图 1-26 所示，它们分别为水平反转(Flip Horizontal)、垂直反转(Flip Horizontal)、顺时针旋转 90 度(90 Clockwise)和逆时针旋转 90 度(90 CounterCW)。

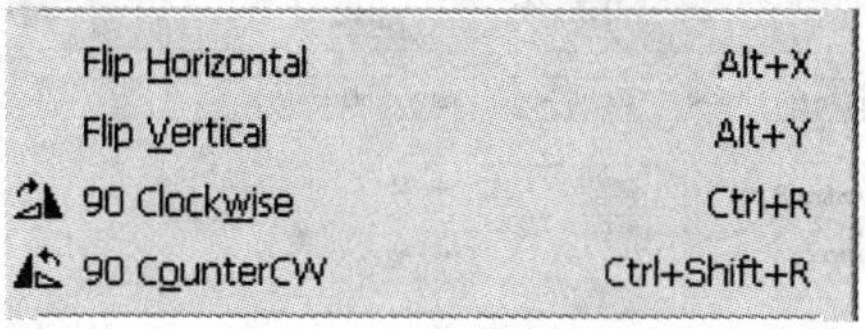

图 1-26 元件的调整

- 元件的复制和粘贴：如用到的元件当前电路中已有，可直接复制已有元件然后粘贴。元件的复制/粘贴有 3 种方法，一种是选中要复制的元件后选择 Edit→Copy 菜单项，然后同样选择 Edit→Paste 菜单项；一种是选中要复制的元件后在标准工具栏内单击复制按钮，然后单击粘贴按钮进行粘贴；还有一种是右击要复制的元件，然后在弹出的菜单中选择复制及粘贴选项。
- 元件的删除：要删除选定元件，可在键盘上按 Delete 键，或选择 Edit→"删除"菜单项，也可右击该元件在弹出的菜单下选择删除选项。

2. 元件参数的设置

双击电路工作区内的元器件，会弹出属性对话框，该对话框包括 7 页选项页，下面分别介绍各页的功能及设置：

- Label 页：可用于修改元件的标识(Label)和编号(RefDes)。标识是用户赋予元件容易识别的标记，编号一般由软件自动给出，用户也可根据需要自行修改。有些元件没有编号，如连接点、接地点等。
- Display 页：用于设定已选元件的显示参数。
- Value 页：当元件有数值大小时，如电阻、电容等，可在该页中修改元件标称值、容差等数值，还可修改附加的 SPICE 仿真参数，及编辑元件引脚，如图 1-27(a)所示；当元件有数值大小，且为电源类，如电压源，其 Value 页如图 1-27(b)所示，需设置的参数出了幅值、相位等数值，还包括用于不同仿真时的相关设置；当元件无数值大小，如三极管、放大器等，Value 页的内容变为如图 1-27(c)所示，该页上面显示的是元件信息，下面按钮的功能分别为在数据库中编辑元件、将元件保存到数据库、编辑引脚和编辑元件模型。

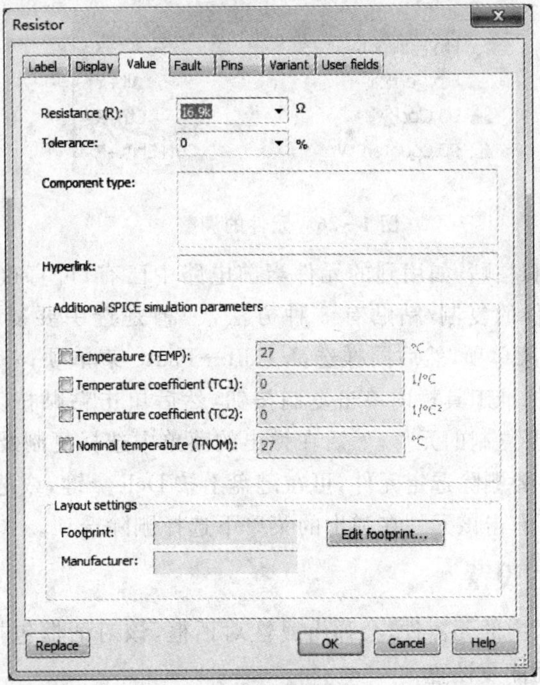

(a) 电阻参数设置

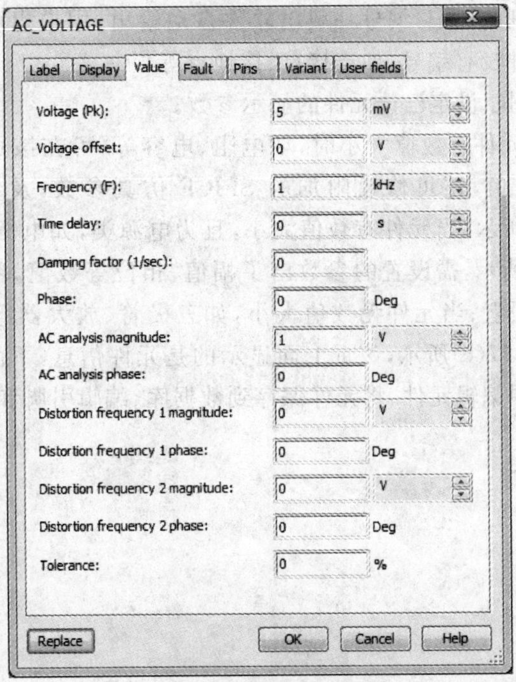

(b) 交流源参数设置

图 1-27 Value 页

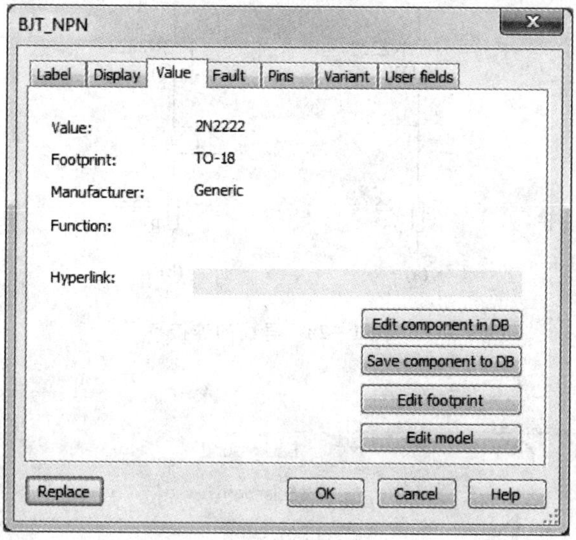

(c) 三极管参数值设置

图 1-27　Value 页(续)

- Fault 页：可以在电路仿真过程中在元件相应引脚处人为设置故障点，如开路、断路及漏电阻。默认设置为 None，即不设置故障。

元件属性窗口中还包含 Pin 页、Variant 页和 User Fields 页，它们的主要设置内容分别为引脚相关信息、元件变量状态和用户增加内容。由于这些页的设置不常用，所以不做详细介绍。元件属性窗口左下方有 Replace 按钮，其功能是在弹出的元件选择窗口中选择其他元件来替换当前元件。

1.5.3　元件的连接

所用的元件放置于工作区内后，需要根据电路对元件进行连接。下面介绍元件连接的相关内容。

1. 导线的连接

下面以图 1-28 为例来看导线连接的方法。将鼠标指向要连接的端点时会出现十字光标，单击可引出导线，将鼠标指向目的端点，该端点变红后单击，即完成了元件的自动连接，如图 1-28(a)所示。当需要控制连线过程中导线的走向时，可在关键的地方单击以添加导线拐点，如图 1-28(b)所示。

2. 导线颜色的改变

在 Multisim 中如要改变所有导线的颜色，右击空白工作区，选择属性菜单项打开页面属性设置对话框，在其中的颜色部分可改变所有导线(Wire)的颜色，如图 1-29 所示。

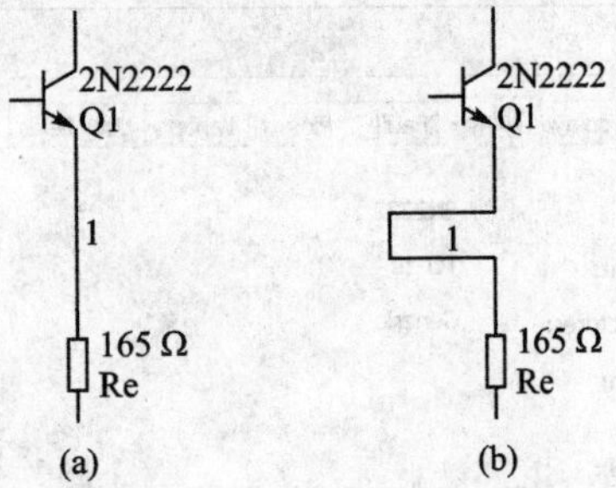

图 1-28　导线的连接

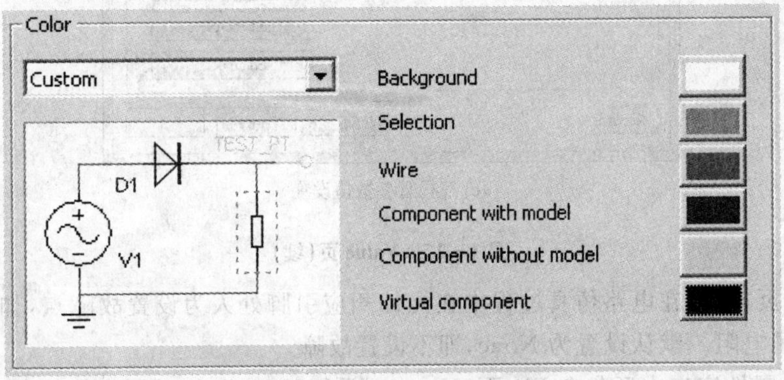

图 1-29　导线颜色设置

若仅要改变单一导线的颜色，则右击该导线，选择 Change Color 菜单项，在弹出对话框中选择合适的颜色后单击 OK 按钮即可。

3. 导线的删除

右击要删除的导线，在弹出菜单中选择 Delete 按钮，或者用户可以单击选中导线，然后在键盘上按 Delete 键对导线进行删除。

4. 导线上插入

要在两个元件的导线上插入元件，只需将待插入的元件直接拖放在导线上，然后释放即可。

1.5.4　节点的使用

节点是一个实心小圆点，节点可作为导线的端点，也可用于导线的交叉点。在 Multisim 中要连接导线，必须同时有两个端点，电路要引出输出端的情况下，可在工作区空白处放置一个节点，然后连接将节点与元件的一端相连，如图 1-30 所示。如果要使相互交叉的导线连通，需要在交叉处放置一个节点，如图 1-31 所示。

节点的选取有两种方法：一种是选择 Place→Junction 菜单项，即可将节点放在

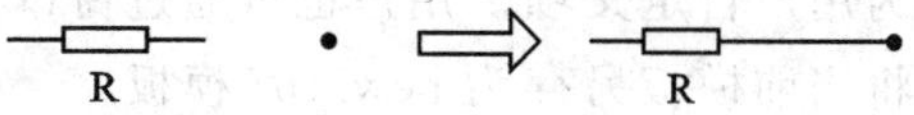

图 1-30 导线端点连接示意图

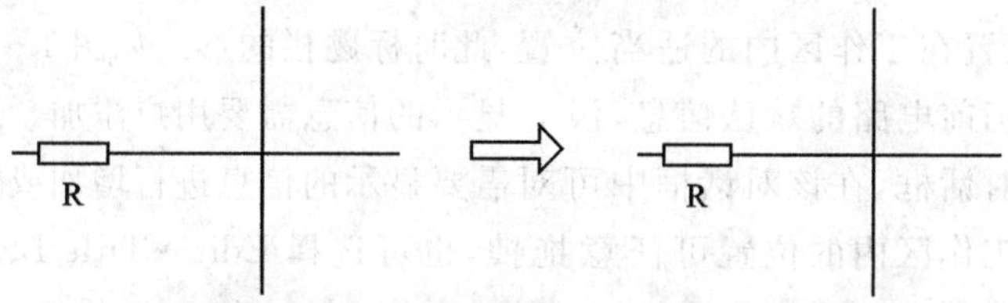

图 1-31 相互交叉的导线连通示意图

工作区内适当的位置；另一种方法是右击工作区的空白处，在弹出的菜单中选择 Place Schematic→Junction 菜单项。在电路中软件为每个节点分配一个编号，双击与节点相连的导线可显示该节点属性对话框，其中包括节点编号，用户可对该编号重新设置，但不能和已有编号相冲突，节点属性对话框中还可设置是否在电路中显示该节点的编号。

1.5.5 测试仪表的使用

测试仪表可在仪表工具栏内选择，如果是示波器、电压表等测试仪器，则选择所需仪器，拖动仪器到工作区内适当位置单击放置，将仪器信号端和接地端分别与电路中的测试端和接地端相连，双击工作区内仪器图标弹出仪器面板，调整仪器参数后，按电路仿真按钮，即可在仪器面板上观察到测试波形。对于探针类仪表，将其直接放置在适当的导线处，对电路进行仿真，即可观察到测试数据。

1.5.6 电路文本描述

工作区内的文本描述主要包括 3 个部分：标题栏、文本和注释。标题栏中包括电路的主要信息，如电路图的名称、描述、设计者、设计日期等；文本主要是对电路原理或关键信息的描述；注释为对电路的特别标注。下面介绍一下这 3 种文本的添加方法：

1. 添加标题栏

选择 Place→Title Block 菜单项，打开标题栏编辑对话框，在该窗口用户可以新建一个标题栏，也可打开软件自带的标题栏模板文件进行格式的修改。Multisim 12.0 自带了 10 个标题栏模板，每个标题栏模版形式不同，所显示的内容也不相同。

打开 defaultV7 模板,其中各栏名称可在电子表格窗口修改,各栏内容可选择 Fields 菜单下的不同项,但这些项的具体内容在这里是不可编辑的。Fields 菜单中间部分为标题栏常用项,下面为用户自定义项。用户也可通过窗口界面中的工具栏修改标题栏格式,修改完成后将当前模板另存为 new. tb7 模板。

当要在工作区内添加标题栏时,选择 Place→Title Block 菜单项,弹出打开对话框,此时可选择的模板除了软件自带的模板外,还有刚建的 new 模板,选择该 new 模板,然后将其放置在工作区内的适当位置,此时标题栏的形式如图 1-32 所示。其中已显示信息为当前电路的默认信息,没有显示的信息需要用户添加。双击标题栏,打开标题栏设置对话框,在该对话框中可对需要显示的信息进行增加或修改。

标题栏在工作区内的位置可任意拖拽,也可选择 Edit→Title Block Position 菜单项使菜单栏分别放置到工作区的 4 个角上。

Electronics Workbench 801-111 Peter Street Toronto, ON M5V 2H1 (416) 977-5550	Electronics WORKBENCH	
Title: BJT共射放大电路	Desc.:	
Designed by:	Document No: 0001	Revision: 1.0
Checked by:	Date: 2008-01-15	Size: A
Approved by:	Sheet 1	

图 1-32 new 标题栏模板

2. 添加文本

在电路工作区中添加文本的方法为:选择 Place→Text 菜单项(或在工作区任意位置右击,在弹出的菜单中选择 Place Graphic/Place Text),然后在工作区内单击要添加文本的位置,将出现闪动的光标,输入文本后单击工作区内其他位置,即完成文本编辑,此时已添加的文字组成一个文本框,双击此文本框可对文本进行修改;鼠标右击文本框,在弹出的菜单中可选择对文本的字体、颜色、大小等属性进行编辑;若要移动文本框,单击并拖动文本框到新位置即可。

3. 添加注释

在电路工作区中添加注释的方法有两种:一是选择 Place→Comment 菜单项;二是在工作区任意位置右击,在弹出的菜单中选择 Place Comment。选择上面的菜单项后,一个类似于图钉的图标将随鼠标的移动而移动,单击将其放置在适当位置,文字注释部分反白,用户可添加注释,如图 1-33(a)所示。编辑完成后,注释将自动隐藏，如图 1-33(b)所示，此时将鼠标移向图标，注释显示，如图 1-33(c)所示。

(a)　　(b)　　(c)

图 1-33　注释图标

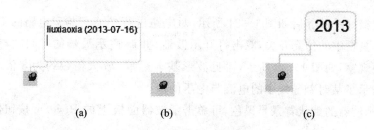

右击注释图标，除了复制删除等基本操作外，选择 Show Comment/Probe 菜单项后，图标上的注释框将始终显示；选择 Edit Comment 菜单项后，注释框将反白，用户可编辑注释；选择 Font 菜单项后，可改变字体；选择 Properties 菜单项将弹出属性对话框，如图 1-34 所示，在该对话框中可设置注释框中背景及文本的颜色、注释框大小及注释内容等信息。

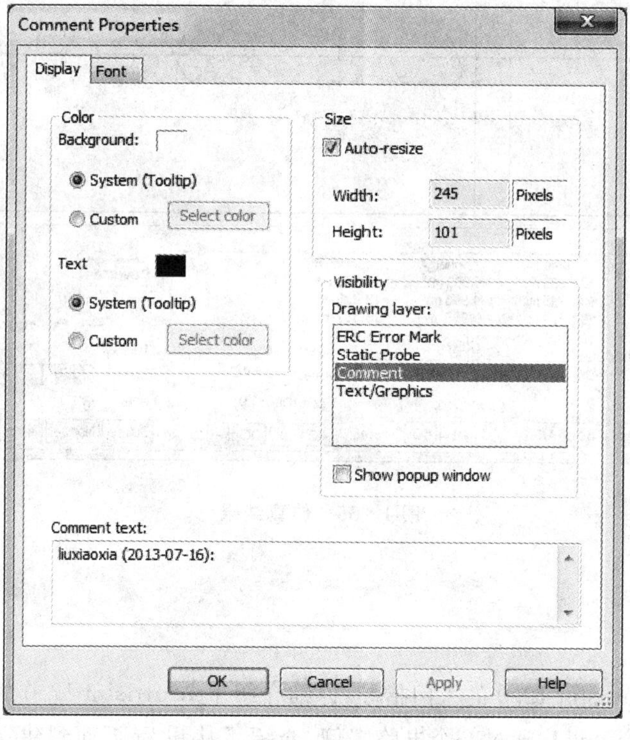

图 1-34　注释属性对话框

注意：当注释图标放于元件上时，注释图标将随元件的移动而移动，而放于其他位置时，没有此动作。

1.5.7 电路仿真

电路连接好并保存后如图 1-21 所示,对电路进行仿真可检验电路的工作特性。按下仿真工具栏中的仿真开关,双击打开示波器,并调整示波器的时间轴与幅值轴,使波形方便观察,如图 1-35 所示,可见波形基本正常,放大倍数约为 3 倍。输出回路的探针指示了某时刻导线中的电流与电压的值。

注意:示波器的默认背景是黑色,可单击示波器面板上的 Reverse 按钮使示波器的背景反白。

本电路仅用到示波器,对于其他仪器的使用将在第 3 章中详细介绍。用于电路的一些高级的仿真功能将在第 4 章中详细介绍。

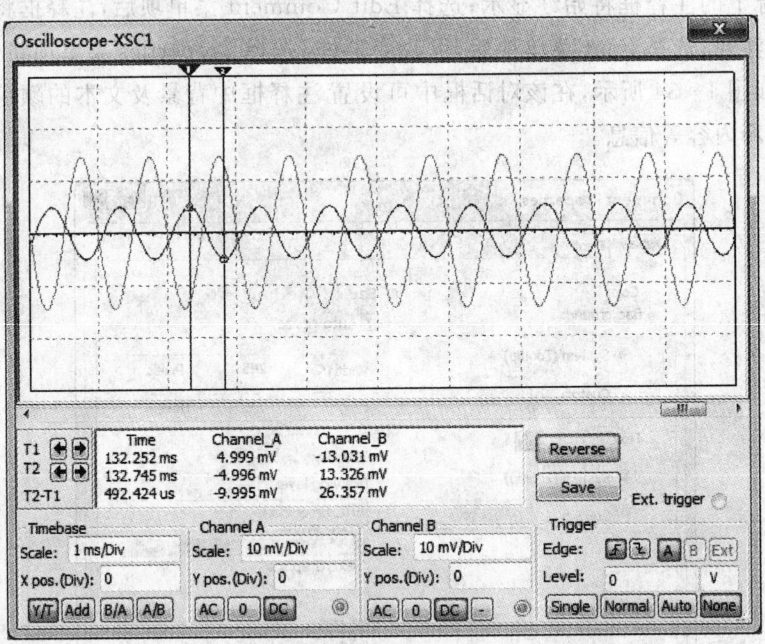

图 1-35 仿真结果

本章小结

本章是 Multisim 12.0 的入门指导,详细介绍了 Multisim 12.0 的基本界面窗口及主要功能命令。最后通过一个电路实例,介绍了从设置页面到建立原理图再到电路仿真的全过程,使读者能快速了解和使用 Multisim 12.0。

习题与参考题

1. 熟悉 Multisim 12.0 的主要界面，按图 1-21 的电路完成电路的连接与仿真。
2. 练习在工作区内添加文本的操作。
3. 练习用新元件替换已有元件。
4. 如何设置原理图背景颜色、导线颜色、元件颜色及文本颜色？
5. 如何层叠显示多个电路？
6. 如何根据元件的细节报告选取适合的元件？

第 2 章

Multisim 12.0 电路设计进阶

2.1 扩展元件

尽管 Multisim 12.0 包含了大量种类的元件，但不可避免会遇到缺少用户所需仿真元件的问题。在通常情况下又 3 种解决问题的方法：一是用性能参数相近的器件代替，但这样仿真结果可能会有差别；二是用户通过 EDAparts.com 网站购买所需的元件模型，但需要注意的是购得的仅仅是该元件的 PSpice 模型，元件图形和引脚等信息还需进行进一步的修改才可使用；对于缺乏条件的用户，也可在 Multisim 12.0 中自己创建元件或对现有元件模型进行修改。创建一个全新的元件模型非常复杂，需要事先获得元件的详细资料，且需输入很多细节，因此用户应尽量对已存在的模板进行修改，以较少创建新元件的工作量及避免操作错误。

2.1.1 编辑元件

下面通过一个三极管模型修改的例子来了解在已有元件的基础上创建元件的方法。从元件工具栏中找到三极管 2N2222，然后放置到工作区内，双击该元件打开元件属性窗口，其 Value 页如图 2-1 所示，单击 Edit Component in DB 按钮打开元件编辑对话框，如图 2-2 所示。

元件编辑对话框中包含 7 页设置页，下面将介绍各页的主要内容：

1）General 页：该页包含元件的一般属性，如元件名、设计时间、设计者和元件的功能描述，如图 2-3 所示。

2）Symbol 页：该页中可对元件在电路图中的符号显示形式进行编辑，如图 2-4 所示。Number of Pins 栏用于设置引脚的个数；Number of Section 栏用于设置一个芯片中封装该元件的个数；元件符号可选择美国的 ANSI 标准或欧洲的 DIN 标准；单击右边的 Edit 按钮可弹出图 2-5 所示的元件符号编辑器；单击 Copy from DB 按钮可以从元件数据库中复制一个已有元件符号；单击 Copy to 按钮可以将当前编辑好的元件符号保存到元件数据库中。图 2-4 的下方图形为当前元件符号的显示，图形左边为符号引脚的列表，单击左边栏内表格可修改引脚名称，单击右边栏内表格可修改该引脚从属于哪部分元件。

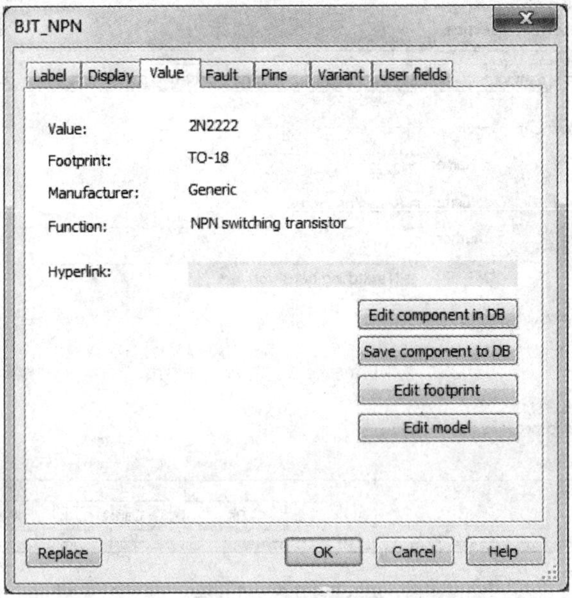

图 2-1　2N2222 元件的 Value 属性页

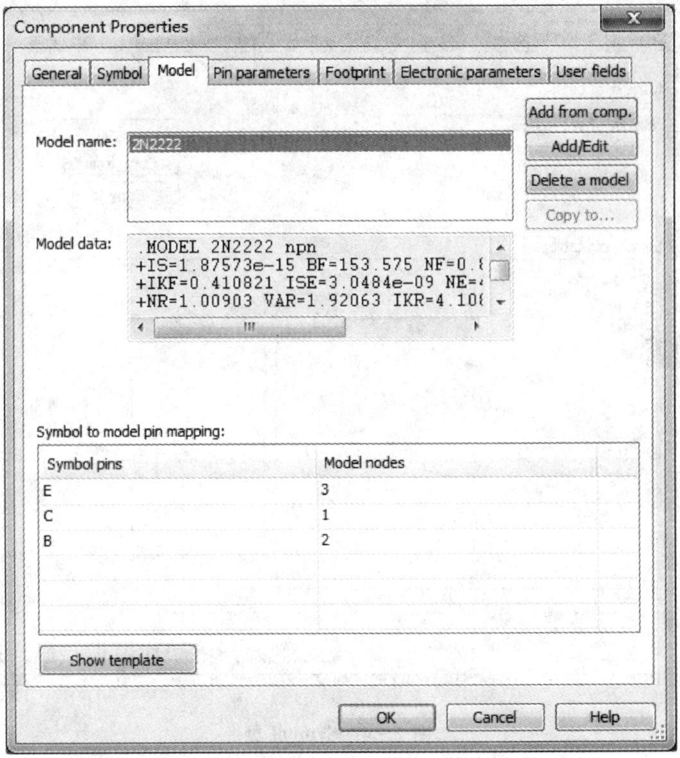

图 2-2　元件编辑对话框

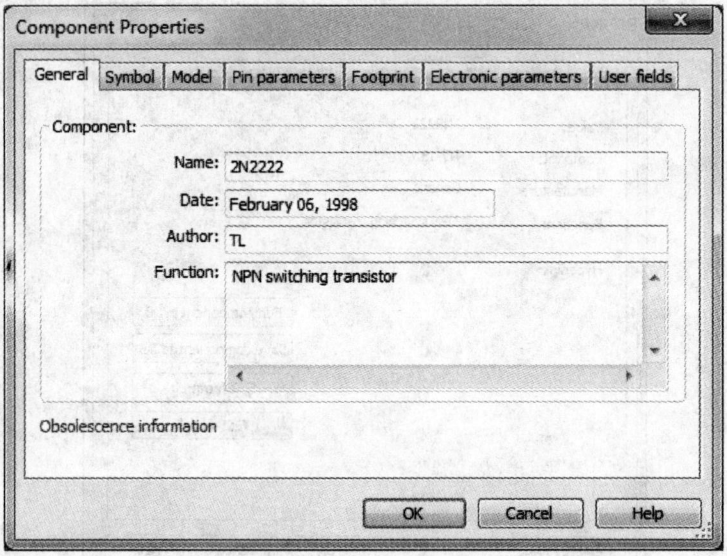

图 2-3　General 页

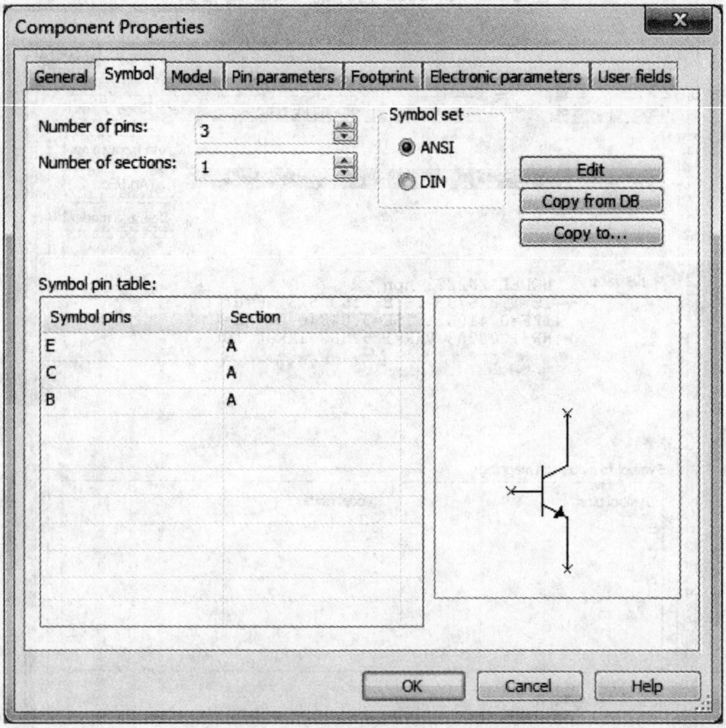

图 2-4　Symbol 页

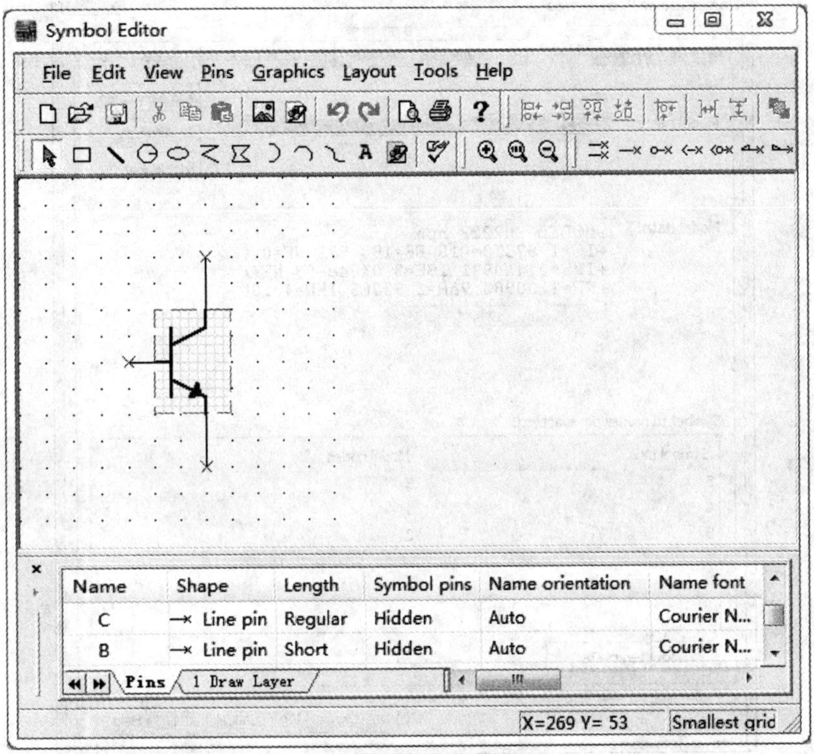

图 2-5 元件符号编辑器

3) Model 页：该页用于修改元件模型，如图 2-6 所示，包含模型名、Pspice 模型数据和元件符号引脚对应的模型节点号。Add from Component 按钮可从元件库中加入新的元件模型；Add/Edit 按钮用于对增加或编辑 Multisim 数据库中新建或已存的模型；Delete a Model 按钮用于删除模型名称列表中的所选模型。

对元件模型参数的改变还可通过图 2-1 元件属性窗口中的 Edit Model 按钮打开图 2-7 的模型编辑窗口进行。该窗口中的三极管 Pspice 模型参数共有 41 个，各参数的名称后括号内对应了该项参数的意义，各参数的数值可根据具体需要进行修改。窗口下方的 Change Part Model 按钮是将参数的改变应用到当前元件；Change All Models 按钮是将参数的改变应用到工作区内的所有相同元件；Restore 按钮是恢复更改前参数。

4) Pin Parameter 页：该页主要包括元件类型及引脚参数的相关设置，如图 2-8 所示。

5) Footprint 页：该页包含元件的封装类型、引脚号等信息的修改，如图 2-9 所示。

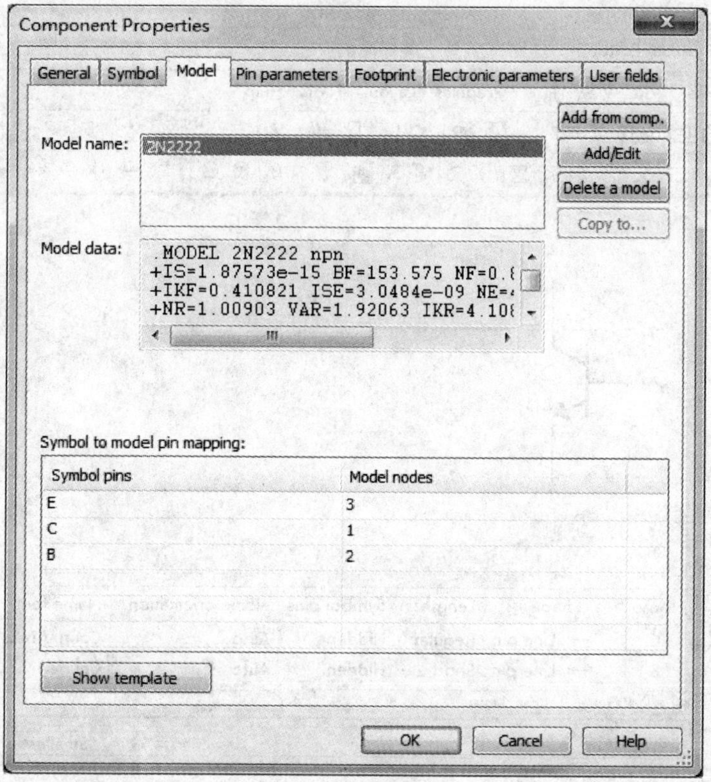

图 2-6 Model 页

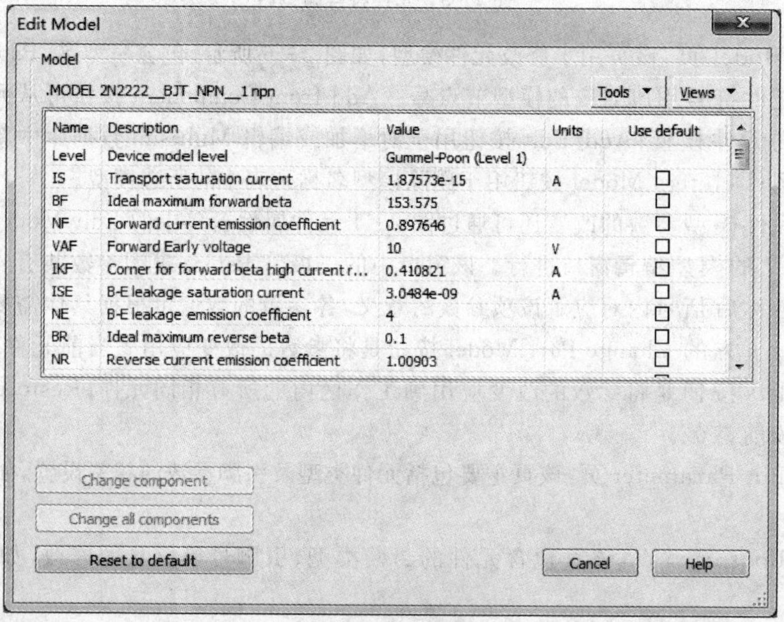

图 2-7 模型编辑窗口

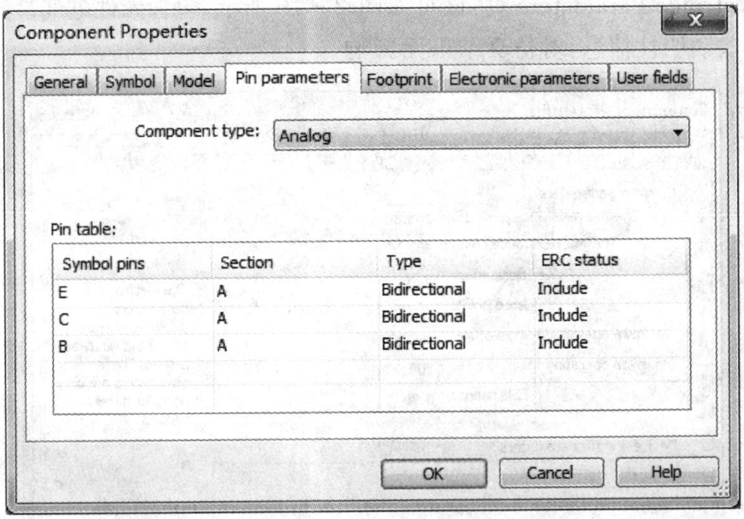

图 2－8　Pin Parameter 页

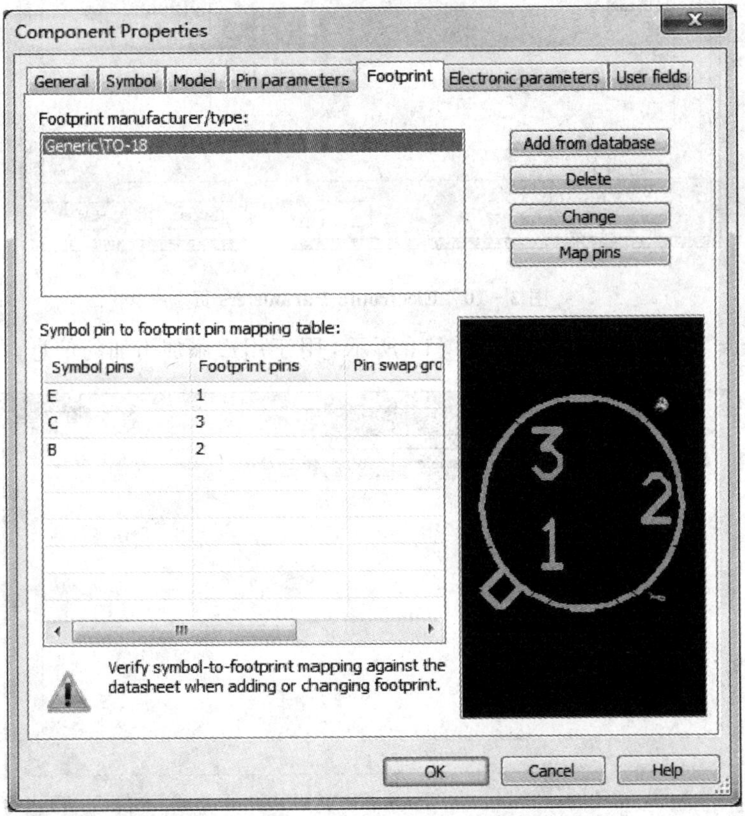

图 2－9　Footprint 页

6）Electronic Parameters 页：该页如图 2－10 所示，包含元件电气参数的描述信息，只是一些说明性信息，对仿真结果无影响。

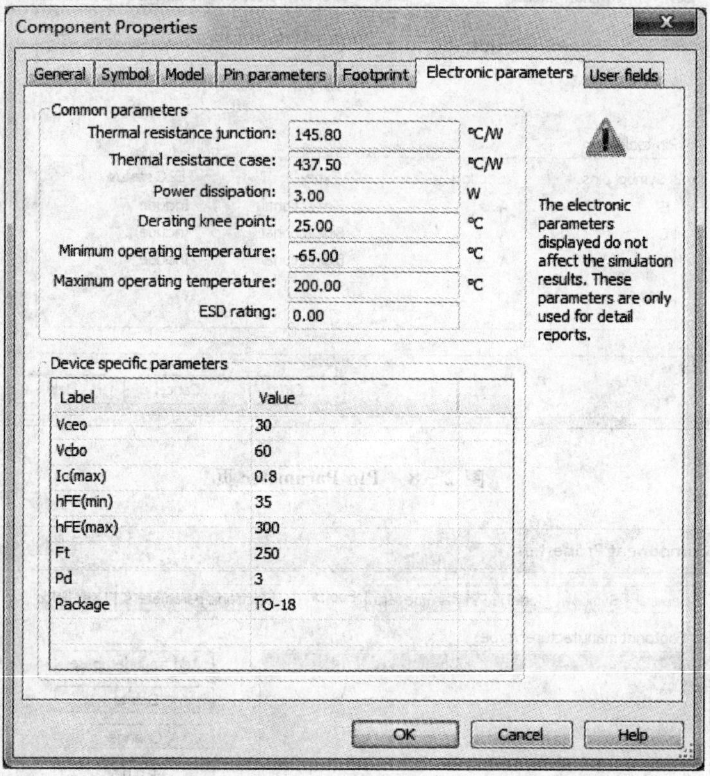

图 2－10　Electronic Parameters 页

7）User Fields 页：该页如图 2－11 所示，用于用户添加附加的信息。

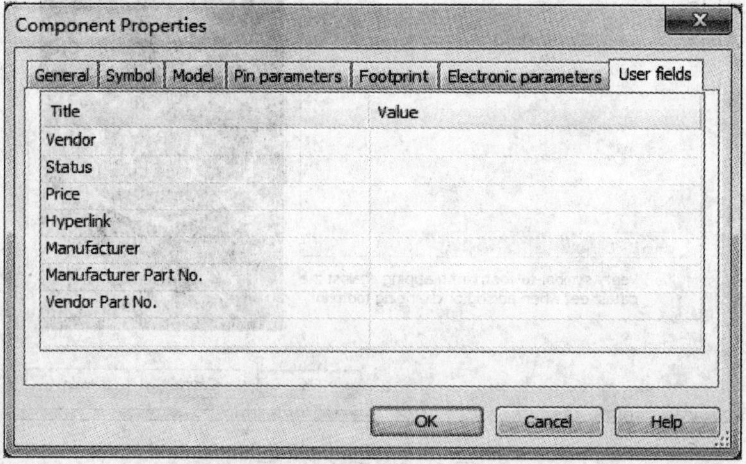

图 2－11　User Fields 页

以上选项页中的信息修改完成后，单击窗口下方的 OK 按钮，将弹出图 2-12 所示的选择分类对话框。在左边的分类树中选择编辑后元件所属分类，单击 Add Family 按钮，可在当前分类下再新建元件的所属系列，该系列可采用美国的 ANSI 标准或欧洲的 DIN 标准。选中 Replace Component In Circuit 项可用已修改后的元件替换电路中的原器件。

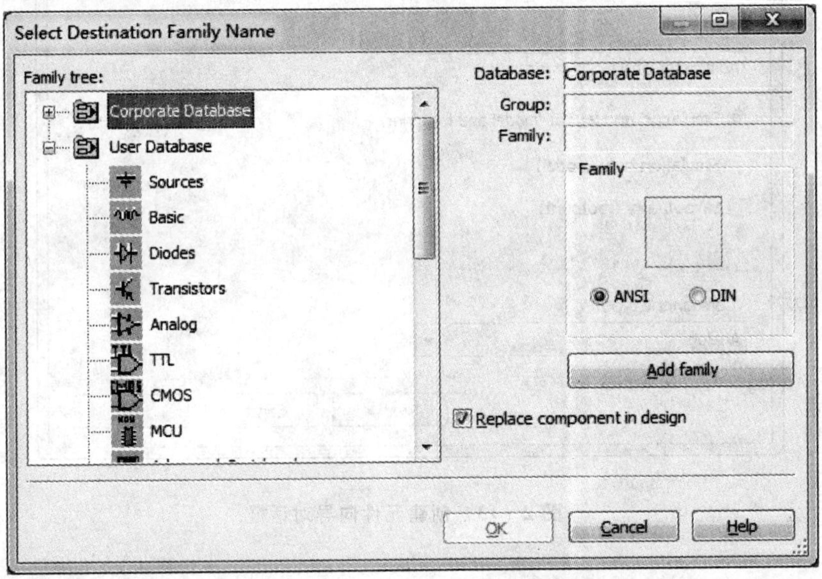

图 2-12 选择分类对话框

2.1.2 新建元件

新建元件可在主工具栏中单击 按钮创建新元件，或在菜单栏中选择 Tools/Component Wizard 选项，将弹出如图 2-13 所示的创建元件向导对话框。该向导共包括 8 个步骤，下面以创建一个新的运算放大器为例来对每个步骤分别进行说明：

1) 在对话框内输入元件名称、设计者、元件功能，元件类型等信息，如图 2-13 所示。元件类型可选 Analog(模拟)、Digital(数字)、Verilog_HDL(Verilog 语言所编写的元件)或 VHDL(VHDL 语言所编写元件)。对话框下面的 3 个单选项的功能分别为：创建元件的仿真模型及 PCB 封装；仅创建元件的仿真模型；仅创建元件的 PCB 封装。

2) 设置封装类型，如图 2-14 所示。单击窗口右上角的 Select a Footprint 按钮可打开图 2-15 的窗口，在相应的数据库下可选择合适的封装类型。在第 2 步中还需设置引脚数及元件是单封装还是复合封装。

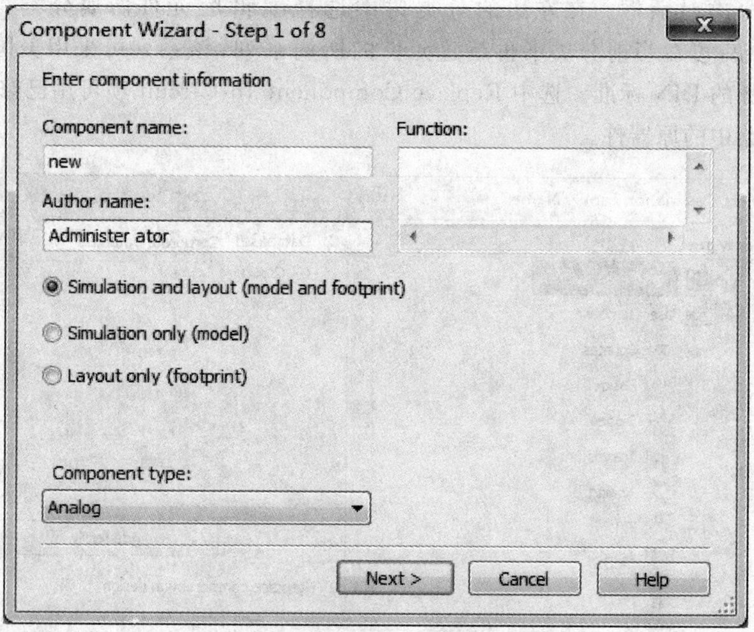

图 2-13 创建元件向导对话框

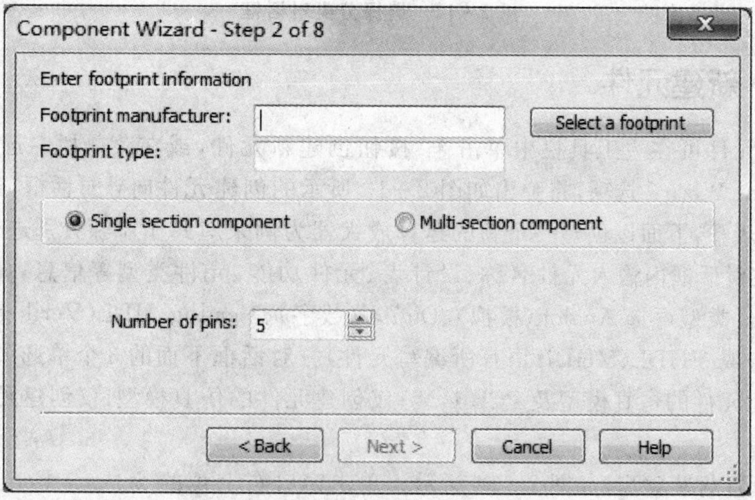

图 2-14 封装类型设置对话框

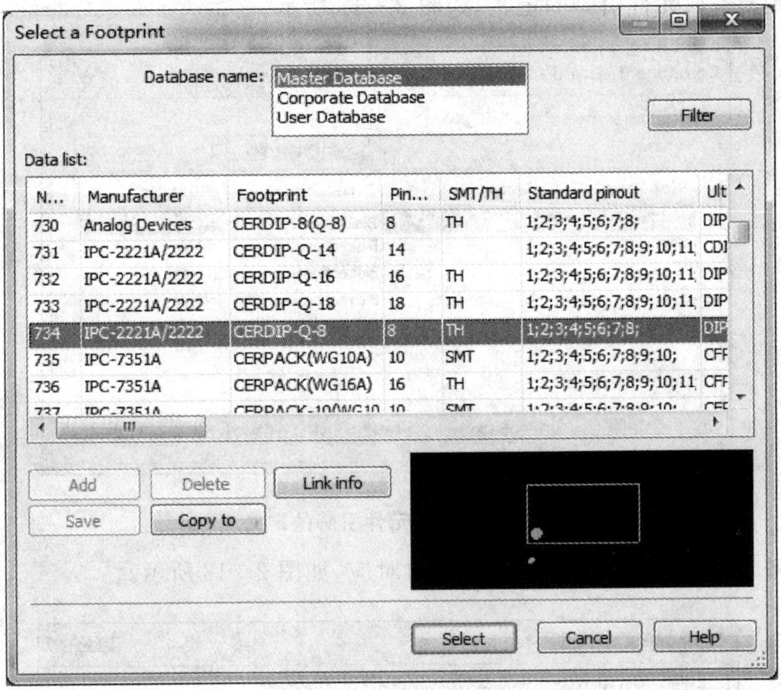

图 2-15 选择封装窗口

3）进入第 3 步后的对话框如图 2-16 所示，在该对话框中完成对元件符号的定义。向导自动为元件分配了一个简易符号，要修改符号可单击 Edit 按钮进入符号编辑器进行修改，也可单击 Copy from DB 按钮从数据库中复制已有的符号，此处选择 AD644LH 运放的符号作为当前所创建器件的符号。

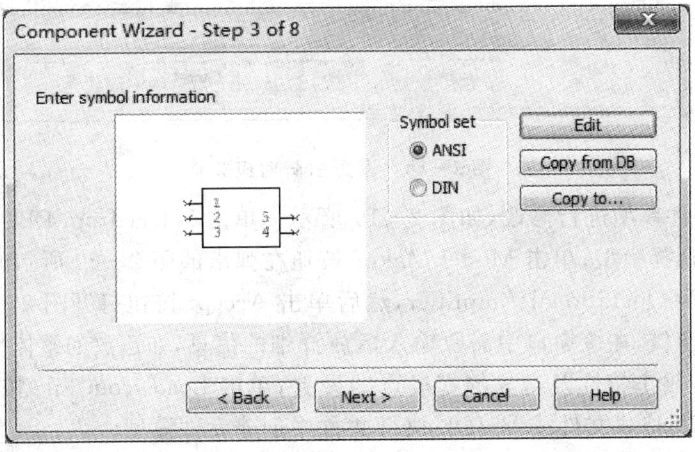

图 2-16 元件符号的定义

4）主要完成元件引脚的定义，如图 2－17 所示。

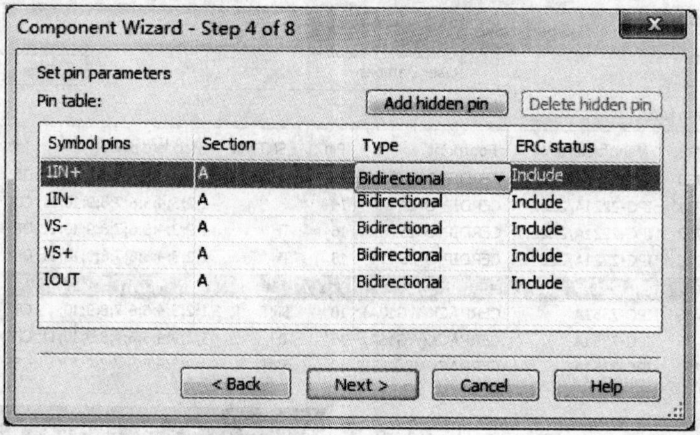

图 2－17　元件引脚的定义

5）完成元件符号引脚与封装引脚的对应，如图 2－18 所示。

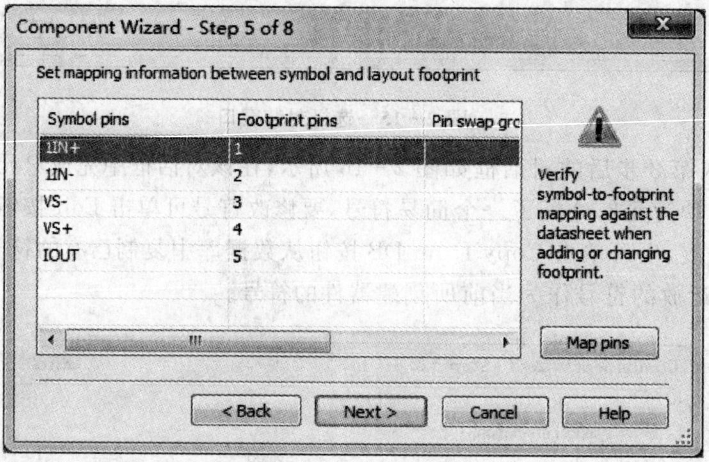

图 2－18　设置引脚对应关系

6）对元件模型进行修改，如图 2－19 所示。单击 Select from DB 按钮从已有数据库中进行选择模型；单击 Model Maker 按钮在弹出的图 2－20 所示的对话框中选择元件类型为 Operational Amplifier，然后单击 Accept 按钮打开图 2－21 所示的运放模型编辑窗口，在该窗口中需要输入运放详细的信息，如运放的整体特性、输入/输出特性、增益频率特性及运放的零极点的设置；单击 Load from File 按钮，可以从已存在的 SPICE 格式文件或 VHDL 执行文件中创建元件模型。

7）设置元件符号与模型引脚的对应关系，如图 2－22 所示。

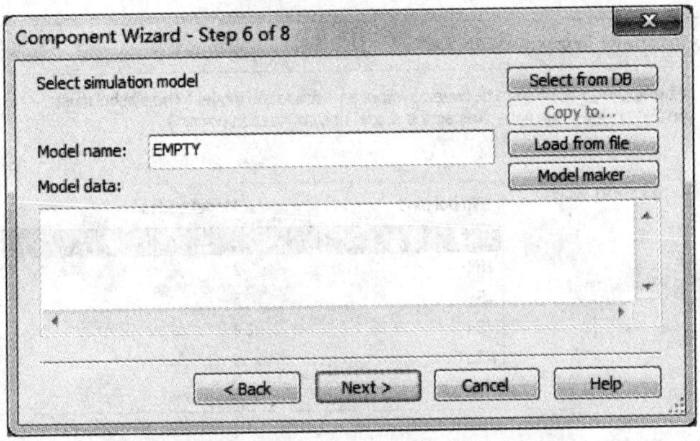

图 2-19 选择仿真模型

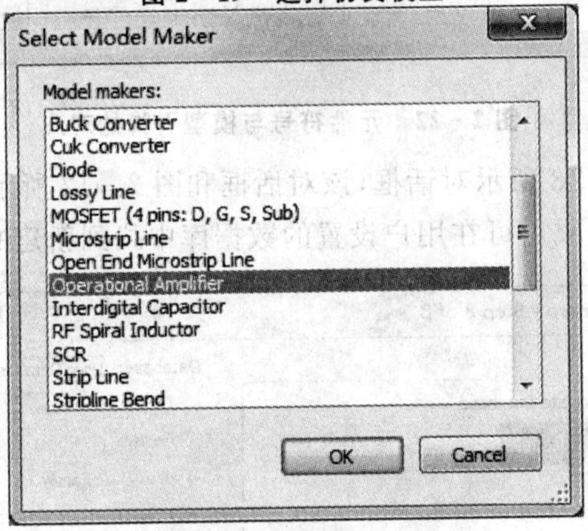

图 2-20 模型类型选择

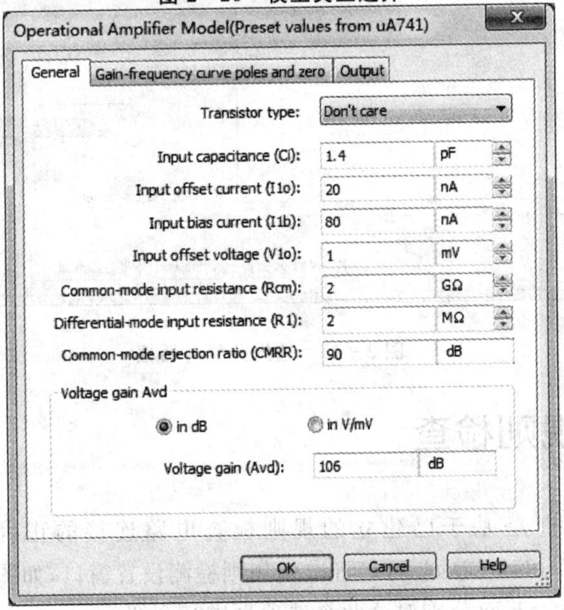

图 2-21 运放模型编辑窗口

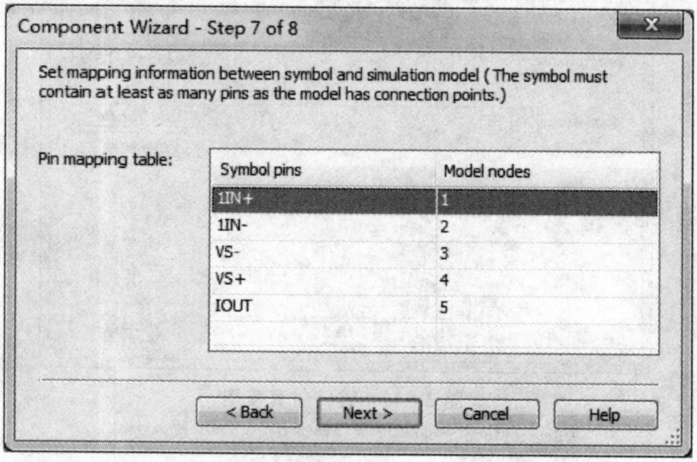

图 2－22　元件符号与模型引脚的对应

8）弹出如图 2－23 所示对话框，该对话框和图 2－12 所示相同，设置也相同，这里不再赘述。设置完成后可在用户设置的数据库中找到新建的元件。

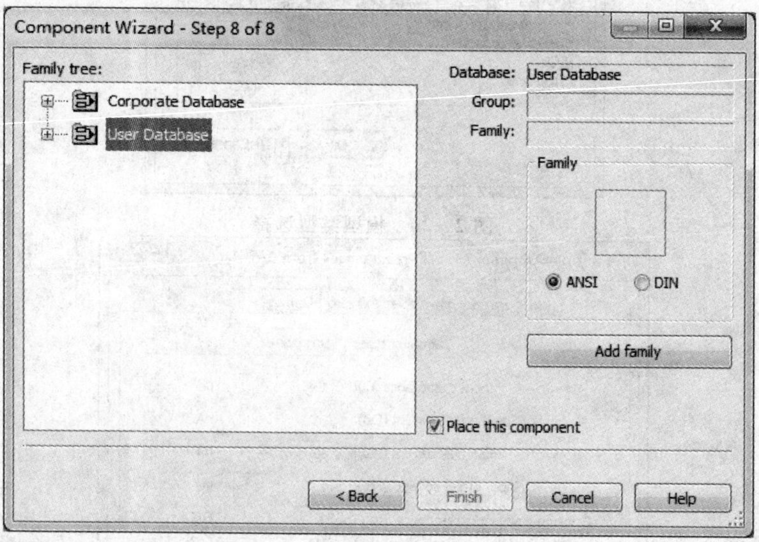

图 2－23　选择分类对话框

2.2　电气规则检查

电气规则检查是基于已建立的规则检查电路连接的正确性。选择菜单栏 Tools/Electrical Rules Check 可打开电气规则检测设置窗口，如图 2－24 所示，该窗口包含两个选项页，下面分别对这两个选项页进行介绍。

● ERC Options：此页如图 2－24 所示，用于 ERC 检查的一些基本设置。Scope 用于设定是对当前页面进行检查还是对整个设计进行检查；Report Also 用于设定另外显示的部分，如没有连接的引脚（Unconnected Pins）和不包括的引脚（Excluded Pins），元件的引脚是否包含在 ERC 检测中，可在元件属性的 Pins 页下进行设置；Flow Through 用于设置是否检验（总线）跨页连接端、（总线）层次电路及子电路引脚，以上设置的引脚及连接端仅指本页面中所包括的，当选中 Check Touched Pages 才同时检验与当前电路有关联的其他电路（包括对应子电路、层次电路及其他多页电路）；ERC Marker 设置清除及创建 ERC 标志的操作；Output 可设置 ERC 检测结果的输出方式，可选择显示到电子表格视窗的 Results 页面下察看结果，或将结果输出到指定路径的文本文件中，也可以弹出窗口来显示电路中的错误列表。

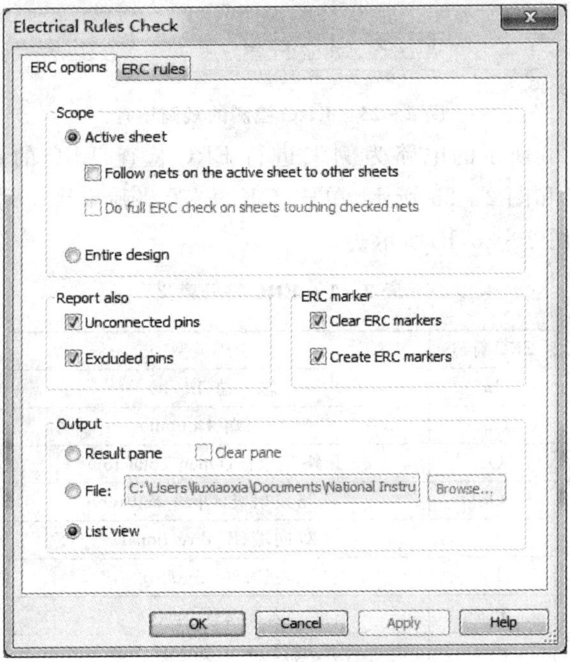

图 2－24 ERC 检查的基本设置

● ERC Rules 页：该页用于修改 ERC 检测的规则，如图 2－25 所示，其中图形中的符号所代表的引脚类型如表 2－1 所列，各种颜色代表错误的等级不同，如绿色表示正常，黄色表示报警，红色表示有错等。图 2－25 中圈框的部分就表示开路集电极与开路基极相连将报告错误。

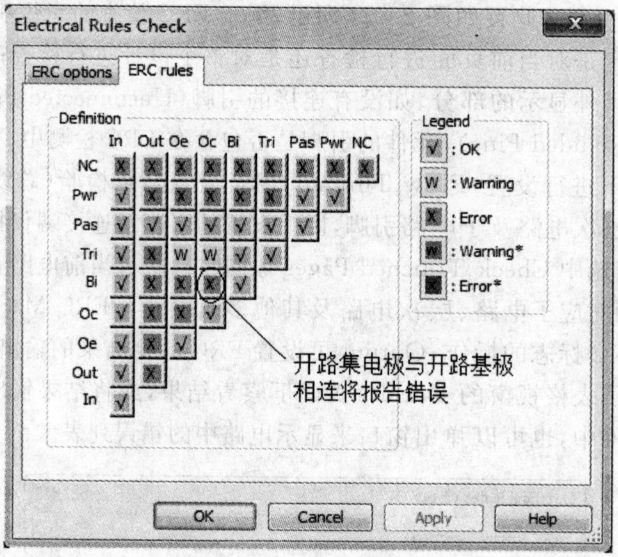

图 2-25　ERC 检测的规则设置

下面以图 2-26 所示的电路为例来进行 ERC 检查，ERC 的基本设置和规则设置分别如图 2-24 和图 2-25 所示，单击 OK 按钮，将弹出错误列表，同时电路中将添加错误标记，如图 2-26(b)所示。

表 2-1　ERC 符号意义

ERC 符号	引脚类型
In	输入端(Input)
Out	输出端(Oouput)
Oc	开路集电极(Open_collector)
Oe	开路发射极(Open_emitter)
Bi	双向端(Bi_directional)
Tri	三态端(3-state)
Pas	无源端(Passive)
Pwr	电源端(Power，如 Vcc、Vdd 等)
Pwr	接地端(包括 Gnd、Vss)
NC	无连接(no connection)

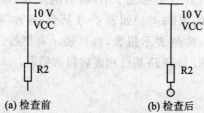

(a) 检查前　　(b) 检查后

图 2-26　电路电气规则检查示意图

2.3　大规模电路设计

本节将介绍大规模、更复杂电路的设计方法，用户可以把一个完整的电路分成几个模块后在相应页面上分别设计，也可把某部分电路设计成功能块的形式，使总电路能在一张图中显示。下面分别介绍一下各种分块设计的方法。

2.3.1　多页平铺设计

当设计电路图太大而在一张图纸中放不下时，可以考虑使用 Multisim 12.0 的多页平行设计功能，该功能将电路分割为几个部分，各部分通过 off－page 连接器相连。下面以 50 Hz 陷波器的设计为例说明多页平行设计。由于正负 15 V 供电电源电路较复杂，不易和主电路放在同一页中进行设计，用建立两个不同的页面来设计电路，设计步骤为：

1) 新建一个电路文件，将文件命名为“50 Hz 陷波器”，然后选择 Place→Multi-Page 菜单项，可出现如图 2-27 的小窗口，在空白处输入设计中第二个页面的名字，单击 OK 按钮后，在图 2-28 中设计工具栏的 Hierarchy 页中可以看到，软件在第一个新建的页面名字的后面自动添加了＃1，而第二个页面是在电路文件名称后面加＃power。

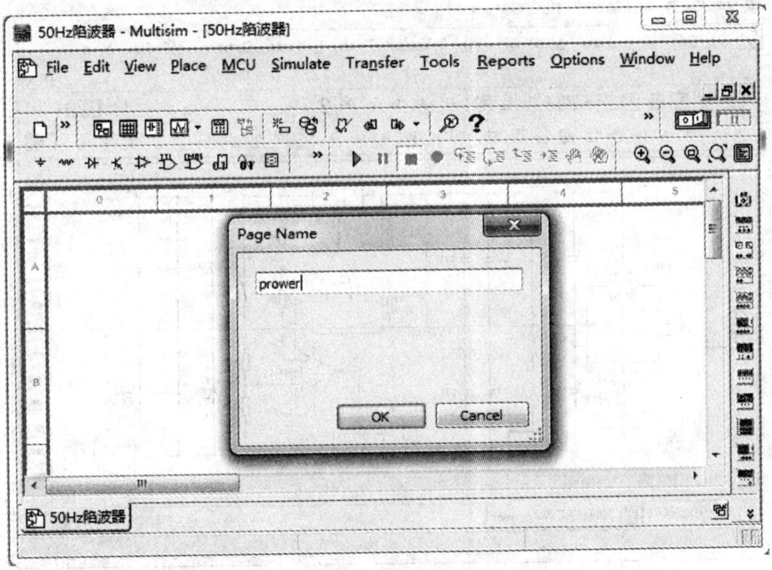

图 2-27　建立一个多页平铺设计

2) 在第一个页面中建立陷波器电路，在第二个页面中建立电源电路。

3)在电源电路中选择 Place→Off Page Connector 菜单项，在工作区内放置两个跨页连接器，分别与电源电路的正负输出端相连，并双击这两个连接端，将名称分别

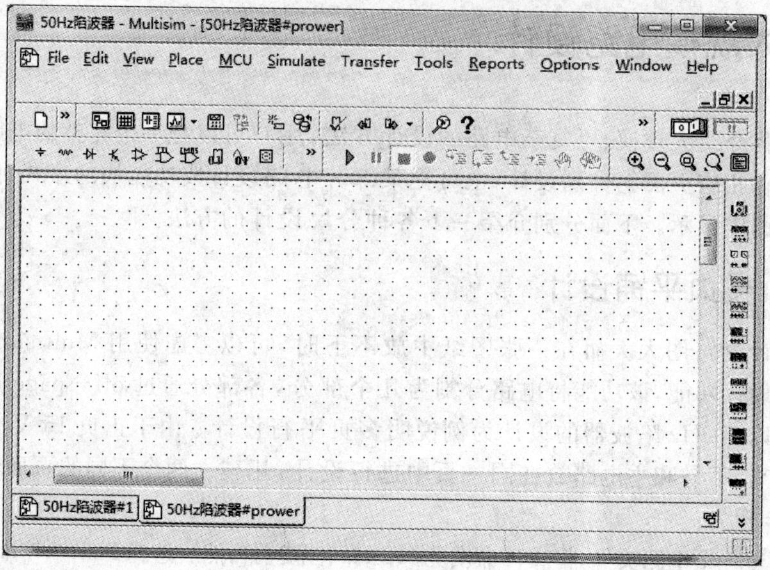

图 2-28　已建页面

改为 P15V 和 N15V,连接器如图 2-29 的圆框内所示。

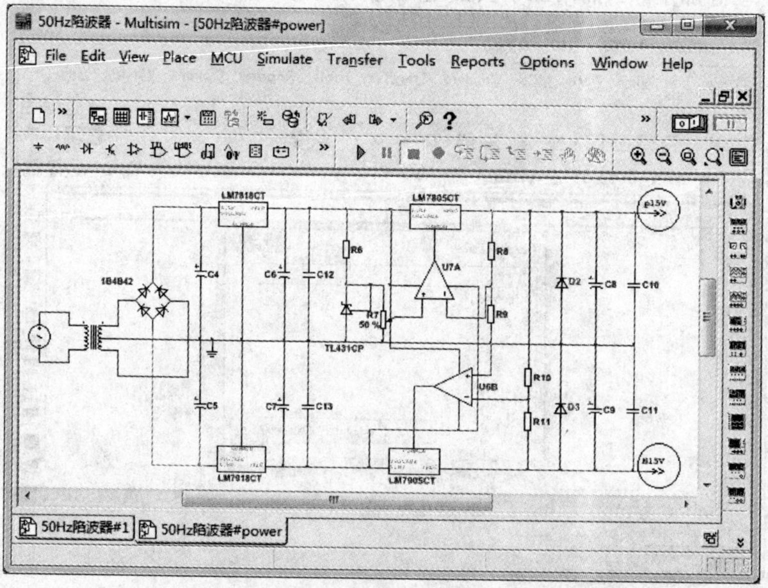

图 2-29　建立连接端

4）复制电源电路中的连接器 P15V 和 N15V 到陷波器电路中,分别和运放的正负供电端相连,然后对电路进行两个电路分别保存。

5）对电路进行仿真,可以看到陷波器电路中 P15V 连接器输出 15 V 电压,如图 2-30 所示。

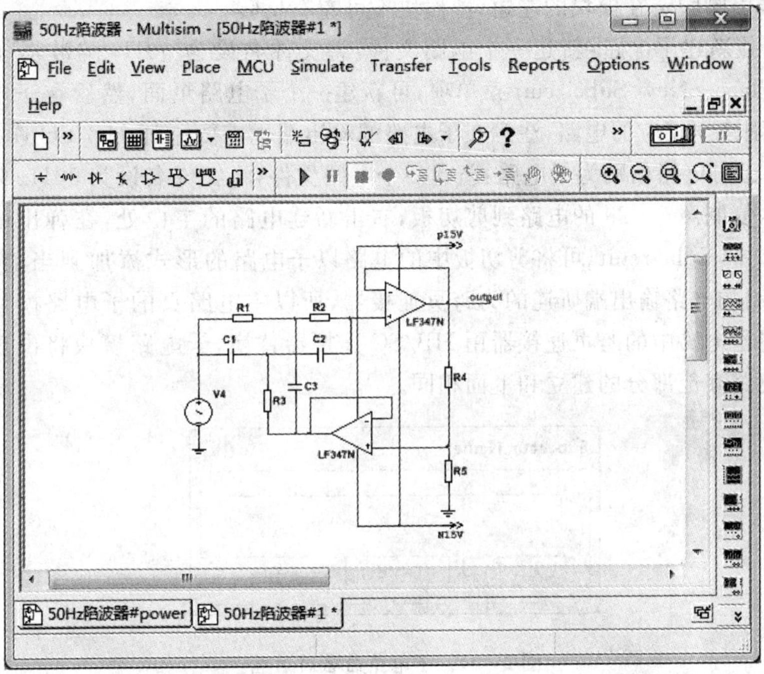

图 2-30 陷波器电路的仿真

注意:多页平铺设计中跨页连接器的名字必须保持一致。

2.3.2 子电路设计

子电路功能是基于层次化设计的思想,使电路分级设计,各子电路从属于上一级的电路,主电路中包含了设计中的所有模块;而多页平铺设计中各页之间没有从属关系,也没有包含所有功能块的页面。

下面以上小节的 50 Hz 陷波器电路为例来介绍子电路的建立。子电路的建立有 3 种方法:

1) 将新建电路转为子电路:新建一个电路文件,将文件名设为 50 Hz 陷波器子电路设计,在工作区内搭建电源电路,用菜单栏 Place/Connectors 路径下的 HB/SB 连接器引出两个电源输出端,选择整个建立好的电源电路,右击任意一个选中的元件,在弹出的菜单中选择 Replace by Subcircuit,则弹出图 2-31 的子电路命名对话框,在空白处输入电源电路名称 power 后,整个已选电路将由一个有两个信号输出端的方块代替,同时在设计工具栏的层次页下将出现一个以 power 命名的子电路。选择打开子电路(Power),然后在子电路中分别双击两个连接端,将名字改为 P15V 和 N15V,修改并保存后的子电路如图 2-32 所示。在主电路下完成陷波器电路的建立,并与电源子电路模块相连,保存后的电路如图 2-33 所示。

注意:当子电路引出输出端时,信号引脚固定在模块的右边;当子电路引出输入端时,信号引脚固定在模块的左边,子模块不可左右反转。

2) 直接新建子电路:新建一个电路文件,将文件名设为 50Hz 陷波器子电路设计,选择 Place→New Subcircuit 菜单项,可新建一个子电路页面,然后在子电路和主电路中分别建立相应的电路,注意在子电路的输出端也需要添加 HB/SC 连接器。

3) 将已有电路粘贴为子电路:新建一个电路文件,将文件名设为 50Hz 陷波器子电路设计,复制图 2-29 的电路到剪切板,右击新建电路的空白处,在弹出的菜单中选择 Paste as Subcircuit,可将剪切板中的电路以子电路的形式添加到当前电路中,因为所复制的电路输出端所连的为跨页连接器,所以主电路页的子电路模块没有任何引脚,将子电路中的跨页连接器用 HB/SC 连接器替换,子电路模块将出现两个输出端子,电路其他部分的建立和上面相同。

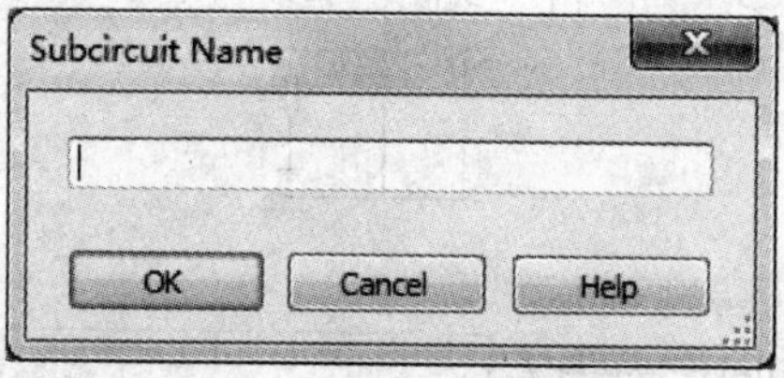

图 2-31　子电路命名对话框

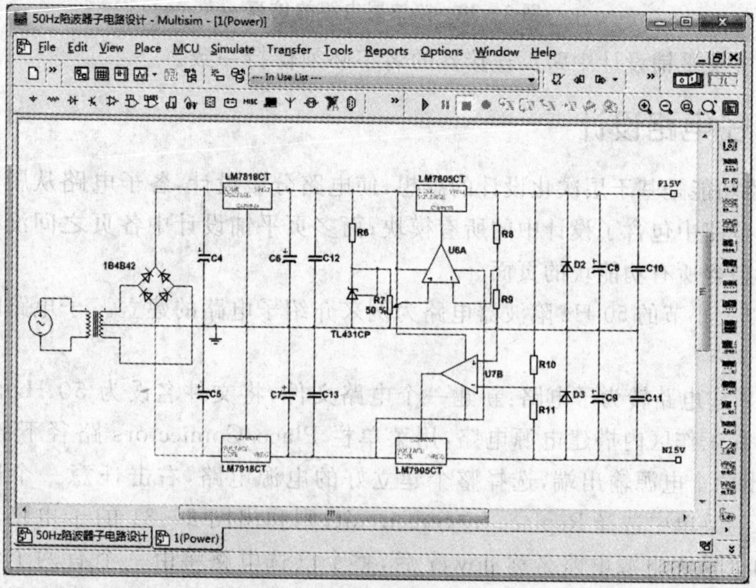

图 2-32　电源子电路

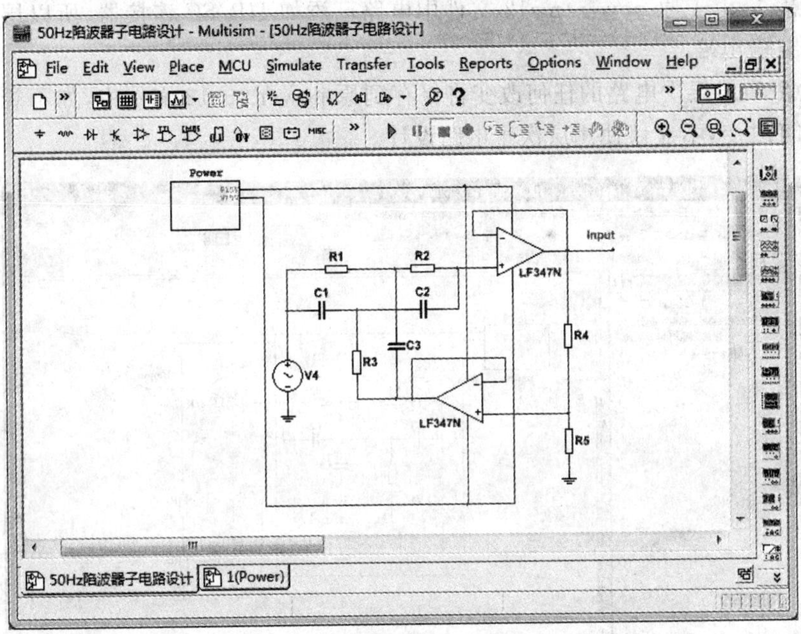

图 2-33 陷波器主电路

2.3.3 层次化设计

层次电路设计功能使用户可以建立一个互相连接的多层次电路，以便增强电路的可重复使用性，也可便于团队设计。层次电路与子电路的区别为子电路和主电路一起保存，不是独立的电路文件，而层次电路仅和主电路相关，它是一个独立的电路文件。子电路易于管理，而层次电路便于同一电路同时用于多个设计，如电源电路作为子电路只能是当前电路的电源，而电源电路如果作为层次电路，可以是多个设计的电源电路，且相互不影响。层次电路和子电路相同，都需要添加 HB/SC 连接器组成层次(子)模块与主电路部分相连。

下面仍以陷波器电路的设计为例来说明层次化设计。层次化设计根据情况的不同，有 3 种建立方法，它们分别为：

1）将已有电路文件作为层次电路：这里的已有文件是指已建立的后缀为 ms12 或早期软件版本建立的电路文件。将图 2-32 的电路复制到一个新建页面中，然后在指定的路径下保存为 power. ms12；再新建一个页面，绘制陷波器主电路；选择 Place→Hierarchical Block from File 菜单项，在打开对话框中选择刚建立的 power. ms10 文件，则主电路中将出现一个以 power 命名的层次电路模块，将该模块和运放的供电端相连，保存电路完成整个设计。陷波器主电路如图 2-34 所示，电源层次电路如图 2-35 所示。对层次电路的任何改变将保存到原 power. ms12 文件中，如不想对原文件做任何改变，不建议使用层次子电路设计。

注意 1：由于原 power.ms12 文件中电路已添加 HB/SC 连接器，所以层次电路模块自带输出端。

注意 2：对层次电路的任何改变将保存到原 power.ms12 文件中，如不想对原文件做任何改变，不建议使用层次子电路设计。

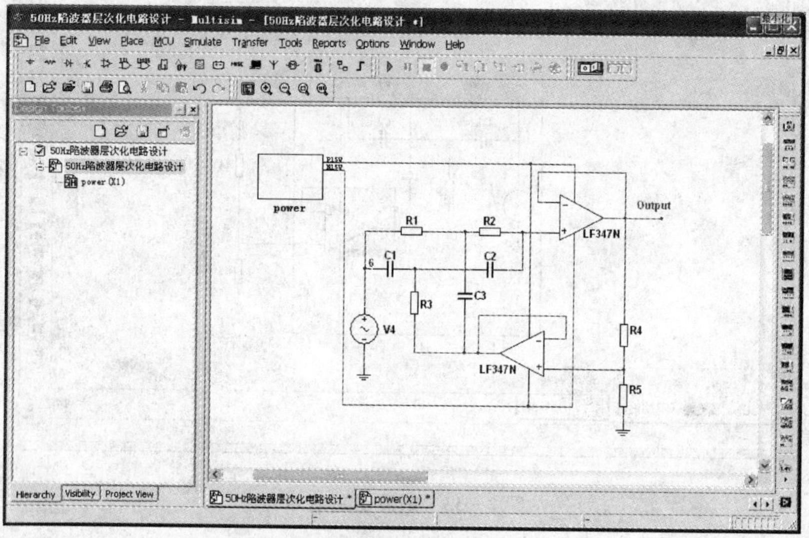

图 2-34　陷波器主电路

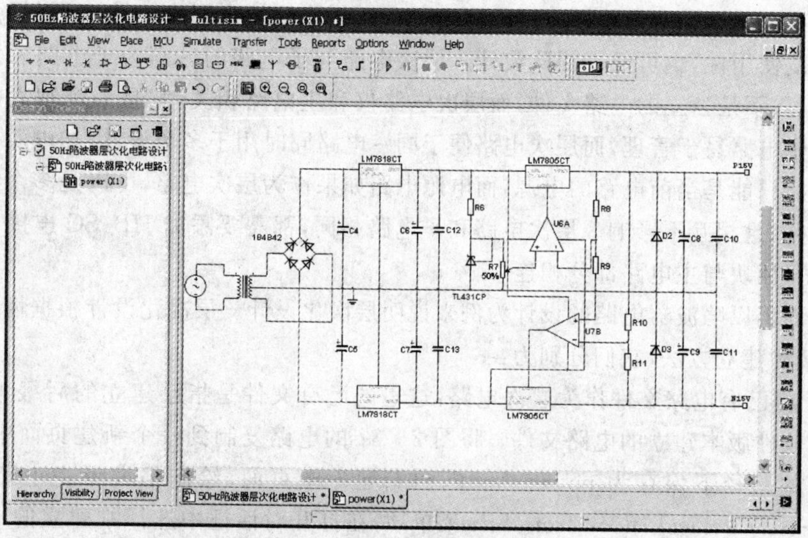

图 2-35　电源层次电路

2）新建层次电路：选择 Place→New Hierarchical Block 菜单项，将弹出如图 2-36所示的对话框，在层次模块名称中写入合适的名称，软件将自动在主电路的存放路径下新建一个电路文件，同时将此文件关联到当前主电路，用户也可以单击 Browse 按钮为新建的层次电路选择其他的存放路径；对话框下面还要求输入层次模块的输入/输出引脚数，和输入/输出引脚数相对的 HB/SC 连接器将自动添加到新建的层次电路中。

注意：软件规定输入/输出引脚不能全设为 0！

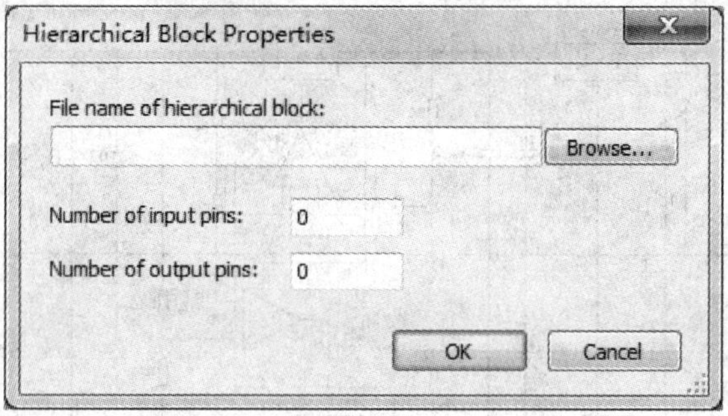

图 2－36 新建层次电路对话框

3）将电路已有部分用层次模块代替：在图 2－35 的电路中选择一部分电路如图 2－37 所示，在已选电路的任意元件上右击，在弹出的菜单中选择 Replace by Hierarchical Block，将出现图 2－38 所示的对话框，输入文件名 g 或单击 Browse 按钮选择合适路径及输入文件名 g 后，单击 OK 按钮，软件将在相应的路径下新建一个 g.ms10 的文件，同时页面中将出现一个可随鼠标移动的层次模块，在工作区适当的位置单击，层次模块将放置在电路中，同时按原先的连线关系自动连线，此时原电路如图 2－39 所示，电路 g 成为电路 power 的下层电路，在设计工具栏的层次页中单击最下层电路，可以看到该层次电路如图 2－40 所示，软件已为该电路自动添加了连接器。

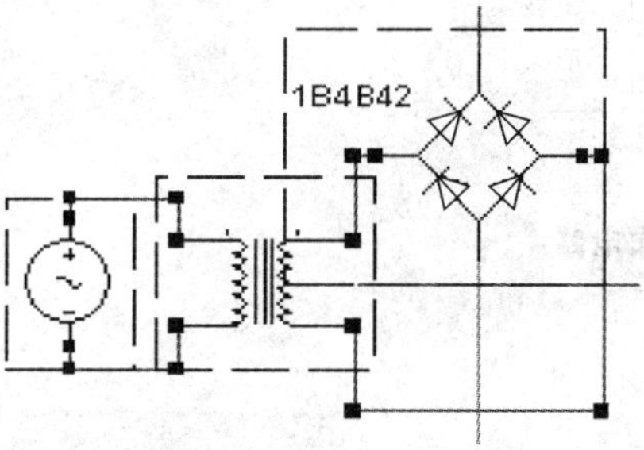

图 2－37 已选电路

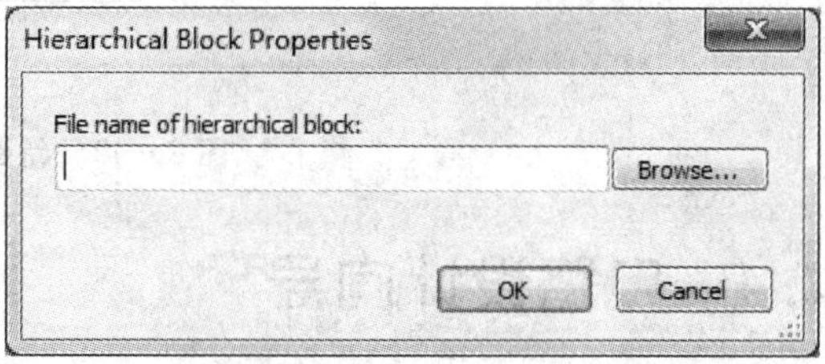

图 2－38 层次电路替换对话框

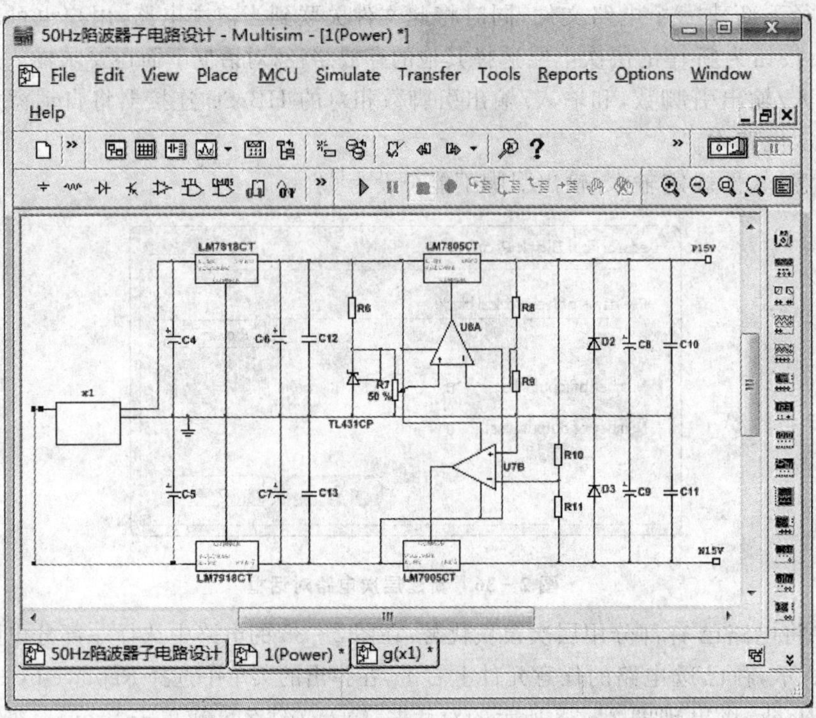

图 2-39　用层次电路替换部分电路

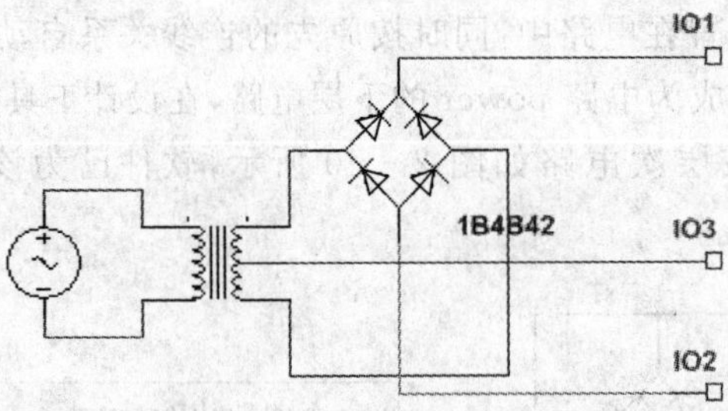

图 2-40　新建层次电路

2.4　电路设计向导

Multisim 的电路向导功能可产生一个包含原理框图、仿真模型和网表的电路，用户仅需在相应的向导对话框中输入设计参数即可。软件包含 4 种电路的建立向导，下面逐一介绍。

2.4.1　555 定时器设计向导

555 定时器设计向导可利用 555 定时器设计非稳态和单稳态振荡器电路。选择 Tools→Circuit Wizards/555 Timer Wizard 菜单项，将弹出 555 定时器设计向导对话框，如图 2-41 所示。在 Type 下拉菜单下可选择设计非稳态(Astable)振荡电路或单稳态(Monostable)振荡器电路，下面对这两种电路的设计进行说明。

1. 非稳态振荡电路设计

选择 Type→Astable Operation，对话框如图 2-41 所示。右边电路为非稳态振荡电路的形式，左边参数的定义如表 2-2 所列，单击对话框下方的 Default Settings 按钮可将参数恢复为默认设置，单击 Build Circuit 按钮将按所设参数及右上方的电路形式建立一个新电路。

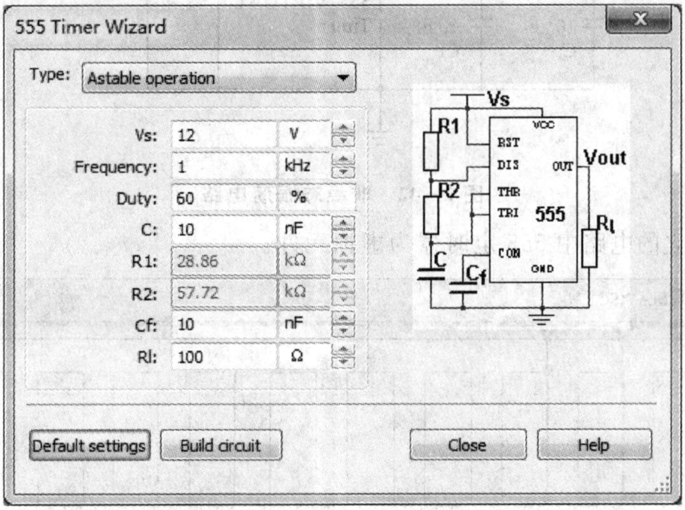

图 2-41　555 定时器设计向导

表 2-2　非稳态振荡电路的参数

参　数	意　义
Vs	供电直流电源的大小
Frequency	输出振荡脉冲的频率，最大 1 MHz
Duty	输出脉冲的占空比
C	外接定时电容的大小
*R*1、*R*2	电路途中电阻 *R*1、*R*2 的值，这两个电阻及电容 C 构成充放电回路
Cf	电源滤波电容 Cf 的大小
*R*1	输出负载电阻 *R*1 的大小

注意:$R1$、$R2$ 的值按软件默认的公式计算,无须用户修改。

图 2-42 为按默认设置建立的非稳态振荡电路,用双通道示波器观察电路的输出波形,如图 2-43 所示,输出脉冲的周期约为 1 ms,最大幅值为 12 V。

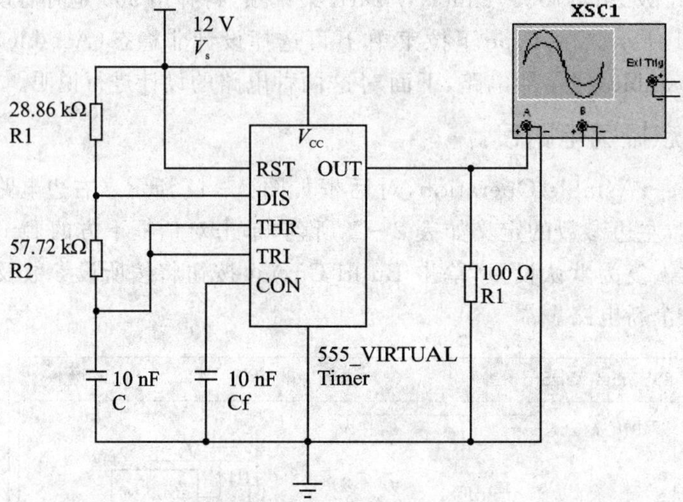

图 2-42　非稳态振荡电路

注意:建立的电路中 555 定时器为虚拟元件。

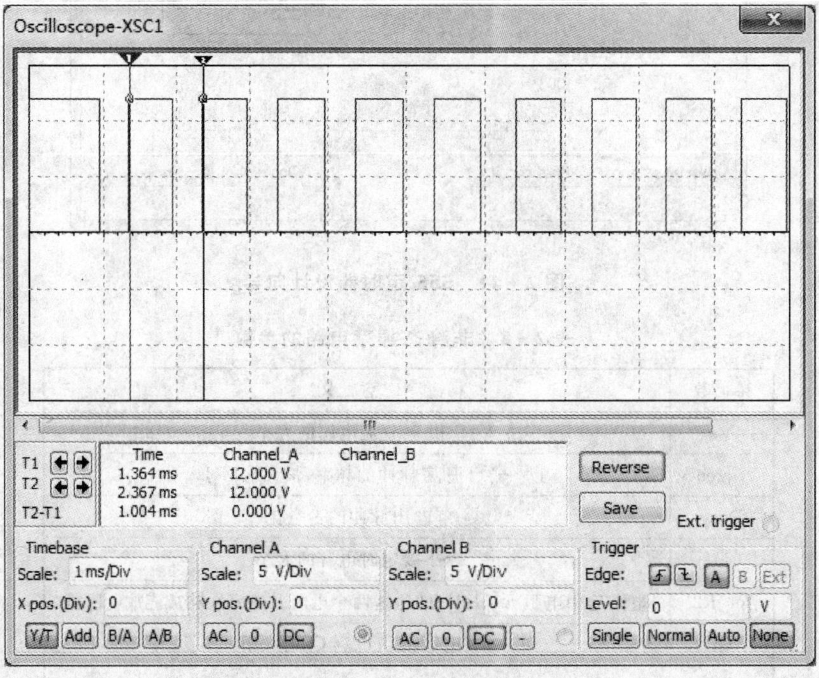

图 2-43　非稳态振荡电路输出波形

2. 单稳态振荡器电路设计

选择 Type→Monostable Operation 菜单项，对话框如图 2-44 所示。右边电路为单稳态振荡电路的形式，左边参数的定义如表 2-3 所列，单击对话框下方的 Default Settings 按钮可将参数恢复为默认设置，单击 Build Circuit 按钮将按所设参数及右上方的电路形式建立一个新电路。

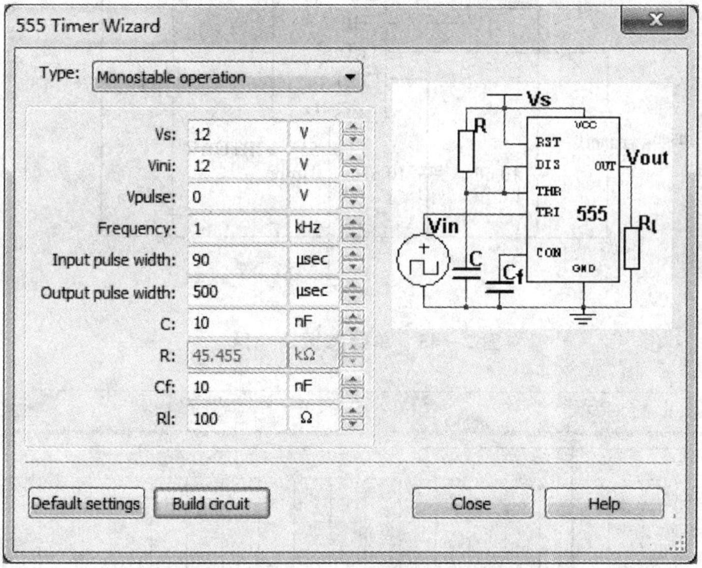

图 2-44 单稳态电路设计向导

表 2-3 单稳态振荡器电路参数

参 数	意 义	参 数	意 义
V_s	供电直流电源的大小	Output Pulse Width	期望的输出脉冲宽度
V_{ini}	设置和 V_s 的值相同	C	电容 C 的值
V_{pulse}	输入脉冲电压，应小于 $V_s/3$	Cf	电源滤波电容 Cf 的大小
Frequency	输出振荡脉冲的频率，最大 1 MHz	$R1$	输出负载电阻 $R1$ 的大小
Input Pulse Width	输入脉冲的宽度，应小于输出脉冲宽度的 1/5		

图 2-45 为按默认设置建立的单稳态振荡电路，用双通道示波器观察电路的输出波形，如图 2-46 所示，输出脉冲的宽度约为 500 μs。

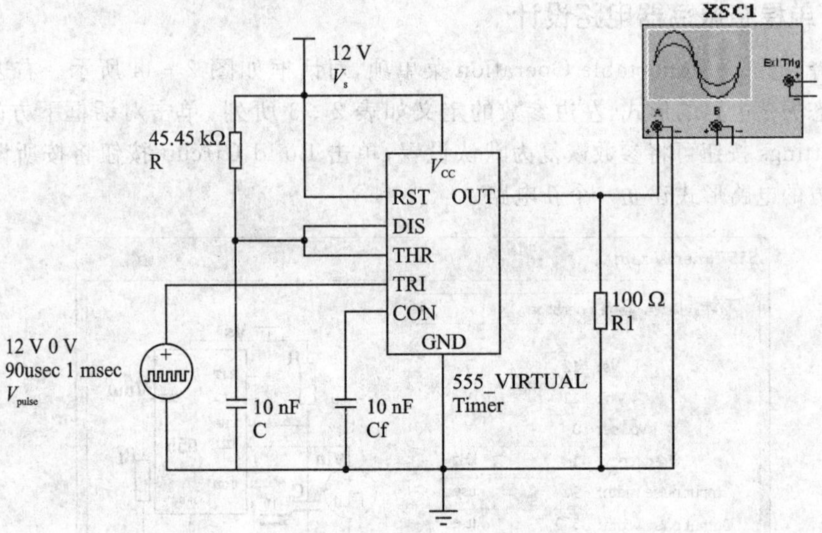

图 2-45　单稳态振荡电路

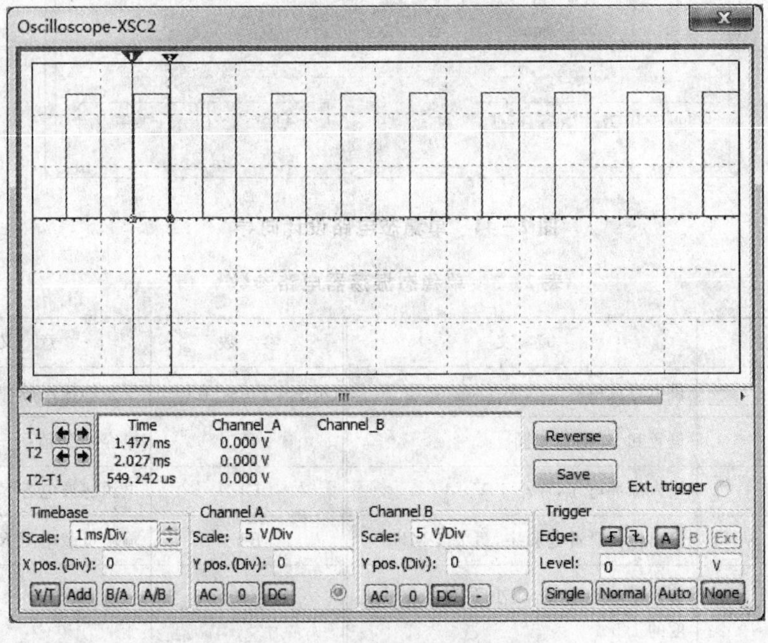

图 2-46　单稳态振荡器电路输出波形

2.4.2　滤波器设计向导

Multisim 12.0 滤波器设计向导可设计各种不同类型的滤波器。选择 Tools→Circuit Wizards→Filter Wizard 菜单项，可弹出图 2-47 的对话框，该对话框中包含以下几部分：

- 顶端 Type 下拉菜单选择滤波器类型，包括低通、高通、带通和带阻 4 个类型。
- 滤波器参数区用于设置滤波器的通带和截止频率、通带/阻带增益及输出负载电阻的大小。
- 右边图形为相应类型滤波器的频率特性图解说明。
- 下方 Type 部分用于选择建立巴特沃思型(Butterworth)滤波器还是切比雪夫(Chebyshev)型滤波器。
- Topology 区域用于设置滤波电路是无源(Passive)型还是有源(Active)型。
- Sources Impedance 区域用于设置输出阻抗，可设置输出阻抗大于负载电阻的 10 倍、小于负载电阻的 10 倍或等于负载电阻。该区域只有选择无源滤波器时才会出现。
- Pass Band Ripple 区域用于设置切比雪夫型滤波器的通带波纹。

参数设置好以后，单击 Verify 按钮验证设计参数，如果没有问题，图 2-47 中的频率特性示意图下将显示 Calculation was successfully completed 字样。再单击 Build Circuit 按钮即可在工作区内建立相应电路。

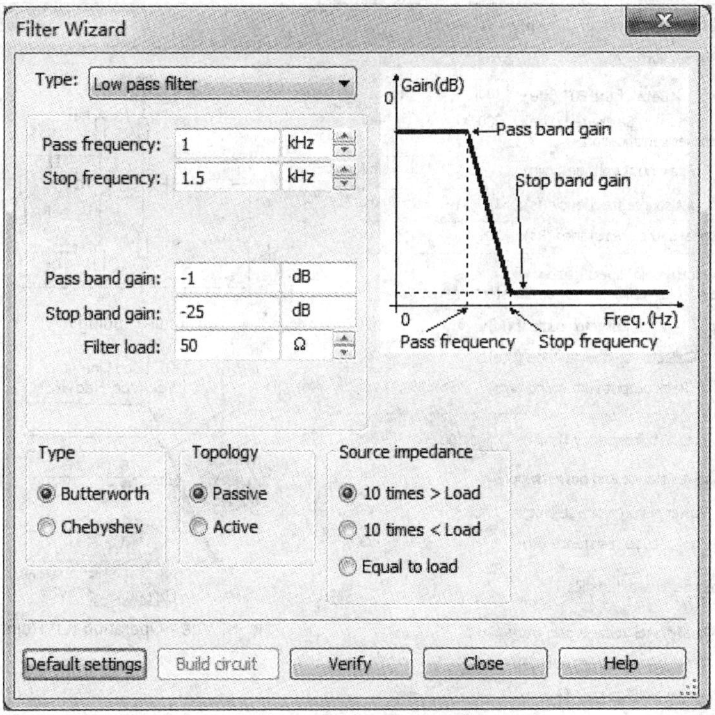

图 2-47 滤波器设计向导

2.4.3 共射极 BJT 放大电路设计向导

该功能可使用户方便的设计 BJT 共射极放大电路，所设计的电路可直接用 SPICE 仿真验证。选择 Tools→Circuit Wizards/CE BJT Amplifier Wizard 菜单项，

可弹出图 2-48 的对话框,该对话框中包含以下几部分:

- BJT Selection 部分用于选择晶体管参数,包括放大倍数和基极—发射极饱和电压。
- Amplifier Specification 部分用于设定放大电路特性,包括峰值输入电压、输入信号源频率和信号源阻抗。
- Quiescent Point Specification 区域用于设定静态工作点特性,可在集电极电流、集电极—发射极电压和输出电压峰值变动三项中任选一项进行设计。当最大功率转换时设 $Rc=Rl$。
- Cutoff frequency 部分用于设置电路的频率特性(截止频率)。
- Load Resistance and Power Supply 部分用于设置负载阻抗和供电电压。
- Amplifier Characteristics 特性部分为对电路进行校验后得出的参数值,包括小信号电压增益、小信号电流增益和最大电压增益。
- 右边的图示部分包括电路图基本形式和静态工作点特性图。

参数设置好以后,单击 Verify 按钮验证设计参数,如果没有问题,再单击 Build Circuit 按钮即可在工作区内建立相应电路。

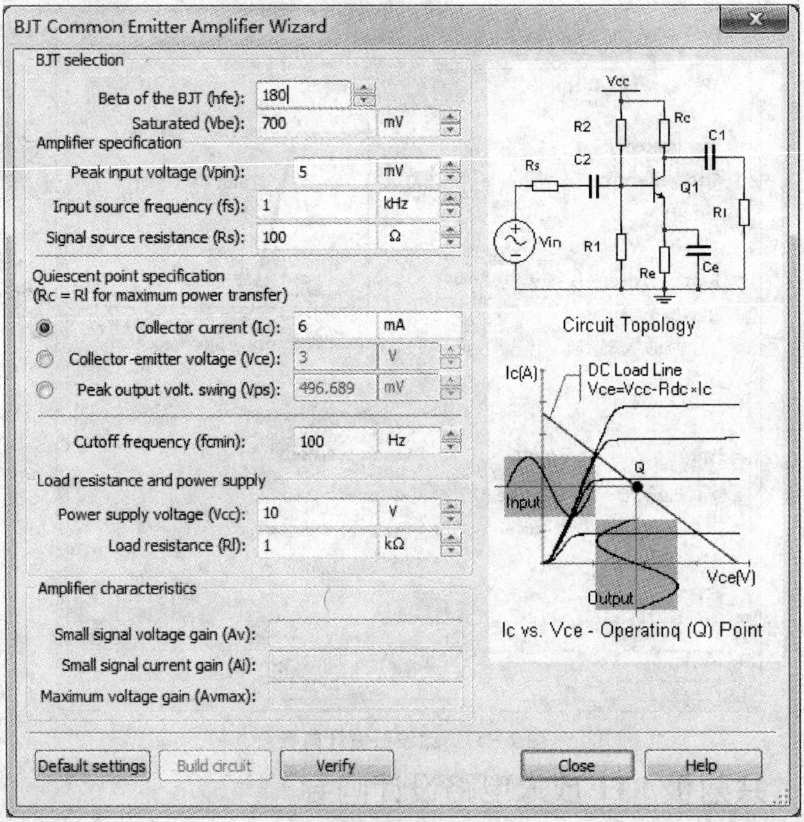

图 2-48　BJT 共射极放大电路设计向导

2.4.4　运算放大器设计向导

运算放大器设计向导可用于设计反相比例放大电路、同相比例放大电路、差分放大电路、反向求和放大电路、同相求和放大电路和比例缩放求和电路。选择 Tools→Circuit Wizards/Opamp Wizard 菜单项，可弹出图 2-49 的对话框，该窗口主要包括以下几部分：

- Type 下拉菜单用于选择运算放大器类型。
- Input Signal Parameters 用于设置输入信号参数，如输入信号电压和频率。
- Amplifier Parameters 用于设置放大电路的参数，如电压增益、输入阻抗等。

左边图示部分为当前电路形式。

参数设置好以后，单击 Verify 按钮验证设计参数，如果没有问题，在右边示意图下将显示 Calculation was successfully completed 字样。再单击 Build Circuit 按钮即可在工作区内建立相应电路。

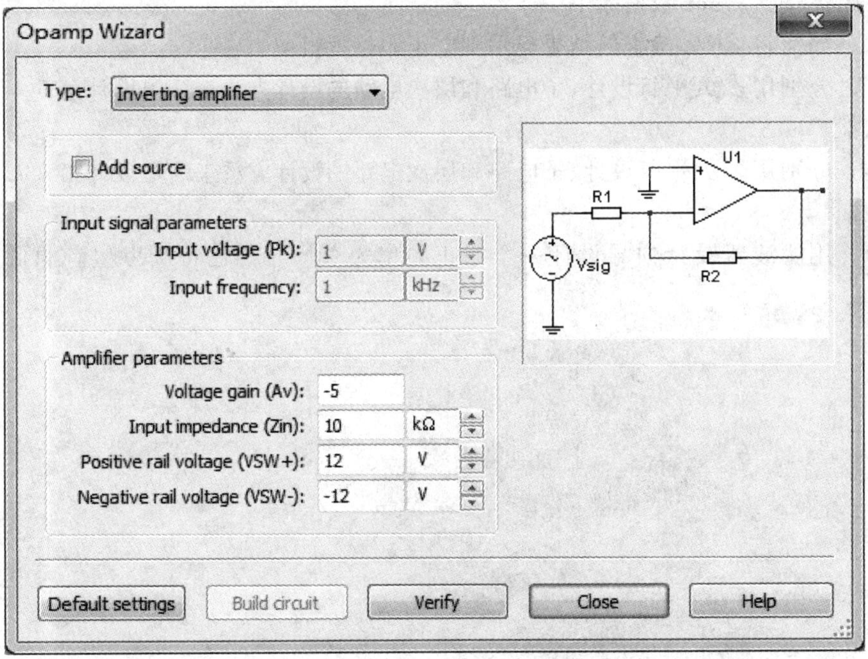

图 2-49　运算放大器设计向导

以上介绍了 4 种电路设计向导，可简单实现相应电路的设计，但由设计向导导出的电路都是由虚拟器件构造的。

本章小结

本章介绍的内容为 Multisim 对熟悉电路设计的用户提供的特殊功能，主要内容包括：

- 如何创建当前元件库中没有的元件和元件库。
- 如何对电路的电气特性进行检查。
- 如何进行大规模电路的设计。
- 如何使用电路向导功能构建电路。

习题与参考题

1. 在 Multisim 12.0 的 Master 数据库中任选一个阻值的电阻，将其封装改为 0805 后保存到 User 数据库中。

2. 如何将 ERC 检查的结果显示到电子表格视窗中？

3. 分别用多页平行设计、子电路和层次电路的设计方法来练习设计第 5 章各部分电路。

4. 分别用多页平行设计、子电路和层次电路的设计方法来练习设计第 6 章各部分电路。

5. 用滤波器设计向导设计一个截止频率为 1 kHz 的巴特沃思型有源低通滤波器。

第3章

Multisim 12.0 的元件库与仿真仪器介绍

3.1 Multisim 12.0 的元件库

本节将介绍 Multisim 12.0 元件库的结构与分类。选择 Tools→Database/Database Manager 菜单项可打开元件数据库管理窗口，Multisim 12.0 的元件分别存储于 3 个数据库中，它们分别为 Master 库、Corporate 库和 User 库，这 3 种数据库的功能分别为：

- Master 库：存放 Multisim 12.0 提供的所有元件。
- Corporate 库：用于存放便于团队设计的一些特定元件，该库仅在专业版中存在。
- User 库：存放被用户修改、创建和导入的元件。

这里主要介绍 Multisim 12.0 的 Master 库，该库包含 16 个元件库，各库下面还包含子库，下面分别介绍一个各元件库的详细信息。

1. 信号源库

单击元件工具栏中的信号源库(Sources)，可弹出图 3-1 所示的信号源选择对话框。在 Family 栏下有 7 项分类，下面分别进行介绍：

- Select all families：选择该项，信号源库中的所有元件将列于窗口中间的元件栏中。
- POWER_SOURCES：包括常用的交直流电源、数字地、公共地、星形或三角形连接的三项电源等。
- SIGNAL_VOLTAGE_SOURCES：包括各类信号电压源，如交流电压源、AM 电压源、双极性电压源、时钟电压源、指数电压源、FM 电压源、基于 LVM 文件的电压源、分段线性电压源、脉冲电压源、基于 TDM 文件的电压源和热噪声源。
- SIGNAL_CURRENT_SOURCES：包括各类信号电流源，如交流电流源、双极性电流源、时钟电流源、直流电流源、指数电流源、FM 电流源、基于 LVM 文件的电流源、分段线性电流源、脉冲电流源和基于 TDM 文件的电流源。

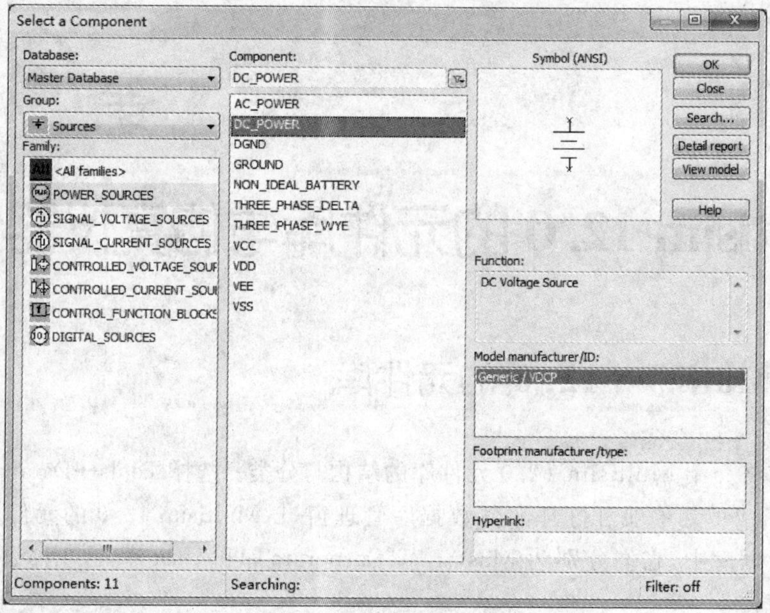

图 3－1 信号源选择对话框

- CONTROLLED_VOLTAGE_SOURCES：包括各类受控电压源，如 ABM 电压源、电流控制电压源、FSK 电压源、压控分段线性电压源、压控正弦波信号源、压控方波信号源、压控三角波信号源和压控电压源。
- CONTROLLED_CURRENT_SOURCES：包括各类受控电流源，如 ABM 电流源、电流控制电流源和电压控制电流源。
- CONTROLL_FUNCTION_BLOCKS：包括各类控制函数块，如限流模块、除法器、增益模块、乘法器、电压加法器、多项式复合电压源等。

注：*.LVM 文件是由 NI LabVIEW 软件创建的基于文本的测量文件；*.TDM 文件是用于在 NI 软件中交换数据的二进制测量文件。

2. 基本元件库

单击元件工具栏中的基本元件库(Basic)，可弹出图 3－2 所示的基本元件选择对话框。在 Family 栏下有 18 项分类，下面分别进行介绍：

- All families：选择该项，基本元件库中的所有元件将列于窗口中间的元件栏中。
- BASIC_VIRTUAL：包括一些基本的虚拟元件，如虚拟电阻、电容、电感、变压器、压控电阻等，因为是虚拟元件，所以元件无封装信息。
- RATED_VIRTUAL：包括额定虚拟元件，包括额定 555 定时器、晶体管、电容、二极管、保险丝等。

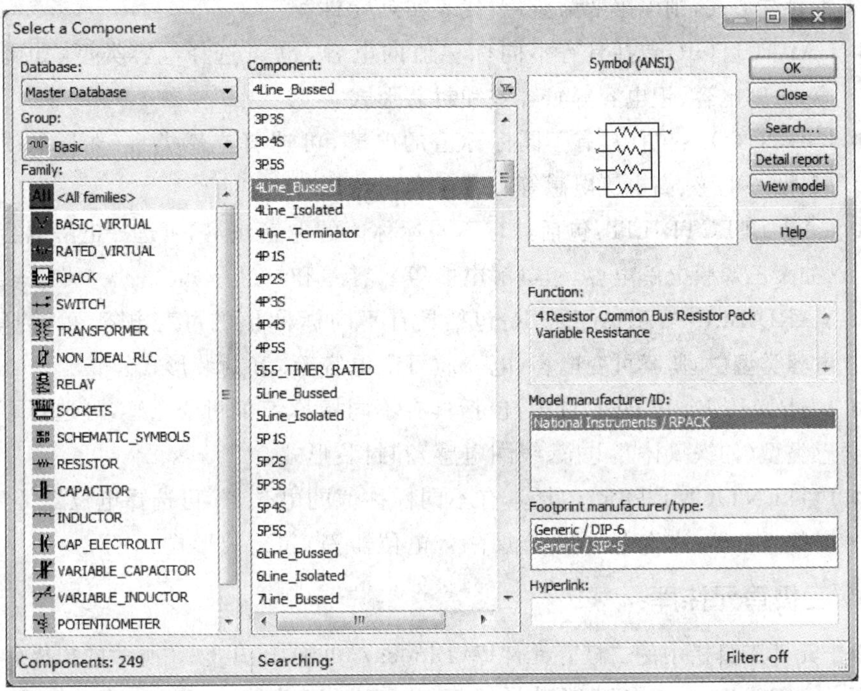

图 3-2 基本元件选择对话框

- RPACK:包括多种封装的电阻排。
- SWITCH:包括各类开关,如电流控制开关、单刀双掷开关、单刀单掷开关、按键开关、时间延时开关等。
- TRANSFORMER:包括各类线性变压器,使用时要求变压器的原副边分别接地。
- NON_LINEAR_TRANSFORMER:包括各类非线性变压器。
- RELAY:包括各类继电器,继电器的触点开关是由加在线圈两端的电压大小决定的。
- CONNECTORS:包括各类连接器,作为输入/输出插座。
- SOCKETS:与连接器类似,为一些标准形状的插件提供位置以便 PCB 设计。
- SCH_CAP_SYMS:包括保险丝、LED、光电晶体管、按键开关、可变电阻、可变电容等器件。
- RESISTOR:包括具有不同标称值的电阻,其中在 Component Type 下拉菜单下可选择电阻类型,如碳膜电阻、陶瓷电阻等,在 Tolerance(%)下拉菜单下可选择电阻的容差,在 Footprint manuf/Type 栏中选择元件的封装,若选择无封装,则所选电阻放置于工作空间后为黑色,代表为虚拟电阻,若选择一种封装形式,则电阻变为蓝色,代表实际元件。

- CAPACITOR:包括具有不同标称值的电容,也可选择电容类型(如陶瓷电容、电解电容、钽电容等)、容差和封装形式。
- INDUCTOR:包括具有不同标称值的电感,可选择电感类型(如环氧线圈电感、贴心电感、高电流电感等)、容差和封装形式。
- CAP_ELECTRILIT:包括具有不同标称值的电解电容,可选择电解电容类型(如聚乙烯膜电解电容、钽电解电容等)、容差和封装形式。
- VARIABLE_ CAPACITOR:包括具有不同标称值的可变电容,可选择可变电容类型(如薄膜可变电容、电介质可变电容等)和封装形式。
- VARIABLE_ INDUCTOR:包括具有不同标称值的可变电感,可选择可变电感类型(如铁氧体芯电感、线圈电感)和封装形式。
- POTENTIOMETER:包括具有不同标称值的电位器,可选择电位器类型(如音频电位器、陶瓷电位器、金属陶瓷电位器等)和封装形式。

3. 二极管元件库

单击元件工具栏中的二极管元件库(Diodes),可弹出图 3-3 所示的二极管选择对话框。在 Family 栏下有 12 项分类,下面分别进行介绍:

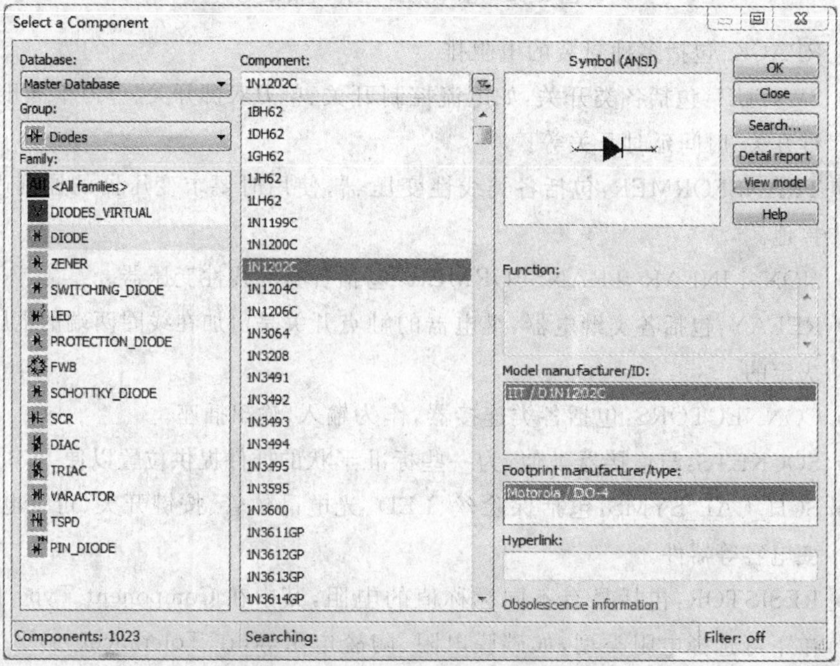

图 3-3 二极管选择对话框

- Select all families：选择该项，二极管元件库中的所有元件将列于窗口中间的元件栏中。
- DIODES_ VIRTUAL：包括虚拟的普通二极管和虚拟的齐纳二极管，其 SPICE 模型都为典型值。
- DIODE：包括许多公司提供的不同型号的普通二极管。
- ZENER：包括许多公司提供的不同型号的齐纳二极管。
- LED：包括各种类型的发光二极管。
- FWB：包括各种型号的全波桥式整流器（整流桥堆）。
- SCHOTTKY_ DIODE：包括各类肖特基二极管。
- SCR：包括各类型号的可控硅整流器。
- DIAC：包括各类型号的双向开关二极管，该二极管相当于两个肖特基二极管并联。
- TRIAC：包括各类型号的可控硅开关，相当于两个单向可控硅的并联。
- VARACTOR：包括各类型号的变容二极管。
- PIN_ DIODE：包括各类型号的 PIN 二极管。

4. 晶体管元件库

单击元件工具栏中的晶体管元件库（Transistors），可弹出图 3-4 所示的晶体管选择对话框。在 Family 栏下有 21 项分类，下面分别进行介绍：

- Select all families：选择该项，晶体管元件库中的所有元件将列于窗口中间的元件栏中。
- TRANSISTORS_VIRTUAL：包括各类虚拟晶体管。
- BJT_NPN：包括各种型号的双极型 NPN 晶体管。
- BJT_PNP：包括各种型号的双极型 PNP 晶体管。
- DARLINGTON_NPN：包括各种型号的达林顿型 NPN 晶体管。
- DARLINGTON_PNP：包括各种型号的达林顿型 PNP 晶体管。
- DARLINGTON_ARRAY：包括各种型号的达林顿型晶体管阵列。
- BJT_NRES：包括各种型号的内部集成偏置电阻的双极型 NPN 晶体管。
- BJT_PRES：包括各种型号的内部集成偏置电阻的双极型 PNP 晶体管。
- BJT_ARRAY：包括各种型号的晶体管阵列。
- IGBT：包括各种型号的 IGBT 器件，是一种 MOS 门控制的功率开关。
- MOS_3TDN：包括各种型号的三端 N 沟道耗尽型绝缘栅型场效应管。
- MOS_3TEN：包括各种型号的三端 N 沟道增强型绝缘栅型场效应管。
- MOS_3TEP：包括各种型号的三端 P 沟道增强型绝缘栅型场效应管。

- JFET_N:包括各种型号 N 沟道结型场效应管。
- JFET_P:包括各种型号 P 沟道结型场效应管。
- POWER_MOS_N:包括各种型号的 N 沟道功率绝缘栅型场效应管。
- POWER_MOS_P:包括各种型号的 P 沟道功率绝缘栅型场效应管。
- POWER_MOS_COMP:包括各种型号的复合型功率绝缘栅型场效应管。
- UJT:包括各种型号可编程单结型晶体管。
- THERMAL_MODELS:带有热模型的 NMOSFET。

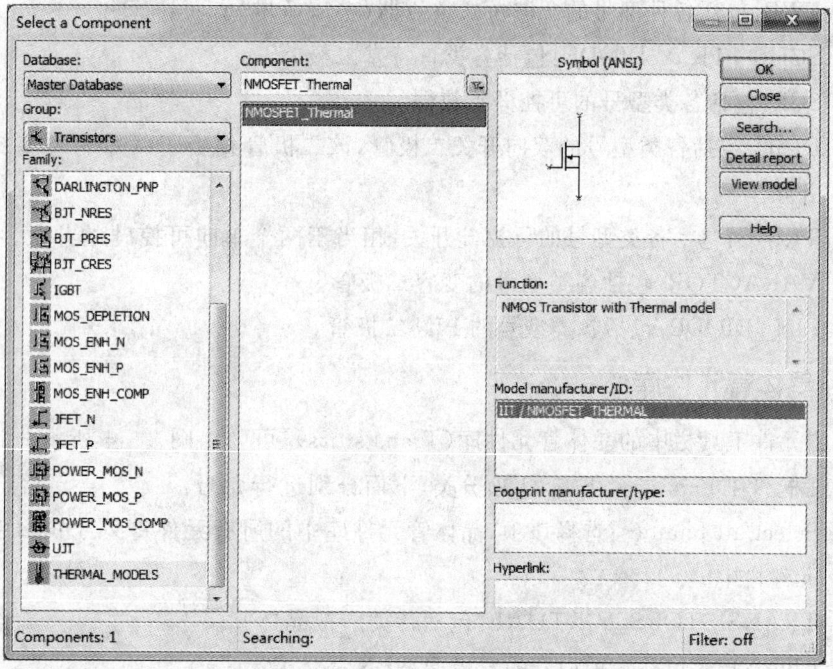

图 3-4 晶体管选择对话框

5. 模拟元件库

单击元件工具栏中的模拟管元件库(Analog),可弹出图 3-5 所示的模拟元件选择对话框。在 Family 栏下有 7 项分类,下面分别进行介绍:

- Select all families:选择该项,模拟元件库中的所有元件将列于窗口中间的元件栏中。
- ANALOG_ VIRTUAL:包括各类模拟虚拟元件,如虚拟比较器、基本虚拟运放等。
- OPAMP:包括各种型号的运算放大器。
- OPAMP_NORTON:包括各种型号的诺顿运算放大器。

- COMPARATOR:包括各种型号的比较器。
- WIDEBAND_AMPS:包括各种型号的宽频带运放。
- SPECIAL_FUNCTION:包括各种型号的特殊功能运算放大器,如测试运放、视频运放、乘法器、除法器等。

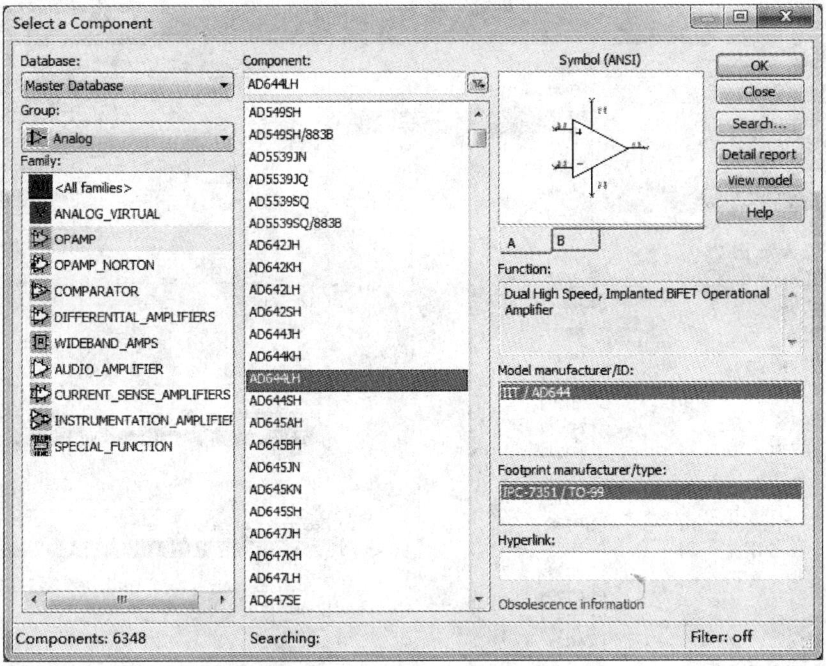

图 3-5　模拟元件选择对话框

6. TTL 元件库

TTL 元件库(TTL)含有 74 系列的 TTL 数字集成逻辑器件。单击元件工具栏中的 TTL 元件库,可弹出图 3-6 所示的 TTL 元件选择对话框。在 Family 栏下有 10 项分类,下面分别进行介绍:

- Select all families:选择该项,TTL 元件库中的所有元件将列于窗口中间的元件栏中。
- 74STD:包含各种标准型 74 系列集成电路。
- 74STD_IC:包含各种标准型 74 系列集成电路芯片。
- 74S:包含各种肖特基型 74 系列集成电路。
- 74S:包含各种肖特基型 74 系列集成电路。
- 74S_IC:包含各种肖特基型 74 系列集成电路芯片。
- 74LS:包含各种低功耗肖特基型 74 系列集成电路。

- 74LS_IC:包含各种低功耗肖特基型 74 系列集成电路芯片。
- 74F:包含各种高速 74 系列集成电路。
- 74ALS:包含各种先进低功耗肖特基型 74 系列集成电路。
- 74AS:包含各种先进的肖特基型 74 系列集成电路。

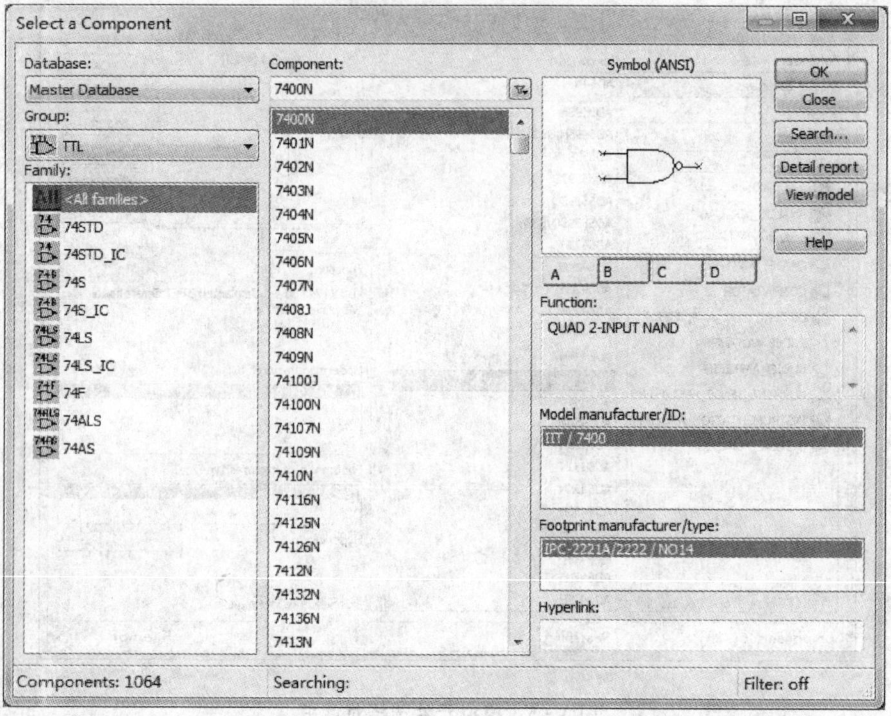

图 3-6　TTL 元件选择对话框

7. CMOS 元件库

CMOS 元件库(CMOS)含有各类 CMOS 数字集成逻辑器件。单击元件工具栏中的 CMOS 元件库,可弹出图 3-7 所示的 CMOS 元件选择对话框。在 Family 栏下有 15 项分类,下面分别进行介绍:

- Select all families:选择该项,CMOS 元件库中的所有元件将列于窗口中间的元件栏中。
- CMOS_5V:5 V 4XXX 系列 CMOS 集成电路。
- CMOS_5V_IC:5 V 4XXX 系列 CMOS 集成电路芯片。
- CMOS_10V:10 V 4XXX 系列 CMOS 集成电路。
- CMOS_10V_IC:10 V 4XXX 系列 CMOS 集成电路芯片。
- CMOS_15V:15 V 4XXX 系列 CMOS 集成电路。

- 74HC_2V:2 V 74HC 系列 CMOS 集成电路。
- 74HC_4V:4 V 74HC 系列 CMOS 集成电路。
- 74HC_4V_IC:4 V 74HC 系列 CMOS 集成电路芯片。
- 74HC_6V:6 V 74HC 系列 CMOS 集成电路。
- TinyLogic_2V:包括 2 V 快捷微型逻辑电路,如 NC7S 系列、NC7SU 系列、NC7SZ 系列和 NC7SZU 系列。
- TinyLogic_3V:包括 3 V 快捷微型逻辑电路,如 NC7S 系列、NC7SU 系列、NC7SZ 系列和 NC7SZU 系列。
- TinyLogic_4V:包括 4 V 快捷微型逻辑电路,如 NC7S 系列、NC7SU 系列、NC7SZ 系列和 NC7SZU 系列。
- TinyLogic_5V:包括 5 V 快捷微型逻辑电路,如 NC7S 系列、NC7ST 系列、NC7SU 系列、NC7SZ 系列和 NC7SZU 系列。
- TinyLogic_6V:包括 6 V 快捷微型逻辑电路,如 NC7S 系列和 NC7SU 系列。

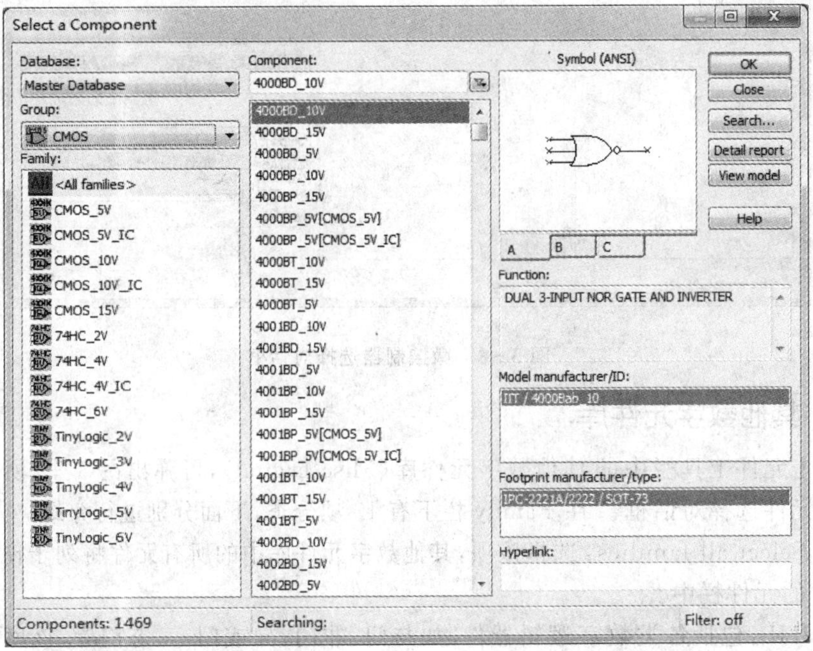

图 3-7 CMOS 元件选择对话框

8. 微控制器模块库

微控制器模块库(MCU Module)含有各类的微控制器模块。单击元件工具栏中的 MCU Module 元件库,可弹出图 3-8 所示的 MCU 模块选择对话框。在 Family 栏下有 5 项分类,下面分别进行介绍:

- Select all families:选择该项,MCU 模块库中的所有元件将列于窗口中间的元件栏中。

- 805X:包含 8051 和 8052 单片机。
- PIC:包含 PIC 单片机芯片 PIC16F84 和 PIC16F84A。
- RAM:包含各种型号 RAM 存储芯片。
- ROM:包含各种型号 ROM 存储芯片。

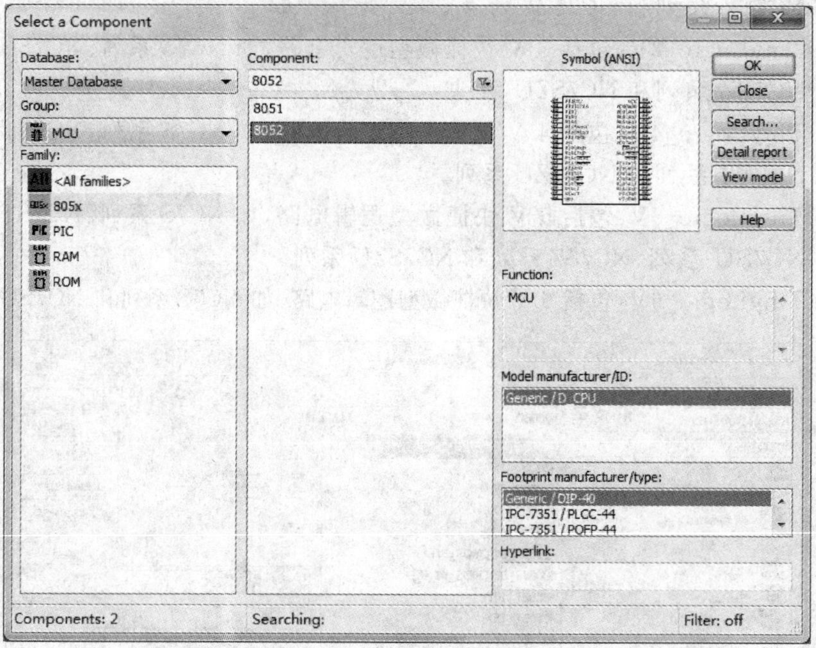

图 3-8　微控制器选择对话框

9. 其他数字元件库

单击元件工具栏中的其他数字元件库(Misc Digital),可弹出图 3-9 所示的其他数字元件选择对话框。在 Family 栏下有 13 项分类,下面分别进行介绍:

- Select all families:选择该项,其他数字元件库中的所有元件将列于窗口中间的元件栏中。
- TIL:包括各类数字逻辑器件,如与门、非门、异或门、三态门等,该库中的器件没有封装类型。
- DSP:包括各种型号的 DSP 芯片。
- FPGA:包括各种型号的 FPGA 芯片。
- PLD:包括各种型号的 PLD(可编程逻辑器件)芯片。
- CPLD:包括各种型号的 CPLD(复杂可编程逻辑器件)芯片。
- MICROCONTROLLERS:包括各类微控制器。
- MICROPROCESSORS:包括各类微处理器。

- VHDL:包括用 VHDL 语言编写的各类常用数字逻辑器件。
- MEMORY:包括各类存储器。
- LINE_DRIVER:包含各类线性驱动器件。
- LINE_RECEIVER:包括各类线性接收器件。
- LINE_TRANSCEIVER:包括各类线性无线电收发器件。

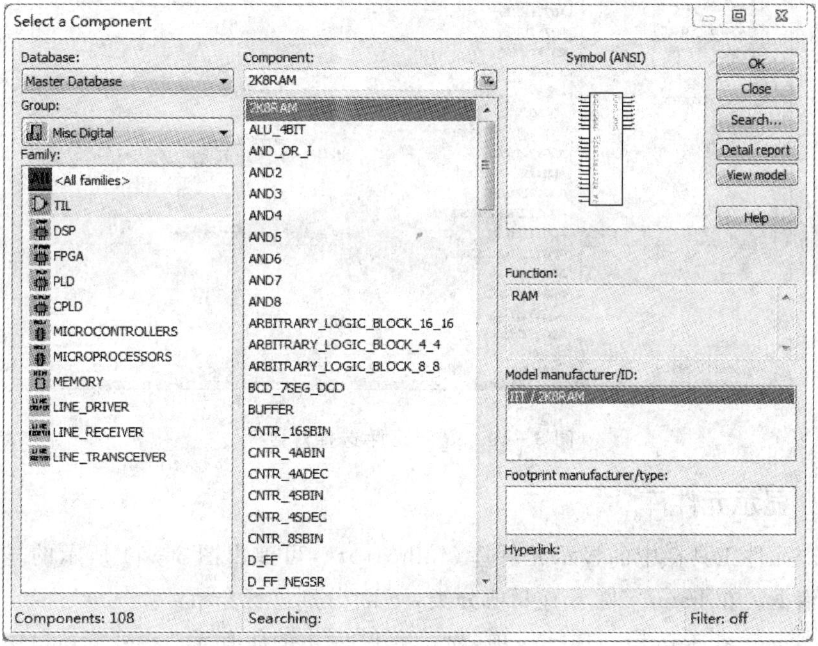

图 3-9 其他数字元件选择对话框

10. 混合元件库

单击元件工具栏中的混合元件库(Mixed),可弹出图 3-10 所示的混合元件选择对话框。在 Family 栏下有 7 项分类,下面分别进行介绍:

- Select all families:选择该项,混合元件库中的所有元件将列于窗口中间的元件栏中。
- MIXED_VIRTUAL 包括各种混合虚拟元件,如 555 定时器、模拟开关、频分器、单稳态触发器和锁相环。
- TIMER:包括不同型号的定时器。
- ADC_DAC:包括各种型号的 AD/DA 转换器。
- ANALOG_ SWITCH:包括各类模拟开关。
- ANALOG_ SWITCH_IC:包括一片 MC74HC4066D 模拟开关芯片。
- MULTIVIBRATOR:包括各种型号的多频振荡器。

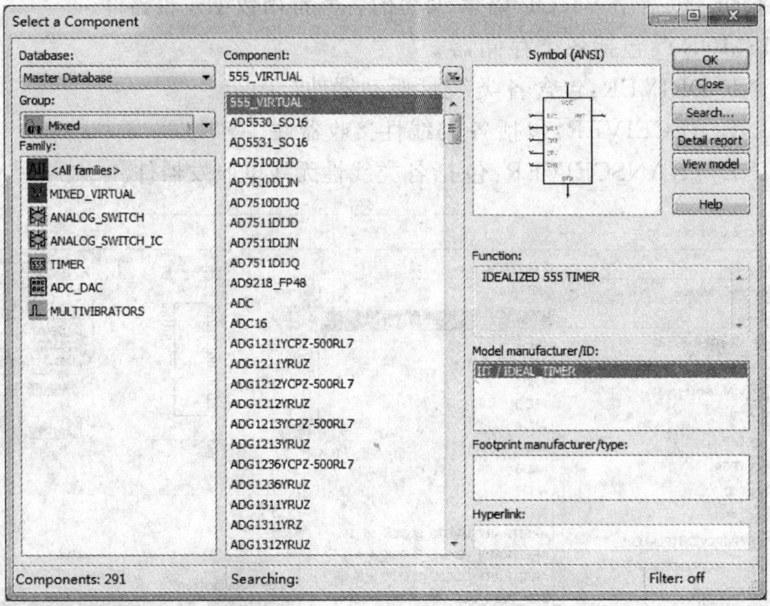

图 3-10　混合元件选择对话框

11. 显示元件库

单击元件工具栏中的显示元件库(Indicator),可弹出图 3-11 所示的显示元件选择对话框。在 Family 栏下有 9 项分类,下面分别进行介绍:

- Select all families:选择该项,显示元件库中的所有元件将列于窗口中间的元件栏中。
- VOLTMETER:可测量交直流电压的伏特表。
- AMMETER:可测量交直流电流的电流表。
- PROBE:包括各色探测器,相当于一个 LED,仅有一个连接端与电路中某点相连,当达到高电平时探测器发光。
- BUZZER:包括蜂鸣器和固体音调发生器。
- LAMP:包括各种工作电压和功率不同的灯泡。
- VIRTUAL_LAMP:虚拟灯泡,其工作电压和功率可调节。
- HEX_DISPLAY:包括各类十六进制显示器。
- BARGRAPH:条形光柱。

12. 功率元件库

单击元件工具栏中的功率元件库(Power),可弹出图 3-12 所示的功率元件选择对话框。在 Family 栏下有 10 项分类,下面分别进行介绍:

- Select all families:选择该项,功率元件库中的所有元件将列于窗口中间的元

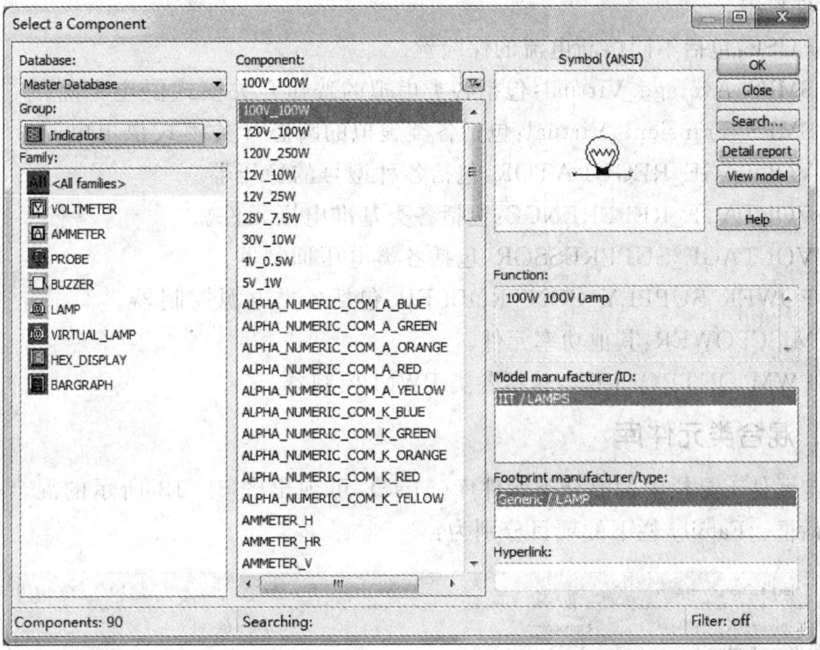

图 3-11 显示元件选择对话框

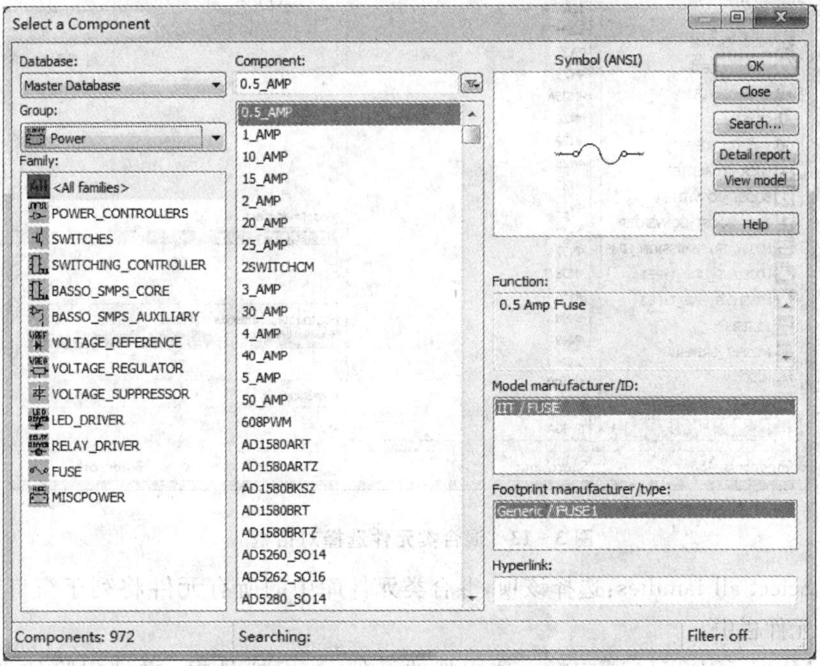

图 3-12 功率元件选择对话框

件栏中。

- FUSE:包括不同熔断电流的保险丝。
- SMPS_Average_Virtual:包括各类虚拟的普通开关模式供电电源。
- SMPS_Transient_Virtual:包括各类虚拟的瞬态开关模式供电电源。
- VOLTAGE_REGULATOR:包括各种型号的稳压器。
- VOLTAGE_REFERENCE:包括各类基准电压元件。
- VOLTAGE_SUPPRESSOR:包括各类电压抑制器。
- POWER_SUPPLY_CONTROLLER:包括各类电源控制器。
- MISCPOWER:其他功率元件。
- PWM_ONTROLLER:包括各类 PWM 控制器。

13. 混合类元件库

单击元件工具栏中的混合类元件库(Misc),可弹出图 3-13 所示的混合类元件选择对话框。Family 栏下的项目分别为:

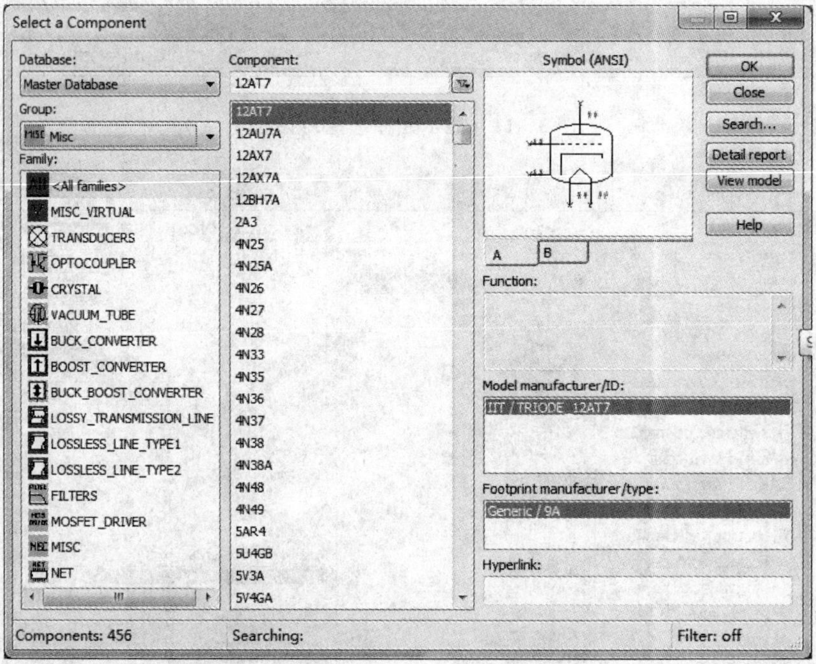

图 3-13　混合类元件选择对话框

- Select all families:选择该项,混合类元件库中的所有元件将列于窗口中间的元件栏中。
- MISC_VIRTUAL:包括一些虚拟的元件,如虚拟晶振、虚拟保险丝、虚拟发动机、虚拟光电耦合器等。

● OPTOCOUPLER:包括各类光电耦合器。
● CRYSTAL:包括各类晶振。
● BUCK_CONVERTER:降压转换器。
● BOOST_ CONVERTER:升压转换器。
● BUCK_ BOOST_ CONVERTER:升降压转换器。
● LOSSY_ TRANSMISSION_LINE:有损传输线。
● LOSSLESS_LINE_TYPE1:一类无损传输线。
● LOSSLESS_LINE_TYPE2:二类无损传输线。
● FILTER:各类滤波器芯片。
● MOSFET_DRIVER:各类 MOS 管驱动器。
● MISC:各类其他器件,如三态缓冲器、集成 GPS 接收器等。

14. 高级外围元件库

单击元件工具栏中的高级外围元件库(Advanced-Peripherals),可弹出图 3-14 所示的高级外围元件选择对话框。在 Family 栏下有 5 项分类,下面分别进行介绍:

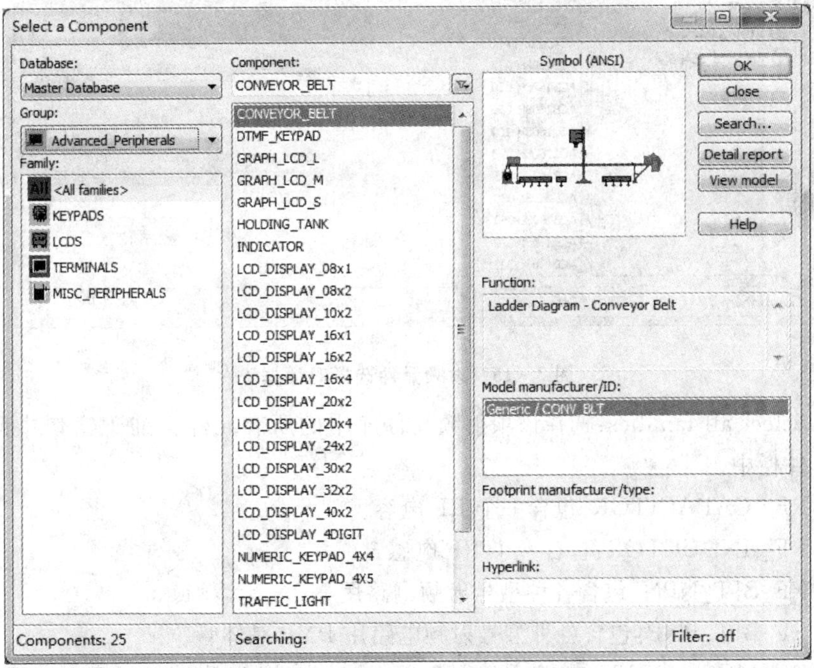

图 3-14 高级外围元件选择对话框

● Select all families:选择该项,高级外围元件库中的所有元件将列于窗口中间的元件栏中。
● KEYPADS:包含各类键盘。

- LEDS:包含各种类型的液晶显示器。
- TERMINALS:包含一个串行终端。
- MISC_ PERIPHERALS:包括一些其他外围器件,如传送带、水箱模型等。

15. 射频元件库

单击元件工具栏中的射频元件库(RF),可弹出图 3-15 所示的射频元件选择对话框。在 Family 栏下有 9 项分类,下面分别进行介绍:

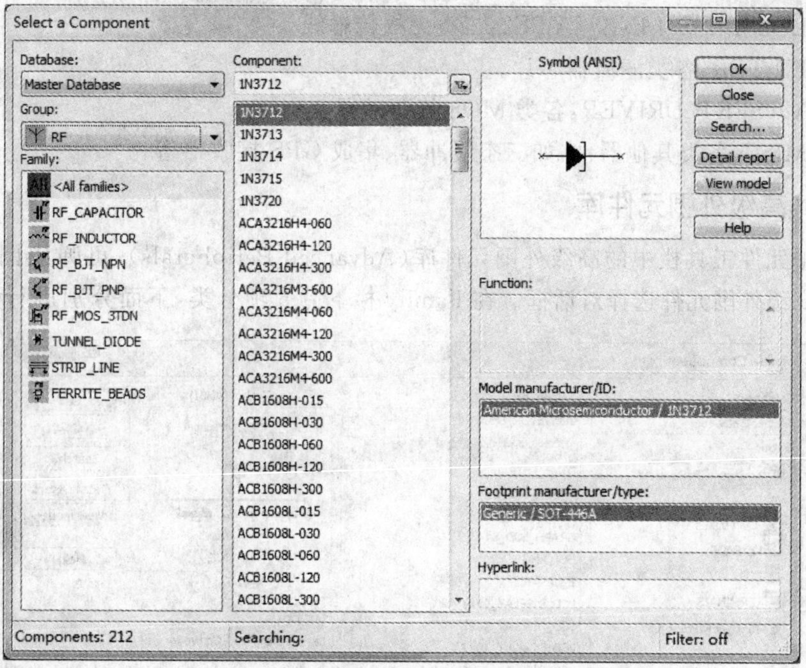

图 3-15　射频元件选择对话框

- Select all families:选择该项射频元件库中的所有元件将列于窗口中间的元件栏中。
- RF_ CAPACITOR:包含一个 RF 电容。
- RF_ INDUCTOR:包含一个 RF 电感。
- RF_BJT_NPN:包含各种型号射频电路用 NPN 晶体管。
- RF_BJT_PNP:包含各种型号射频电路用 PNP 晶体管。
- RF_MOS_3TDN:包含各种型号射频电路用三端 N 沟道耗尽型 MOSFET。
- TUNNEL_DIODE:包含各种型号的隧道二极管。
- STRIP_LINE:包括各类带状线。
- FERRITE_BEAD:包括各种型号铁氧体磁珠。

16. 机电类元件库

机电类元件库(Electro-Mechanical)主要由一些电工类元件组成。单击元件工具栏中的机电类元件库,可弹出图 3-16 所示的机电类元件选择对话框。在 Family 栏下有 9 项分类,下面分别进行介绍:

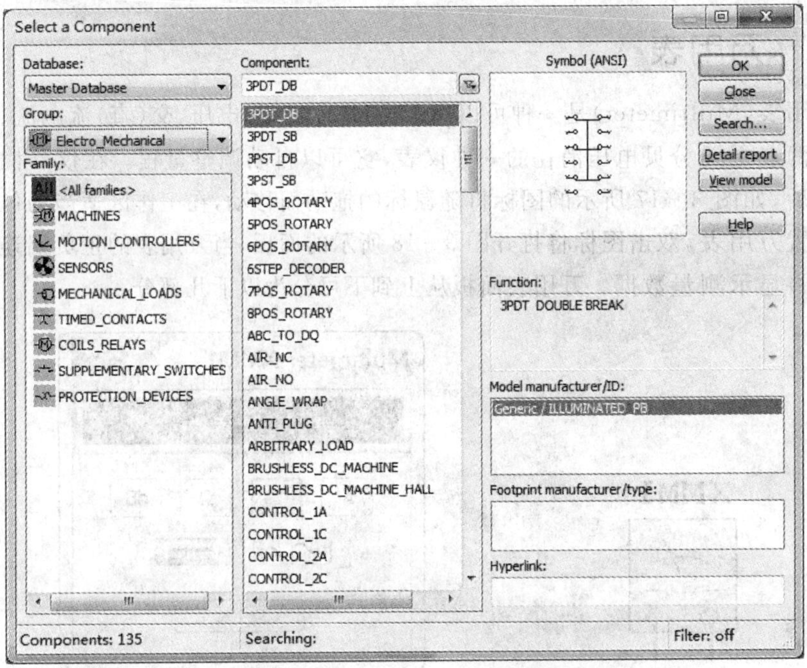

图 3-16 机电类元件选择对话框

- Select all families:选择该项机电类元件库中的所有元件将列于窗口中间的元件栏中。
- SENSING_SWITCHES:包括各类感测开关。
- MOMENTARY_SWITCHES:包括各类瞬时开关。
- SUPPLEMENTARY_CONTACTS:包括各类接触器。
- TIMED_CONTACTS:包括各类定时接触器。
- COILS_RELAYS:包括各类线圈与继电器。
- LINE_TRANSFORMER:包括各类线性变压器。
- PROTECTION_DEVICES:包括各种保护装置,如磁过载保护器、梯形逻辑过载保护器等。

3.2 常用仪表

本节中介绍一些电路仿真中常用的仪器仪表，如万用表、示波器、函数发生器等，下面将详细介绍各仪器的使用方法。

3.2.1 万用表

万用表(Multimeter)是一种可以用于测量交(直)流电压、交(直)流电流、电阻及电路中两点之间分贝电压消耗的一种仪表，它可以自动调整量程。在仪器栏中选择万用表后，如图 3－17 所示的图标将随鼠标的拖动而移动，在工作区适当的位置单击鼠标放置万用表，双击图标将打开图 3－18 所示的面板，当万用表的正负端连接到电路中时将显示测量数据。万用表面板从上到下可分为以下几部分：

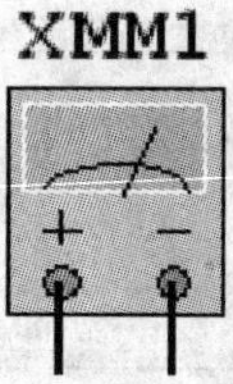

图 3－17　万用表图标

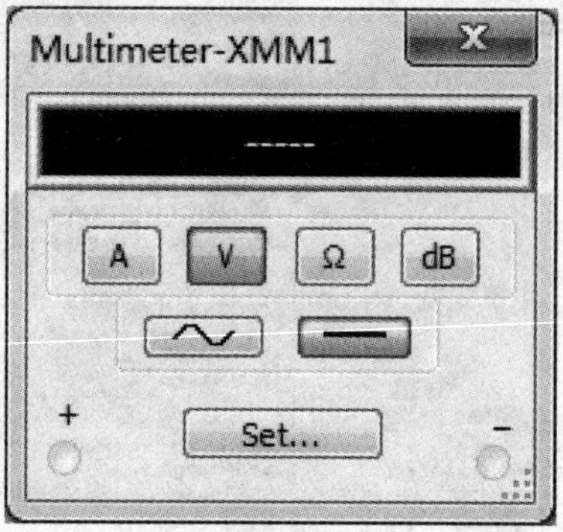

图 3－18　万用表面板

- 显示栏：显示测量数据。
- 测量类型选择栏：单击 A 按钮表示进行电流测量，单击 V 按钮表示进行电压测量，单击 Ω 按钮表示进行电阻测量，单击 dB 按钮将进行两点之间分贝电压损耗的测量。
- 信号模式选择栏：可选择测量交流信号或直流信号。
- 属性设置按钮：单击面板上的 Set 按钮将弹出万用表参数设置对话框，在该对话框中可进行电流表内阻、电压表内阻、欧姆表电流和 dB 相关值所对应电压值的电子特性设置，也可进行电流表、电压表和欧姆表显示范围的设置。一般情况下，采用默认设置即可。

◇ 应用举例：图 3－19 为一阶无源低通滤波器电路，通带截至频率为 $f_p=\frac{1}{2\pi RC}\approx31.8$ Hz，输入信号为一交流电压源(5 V，1 000 Hz)，用万用表观察输出节点的交流电压，在万用表的面板上可以看到通过滤波器后的交流电压信号幅值衰减到了毫伏级。

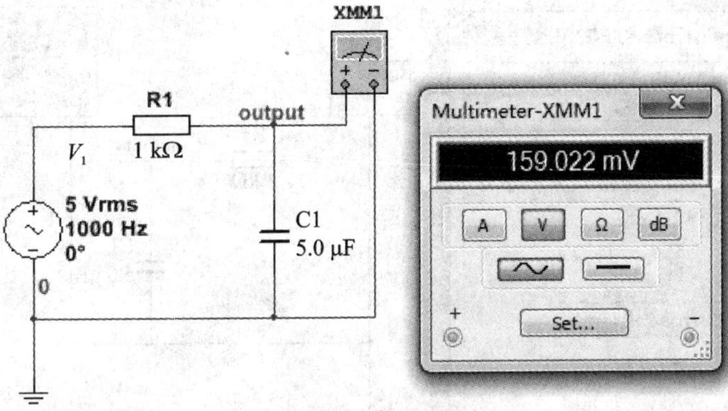

图 3-19 万用表的应用

注意:用于测量不同类型的信号时,万用表的连接形式不同。这里重点强调一下元件或元件网络电阻的测量。要进行精确的电阻测量应保证:被测元件网络中没有电源;被测元件或元件网络已接地;没有其他部分和被测的元件或元件网络并联。

3.2.2 函数信号发生器

函数信号发生器(Function Generator)可提供正弦波、三角波和方波三种电压信号。在仪器栏中选择函数发生器后,图标将随鼠标的拖动而移动,在工作区适当的位置单击鼠标左键放置函数发生器,双击图标将打开面板,函数发生器除了正负电压输出端,还有公共接地端。下面将对函数信号发生器面板进行说明:

- Waveforms 栏:从左到右依次单击按钮可选择输出正弦波、三角波或方波信号。
- Frequency 栏:用于设置输出信号的频率。
- Duty Cycle 栏:用于设置输出三角波信号和方波信号的占空比。
- Amplitude 栏:用于设置信号的幅值,即信号直流分量到峰值之间的电压值。
- Offset 栏:用于设置输出信号的直流偏置电压,默认值为 0 V。
- Set Rise/Fall Time 按钮:用于设置方波信号的上升和下降时间,单击该该钮可弹出方波上升/下降时间设置对话框。

◇ 应用举例:仍以一阶无源低通滤波器电路为例,输入信号改为矩形波,如图 3-20 所示,其电压为 5 V,频率为 10 Hz,占空比为 50%,将上升和下降时间设为 1 ns。输入信号由函数信号发生器的正电压端引出,为便于连线,右击函数信号发生器,在输出的菜单中选择将函数信号发生器图标左右翻转。用示波器观察输出端波形,如图 3-21 所示,方波的频率较低,所以没有被滤波器滤除。由于方波设了上升/下降时间,所以电压突变有一个过渡的过程。

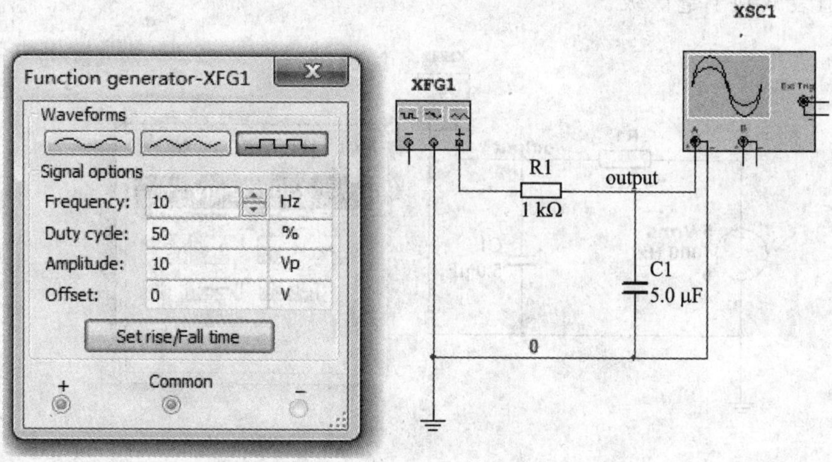

图 3－20　函数信号发生器的应用

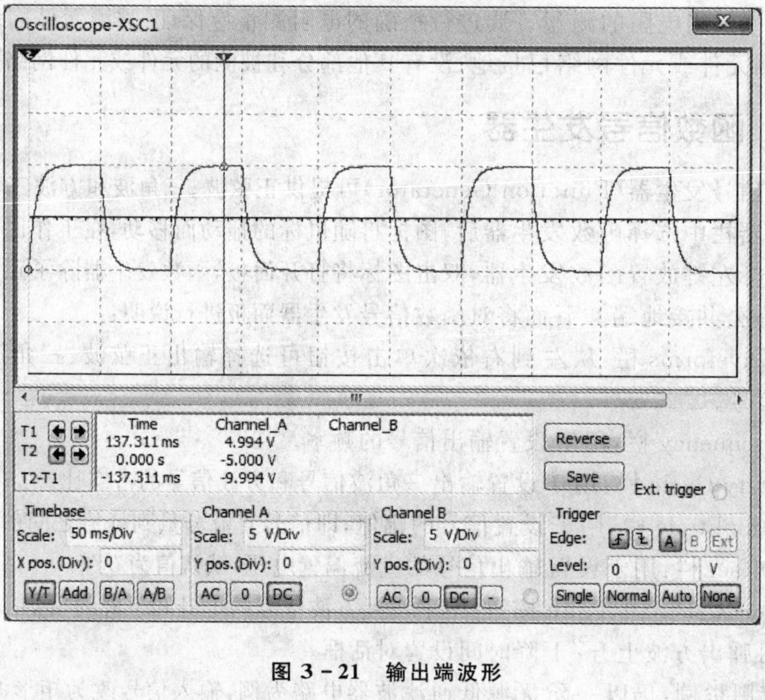

图 3－21　输出端波形

3.2.3　功率计

功率计(Wattmeter)又称瓦特计，用于测量电路的功率，及功率因素。功率因素是电压与电流之间的相位差的余弦。在仪器栏中选择功率计后，图标将随鼠标的拖动而移动，在工作区适当的位置单击鼠标放置函数发生器，双击图标将打开面板，面板中上面显示电路输出负载上的功率值，下面显示功率因素。连接功率计时，应使电压表与负载并联，电流表与负载串联。

◇ 应用举例：图 3－22 中的电路为甲乙类功率放大电路，负载为内阻为 8 Ω 的蜂鸣器，在输出端接功率计，可以看到输出功率为 45.416 W，功率因素为 1，即输出电压和电流没有相位差。

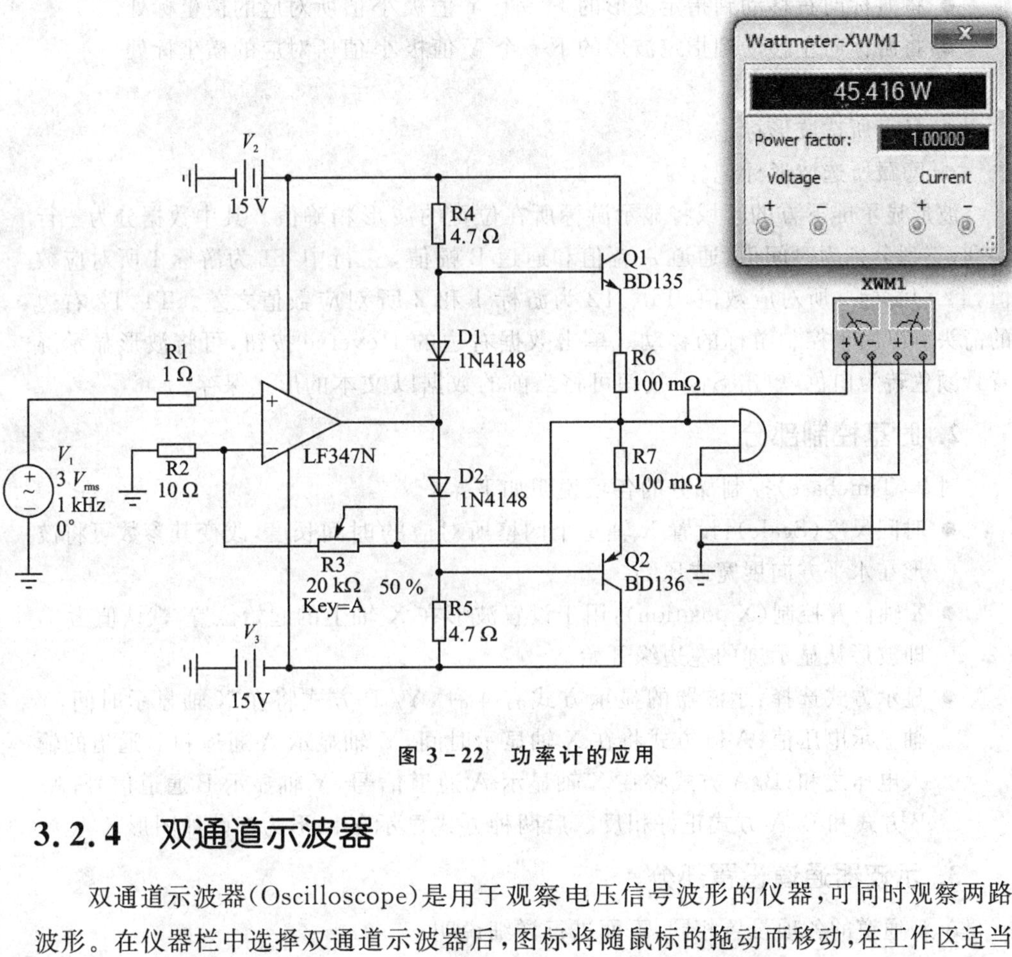

图 3－22　功率计的应用

3.2.4　双通道示波器

双通道示波器(Oscilloscope)是用于观察电压信号波形的仪器，可同时观察两路波形。在仪器栏中选择双通道示波器后，图标将随鼠标的拖动而移动，在工作区适当的位置单击放置双通道示波器，示波器图标中的三组信号分别为 A、B 输入通道和外触发信号通道。双击图标将打开面板，其中主要按钮的作用调整及参数的设置和实际示波器相似，下面将示波器器面板各部分功能进行说明。

1. 波形和数据显示部分

波形显示屏背景颜色默认为黑色，中间最粗的白线为基线。垂直于基线有两根游标，用于精确标定波形的读数，可手动拖动游标到某一位置，也可右击在弹出的菜单上选择将游标移动到特定位置，菜单项从上到下分别为：

- 设置游标在 X 轴上的精确值。
- 将游标向右移动到指定波形的 Y 值所对应的横坐标处。
- 将游标向左移动到指定波形的 Y 值所对应的横坐标处。
- 将游标向右移动到指定波形的下一个 Y 值极大值所对应的横坐标处。
- 将游标向左移动到指定波形的下一个 Y 值极大值所对应的横坐标处。
- 将游标向右移动到指定波形的下一个 Y 值极小值所对应的横坐标处。
- 将游标向左移动到指定波形的下一个 Y 值极小值所对应的横坐标处。
- 选择波形轨迹。
- 显示所选波形标记。
- 隐藏所选波形标记。

波形显示屏下方的区域将显示游标所在位置的波形精确值。其中数据分为三行三列,三列分别为时间值、通道 A 幅值和通道 B 幅值,三行中 T1 为游标 1 所对应数值,T2 为游标 2 所对应数值,T1 - T2 为游标 1 和 2 所对应数值之差。T1、T2 右边的箭头可以用来控制游标的移动。单击数据右边的 Reverse 按钮,可将波形显示屏背景颜色转为白色,单击 Save 按钮可将当前的数据以文本的形式保存。

2. 时基控制部分

时基(Timebase)控制部分的各项说明如下:

- 时间尺度(Scale):设置 X 轴每个网格所对应的时间长度,改变其参数可将波形在水平方向展宽或压缩。
- X 轴位置控制(X position):用于设置波形在 X 轴上的起始位置,默认值为 0,即波形从显示屏的左边缘开始。
- 显示方式选择:示波器的显示方式有 4 种,Y/T 方式将在 X 轴显示时间,Y 轴显示电压值;Add 方式将在 X 轴显示时间,Y 轴显示 A 通道和 B 通道的输入电压之和;B/A 方式将在 X 轴显示 A 通道信号,Y 轴显示 B 通道信号;A/B 方式和 B/A 方式正好相反。后两种方式显示的图形为李萨如图形。

3. 示波器通道设置部分

A、B 通道的各项设置相同,下面进行详细说明:

- Y 轴刻度选择(Scale):设置 Y 轴的每个网格所对应的幅值大小,改变其参数可将波形在垂直方向展宽或压缩。
- Y 轴位置控制(Y position):用于设置波形 Y 轴零点值相对于示波器显示屏基线的位置,默认值为 0,即波形 Y 轴零点值在显示屏基线上。
- 信号输入方式:用于设定信号输入的耦合方式。当用 AC 耦合时,示波器显示信号的交流分量而把直流分量滤掉;当用 DC 耦合时,将显示信号的直流和交流分量;当用 0 耦合时,在 Y 轴的原点位置将显示一条水平直线。

4. 触发参数设置部分

触发(Trigger)参数设置区的各项功能为：

- 触发沿(Edge)选择：可选择输入信号或外触发信号的上升沿或下降沿出发采样。
- 触发源选择：可选择 A、B 通道和外触发通道(EXT)作为触发源。当 A、B 通道信号作为触发源时，当通道电压大于预设的触发电压时才启动采样。
- 触发电平选择：用于设置触发电压的大小。
- 触发类型(Type)选择：有 4 种类型可选，其中 Single 为单次触发方式，当触发信号大于触发电平时，示波器采样一次后停止采样，在此单击 Single 按钮，可在下次触发脉冲来临后再采样；Normal 为普通触发方式，当触发电平被满足后，示波器刷新，开始采样；Auto 表示计算机自动提供触发脉冲触发示波器，而无需触发信号。示波器通常采用这种方式；None 表示取消设置触发。

◇ 应用举例：仍以一阶无源低通滤波器电路为例，如图 3－23 所示，输入信号为 5 V、50 Hz 的交流电压源，示波器的 A 通道接到输入端，B 通道接到输出端，对电路进行仿真，双击打开示波器的前面板，如图 3－24 所示。单击 Reverse 按钮将显示屏背景反白，面板中各项的设置如图 3－24 中所示。由于输入信号为 50 Hz，所以信号的周期为 20 ms，为了便于观察信号，可将 X 轴的刻度设为 10 ms/格；输入信号幅值为 5 V，所以将 A、B 通道中的 Y 轴刻度都设为 5 V/格。可以看到，50 Hz 的输入信号通过通带截止频率为 31.8 Hz 的一阶无源低通滤波器后有一定的衰减和相移。移动游标 1 和 2，可以观察到输入、输出信号峰值的精确值。

注意：示波器中显示的两个通道波形的颜色默认都为红色，如想改变 B 通道信号的显示颜色，可在电路图中右击连接到 B 通道正输入端的导线，在弹出的菜单中选择 Segment Color 菜单项，即可为该导线选择一种颜色。对电路再仿真时，B 通道中信号的显示颜色自动改变。

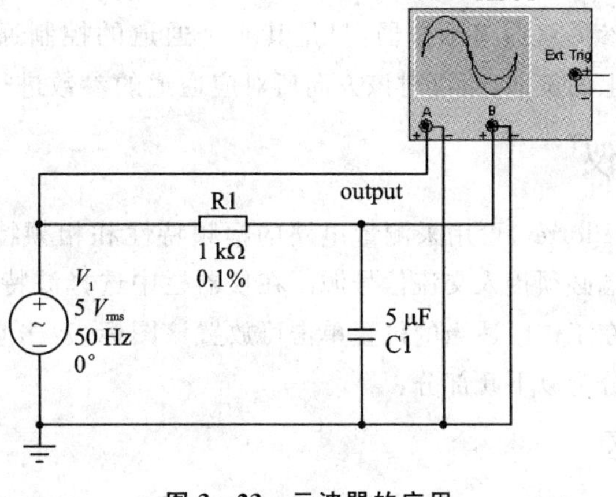

图 3－23 示波器的应用

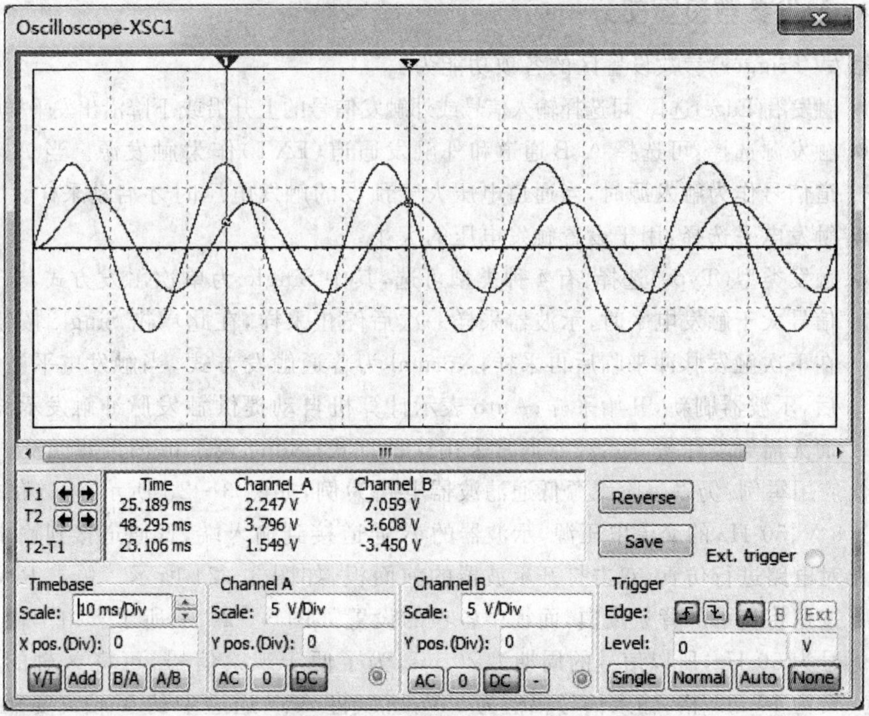

图 3-24 A、B 通道的波形

3.2.5 四通道示波器

四通道示波器(Four-channel Oscilloscope)可以同时测量 4 个通道的信号,其他的功能几乎完全相同。在仪器栏中选择四通道示波器后,图标将随鼠标的拖动而移动,在工作区适当的位置单击可放置双通道示波器,示波器图标中的 A、B、C、D 引脚分别为四路信号输入端,T 为外触发信号通道,G 为公共接地端。双击图标将打开面板,其中主要设置可参见双通道示波器,只是其 4 个通道的控制通过一个旋钮来实现,当单击某一方向上的旋钮,则可对该方向所对应通道的参数进行设置。

3.2.6 波特图仪

波特图仪(Bode Plotter)可用来测量电路的幅频特性和相频特性。在使用波特图仪时,电路的输入端必须接入交流信号源。在仪器栏中选择波特图仪后,图标将随鼠标的拖动而移动,在工作区适当的位置单击可放置该图标,双击它可打开波特图仪的前面板,前面板可分为以下几部分:

1. 数据显示区

数据显示区主要用于显示电路的幅频或相频特性曲线。波特图仪显示屏上也有一个游标，可以用来精确显示特性曲线上任意点的值(频率值显示在显示屏左下方，幅值或相位显示在显示屏的右下方)，游标的操作和示波器中相同，不再赘述。

2. 模式(Mode)选择区

单击 Magnitude 按钮，波特图仪将显示电路幅频特性；单击 Phase 按钮则显示相频特性。

3. 坐标设置区

在垂直(Vertical)坐标和水平(Horizontal)坐标设置部分，按下 Log 按钮，则坐标以底数为 10 的对数形式显示；按下 Lin 按钮，则坐标以线性形式显示。在显示相频特性时，纵坐标只能选择以线性的形式显示。

水平坐标刻度显示的总是频率值，在 F 栏下可设置终止频率，I 栏下可设置起始频率；垂直坐标刻度可显示幅值或相位，F 栏下可设置终值，I 栏下可设置起始值。

注意：为了观察较宽频率范围内的特性曲线，水平坐标常采用对数形式；显示幅频特性时，纵坐标也常采用对数形式。

4. 控制(Controls)区

控制区内包含 3 个按钮，单击 Reverse 按钮将使波特图仪显示屏背景反色，单击 Save 按钮可将当前的数据以文本的形式保存，单击 Set 按钮将弹出如图 3-25 所示的参数设置对话框，在该对话框的 Resolution Points 栏下可设置分辨点数，数值越大分辨率越高。

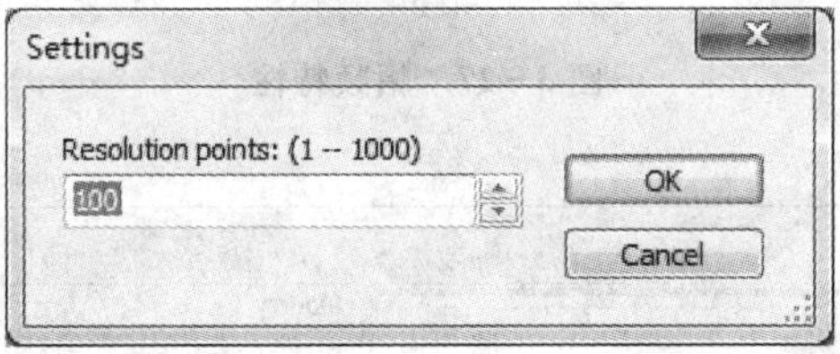

图 3-25 分辨点数设置

◇ 应用举例：仍以上面的低通滤波器为例，将波特图仪的输入/输出端分别与电路相连，如图 3-26 所示。对电路进行仿真，双击波特图仪图标可打开前面板，选择显示幅频特性，幅频特性曲线及相应设置如图 3-27 所示，将游标移到 Y 值为 3dB 时所对应的位置，可得通带截止频率为 31.755Hz。选择显示相频特性，相频特性曲线及相应设置如图 3-28 所示，将游标的 X 值设为 50 Hz，则相应的相角为 -57.517℃，即输出信号滞后于输入信号，如图 3-24 所示。

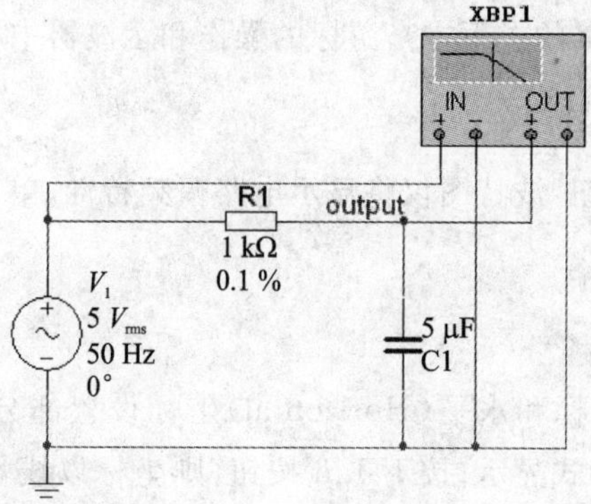

图 3－26　波特图仪的应用

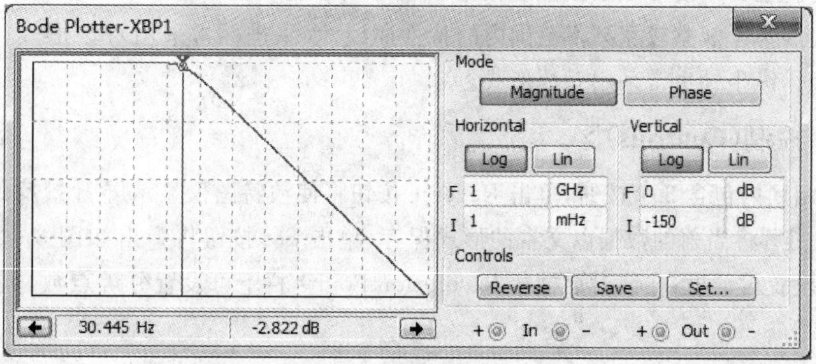

图 3－27　幅频特性

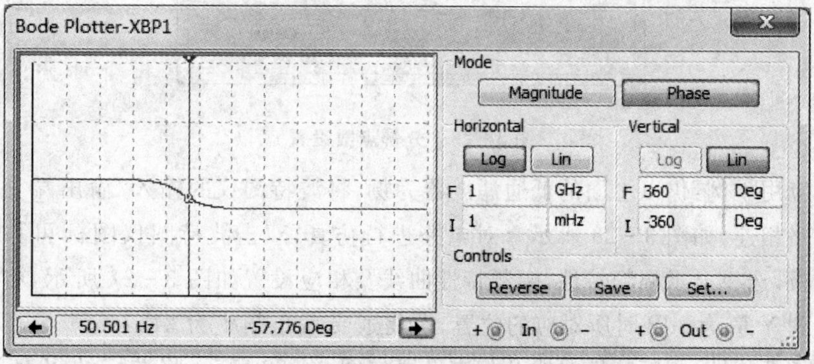

图 3－28　相频特性

3.3 高级仿真分析仪器

上节介绍了一些常用仪器的功能和使用方法，下面介绍一些高级仪器的使用，这些仪器有的适用于模拟电路的分析，有些适用于数字电路的分析，有些适用于分析高频电路。

3.3.1 伏安特性分析仪

伏安特性分析仪(IV Analyzer)可用于测量二极管、三极管和 MOS 管的伏安特性曲线，被测元件应是在电路中无连接的单独元件，如需要测量电路中某一元件的伏安特性，需要先将连接断开。在仪器栏中选择伏安特性分析仪后，图标将随鼠标的拖动而移动，在工作区适当的位置单击可放置该图标，双击它可打开伏安特性分析仪前面板，前面板可分为以下几部分：

1. 被测元件类型选择(Components)：

有 5 种元件的伏安特性可以被测量，它们为二极管(Diode)、PNP 型双极型晶体管(BJT PNP)、NPN 型双极型晶体管(BJT NPN)、P 沟道 MOS 管(PMOS)和 N 沟道 MOS 管(NMOS)。当选择不同类型的元件时，伏安特性分析仪面板下方的接口示意图将各不相同，如图 3-29 所示，示意图中 3 个端点的顺序对应了伏安特性分析仪图标中 3 个引脚的排列顺序。

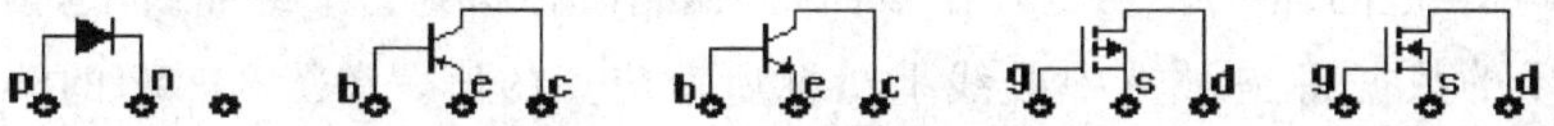

(a) 二极管 (b) BJT PNP (c) BJT NPN (d) PMOS (e) NMOS

图 3-29 各类型元件连接示意图

2. 显示范围设置

可设置电流范围(Current range)和电压范围(Voltage range)，具体设置和波特图仪相似，这里不再赘述。

3. 仿真参数设置

单击面板下方 Simulate Parameters 按钮，将弹出参数设置对话框，对于不同的被测元件，对话框中设置的参数也不同，下面分别来进行介绍。

- 当选择二极管为测量元件时，仿真参数设置对话框只有 V_pn(PN 结电压)一栏可以设置，其中包括起始扫描电压、终止扫描电压和扫描增量。
- 当选择双极型晶体管作为测量元件时，仿真参数设置对话框中 V_ce 区域中可以设置三极管 C、E 两极间的扫描起始电压、终止电压和扫描增量;I_b 区域可以设置三极管基极电流扫描的起始电流、终止电流和步长。选择 Nornalize Data 选项表示测量结果将以归一化方式显示。

- 当选择 MOS 管作为测量元件时,仿真参数设置对话框中 V_ds 区域中可以设置 MOS 管 D、S 两极间的扫描起始电压、终止电压和扫描增量;V_gs 区域中可以设置 MOS 管 G、S 两极间的扫描起始电压、终止电压和步长。

4. 图形和数据显示区

该区域和其他仪表相似,游标用于精确测量波形数据,测得数据将在显示屏下方的读数栏中显示。

◇ 应用举例:将测量 NPN 型三极管 2N2222 的伏安特性,按图 3-30(c)的接线方式将三极管接到伏安特性分析仪上,如图 3-30 所示。双击伏安特性分析仪图标打开仪器面板,选择元件类型为 BJT NPN,单击 Simulate Parameters 按钮,按图 3-31 的参数进行设置,然后对电路进行仿真,软件将自动调节横纵坐标的显示范围,且横纵坐标均采用线性形式显示,仪器面板如图 3-31 所示。显示屏中横坐标的值为三极管集电极与发射极之间的电压 V_{ce},纵坐标的值为集电极电流 I_c,图中 9 条曲线分别为 I_b 取 1 A 到 9 A 时的函数曲线,伏安特性曲线描述的即是当基极电流 I_b 为一常量时,I_c 与 V_{ce}之间的函数关系。在显示屏中的任意位置右击,可弹出图 3-32 的菜单,选择 Select Trace ID 命令将打开图 3-33 所示的对话框,在其中的下拉菜单下可选择不同 Ib 值的曲线。当选择了该曲线后,到游标移到这一组曲线上,读数栏中显示的数据将是被选中曲线上游标所对应点的值。在图 3-32 的菜单中选择 Show Select Marks 菜单项,选中的曲线将以三角标记,如图 3-31 所示,要想消除标记,可再选择 Hide Select Marks 菜单项。

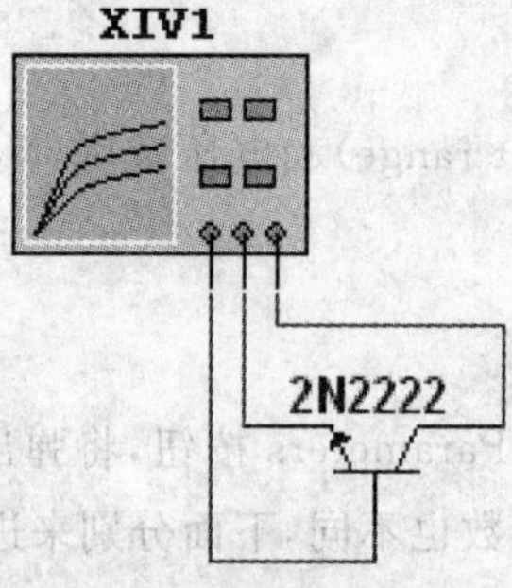

图 3-30　2N2222 伏安特性测量电路

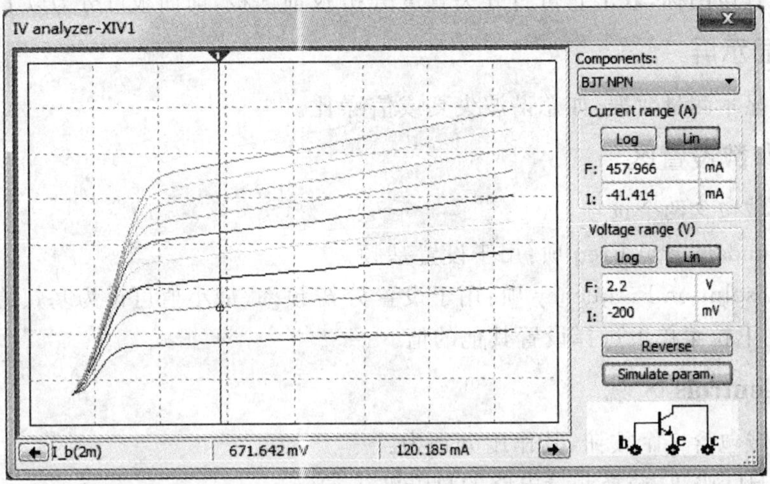

图 3－31　伏安特性分析仪测量结果

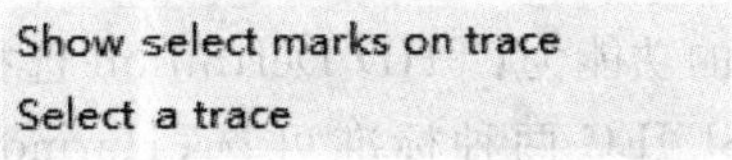

图 3－32　曲线操作菜单

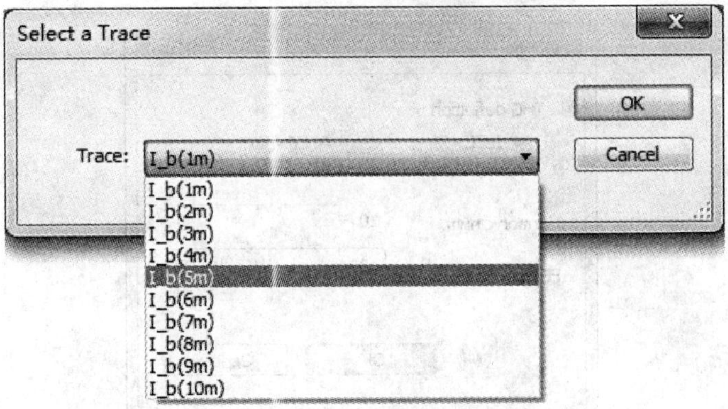

图 3－33　曲线选择对话框

注意:不同元件伏安特性的意义不同,要想正确设置和解读各伏安特性图的意义,必须掌握对其原理。

3.3.2　失真度分析仪

失真度分析仪(Distortion Analyzer)可用来测量电路的总谐波失真和信噪比。在仪器栏中选择失真度分析仪后,图标将随鼠标的拖动而移动,在工作区适当的位置单击可放置该图标，双击它可打开失真度分析仪前面板，前面板可分为以下几部分：

1. 显示屏

用于显示测量数据，如总谐波失真或信噪比。

2. 参数设置区

该区域包含两个选项：

- Fundamental Freq 项：用于设置基频。
- Resolution Frequency 项：用于设置分辨频率，最小值可设为基频的 1/10，可在下拉菜单下选择设置其他的值。

3. Controls 区域

该区域包含 3 个按钮，其作用分别为：

- THD 按钮：选择测量电路的总谐波失真。
- SINAD 按钮：选择测量信噪比。
- Set 按钮：单击该按钮将弹出图 3－34 所示的对话框，用于设置测试参数。该对话框中各部分的功能为：THD Definition 选择总谐波失真的定义方式，包括 IEEE 和 ANSI/IEC 两种标准可选；Harmonic Num 项用于设置谐波次数；FFT Points 项用于设置 FFT 分析点数。设置完毕单击 Accept 按钮保存设置。

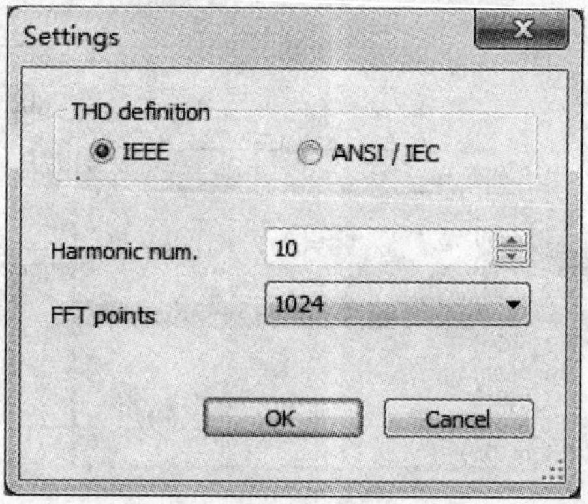

图 3－34　测试参数设置对话框

4. 显示(Display)形式设置区

用于设置数据以“%”或“dB”的形式表示。

5. 启动停止区域

仿真开始后，单击 Stop 按钮停止测试；再单击 Start 按钮重新开始测试。

◇应用举例：在第 2 章的第 2.3.1 小节中用 50 Hz 陷波器的例子说明了多页平

铺设计，下面仍以该电路为例，来说明失真分析仪的使用。直流稳压源输入供电电源为 220 V、50 Hz 的交流电，输出为正负 15 V 直流电压；陷波器电路部分如图 3－35 所示，在该电路的输出端连接失真分析仪，将基频设为 10 Hz，分辨频率取 1 Hz，选择显示总谐波失真 THD(%)，其他设置用软件的默认设置，对电路进行仿真，稳定后的测试结果如图 3－36 所示。

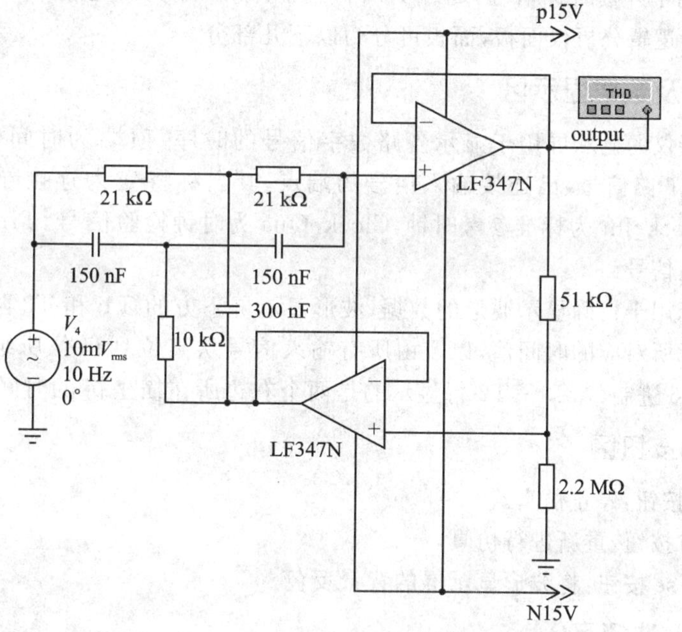

图 3－35　50 Hz 陷波器电路中失真分析仪的应用

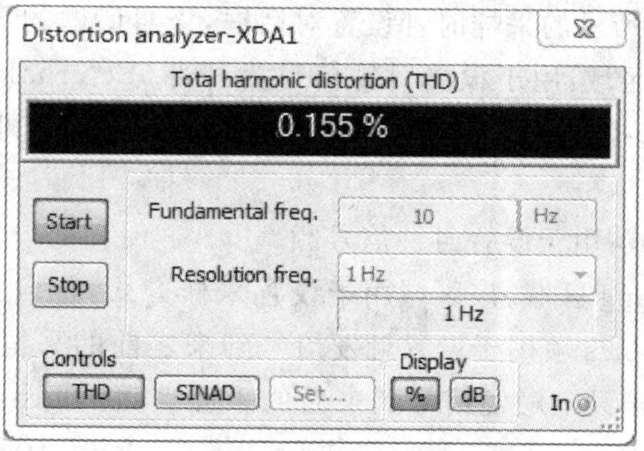

图 3－36　稳定后的测试结果

3.3.3 逻辑分析仪

逻辑分析仪(Logic Analyzer)用来对数字逻辑电路的时序进行分析,可以同步显示 16 路数字信号。在仪器栏中选择逻辑分析仪后,图标将随鼠标的拖动而移动,在工作区适当的位置单击可放置该图标,图标左边的 16 个引脚可连接 16 路数字信号,下面的 C 端用于外接时钟信号,Q 端为时钟控制端,T 端为外触发信号控制端。双击图标可打开逻辑分析仪面板,面板可分为以下几部分。

1. 波形及数据显示区

逻辑分析仪的显示屏用于显示各路数字信号的时序,顶端为时间坐标,左边前 16 行可显示 16 路信号,已连接输入信号的端点,其名称将变为连接导线的网点名称,下面的 Clock_Int 为标准参考时钟,Clock_Qua 为时钟检验信号,Trigg_Qua 为外触发信号检验信号。

两个游标用于精确显示波形的数据,波形显示屏下方的 T1 和 T2 两行的数据分别为两个游标所对应的时间值,以及由所有输入信号从高位到低位所组成的二进制数所对应的 16 进制数,T1 - T2 行显示的是两个右边所在横坐标的时间差。

2. 控制按钮区

- Stop 按钮:停止仿真。
- Reset 按钮:重新进行仿真。
- Reverse 按钮:将波形显示屏的背景反色。

3. Clock 选项区

其中 Clock/Div 栏用于设置一个水平刻度中显示脉冲的个数。单击下方的 Set 按钮,可弹出图 3 - 37 所示的采样时钟设置对话框,该对话框的各项设置为:

- Clock Source 区域:用于设置时钟信号为外部(Ecternal)时钟或内部(Internal)时钟,当选择外部时钟后,Clock Qualifier 项可设,即可选时钟限制字为 1、0 或 X。
- Clock rate 区域:用于设置时钟信号频率。
- Sampling Setting 区域:该区域用于设置采样方式,包含 3 个选项 ,其中 Pre－trigger Samples 项用于设置触发信号到来之前的采样点数;Post－trigger Samples 项用于设定触发信号到来后的采样点数;Threshold Volt.(V)项用于设定门限电压。

4. Trigger 选项区

单击 Set 按钮,可打开图 3 - 38 所示的触发方式设置对话框,其中包括以下几部分:

- Trigger Clock Edge 选项区:用于设定触发方式,可选上升沿触发(Positive)、

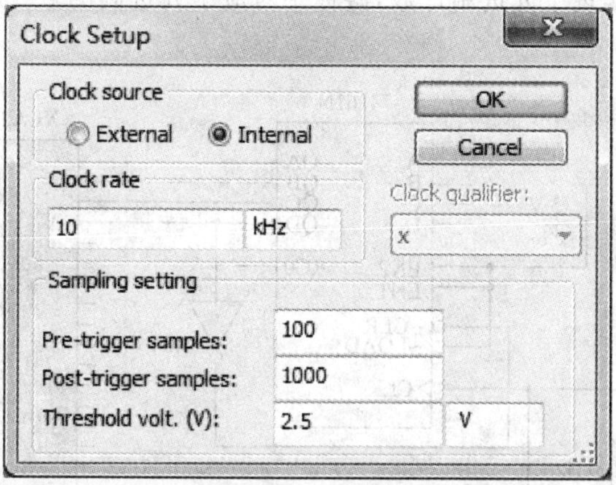

图 3-37 采样时钟设置对话框

下降沿触发(Negative)或上升沿、下降沿皆可(Both)。

- Trigger Qualifier 栏:用于设定触发检验,可选 0、1 或 x。
- Trigger Patterns 选项区:用于选择触发模式,有 3 种可设模式 A、B、C,用户可以编辑每个模式中包含 16 位字,每位可选 0、1 或小 x,在 Trigger Combinations 下拉菜单中可选定这 3 种模式中的一种或这 3 种模式的某种组合(如与、或等)。

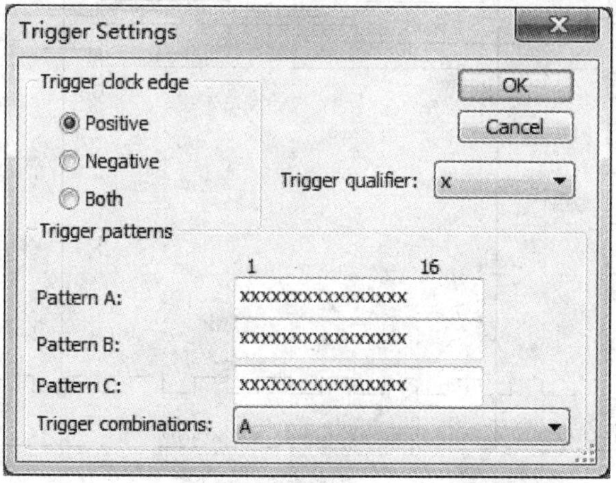

图 3-38 触发方式设置对话框

◇ 应用举例:图 3-39 的电路为用 74161N 芯片设计的一个九进制计数器,输入时钟信号为 100 Hz 的脉冲信号,计数器 74161N 的输出端和逻辑分析仪信号输入端按信号的高低位依次连接,逻辑分析仪信号采用和计数器同一外部时钟,在时钟设置中将时钟改为外部时钟,频率改为 100 Hz,其他设置按默认的设置。对电路进行仿真,波形如图 3-40 所示,4 端信号为最低位的信号,可以看到电路实现了九进制计数,游标 1 对应了九进制的数 1,游标 2 对应了九进制的数 8。

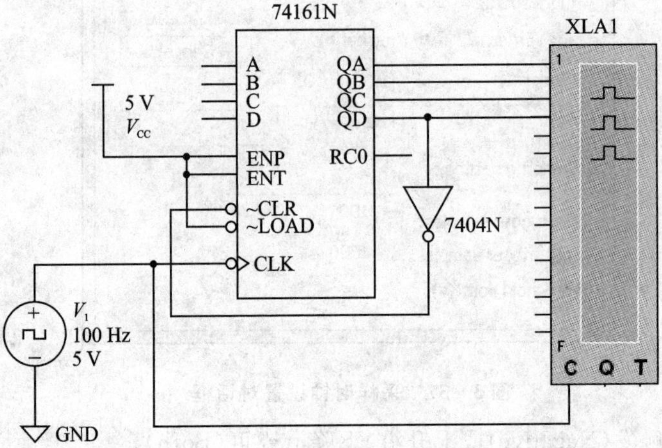

图 3-39 逻辑分析仪的应用

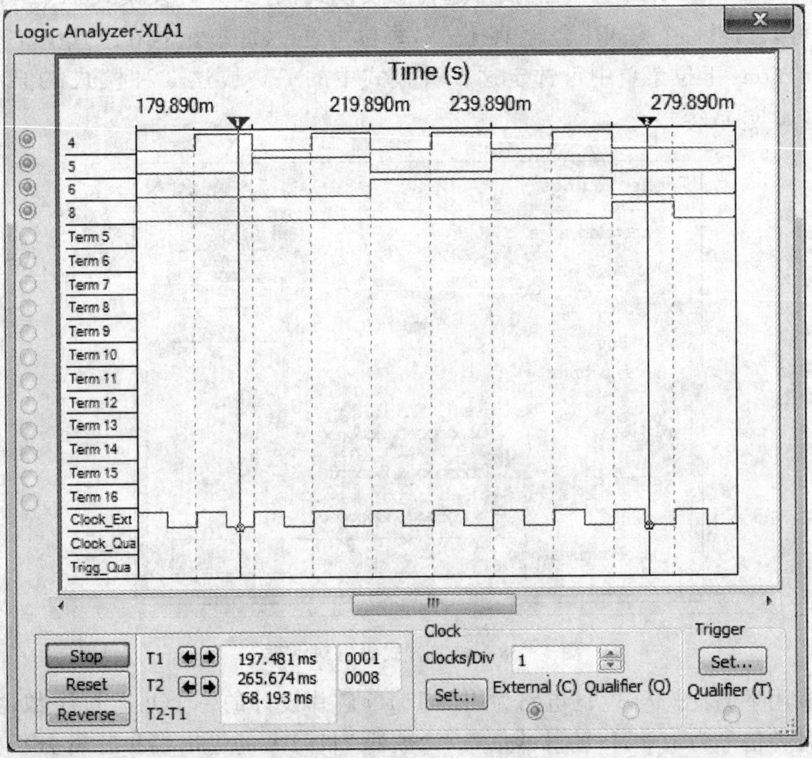

图 3-40 九进制计数器电路仿真时序

3.3.4　逻辑转换仪

逻辑转换仪(Logic Converter)是 Multisim 特有的仪器,能够完成真值表、逻辑表达式和逻辑电路三者之间的相互转换。在仪器栏中选择逻辑转换仪后,图标将随鼠标的拖动而移动,在工作区适当的位置单击可放置该图标,图标共有 9 个接线端,左边的 8 个端子为输入端子,连接需要分析的逻辑电路的输入信号,最后一个端子是输出端子,连接逻辑电路的输出端。双击图标可打开逻辑转换仪面板,面板最上面的 A 到 H 为输入端连接情况标识,如端子反白,则表示已连接上,反之表示未连接;面板中间为真值表,连接端子个数确定后,该栏中会自动列出前两栏的数值,输出的值可由分析结果给出或由用户定义;真值表下方的空白栏中可显示逻辑表达式。最右边的 Conversions 栏中有 6 个控制按钮,它们的功能分别为:

- "

"按钮:该按钮的功能是将已有逻辑电路转换成真值表。
- "

"按钮:该按钮是将真值表转换为逻辑表达式。当真值表是由逻辑电路转换而得,可直接单击该按钮得出逻辑表达式;用户也可新建真值表来推导逻辑表达式,新建真值表的方法为单击选择面板上方的输入端子,使已选的端子反白,真值表中将自动列出已选输入信号的所有组合,输出端的状态初始值全部为未知(?),用户可以定义为 0、1 或 x(单击一次变为 0,单击两次变为 1,单击 3 次变为 x)。

"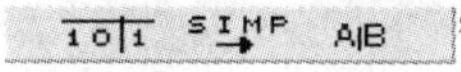

"按钮:该按钮的功能是将真值表转化为简化的逻辑表达式。

"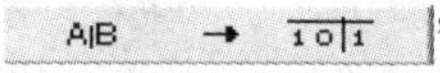

"按钮:该按钮的功能是将逻辑表达式转换成真值表。

"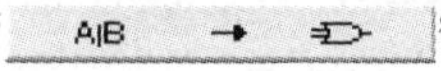

"按钮:该按钮的功能是将逻辑表达式转换为逻辑门组成的电路。

"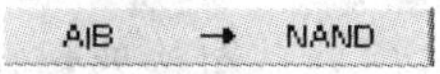

"按钮:该按钮的功能是将逻辑表达式转换成由与非门组成的逻辑电路。

◇ 应用举例:图 3-41 的电路由两个异或门组成,可用于检测 3 位二进制码的奇偶性,当输入二进制码含有奇数个"1"时,输出为 1,因此电路有称为奇校验电路。将该电路的 3 个输入端分别连接到逻辑转换仪的前 3 个输入端子上,将逻辑电路的输出端连接到逻辑转换仪的最后一个端子上,双击逻辑转换仪的图标打开面板,单击 Conversions 区域中的第一个按钮,可得电路真值表,单击第 3 个按钮将所得真值表再转换成最简表达式,如图 3-42 所示。

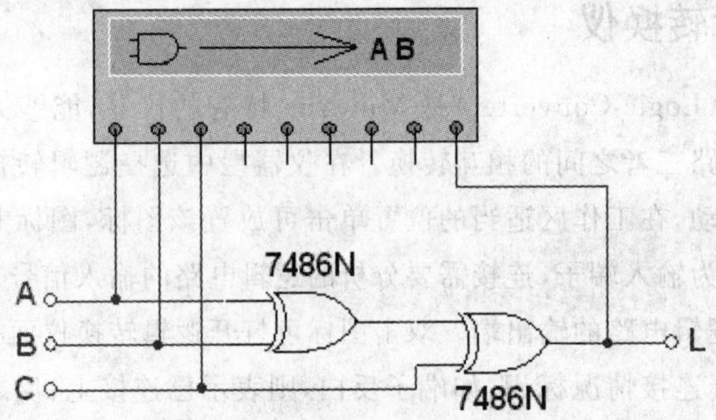

图 3-41　逻辑转换仪的应用

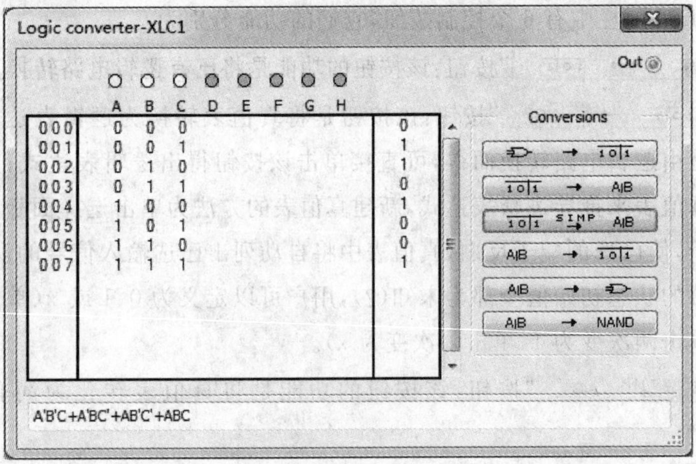

图 3-42　由电路所得的真值表和最简逻辑表达式

3.3.5　字信号发生器

字信号发生器(Word Generator)能同时产生 32 路逻辑信号。在仪器栏中选择字信号发生器后,图标将随鼠标的拖动而移动,在工作区适当的位置单击可放置该图标,图标左右两边分别为 32 路输入信号端,R 端为信号准备好端子,T 端为外触发信号端子。双击图标可打开字信号发生器面板,面板可分为以下几部分。

1. 字信号编辑显示区

该区域位于面板最右侧,当前信号以 8 位十六进制数的形式显示,信号的显示形式还可以在 Display 区更改。所有信号的初始值都为 0,单击某一行信号可对其进行修改。右击某一行信号,可弹出字信号设置菜单,菜单中选项从上到下分别为:

- 对该当前信号设置指针。
- 对该信号设置断点。

- 删除当前断点。
- 将当前信号设为信号循环的初始位置。
- 将当前信号设为信号循环的终止位置。
- 取消操作。

2. Controls 选项区

该区域包括 4 个按钮，它们的功能分别为：

- Cycle 按钮：设置所有字信号循环输出。
- Burst 按钮：每单击一次将输出从起始位置到终止位置的所有字信号。
- Step 按钮：每单击一次将顺序输出一条字信号。

注意：单击这 3 个按钮，软件将自动进行仿真。

- Set 按钮：单击该按钮将弹出图 3－43 的参数设置对话框，该对话框中 Display Type 区域将控制字信号地址的显示形式，可选十六进制(Hex)和十进制(Dec)；Buffer Size 栏用于设置字信号缓冲区的大小；Initial Pattern 栏用于设置起始信号的模式；Pre-set Patterns 区域用于预先设置字信号发生器的模式，下面有 8 个选项，它们的功能分别为：

◆ No Change 项：不对当前的字信号做任何改变。

◆ Load 项：调用已保存的字信号文件。

◆ Save 项：将当前的字信号文件存盘，后缀名为. dp。

◆ Clear Buffer 项：清除字信号缓冲区内的内容，自信号编辑区内的信号将全部清零。

◆ Up Counter 项：字信号编辑区内的信号将从起始信号开始逐次加 1，起始信号的大小可在 Initial Patterns 栏中设置。

◆ Down Counter 项：字信号编辑区内的信号将从起始信号开始逐次减 1，起始信号的大小可在 Initial Patterns 栏中设置。

◆ Shift Right 项：字信号编辑区内的信号按右移的方式编码，起始信号的大小可在 Initial Patterns 栏中设置。

◆ Shift Left 项：字信号编辑区内的信号按左移的方式编码，起始信号的大小可在 Initial Patterns 栏中设置。

3. Display Type 选项区

用来设置字信号的显示形式，包括十六进制(Hex)、十进制(Dec)、二进制(Binary)和 ASCII 码。

4. Trigger 选项区

用于设置触发方式，可选内部(Internal)触发或外部(External)触发，触发方式可选上升沿触发或下降沿触发。

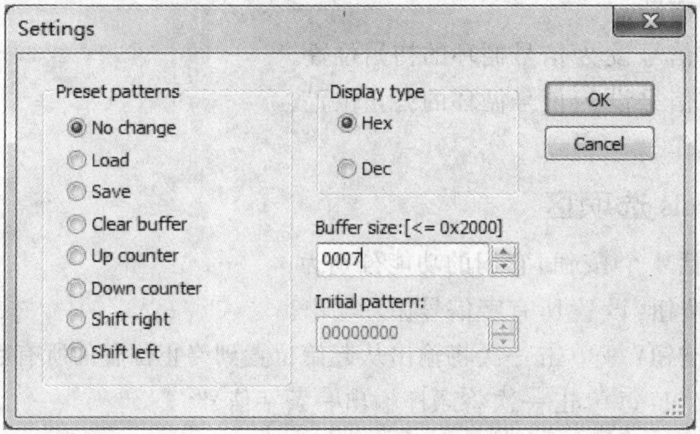

图 3-43　参数设置对话框

5. Frequency 选项区

用于设置字信号发生器的时钟频率。

◇ 应用举例:用数码管和逻辑分析仪观察产生的字信号,如图 3-44 所示。首先在字信号发生器面板中将缓冲区大小设为 5,预设字信号模式为 Up Counter,起始字信号设为十六进制数 00000000,时钟频率设为 1 kHz,则信号编辑区内的字信号如图 3-45 所示。双击打开逻辑分析仪的面板进行设置,时钟信号选择 1 kHz 的内部时钟。在图 3-45 中单击一次 Step 按钮,字信号往下循环一个地址;如果按 Cycle 按钮,字信号编辑区中的所有字信号将循环显示。图 3-44 中数码管中的数为字信号循环到 00000003 时的显示,此时逻辑分析仪对应的显示如图 3-46 中游标 1 所对应的数。

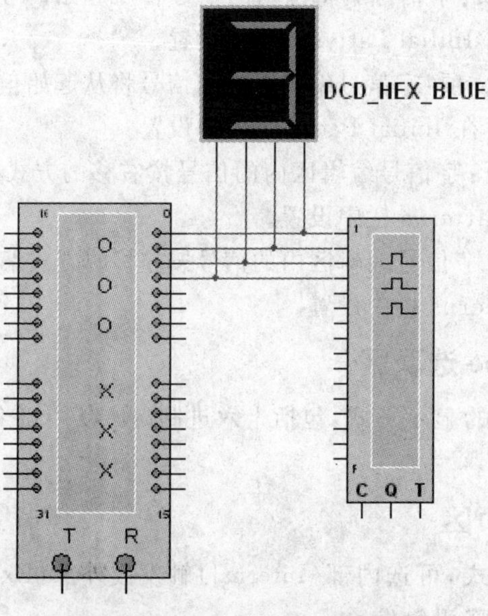

图 3-44　字信号发生器测试

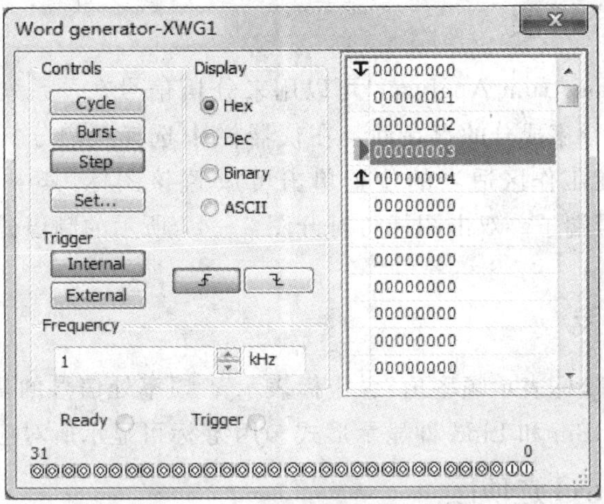

图 3-45 字信号发生器设置

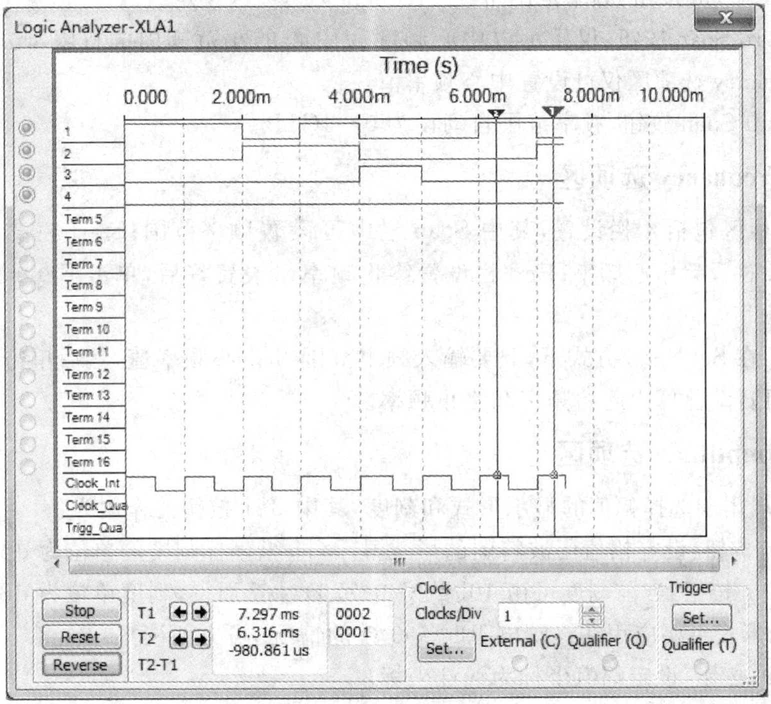

图 3-46 测量波形

注意:因为只用到字信号发生器的前 4 位信号,所以数码管中显示的仅是 8 位十六进制数的最后一位,所有字信号将在数码管中循环显示。

3.3.6 频谱分析仪

频谱分析仪(Spectrum Analyzer)可以用来分析信号在一系列频率下的功率谱,确定高频电路中各频率成分的存在性。在仪器栏中选择频谱分析仪后,图标将随鼠标的拖动而移动,在工作区适当的位置单击可放置该图标,其中 IN 为信号输入端子,T 为外触发信号端子。双击图标可打开图 3-47 所示的频谱分析仪面板,面板可分为以下几部分:

1. 频谱显示区

该显示区内横坐标表示频率值,纵坐标表示某频率处信号的幅值(在 Amplitude 区域中可选择 dB、dBm 和 Lin3 种显示形式。)用游标可显示所对应波形的精确值。

2. Span Control 选项区

该区域包括 3 个按钮,用于设置频率范围的方式,3 个按钮的功能分别为:

- Set Span 按钮:频率范围可在 Frequency 选项区设定。
- Zero Span 按钮:仅显示以中心频率为中心的小范围内的权限,此时在 Frequency 选项区仅可设置中心频率值。
- Full Span 按钮:频率范围自动设为 0~4GHz。

3. Frequency 选项区

该选项区包括 4 栏设置,其中 Span 栏中可设置频率范围;Start 栏设置起始频率;Center 栏设置中心频率;End 栏设置终止频率。设置好后,单击 Enter 按钮进行参数确定。

注意:在 Set Span 方式下,只要输入频率范围和中心频率值,然后单击 Enter 按钮,软件可自动计算出起始频率和终止频率。

4. Amplitude 选项区

该区域用于选择幅值的显示形式和刻度,其中 3 个按钮的作用为:

- dB 按钮:设定幅值用波特图的形式显示,即纵坐标刻度的单位为 dB。
- dBm 按钮:当前刻度可由 10l g(V/0.775)计算而得,刻度单位为 dBm。该显示形式主要应用在终端电阻时 600 Ω 的情况,可方便读数。
- Lin 按钮:设定幅值坐标为线性坐标。

Range 栏用于设置显示屏纵坐标每格的刻度值。Ref 栏用于设置纵坐标的参考线,参考线的显示与隐藏可通过 Control 选项区的 Show-Ref 按钮控制,参考线的设置不是用于线性坐标的曲线。

5. Resolution Freq. 选项区

用于设置频率分辨率,其数值越小,分辨率越高,但计算时间也会相应延长。

6. 控制按钮区

该区域包含 5 个按钮，下面分别介绍各按钮的功能：

- Start 按钮：启动分析。
- Stop 按钮：停止分析。
- Reverse 按钮：使显示区的背景反色。
- Show-Refer. /Hide-Refer. 按钮：用来控制是否显示参考线。
- Set 按钮：用于进行参数的设置，如图 3－48 所示，Trigger Source 部分用于设置是外部触发（External）还是内部触发（Internal）；Trigger Mode 部分用于设置触发模式，可选连续触发（Continue）和单次触发（Single）两种模式；Threshold Volt.（V）栏用于设置门限电压值；FFT Points 栏用于设置 FFT 分析点数。

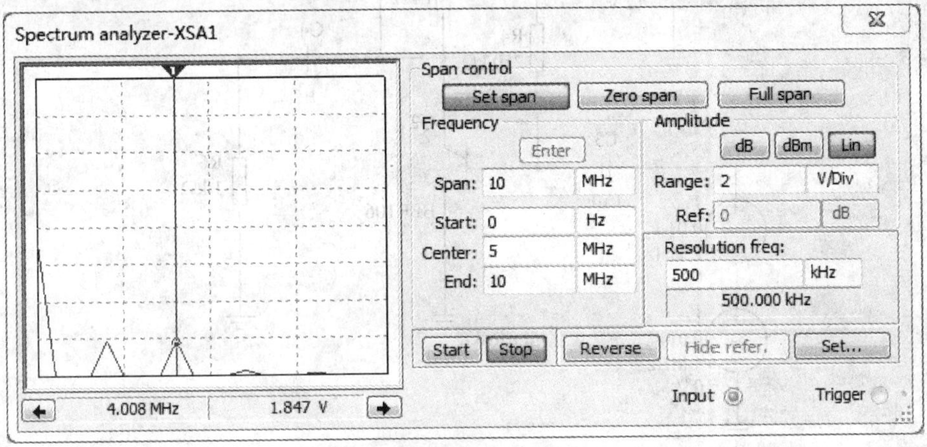

图 3－47 频谱分析仪面板

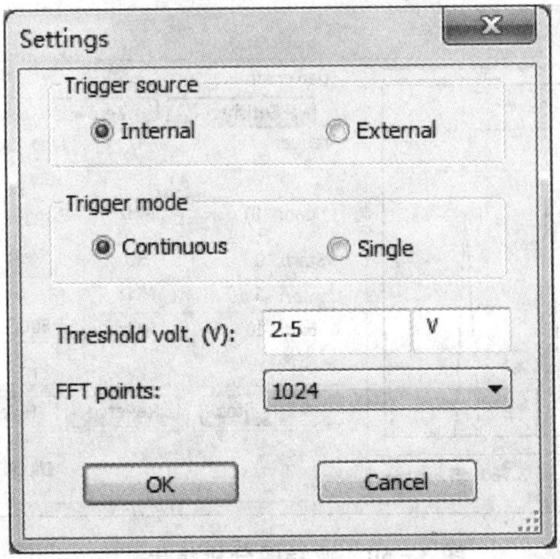

图 3－48 参数设置对话框

◇ 应用举例:图 3 - 49 的电路为一 RF 射频放大电路,输入信号包含两种频率的交流信号,用频率分析仪分析放大电路的输出点,设中心频率为 5 MHz,起始频率为 1 Hz,终止频率为 10 MHz,频带宽为 10 MHz,其他参数按默认设置,进行仿真分析可得图 3 - 47 所示的结果,输出信号除了还有 2 MHz 和 4 MHZ 的频率成分外,还含有直流成分,其他的谐波成分可忽略不计。将结果以波特图的形式显示,如图 3 - 50 所示,设参考线位于 0 dB 处,单击 Show-Refer. 按钮在显示屏偏上方 0 dB 处将出现一条实线。

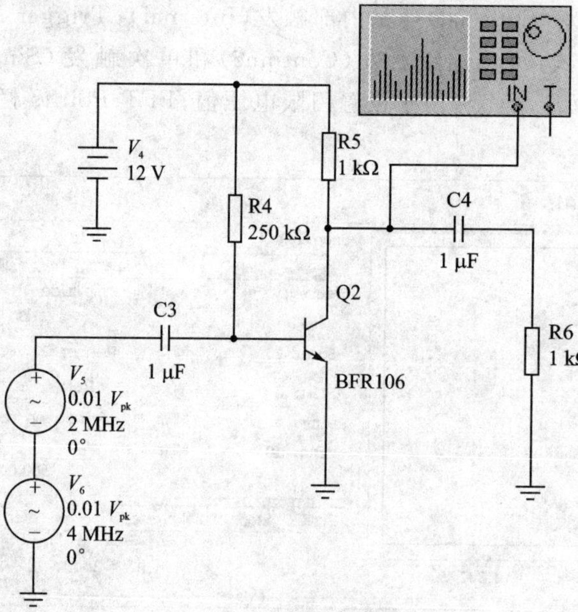

图 3 - 49 频谱分析仪的应用

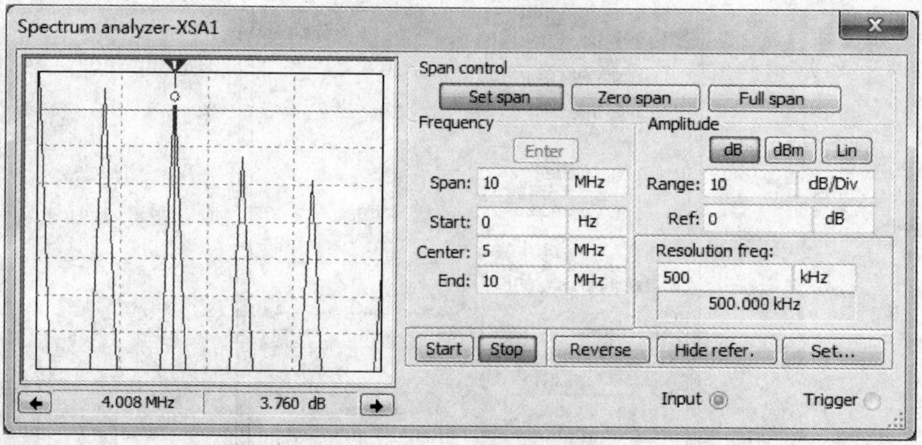

图 3 - 50 波特图分析结果

3.3.7 网络分析仪

网络分析仪(Network Analyzer)常用于分析高频电路散射参数(S 参数),这些 S 参数用于利用其他 Multisim 仿真来得到匹配单元,网络分析仪也可计算 H、Y、Z 参数。使用网络分析仪时,电路被理想化为一个双端的网络,电路输入/输出端必须不能接信号源或负载,直接接到网络分析仪的两个输入端。

当开始仿真时,网络分析仪将自动执行两个交流分析,第一个交流分析用于在输入端计算前项参数 S11 和 S21,第二个交流分析用于在输出端计算反向参数 S22 和 S12。当 S 参数确定后,可在网络分析仪中以多种方式查看数据,并可基于这些数据进行进一步的分析。在仪器栏中选择网络分析仪后,图标将随鼠标的拖动而移动,在工作区适当的位置单击可放置该图标,其中 P1 为输入端子,P2 为输出端子。双击图标可打开图 3-51 所示的频谱分析仪面板,面板可分为以下几部分:

1. 数据显示区

数据显示区内除了图像曲线外,还包含显示模式、特性阻抗、标记点频率、标记点参数数值等信息。显示屏下方的左右箭头可控制图形中的箭头形游标移动到指定频率处,所对应参数值和参数曲线的颜色相同。

2. Mode 选项区

用于选择 3 种不同的分析方式,单击 Measurement 按钮可选择测量模式;单击 RF Characterizer 按钮射频电路特性分析模式;单击 Match Net. Designer 按钮可选择网络匹配设计模式。

3. Graph 选项区

该区域包括以下内容:

- Param. 选项:可选择要分析的参数,包括 S 参数、H 参数、Y 参数、Z 参数和稳定因子(Stability factor)。
- 数据显示模式设置:这部分包括 4 个按钮,每个按钮代表一种模式,其中 Smith 代表数据以史密斯模式显示,Mag/Ph 表示数据分别以增益和相位的频率响应图显示,Polar 表示显示极坐标图,Re/Im 表示显示参数实部和虚部的频率响应图。

4. Trace 选项区

该选项区用于设置所需显示的参数分量,这些分量和在 Graph 选项区中所选的参数项对应。

5. Functions 选项区

该区域包含以下内容:

- Marker 栏:用于选择参数的显示形式,其中可选 Re/Im、Mag/Ph(Degs)和 dB Mag/Ph(Deg)3 种显示形式。
- Scale 按钮:用于手动设定刻度。
- Auto Scale 按钮:由软件自动进行刻度调整。
- Set up 按钮:在 Trace 页中可设置各曲线的颜色、线条等,在 Grids 页中可设置网格和文本的颜色、样式等,在 Miscellaneous 页中用于设置图框的线宽、颜色及背景、绘图区、资料文字的颜色等。

6. Setting 选项区

该区域包括 5 个按钮,其中单击 Load 按钮可读取 S 参数文件,单击 Load 按钮可将当前数据以 S 参数文件形式保存,单击 Export 按钮将当前数据输出值文本文件,单击 Print 按钮打印当前图形数据,单击 Simulation Set 按钮可弹出图 3-52 的仿真设置对话框,其中在 Stimulus 区域中可设置仿真的起始/终止频率、扫描方式和每 10 倍频的点数,在 Characteristic Impendance 区域中可设置特性阻抗值。

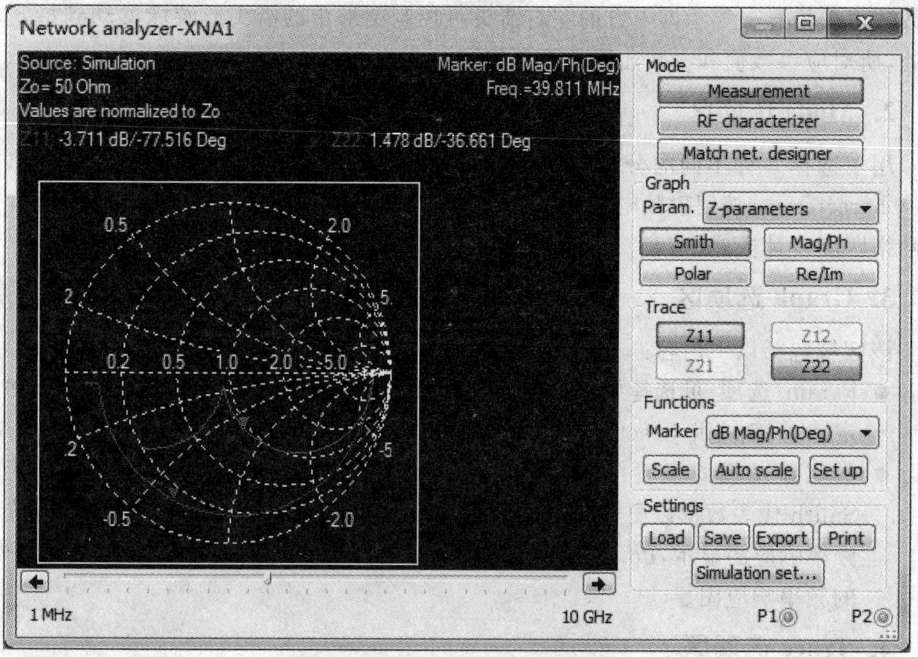

图 3-51 网络分析仪面板

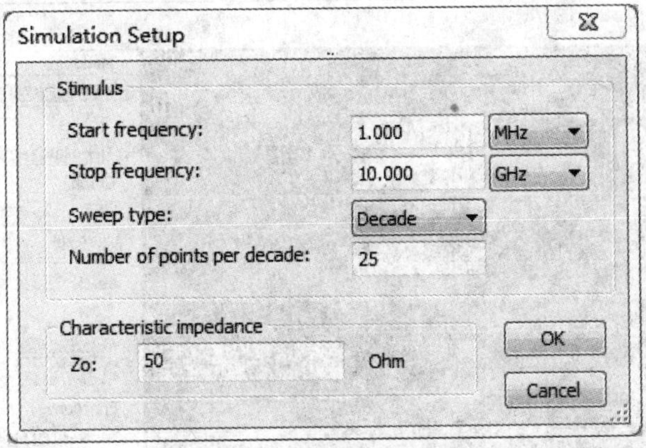

图 3-52 仿真设置对话框

◇ 应用举例：仍以上面的射频放大电路为例，输入输出端和频谱分析仪的 P1、P2 端相连，如图 3-53 所示，选择测量模式，其他参数按默认设置，可看到 S 参数两个分量的 Smith 图如图 3-51 所示，单击 Auto Scale 按钮使刻度由软件自动调整。S 参数分量其他形式的图形分别如图 3-54～3-56 所示。

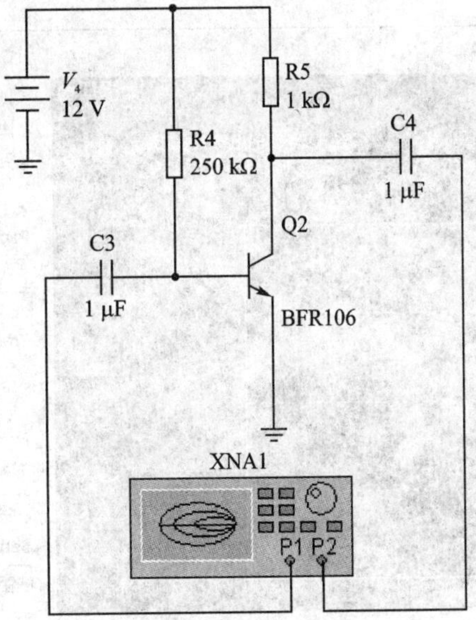

图 3-53 频谱分析仪的应用

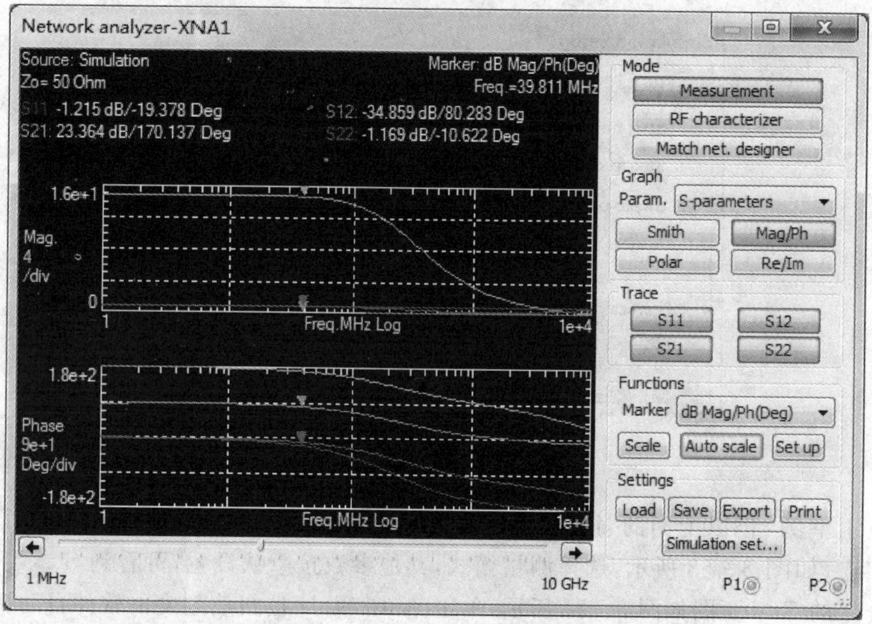

图 3-54 增益和相位的频率响应图

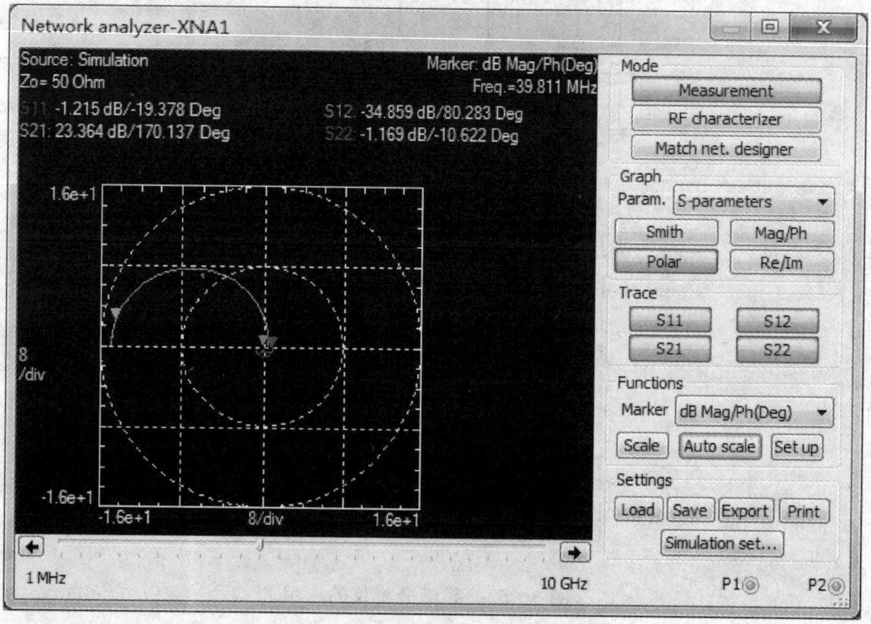

图 3-55 极坐标图

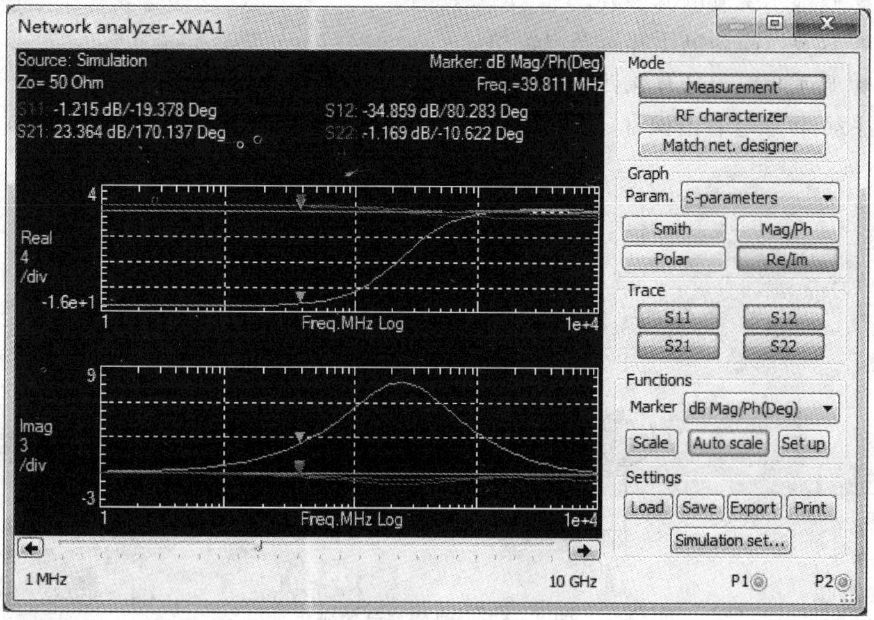

图 3－56　参数实部和虚部的频率响应图

3.4　其他仪器

本节中将简单介绍一下 Multisim 中探针的应用和特定厂家生产的一些仪器，以及 LabVIEW 虚拟仪器。

3.4.1　测量探针

测量探针(Measurement Probe)作为动态探针可在工作空间中方便快捷的测量电路中不同点处的电压、电流和频率值，在进行各种电路分析时，它又可作为静态探针，将该点的电压和电流值作为分析的变量。在仪器栏中选择测量探针直接连到电路中导线的某点处，如图 3－57 所示，可显示该点全部参数值(包括瞬态电压、电压峰一峰值、电压有效值、电压直流分量、瞬态电流值、电流峰一峰值、电流有效值、电流直流分量和频率值)。当不需要显示全部测量参数时，可在选择探针之前单击测量探针图标下方的箭头，弹出的菜单从上到下每个命令的功能分别为：

- 显示动态探针设置中的已选参数，初始设置将显示如图 3－88 所示的全部参数。参数选择可双击电路中的探针，在探针属性对话框的 Parameter 页中进行，Show 列中参数是否显示的状态可通过单击来改变。
- 仅显示交流电压参数。

● 仅显示交流电流参数。
● 仅显示瞬态电压和瞬态电流值。
● 显示相对于已有探针处直流/交流电压的增益和相位差。

注意:可通过右击探针,选择 Reverse Probe Direction 菜单项改变探针的方向。

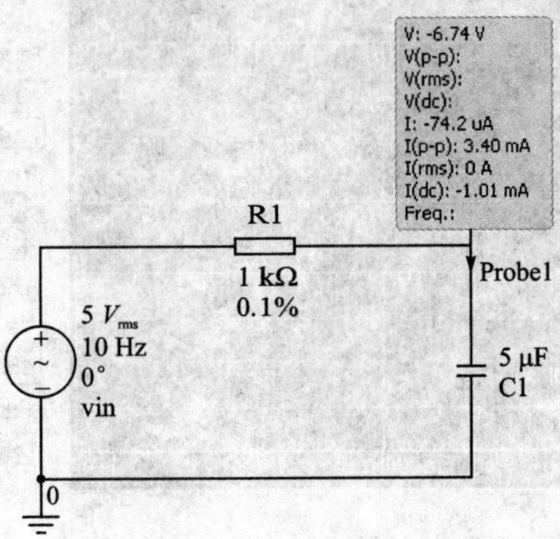

图 3-57 测量探针的应用

3.4.2 电流探针

Multisim 中的电流探针(Current Probe)仿效工业中的电流钳探针,将测量点处的电流转化为该点的电压值,然后通过电流探针的输出端接到示波器上以观察该点的电压值,如图 3-58 所示。实际电流可由探针的电压/电流比率决定,这个比率可双击电路中的电流探针打开属性设置对话框修改。

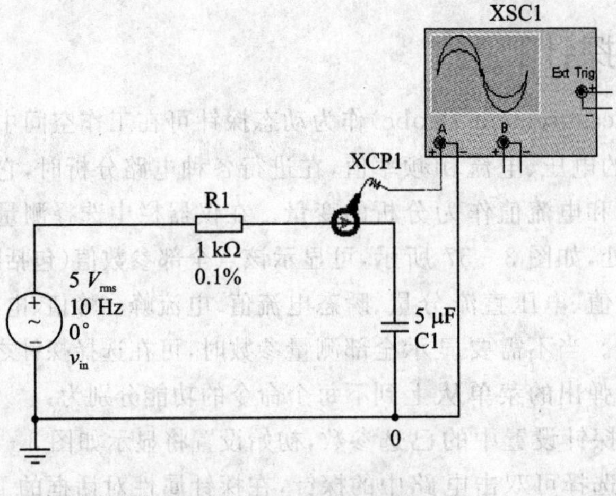

图 3-58 电流探针的应用

注意:和测量探针相同,也可改变探针的方向。

3.4.3 安捷伦虚拟仪器

Multisim 12.0 中包含 3 种安捷伦(Agilent)虚拟仿真仪器,它们分别为函数发生器 33120A、万用表 34401A 和示波器 54622D。上面对这 3 种类型的仪器有了初步的了解,下面将重点介绍安捷伦仪器的不同之处。

1. 安捷伦函数发生器(Agilent Function Generator)

安捷伦制造的 33120A 是一台高性能 15 MHz 综合函数发生器,内部可产生任意波形。安捷伦函数发生器除了可产生标准的波形,如正弦波、方波、三角波、斜坡波形、噪声和直流电压,还可产生任意的波形,如 Sinc 波形、正的斜坡波形、指数上升波形、指数下降波形和心律(Cardiac)波形,用户可定义 8 到 256 点的任意波形,此外安捷伦函数发生器还可产生调制波形,如 AM、FM、FSK 和各种形状脉冲串(Burst)等。

在仪器栏中选择安捷伦函数发生器后,图标将随鼠标的拖动而移动,在工作区适当的位置单击可放置该图标,其中上面的端子为同步方式输出端,下面的信号是普通输出端。双击图标可打开图 3-59 所示的安捷伦函数发生器面板。单击面板左边的 Power 按钮,仪器可开始工作,选择需要的波形,单击 Freq 和 Ampl 按钮可选择进行频率和幅值的设置,调节右上方旋钮可调节频率和幅值数值的大小,也可配合下面的上下左右 4 个键进行数值的调整。更详细的使用说明请参见 Agilent33120A 的用户手册。

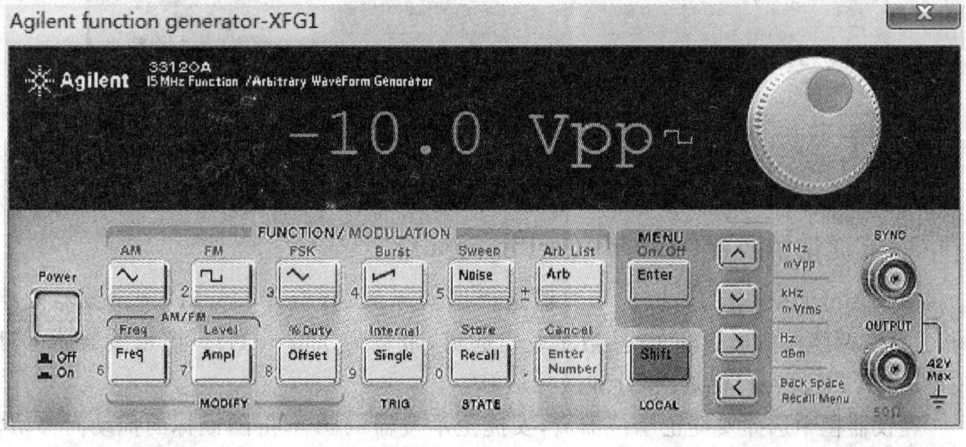

图 3-59 安捷伦函数发生器面板

注意:由于该仪器可实现的功能较多,所以同一按钮常具有两种功能,可按 Shift 按钮进行功能切换。

2. 安捷伦万用表(Agilent Multimeter)

Multisim 12.0 中的安捷伦万用表是根据实际的 Agilent34401A 型万用表设计

的,它是高性能的数字万用表。该万用表可测量直流/交流电压、直流/交流电流、电阻、输入电压信号的频率(周期),还可进行二极管测试和比率测试。在测量功能方面,安捷伦万用表可实现相对测量(Null)、最小最大测量(Min－Max)、将电压以对数形式显示(dB、dBm)和极限测试(Limit Test)。

在仪器栏中选择安捷伦万用表后,图标将随鼠标的拖动而移动,在工作区适当的位置单击可放置该图标,图标上有 5 个测量端,其中 HI(1 000V Max)和 LO(1 000V Max)为最大可测量 1 000 V 电压的测量端子,HI(200V Max)和 LO(200V Max)为最大可测量 200 V 电压的测量端子,HI 测量高电压,LO 为公共端,I 为电流测量端子。双击图标可打开图 3－60 所示的安捷伦万用表面板,在面板最右边的测量端子部分可以看到,各端子还可用于测量其他的值(如电阻值、二极管测试等),已连接的端子中心变白。单击面板左边的 Power 按钮,仪器可开始工作,选择所需的测量类型即可进行测量。面板上的按钮大多具有两种功能,可通过 Shift 按钮进行切换。详细的使用说明请参阅 Agilent34401A 用户手册。

图 3－60　安捷伦万用表面板

3. 安捷伦示波器(Agilent Oscilloscope)

Multisim 12.0 中的安捷伦示波器是根据实际的 Agilent54622D 型示波器设计的,它具有两路模拟通道和 16 路数字逻辑通道,带宽为 100 MHz。该示波器还可对波形进行 FFT、相乘、相减、积分和微分运算。

在仪器栏中选择安捷伦示波器后,安捷伦示波器的图标将随鼠标的拖动而移动,在工作区适当的位置单击可放置该图标,各引脚的功能如图 3－61 所示。双击图标可打开图 3－62 所示的安捷伦示波器面板,单击面板上的 Power 按钮,示波器可开始工作,详细的使用说明请参阅 Agilent54622D 用户手册。

注意:虚拟的安捷伦仪器不具有相应实际安捷伦仪器的所有特性,如远程模式、自检、校准等。

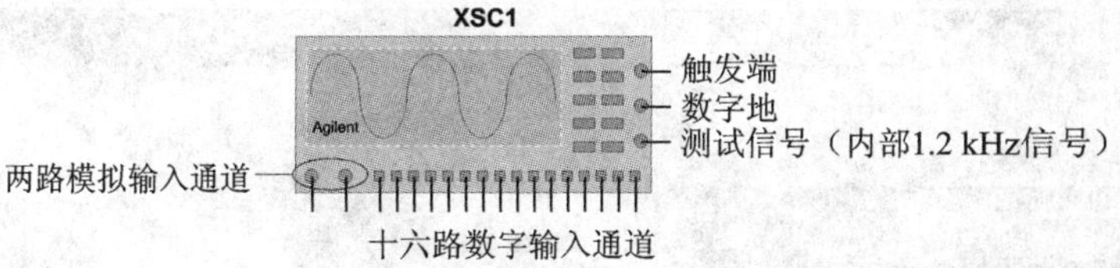

图 3-61　安捷伦示波器图标

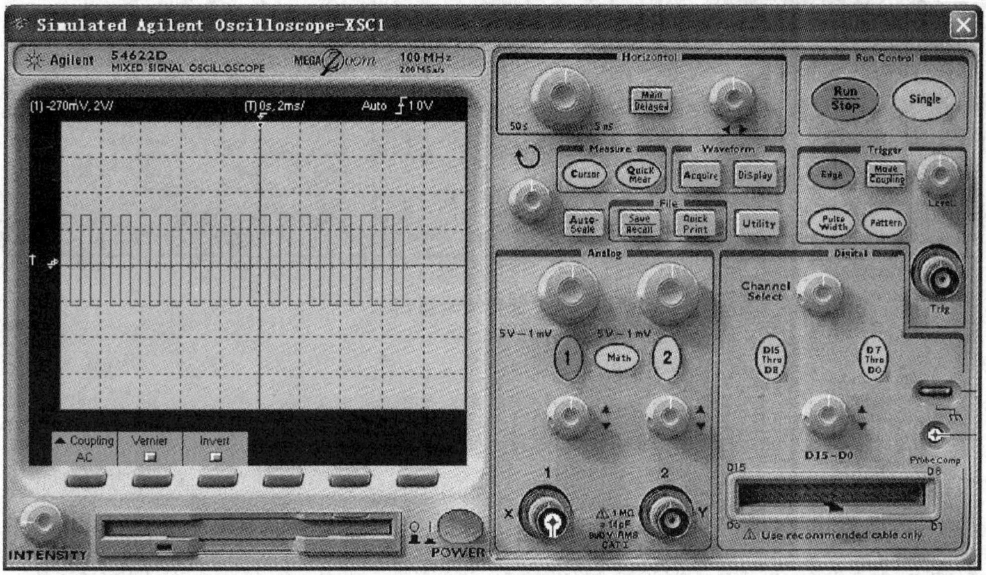

图 3-62　安捷伦示波器面板

3.4.4　泰克虚拟示波器

Multisim 12.0 仪器库中仅有一种泰克(Tektronix)虚拟仪器，即泰克示波器，它是模拟实际的泰克 TDS 2024 四通道、200 MHz 示波器设计而成的。该示波器可对波形进行 FFT 和加减运算。

在仪器栏中选择泰克示波器后，泰克示波器的图标将随鼠标的拖动而移动，在工作区适当的位置单击可放置该图标，各引脚的功能如图 3-63 所示。双击图标可打开图 3-64 所示的泰克示波器面板，单击面板上的 Power 按钮，示波器可开始工作，详细的使用说明请参阅 Agilent54622D 用户手册。

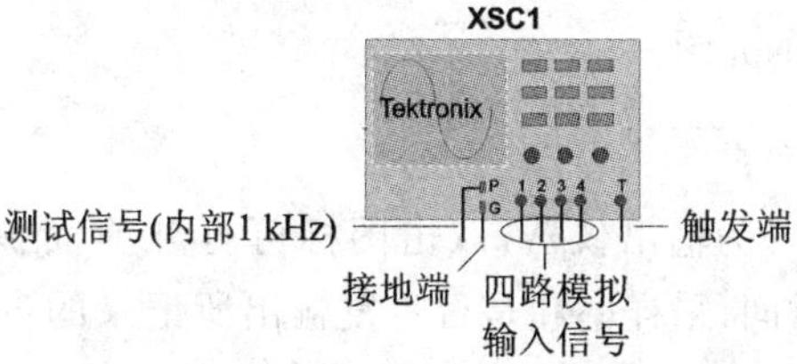

图 3-63　泰克示波器图标

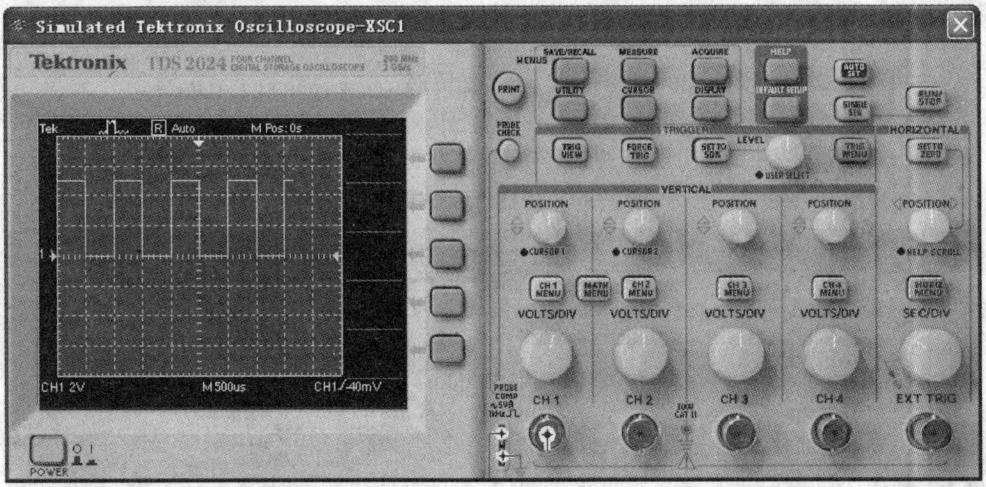

图 3-64　泰克示波器面板

3.3.5　LabVIEW 虚拟仪器

用户可将在 LabVIEW 图形开发环境中设计的仪器添加到 Multisim 的仪器栏中，所添加的 LabVIEW 虚拟仪器可具有 LabVIEW 开发系统的所有高级功能，如数据采集、仪器控制、数学分析等。例如，用户可以在 LabVIEW 中设计一个可通过数据采集硬件采集实际信号的仪器，将其导入 Multisim 中作为输入信号源使用；用户可以将所设计的 LabVIEW 仪器作为测量仪器，根据需要设计特定值的测量与分析功能。

当 LabVIEW 虚拟仪器作为信号源时是输出仪器，作为测量仪器时是输入仪器(相对于数据的流向来说)。当作为输入仪器时，仿真时可从 Multisim 连续的接受仿真数据；当作为输出仪器时，仿真开始时将产生有限的数据到 Multisim，在 Multisim 中利用这些数据进行仿真，当仿真进行时，输入仪器不再产生连续的数据，要再产生新的数据，用户必须停止当前仿真，再重新开始仿真。

注意：LabVIEW 虚拟仪器不能同时为输入仪器和输出仪器。

在仪器栏中选择 LabVIEW 虚拟仪器，在图标下方的箭头下包含了软件自带的 4 种 LabVIEW 虚拟仪器，它们分别为麦克风、扬声器、信号分析仪和信号发生器，下面对这些仪器进行简单的介绍。

1. 麦克风

麦克风(Microphone)为输出仪器，双击图标可打开前面板，在该面板中可设置用于录音的硬件、录音时间、采样率和是否重复输出所记录的声音。

2. 扬声器

扬声器(Speaker)为信号输入仪器，双击图标可打开前面板，在该面板中可设置用于放音的硬件、放音时间和采样率。

注意：如果扬声器仪器和麦克风仪器相连，可将它们的采样率设为相同；否则，将扬声器的采样频率至少设为输入信号频率的二倍。

3. 信号分析仪

信号分析仪(Signal Analyzer)可显示时域信号、信号自功率谱和信号平均值，双击图标可打开前面板，在该面板中可设置采样率和插值方法。

4. 信号发生器

此信号发生器(Signal Generator)可产生正弦波、方波、三角波和锯齿波，双击图标可打开前面板，在该面板中可设置信号类型、频率、占空比、幅值、相位和电压偏移量，此外还可设置采样率和采样点数。

自定义添加 LabVIEW 虚拟仪器的方法可参见第 7 章。

本章小结

本章主要介绍了仪器库的基本分类，并结合实例介绍了各种虚拟仪器的使用。熟悉仪器库的分类可方便查找所需的各类元件；不同的仪器可满足模拟、数字及射频电路的仿真分析。

习题与参考题

1. 练习在元件库中查找 1 A 的保险丝。

2. 练习将图 3-41 逻辑转换仪面板中所得的逻辑表达式转换成由与非门组成的逻辑电路。

3. 用伏安特性分析仪分析二极管 1N4001 的伏安特性，并说明所得图形的意义。

第4章

仿真分析方法

Multisim 12.0 提供了非常齐全的仿真与分析功能，在本章将分别介绍每个仿真分析的方法。

4.1 直流工作点分析

4.1.1 相关原理

直流工作点分析(DC Operating Point Analysis)是最基本的电路分析，通常是为了计算一个电路的静态工作点。合适的静态工作点是电路正常工作的前提，如果设置的不合适，会导致电路的输出波形失真。直流分析的结果通常是后续分析的桥梁。例如，直流分析的结果决定了交流频率分析时任何非线性元件(如二极管和三极管)的近似线性的小信号模型。在进行直流工作点分析时，电路中的交流信号将自动设为 0，电容视为开路，电感视为短路，数字元件被当成接地的一个大电阻来处理。

4.1.2 仿真设置

选择 Simulate→Analyses→DC Operating Point 菜单项，弹出如图 4－1 所示的对话框。该对话框包括 3 个选项卡：Output、Analysis Options、Summary。下面分别介绍每个选项卡的功能与设置。

1. Output 选项卡

如图 4－1，该选项卡页面主要用来选择所要分析的节点。

1) Variables in circuit 选项栏：用于列出电路中可供分析的节点或变量。在下拉列表中可选择变量类型，如电压和电流、元件/模型参数等，默认选项是列出所有变量。

2) Selected variables for 选项栏：用于显示已选择的待分析的节点或变量。通过下拉列表的选择，这部分也可对已选择变量的类型进行分类。

3) Add 和 Remove 按钮：用于选择要分析的节点或变量。选中 Variables in circuit 选项栏中的一个或几个节点或变量，单击 Add 按钮，即可把待分析的节点或变

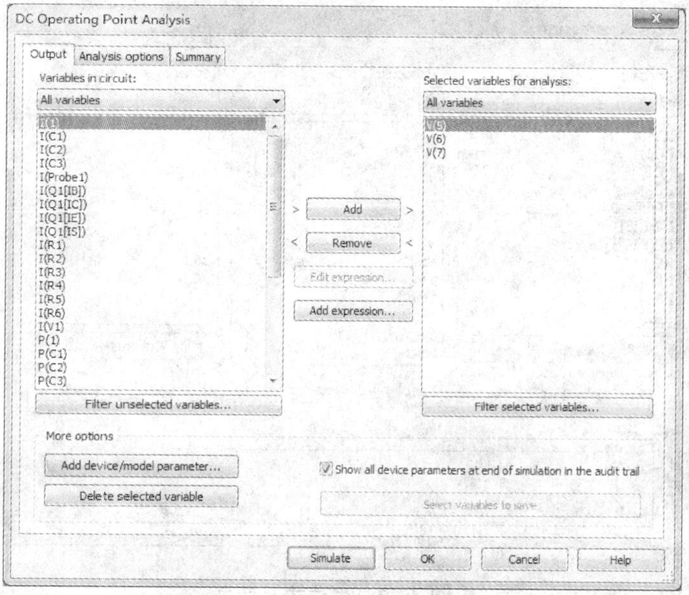

图 4-1　直流工作点分析对话框

量加到 Selected variables for 选项栏内；同样选中 Selected variables for 选项栏内一个或几个节点或变量，就能把不需要分析的节点或变量移回 Variables in circuit 选项栏。

4) Filter Unselected Variables 按钮：单击该按钮后弹出对话框，通过勾选备选项，可在 Variables in circuit 选项栏中增加没有自动选择的一些变量，如内部节点、子模块和开路引脚。

5) Add Expression 和 Edit Expression 按钮：用于增加或编辑表达式。表达式的功能是把一个或几个节点或变量的运算结果作为一个新增的输出节点来进行仿真。单击 Add Expression 按钮，弹出图 4-2 所示的对话框。Variables 栏列出电路中可供分析的节点或变量。单击 Change Filter 按钮弹出图 4-2 所示的对话框，可添加变量。Functions 栏为函数及运算符列表，有相关、逻辑、代数、指数、三角、复数和常数 7 种类型的函数，选择 All，则显示所有的函数及运算符。Recent Expressions 下显示已编辑好的表达式。

具体创建一个表达式的过程如下：在 Variables 中选择表达式中用到的变量，单击 Copy Variable to Expression 即可把此变量复制到 Expression 栏中。同样，在 Functions 中选择要用的函数或运算符，单击 Copy Function to Expression 添加到正在编辑的表达式中。单击 OK 完成表达式编辑。

选择已编辑好的表达式，单击 Edit Expression 按钮，弹出图 4-2 所示的对话框。在 Recent Expressions 下选择要修改的表达式，单击 Copy to Expressions 按钮把已选的表达式复制到 Expression 栏下进行编辑；单击 Delete Selected 按钮删除表

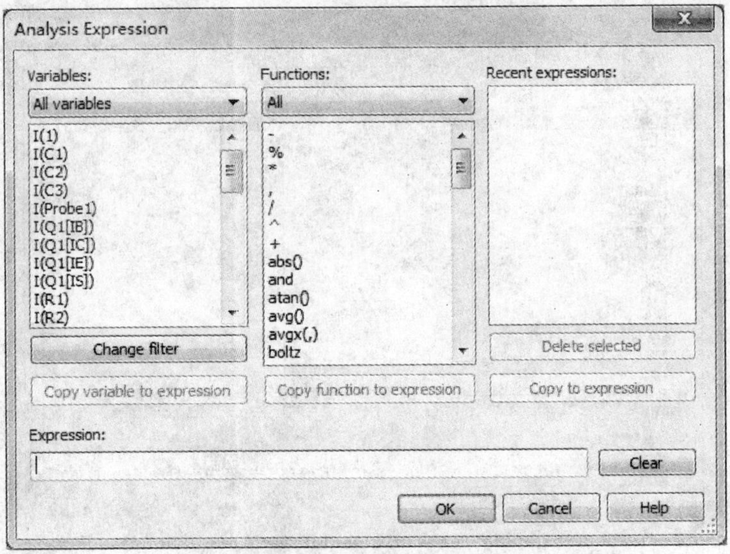

图 4-2　表达式对话框

达式。

6）More Options 选项区域：单击 Add Device/Model Parameter 按钮可在变量中添加元件或模型参数，单击 Delete selected variables 按钮删除 Variables 下的某变量，单击 Filter selected variables 过滤选择的变量。

以上设置完成后，单击 OK 按钮保存设置；单击 Cancel 按钮取消设置；单击 Simulate 按钮直接进入仿真。其他选项卡的按钮功能相同，不再详述。

2. Analysis Options 选项卡

分析选项用来设置用户希望的仿真参数，如图 4-3 所示。

1）SPICE 选项：在这部分主要设置仿真具体的环境参数，有两个备选项，选择第一个表示采用 Multisim 的默认参数设置；而第二项为用户自定义设置，选中这一备选项后，Customize 可用，单击进入可进行仿真环境参数的高级的设置。

2）其他选项

如图 4-3 所示，勾选第一项表示在开始前进行连续检查；Maximum number of 后的空白区域用来设置最大取样数；默认的标题是 DC operating point，用户可以自定义标题。

3. Summary 选项卡

用户可以在这里对以上的分析设置进行总结确认，如确认无误，单击 Simulate 即可进行仿真分析。

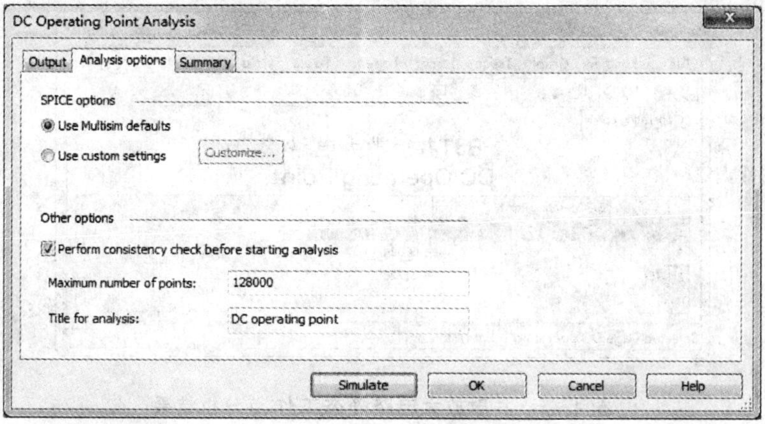

图 4-3　分析选项卡

4.1.3　实例仿真

以图 4-4 所示 BJT 共射放大电路为例来对所有直流工作点仿真方法加以说明。选择 5～7 点为仿真节点来分析放大电路的静态工作点，单击 Simulate 按钮，得到分析结果如图 4-5 所示。由工作在静态工作区时晶体管基极、集电极和发射极需满足的电压关系可知，此放大电路可稳定工作。

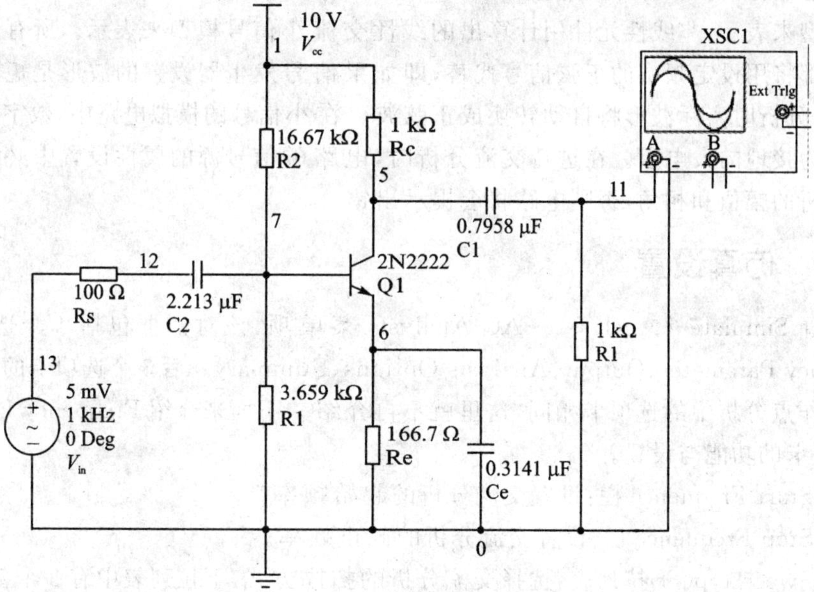

图 4-4　共射放大电路

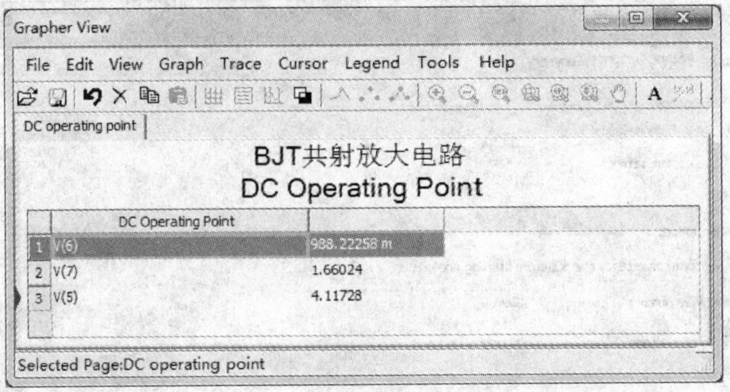

图 4-5 共射放大电路静态工作点分析结果

4.2 交流分析

4.2.1 相关原理

交流分析(AC Analysis)用来计算线性电路的频率响应。在交流分析中首先通过直流工作点分析计算所有非线性元件的线性、小信号模型。然后建立一个包含实际和理想元件的复矩阵,建立复矩阵时,直流源设为 0,交流源、电容和电感用它们的交流模型来表示,非线性元件用计算出的线性交流小信号模型来表示。所有的输入源信号都将用设定频率的正弦信号代替,即如果信号发生器设置的波形是矩形波或三角波,分析时实际波形将自动转换成正弦波。在小信号的模拟电路中,数字元件通常等效为接地的大电阻。在进行交流分析时,电路的信号源的属性设置中必须设置交流分析的幅值和相角,否则电路将会提示出错。

4.2.2 仿真设置

选择 Simulate→Analyses→AC Analysis 菜单项,该对话框包括 4 个选项卡:Frequency Parameter、Output、Analysis Options、Summary。后 3 个选项卡的设置和直流工作点分析中的选项卡相同,这里就不再介绍。下面来介绍 Frequency Parameter 选项卡的功能与设置。

- Start Frequence 栏:设置交流分析的起始频率。
- Stop Frequence 栏:设置交流分析的截止频率。
- Sweep type 下拉列表:选择交流分析的扫描方式,下拉列表中有 3 个备选项:Decade(十倍刻度扫描)、Octave(八倍刻度扫描)和 Linear(线性扫描)。通常选择默认的十倍刻度扫描。
- Number of point per decade 栏:设置交流分析中要计算的点数。如对于线性扫描类型，在扫描开始和结束将用到这个点数。取样点数越多分析越精确，但仿真速度会变慢。

- Vertical scale 下拉列表：垂直刻度类型设置。下拉列表中包括以下选项：Linear（线性刻度）、Logarithmic（对数刻度）、Decible（分贝刻度）或 Octave（八倍刻度）。默认选择对数刻度。
- Reset to default 按钮：单击此按钮使所有设置恢复为默认设置。

4.2.3 实例仿真

图 4－6 为铂电阻测温电路图，输入电压源选择小信号的交流源代替。对此电路进行交流分析，可以看到所设计电路的频带宽度。频率参数全部选择默认设置，观察电路中输出端 21 点的交流分析结果，如图 4－7 所示，可见此电路具有低通特性，截止频率为 1 MHz 左右。

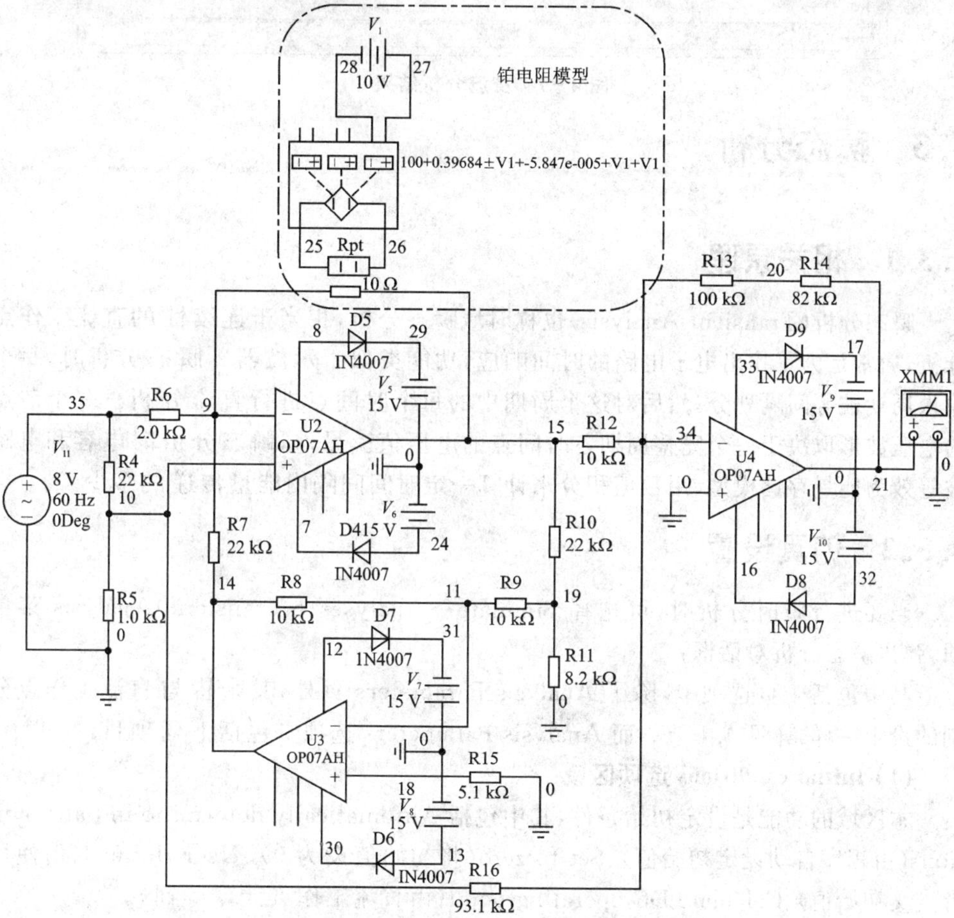

图 4－6 铂电阻测温电路

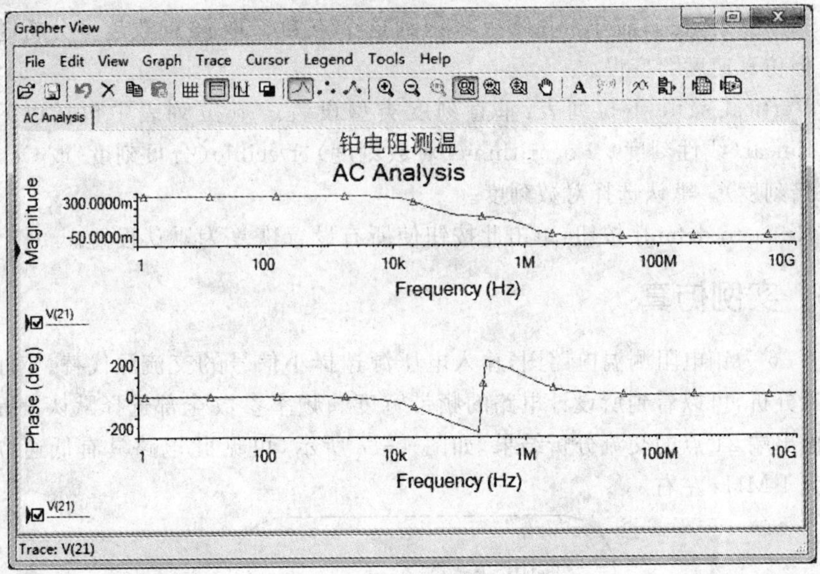

图 4-7 交流分析结果

4.3 瞬态分析

4.3.1 相关原理

瞬态分析(Transient Analysis)也称时域瞬态分析,相当于连续性的直流工作点分析,通常是为了找出电子电路的时间响应,功能类似于示波器。瞬态分析时,每个输入周期被等间隔划分,然后对这个周期中的每个时间点进行直流分析。一个节点的电压波形取决于一个完整周期各时间点的电压值。另外,瞬态分析时电容和电感被等效为能量存储模型,用数值积分来计算一定时间间隔内能量传递的多少。

4.3.2 仿真设置

当要进行瞬时分析时,可选择 Simulate→Analyses→Transient Analysis 菜单项,弹出瞬态分析对话框:

其中包括 4 页选项卡,除了 Analysis Parameters 页外,其余皆与直流工作点分别的设定一样,详见 4.1 节。而 Analysis Parameters 选项卡包括下列项目:

(1) Initial conditions 选项区域

本区域的功能是设定初始条件,其中包括 Automatically determine initial conditions(由程序自动设定初始值)、Set to zero(将初始值设为 0)、User defined(由使用者定义初始值)、Calculate DC operating point(由直流工作点计算得到)。

(2) Parameters 选项区域

该区域中,Start time (TSTART)用来设定仿真的起始时间;Stop time

(TSTOP)用来设定仿真的终止时间;当勾选 Maximum time step settings 选项,可进行时间步长的设定,可从以下 3 个选项中选取一种:

- Minimum number of time points 选项:本选项以时间内的取样点数来设定分析的时间步长,选取本选项后,在右边文本框中设置单位时间内最少要取样多少次。
- Maximum time step(TMAZ)选项:本选项以时间间距设定分析的步长,选取本选项后,在右边文本框中设置最大的时间间距,单位为秒(Sec)。
- Generate time steps automatically 选项:本选项设定让程序自动决定分析的时间步长。

(3) More Options 选项区域

- Set initial time step(TSTEP)栏:设定初始时间步长。
- Estimate maximum time step based on net list(TMAX)选项:设置由网表估计最大时间步长。

(4) Reset to default 按钮

本按钮是把所有设定恢复为程序默认值。

4.3.3 实例仿真

以图 4-6 的电路为例,选取 Automatically determine initial conditions 选项,由程序自动设定初始值,然后将开始分析的时间设为 0、结束分析的时间设为 0.1 秒(总共分析 0.1 秒)、在最大时间步长设定中选择 Generate time steps automatically 选项。另外,在 Output variables 页里,指定分析 21 节点(即测温电路的输入端);其他设置为默认,最后单击 Simulation 按钮进行分析,其结果如图 4-8 所示。如果把输入改接直流源,对输出节点进行瞬态分析将得到一条直线,读者可自行验证。

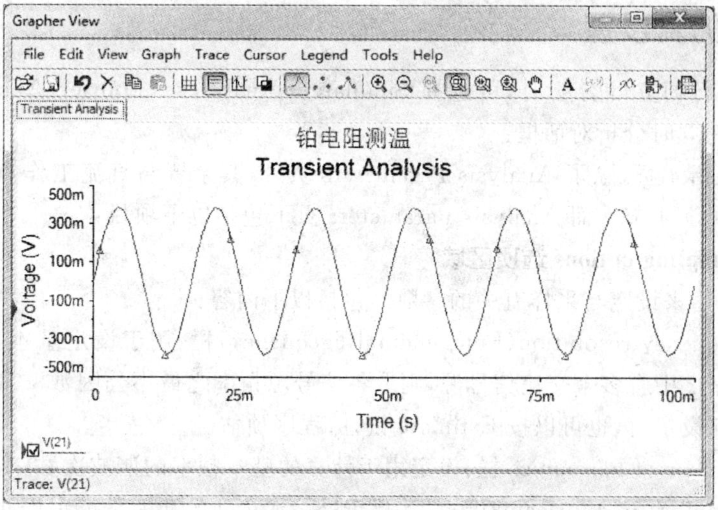

图 4-8 瞬态分析结果

4.4 傅立叶分析

4.4.1 相关原理

傅立叶分析(Fourier Analysis)是一种在频域(Frequency Domain)中分析复周期信号的方法,可用于电路的进一步分析,还可观察在原信号中叠加其他信号的效果。傅立叶级数是将周期性的非正弦波信号,转换成直流成分基础上的正弦波或余弦波(可能数量无限),即:

$$f(t) = A_0 + A_1\cos\omega t + A_2\cos 2\omega t + \cdots + B_1\sin\omega t + B_2\sin 2\omega t + \cdots \quad (4-1)$$

其中:A_0是原始信号的直流成分;

$A_1\cos\omega t + B_1\sin\omega t$ 是基波成分,它的频率与周期与原始信号相同;

$A_n\cos\omega t + B_n\sin\omega t$ 是信号的 n 次谐波;

傅立叶分析产生的每个频率成分都是由周期性波形的相应谐波产生的。把每个频率成分(每一项)理解为一个独立的信号源,根据叠加原理,则总的响应将等于每一项所产生的响应之和。当信号谐波的阶次增加时,相应的谐波幅值逐渐减小。这表明用信号的前几个频率成分的叠加来代替原信号是对信号的一个很好的近似。

当用 Multisim 进行离散傅立叶变换时,只使用电路输出端时域或瞬态响应基波成分的第二个周期来进行计算,第一周期认为是置位时间而丢弃。每一谐波的系数由时域中从周期的开始到时间 t 这段时间内采集到的数据计算而来,一般来说是自动设定的,且是基本频率的一个函数。傅立叶分析需要设定一个基本频率,使它与交流源的频率相匹配,或者是多个交流源频率的最小公因数。

4.4.2 仿真设置

当要进行傅立叶分析时,可选择 Simulate→Analyses→Fourier Analysis 菜单项,将弹出傅立时分析对话框:

其中包括 4 页,除了 Analysis Parameters 页外,其余皆与直流工作点分别的设定一样,详见 4.1 节。而 Analysis Parameters 页下包括以下项目:

(1) Sampling options 选项区域

这部分用来设定与采样有关的参数。包括以下内容:

- Frequency resolution(Fundamental Frequency)栏:用于设定基本频率,如果电路之中有多个交流信号源,则取各信号源频率之最小公因数。如果不知道如何设定时,也可以按 Estimate 钮,由程序预估。
- Number of harmonics 栏:设定用于计算的基本频率的谐波次数。
- Stopping time for sampling(TSTOP)栏:本选项的功能是设定停止取样的时间。如果不知道如何设定时,也可以按 Estimate 钮,由程序预估。

- Edit transient analysis 按钮：本按钮的功能是设定相关瞬时分析的选项。

此对话框里的各项，都与时域的瞬时分析一样，详见 4.3 节。

(2) Results 选项区域

该区域用于设置结果的显示方式，具体选项的功能如下：

- Display phase 选项：本选项设定结果连相位图一并显示。以图 4－6 的电路为例，把输入交流源用 1 kHz/5 V 的方波电源代替。
- Display as bar graph 选项：本选项设定结果以条形图显示，如果不选此项，则结果以线性图表示。
- Normalize graphs 选项：本选项设定将输出结果的幅值归一化，归一化相对于基波而言。
- Display 选项：本选项设定所要显示的项目，其中包括 3 个选项：Chart（表）、Graph（图）及 Chart and Graph（图与表）下面选择表的形式显示可得图 4－9。图中第 1 行显示傅立叶分析的节点为 21 点；第 2 行表示直流成分为 0.086 1；第 4 行表示谐波次数取 9，THD 为 42.384 1%，格点大小为 256，插值度为 1；第 8 到 16 行的数据，从左到右的几列分别代表谐波频率、幅值、相位、归一化幅值和归一化相位。

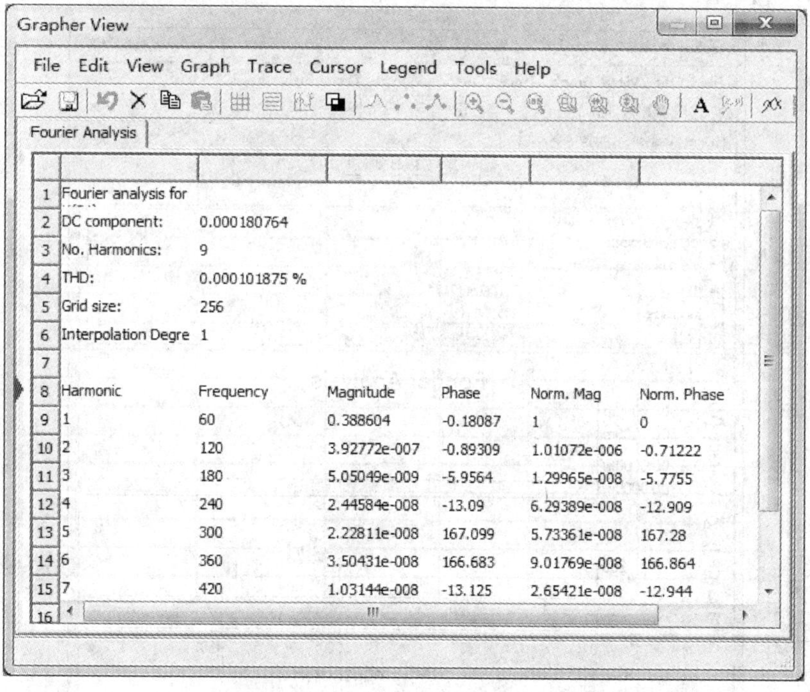

1	Fourier analysis for					
2	DC component:	0.000180764				
3	No. Harmonics:	9				
4	THD:	0.000101875 %				
5	Grid size:	256				
6	Interpolation Degre	1				
7						
8	Harmonic	Frequency	Magnitude	Phase	Norm. Mag	Norm. Phase
9	1	60	0.388604	-0.18087	1	0
10	2	120	3.92772e-007	-0.89309	1.01072e-006	-0.71222
11	3	180	5.05049e-009	-5.9564	1.29965e-008	-5.7755
12	4	240	2.44584e-008	-13.09	6.29389e-008	-12.909
13	5	300	2.22811e-008	167.099	5.73361e-008	167.28
14	6	360	3.50431e-008	166.683	9.01769e-008	166.864
15	7	420	1.03144e-008	-13.125	2.65421e-008	-12.944
16						

图 4－9 chart 选项

- Vertical scale：本字段设定垂直刻度，其中包括 Decibel（分贝刻度）、Octave（八倍刻度）、Linear（线性刻度）及 Logarithmic（对数刻度）。

(3) More Options 选项区域

这部分包括两个选项。

- Degree of polynomial for interpolation 选项:本选项的功能是设定仿真中用于点间插值的多项式的次数,选取本选项后,即可在其右边方框中指定多项式次数。
- Sampling Frequency 栏:指定采样率。

4.4.3 实例仿真

把图 4-6 电路的交流源用图 4-10 的电源代替,对修改后电路进行傅立叶分析。基本频率和停止时间均单击 Estimate 按钮由程序设定,基频值最后选定为 20 Hz(对于多个交流源,取它们频率的最小公因素);谐波数设为 9;结果显示选择显示相位图,显示方式为条形图,并对图形归一化;以图和表的形式显示;纵坐标选择线性坐标。单击仿真按钮,可得图 4-11 的仿真结果。

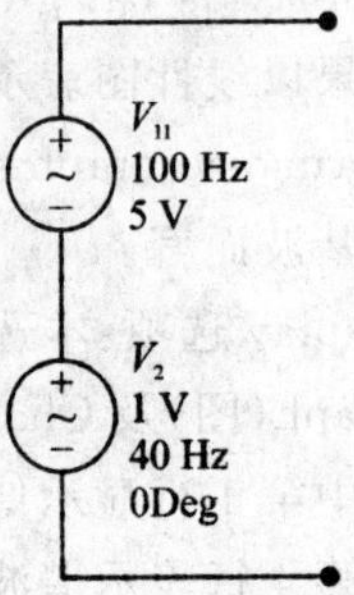

图 4-10 多交流源情况

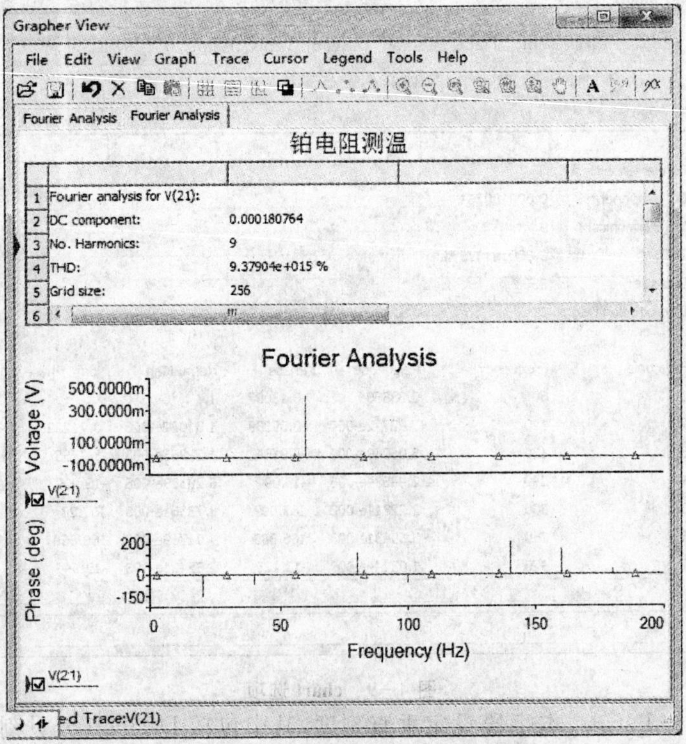

图 4-11 仿真结果

4.5 噪声分析

4.5.1 相关原理

噪声分析(Noise Analysis)是分析噪声对电路影响。噪声是减小信号质量的电的或电磁的能量,它影响数字电路、模拟电路和所有的通信系统。Multisim 用每个电阻和半导体元件的噪声模型(而非交流模型)建立一个电路的噪声模型,然后进行类似于交流分析的仿真分析。通过在设定好的频率范围内对电路进行扫描,来分析计算每个元件的噪声作用,并汇总到电路的输出端。噪声分析计算特定输出节点上每个电阻和半导体元件的噪声作用,这里的电阻和半导体元件被等效为一个噪声源。计算得到的每个噪声源的作用通过合适的传递函数传到电路的输出。输出节点的总的输出噪声是单个噪声作用的平方根之和。然后,将结果除以从输入级到输出级的增益,得到等效的输入噪声。如果将这个等效噪声加到一个无噪声电路的输入源中,则在输出端将产生先前计算的输出噪声。总的输出噪声可参考于地,也可参考于电路中的其他节点。

Multisim 可建立 3 种噪声的模型,它们分别是:

- 热噪声(Thermal Noise):也就是约翰逊噪声(Johnson Noise)或白色噪声(White Noise),这种噪声敏感于温度的变化,由导体中的自由电子和振动离子之间的热量的相互作用而产生。它的频率在频谱中均匀分布,其功率可由约翰逊公式得到:

$$P = k \times T \times \mathrm{BW} \tag{4-2}$$

其中:P 是噪声的功率;

k 是波兹曼常数(Boltzman's constant),$k = 1.38 \times 10^{-23}$ J/K;

T 是电阻的温度,在此采用凯氏温度,即 T=273+摄氏温度;

BW 为系统的频宽。

热电压可以用串有电阻的电压源的平方表示:

$$e^2 = 4kTR \times \mathrm{BW} \tag{4-3}$$

或者用电流的平方表示为:

$$i^2 = 4kT\mathrm{BW}/R \tag{4-4}$$

- 闪粒噪声(Shot Noise),这种噪声是由各种形式半导体中载流子的分散特性而产生的,这种噪声为晶体管的主要噪声。二极管中放射噪声的方程为:

$$i = (2q \times I_{dc} \times \mathrm{BW})^{1/2} \tag{4-5}$$

其中:i 是放射噪声电流(有效值);

q 为电子的带电量,即 1.6×10^{-19} 库伦;

I_{dc}为直流电流(A);

BW 为系统的带宽(Hz)。

对于其他的元件(如三极管),没有有效的方程式来描述,可查阅原件的厂家说明书。

- 闪烁噪声(Flicker Noise),又称为超越噪声(Excess Noise)、粉红噪声(Pink Noise)或 1/f 噪声,通常由双极型晶体管(BJT)和场效应管(FET)产生,且发生在频率小于 1 kHz 以下。闪烁噪声反比与频率而正比于温度和直流电流:

$$V^2 = kI_k/f \tag{4-6}$$

元件的噪声作用由它的 SPICE 模型决定,其中两个参数将影响噪声分析的输出:

- AF=Flicker noise component(AF=0)
- KF=Flicker Noise(KF=1)

4.5.2 仿真设置

在进行仿真之前,首先要观察电路选择输入噪声参考源、输出节点和参考点。当要进行噪声分析时,选择 Simulate/Analyses/Noise Analysis 菜单项,屏幕出现的对话框中包括 5 个选项卡,除了 Analysis Parameters、Frequency Parameters 页外,其余皆与直流操作点分别的设定一样,详见 4.1 节。

(1) Analysis Parameters 选项卡下内容

- Input noise reference source 下拉列表:指定输入噪声的参考电压源,这个输入源应为交流源。
- Output node 下拉列表:指定噪声的输出节点,在此节点将所有噪声贡献求和。
- Reference node 下拉列表:设定参考电压的节点,通常取 0(接地)。
- Point per summary 选项:设定每个汇总的取样点数,其值越大表示频率的步进数越大,输出结果的分辨率越低。当勾选该复选项时,仿真将产生一条已选元件的噪声功率谱密度曲线,单位是 V^2/Hz 或 A^2/Hz。

(2) Frequency Parameters 选项卡

- Start frequency (FSTART)栏:设定扫描的起始频率。
- Stop frequency (FSTOP)栏:设定扫描的终止频率。
- Sweep type 下拉列表:设定扫瞄方式,其中包括 Decade(十倍刻度扫描)、Octave(八倍刻度扫描)及 Linear(线性刻度扫描)。
- Number of points per decade 栏:设定每十倍频率的取样点数,点数越多,图的精度越高。
- Vertical scale 下拉列表:设定垂直刻度,其中包括 Decibel(分贝刻度)、Octave(八倍刻度)、Linear(线性刻度)及 Logarithmic(对数刻度),通常是采用 Log-

arithmic(对数刻度)或分贝刻度(Decibel 选项)。

- Reset to default 按钮:本按钮是把所有设定恢复为程序预置值。
- Reset to main AC values 按钮:本按钮是把所有设定恢复为与交流分析一样的设定值,噪声分析也是通过执行交流分析,而取得噪声的放大与分布。

4.5.3 实例仿真

以图 4-12 的电路为例,来分析电路中电阻 R1、R2 和电路中所有元件对电路的总的噪声影响。这个电路是一个基本的运算放大电路,仿真的频率范围是 10 Hz~10 GHz。

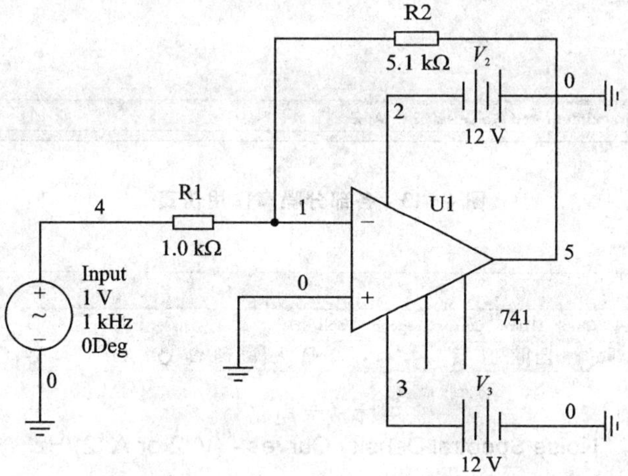

图 4-12 基本放大电路

首先根据式(4-2)可计算出理论上电阻 R_1 和 R_2 产生的热噪声,计算过程如下:

$$\text{Noise1} = 4kTR \times \text{BW} = 4 \times 1.38 \times 10^{-23} \times (273\ K + 25\ K) \times (1\ 000\ \Omega) \times 10^9 \approx 164.5\ n\text{V}^2$$

$$\text{Noise2} = 4kTR \times \text{BW} = 4 \times 1.38 \times 10^{-23} \times (273\ K + 25\ K) \times (51\ 000\ \Omega) \times 10^9 \approx 838.9\ n\text{V}^2$$

下面用 Multisim 对电路进行仿真,在 Analysis Parameters 选项卡中将 vinput 作为输入噪声参考源、输出节点设为 5、并参考点设为地。在 Frequency Parameters 选项卡中起始时间设为 1 Hz、终止时间设为 10 GHz、扫描方式设为 Decade、每十倍频的取样点数设为 5、垂直刻度设为对数坐标。然后观察电路中电阻 R_1、R_2 和电路中所有元件对电路的总的噪声影响,结果如图 4-13 所示,可见仿真结果与理论计算值基本相符,而电路总的噪声是电路中各个元件的噪声的总和。

当勾选 Point per summary 复选项,仿真将产生已选元件的噪声功率谱密度曲线,图 4-14 中上面的曲线为电阻 R_1 的输出噪声曲线,下面的曲线为整个电路的输出噪声曲线,随着频率的增加,曲线有下降趋势。

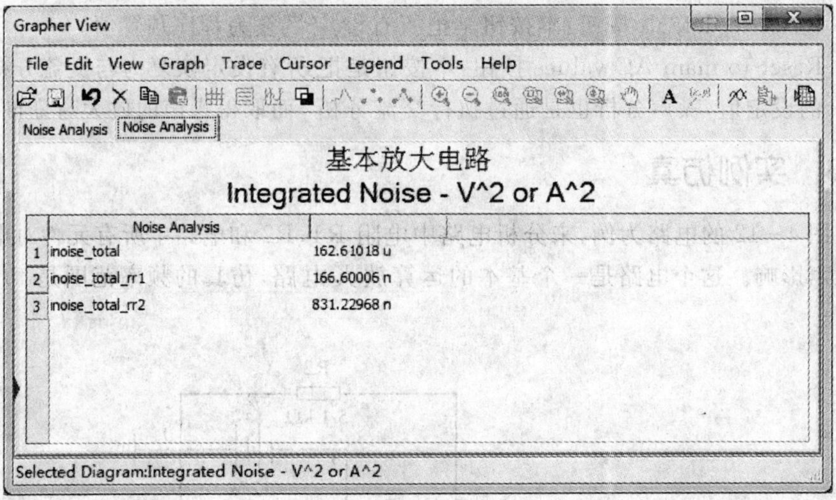

图 4-13　各部分噪声作用仿真

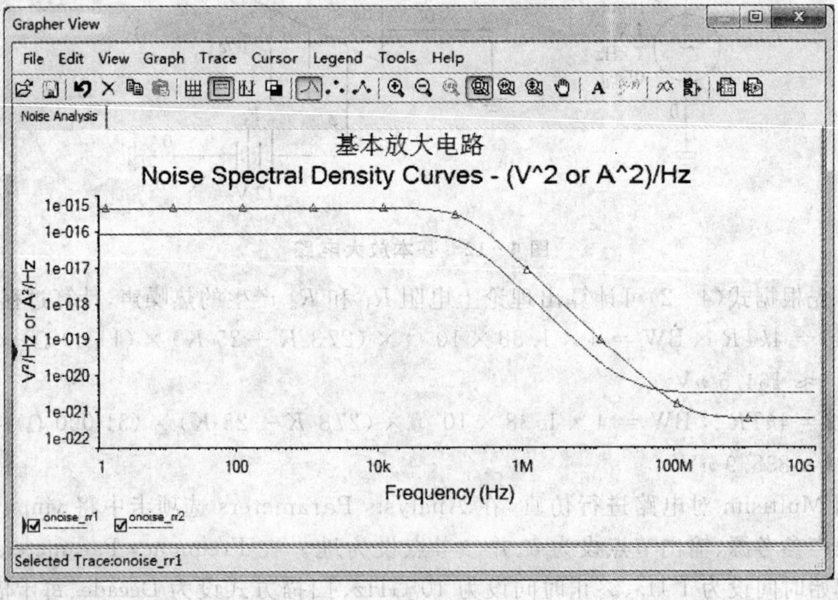

图 4-14　噪声功率谱曲线

4.6 失真分析

4.6.1 相关原理

一个性能良好的线性放大器可以放大输入信号，而在输出端没有任何信号失真。实际应用中，信号中常有虚假信号成分，它们以谐波或互调失真的形式加到信号中。

失真分析(Distortion Analysis)用来分析信号的失真，而这种失真用傅立叶分析观察不是很明显。信号失真通常是由电路中增益的非线性和相位的偏移引起的，通常非线性失真会导致谐波失真(Harmonic Distortion)；而相位偏移会导致互调失真(Intermodulation Distortion，IMD)。Multisim 可对模拟小信号电路的谐波失真和互调失真进行仿真。对于电路中的每个交流源，可设置失真分析中用到的参数。Multisim 将决定电路中每点的节点电压和分支电流值。对于谐波失真，分析的是第二和第三谐波下的节点电压和分支电流值，而对于互调失真，失真分析将计算互调生成频率下各点节点电压和分支电流值。

下面分别对两种失真进行分析：

① 谐波失真(Harmonic Distortion)：

一个好的线性放大器可以用下面的方程来描述：

$$Y = AX \tag{4-7}$$

其中：Y 是输出信号；

X 是输入信号；

A 是放大器增益。

包括高阶次项的总体表达式：

$$Y = AX + BX^2 + CX^3 + DX^4 \cdots \tag{4-8}$$

其中：B、C 等是高次项的常数系数。

可通过给电路设计加上纯净的信号源来分析谐波失真。失真是对输出信号和它的谐波进行分析后决定的。当 Multisim 在用户定义的频率范围内进行扫描时，它将计算谐波频率 2f 和 3f 处的节点电压和支路电流，并显示对应于输入频率 f 的结果。

② 互调失真(Intermodulation Distortion，IMD)

互调失真在放大器有两个或两个以上信号同时输入时产生。在这种情况下，信号的相互作用产生互调效应。这个分析将给出在互调产生频率 f1＋f2，f1－f2 和 2f1－f2，以及用户自定义扫描频率下节点电压和分支电流的对比结果。

4.6.2 仿真设置

在进行失真分析之前，必须决定要用什么电源，每个电源失真分析参数的设定都是独立的。可按以下步骤设定交流源的参数，要进行谐波分析，按步骤 1 和 2 进行；

要进行互调失真分析,则要把以下 3 步全部执行：

- 双击信号源；
- 在 Value 栏下选择失真频率 1 幅值(Distortion Frequency 1 Magnitude),设定输入幅值与相位；
- 在 Value 栏下选择失真频率 2 幅值(Distortion Frequency 2 Magnitude),设定输入幅值与相位(仅互调失真设定该步)。

当要进行失真分析时,可选择 Simulate/Analyses/Distortion Analysis 菜单项,屏幕出现如图 4－31 所示的对话框。

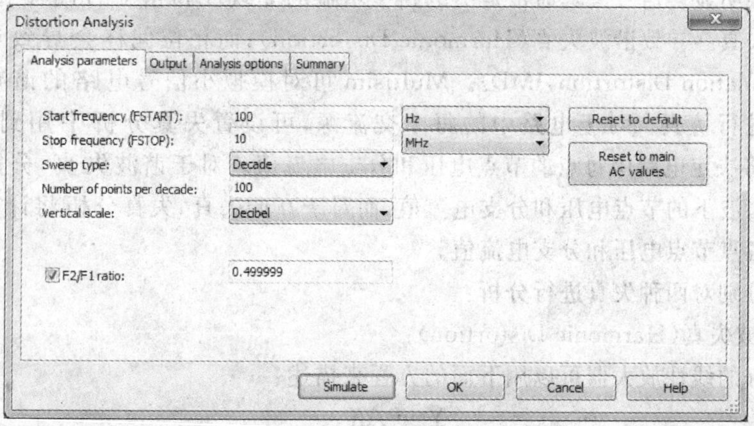

图 4－15　失真分析

其中包括 4 页选项卡,除了 Analysis Parameters 页外,其余皆与第 4.1 节的设定一样。而在 Analysis Parameters 页包括下列条目：

- Start frequency (FSTART)栏:设定扫描的起始频率。
- Stop frequency (FSTOP)栏:设定扫描的终止频率。
- Sweep type 下拉列表:设定交流分析中频率的扫描方式,其中包括 Decade(十倍刻度扫描)、Octave(八倍刻度扫描)及 Linear(线性刻度扫描)。
- Number of points per decade 栏:设定每十倍频率的采样点数。
- Vertical scale 下拉列表:设定垂直刻度,其中包括 Decibel(分贝刻度)、Octave(八倍刻度)、Linear(线性刻度)及 Logarithmic(对数刻度),通常是采用 Logarithmic(对数刻度)或分贝刻度(Decibel 选项)。
- F2/F1 ratio 选项:该复选项仅当进行互调失真时勾选。若信号含有两个频率(F1 和 F2),可由使用者指定 F2 与 F1 之比,F1 频率是在起始频率与终止频率之间扫描的频率,而 F2 频率为 F1 的起始值(FSTART)与 F2/F1 之乘积。在勾选该复选项后,紧接着在右边的反白处,指定 F2/F1 之比,它的值必须在 0.0～1.0 之间。这个数应该是无理数,但计算机的计算精度是有限的，所以应取一个多位数的浮点数来代替。

- Reset to default 按钮：本按钮是把所有设定恢复为程序预置值。
- Reset to main AC values 按钮：本按钮是把所有设定恢复为与交流分析一样的设定值。

4.6.3 实例仿真

以图 4-6 的电路为例，首先来分析电路的谐波失真。双击交流源 v11，选择 value 选项卡，把失真频率 1 的幅值(Distortion Frequency 1 Magnitude)设为 8 V，相位设为 0 deg，然后就可以进行仿真。仿真参数设置中，将起始频率设为 1 Hz，终止频率设为 10 MHz，频率扫描方式设为十倍频扫描，取样点为 100，垂直刻度选择线性刻度，输出节点设为 21，单击仿真按钮将产生两个图，图 4-16 为二次谐波失真结果，图 4-17 为三次谐波失真结果。由这两个图可以看到，在 10 kHz 到 10 MHz 的范围内，存在谐波失真，应对信号进行滤波等处理。

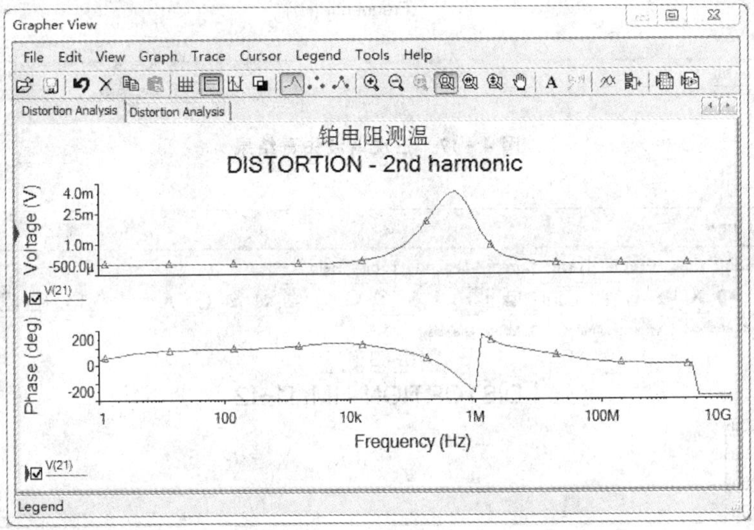

图 4-16 二次谐波失真结果

还是以图 4-16 的电路为例来研究互调失真。双击交流源 v11，在 value 选项卡中将失真频率 1 和 2 的幅值和相位都分别设为 8 V 和 0 deg。在仿真参数设置中，起始频率为 100 Hz，终止频率为 10 MHz，频率扫描类型为十倍频，垂直刻度为线性刻度，F2/F1 的比率为 0.499 999，输出节点为 21。单击仿真后将产生 3 个图，分别显示互调频率 f1＋f2，f1－f2 和 2f1－f2 下电路的互调失真，如图 4-18、4-19、4-20 所示。

由图 4-18 可以看到，当 f1 达到较高的频率(1 k 到 1 M)，如果混入 f2(约 50 Hz)，则 f1＋f2 谐波的幅值大幅增加，在这些频率点处，需要用滤波器把信号中 f1＋f2

谐波分量滤除掉。对于 f1－f2 谐波和 2f1－f2 谐波的分析与处理方法与 f1＋f2 谐波类似。

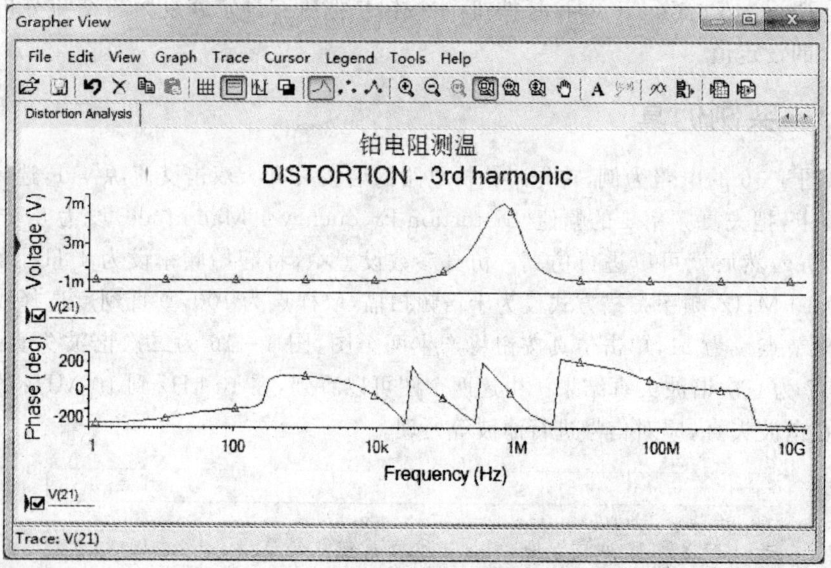

图 4－17 三次谐波失真结果

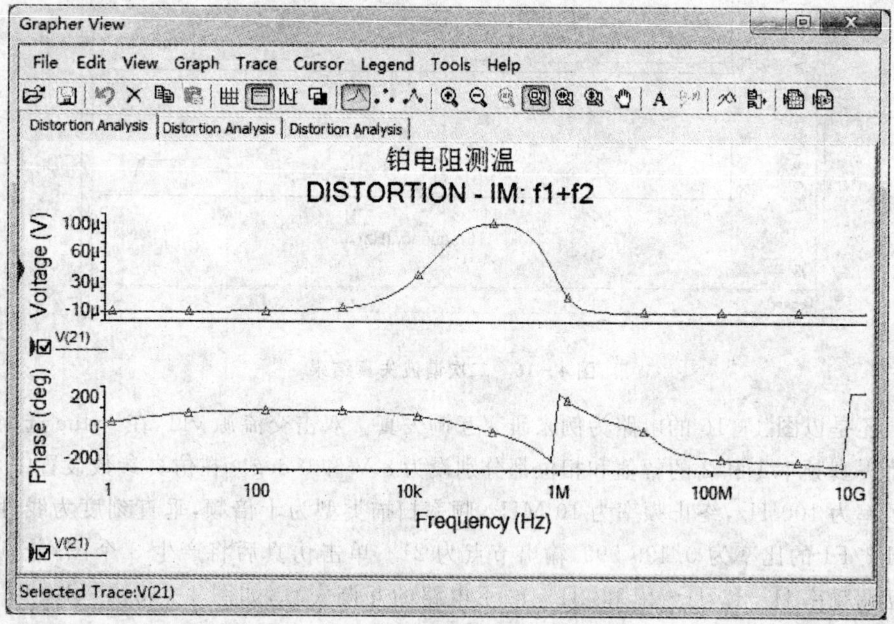

图 4－18 f1＋f2 谐波失真图

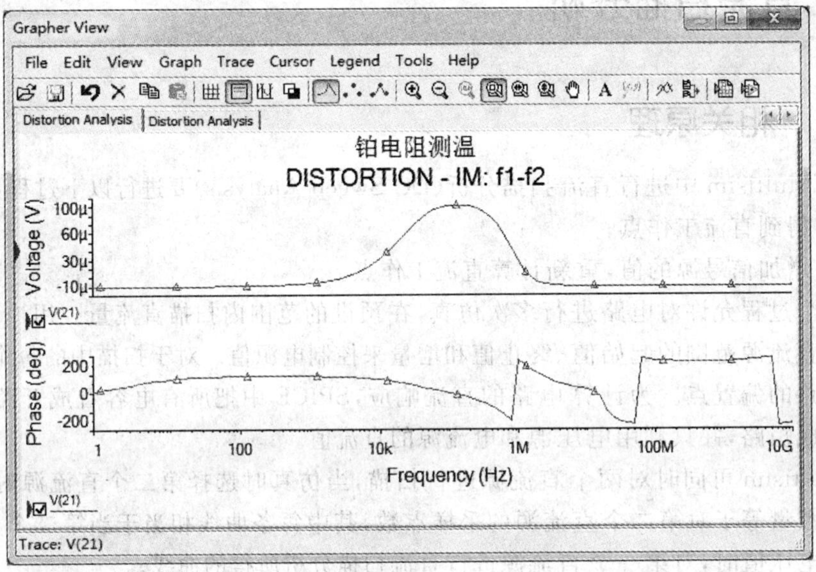

图 4－19　f1－f2 谐波失真图

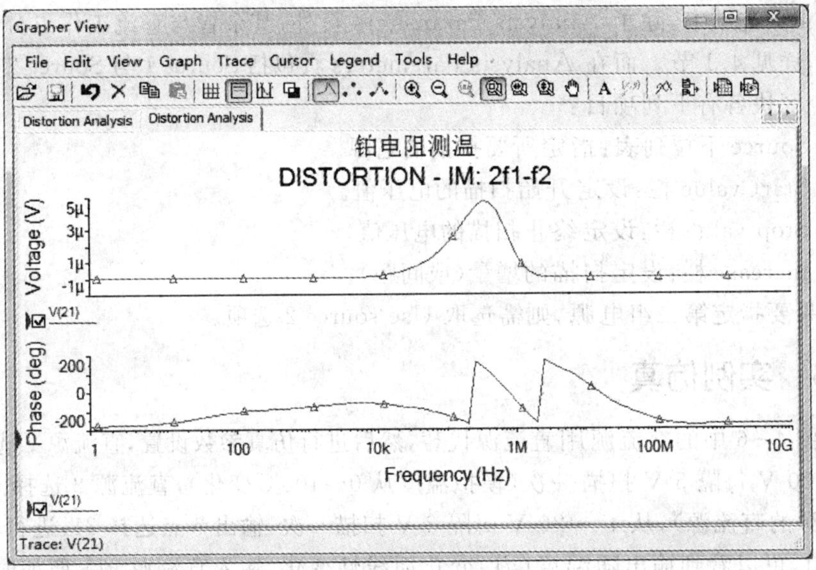

图 4－20　2f1－f2 谐波失真图

4.7 直流扫描分析

4.7.1 相关原理

在 Multisim 中进行直流扫描分析(DC Sweep Analysis)要进行以下过程：

1）得到直流工作点；

2）增加信号源的值，重新计算直流工作点。

这个过程允许对电路进行多次仿真，在预设的范围内扫描直流量。用户可以通过选择直流源范围的起始值、终止值和增量来控制电源值。对于扫描中的每个值，将计算电路的偏置点。为计算电路的直流响应，SPICE 中把所有电容看成开路，所有电感看成短路，并只利用电压源和电流源的直流值。

Multisim 可同时对两个直流源进行扫描，当仿真时选择第二个直流源时，扫描曲线的数量等于对第二个直流源的采样点数，其中每条曲线相当于当第二个直流源取某个电压值时，对第一个直流源进行直流扫描分析所得的曲线。

4.7.2 仿真设置

当要进行直流扫描分析时，可选择 Simulate→Analyses→DC Sweep 菜单项，其中包括 4 页选项卡，除了 Analysis Parameters 页外，其余皆与直流工作点分析的设定一样，详见 4.1 节。而在 Analysis Parameters 页包括 Source 1 与 Source 2 两个区块，每个区块各有下列项目：

- Source 下拉列表：指定所要扫描的电源。
- Start value 栏：设定开始扫描的电压值。
- Stop value 栏：设定终止扫描的电压值。
- Increase 栏：设定扫描的增量(或间距)。

如果要指定第二组电源，则需选取 Use source 2 选项。

4.7.3 实例仿真

把图 4-6 中的交流源用直流源代替，然后进行仿真参数设置，直流源 1 选择 v1，从 0～100 V 每隔 5 V 扫描一次(模拟温度从 0～100℃变化)，直流源 2 选择 v11(代替交流源的直流源)，从 1 ～20 V 每隔 3 V 扫描一次，输出节点选择 21，进行仿真得图 4-21，可以看到输出随温度(v1)变化而线性变化，输入直流源 v11 增加时，放大的倍数增加。

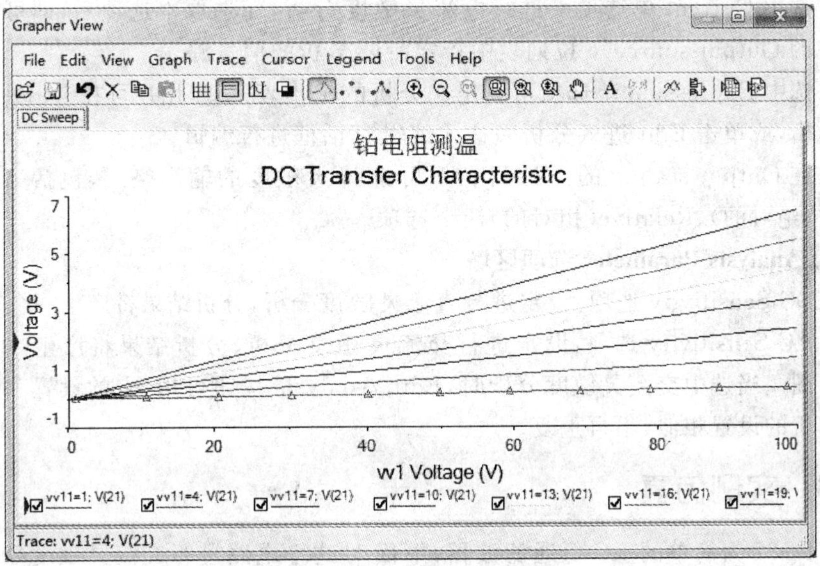

图 4-21　直流扫描分析结果

4.8　直流与交流敏感度分析

4.8.1　相关原理

直流与交流敏感度分析(DC and AC Sensitivity Analyses)可以确定电路中的元件影响输出信号的程度。因此,重要的元件可以分配更大的容差,并易于优化。同样,不重要的元件可降低成本,因为它们的精确度对于设计性能影响不大。

灵敏度分析计算相对于电路中元件参数变化时,输出节点电压或电流的灵敏度。直流灵敏度的仿真结果以数表的形式显示,而交流灵敏度仿真的结果则为相应的曲线。

4.8.2　仿真设置

要进行灵敏度分析时,可选择 Simulate→Analyses→Sensitivity 菜单项。

其中包括 4 页选项卡,除了 Analysis Parameters 页外,其余皆与直流工作点分析的设定一样,详见 4.1 节。在 Analysis Parameters 页里,各项说明如下:

(1) Output node /currents 选项区域

- 选中 Voltage 单选项可进行电压灵敏度分析,而选中本选项后,即可在其下的 Output node 下拉列表中指定所要分析的输出节点、在 Output reference 下拉列表中指定输出端的参考节点。

- 选中 Current 单选项可进行电流灵敏度分析，而选取本选项后，即可在其下的 Output source 下拉列表中指定所要分析的信号源。
- 选中 Expression 单选项可自定义分析的输出表达式，用户可在空白处自己编辑，或单击 Edit 进入分析表达式编辑对话框进行编辑。
- 在 Output scaling 的下拉列表下可选择灵敏度的输出格式，包括 Absolute(绝对的)、Relative(相对的)两个选项。

(2) Analysis Parameter 选项区域

- DC Sensitivity 选项：设定进行直流灵敏度分析，分析结果将产生一个表格。
- AC Sensitivity 选项：设定进行交流灵敏度分析，分析结果将产生一个分析图。当选中交流灵敏度分析时，Edit Analysis 按钮可用，它的设置和失真分析的设置相似，不再重复。

4.8.3 实例仿真

图 4-22 为简单的 RC 低通滤波器，下面对这个电路进行交流灵敏度分析。仿真设置中选择电压灵敏度分析，输出节点选择 2，输出参考节点为 0，灵敏度输出格式为绝对值(Absolute)，分析类型为交流灵敏度分析，并单击后面的 Edit Analysis 按钮，设置扫描频率为 1 Hz 到 10 GHz，然后在 output 选项卡下设置仿真元件为电阻 R2，单击仿真按钮，可得图 4-23 的仿真结果。仿真曲线反应了当频率变化时输出的变化。对于单一频率值也可以人工计算灵敏度。以 100 Hz 的频率来计算 R2 对于电路的灵敏度：

电容 C2 的阻抗为：$X_c=\dfrac{1}{2\pi f_c}=\dfrac{1}{2\pi\times100\times10^{-6}}=1\ 590$

所以节点 2 的输出电压为：$V_{out}=\dfrac{V_1\times R_2}{R_2-jX_c}=\dfrac{1\times1}{1-j1590}\approx\dfrac{1}{-j1590}\approx628\ \mu V$

如果把 R_2 的值增加一个单位到 2 Ω，则：

$$V_{out}\ \frac{V_1\times R_2}{R_2-jX_c}=\frac{1\times2}{2-j1590}\approx1.257\ 9\ \text{mV}$$

因此电压的变化量为 629 μV，和 Multisim 的仿真结果相符。

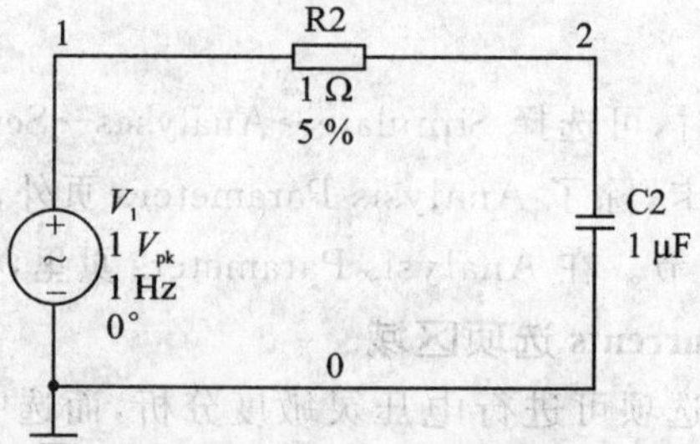

图 4-22 RC 低通滤波器电路

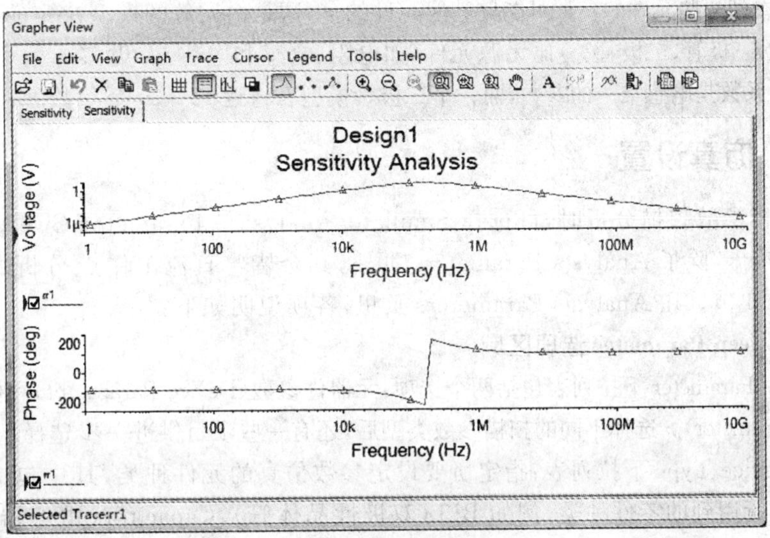

(a)

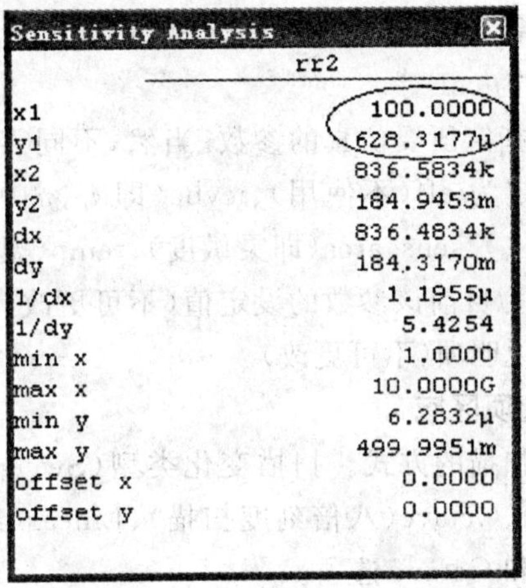

(b)

图 4-23　交流灵敏度分析结果

4.9　参数扫描分析

4.9.1　相关原理

参数扫描分析(Parameter Sweep Analysis)是对电路里的零件,分别以不同的参数值进行分析。这样和对电路进行多次仿真,每次仿真一个参数值的效果相同。在 Multisim 里,进行参数扫描分析时,可设定为直流工作点分析、瞬态分析或交流分析的参数扫描。

可以看到一些元件的参数可能比其他元件的多,这是由元件的模型决定的。有源元件(如运放、三极管、二极管等)比无源元件(如电阻、电感和电容)有更多参数可供扫描。例如,感应系数是电感唯一的参数,而一个二极管模型有将近 15～20 个参数。

4.9.2 仿真设置

要进行参数扫描分析时,可选择 Simulate/Analyses/ Parameter Sweep 其中包括 4 页选项卡,除了 Analysis Parameters 页外,其余皆与直流工作点分析的设定一样,详见 4.1 节。在 Analysis Parameters 页里,各项说明如下:

(1) Sweep Parameter 选项区域

Sweep Parameter 下拉列表包括两个选项:元器件参数(Device Parameter)和模型参数(Model Parameter)。选择不同的扫描参数类型后,还有一些项目供进一步选择。

- Device Type 下拉列表:指定所要设定参数仿真的元件种类,其中包括电路图里所用到的零件种类,例如 BJT(双极性晶体管)、Capacitor(电容器)、Diode(二极管)、Resistor(电阻器)、Vsource(电压源)等。
- Name 下拉列表:指定所要仿真的元件名称,例如 Q1 晶体管,则指定为 qq1;C1 电容器,则指定为 cc1 等。

Parameter 下拉列表:指定所要仿真的参数,当然,不同零件有不同的参数,以晶体管为例,则可指定为 off(不使用)、icvbe(即 i_c、v_{be})、icvce(即 i_c、v_{ce})、area(区间因素)、ic(即 i_c)、sens_area(即灵敏度)、temp(温度)。

- Present Value 栏:为目前该参数的设定值(不可更改)。
- Description 栏:为说明项(不可更改)。

(2) Points to sweep 选项区域

本区域的功能是设定扫描的方式。扫描变化类型(Sweep Variation Type)中包括 Decade(十倍刻度扫描)、Octave(八倍刻度扫描)、Linear(线性刻度扫描)及 List 等选项,如果选择 Decade 和 Octave 选项。

其中可在 Start 和 Stop 选项里指定开始和停止扫描的值;在 # of points 字段里指定扫描点数;在 Increment 字段里指定扫描的间距。如果选择 List 选项,则其右边将出现 Value List 区域,这时可在此区域中指定待扫描的数值,如果要指定多个不同的数值,则在数值之间应以空格、逗点或分号分隔。

(3) More Options 选项区域

- Analysis to sweep 下拉列表:本选项的功能是设定分析的种类,包括 DC Operating Point(直流工作点分析)、AC Analysis(交流分析)、Transient Analysis(瞬态分析)及 Nested Sweep(嵌套扫描)等 4 个选项。如果要设定所选择的分析,可在选取该分析后,再单击 Edit Analysis 按钮即可进入编辑该项分析。
- Group all traces on one plot 选项:选择本选项将把所有分析的曲线放置在同一个分析图里。

4.9.3 仿真实例

将图 4-6 中的交流源换成等幅值的直流源。电路中，R16 为引入的负反馈电阻，当温度为 0℃时，可选择合适的阻值，使电路输出近似为 0。在 Multisim 中队 R16 进行参数扫描的过程如下：打开参数扫描对话框，选择元器件参数扫描，后面的元件类型选电阻，名称选 rr16，参数选则电阻值，后面的选项为默认选项。在扫描类型中选线形扫描，从 93～94 kΩ 之间取 5 个点进行仿真。分析的种类选择瞬态分析，使所有曲线在一张图中显示。输出节点选 21。单击仿真，可得图 4-24 的仿真结果，从图中可以看到当阻值取 93 100 Ω 附近时，输出结果约为 0。

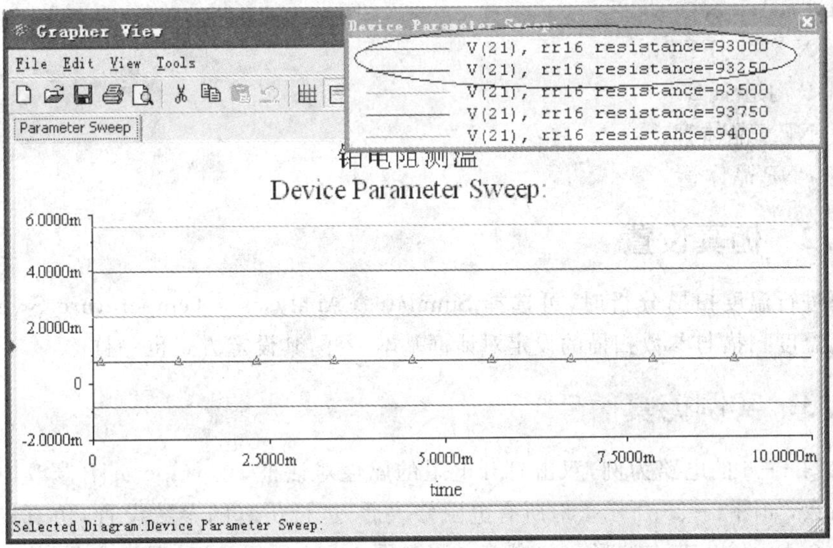

图 4-24　参数扫描仿真结果

4.10 温度扫描分析

4.10.1 相关原理

应用温度扫描分析(Temperature Sweep Analysis)，可以通过在不同的温度下仿真电路来快速检验电路的性能。其实温度扫描分析也是参数扫瞄的一种，同样可以执行直流工作点分析、瞬时分析及交流分析，不过，温度扫瞄分析并不是对所有零件都有作用，只有模型中包括温度相关(temperature dependency)参数的零件才对温度分析有做用，包括：

- 虚拟电阻器；

- 3 端耗尽型 N-MOSFET;
- 3 端耗尽型 P-MOSFET;
- 3 端增强型 N-MOSFET;
- 3 端增强型 P-MOSFET;
- 4 端耗尽型 N-MOSFET;
- 4 端耗尽型 P-MOSFET;
- 4 端增强型 N-MOSFET;
- 4 端增强型 P-MOSFET;
- 二极管;
- LED;
- N 沟道 JFET;
- P 沟道 JFET;
- NPN 晶体管;
- PNP 晶体管。

4.10.2 仿真设置

要进行温度扫描分析时,可选择 Simulate→Analyses→Temperature Sweep 菜单项。温度扫描与参数扫描的设定对话框基本一样,其设定方式也一样。

4.10.3 实例仿真

以图 4-6 的电路为例,双击打开电阻的属性对话框,在 value 页下修改电阻的温度系数,如图 4-25 所示。对所有电阻修改后,进行仿真的参数设置,仿真结束时间设为 0.1 s,输出节点选择 21。仿真结果如图 4-26 所示,可见温度变化时,由于电阻阻值等参数的变化,使电路的放大倍数、相位都发生了变化。

4.11 传递函数分析

4.11.1 相关原理

传递函数分析(Transfer Function Analysis)计算电路中一个输入源和两个输出节点(对于电压)或一个输出变量(对于电流)的直流小信号传递函数;同时也计算电路的输入和输出阻抗。任何非线性模型首先根据直流工作点线性化,然后进行小信号分析。输出信号可以是任何节点电压,但输入必须是电路中定义的一个独立电源。

假设电路是模拟电路,电路模型已被线性化,则直流小信号增益为输出相对于直流偏置点(零频率)处输入的导数,即

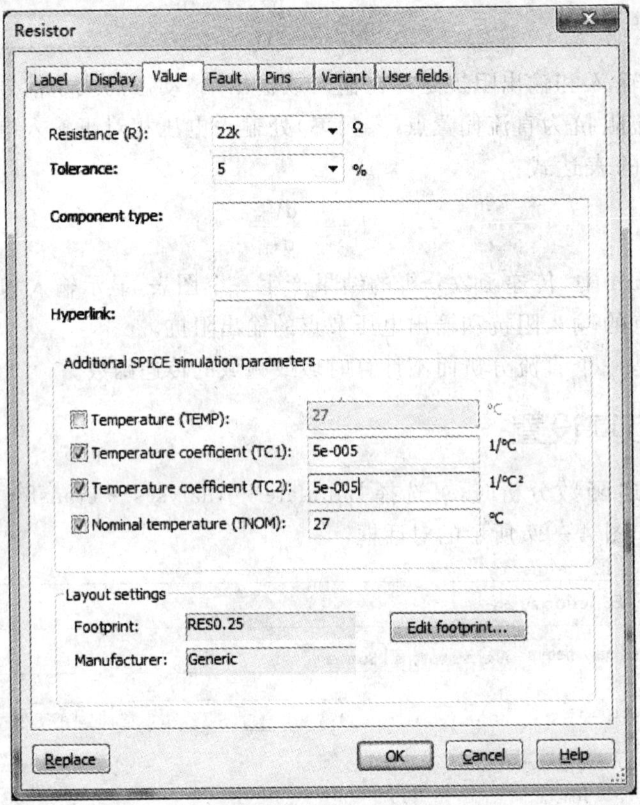

图 4－25　温度系数的修改

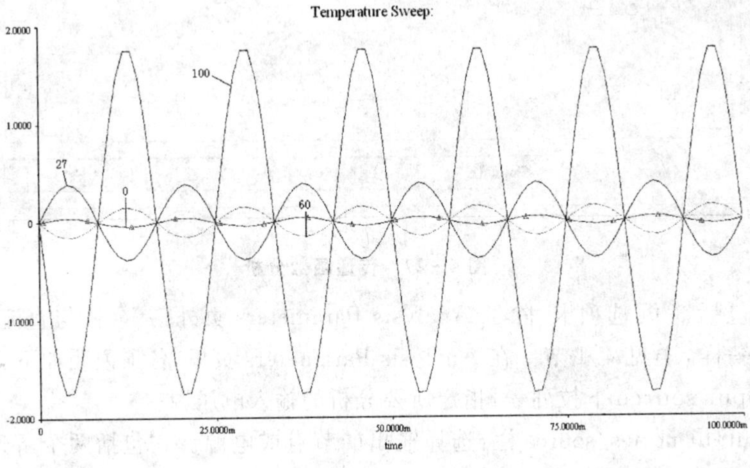

图 4－26　温度扫描仿真结果

$$agin = \frac{dV_{out}}{dV_{in}} \tag{4-9}$$

电路中的输入和输出阻抗是指在输入或输出端"动态的或小信号的电阻。数学上,小信号直流阻抗为直流偏置点(零频率)处输入电压相对于输入电流的导数。下式为输入电阻的表达式:

$$R_n = \frac{dV_{in}}{dI_{in}} \tag{4-10}$$

在 Multisim 中,传递函数分析的结果产生一个图表,显示输入和输出信号的比率、输入源节点的输入阻抗和输出电压节点的输出阻抗。

注意:这是一个直流分析而不计算时域或频域的传递函数。

4.11.2 仿真设置

要进行传递函数分析时,可选择 Simulate→Analyses→Transfer Function 菜单项,屏幕出现如图 4-27 所示的对话框:

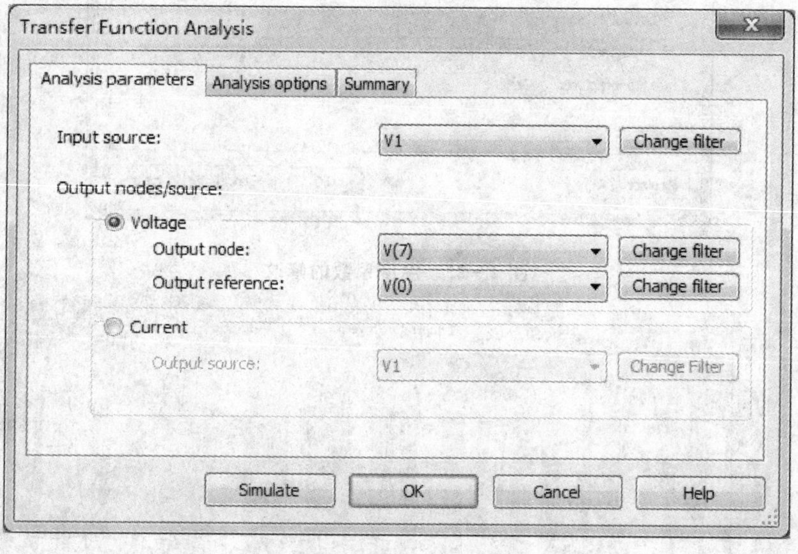

图 4-27 传递函数分析

其中包括 3 页选项卡,除了 Analysis Parameters 页外,其余皆与直流工作点分析的设定一样,详见 4.1 节。在 Analysis Parameters 页里,各项说明如下:

- Input source 下拉列表:指定所要分析的输入电压源。
- Output nodes/source 栏:选择输出的节点或电源。它包括两个备选项:

(a) Voltage 选项:指定输出变量为电压,选取本选项后,就可以在 Output node 下拉列表中指定所要测量的输出节点,而在 Output reference 下拉列表中指定参考节点,通常是接地端(即 0)。

(b)Current 选项：指定输出变量为电流，选取本选项后，就可以在 Output source 下拉列表中指定所要测量的输出电源。

4.11.3 实例仿真

分析图 4－6 电路的输出放大部分，如图 4－28 所示。这是一个反向比例放大电路，电路增益约为 18.2，由于电路的输入阻抗远小于运放的阻抗所以电路输出阻抗近似为 0。按图 4－27 的设置对电路进行仿真，结果如图 4－29 所示，可见仿真结果与理论分析近似。

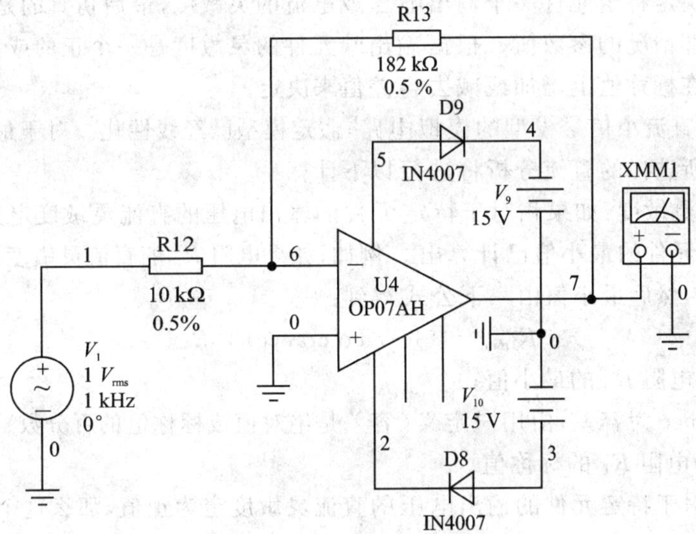

图 4－28 反向比例放大电路

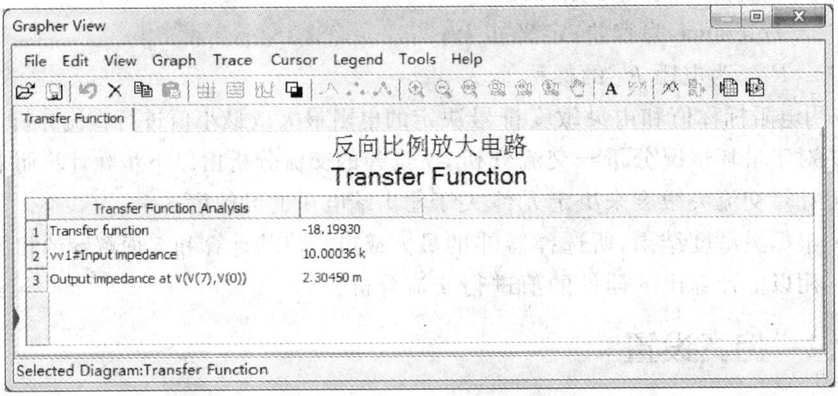

	Transfer Function Analysis	
1	Transfer function	-18.19930
2	vv1#Input impedance	10.00036 k
3	Output impedance at V(V(7),V(0))	2.30450 m

图 4－29 传递函数分析的结果

4.12 最坏情况分析

4.12.1 相关原理

最坏情况分析(Worst Case Analysis)是以统计分析的方式,来研究元件参数变化时对电路性能的最坏可能的影响。Multisim 在进行最坏情况分析时结合直流或交流分析。不论在哪种情况下,仿真首先从标称值开始。接着,进行(直流或交流)灵敏度分析来决定特定元件关于输出电压或电流的灵敏度,最后仿真的是元件在输出端将产生最坏情况的参数值。根据输出端元件的灵敏度是一个正的或负的值,最坏情况参数由在标称值上增加或减去容差值来决定。

1) 对于直流小信号模型的模拟电路,假定模型已经线性化。对于最坏情况分析-直流分析,所选择的直流分析将进行以下计算:

- 直流灵敏度:如果相对于特定元件的输出电压的直流灵敏度定为负值,那么这个元件的最小值已计算出。例如,如果电阻 R_1 的直流灵敏度为 -1.23 V/Ohm,然后最小值由一下公式得到:

$$R_{1\min} = (1 - \text{Tolerance}) \times R_{1\text{nom}} \tag{4-11}$$

其中,$R_{1\min}$ 为电阻 R_1 的最小值;

Tolerance 为容差,由用户定义(容差是绝对值或标称值的百分数);

$R_{1\text{nom}}$ 为电阻 R_1 的标称值。

如果相对于特定元件的输出电压的直流灵敏度定为正值,那么这个元件的最大值已计算出。例如,正灵敏度电阻将由以下式子定义:

$$R_{2\max} = (1 - \text{Tolerance}) \times R_{2\text{nom}} \tag{4-12}$$

其中,$R_{2\max}$ 为电阻 R_2 的最大值;

Tolerance 为容差,定义如上;

$R_{2\text{nom}}$ 为电阻 R_2 的标称值。

利用电阻标称值和由灵敏度符号决定的电阻最大或最小值进行直流分析。

2) 对于最坏情况分析一交流分析,所选择的交流分析由以下步骤计算而来:

- 计算交流灵敏度来决定元件关于输出端电压的灵敏度;
- 根据灵敏度结果,所选择器件的最大或最小值的计算和上面解释的相同;
- 用以上计算出的器件的值进行交流分析。

4.12.2 仿真设置

要进行最坏情况分析时,可选择 Simulate→Analyses→Worst Case 菜单项,其中包括 4 页选项卡,除了 Model tolerance List 页及 Analysis Parameters 页外,其余皆与直流工作点分析的设定一样,详见 4.1 节。

1. Model tolerance List 页

Current list of tolerances 区域里，列出了目前的元件参数及容差，可以单击 Add tolerance 按钮新增元件容差。

可以在 Parameter Type 下拉列表中选择所要设定的是模型参数(Model Parameter)，还是元件参数(Device Parameter)，下面介绍选择不同类型参数后，其它区域的设置：

1) Parameter 选项区域：这部分参数的设定可参照参数扫描分析中 Analysis Parameters 页下的扫描参数设置部分，不再详述。

2) Tolerance 选项区域：

- Tolerance Type 下拉列表：设定容差的形式，其中包括 Absolute(绝对值)、Percent(百分比)两个选项。
- Tolerance value 栏：设定误差值。

新增六件模型容差设定中还有两个按钮，Edit selected tolerance 按钮的功能是编辑在区域里所选取的容差设定项目，按下此钮，将弹出对话框，其中各项，刚才已说明。Delete selected tolerance 钮的功能是删除在区域里所选取的容差设定项目。

2. Analysis Parameters 页

在 Analysis Parameters 页里包括下列项目：

- Analysis 选项：选择要进行的分析，其中包括 AC analysis(交流分析)及 DC operating point(直流工作点分析)两个选项。
- Output variable 选项：指定所要分析的输出节点。选中 Expression 复选项后，可指定一个输出变量的表达式作为输出变量。
- Collating Function 选项：选择比较函数，该项只在选择交流分析时可进行设置。下拉列表包括 MAX(最大)、MIN(最小)、RISE EDGE(上升沿)、FALL EDGE(下降沿)及 FREQUENCY(频率)5 个选项。选择 MAX 选项，仿真结果将显示每次运行的最大电压值；选择 MIN 选项，仿真结果将显示每次运行的最小电压值；选择 RISE EDGE 选项，仿真结果将显示当信号在波形的第一个上升沿达到门限电压的时间；选择 FALL EDGE 选项，仿真结果将显示当信号在波形的第一个下降沿达到门限电压的时间；选择 FREQUENCY 选项，仿真结果将显示当信号的频率大于门限频率的时间。如果指定 RISE EDGE、FALL EDGE 或 FREQUENCY 选项，则需在其右边的 Threshold 栏里指定其门限值。
- Direction 下拉列表：设定容差变化的方向，包括 Low 和 High 两个选项。
- Group all traces on one plot 选项：设定将所有分析的曲线，放置在同一个分析图里。

4.12.3 实例仿真

以图 4-6 的电路为例来分析当最坏情况分析列表中的电阻参数变化时，电路直流工作点的最坏情况变化。分析类型选择直流工作点分析，输出节点为 21 点，容差变化方向为 low，选择使所有曲线在一张图中显示，可得仿真分析结果如图 4-30所示。上面的表格是电路输出在正常值和最坏情况下的直流工作点；下面的表格是最坏情况下电阻的变化。可以看到电阻的变化对直流工作点会造成一定的影响。

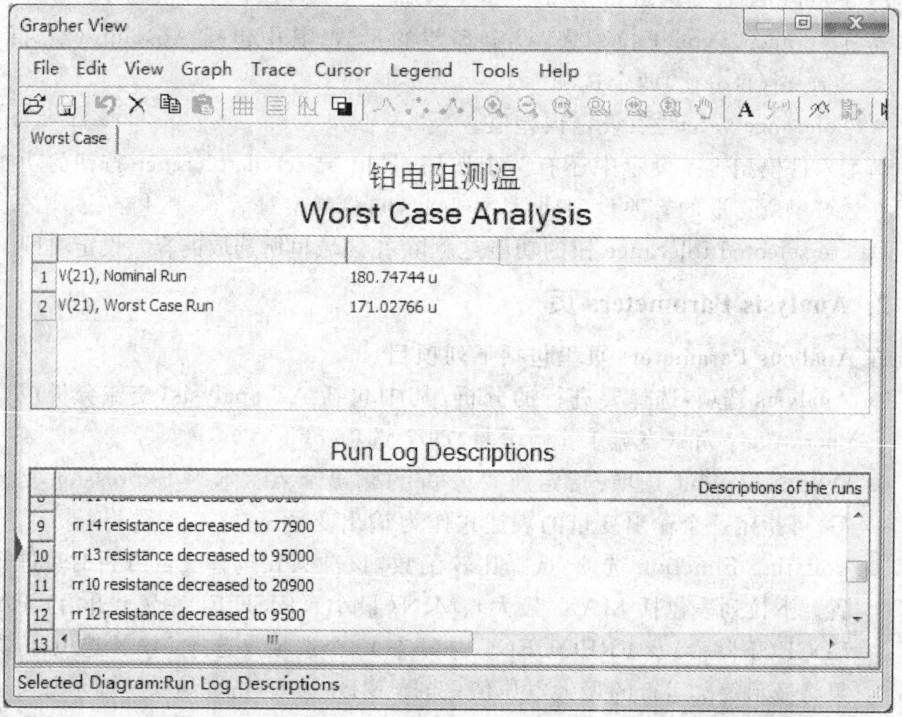

图 4-30　最坏情况分析结果

4.13 零极点分析

4.13.1 相关原理

零极点分析(Pole Zero Analysis)是计算电路的交流小信号传递函数的零点与极点，以决定电子电路的稳定度。在进行零点与极点分析时，首先计算出直流工作点，再求出所有非线性零件的线性小信号模型，然后找出其交流小信号传递函数的零点与极点。在设计电路时，总希望在正常的输入信号(Bounded)下，电路的输出是有限度的，且与输入呈现一定的关系；如果是没有限度的输出，将可能伤害到电路。所以一个稳定的电子电路一定是有限的输入、有限的输出，即 BIBO(Bounded Input Bounded Output)，而 BIBO 的稳定度取决于其传递函数的极点。

传递函数是模拟电路特性在频域中的一种方便的表达方式，它是输出信号和输入信号拉普拉斯变换的比值。输出信号和输入信号的拉普拉斯变换通常记为 $V_o(s)$ 与 $V_i(s)$，其中的 $s=j\omega=j2\pi f$。传递函数通常是以幅频响应和相频响应给定的一个复数值。电路的传递函数可以表示为：

$$T(s)=\frac{V_o(s)}{V_i(s)}=\frac{K(s+z_1)(s+z_2)(s+z_3)(s+z_4)\cdots}{(s+p_1)(s+p_2)()(s+p_3)(s+p_4)\cdots} \tag{4-13}$$

此函数的零点为 $-z_1$、$-z_2$、$-z_3$、$-z_4\cdots$，极点为 $-p_1$、$-p_2$、$-p_3$、$-p_4\cdots$。零点使传递函数的分子为零，而极点使传递函数的分母为零。零点和极点都可以包括实数、复数或纯虚数。从传递函数的公式中求出零点与极点，可使设计者预见电路设计在运行中的性能。了解零极点的位置与电路稳定性的关系是非常重要的。在复数坐标系下描绘零点与极点时，其 X 坐标轴为实数轴(Real，缩写为 Re)、Y 坐标轴为虚数轴(Imaginary，缩写为 Im 或 jw)。图 4-31 为不同极点位置在系统阶跃响应下对电路稳定性的影响。

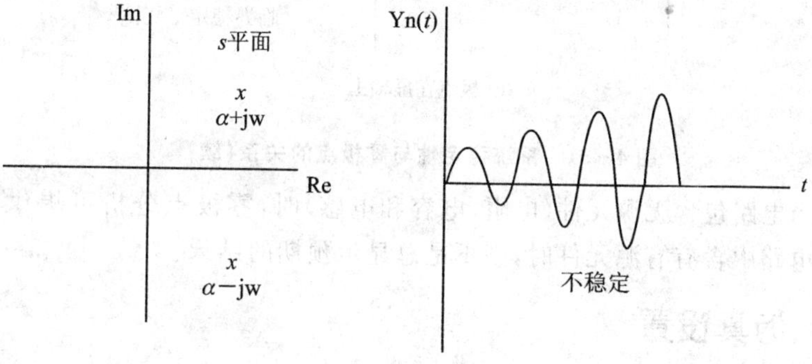

(a) 极点在右半s平面

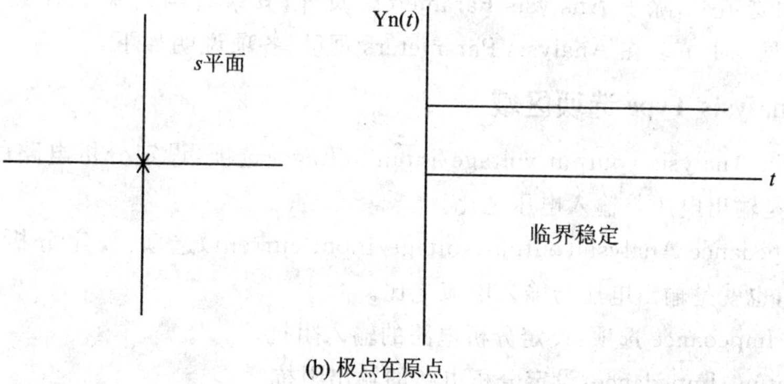

(b) 极点在原点

图 4-31 系统稳定性与零极点的关系

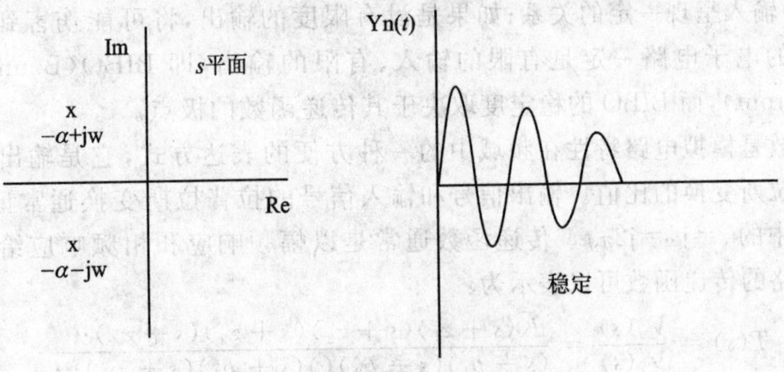

(c) 极点在左半s平面

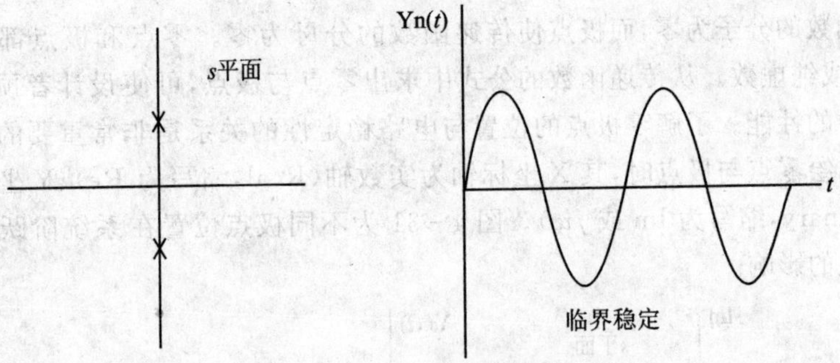

(d) 极点在虚轴上

图 4-31 系统稳定性与零极点的关系(续)

注意:当电路包含无源元件(电阻、电容和电感)时,零极点分析可提供精确的结果;而如果电路中含有有源元件时,则不是总显示预期的结果。

4.13.2 仿真设置

要进行零点与极点分析时,可选择 Simulate→Analyses→Pole Zero 菜单项,其中包括 3 页选项卡,除了 Analysis Parameters 页外,其余皆与直流工作点分析的设定一样,详见 4.1 节。在 Analysis Parameters 页里,各项说明如下:

1. Analysis Type 选项区域

- Gain Analysis (output voltage/input voltage)选项:设定分析电路的增益,也就是输出电压与输入电压之比。
- Impedance Analysis(output voltage/input current)选项:设定分析电路的阻抗,也就是输出电压与输入电流之比。

Input Impedance 选项:设定分析电路的输入阻抗。

- Output Impedance:设定分析电路的输出阻抗。

2. Nodes 选项区域

- Input(+)下拉列表：指定正的输入节点。
- Input(－)下拉列表：指定负的输入节点(通常是接地端，即 0 节点)。
- Output(+)下拉列表：指定正的输出节点。
- Output(－)下拉列表：指定负的输出节点(通常是接地端，即 0 节点)。
- Analyses performed 下拉列表：设定所要分析的项目，其中包括 Pole and Zero Analysis(同时找出极点与零点)、Pole Analysis(找出极点)、Zero Analysis(找出零点)3 个选项。

4.13.3 实例仿真

以图 4-32 所示的电路为例来进行零极点分析，仿真结果如图 4-33，可以看到系统只存在一个极点，且位于左半 S 平面，所以系统稳定。

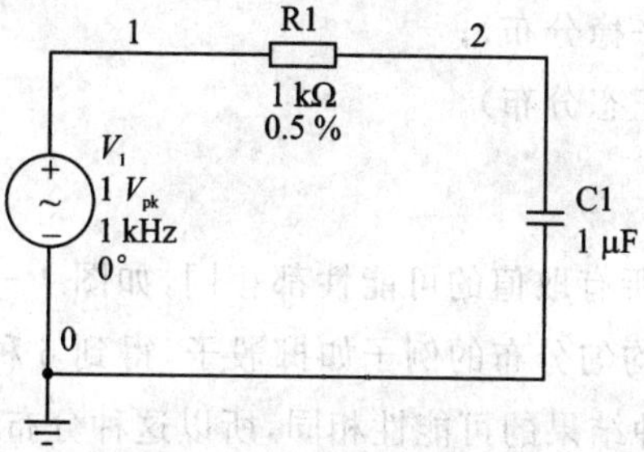

图 4-32 RC 低通滤波器

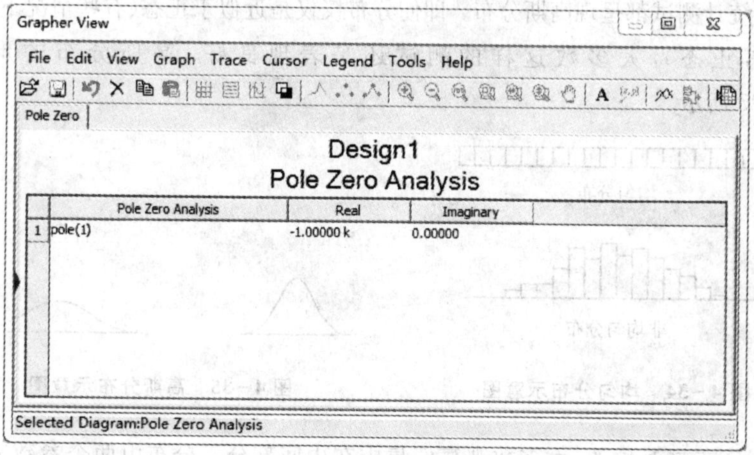

图 4-33 零点与极点分析的结果

4.14 蒙特卡罗分析

4.14.1 相关原理

蒙特卡罗分析(Monte Carlo Analysis)采用统计的方法分析元件特性的变化对电路性能的影响,可进行直流、交流或瞬态分析,并且变换元件特性。蒙特卡罗分析进行多次仿真,对于每一次仿真,元件的参数根据用户定义的分配类型和参数容差随机变化。

第一次仿真通常是标称值的仿真。对于以后的仿真,则在标称值上随机地加上或减去一个 σ 值。这个 σ 值可以是标准偏差内的任意值。增加一个特定 σ 值的可能性取决于分布的可能性。两个常用的可能分布为:

- 均匀分布(也称平稳分布);
- 高斯分布(也称正态分布)。

1. 均匀分布

均匀分布是指 x 的所有取值的可能性都相同,如图 4-34 所示。这个 x 可以是特定容差内的元件值。均匀分布的例子如掷骰子,得到 6 种结果中任意一种结果的可能性是 1/6。因为每种结果的可能性相同,所以这种分布称为均匀分布。

2. 高斯分布

许多统计测试都呈现高斯分布。即使分布仅仅是近似于正态(有些情况下只要不是严重偏离正态),大多数这样的测试还是表现良好。高斯分布的形状大致如图 4-35 所示。

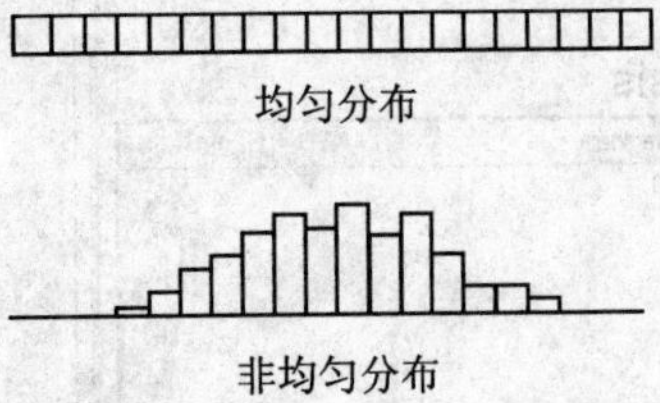

图 4-34 均匀分布示意图

图 4-35 高斯分布示意图

高斯分布是对称的,大多数观察值集中在中间部分。分布由两个参数来定义:均值 μ 和标准偏差 σ。正态曲线对于给定值 x 的表达式为:

$$\frac{1}{\sqrt{2\pi\sigma^2}}e^{(x-\mu)^2/2\sigma^2} \qquad (4-15)$$

标准偏差可由下式计算出：

$$\sigma^2 = \frac{\Sigma(X-\mu)^2}{N} \tag{4-16}$$

在 Multisim 中，高斯分布将保证仅有 68%的值在特定容差内，其余的值落在容差外，其中容差由用户定义。作为一个例子，1 kΩ(5%容差)的高斯分布，如图 4－36 所示。标准偏差导致容差宽度为 50 Ω，因此，容差范围从 0.95 kΩ～1.05 kΩ。当样本足够大的时候，均值 μ 将接近 1 000 Ω。

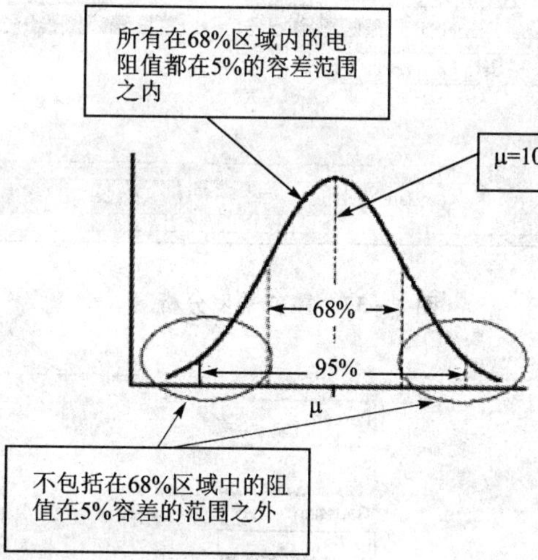

图 4－36　电阻的高斯分布

4.14.2　仿真设置

要进行蒙特卡罗分析时，可选择 Simulate/Analyses/Monte Carlo 菜单项，屏幕出现如图 4－37 所示的对话框：

它与最坏情况分析的设置相似，详见 4.12 节。下面只介绍设置不同的地方。在 Model tolerance list 页下，可单击 Edit selected tolerance 按钮来编辑已有容差，其中参数设置区域和最坏情况分析一样，容限区域如图 4－38 所示，添加了分布选项，可选均匀分布或高斯分布。

Analysis Parameters 页如图 4－39 所示：

在 Analysis Parameters 页里包括下列项目：

(1) Analysis Parameters 选项区域

- Analysis 下拉列表：设定所要进行的分析，其中包括 Transient analysis(瞬态分析)、AC analysis(交流分析)及 DC operating point(直流工作点分析)3 个选项。

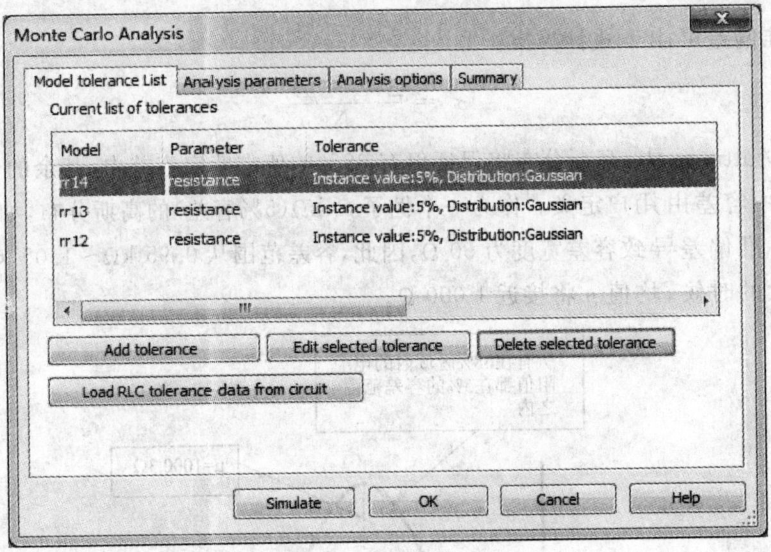

图 4-37　蒙特卡罗分析

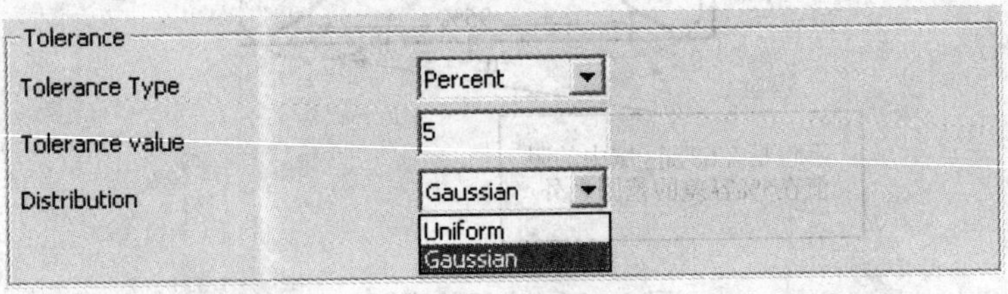

图 4-38　容差设置

- Number of runs 栏:指定仿真运行次数。
- Output variable 下拉列表:指定所要分析的输出节点。
- Collating Function 选项:选择比较函数,该项只在选择交流分析时可进行设置。下拉列表包括 MAX(最大)、MIN(最小)、RISE EDGE(上升沿)、FALL EDGE(下降沿)及 FREQUENCY(频率)5 个选项。选择 MAX 选项,仿真结果将显示每次运行的最大电压值;选择 MIN 选项,仿真结果将显示每次运行的最小电压值;选择 RISE EDGE 选项,仿真结果将显示当信号在波形的第一个上升沿达到门限电压的时间;选择 FALL EDGE 选项,仿真结果将显示当信号在波形的第一个下降沿达到门限电压的时间;选择 FREQUENCY 选项,仿真结果将显示当信号的频率大于门限频率的时间。如果指定 RISE EDGE、FALL EDGE 或 FREQUENCY 选项,则需在其右边的 Threshold 栏里指定其门限值。

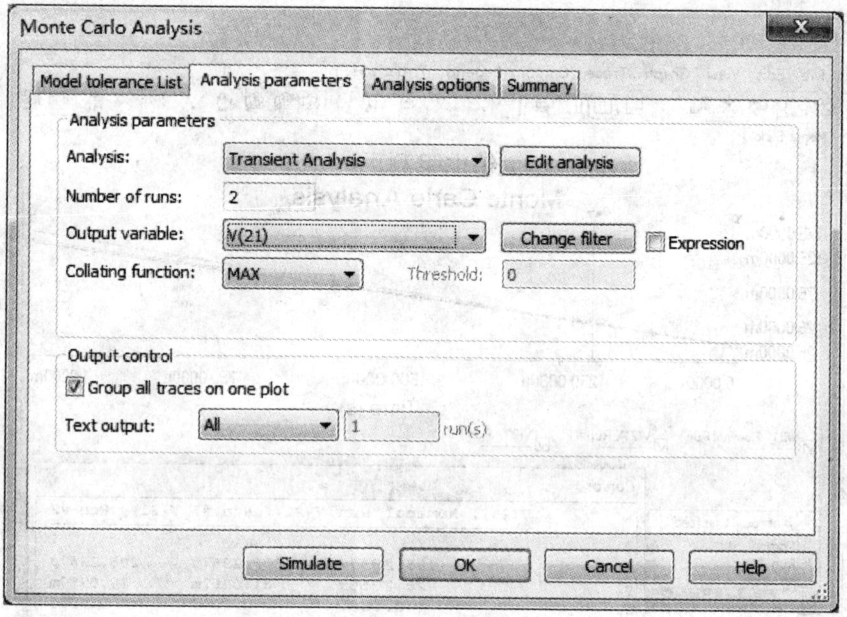

图 4-39 **Analysis Parameters 页**

(2) Output Control 选项区域

- Group all traces on one plot 选项：设定将所有分析的曲线，放置在同一个分析图里。
- Text Output 下拉列表：设定数据输出的方式。

4.14.3 实例仿真

以图 4-6 的电路为例，仿真设置如图 4-37～4-39，单击仿真可得图 4-40 的仿真结果，图 4-40(b)是仿真的运行记录，由数表可以看到最大值出现的时间，在曲线图中标定 x 轴坐标到这个时间值，可以看到电压最大值和图 4-40(b)表中的输出值近似。图 4-40(b)还提供了一些其他的参数如标称值运行下的输出平均值和标准差、sigma 值等，为电路分析提供了参考。

4.15 布线宽度分析

4.15.1 相关原理

布线宽度分析（Trace Width Analysis）计算满足电路中任意走线上有效电流（RMS current）的最小走线宽度，其中有效电流可由仿真结果求出。要完全理解这

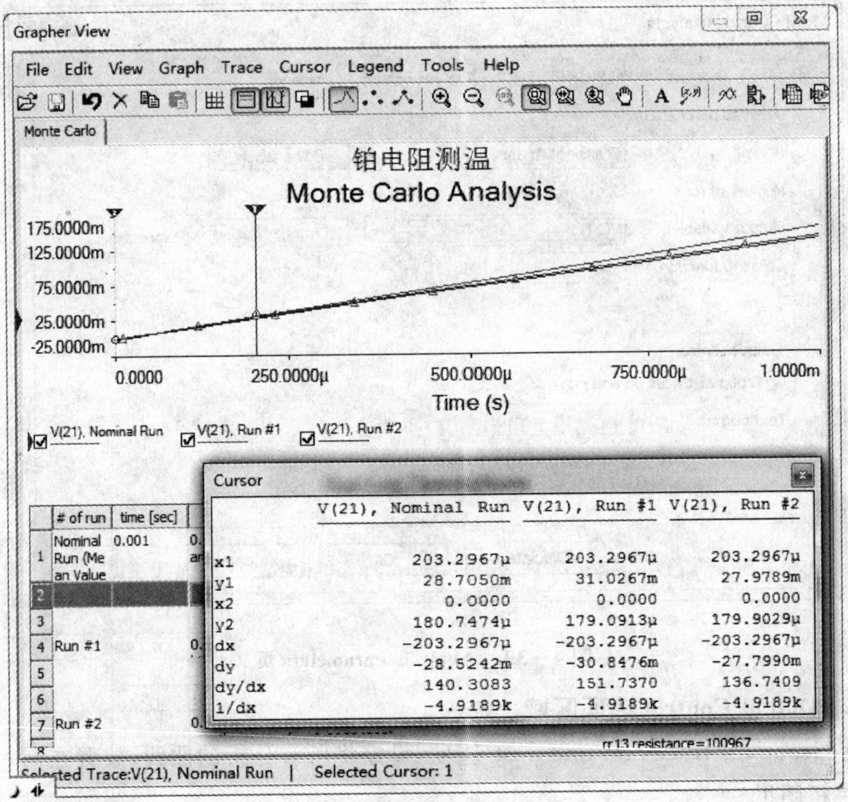

(a)

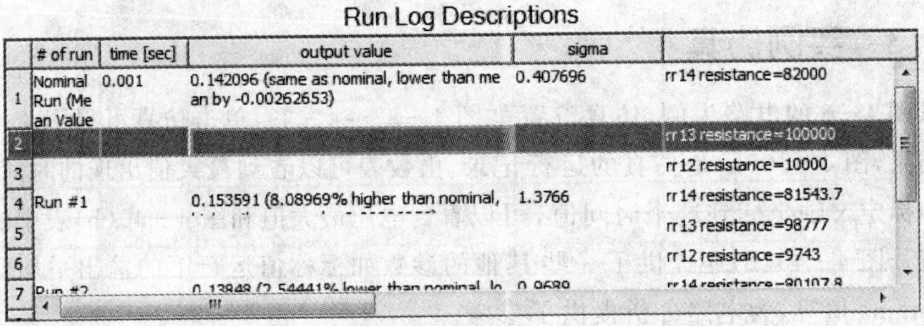
Run Log Descriptions
# of run
time [sec]
output value
sigma
Nominal Run (Mean Value) 0.001 0.142096 (same as nominal, lower than mean by -0.00262653) 0.407696 rr14 resistance=82000
rr13 resistance=100000
rr12 resistance=10000
Run #1 0.153591 (8.08969% higher than nominal, 1.3766 rr14 resistance=81543.7
rr13 resistance=98777
rr12 resistance=9743

(b)

图 4-40　蒙特卡罗分析结果

个分析的重要性,首先必须明白当线路上电流增加时,这条走线会发生什么变化。

当线路上流过电流时将使线路的温度增加。功率的计算公式为 $P=I^2R$,因此功率与电流不是简单的线性关系。单位长度线路的电阻是它横截面积(线路的宽度乘以厚度)的函数。因此温度和电流的关系是电流、布线宽度和厚度的非线性函数。线路的散热能力是它的表面面积和宽度(单位长度)的函数。

PCB 布线技术限制了走线铺铜的厚度，这个厚度和标称重量有关，标称重量以表格的形式给出，单位为 OZ/ft^2。

下面介绍一下布线宽度是如何决定的。

热力学中线路上电流的一般模型为：

$$I = K \times DT^{B1} A^{B2} \tag{4-17}$$

其中：I 为运放电流；ΔT 为环境温度的变化(℃)；A 为每平方 mil 的横截面积；K, $B1$ 和 $B2$ 是常数。

为了估计上面等式的系数，首先需要把上式转成线性形式。可以对等式两边取自然对数来实现：

$$\ln(I) = \ln(K) + B1 \times \ln(DT) + B2 \times \ln(A) \tag{4-18}$$

DN 原始数据是和温度变化及不同走线配置下电流相关的图表。DN 数据提供的信息可用于对学习下的走线长度和宽度进行独立估计。

把所有 DN 数据用于回归分析，可得如下的估计：

$$\ln(I) = -3.23 + 0.45 \times \ln(\Delta T) + 0.69 \times \ln(A)$$

即可得：$I = 0.04 \times \Delta T^{0.45} A^{0.69}$

图 4-41 是从以上公式中得到的接近 300 个点的数据图。

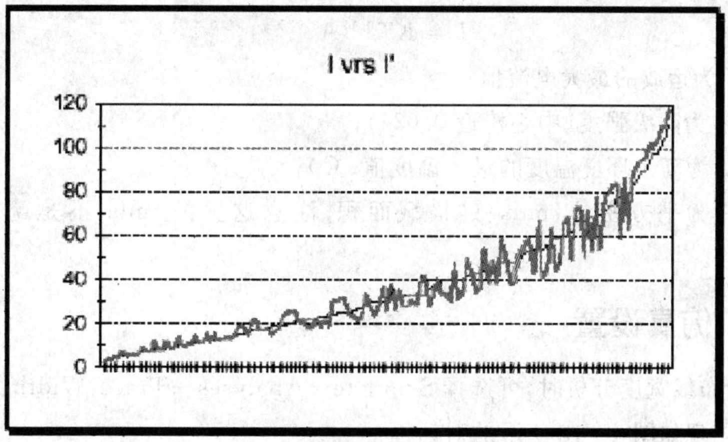

图 4-41　从 DN 数据得来的真实与估计电流图

Multisim 利用线的重量值(OZ/ft^2)来计算布线宽度分析中要求的线的厚度。表 4-1 为各种铜皮重量对应的厚度值。每条走线的电流首先在瞬态分析中进行计算。这些电流值通常为时间上独立的。

表4-1　布线宽度

厚度	1.0/8.0	1.0/4.0	3.0/8.0	1.0/2.0	3.0/4.0	1	2
重量	0.2	0.36	0.52	0.70	1	1.4	2.8
厚度	3	4	5	6	7	10	14
重量	4.2	5.6	7.0	8.4	9.8	14	19.6

由于瞬态分析是基于离散时间点的,最大绝对值的精确度取决于所选时间点数的多少。下面是增加布线宽度分析精确度的一些建议:

- 瞬态分析结束时间应设置到至少包括信号的一个周期,特别是信号具有周期性的情况。否则,必须保证结束时间足够大,以使Multisim获得正确的最大电流值。
- 手动增加点数到100或更多。信号的点数越多,最大值越准确。注意,时间点数增加到1 000以上将增加程序执行的时间,并可能使Multisim关闭。
- 考虑初始条件的影响,它可能改变开始时信号的最大值。如果稳定状态(如直流工作点)和初始条件相差较远,则仿真可能停止。

当I和ΔT已知,Multisim利用以下公式确定线的宽度:

$$I = KT^{0.44}A^{0.725} \tag{4-19}$$

其中,I为运放的最大电流值;

K为降级强度(中心接近0.024);

T为高于环境温度的最大温度值(℃);

A为平方密耳(mils)的横截面积;注意这里的mils不是毫米,它等于1/1 000英寸。

4.15.2　仿真设置

要进行布线宽度分析时,可选择Simulate→Analyses→Trace Width Analysis菜单项,屏幕出现如图4-42所示的对话框:

图4-42的对话框中除了Trace width analysis页以外,其余皆与直流工作点分析的设定一样,详见4.1节。而Trace width analysis页说明如下:

- Maximum temperature above ambient栏:设定高于环境温度的最大温度值。
- Weight of plating栏:设定每平方英寸的铜膜重量,换言之,就是铜膜的厚度。
- Set node trace widths using the results from this analysis选项:选中该复选项,则电路板布线时,走线宽度按本分析的结果设定。

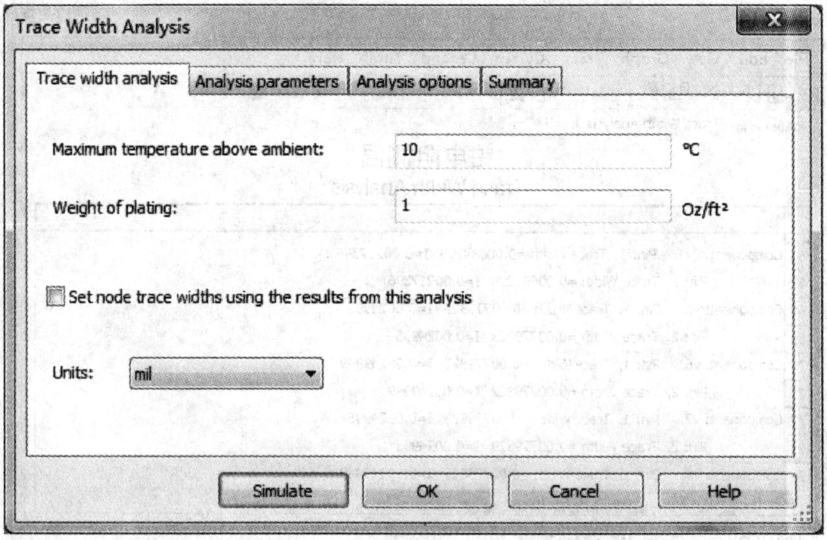

图 4-42　布线宽度分析对话框

4.15.3 实例仿真

以图 4-6 的电路为例，来进行布线宽度分析。布线宽度分析页的设定如图 4-42所示。在分析参数页中将仿真的结束时间设为 0.1 s，最少时间点改为 200 点，其他设定选择默认值，单击仿真按钮进行仿真，得图 4-43 的仿真结果，表中显示了原件各引脚的有效电流值及其对应的最小走线宽度。

4.16 嵌套扫描分析

温度扫描和参数扫描可以一种嵌套的形式进行，进行一系列的嵌套扫描分析(Nested Sweep Analyses)，每次扫描遵循扫描前的约束。例如，可在参数扫描的基础上进行温度扫描。

进行嵌套的温度或参数扫描分析的步骤如下：

- 在分析菜单中选择温度扫描或参数扫描来打开参数扫描 Parameter Sweep 对话框。
- 从 Analysis to Sweep 下拉列表中选择嵌套扫描。
- 点击 Edit Analysis 按钮，出现嵌套参数扫描对话框，此时定义的是一层嵌套扫描。
- 根据要求设置参数。
- 同样的方法在当前对话框可创建另一层嵌套参数扫描。

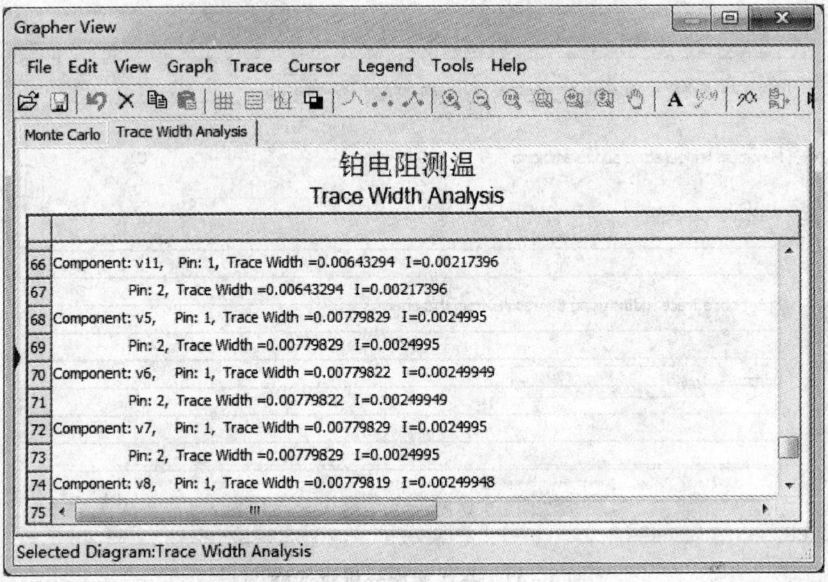

图 4-43　布线宽度分析的结果

- 重复以上过程创建合适的层数。
- 单击 OK 按钮回到上一层,并保存了修改;单击 Cancel 按钮回到上一层,但不保存修改。

当所有嵌套分析都已定义,单击仿真按钮。

4.17　批处理分析

Multisim 可在同一个例子中绑定不同的分析或在同一分析中按顺序仿真不同的例子。这样就为高级用户提供了一种用单一命令进行多仿真的方法。

例如,可以利用批处理分析(Batched Analyses)完成以下功能:

- 当试图调整一个电路时,可重复进行一批相同的分析;
- 对电路仿真时可建立分析的记录;
- 设定一系列可长期自动运行的分析。

要进行批处理分析时,可选择 Simulate→Analyses→Batched Analysis 菜单项,屏幕出现如图 4-44 所示的对话框:左边 Available analyses 区域里为可选的分析,按 Add analysis 按钮,弹出仿真设置对话框,修改参数后,单击 Add to list 按钮即可将被选项移入右边的 Analyses To Perform 区域里,如图 4-44 右边的区域中已加入了瞬态分析和噪声分析。已选的仿真也可编辑仿真参数或进行删除处理。

所要绑定的仿真全部指定完成后,按 Run Selected Analysis 按钮可运行单个选定的分析。按 Run All Analysis 按钮则对右边区域中的所有仿真进行批处理仿真。

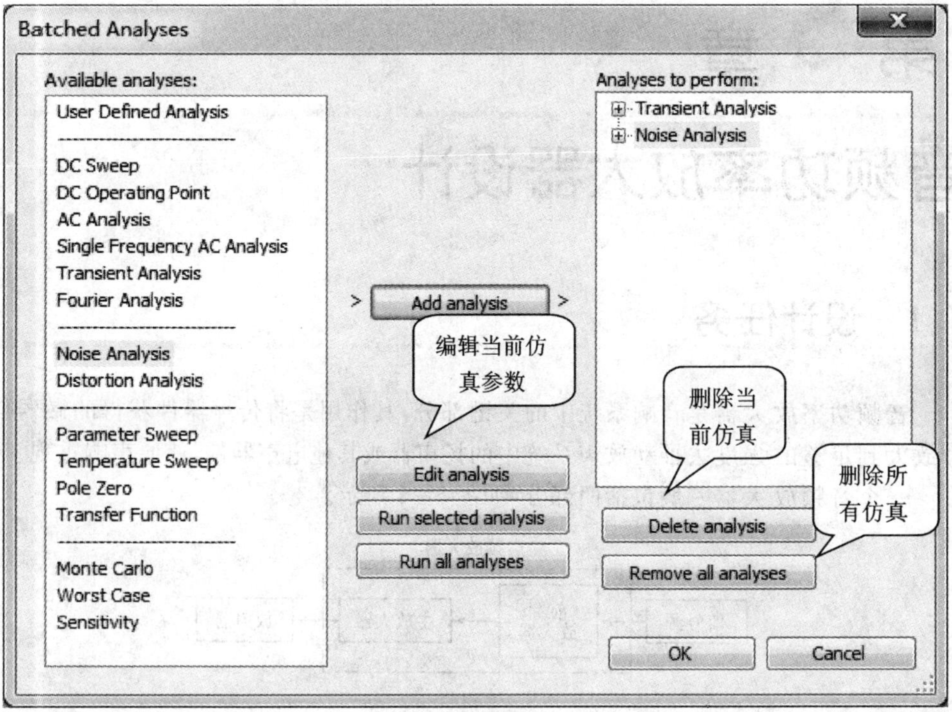

图 4－44　批处理分析

本章小结

本章结合电路实例介绍了 Multisim 12.0 的 17 种仿真方法的应用,并详细介绍了各种仿真方法的仿真原理,使读者不仅能正确使用各种仿真方法对电路进行分析,同时能了解更深层的原理。

习题与参考题

1. 傅立叶分析可分析电路的什么特性?
2. 失真分析可分析哪两种失真,它们产生的原因是什么?
3. 电路中的噪声主要有哪几种,产生的原因分别是什么?

第5章

音频功率放大器设计

5.1 设计任务

音频功率放大器是音响系统中的关键部分，其作用是将传声器件获得的微弱信号放大到足够的强度去推动放声系统中的扬声器或其他电声器件，使原声响重现。

一个音频放大器一般包括两部分，如图 5-1 所示。

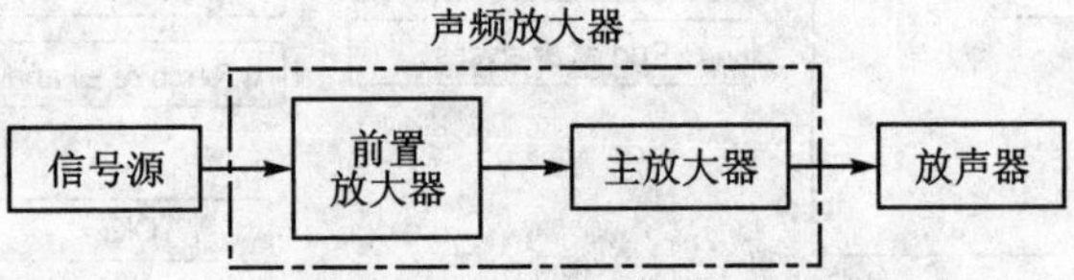

图 5-1 音响系统结构图

由于信号源输出电压幅度往往很小，不足以激励功率放大器输出额定功率，因此常在信号功率放大器前插入一个前置放大器将信号源输出电压信号加以放大，同时对信号进行适当的音色处理。而功率放大器不仅放大电压，而且对电流进行放大，从而提高整体的输出功率。

5.1.1 总体设计要求

在放大通道的正弦信号输入电压幅度大于 5 mV 小于 100 mV、等效负载电阻 R_L 为 8 Ω 下放大通道应满足：

(1) 额定输出功率 POR≥2 W；

(2) 带宽 BW≥(50～100 00)Hz；

(3) 音调控制范围：低音 100 Hz±12 dB；高音 10 kHz±12 dB；

(4) 在 POR 下和 BW 内的非线性失真系数 $\gamma \leqslant 3\%$；

(5) 在 POR 下的效率≥55%；

(6) 当前置放大级输入端交流短接到地时，RL＝8 Ω 上的交流噪声功率≤10 mW。

下面是音频功放的扩展性设计要求，可根据要求选做。

5.1.2 设计要求分级分解

1. 信号放大电路设计要求

设计小信号放大器，信号幅值 10 mV，频率范围 20～20 k，输出电压值 5 V。

2. 直流稳定电源设计要求

稳压电源在输入电压 220 V、50 Hz、电压变化范围＋15％～－20％条件下：

1）输出电压为±15 V；

2）最大输出电流为 0.1 A；

3）电压调整率≤0.2 ％；

4）负载调整率≤2 ％；

5）纹波电压（峰－峰值）≤5 mV；

6）具有过流及短路保护功能。

3. 滤波器设计要求

50 Hz 干扰抑制。

5.2 晶体管音频功率放大器的设计

先介绍一下分立元件音频功率放大器的设计方法。虽然目前采用分立元件设计的方案已逐渐趋于淘汰，但由于分立元件设计方案可对每级的工作状态和性能分别调整，具有很大的灵活性，所以这种方法比较容易满足给定的设计要求。对于模拟电路的学习，这是一个很好的事例。晶体管音频功率放大器主要由三部分组成，即前置级、音调控制电路和 OCL 功率放大器。

● 前置级：

主要是同信号源阻抗匹配并有一定的电压增益。一般要求输入阻抗提高，输出阻抗低，为后级提供一定信噪比的信号电压。

● 音调控制电路：

主要是实现高、低音的提升和衰减。

● OCL 功率放大器：

将电压信号进行功率放大，保证在扬声器上得到不失真的额定功率。

下面介绍一下各级电压增益的分配：

根据额定输出功率 P_O 和 R_L，求出输出电压为：$V_O=\sqrt{P_O R_L}$，（V_O 为有效值）

∴整机中频电压增益为：$A_{vm}=\dfrac{V_o}{V_i}=\dfrac{\sqrt{P_o R_L}}{V_i}$

∵前置级对输出的噪声电压影响最大，一般增益不宜太高，通常选该级增益为

$$A_{vm1}=5\sim10（A_{Vm1}\ 为前置级增益）$$

对音调控制电路无中频增益要求，一般选 $A_{vm2}=1$(A_{vm2} 为音频控制电路增益)。

功率输出级电压增益则可控总增益来确定，若其中频电压增益为 A_{vm3}，则要求：

$$A_{vm1}\times A_{vm2}\times A_{vm3}\geqslant A_{vm}$$

下面分别介绍一下各电路的原理以及电路参数确定的方法，最后对电路进行仿真分析。

5.2.1 OCL 功率放大电路设计

1. 原理介绍

本文选择甲乙类 OCL(Output Condensert Less 无输出电容)电路作为输出功率放大器。选择 OCL 电路的原因是这类电路由双电源供电，输出端不用接大电容。如果选择 OTL(Output Transformer Less 无输出变压器)电路，由于此类电路单电源供电，所以输出端必须接一电容为 PNP 管供电。即此电容兼具供电和输出耦合的功能。当最低频率为 50 Hz 时，对 50 Hz 的低频响应要求输出的耦合电容足够大，即：

$$C_L\geqslant\frac{1}{\omega R_L}=\frac{1}{2\pi\times 50\times 8}=397.89\ \mu\text{F}$$

若取 C_L 为计算出的 397.89 μF 的 50 倍，即 $C_L=19894.5\ \mu\text{F}$，这样的电容太大，所以在满足双电源供电的情况下，选择 OCL 电路更合适。由于设计要求功放的效率大于 55%，且为了保证输出信号不失真，所以选择甲乙类的电路形式。

下面再介绍一下功率放大器的工作状态。功放电路的输出功率、转换效率和非线性失真等性能均与放大管的工作状态有关。根据放大电路静态工作点 Q 在直流负载线上位置的不同，可将放大器的工作状态分为甲类、乙类和甲乙类三种。

(1) 甲类工作状态

如图 5-2 所示，静态工作点位于直流负载线中点的放大器称为甲类放大器。工作在甲类状态下的三机管，在输入信号的整个周期内都处于导通状态，静态工作点电流 I_{CQ} 大于信号电流 i_c 的幅值，静态工作点电压 U_{CQ} 大于信号电压 u_{ce} 的幅值。

工作在甲类状态下的放大器，在没有输入信号时，静态工作点的值为 I_{CQ} 和 U_{CQ}，电路消耗的功率 $P_E=I_{CQ}U_{CQ}$。说明甲类放大器在没有输入信号时，电路也要消耗能量，此时电路的转换效率为 0。在有输入信号时，部分直流功率转换成信号功率输出，信号越大，输出功率越大，电路能量转换的效率也随之增大。若功放管的饱和管压降可忽略，在理想情况下，信号电流和信号电压的最大值约等于 I_{CQ} 和 U_{CQ}。根据有效值和最大值的关系，可得在理想情况下，输出信号功率的最大值为：

$$P_m=IU=\frac{I_{CQ}}{\sqrt{2}}\cdot\frac{U_{CEQ}}{\sqrt{2}}=\frac{I_{CQ}U_{CEQ}}{2}\tag{5-1}$$

根据效率的定义式：

$$\eta=\frac{P_O}{P_E}\tag{5-2}$$

可得甲类功率放大器的最高效率为 50%。由于能量转换的效率太低，甲类放大器主要用于电压放大，在功放电路中较少用。

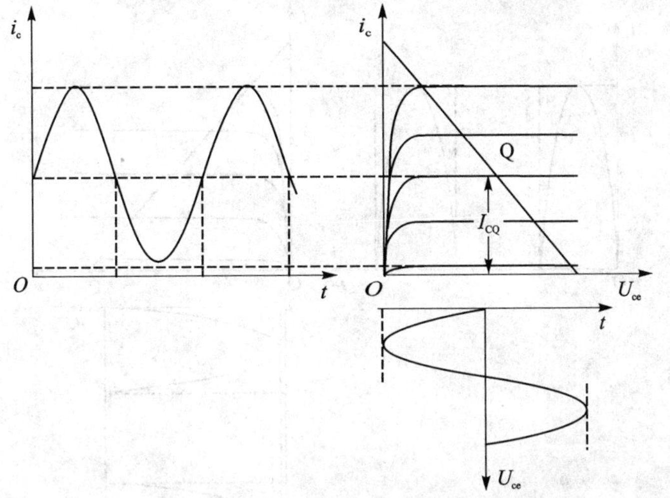

图 5-2　甲类工作状态图解分析

(2) 乙类工作状态

甲类放大器在没有输入信号下也要消耗能量，转换效率较低，为提高功率放大器的转换效率，将电路的静态工作点移到直流负载线 I_C 为 0 的 Q 点，工作点位于如图 5-3所示位置的 Q 点放大器称为乙类放大器。

乙类放大器的特点是功放管只在信号的半个周期内处于导通状态，电路的静态工作点 I_{CQ}等于 0。工作在乙类状态下工作的放大器静态功耗等于 0，随着信号的输入，电源提供的功率、放大器的输出功率和转换效率也随着发生变化。

工作在乙类状态下的放大电路，虽然管子功耗下，效率高，但输入信号的半个波形被削掉了，产生了严重的失真现象。解决失真的办法是，用两个工作在乙类状态下的放大器，分别放大输入的正、负半周信号。同时采取措施，使放大后的正、负半周信号能加到负载上面，在负载上获得完整的波形。把能够以这种方式工作的功放电路称为乙类互补对称电路，也称为推挽功率放大电路。

若忽略功放管的饱和压降，在理想情况下，乙类放大器输出信号的最大值为 V_{cc}，输出信号功率的最大值为：

$$P_{OMAX} = \frac{V_{CC}^2}{2R_L} \tag{5-3}$$

因为乙类放大器只在信号的半个周期内有功率输出，所以电源消耗的功率为电源电压和半波电流的平均值的乘积，即

$$P_E = I_{AV}Vcc = \frac{2Vcc}{\pi R_L} \cdot Vcc = \frac{2Vcc^2}{\pi R_L} \tag{5-4}$$

所以在理想情况下，乙类放大器的转换效率为

$$\eta = \frac{P_O}{P_E} = \frac{\pi}{4} = 78.5\%$$

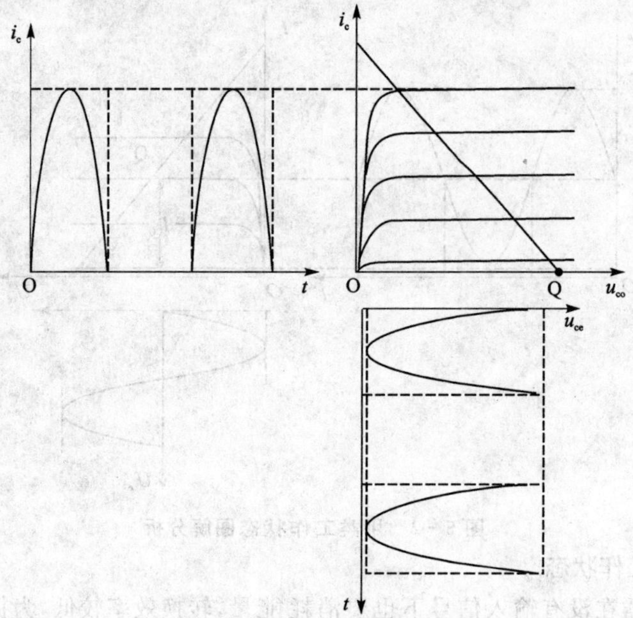

图 5-3　乙类工作状态图解分析

图 5-4 为典型的乙类推挽功放电路，当输入电压 V_i 为正半周时，T_2 截止，T_1 导通并输出正半周信号 i_{E1}。当 V_i 为负半周时，T_1 截止，T_2 导通，输出负半周信号 i_{E2}。i_{E1} 与 i_{E2} 在负载 R_L 上叠加，合成一个完整的信号 i_L。由于 T_1、T_2 为极射输出器形式，故输出电压幅度基本上等于信号 V_i 的幅度，而电流却比输入电流大 β 倍，激励信号 V_i 一般由一个直接耦合甲类放大器提供。由于 PN 结存在死区电压，电路的实际输出如图 5-5 所示。

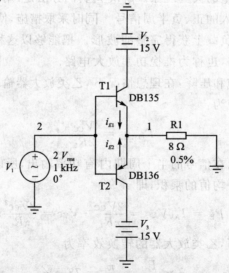

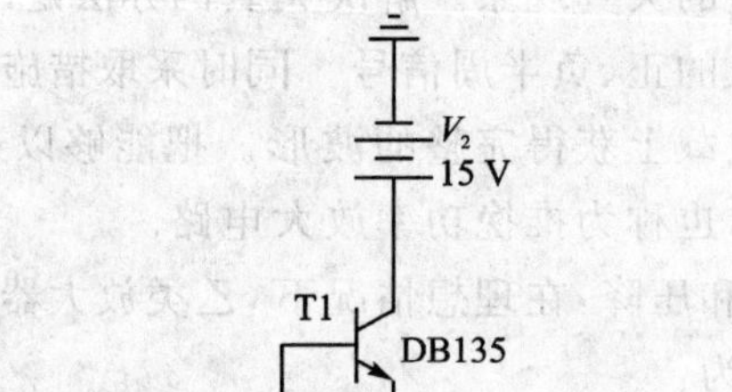

图 5-4　乙类推挽功放电路

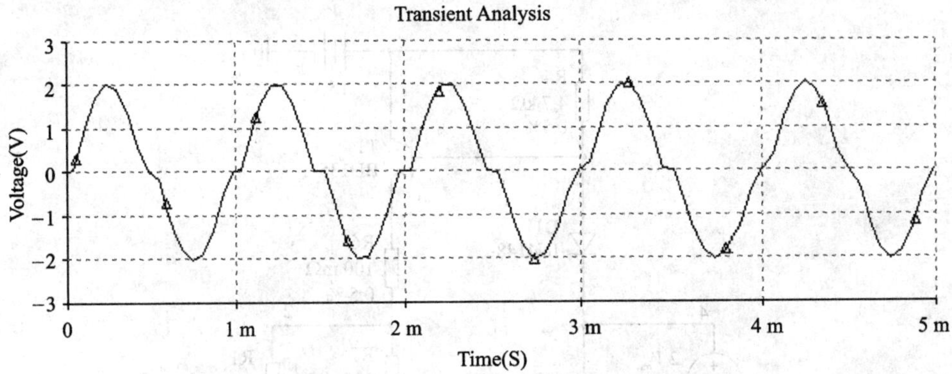

图 5-5 乙类推挽功放电路实际输出波形

此电路存在波形的交越失真，这是由于工作在乙类状态下的放大电路，因发射结“死区”电压的存在，在输入信号的绝对值小于“死区”电压时，因两个三极管都不导电，输出电压信号为 0，产生了信号的交越失真。

(3) 甲乙类工作状态

为了消除交越失真，使静态工作点的值取在如图 5-6 所示的 Q 点，具有这种工作点特性的放大器称为甲乙类工作状态，这种工作状态下的放大器的特点是，功放管在信号半个周期以上的时间内处于导通状态，由于电路的静态工作点 I_{CQ} 较小，静态功耗也小，在理想情况下，甲乙类放大器的转换效率接近一类放大器。

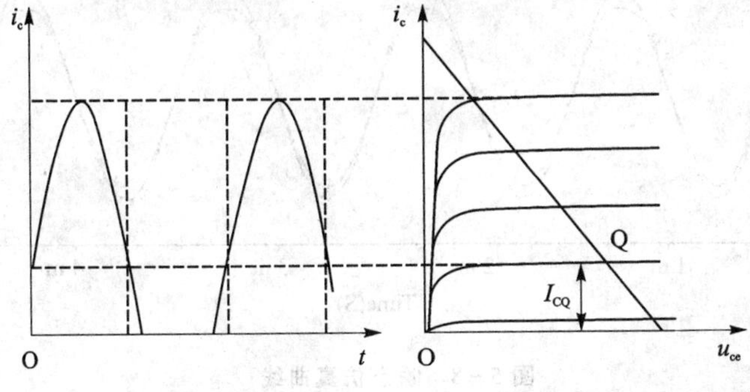

图 5-6 甲乙类工作状态图解分析

乙类和甲乙类放大器虽然具有功率转换效率高的特点，但都存在着波形失真的问题。要解决波形失真问题，还需要增加稳定的附加措施，即调整功放电路结构。最简单的甲乙类功放如图 5-7 所示。

图中，R_4、R_5、D1、D2 构成 T1、T2 的偏置电路，R_6、R_7 为稳定电阻，输入信号由前级放大器提供。电路的仿真结果如图 5-8 所示。由图可知，输出信号幅值略小于输入信号，输入信号幅值稍大时，输出信号顶部存在一定的失真。

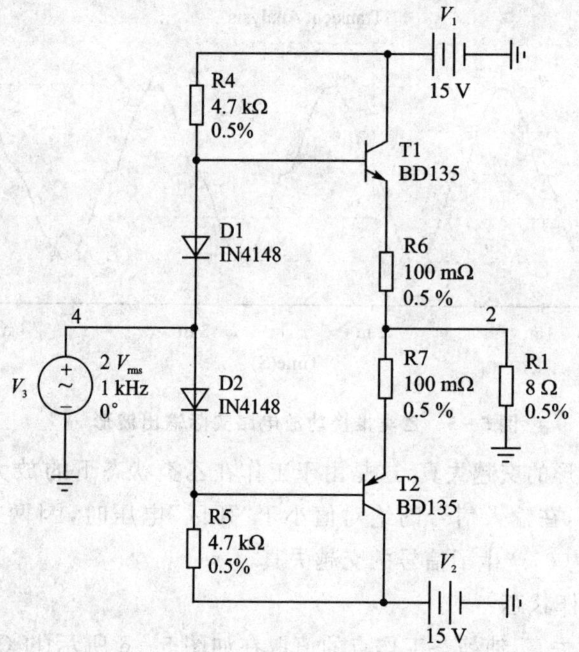

图 5-7　简单的甲乙类功放

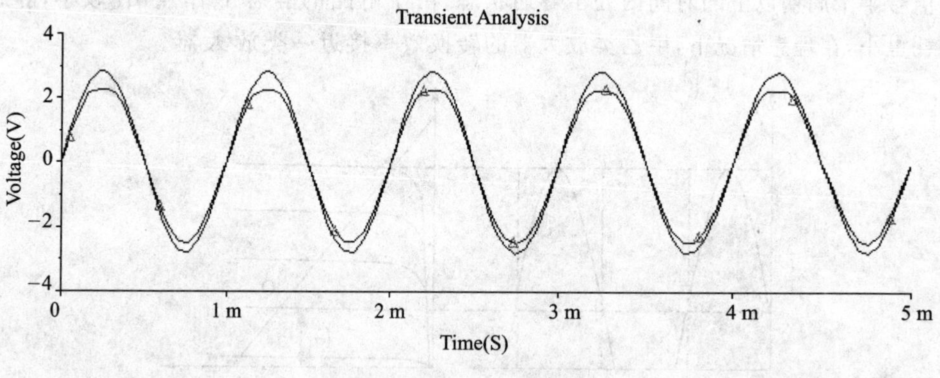

图 5-8　瞬态仿真曲线

该电路结构简单，调试方便，但该电路的严重不足是 T1、T2 的 β 值不够高，当要求输出较大功率时($P_{om}>3\sim5$ W)，前级甲类放大器必须提供很大的激励功率，引起管耗剧增，整机效率低。因此，这个电路不太适用。典型的实用 OCL 电路如图 5-9 所示。

这个电路在激励级 T3 前面加了一级差动放大器，用中点 A 通过 R_3 引回到 T2 管基极的深度电压串联负反馈，使 A 点维持稳定，改善放大器性能。图中，$W1$ 用以调整中点 A 点位为零，W2 调节 T4、T5 的静态偏置。R_{13}、C_4 为移相网络以防止高频自激，由于采用达林顿接法，故末级电流放大系数很大，减轻了前级甲类功放 T3 管的负担。以这个典型电路为基础，根据需要对电路进行局部修改，可产生各种 OCL 电路。

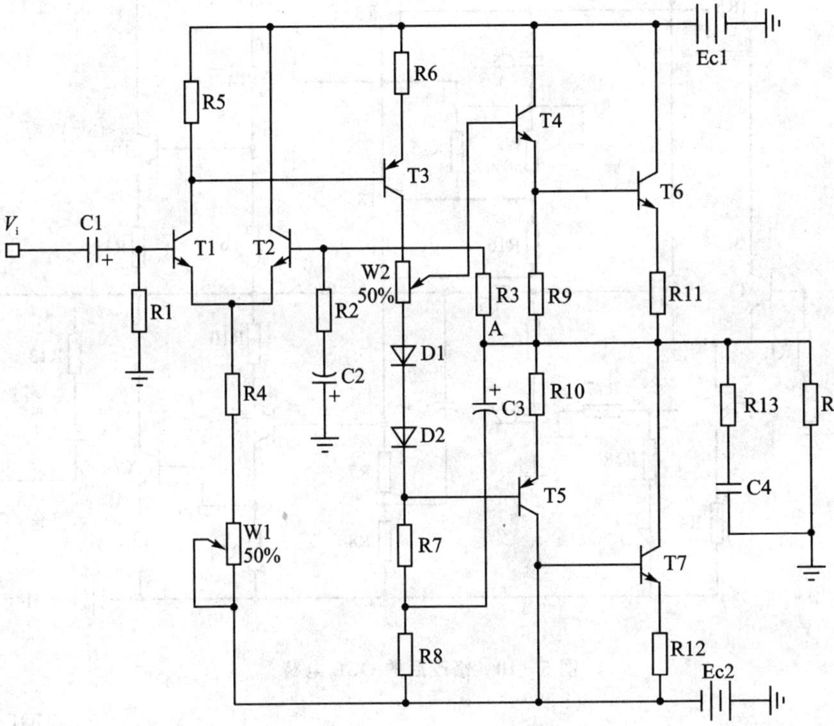

图 5-9 典型的实用 OCL 电路

如图 5-10 所示，本电路较之图 5-9 主要作了两点修改：一是采用恒流长尾式差动电路；二是改用了 V_{BE} 扩大电路来对 T4、T5 提供偏置，使温度补偿特性更好。由于 Multisim 仿真库中没有扬声器，所以电路中用一个 8 Ω 的蜂鸣器来代替。

在设计输出功率较大的 OCL 电路时，如果找不到合适的管子以满足 T6、T7 对最大集电极电流 I_{CM} 的要求，则可采用多只管子并联的方法来满足，如图 5-11 所示。

每只管子的发射极必须串上均流电阻，使每只管子承担的电流基本相同。

当放大器最大输出功率超过 50 W 时，必须设计上输出负载短路保护电路。这样当输出过载时，输出功率管不致被损坏。其中常见的一种如图 5-12 所示。

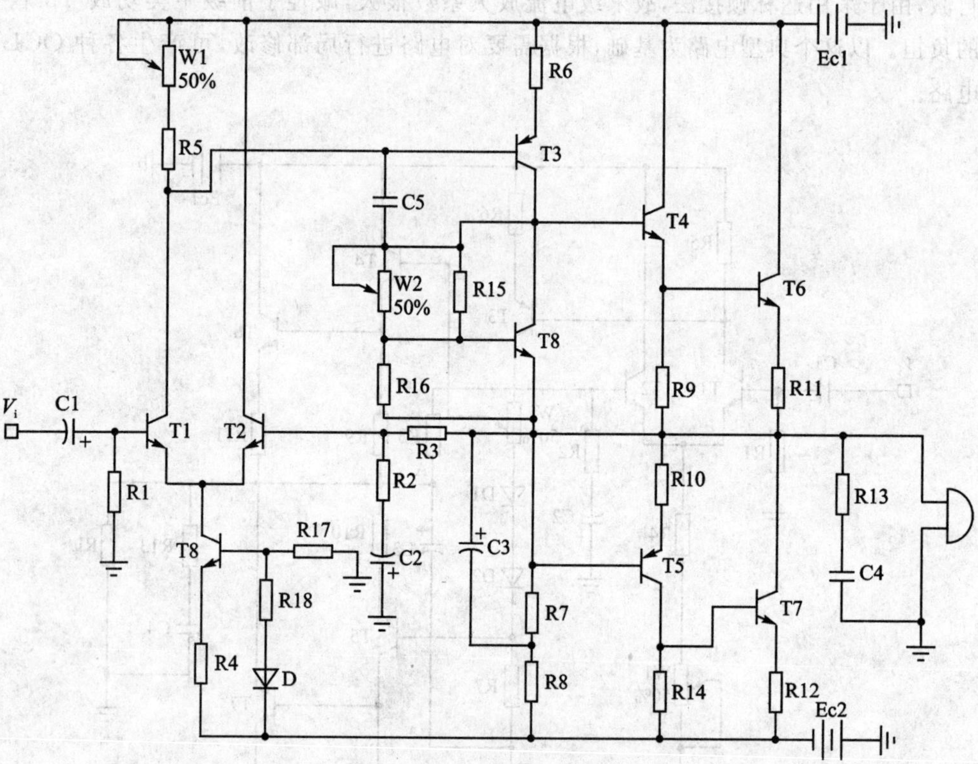

图 5-10 修改后的 OCL 电路

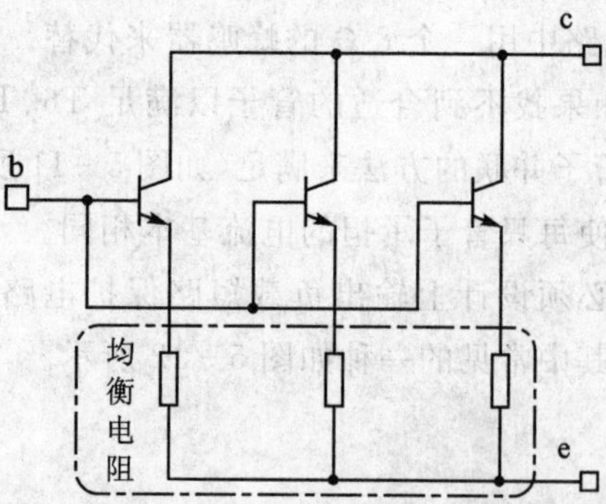

图 5-11 多只管子并联

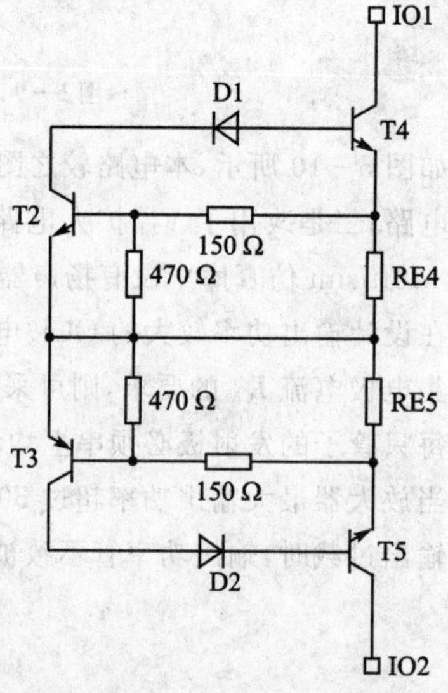

图 5-12 负载短路保护电路

它接于输出复合管的射-基之间，通常 T2、T3 截止。一旦过载，流经 R_{E4} 的电流使 T2 导通，T2 使 T4 的基极电流分流，因而限制了 T4 的电流；电路的下半部分原理相同，两只二极管 D1、D2 是为了防止正常工作时 T2、T3 基一集结正向偏置。

2. OCL 放大器的设计方法

OCL 功率电路通常可分成：功率输出级、推动级（激励级）和输入级三部分。

下面以一个典型的 OCL 图 5－13 为例，详细说明设计中应考虑的问题和一般步骤。由于各种 OCL 电路基本类似。所以本例中所用的设计方法和原则经过变通，同样适用于其他种类的 OCL 电路。

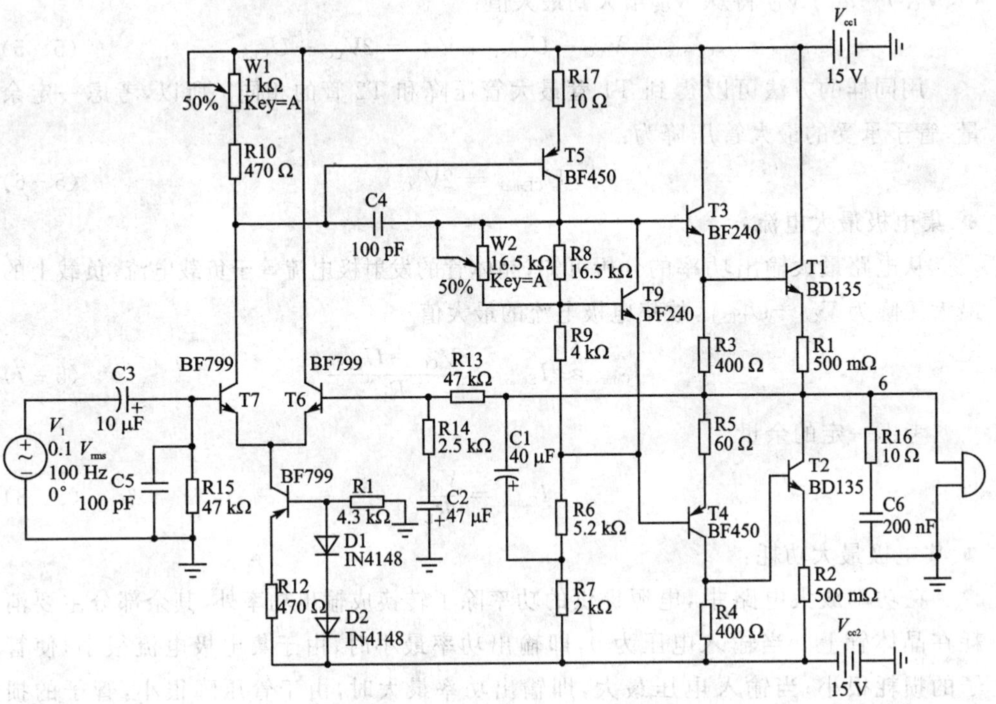

图 5－13　典型的 OCL 电路

① 电源电压的计算。

为了保证电路安全可靠，通常使电路最大输出功率 P_{om} 比额定输出功率 P_o 要大一些。一般取 $P_{om}=(1.5\sim2)P_o$。要求 $P_o>2$ W，所以取 $P_{om}=8$ W。

∴最大输出电压应根据 P_{om} 来计算：$V_{om}=\sqrt{2P_{om}R_L}$

因为考虑管子饱和压降等因素，放大器 V_{om} 总是小于电源电压。

令：$\eta=\dfrac{V_{om}}{E_c}$ 称为电源电压利用率，一般为 0.6～0.8

因此，$E_c=\dfrac{1}{\eta}V_{om}=\dfrac{1}{\eta}\sqrt{2P_{om}R_L}$，（取 $\eta=0.8$），则 $E_C\approx14$ V，选定电源电压为±15 V。

② 输出功率管的选择。

在 OCL 功率放大电路中,晶体管的选择有一定的要求。首先,NPN 和 PNP 的特性应对称。其次,还应考虑晶体管所承受的最大管压降、集电极最大电流和最大功耗。

● 最大管压降:

从 OCL 电路工作原理可知,两只晶体管中处于截至状态的管子将承受较大的管压降。设输入电压为正半周,T1 导通,T2 截至,当输入电压从 0 增大到峰值时,T1 和 T2 管的发射结电位 u_E 从 0 增大到 $V_{CC}-U_{CES1}$,因此 T2 管的管压降 $u_{EC2}=u_E-(-V_{CC})=u_E+V_{CC}$将从 V_{CC}增大到最大值:

$$u_{EC2max}=V_{CC}-U_{CES1}+V_{CC}=2V_{CC}-U_{CES1} \tag{5-5}$$

用同样的方法可以得到 T1 管最大管压降和 T2 管的相同。所以,考虑一定余量,管子承受的最大管压降为:

$$U_{CEmax}=2V_{CC} \tag{5-6}$$

● 集电极最大电流:

从电路最大输出功率的分析可知,晶体管的发射极电流等于负载电流,负载上的最大压降为 $V_{CC}-U_{CES1}$,故集电极电流的最大值

$$I_{Cmax}\approx I_{Emax}=\frac{V_{CC}-U_{CES1}}{R_L} \tag{5-7}$$

考虑一定的余量

$$I_{Cmax}=\frac{V_{CC}}{R_L} \tag{5-8}$$

● 集电极最大功耗:

在功率放大电路中,电源提供的功率除了转换成输出功率外,其余部分主要消耗在晶体管上。当输入电压为 0,即输出功率最小时,由于集电极电流很小,使管子的损耗很小;当输入电压最大,即输出功率最大时,由于管压降很小,管子的损耗也很小;可以计算出,晶体管上功耗最大时,输出电压峰值约为 0.6Vcc,此时最大功耗

$$P_{Tmax}=\frac{V_{CC}{}^2}{\pi^2 R_L} \tag{5-9}$$

将式(5-3)代入式(5-9),可得

$$P_{Tmax}=\frac{2}{\pi^2}P_{Omax}\approx 0.2P_{Omax} \tag{5-10}$$

再加上电路的静态损耗,则集电极最大功耗 P_{CM} 约为:

$$P_{CM}\approx 0.2P_{Omax}+I_O V_{CC} \tag{5-11}$$

其中,I_O 为静态电流,而 $I_O V_{CC}$则表示静态损耗。

综上所述，对于图 5－13 的 OCL 电路，在选择晶体管时，应使晶体管的参数大于以上指标。T1、T2 管射极电阻为 R_1 和 R_2，一般取 $R_1=R_2=(0.05\sim0.1)R_L$。当取 $I_O=20$ mA 时，则：

$$\begin{cases} U_{CEO} > 2V_{CC} = 30\ \text{V} \\ I_{CM} > \dfrac{V_{CC}}{R_L} \approx 1.88\ \text{A} \\ P_{CM} > 0.2P_{Omax} + I_O V_{CC} = 1.9\ \text{W} \end{cases}$$

根据以上分析，T1 和 T2 可选用 BD135，它的最大管压降为 45 V，集电极最大电流为 3 A，集电极最大功耗为 12.5 W，并测得 $\beta_1=\beta_2\approx120$。

③ 互补管 T3 和 T4 的选择，计算 R_3、R_4 和 R_5

由于 T3、T4 分别与 T1、T2 复合，其承受的最大反相电压均为 $2E_c$，最大集电极电流比 T1、T2 的最大集电极电流小 β_1 倍（$\beta_1=\beta_2$）。考虑到 T3、T4 的静态电流及 R_3、R_4 引起损耗和饱和压降的影响，T3、T4 的极限参数应满足条件：

$$\begin{cases} U_{CEO} > 2V_{CC} \\ I_{CM} > (1.1\sim1.5)\dfrac{V_{CC}}{R_L\cdot\beta_1} \\ P_{CM} > (1.1\sim1.5)\dfrac{0.2P_{Omax}+I_O V_{CC}}{\beta_1} \end{cases} \tag{5-12}$$

考虑最坏情况应保证：

$$\begin{cases} U_{CEO} > 30\ \text{V} \\ I_{CM} > 23\ \text{mA} \\ P_{CM} > 24\ \text{mW} \end{cases}$$

T3 和 T4 可分别选用 BF240 和 BF450。测得 $\beta_3=\beta_4\approx110$。

∵T1、T2 的输入电阻为 $r_{i1}=r_{be1}+(1+\beta_1)R_1$，$r_{i2}=r_{be2}+(1+\beta_2)R_2$，大功率管 r_{be1}、r_{be2} 一般为 10 Ω 左右，根据让 T3 射极电流大部分注入 T1 基极的原则考虑，则 $R_3=(5\sim10)r_{i1}=R_4$。

选 R_1、R_2 为 0.5 Ω 电阻（电阻丝烧制，功率＞1 W），则 $r_{i1}=r_{i2}=r_{be1}+(1+\beta_1)R_1\approx70\ \Omega$，

∴$R_3=R_4=5r_{i1}=350\ \Omega$（取 R_3、R_4 为 400 Ω）。

∵T3、T4 分别为 NPN 和 PNP 管，电路接法又不一样，所以两管输入阻抗不相等，会使加在两管基极的输入信号不对称，为此，需加平衡电阻 R_5 以尽量保证复合管输入电阻相等。要求：$R_5=R_3//r_{i1}=60\ \Omega$。

④ 偏置电路计算

∵$V_{B3}-V_{B4}=V_{BE3}+V_{BE1}+|V_{BE4}|$

设 $V_{BE3}=V_{BE1}=|V_{BE4}|=0.7$ V

$\therefore V_{B3}-V_{B4}\approx 2.1\ V$

又因 $V_{CE9}=V_{B3}-V_{B4}\approx V_{BE9}\cdot\dfrac{R_8+R_9}{R_9}$(设 $V_{BE9}=0.7\ V$)

$\therefore \dfrac{R_8+R_9}{R_9}=3, R_8=2R_9$

为保证 T9 基极电压稳定，取 $I_{R8}=(5\sim10)\dfrac{I_{CQ9}}{\beta_9}$，若忽略 I_{R8} 和 I_{B3} 的分流作用，则 $I_{CQ9}\approx I_{CQ5}$(I_{CQ5} 的计算见后面)，$R_9\approx\dfrac{V_{BE9}}{I_{R8}}$，$R_8=2\dfrac{V_{BE9}}{I_{R8}}$。

为了调节偏置电压的数值，R_8 可改用一固定电阻和可调电阻关联，使其并联值等于 R_8。T9 管因为最大电流和耐压要求不高，可选 BF240 型三极管。

⑤ 推动级的设计

● I_{CQ5} 的确定：

推动级为一甲类小信号放大器，为保证信号不失真要求：$I_{CQ5}\geqslant(3\sim5)I_{B3max}\approx(3\sim5)\dfrac{I_{C3max}}{\beta_3}$，因为 $I_{C3max}\approx1.5\dfrac{I_{C1max}}{\beta_1}=1.5\dfrac{V_{CC}}{R_L\beta_1}=23\ mA$，一般 $I_{CQ5}\approx(2\sim10)\ mA$，所以取 $I_{CQ5}=2\ mA$。

$I_{CQ9}\approx I_{CQ5}=2\ mA$，所以 $I_{R8}=10\dfrac{I_{CQ9}}{\beta_9}\approx0.18\ mA$，$R_9\approx\dfrac{V_{BE9}}{I_{R8}}\approx3.9\ k\Omega$(取 R_9 为 4 kΩ)，$R_8//W_2\approx2R_9\approx8\ k\Omega$(取 R_8 为 16.5 kΩ 的电阻，W2 为 16.5 kΩ 的电位器)。

● 计算 R_6 和 R_7：

$\because T_9$ 偏置电路输出电阻很小，T_5 的直流负载主要是(R_6+R_7)

又$\because V_{B4}\approx-0.7\ V$

$\therefore R_6+R_7=\dfrac{V_{CC}-|V_{B4}|}{I_{CQ5}}\approx7.2\ k\Omega$

从交流通道来看，R_7 实际与 R_L 是相并联的。其值太小会损耗信号输出功率，太大则使 R_6 减小，R_6 为该电路的有效负载。R_6 太小会使推动级的增益下降。一般取 $\dfrac{1}{3}(R_6+R_7)>R_7>20R_L$，确定 R_7 后则可以确定 R_6。则取 $R_7=2\ k\Omega$，$R_6=5.2\ k\Omega$。

● 自举电容 C_1 的确定：

自举电容的取值是依据在 f_L 时，$X_{C1}<<R_7$，一般取：$C_1=10\cdot\dfrac{1}{2\pi f_L R_7}=\dfrac{10}{2\pi\times20\times2\ 000}\approx40\ \mu F$。

● T_5 管的选择：

T_5 管要求满足：

$$\begin{cases}V_{CEO}>V_{CE5max}=2V_{CC}\\P_{CM}>>V_{CC}\cdot I_{CQ5}\end{cases}\tag{5-13}$$

即 $V_{CEO}>30$，$P_{CM}>5\cdot V_{CC}\cdot I_{CQ5}=150$ mW。选择 BF450 可满足要求。

⑥ 输入级电路的设计。

● 差分管工作电流的确定：

输入级为一差分放大器，差分管 T6、T7 集电极电流若太大，会增加管耗，并使失调电压和漂移增大；若太小又会降低电路的开环增益，一般选取 $I_{C6}=I_{C7}\approx(0.5\sim2)$ mA，$I_{C8}=I_{C6}+I_{C7}$，T6、T7 的 β 宜高一些，参数应尽量一致。

最后选择 $I_{C6}=I_{C7}=0.8$ mA，$I_{C8}=1.6$ mA。

● T6、T7 和 T8 管的选择：

T6、T7 的选择需满足 $V_{CEO}>1.2\,V_{CC}=18$ V，$P_{CM}>5P_C=5(I_{C6}\cdot V_{CC})=60$ mW，$\beta_6=\beta_7$，其反向电流越小越好。最后 T6 和 T7 可以选择 BF799，T8 亦可选用同类型管。

● R_{10}、W1、R_{11} 和 R_{12} 的计算：

$R_{10}+W_1=\dfrac{V_{BE5}}{I_{C7}}\approx900\ \Omega(V_{BE5}\approx0.7\ \text{V})$。若 R_{10} 为 470 Ω 电阻，W1 可用 1 kΩ 可调电位器。调节时，应使 W1 由小向大)。为了防止在调节 W1 时，T5 电流过大烧毁晶体管，可以在 T5 射极串接一电阻 R_{17}，此时推动级稳定性提高了，但增益会有下降。接入 R_{17} 后，计算 R_{10}、W1 应用下式：

$$R_{10}+\text{W1}=\frac{|V_{BE5}|+I_{E5}\cdot R_{17}}{I_{C7}}$$

为使恒流源 T8 的工作点稳定，应使流过 D1、D2 的电流 $I_D>>I_{B8}$，$I_{B8}=\dfrac{I_{C8}}{\beta_8}$，一般取 $I_D\geqslant3$ mA，则 $R_{11}=\dfrac{V_{CC}-(V_{D1}+V_{D2})}{I_D}\approx4.5\ \text{k}\Omega$（取 4.3 kΩ），其中 $V_{D1}=V_{D2}=0.7$ V，$R_{12}\approx\dfrac{V_{D1}+V_{D2}-V_{BE8}}{I_{C8}}\approx440\ \Omega$（取 470Ω）。

⑦ 反馈支路计算。

差分电路引入电压串联负反馈，使其输入电阻提高。因此，基极电阻 R_{15} 对该级输入电阻影响很大。一般取 $R_{15}=(15\sim47)$ kΩ 之间（电路中取 47 kΩ）。

另外，要使电路对称，要求 $R_{13}=R_{15}=47$ kΩ。

∵闭环增益 $A_{vf}\approx1+\dfrac{R_{13}}{R_{14}}$，取大约 20 倍，则 $R_{14}\approx\dfrac{R_{13}}{A_{vf}-1}\approx2.5$ kΩ。

反馈电容 C_2 应保证在 f_L 时，其容抗 $X_{C2}<<R_{14}$，一般取 $C_2\geqslant\dfrac{10}{2\pi f_L R_{14}}\approx32\ \mu\text{F}$（电路中可以取 47 μF）。耦合电容 C_3 一般取 $C_3\geqslant\dfrac{10}{2\pi f_L R_{15}}\approx1.7\ \mu\text{F}$（电路中可以取 10 μF）。

⑧ 补偿元件的选取。

为使负载在高频时仍为纯电阻,需加补偿电阻 R_{16} 和补偿电容 C_6,一般取 $R_{16} \approx R_L = 10\ \Omega, C_6 = \frac{1}{2\pi f_H R_{16}} \approx 0.8\ \mu F$(电路中去 0.2 μF 即可)

为消除电路高频自激,通常在 T5 的 b、c 极之间,R_{15} 两端加消振电容,电容数值一般由实验确定,一般取 100~200 pF。

3. Multisim 电路仿真调整

根据以上计算所得的参数建立电路,给电路输入正弦波小信号,然后对电路先进行瞬态分析,观察电路性能。瞬态分析的结果如图 5-14 所示。可以看到,输出的放大信号基本不失真,但波形中含有直流分量。再分析电路的输出端的直流工作点特性,可得静态时电路输出为-204.35 mV,所以需要调整电路参数,使静态时电路输出为零。

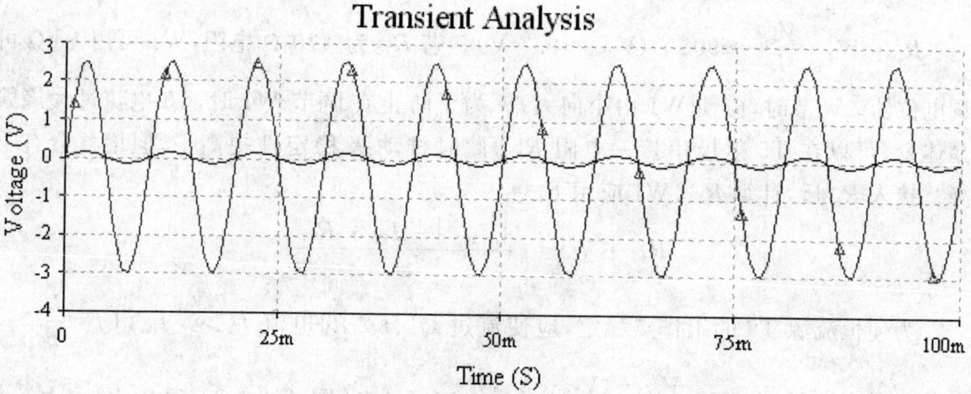

图 5-14 初始瞬态分析

通过上面的原理介绍,知道调节 W1 或者改变电阻 R_{12} 的值可以在静态时对输出端调零。下面只对用 W1 进行举例。把 W1 和 R_{10} 用一个电阻统一代替,然后对这个电阻进行参数扫描分析,观察电阻取值对输出端直流工作点的影响,分析结果如图 5-15(a)所示,可见当阻值在 1 400 Ω 到 1 500 Ω 之间时,静态输出可能为零,在这个区间再对该电阻进行参数扫描,选择扫描直流工作点,得 5-15(b)的结果,当电阻在 1 410 Ω 左右,输出可实现调零。此时,取 R_{10} 为 510 Ω 电阻,W1 可用 1 kΩ 可调电位器,调节 W1 直到静态时输出为零,此时 T7 管集电极电流大于0.5 mA。

调好电路参数后,对电路输出端进行瞬态分析,可见输出波形基本正常。

再分析电路的交流特性,如图 5-16 所示,此功放电路的频率特性远大于设计要求。

对电路进行傅立叶分析,从图 5-17 的分析结果可以看到,电路的总谐波失真

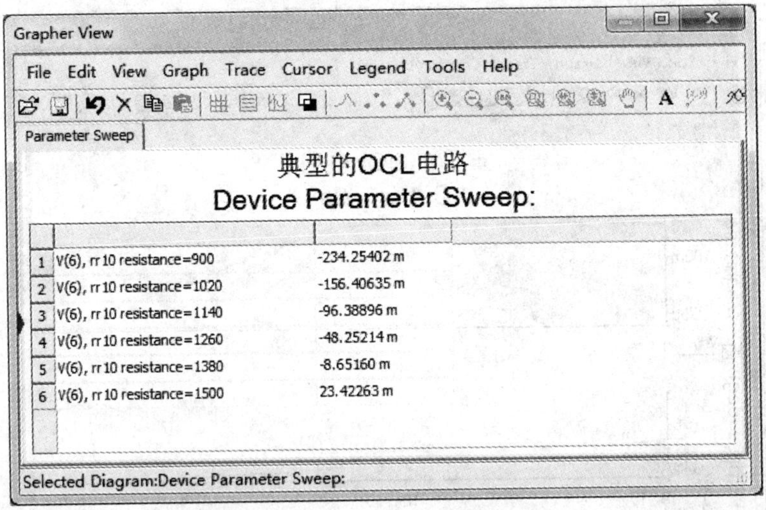

(a)

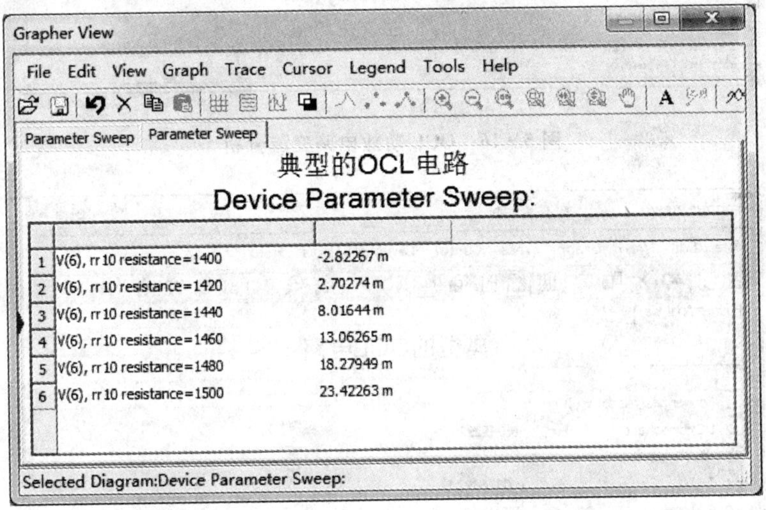

(b)

图 5-15 输出端调零扫描

THD 非常小,即电路的非线性失真很小,输出波形中各次谐波的幅值很小,可以忽略。THD 的定义式为:

$$\mathrm{THD}=\frac{\sqrt{\sum_{n=2}^{\infty}A_n^2}}{A_1} \tag{5-14}$$

其中,A_1 为基波幅值;$A_n(n=2,3,\cdots\infty)$为 n 次谐波的幅值。

对电路进行噪声分析,电路中各元器件在电路输出端总的噪声和等效到输入端的噪声的数量级都很小,对应不同频段,又有微小变化。低频时,输入输出噪声都相

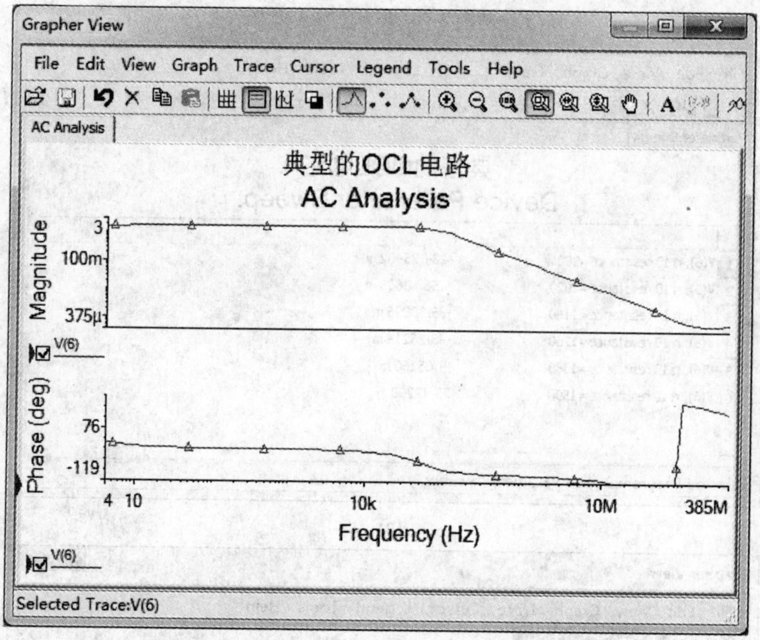

图 5 - 16 OCL 功放电路交流分析

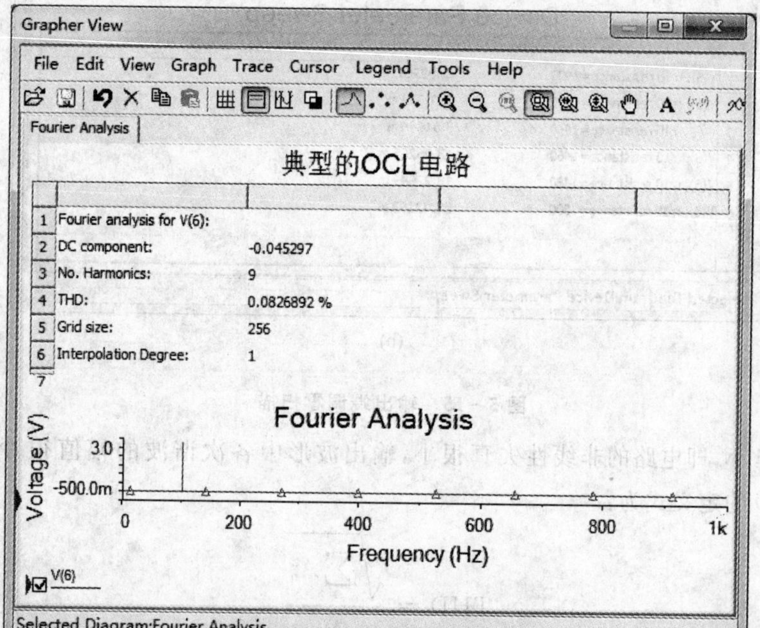

图 5 - 17 OCL 功放电路傅立叶分析

当稍高；通带区域噪声基本不变；高频区，电路对信号和噪声的放大能力都减小了。具体的噪声类型分析，可以参考本书第 4 章 4.5 节的内容。

以上对电路进行了参数计算和仿真分析相结合的方法进行设计，电路最终很好的满足了设计要求。在晶体管的选择上，可以根据计算出的要求选择其他类型的晶体管，但电路中其他的元器件参数也应做相应得调整。

5.2.2　音调控制电路设计

1. 电路形式及工作原理

常用的音调控制电路有 3 种，一是 RC 衰减式音调控制电路，其调节范围较宽，但容易产生失真；另一种是反馈型音调控制电路，非线性失真小，调节范围小一些，用得比较多；第 3 种是混合式音调控制电路，其电路复杂，多用于高级收录机中。从经济效益来看，负反馈型电路简单，失真小，均多选用负反馈型。负反馈型音调控制电路如图 5 - 18 所示。Z_1、Z_f 是由 RC 组成的网络，放大电路为集成运放（例 LF347N）。

$$A_{vf}=\frac{V_O}{V_i}\approx -\frac{Z_f}{Z_1}$$

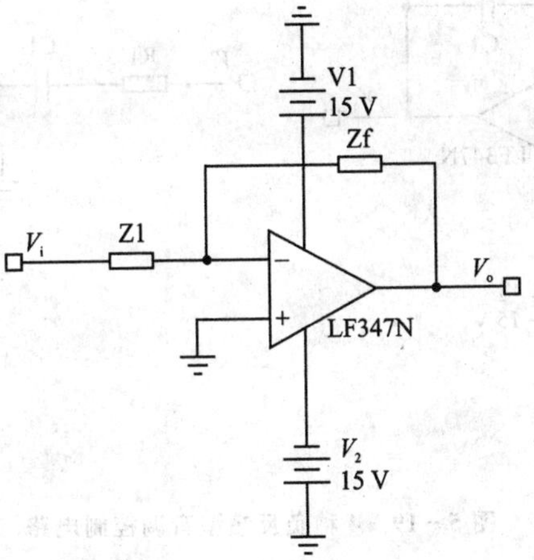

图 5 - 18　负反馈型音调控制电路

当信号频率不同时，Z_1 和 Z_f 的阻值也不同，所以 A_{vf} 随着频率的改变而变化。

假设 Z_1 和 Z_f 包含的 RC 元件不同，可以组成 4 种不同形式的电路，如图 5 - 19(a)、(b)、(c)、(d)所示。

例如图 5 - 19(a)：若 C_1 取值较大，只在频率很低时起作用。则当信号频率在低频区 $f_L\downarrow$ 时，则 $|Z_f|=\left|R_2+\frac{1}{j\omega C_1}\right|\uparrow$，$\therefore |\dot{A}_{vf}|=\left|\frac{Z_f}{R_1}\right|\uparrow$，因此可以得到低

音提升。

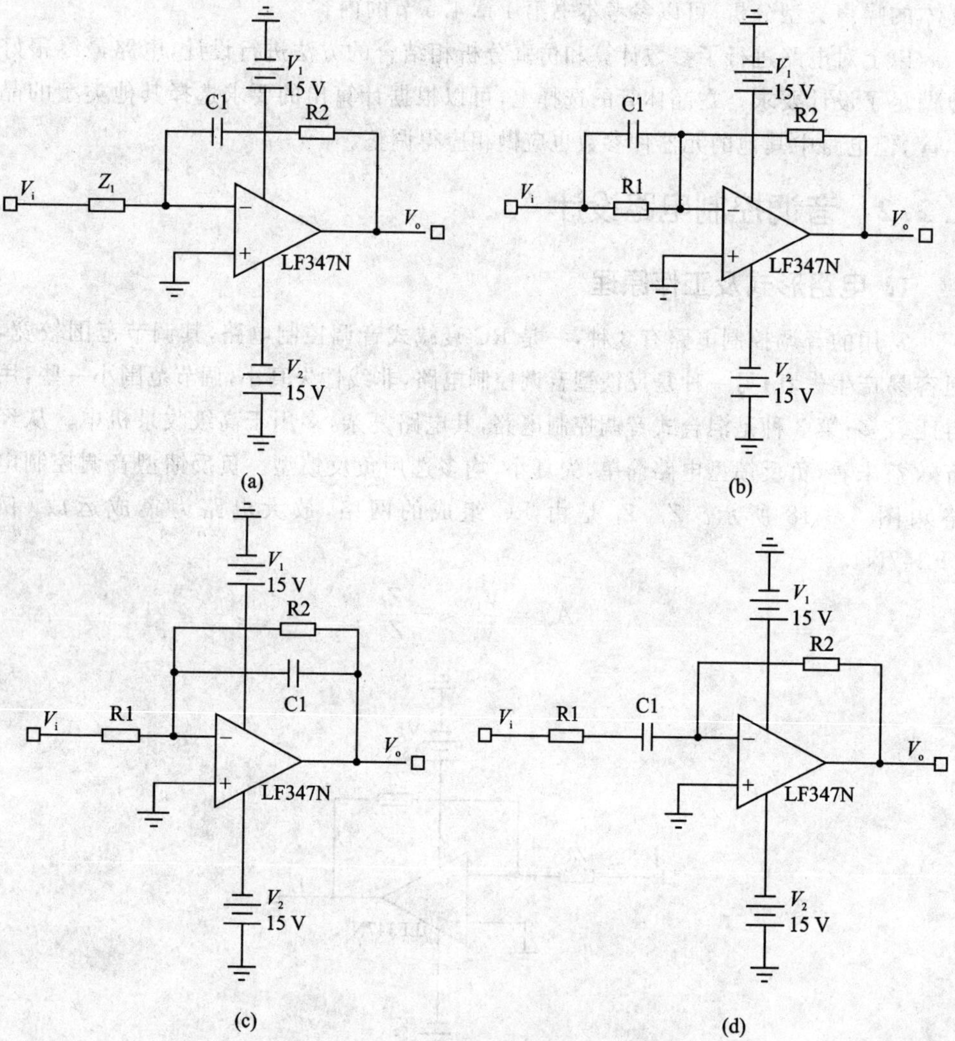

图 5-19　4 种负反馈型音调控制电路

再如 5-19(b):若 C_1 较小,只在高频时起作用。当信号频率在高频区,$f_H\uparrow$ 时,$|Z_1|=\left|R_1//\frac{1}{j\omega C_3}\right|\downarrow$,$\therefore |\dot{A}_{vf}|=\frac{R_2}{|Z_1|}\uparrow$,因此可得到高音提升。

同理,图 5-19(c)、(d)分别可得到高、低音衰减。

如果将 4 种形式的电路组合起来,即可得到反馈型音调控制电路。如图 5-20 所示。

为了分析方便,先假设 $R_1=R_2=R_3=R, W_1=W_2=9R, C_1=C_2>>C_3$。

① 信号在低频区。

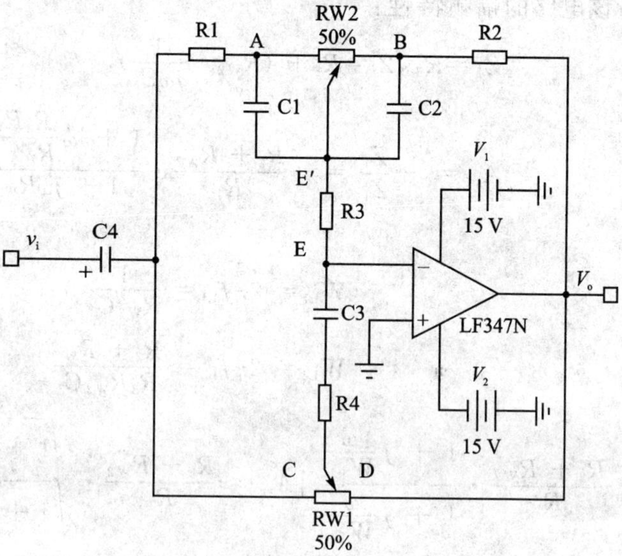

图 5-20　反馈型音调控制电路

∵C_3 很小，C_3、R_4 支路可视为开路。反馈网络主要由上半边其作用。

又∵LF347N 开环增益很高，放大器输入阻抗又很高。

∴$V_E \approx V_{E'} \approx 0$（虚地）。因此 R_3 的影响可以忽略。

当电位器 W_2 的滑动端移到 A 点时，C_1 被短路，其等效电路如图 5-21 所示。它和图 5-19(a)相似，可以得到低频提升。

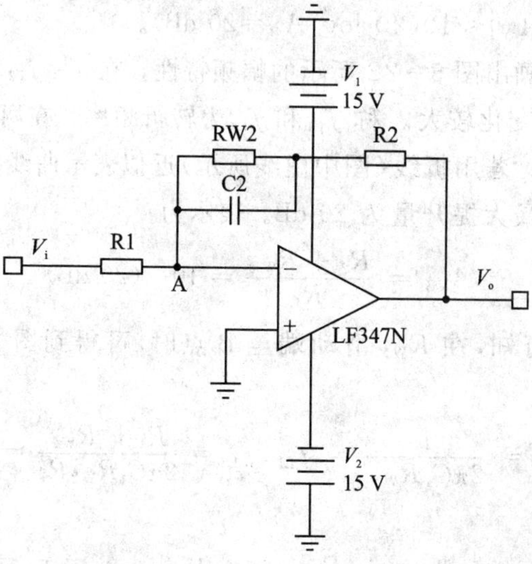

图 5-21　低频提升等效电路

现在来分析该电路的幅频特性：

∵ $$Z_1=R_1, Z_f=R_2+(R_{W2}//\frac{1}{j\omega C_2}),$$

∴ $$\dot{A}_{vf}=-\frac{Z_f}{Z_1}=-\frac{R_2+R_{W2}}{R_1}\cdot\frac{1+j\omega\frac{R_2R_{W2}C_2}{R_2+R_{W2}}}{1+j\omega R_{W2}C_2},$$

令：

$$W_{L1}=2\pi f_{L1}=\frac{1}{R_{W2}C_2} \tag{5-15}$$

$$W_{L2}=2\pi f_{L2}=\frac{R_2+R_{W2}}{R_2R_{W2}C_2} \tag{5-16}$$

则：$\dot{A}_{vf}=-\frac{R_2+R_{W2}}{R_1}\cdot\frac{1+j\frac{\omega}{W_{L2}}}{1+j\frac{\omega}{W_{L1}}}, |\dot{A}_{vf}|\approx\frac{R_2+R_{W2}}{R_1}\cdot\sqrt{\frac{1+\left(\frac{\omega}{W_{L2}}\right)^2}{1+\left(\frac{\omega}{W_{L1}}\right)^2}}$

根据前边假设条件，$\frac{R_2+R_{W2}}{R_1}=10, W_{L2}=10W_{L1}$。当 $\omega>>W_{L2}$，即信号接近中频时，$|\dot{A}_{vf}|\approx\frac{R_2+R_{W2}}{R_1}\cdot\frac{W_{L1}}{W_{L2}}=10\times\frac{1}{10}=1$（$20\log|\dot{A}_{vf}=0$ dB）。

当 $\omega=W_{L2}, |\dot{A}_{vf}|\approx\frac{R_2+R_{W2}}{R_1}\cdot\sqrt{\frac{1+1}{1+(\frac{W_{L2}}{W_{L1}})^2}}\approx\sqrt{2}$ （$20\log|\dot{A}_{vf}=3$ dB）。

当 $\omega=W_{L1}, |\dot{A}_{vf}|\approx7.07$（$20\log|\dot{A}_{vf}=17$ dB）。

当 $\omega<<W_{L1}, |\dot{A}_{vf}|\approx10$（$20\log|\dot{A}_{vf}=20$ dB）。

综上所述，可以画出图 5-22 所示的幅频特性。在 $f=f_{L2}$ 和 $f=f_{L1}$ 时，(提升量为 3 dB、17 dB)曲线变化较大。称 f_{L1} 和 f_{L2} 为转折频率。在两转折频率之间曲线斜率为 −6 dB/倍频程。若用折线（图中虚线所示）近似表示曲线。则 f_{L1} 和 f_{L2} 为折线的拐点。此时，低音最大提升量为 20 dB。表示为

$$A_{VB}=\frac{R_2+R_{W2}}{R_1}=10 \quad (20\text{ dB})$$

同样分析方法可知，在 R_{W2} 滑动端至 B 点时，可得到图 5-23 所示低频衰减曲线。

转折频率为：$f_{L1}=\frac{1}{2\pi C_1R_{W2}}=f_{L1}, f_{L2}=\frac{R_1+R_{W2}}{2\pi C_1R_{W2}R_1}=f_{L2}$

最大衰减量：

$$A_{VC}=\frac{R_2}{R_1+R_{W2}}=\frac{1}{10} \quad (-20\text{ dB})$$

② 信号在高频区。

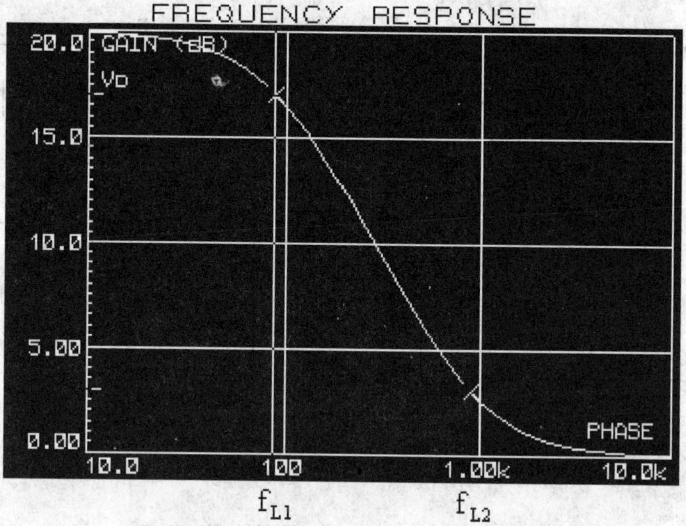

图 5-22 低频提升幅频特性曲线

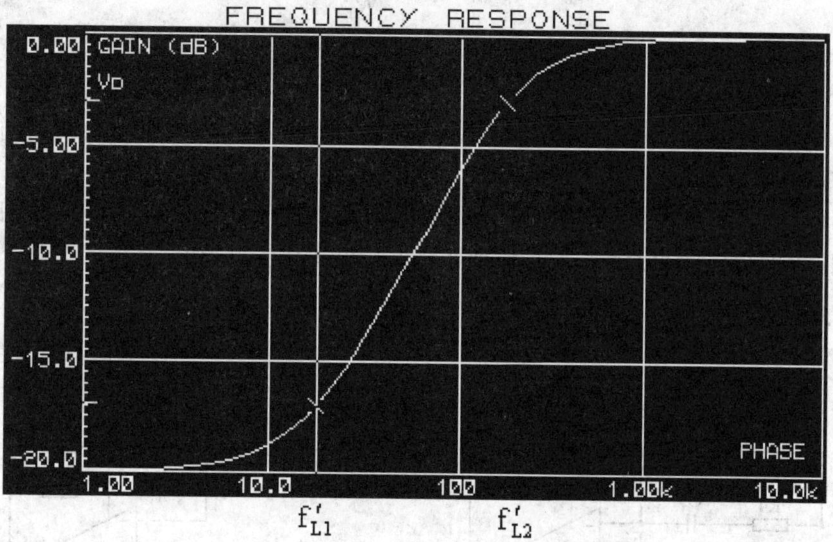

图 5-23 低频衰减幅频特性曲线

C_1 和 C_2 对高频可视为短路。此时 C_3 和 R_4 支路已起着作用，等效电路见图 5-24(a)。为分析方便将电路中 Y 型接法的 R_1、R_2 和 R_3，变换成△型接法的 R_a、R_b 和 R_c，如图 5-24(b)所示。

$$其中:R_a = R_1 + R_3 + \frac{R_1 R_3}{R_2} = 3R \quad (R_1 = R_2 = R_3 = R)$$

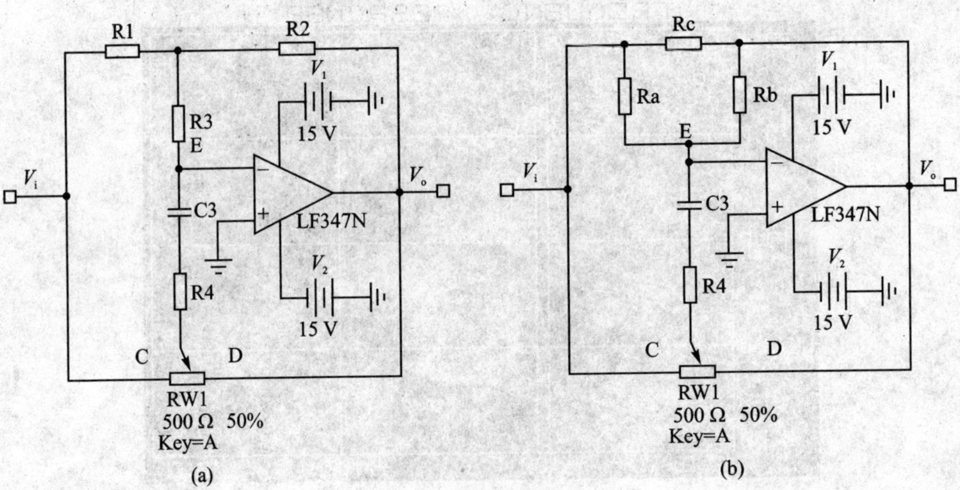

图 5-24 高频区等效电路

$$R_b = R_2 + R_3 + \frac{R_2 R_3}{R_1} = 3R$$

$$R_c = R_1 + R_2 + \frac{R_1 R_2}{R_3} = 3R$$

∵前级输出电阻很小(<500 Ω),输出信号 V_O 通过 RC 反馈到输入端的信号被前级输出电阻所旁路。

∴RC 的影响可以忽略,视为开路。当 R_{W1} 滑动端至 C 和 D 点时,等效电路可以画成图 5-25(a)、(b)形式(∵R_{W1} 数值很大,亦可以视为开路)。

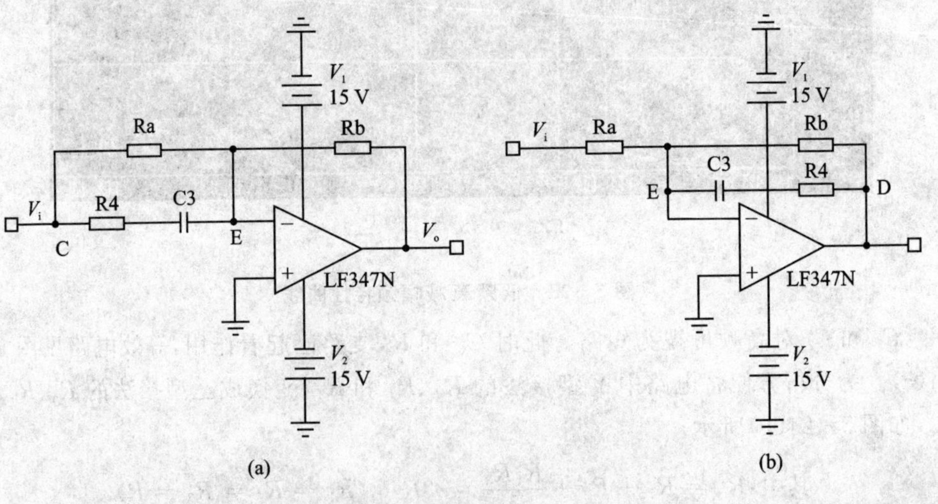

图 5-25 高频区化简等效电路

通过幅频特性的分析，可以提到高频最大提升量为：

$$A_{VT} = \frac{R_b}{R_a//R_4} = \frac{R_4 + 3R}{R_4} \tag{5-17}$$

高音最大衰减量为：

$$A_{VTC} = \frac{R_b//R_4}{R_a} = \frac{R_4}{R_4 + 3R} \tag{5-18}$$

高频转折频率为：

$$f_{H1} = \frac{1}{2\pi C_3(R_a + R_4)} \tag{5-19}$$

$$f_{H2} = \frac{1}{2\pi C_3 R_4} \tag{5-20}$$

若将音调控制电路高、低音提升和衰减曲线画在一起，可以得到图 5-26 所示的曲线。

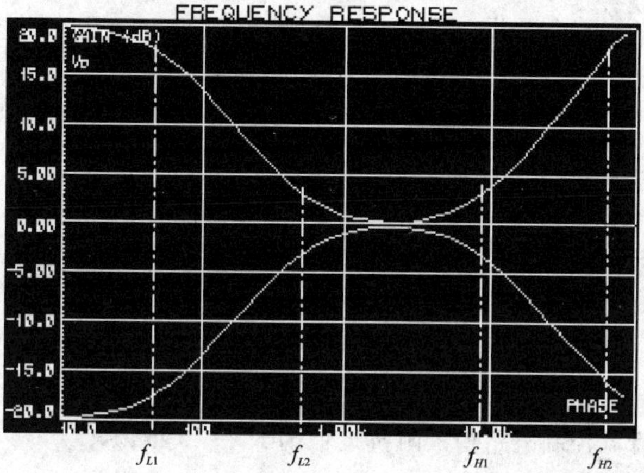

图 5-26　全频带高低音提升衰减曲线

∵在 $f_{L1} \sim f_{L2}$ 和 $f_{H1} \sim f_{H2}$ 之间，曲线按±6 dB/倍频程的斜率变化。假设给出低频 f_{LX} 处和高频 f_{HX} 处的提升量，又知 $f_{L1} < f_{LX} < f_{L2}$；$f_{H1} < f_{HX} < f_{H2}$，则

$$f_{L2} = f_{LX} \cdot 2^{\frac{\text{提升量(dB)}}{6\ \text{dB}}} \tag{5-21}$$

$$f_{H1} = f_{HX} / 2^{\frac{\text{提升量(dB)}}{6\ \text{dB}}} \tag{5-22}$$

可见，当某一频率的提升量或衰减量已知时，由(5-21)、(5-22)式可以求出所需的转折频率，再利用(5-15)～(5-20)式求出相应元件参数和最大提升衰减量。

2. 音频控制电路的设计方法

已知：低音 f_{LX}=100 Hz 时，±12 dB

　　　　高音 f_{HX}=10 kHz 时，±12 dB

频率响应：$f_{L1}=50$ Hz，$f_{H2}=20$ kHz

① 确定转折频率。

∵已知电路的转折频率 f_{L1} 和 f_{H2}，又知 f_{LX} 和 f_{HX} 处的提升衰减量，根据公式(5-22)、(5-23)，可求出：

$$f_{L2}=f_{LX}\cdot 2^{12/6}=400\ \text{Hz}$$

$$f_{H1}=f_{HX}/2^{12/6}=2.5\ \text{kHz}$$

② 确定 R_{W1} 和 R_{W2} 的数值。

∵LF347N 输入阻抗很高，一般 $R_{id}>500\ \text{k}\Omega$

∴取 W_1 和 W_2 为 150 kΩ 的线性电位器

③ 计算各元件参数。

从公式(5-14)和(5-15)可得：

$$C_1=\frac{1}{2\pi R_{W2}f_{L1}}\approx 0.021\ \mu\text{F}(\text{取 } C_1=C_2=0.022\ \mu\text{F})$$

$$R_2=\frac{R_{W2}}{\frac{f_{L2}}{f_{L1}}-1}=21\ \text{k}\Omega(\text{取 } R_1=R_2=R_3=20\ \text{k}\Omega)$$

从公式(5-20)和(5-21)可得：

$$R_4=\frac{R_a}{\frac{f_{H2}}{f_{H1}}-1}=8.5\ \text{k}\Omega(R_a=3R_1)(\text{取 } R_4 \text{ 为 } 8.2\ \text{k}\Omega)$$

$$C_3=\frac{1}{2\pi f_{H2}R_4}\approx 970\ \text{pF}(\text{取 } C_3 \text{ 为 } 1\,000\ \text{pF})$$

④ 计算耦合电容。

∵在低频时音调控制电路输入阻抗近似为 $R_1=20\ \text{k}\Omega$，

∴要求：$C_4\geqslant\frac{10}{2\pi f_L R_1}\approx 4\ \mu\text{F}$(取 $C_4=10\ \mu\text{F}$)(f_L 为低频截止频率)

3. 设计电路校验

先进行设计校验，即通过计算验证设计指标。

① 转折频率。

$$f_{L1}=\frac{1}{2\pi R_{W2}C_2}\approx 48\ \text{Hz}$$

$$f_{L2}=\frac{1}{2\pi C_2 R_{W2} R_2}\approx 410\ \text{Hz}$$

$$f_{H1}=\frac{1}{2\pi C_3(R_a+3R_4)}\approx 2.3\ \text{kHz}$$

$$f_{H2}=\frac{1}{2\pi C_3 R_4}\approx 19\ \text{kHz}$$

② 提升量。

低频最大提升量：$A_{VB}=\dfrac{R_2+R_{W2}}{R_1}=8.5$　(18.6 dB)

低频最大衰减量：$A_{VC}=\dfrac{R_2}{R_1+R_{W2}}=0.118$　(−18.6 dB)

高频最大提升量：$A_{VT}=\dfrac{R_4+3R}{R_4}=8.3$　(18.4 dB)

高频最大衰减量：$A_{VTC}=\dfrac{R_4}{R_4+3R}=0.12$　(−18.4 dB)

4. Multisim 电路仿真

下面对图 5－20 所示的音调控制电路用进行 Multisim 仿真。

① 反向放大器。

R_{W1} 和 R_{W2} 中心抽头放在中间位置，对电路进行瞬态分析可以看到输出波形与输入波形幅值相等、相位相反，所以此时的电路为反向放大电路，放大倍数为 1。

对电路进行交流分析，电路的带宽约 1M。

② 低频提升电路。

当把 R_{W2} 滑到 B 端，电路变成低频提升电路。把信号源频率改成低频，电路对输出信号进行了放大，而且相位发生了一定程度的偏移。

对电路进行交流分析，如图 5－27 的结果所示。游标 1 对应的是 A_f 最大的点。

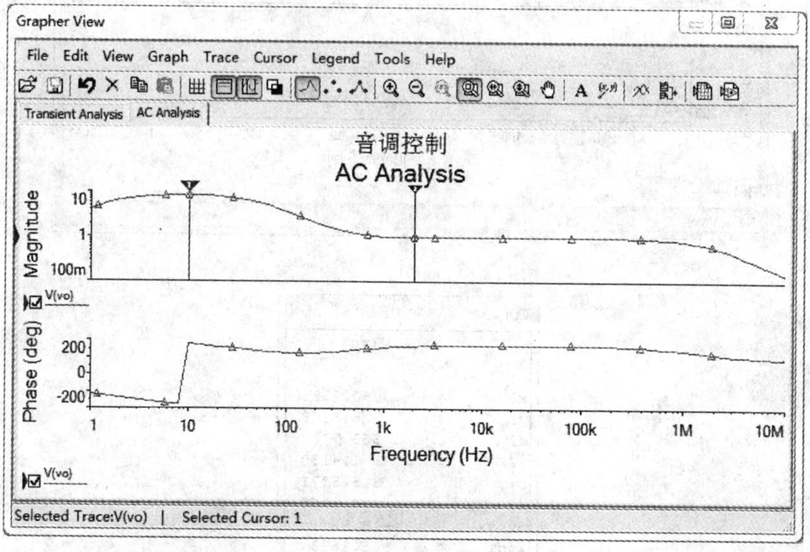

(a)

图 5－27　低频提升电路交流分析

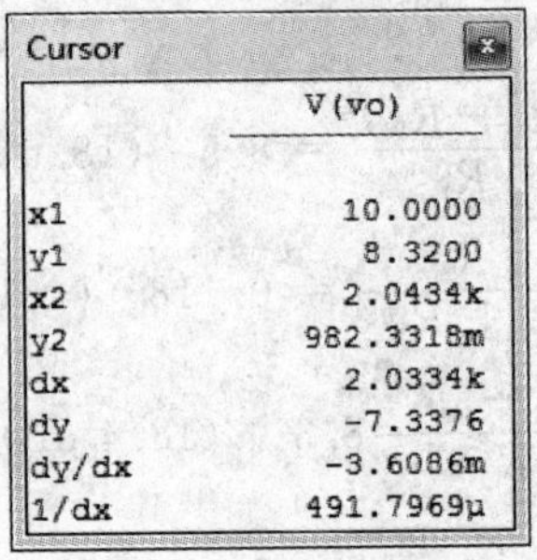
Cursor
V(vo)
x1 10.0000
y1 8.3200
x2 2.0434k
y2 982.3318m
dx 2.0334k
dy -7.3376
dy/dx -3.6086m
1/dx 491.7969μ

(b)

图 5-27　低频提升电路交流分析(续)

我们知道，通带截止频率是最大放大倍数的 0.707 倍对应的频率，即通带截止频率对应的幅值放大倍数为图 5-27 中对应的 8.319 8×0.707=5.882。下面来求阻带下限频率对应的放大倍数。由图 5-28 可知，在 f_{L2} 处，设放大倍数为 A_{L2}，则

$$20\lg A_{L2} - 0 = 3\ \text{dB}$$

所以 $A_{L2}=1.413$。因此，$f_{L1}=49.5$ Hz，$f_{L2}=369.4$ Hz。

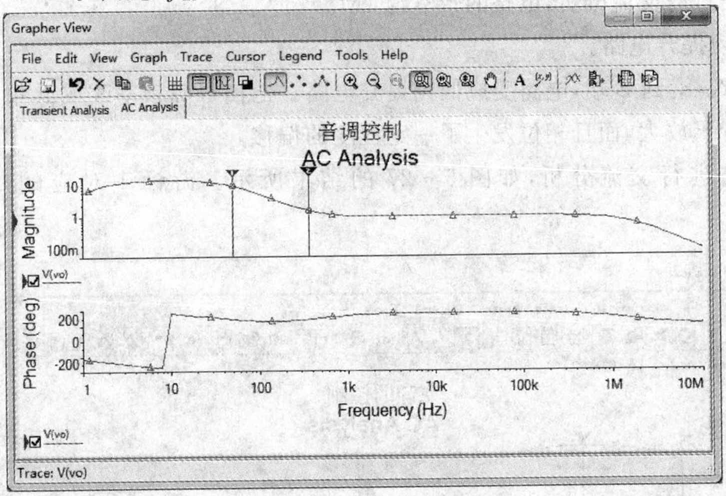

(a)

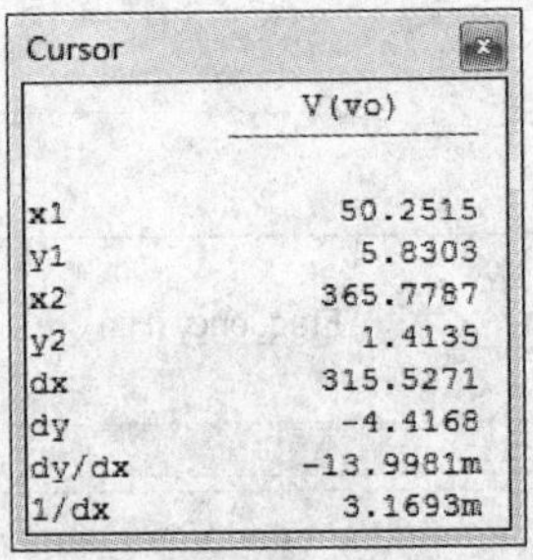
Cursor
V(vo)
x1 50.2515
y1 5.8303
x2 365.7787
y2 1.4135
dx 315.5271
dy -4.4168
dy/dx -13.9981m
1/dx 3.1693m

(b)

图 5-28　标定交流分析图

③ 低频衰减电路。

当把 R_{W2} 滑到 A 端，电路变成低频衰减电路。输出信号电压幅值减小，而且相位发生了一定程度的偏移。

对电路进行交流分析，结果如图 5－29 所示。低频最低衰减量为 0.118，即 －18.6 dB。中频放大倍数约为 1 倍。所以通带截止频率 f_{L2} 对应的电压放大倍数约为 0.707。而 －15.6 dB 对应的阻带上限截止频率 f_{L1} 可通过计算相应的电压放大倍数，然后在交流特性曲线上标定得到。

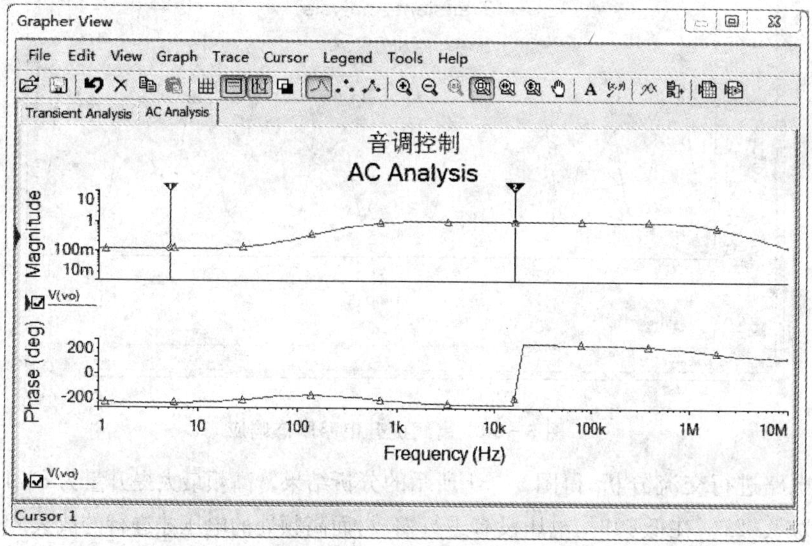

(a)

Cursor

	V(vo)
x1	5.1599
y1	118.0468m
x2	16.1026k
y2	1.0009
dx	16.0975k
dy	882.8817m
dy/dx	54.8460μ
1/dx	62.1216μ

(b)

图 5－29　低频衰减电路交流分析

－15.6 dB 对应的电压放大倍数为 0.166。因此对应的 $f_{L1}=46.5$ Hz，$f_{L2}=366.9$ Hz。

④ 高频提升电路。

当把 R_{W2} 保持在中间位置，把 R_{W1} 滑到 D 端，电路变成高频提升电路。把信号源频率改成高频(10 kHz)，此时电路的瞬态响应如图 5-30 所示。电路对输入信号进行了放大，而且相位发生了一定程度的偏移。

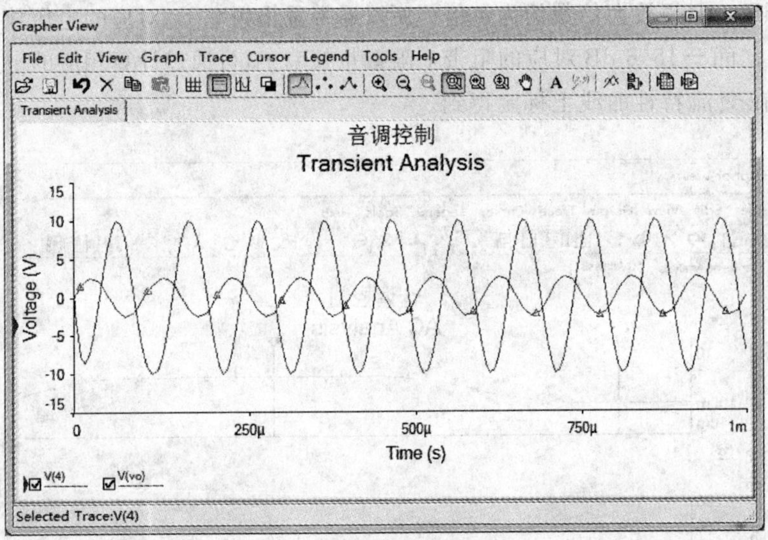

图 5-30　高频提升电路瞬态响应

对电路进行交流分析，得图 5-31 所示的分析结果。高频最大提升量为 8.21，低频放大倍数为 1.024。在低频时，电压没有进行缩放，而高频处的电压才进行的放大。

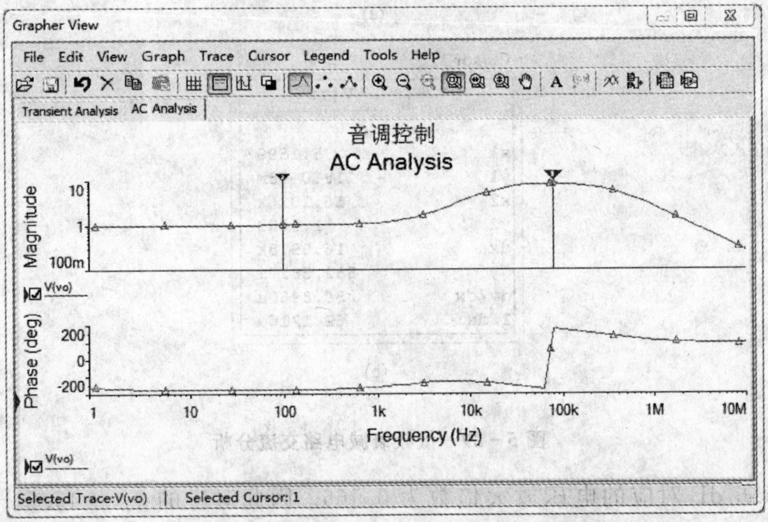

(a)

图 5-31　高频提升电路交流分析

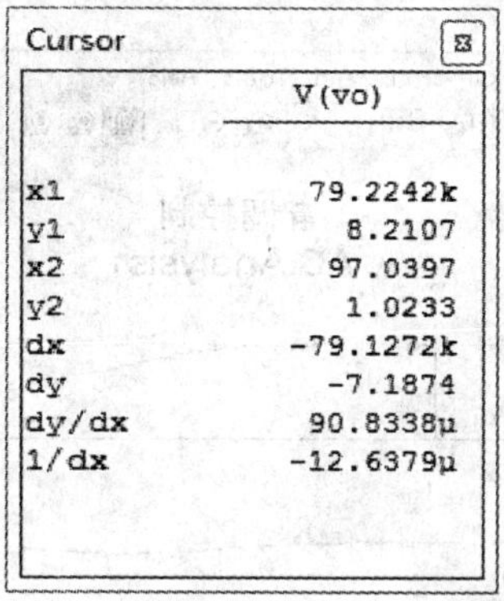
Cursor
V(vo)
x1 79.2242k
y1 8.2107
x2 97.0397
y2 1.0233
dx -79.1272k
dy -7.1874
dy/dx 90.8338μ
1/dx -12.6379μ

(b)

图 5-31　高频提升电路交流分析(续)

频率 f_{H2} 对应的电压放大倍数为 8.21×0.707=6.322,3dB 对应的电压放大倍数为 1.413,在交流特性曲线上标定电压放大倍数的值,可得 $f_{H1}=2.24$ kHz,$f_{H2}=21.32$ kHz,和计算结果基本相符。

⑤ 高频衰减电路。

当把 R_{W2} 保持在中间位置,把 R_{W1} 滑到 C 端,电路变成高频衰减电路。把信号源频率改成高频(10 kHz),此时电路的瞬态响应如图 5-32 所示。输出信号幅度衰减,而且相位发生了一定程度的偏移。

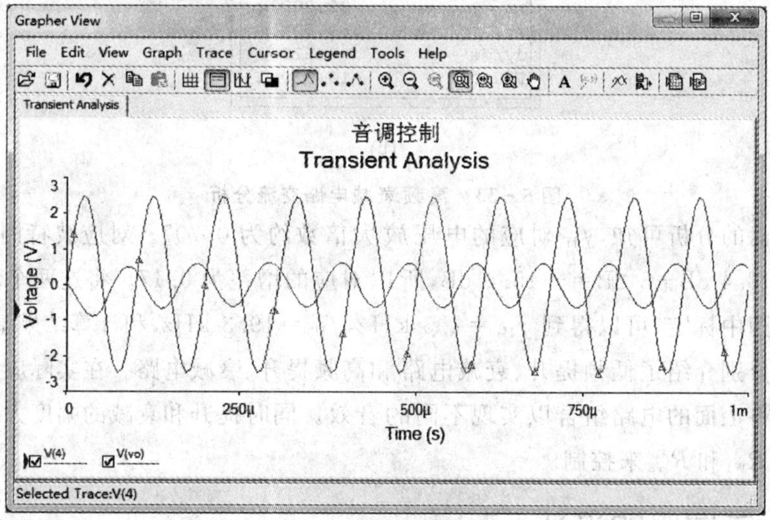

图 5-32　高频衰减电路的瞬态分析

对电路进行交流分析,结果如图 5-33,低频放大倍数约为 1,高频衰减到 0.122,和计算值相符。

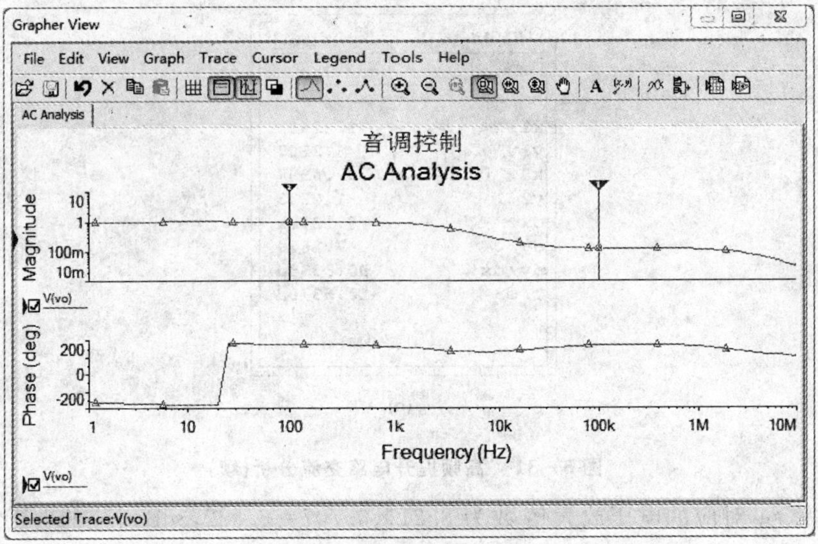

(a)

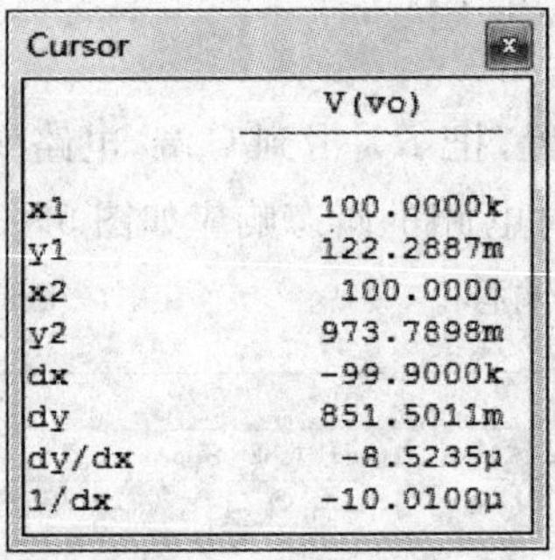

(b)

图 5-33　高频衰减电路交流分析

由前面的分析可知，f_{H1} 对应的电压放大倍数约为 0.707。对应波特图 f_{H2} 处的增益为 −18.4 dB+3 dB=−15.4 dB，所以对应的增益为 0.17。将这两个增益值在交流特性图中标定，可以得到 $f_{H1}=2.3$ kHz，$f_{H2}=19.3$ kHz，和计算结果基本相符。

以上分别介绍了低频提升、衰减电路和高频提升、衰减电路。在实际应用中可以根据需要将上面的电路组合以实现不同的音效。同时提升和衰减的幅度大小都可以通过调整 R_{W1} 和 R_{W2} 来控制。

5.2.3　前置级的设计

1. 电路选择

根据总体指标要求，前置级输入阻抗应该比较高，输出阻抗应当低，以便不影响音调控制网络正常工作。同时要求噪声系数 NF 尽可能小。为此，本级选用场效应管共源放大器和场效应管源极跟随器组成，如图 5－34(a)所示。该电路输入阻抗高，$r_{i1} \approx R_1$，并引入电流串联负反馈，提高了电路的稳定性。适当选取 R_3、R_4，可得到满意的增益。第二级源极跟随器，可以得到较小的输出阻抗，同时其输入阻抗高，对前级影响很小。为了节省场效应管，第二级也可用晶体三极管射极跟随器，如图 5－34(b)所示电路，此电路亦可满足指标要求。

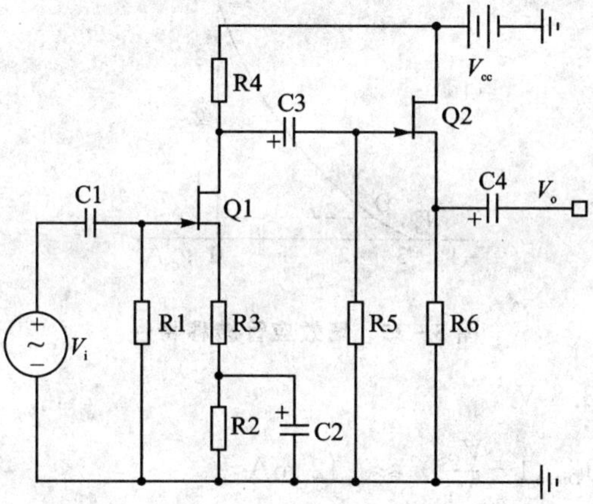

(a)

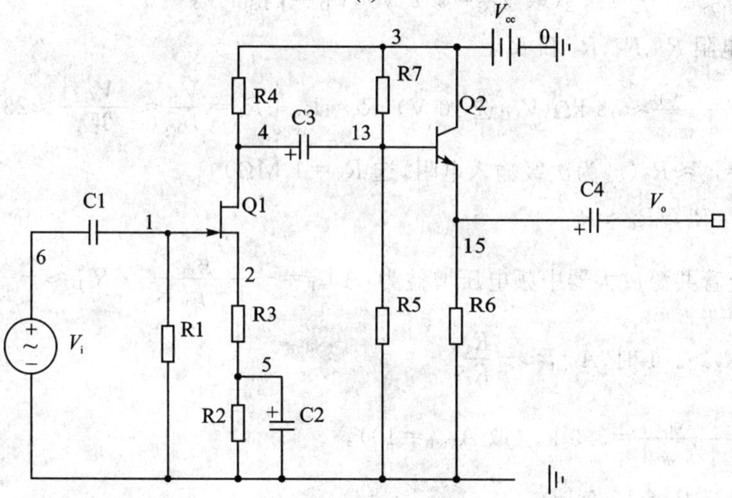

(b)

图 5－34 前置级电路

2. 场效应管共源放大器的设计

① 选择静态工作点。

为了既降低噪声系数 NF，又保证足够的动态范围，要求管子的参数 I_{DSS}、V_P 和

g_m 不能太小。一般要求：$I_{DSS}>1$ mA，$|V_P|>1$ V，$g_m>0.5$ mA/V。因此普通结型场效应管如 2N3459 既可满足指标要求，它相应的参数为 $I_{DSS}=4$ mA，$V_P=-3.4$ V，$g_m\approx1.5$ mA/V。

因为 $V_i\leqslant100$ mV，为了减小 NF，工作点选低一些，应适当选取 V_{DS}，使 I_{DQ} 小一些，如图 5－35 所示。

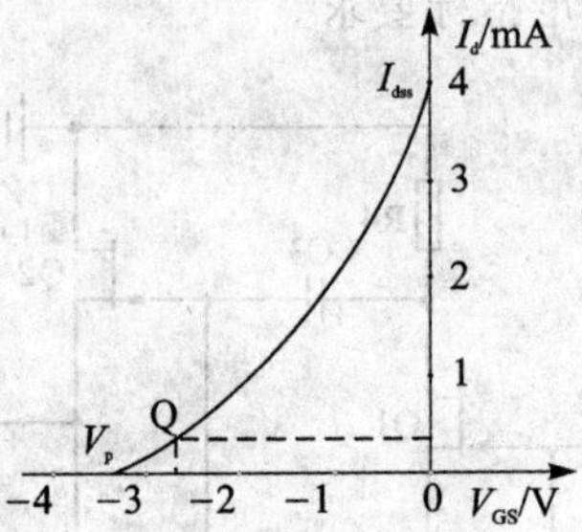

图 5－35　场效应管转移特性

取 $V_S=-V_{GS}=2.8$ V

根据公式：$I_{DQ}=I_{DSS}(1-\frac{V_{GS}}{V_P})^2\approx0.12$ mA

通常：$V_{DS}=(1\sim2)V_S$(取 $V_{DS}=3.2$ V)，$V_D=V_{DS}+V_S=6$ V。

② 求电阻 R_4、R_3、R_2 和 R_1。

$R_4=\frac{V_{CC}-V_D}{I_{DQ}}\approx33$ kΩ(V_{CC}选 10 V)，$R_S=R_2+R_3=\frac{V_S}{I_{DQ}}\approx\frac{|V_{GS}|}{I_{DQ}}\approx23$ kΩ，

∵$R_L=r_{i2}\approx R_5$(r_{i2}为次级输入电阻，选 $R_5=1$ MΩ)

∴$R'_D=R_4//R_L\approx R_4$

场效应管共源放大器中频电压增益为：$A_{Vm1}=-\frac{g_m}{1+g_m R_3}\cdot R'_D\approx-\frac{g_m R_4}{1+g_m R_3}$

当 $g_m R_3>>1$ 时，$A_{Vm1}\approx-\frac{R_4}{R_3}$

∴$R_3=\frac{R_4}{|A_{Vm1}|}=3.3$ kΩ(取 $A_{Vm1}=10$)，

$R_2=R_S-R_3\approx19.7$ kΩ

为了保证输入电阻>500 kΩ，选取 $R_1=1$ MΩ

③ 计算电容 C_1 和 C_2。

C_1 和 C_2 主要影响低频响应，要求 $C_1\geqslant\frac{10}{2\pi f_L R_1}=0.08$ μF(取 $C_1=1$ μF)，$C_2\geqslant\frac{1+g_m R_2}{2\pi f_L R_2}\approx12$ μF(取 $C_2=47$ μF)，$C_3\geqslant\frac{10}{2\pi f_L R_5}\approx0.08$ μF(取 $C_3=10$ μF)。

3. 源极跟随器的设计

仍然选取2N3459管，为了得到较大的动态范围，一般把静态工作点选在转移特性的中点，如图5-36所示。

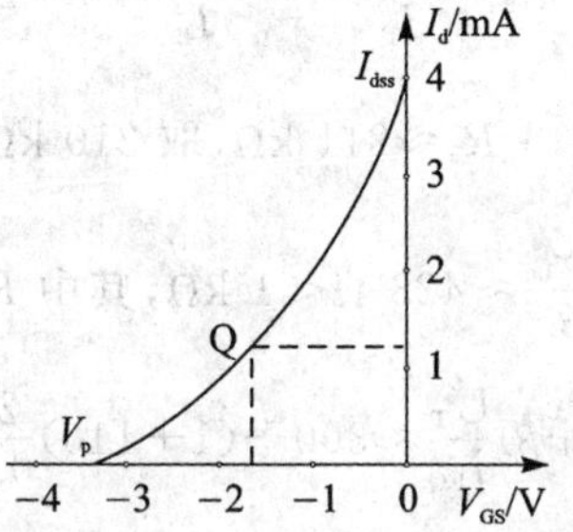

图5-36 场效应管转移特性曲线(静态工作点的选取)

则 $V_{GS}=\frac{V_P}{2}=-1.7\ V$，$I_{DQ}=I_{DSS}(1-\frac{V_{GS}}{V_P})^2=1\ mA$，$V_S=-V_{GS}=1.7\ V$，$R_S=\frac{V_S}{I_{DQ}}=1.7\ k\Omega$，即 $R_6=1.7\ k\Omega$。

源极跟随器传输特性为：$A_{Vm2}=\frac{R'_S}{\frac{1}{g_m}+R'_S}$，其中：$R'_S=R_S//R_L$，$A_{Vm2}$ 为传输系数。

因为音频控制电路作为源极跟随器的下级，其输入阻抗约为20 kΩ，所以 $R_L=20\ k\Omega$，$R'_S\approx1.6\ k\Omega$，$A_{Vm2}\approx0.7$。又 $A_{Vm1}=10$，所以前置级的整体放大倍数约为7倍。

输入阻抗：$r_{i2}\approx R_5=1\ M\Omega$

输出阻抗：$r_o=R_6//\frac{1}{g_m}\approx479\ \Omega$

4. 三极管射极跟随器的设计

选三极管为BF240，测得 $\beta_2=110$。

要减小NF，并希望不产生非线性失真，工作电流 I_{CQ} 应选小一些，(但又要保证有合适的动态范围)，一般取 $I_{CQ}\approx I_E=(1.5\sim2)I_{Om}$，$R_e=(1\sim2)R_L$，$V_{CC}\geqslant3\ V_{Om}$，$V_{CEQ}\approx V_{Om}+(2\sim3)V$，其中：$I_{Om}$ 为输出电流幅值，V_{Om} 为输出电压幅值。

根据指标可知输入电压 $V_i\leqslant100\ mV$，前级已求出电压放大倍数 $A_{Vm1}=10$。

∴本级输入电压幅值为：$V_{i2m}=\sqrt{2}\cdot V_iA_{Vm1}=1.4\ V$。

又∵射随器电压传输系数近似为1，本级输出电压：$V_{O2m}=\sqrt{2}\cdot V_iA_{Vm1}=1.4\ V$，所以可以选 $V_{CC}=10\ V$。

设后级输入电阻(本级负载) $R_L=20\ k\Omega$，则可求出：$I_{O2m}=\frac{V_{O2m}}{R_L}=0.07\ mA\approx0.1\ mA$。

由上经验公式确定，射随器静态工作点取：$I_{CQ}=2I_{O2m}=0.2\ mA$，$I_{BQ}=\frac{I_{CQ}}{\beta_2}\approx$

0.002 mA。取:$V_{EQ}=5$ V,$R_6=R_e=\dfrac{V_{EQ}}{I_{CQ}}=25$ kΩ。

为提高本级输入阻抗,I_R 可选小一些,但太小又影响偏执电路的稳定性,一般取 $I_B=10I_{BQ}\approx0.02$ mA。所以 $R_5=\dfrac{V_B}{I_B}=\dfrac{V_{EQ}+V_{BE}}{I_B}=285$ kΩ(取 280 kΩ),$R_7=\dfrac{V_{CC}-V_B}{V_B}\cdot R_5=\dfrac{V_{CC}-V_{EQ}-V_{BE}}{V_{EQ}+V_{BE}}\cdot R_5\approx211$ kΩ(取 210 kΩ)

输出阻抗:$r_O=R_e//\dfrac{R'_S+r_{be}}{1+\beta}\approx423\ \Omega<1$ kΩ,其中 $R_e=R_6=25$ kΩ,$R'_S=R_4//R_5//R_7\approx30$ kΩ,$r_{be}\approx r_{bb'}+(1+\beta)\dfrac{U_T}{I_{EQ}}\approx300+(1+110)\dfrac{26}{0.2}\approx14.7$ kΩ。

5. Multisim 电路仿真

① 输出级为源极跟随器的前置级仿真。

按以上的计算配置电路的参数,对电路进行瞬态分析,观察输入信号、共源放大电路和源极跟随器的输出信号,如图 5-37 所示。从图中游标 1 所对应的各曲线数值可以看到,一级为反向放大,放大倍数约为 6.1 倍,二级放大倍数约为 0.73 倍。电路总的放大倍数为 4.5 倍。

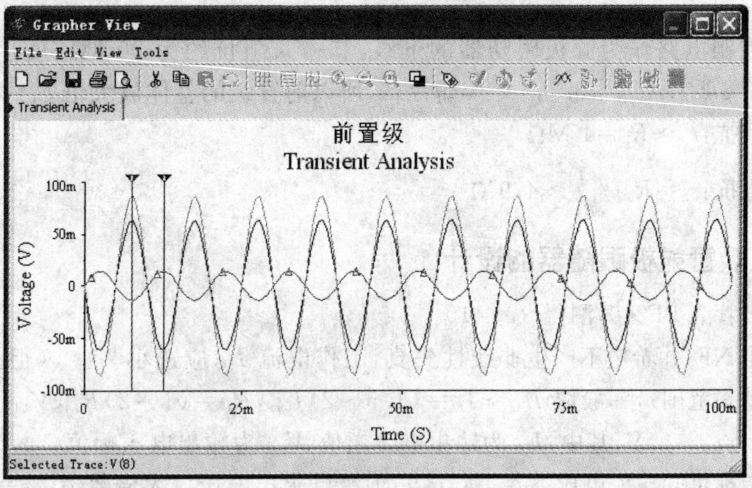

(a)

Transient Analysis

	V(8)	V(vo)	V(5)
x1	7.4488m	7.4488m	7.4488m
y1	-13.8844m	62.0473m	85.0525m
x2	12.4767m	12.4767m	12.4767m
y2	13.9056m	-61.0792m	-84.5658m

(b)

图 5-37 瞬态分析

由于理论计算参数不一定精确，会造成实际电路仿真结果和预期结果的差别。改变电阻 R_3 可以改变共源放大器的放大倍数。对 R_3 进行参数扫描分析，观察其阻值变化对输出端瞬态响应的影响，可以减小 R_3 的阻值可以增大放大倍数。

对电路进行交流分析，一级电路输出端和电路总输出端的幅频特性，电路的通频带接近 1 MHz，可以满足设计要求。

对电路进行傅立叶分析，电路的谐波失真很小，信号中的直流成分也很小。

对电路进行温度扫描分析，温度大于 150℃时，电路性能发生变化。

对电路进行传递函数分析，传递函数为 0 是因为软件设置此分析只针对直流小信号模型，而本电路为交流通路，且存在耦合电容，对直流信号起了割断作用。输入/输出阻抗的分析和计算所得结果相近。

② 输出级为三极管射极跟随器的前置级仿真。

输入级仍为上面的共源放大电路，所以放大倍数为 6.1 倍。接三极管射极跟随器后，射极跟随器的放大倍数不到 1，调节 R_5 和 R_7 的值可以改变电路的放大倍数。

分析晶体管基极和发射极的静态电压，可以看到 $V_E \approx 5$ V，且 $V_B \approx V_E + 0.7$。

对电路进行交流分析，电路的通频带很宽，可以满足系统的要求。

当输入为标准正弦波信号时，对电路进行傅立叶分析，此电路的总谐波失真 THD 比输出极为源极跟随器的电路大。

按上节的方法对电路进行传递函数分析，输出阻抗的大小和计算偏差较大，减小 R_5 和 R_7 的值可以减小输出阻抗，但这样也会使电压放大倍数减小。而更换放大倍数小的三极管后，电路的性能仍不能达到要求，所以采用射极跟随器的电路性能不如采用源极跟随器的前置级电路性能好，在后面的总电路设计中将采用源极跟随器作为前置级的输出级。

③ 稳压源分压电路仿真。

功放电路和音调调整电路的供电电源都为 15 V，而本级需要提供 10 V 的供电电压。所以需要在电源输出端加一分压电路，如图 5-38 所示。D1 为 10 V 的稳压二极管。C_5 可作为滤波电容滤除电网中的高频干扰。为了克服高频时大电解电容的电感效应，可在电路中并一个 100 nF 的小电容。

电阻 R_8 的另一个重要作用就是控制回路中的电流使之不超出稳压管的稳定电流范围，对 R_8 进行参数扫描，可以看到把电压源连入前置级电路中，当 R_8 选 210 Ω 左右，输出电压和 10 V 电压最接近。

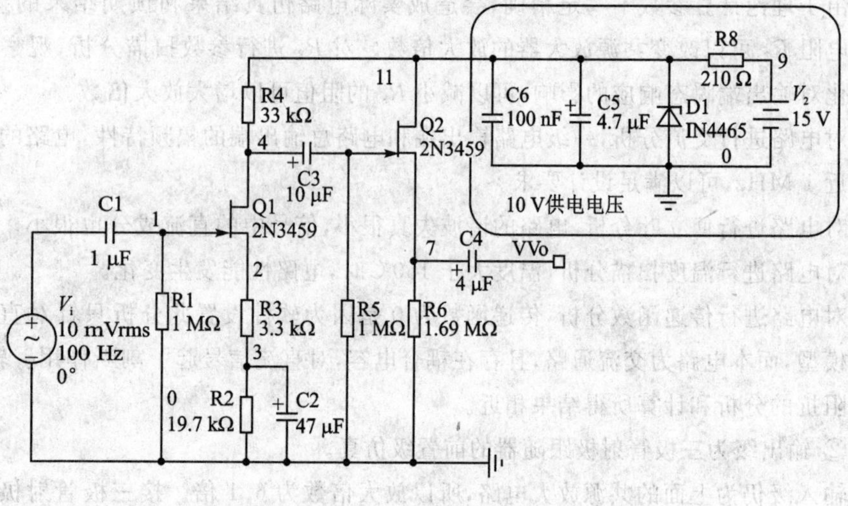

图 5-38　稳压源分压电路示意图

5.2.4　总体电路仿真分析

音频放大总体电路由以上分析的前置级、音调控制级和 OCL 功放极组成，如图 5-39 所示。为了控制音量，在音调控制电路的输出端通过耦合电容 C16 接电位器 R_{W3}，经分压后再由 C10 送入 OCL 功率放大器。R_{W3} 的数值一般根据放大单元带负载能力来选择，本电路选择 R_{W3} 为 47 kΩ 的电位器，C16 取 10 μF。考虑对小信号的放大能力，可适当减小 R_3 和 R_20 的阻值，以增加前置级和功放级的放大倍数。电路确定后，当输入的信号稍大，为防止削波失真，可调节 R_{W3}，以获得好的音质效果。电路中主要元器件的参数可参考附录 A。

检查电路连接无误后，在 Multisim 中对整体电路进行仿真分析，测试电路的性能是否达到指标。

(1) 测量各级静态工作点

为保护功率管，首先负载开路测试。接通电源，粗测各级管子静态工作情况，逐级检查各管 V_{BE} 和 V_{CE}。若发现 $V_{BE}=0$(管子截止)或 $V_{CE}\approx 0$(管子饱和)均属不正常。检查场效应管 V_{GS} 和 V_{DS} 是否符合设计值。首先排除故障，在逐级调整工作点。

- 输出级：输出中点电位应为 0 V。若偏离 0 V，调节 R_{W4}。注意在调整时，R_{W4} 应由小到大，使 T_5 始终工作在放大区，防止 R_{W4} 过大烧毁 T_5。
- 前置级：调节 R_2，使 Q_1 管的源极电压 V_S 为设计数值。再调整 R_6，使 $V_{S2}=\frac{V_P}{2}$。

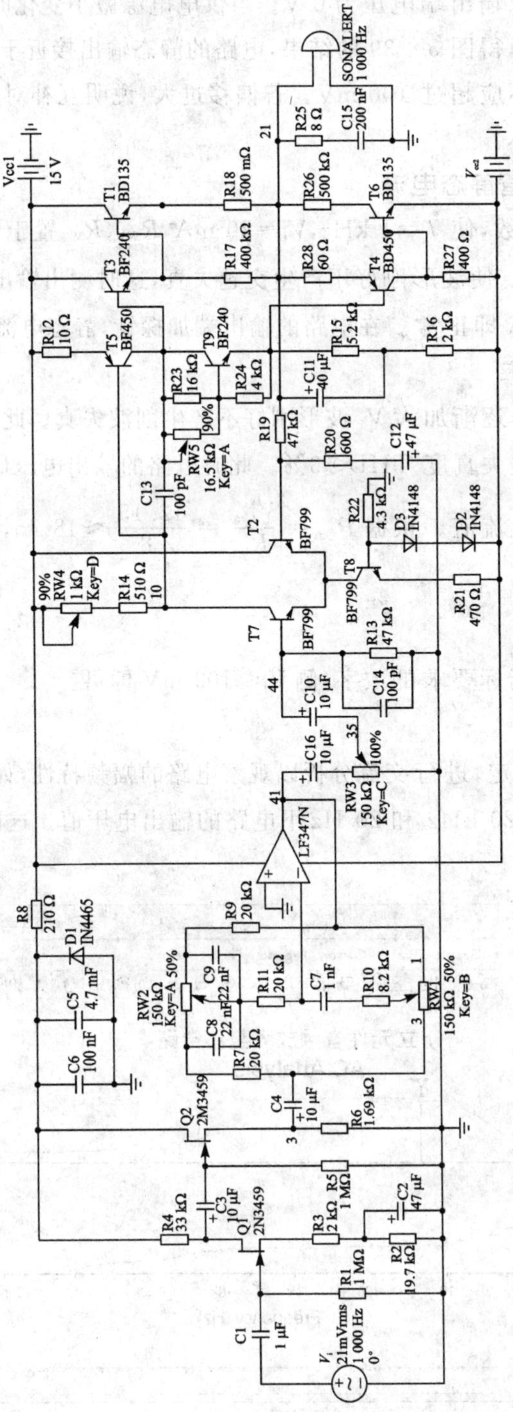

图 5-39　音频放大总体电路图

图 5－39　音频放大总体电路图

测量工作情况,要求输出端电压为 0 V。当供电电源微小变化时,对电路的输出端进行静态工作点分析,得图 5-39 的结果,电路的静态输出接近于零。电源在允许范围内变化,偏移电压不应超过 100 mV。若偏移过大,说明互补对称管参数相差太大,或者差分对管不对称。

(2) 调试输出功率管静态电流

设置输入信号源参数,使 $f=1$ kHz,$V_i=20$ mA,R_{W1}、R_{W2} 置于中点,R_{W3} 置于最大,观察输出波形,调 R_{W5} 使波形刚好不产生交越失真,这时测出输出的静态电流(不加 V_i),$I_i \leqslant (20 \sim 30)$mA 即正常。在电路的输出端加探针,静态电流非常微小。

(3) 测输出最大功率

在前一步的基础上,逐渐加大 V_i 波形刚好不产生削波失真。此时对电路进行傅立叶分析,电路总的谐波失真度 THD≤3%。此时电路的输出电压最大,对电路添加探针,测得输出的电压电流值。根据 $P_{Om}=\dfrac{V_{Om}^2}{R_L}=\dfrac{12.15^2}{8}\approx 18.45$,此数值大于设计指标。

(4) 测输入灵敏度

变化 V_i,使 P_{Om} 为指标要求的数字,侧 $V_i \leqslant 100$ mV 即可。

(5) 测频率响应

保持 $V_i=10$ mV 恒定,进行交流分析以观察电路的幅频特性,如图 5-40 所示。游标 1 和 2 分别指示了 20 kHz 和 20 Hz 下电路的输出电压值。这两个频率值都处于通带范围内。

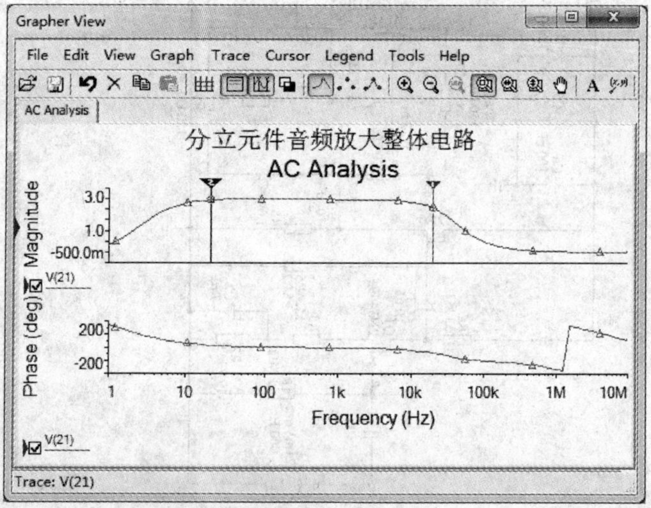

(a)

图 5-40　交流特性分析

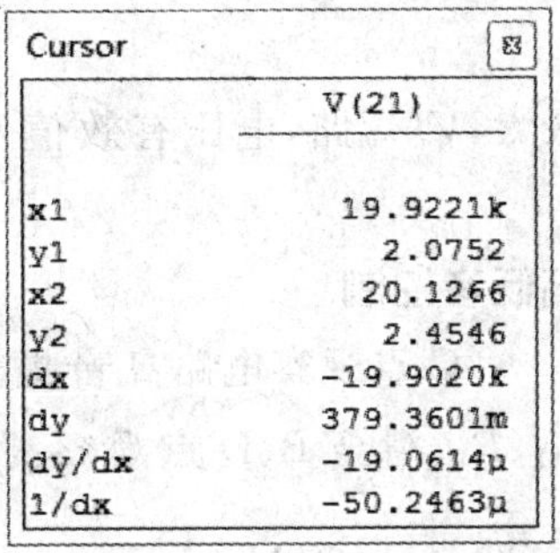

(b)

图 5－40　交流特性分析(续)

20 Hz 和 20 kHz 下对电路进行瞬态分析，瞬态响应分别见图 5－41(a)和(b)所示。

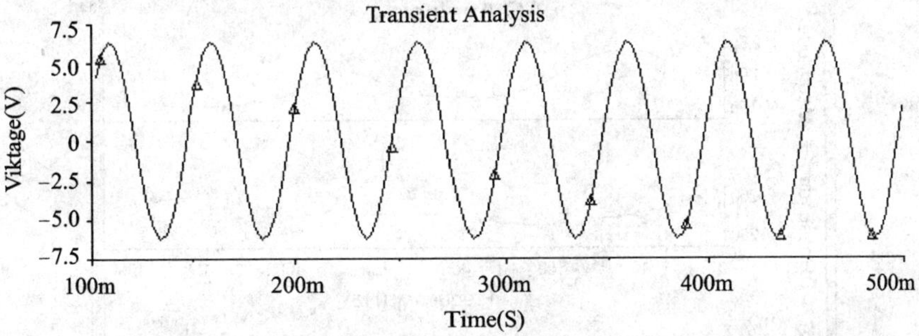

(a) 20 Hz下瞬态响应

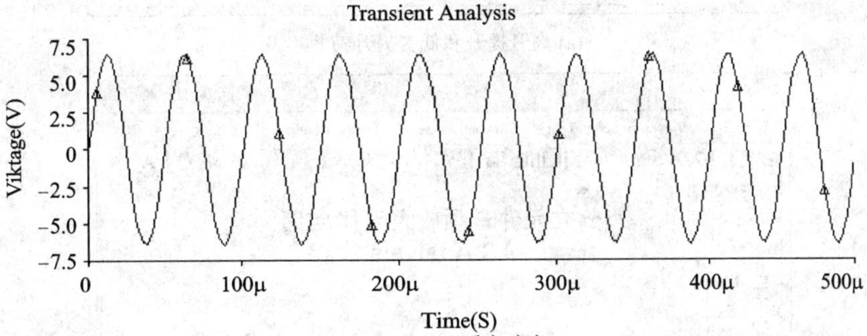

(b) 20 kHz下瞬态响应

图 5－41　瞬态分析结果

(6) 失真度测量

当输入信号为 10 mV 正弦波，在表 5－1 所列的频率下分析电路总的失真度 THD。

表 5－1　失真度测量

频率	20 Hz	100 Hz	1 kHz	5 kHz	20 kHz
失真度	1.17%	0.41%	0.048%	0.047%	0.11%

(7) 测量噪声电压

R_{W1}、R_{W2} 置于中点，R_{W3} 最大，V_i 短路，电压有效值 V_{rms} 远小于 15 mV，满足设计要求。

(8) 测音调控制电路的高低音控制

使 V_i=10 mV，R_{W3} 不动，A、C 点观察电路高音提升和低音提升的交流特性，如图 5-42(a)所示。然后将 R_{W1}、R_{W2} 滑至 B、D 点观察高音衰减和低音衰减的交流特性，如图 5-42(b)所示。

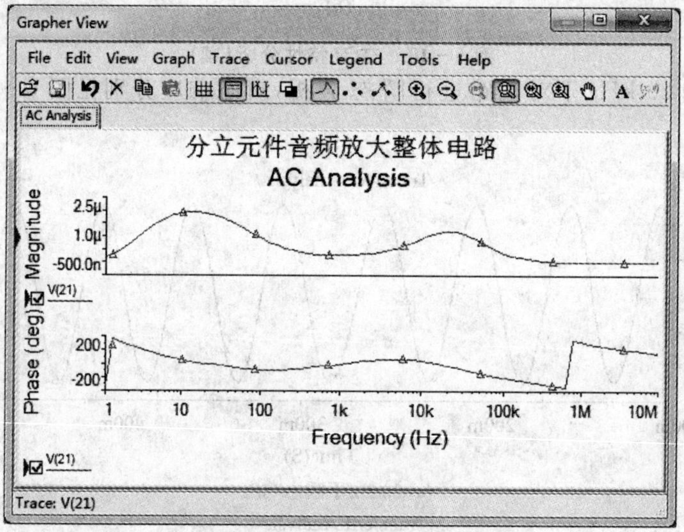

(a) 高音提升和低音提升特性

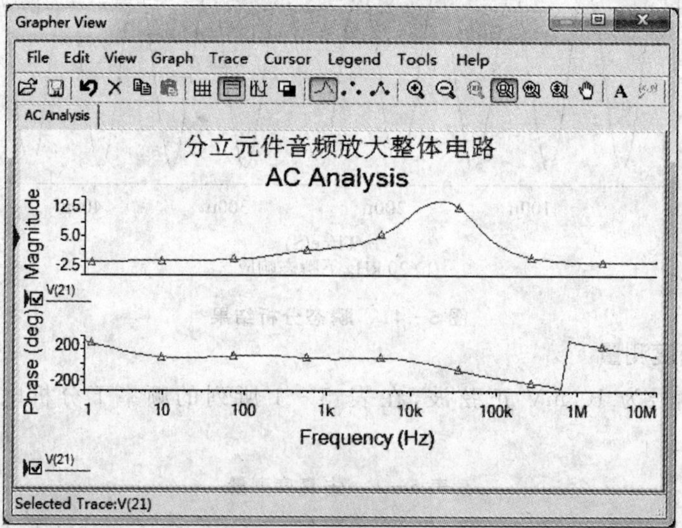

(b) 高音衰减和低音衰减特性

图 5-42 音调控制电路特性

由以上的分析可知，电路的仿真设计完全达到设计要求。在参数满足要求的情况下，本文电路中所用的元器件，可以用其他的元件代替。但替换后电路其他元器件参数也应做响应的调整。

5.2.5 硬件电路调试与电路散热问题

根据软件仿真的结果来合理设计硬件电路。实际的电路搭建起来后，需要检查电路元件焊接是否正确、可靠，注意元件的位置、管子型号、管脚是否接对，电解电容极性要正确无误；检查电源电压是否正确，正负电源电压数值要对称，符合设计要求，接线要对。电路检查无误后，可按软件仿真调试的步骤对硬件电路进行调试，测试电路的接法如图5-43所示。电路测试通过后，输出接扬声器负载，开机后无V_i时，不应有严重的交流声。用收录机输入信号，加大R_{W3}，则音量应逐渐加大。调R_{W1}和R_{W2}，高低音应有明显变化，不应出现噪声。

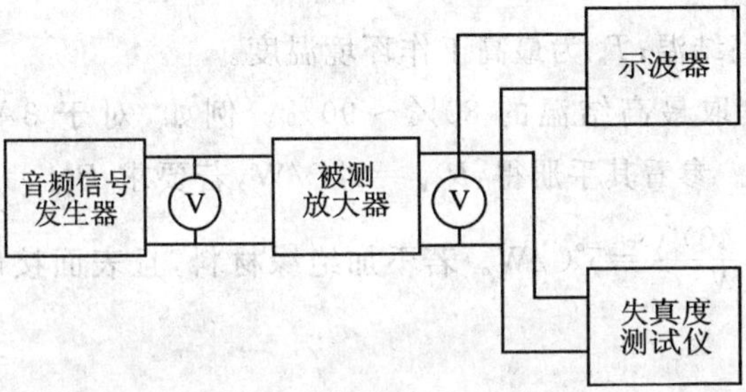

图5-43 测试电路接线图

电路制板前应考虑大功率管的散热问题。晶体管工作时，电流流过集电极，集电结会发热，而热量发散到外部空间，要受到一定的阻力，这种阻力称为热阻，用R_T表示。R_T越小，管子热量越易于发散出去。

总热阻的计算公式为：

$$R_T = R_{TJC} + R_{TCH} + R_{THA} \tag{5-23}$$

其中，R_{TJC}为集电结至管壳之间的热阻，可由管子手册查得。

R_{TCH}取决于管子和散热板之间是否垫有绝缘层，和两者之间的接触面积和紧固程度，一般取值为0.1～3℃/W。增大接触面(接触面光滑或涂上硅油脂)、增大接触压力、减小绝缘层厚度，甚至在可能的情况下取消绝缘垫片都能使R_{TCH}降低。

R_{THA}为散热器到空间的热阻，其大小取决于散热板表面积、薄厚、材料、颜色表面状态和散热的放置位置。散热面积越大，热阻就越小；散热装置经氧化处理涂黑后，可使其热辐射加强，热阻也可减小；因垂直放置空气对流好，所以垂直放置比水平放置的热阻小。R_{THA} 与散热板面积可按表 5-2 进行估算。散热板较厚且垂直放置时,表中数值取下限;较薄且水平放置时取上限。

表 5-2　散热片面积与热阻的关系

散热板面积(cm^2)	100	200	300	400	500	600
R_{THA}(°C/W)	4.5～6	3.5～4.5	3～3.5	2.5～3	2～2.5	1.5～2.5

散热器包括平板散热器和散热型材。目前,利用铝、镁合金挤压型材做成的散热器已获得广泛的应用。铝型材散热器的热阻 R_{THA} 决定于它的包络体积 $V=H\times B\times L$。

散热器的尺寸可按以下计算过程来确定:

设总热阻为:

$$R_T = \frac{T_j - T_a}{P_{CM}} \tag{5-24}$$

其中,T_j 为管子最高结温;T_a 为最高工作环境温度。

公式中 T_j 一般取最高结温的 80%～90%。例如,对于 3AD6 管,T_j=(80:90)%×90°C≈80°C。参看其手册得:$R_{TIC}=2°C/W$,若要求 $P_{CM}=8W$,$T_a=40°C$,则 $R_T=\frac{T_j-T_a}{P_{CM}}=\frac{(80-40)°C}{8W}=5°C/W$。若不加绝缘材料,且表面接触良好,则 $R_{TCH}\approx 0$,则

$$R_{THA} = R_T - R_{TJC} = 5°C/W - 2°C/W = 3°C/W$$

1) 若采用平板散热器,如图 5-69(a),可得其散热板面积 $A\geqslant 300\ cm^2$,厚度 d=3 mm 时可满足要求。

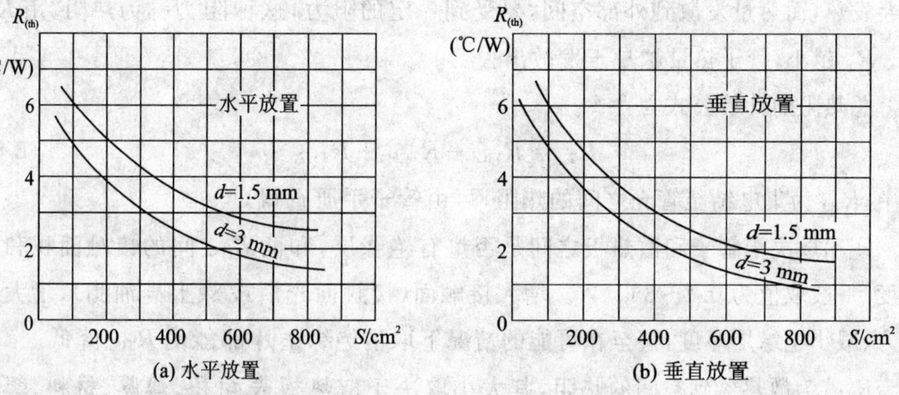

图 5-44　铝平板散热器的热阻与表面状态的关系曲线

2) 若用铝型材散热器，3°C/W 的热阻对应得包络体积 $V=150\ \text{cm}^3$，实际选取采用的体积 $V'=(1.5\sim2)\ V$，若取系数为 1.5，则 $V'=1.5\times150\ \text{cm}^3=225\ \text{cm}^3$。若选 XC766 型，则 B=89 mm，H=40 mm，所以型材长度 $L=\dfrac{V'}{B\times H}=\dfrac{225}{8.9\times4}=6.3\ \text{cm}$。

5.3 集成运放音频放大电路设计

音频功率放大电路的设计不仅要求对音频信号进行功率放大，以足够的功率驱动扬声器发声，同时要求音质效果良好。要实现功率放大，不仅要求对电流进行放大，而且要求有足够的电压放大倍数。利用集成运放对电压信号进行放大，不仅可减少元器件的数量，而且会使电路更加稳定。根据设计要求，在输入电压幅度为(5 - 10) mV、等效负载电阻 R_L 为 8 Ω 下，放大通道应满足额定输出功率 POR≥2 W。设输出电压有效值为 U_{rsm}，输出功率为 P_o，则

$$U_{rsm}=\sqrt{P_O R_L}\geqslant 4$$

所以总体电路要求的电压放大倍数为预期的输出电压值除以输入电压值再加上一定的设计余量，约为 500～1 000 倍。单级放大不易实现如此大的放大倍数而同时保持电路性能。所以需要采取多级放大的合理连接。考虑多级放大电路虽然可以提高电路的增益，但级数太多也会使通频带变窄。所以下面采用三级放大设计，一级、二级电路组合以实现电压放大(各提供 20 倍的放大倍数)，同时加入改善音质的设计(滤波)，第三级功放放大电流，同时对电压放大倍数进行调节。

和晶体管功率放大器设计相同，为了保证电路安全可靠，通常使电路最大输出功率 P_{OM} 比额定输出功率 P_O 要大一些。一般取 $P_{OM}=(1.5\sim2)P_O$，所以最大输出电压应根据 P_{OM} 来计算 $V_{om}=\sqrt{2P_{om}R_L}$，因为考虑管子饱和压降等因素，放大器 V_{om} 总是小于电源电压。

令：$\eta=\dfrac{V_{om}}{V_{CC}}$ 称为电源电压利用率，一般为 0.6～0.8

因此，$V_{CC}=\dfrac{1}{\eta}V_{om}=\dfrac{1}{\eta}\sqrt{2P_{om}R_L}=\dfrac{1}{0.6}\sqrt{2\times2\times2\times8}=\dfrac{8}{0.6}=13.3$

以上指单边电源电压。再考虑功放的供电电源大小，最后选择 V_{CC} 为 15 V。

5.3.1 前置放大电路设计

前置放大电路的作用是先对微弱的输入信号进行电压放大，以保证足够的音量。如图 5 - 45 所示，这是一个反向比例放大电路，参数设置如图中所示。电路输入为 10 mV 的交流源，产生 1 kHz 的正弦波信号。电容 C1 是耦合电容，其容抗远小于放

大器的输入电阻,它的作用是使前后两级电路的静态工作点的配置相互独立,有隔直的功能。扬声器上若叠加有直流成分,受话线圈的位置就会发生偏移,从而增大失真,严重时甚至会因发热而烧断受话线圈。

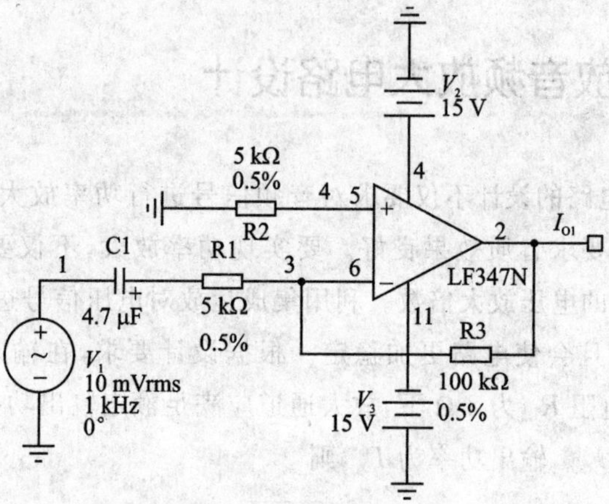

图 5-45 前置放大电路

音频功放设计要求电路有足够的带宽,噪声足够小,以及谐波失真足够小,这就要求各级电路中运放的选择合适。LF347 是一种低功耗、高速四片集成 JFET 输入运算放大器,它的主要性能指标如下:

- 低输入偏置电流:50 pA
- 低输入噪声电流:0.01 pA/0.01pA/$\sqrt{Hz}$
- 宽增益带宽:4 MHz
- 高回转率:13 V/μs
- 低供电电流:7.2 mA
- 高输入阻抗:10^{12} Ω
- 低总谐波失真:A_v=10 时小于 0.02%(R_L=10 k,V_O=20 $V_{p\text{-}p}$,BW=20 Hz ~20 kHz)
- 功率消耗:1 000 mW

下面对前置放大电路进行一系列仿真来分析电路的性能。

1. 交流分析

进行交流分析时首先应该双击打开输入信号源 V1,对交流分析的幅度进行设置(详见第 4 章交流分析一节)。交流分析的结果如图 5-46(a)所示,单击显示游标按钮可在图上显示准确的值。中心频率约为 1 kHz,对应增益为 19.995 8。通带截止频率处增益为 19.995 8×0.707=14.137,而这个增益对应的频率为 6.829 9 Hz 和 143.290 5 kHz,具体数值见图 5-46(b)所示。可见一级放大有足够宽的带宽。由交流分析图可以看出低频有衰减，这是由于电容 C1 的作用。

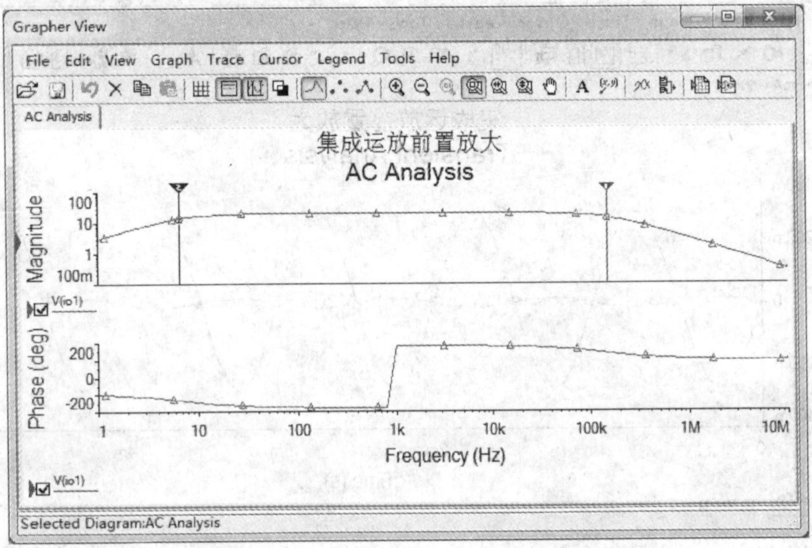

(a)

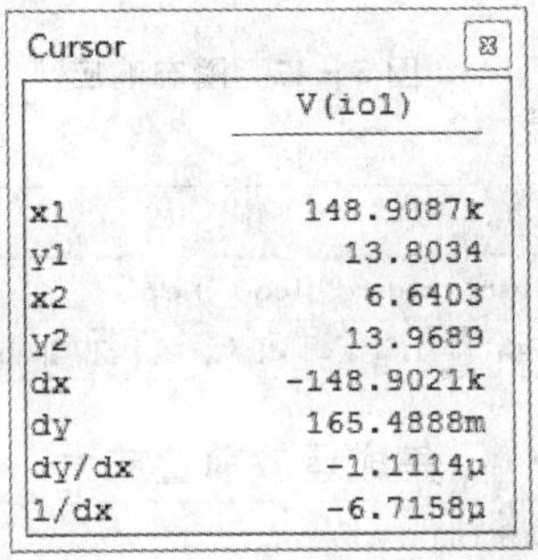

(b)

图 5 - 46　交流分析结果

2. 瞬态分析

图 5 - 47 为第一级放大输入端和输出端的瞬态响应。由于放大器接成反相放大，所以输入输出波形相反，输出波形基本不失真。

3. 傅立叶分析

对电路进行傅立叶分析，得 5 - 48 所示的图表。选择仿真结果中的表格，单击对话框右上方的输出到 excel 按钮，可生成关于傅立叶分析的 excel 图表，如表 5 - 3 所列。本电路的非线性失真度很小，各次谐波的幅值很小，可以忽略不计。

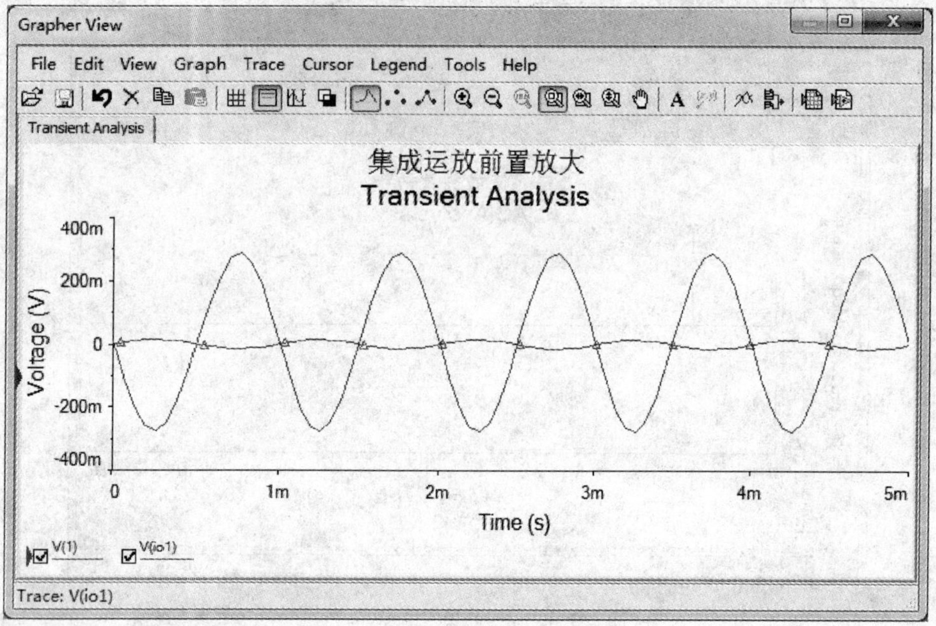

图 5-47 瞬态响应

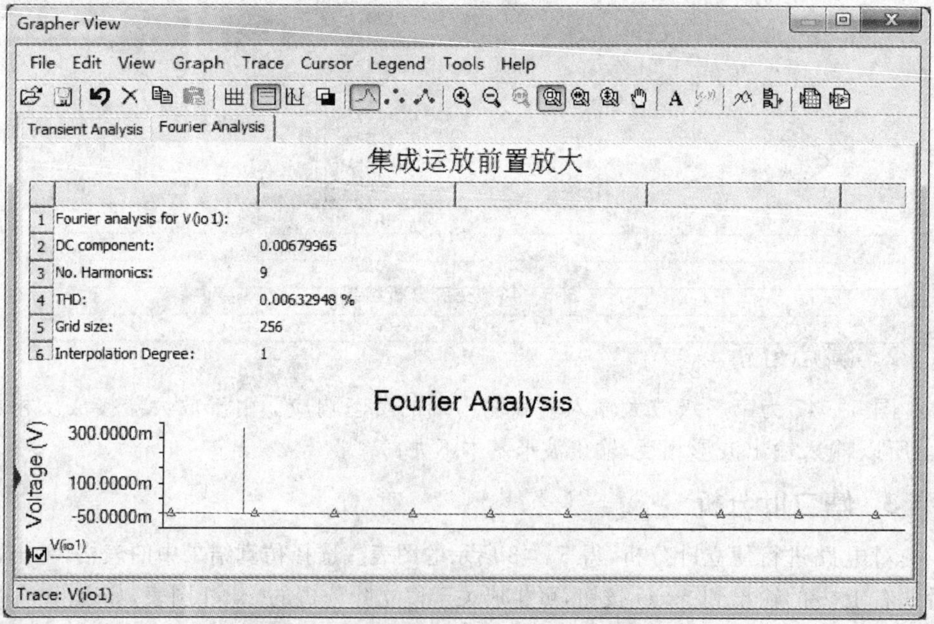

图 5-48 傅立叶分析

表 5－3　傅立叶分析具体结果

指　标	说　明				
DC component：	0.00679964				
No. Harmonics：	9				
THD：	0.00632948 %				
Gridsize：	256				
Interpolation Degree：	1				
Harmonic	Frequency	Magnitude	Phase	Norm. Mag	Norm. Phase
1	1000	0.282665	179.986	1	0
2	2000	1.21644e－005	1.6173	4.30347e－005	－178.37
3	3000	8.15576e－006	2.04712	2.88531e－005	－177.94
4	4000	6.0839e－006	2.94356	2.15234e－005	－177.04
5	5000	4.82381e－006	4.01683	1.70655e－005	－175.97
6	6000	4.05779e－006	4.33434	1.43555e－005	－175.65
7	7000	3.56015e－006	4.50964	1.2595e－005	－175.48
8	8000	3.0453e－006	5.7411	1.07736e－005	－174.25
9	9000	2.6284e－006	7.20387	9.29866e－006	－172.78

4. 噪声分析

如图 5－49 是由噪声分析所得的噪声谱密度曲线，输入输出噪声是由各元件产生的各类噪声在输入输出端等效而来的，单位是 V^2/Hz。

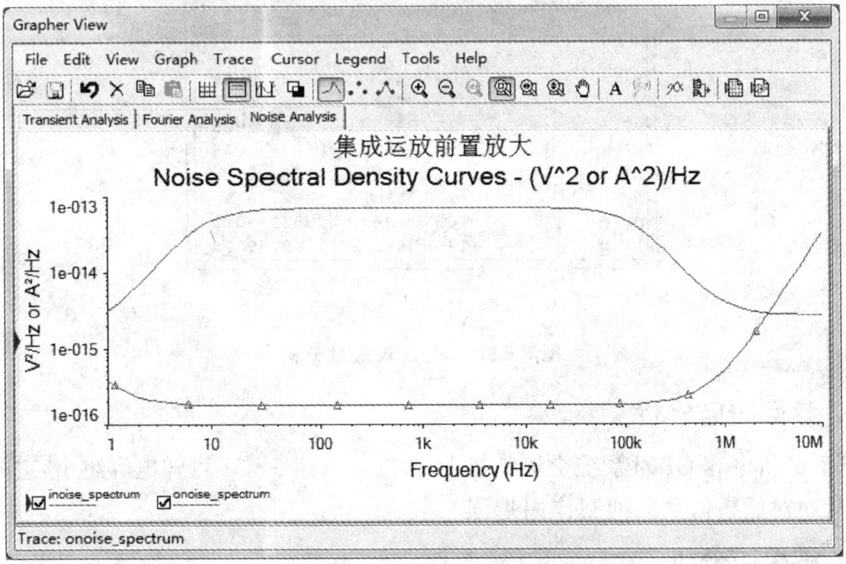

图 5－49　噪声谱密度曲线

5. 交流灵敏度分析

下面分析了电容 C1 和电阻 R_2 关于电路交流特性的灵敏度。电容 C1 的灵敏度随频率增加而减小，而电阻 R_2 的灵敏度随频率的增大而增大。但总体电容的灵敏度高于电阻的灵敏度。图 5－50 游标指示 20 Hz 和 20 kHz 处元件的灵敏度。

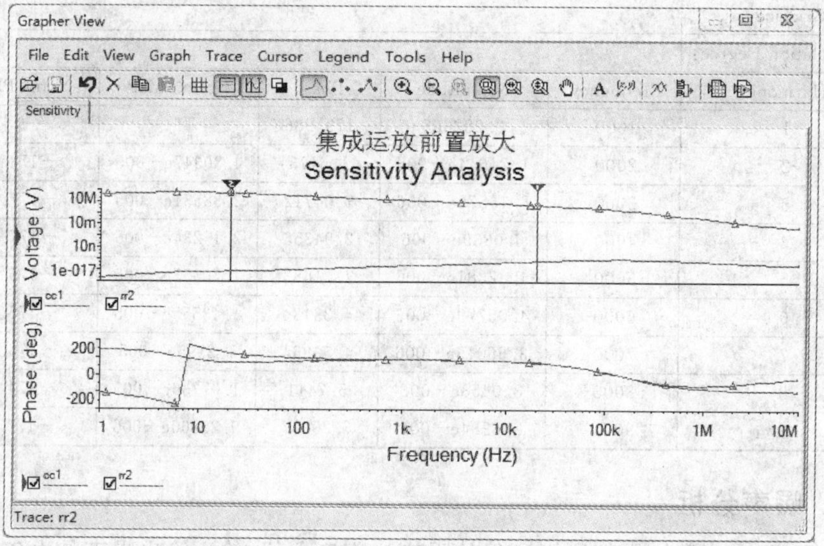

(a)

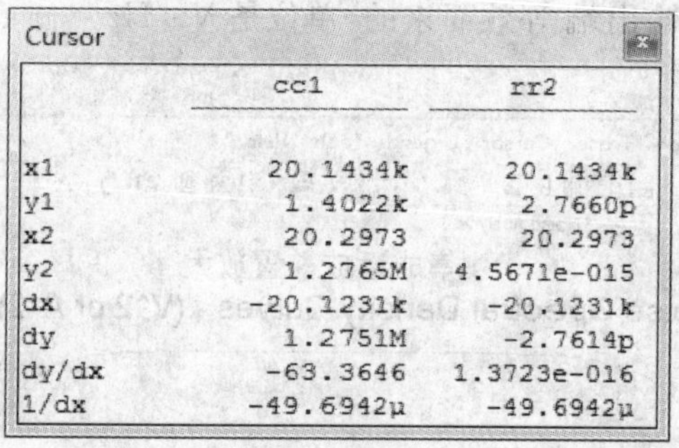

Cursor

	cc1	rr2
x1	20.1434k	20.1434k
y1	1.4022k	2.7660p
x2	20.2973	20.2973
y2	1.2765M	4.5671e-015
dx	-20.1231k	-20.1231k
dy	1.2751M	-2.7614p
dy/dx	-63.3646	1.3723e-016
1/dx	-49.6942µ	-49.6942µ

(b)

图 5－50　交流灵敏度分析

6. 参数扫描分析

下面分析电容 C1 对系统交流特性的影响。由图 5－51 可知电容越小，它的容抗越大，从而对低频信号的抑制作用越强。

7. 零极点分析

由图 5－52 所示的零极点分析结果可知系统闭环极点位于左半 S 平面，所以系统稳定。同时，第一个极点远离原点，可以认为系统只有一个主极点，即这是一个一阶系统。

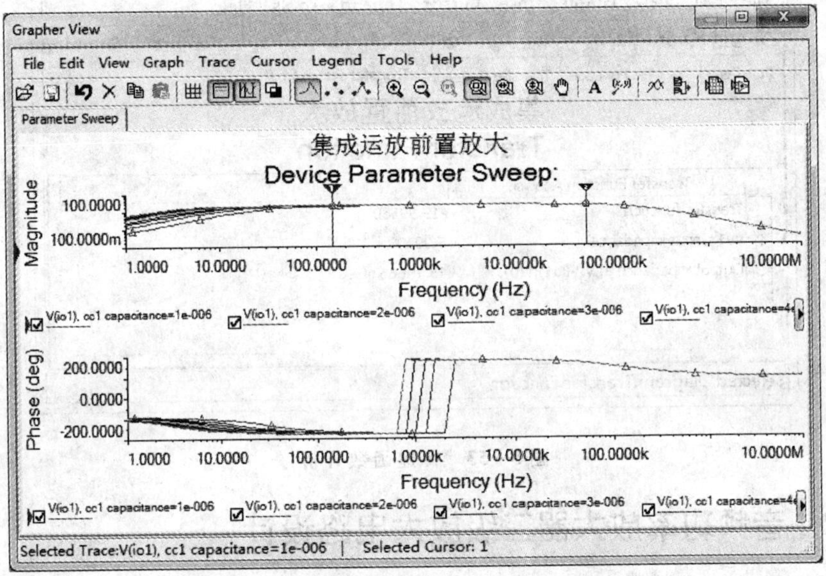

图 5-51　电容的参数扫描

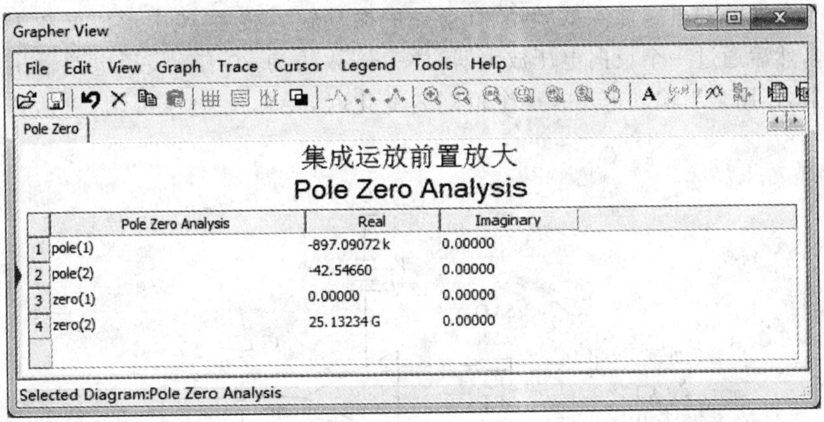

图 5-52　零极点分析

8. 传递函数

Multisim 分析的是直流小信号的传递函数，由于电容 C1 是耦合电容，有隔直作用，所以进行传递函数分析时须去掉电容。图 5-53 为传递函数分析的结果，而实际由于电容 C1 的作用，输入阻抗会更大。

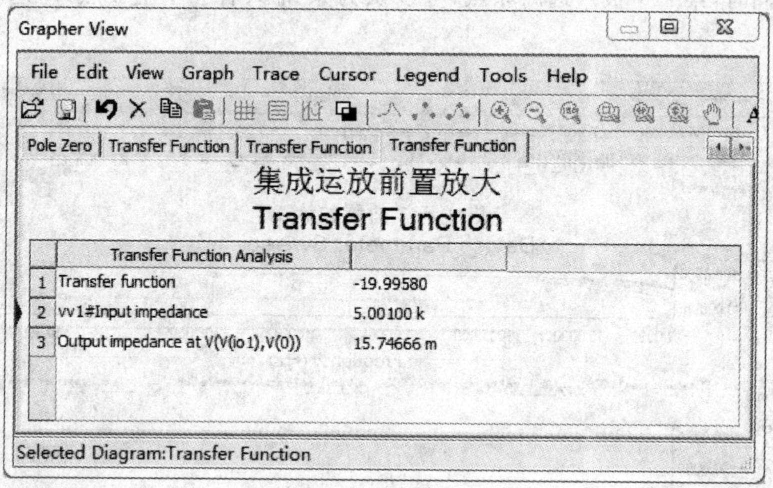

图 5-53　传递函数分析

5.3.2　音频功率放大器二级放大电路设计

二级放大电路不仅提供进一步的电压放大倍数，同时加入音色处理电路，还可对输出的幅度进行调节，电路形式如图 5-54 所示，各元件参数已设定。输入信号首先通过一个高通滤波电路滤除低频噪声(意外的振动输入麦克风中形成低频干扰使声音失真)，然后通过一个反向电压放大器，放大倍数约为 20 倍，最后电路输出接一滑动变阻器，作用是当输入电压在一个范围内变化时，使输出电压可调，以达到合适的音量。

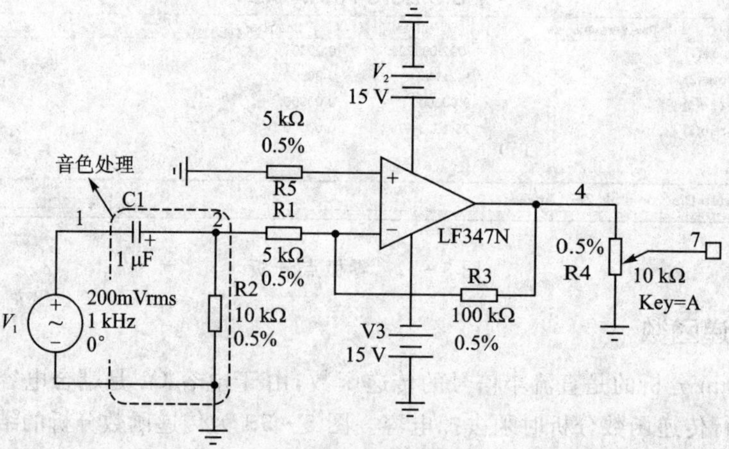

图 5-54　二级放大电路

下面对这个电路的性能用 Multisim 来进行分析。

1. 交流分析

高通滤波器的截止频率 $f_p=\dfrac{1}{2\pi R_2C_1}=\dfrac{1}{2\pi\times10^4\times10^{-6}}\approx15.9$。对此高通滤波器进行交流仿真，得图 5-55 的结果图，得到的截止频率处的增益为中心频率(1 kHz)处增益的 0.707 倍，这个值见图 5-55(b)，对应的截止频率约为 48 Hz。理论计算值和电路仿真结果存在一定差异，是由于带负载后使截止频率升高。

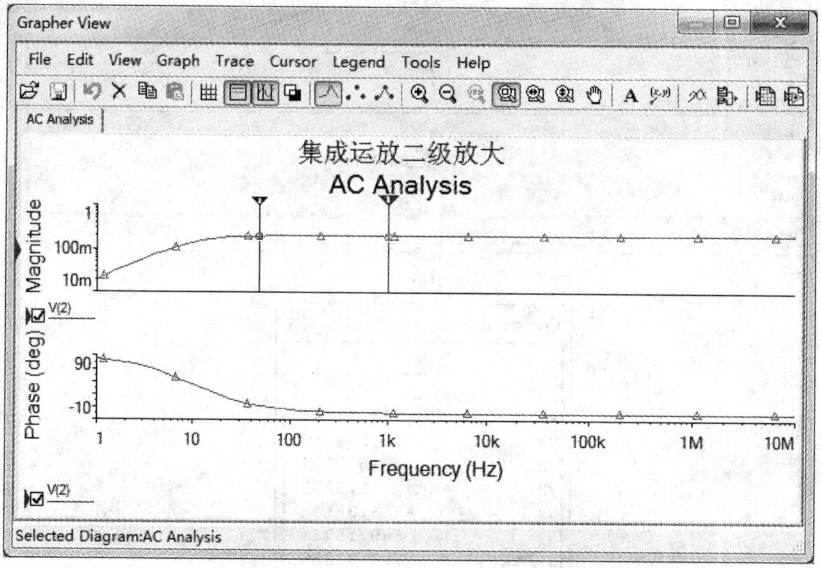

(a)

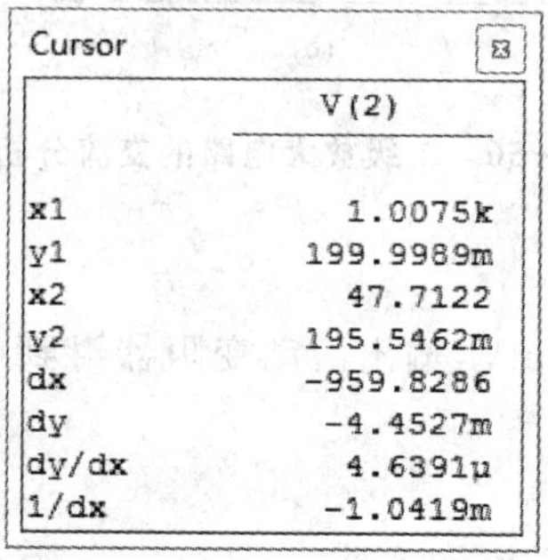
Cursor
V(2)
x1 1.0075k
y1 199.9989m
x2 47.7122
y2 195.5462m
dx -959.8286
dy -4.4527m
dy/dx 4.6391μ
1/dx -1.0419m

(b)

图 5-55　高通滤波器频率特性

整个电路的交流分析如图 5-56 所示，电压放大倍数由于反向比例放大器而提升，通带从 48 Hz～142.6 kHz。把电容的值增大到 4.7 μF，可使低频截至频率扩展到 10 Hz 左右。

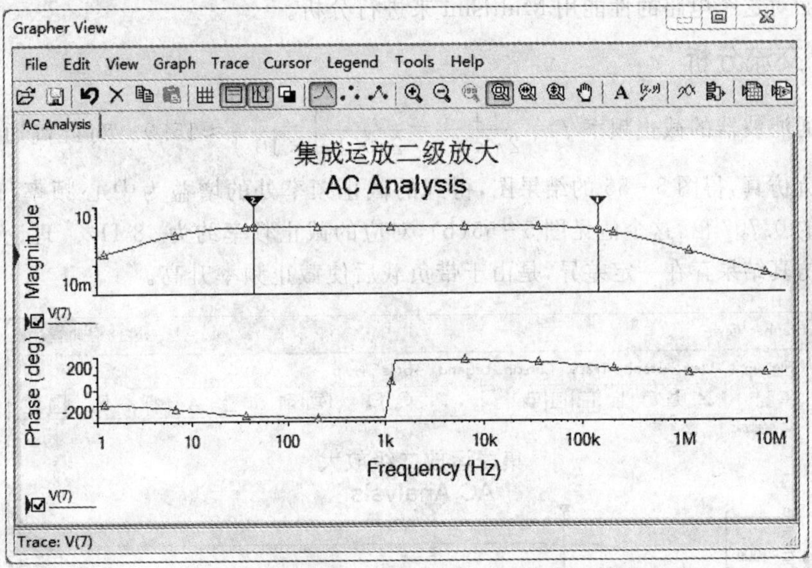

(a)

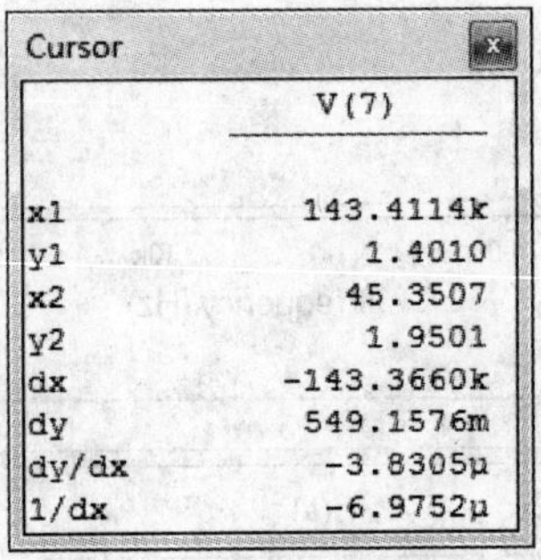

(b)

图 5-56 二级放大电路的交流分析

2. 瞬态分析

当设定输入信号约为 200 mV，输出滑动变阻器滑到中间位置时，输出端的瞬态响应如图 5-57 所示。

3. 傅立叶分析

对电路进行傅立叶分析，得 5-58 所示的图表。选择仿真结果中的表格，单击对话框右上方的输出到 excel 按钮，可生成关于傅立叶分析的 excel 图表，如表 5-4 所列。由表 5-4 可知，二级放大电路的非线性失真度很小。

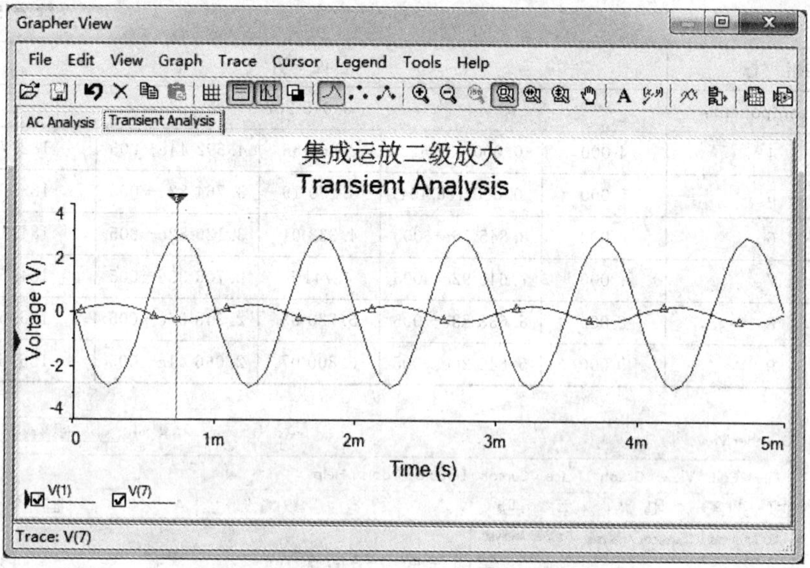

(a)

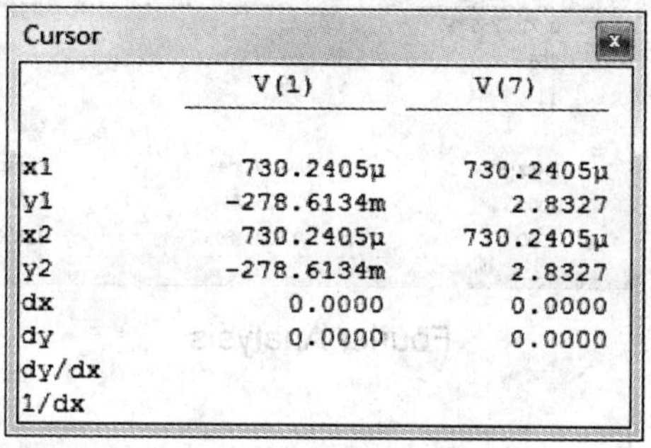

(b)

图 5-57　瞬态分析结果

表 5-4　傅立叶分析具体结果

指　标	说　明				
DC component：	0.045 267 8				
No. Harmonics：	9				
THD：	0.013 788 8 %				
Gridsize：	256				
Interpolation Degree：	1				
Harmonic	Frequency	Magnitude	Phase	Norm. Mag	Norm. Phase
1	1 000	2.826 28	−179.82	1	0
2	2 000	0.000 265 164	1.703 04	9.382 06e−005	181.526
3	3 000	0.000 176 52	2.224 14	6.245 68e−005	182.047

续表 5-4

指　标	说　明				
DC component:	0.045 267 8				
4	4 000	0.000 132 622	2.969 56	4.692 44e−005	182.792
5	5 000	0.000 106 404	3.790 19	3.764 82e−005	183.613
6	6 000	8.845 76e−005	4.333 01	3.129 82e−005	184.156
7	7 000	7.648 92e−005	4.741 5	2.706 35e−005	184.564
8	8 000	6.638 83e−005	5.720 63	2.348 96e−005	185.543
9	9 000	5.840 26e−005	6.800 07	2.066 41e−005	186.623

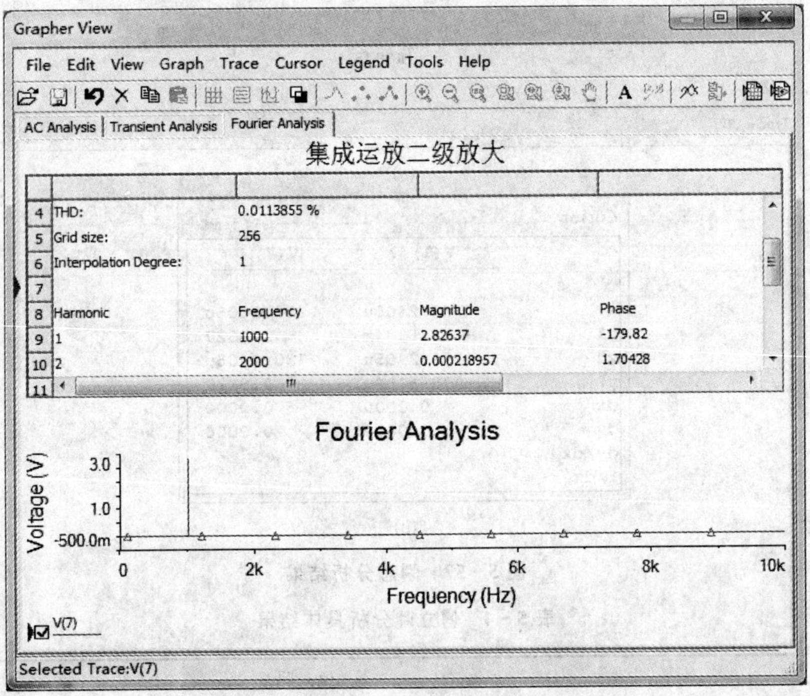

图 5-58　傅立叶分析

4. 噪声分析

如图 5-59 是由噪声分析所得的噪声谱密度曲线,输入输出噪声是由各元件产生的各类噪声在输入输出端等效而来的,单位是 V^2/Hz。

5. 交流灵敏度分析

对高通滤波器中的 C1 和 R_2 进行交流灵敏度分析如图 5-60 所示。电容的交流灵敏度大于电阻。

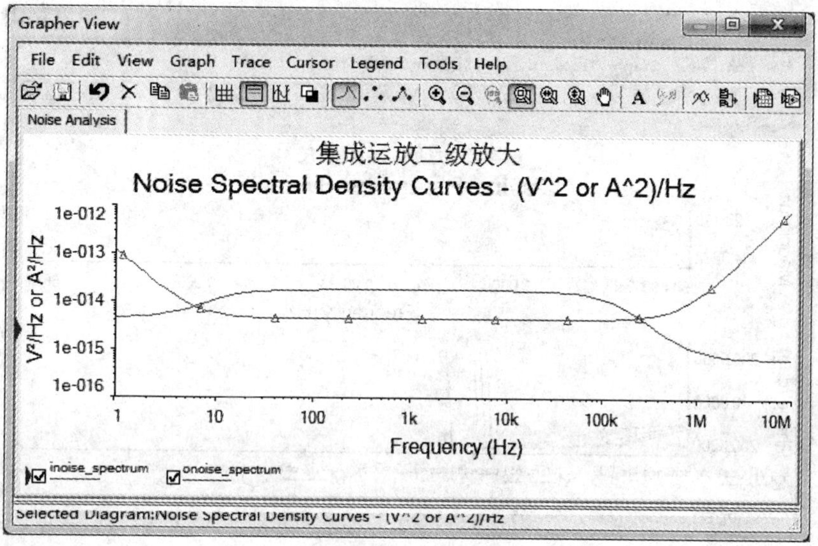

图 5-59 噪声谱密度曲线

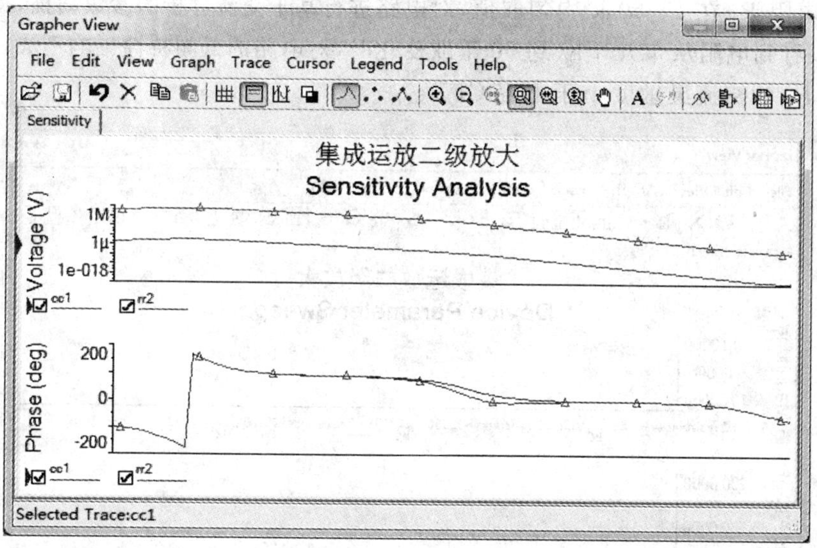

图 5-60 交流灵敏度分析

6. 参数扫描分析

上面分析了高通滤波器的交流特性，下面具体分析电阻电容取值对交流特性的影响。电容 C1 取值从 1～20 μF，从图 5-61 的交流扫描曲线可以看到电容越小，截至频率越高。

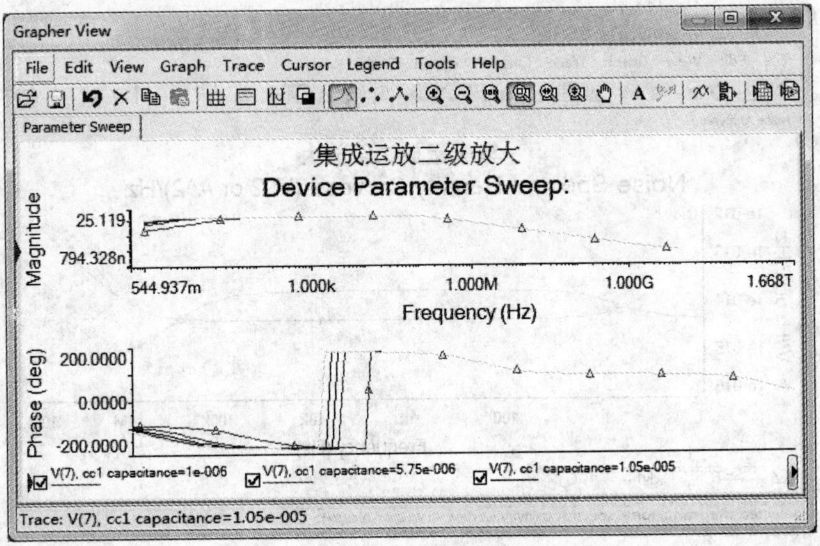

图 5-61 电容的参数扫描分析

当电阻 R_2 在 1～50 k 均匀取值,对电路进行基于交流分析的参数扫描,得图 5-62,可以看到电阻从十几千欧到 50 千欧变化时,对电路的低频特性影响不大,即反映了电阻 R_2 的交流灵敏度小于电容 C1。

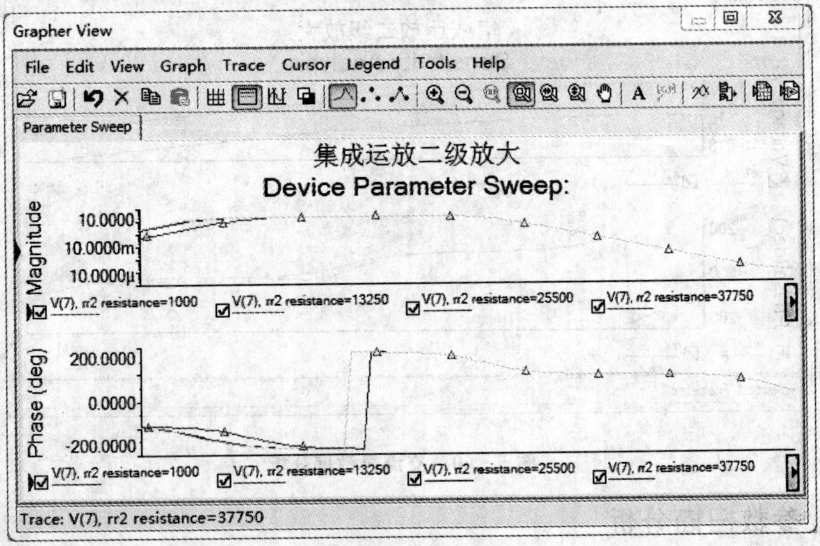

图 5-62 电阻 R2 的参数扫描分析

7. 零极点分析

电路零极点分析结果如图 5-63 所示。极点位于左半 S 平面,所以系统稳定。

第一个极点偏离原点太远可忽略，所以可认为这是一个一阶系统。

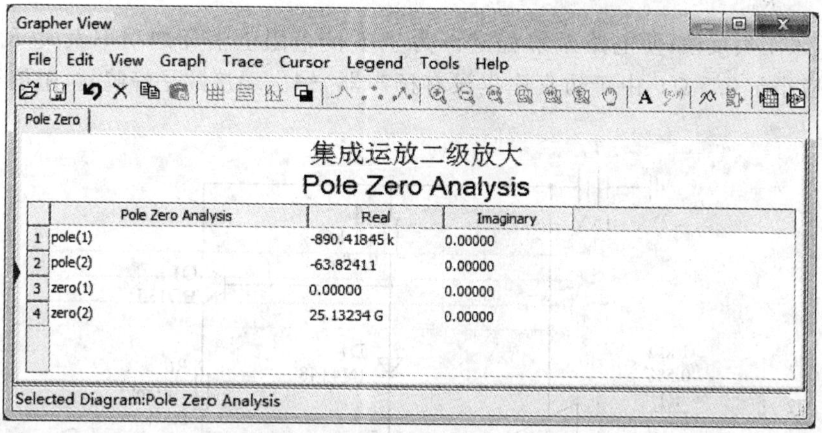

图5-63　零极点分析

8. 传递函数分析

反向电压放大电路的传递函数分析如图5-64所示。由于滑动变阻器只滑到中间位置，所以最后的电路增益约－10。

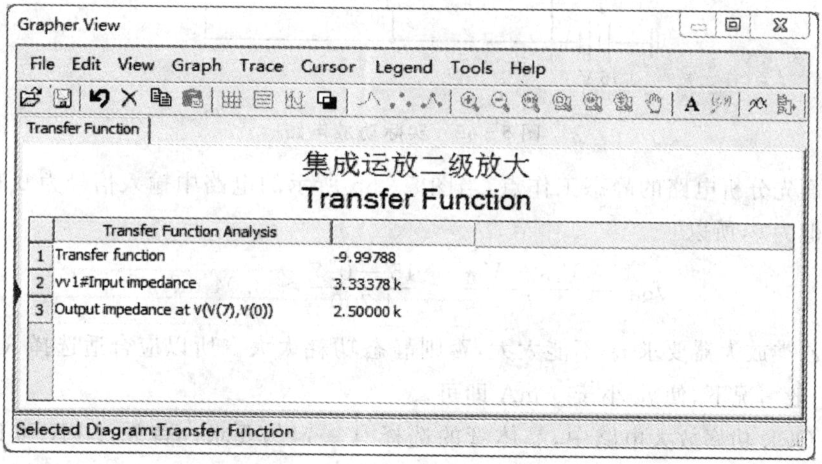

图5-64　传递函数分析

5.3.3　功率放大电路设计

和晶体管音频功率放大器一样，选择甲乙类OCL(Output Condensert Less无输出电容)电路作为输出功率放大器。相关原理已在5.2.1小节中详细介绍过，这里不再重复。甲乙类功放前接一同向放大电路作为推动电路，如图5-65所示，电压放大

倍数为 $1+\frac{R_3}{R_2}$,调节 R_3 的阻值,可实现输出电压大小的控制,同时电阻 R_3 连接到输出端,引入了负反馈,使电路系统稳定。为了不使电阻上消耗的功率太大,R_6 和 R_7 的阻值应小于 0.5 Ω。由于仿真库里没有扬声器,输出端接的是蜂鸣器,阻值约 8 Ω。

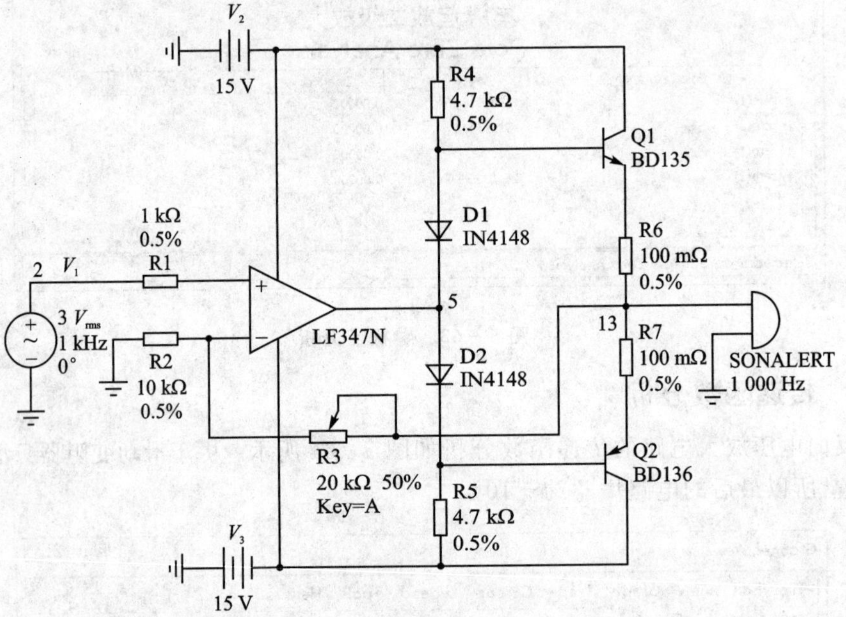

图 5-65 实际功放电路

下面先分析电路的静态工作点:当图 5-65 所示的电路中输入信号为 0 时,5 点电压近似为 0,所以

$$i_{Q1B}=\frac{V_{CC}-V_{D1}}{R_4}=\frac{15-0.7}{4\ 700}\approx 3.04\ \text{mA}$$

甲乙类放大器要求 i_C 不能太大,否则静态功耗太大。所以应合适选择 R_4 和 R_5 的值,一般情况下,使 i_B 小于 5 mA 即可。

在 OCL 功率放大电路中,晶体管的选择有一定的要求。首先,NPN 和 PNP 的特性应对称。其次,还应考虑晶体管所承受的最大管压降、集电极最大电流和最大功耗。相关内容可参考 5.2.1 小节内容。

本设计中在选择晶体管时,应满足:

$$\begin{cases} U_{CEO} > 2V_{CC} = 30 \\ I_{CM} > \frac{V_{CC}}{R_L} \approx 1.875 \\ P_{CM} > 0.2P_{Omax} > 0.4 \end{cases}$$

可选择 BDX53/54F 作为输出晶体管。BDX53/54F 是一对互补的功率晶体管,其内部结构如图 5-66 所示。用复合管代替单管可增加电流放大倍数，使输出功率增加。输出二极管起到防止晶体管一次击穿的作用。R_1 和 R_2 的阻值分别为 10 kΩ 和 150 Ω。查阅数据手册可知，最大管压降为 160 V，集电极最大电流为 12 A，集电极最大功耗为 60 W，所有这些参数远大于最低标准值。

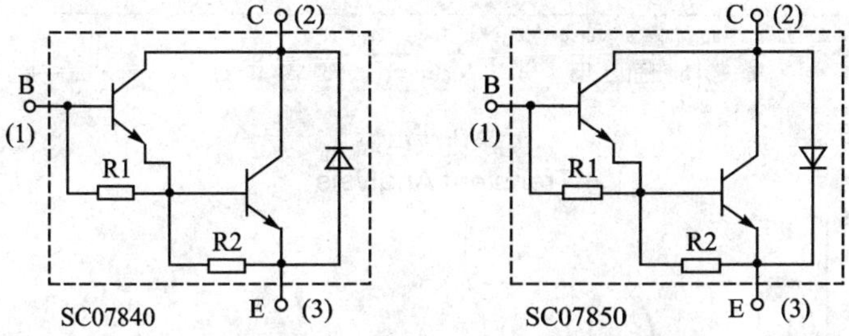

图 5-66　BDX53F 和 BDX54F 的内部结构图

仿真时由于元件库中没有 BDX53/54F，可用 BD135/136 代替，但这两个管子都是单管，最大管压降为 45 V，集电极最大电流为 3 A，集电极最大功耗为 12.5 W，性能上远不如 BDX53/54F，但仍满足要求。

下面用 Multisim 对这个功放电路进行仿真分析。

1. 交流分析

对电路进行交流分析，得图 5-67 的结果。可以看到功率放大电路具有很宽的带宽。

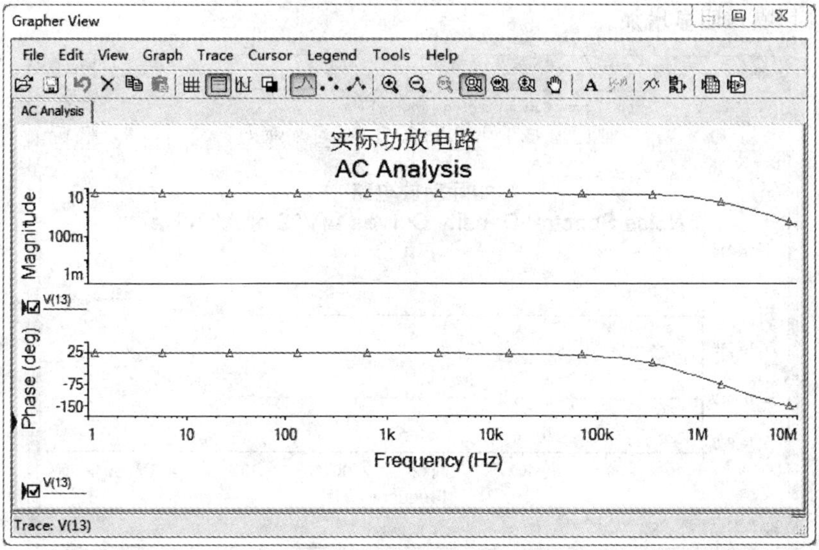

图 5-67　交流分析结果

2. 瞬态分析

在输入 3 V 交流信号,滑动变阻器中心抽头位于中间位置时,电路的瞬态响应如图 5-68 所示。

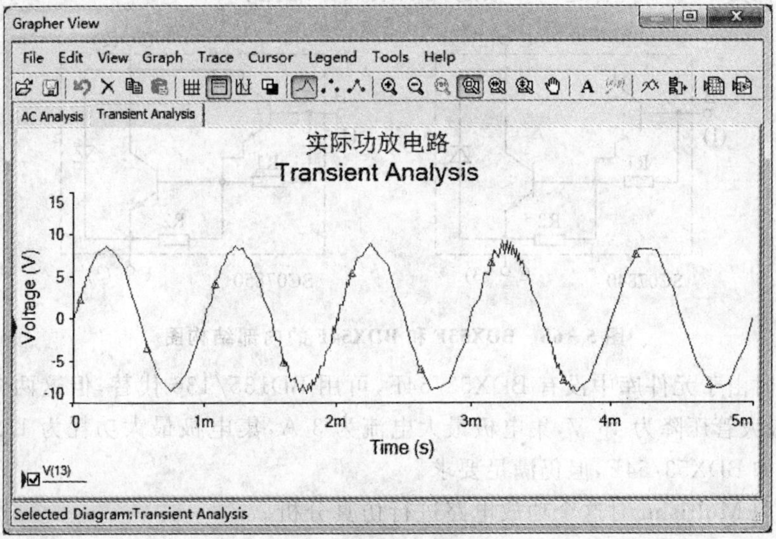

图 5-68 瞬态分析

3. 噪声分析

对电路进行噪声分析,可得噪声谱密度曲线如图 5-69 所示。当频率大于 1 MHz 时,噪声明显增加。

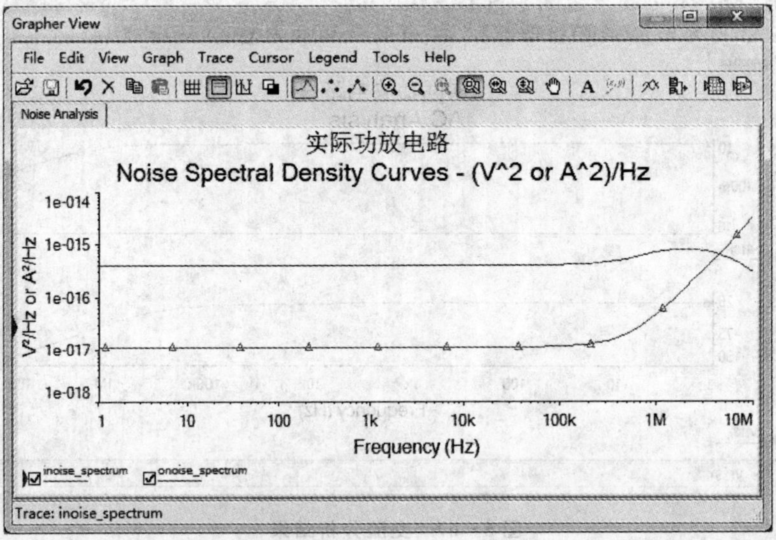

图 5-69 噪声谱密度曲线

4. 参数扫描

把滑动变阻器 R_3 用普通电阻代替，然后对 R_3 进行参数扫描，分析 R_3 对系统交流特性的影响，结果如图 5-70 所示。当反馈电阻越小，带宽越宽，既电路增益越小，带宽越宽。

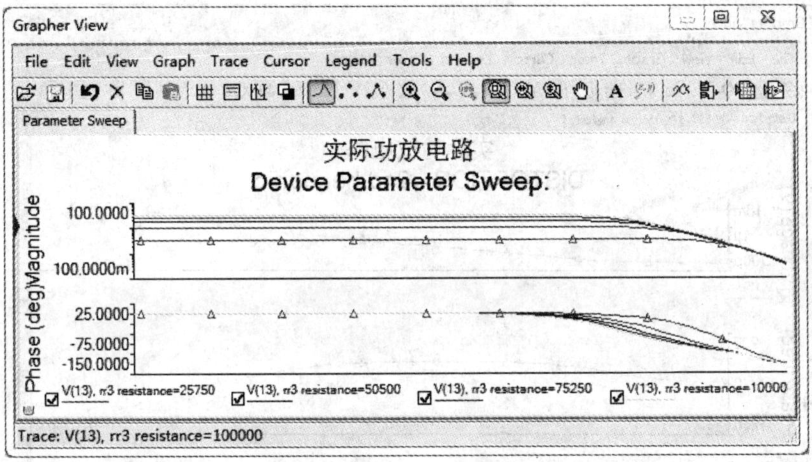

图 5-70　参数扫描用来分析交流特性

接着分析 R_3 电阻参数变化时对瞬态响应的影响，结果如图 5-71 所示。电阻 R_3 增大到约 30 kΩ 以后，波形失真。在电路总体设计考虑供电电压时，由于供电电压及管子性能的限制，功放电路有个最大输出电压，如果放大器的放大倍数太大，输出电压就会失真。

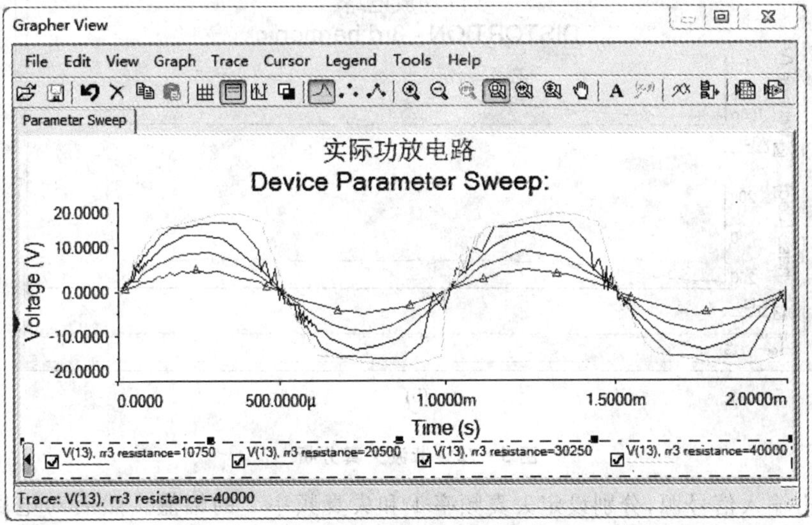

图 5-71　参数扫描用来分析瞬态特性

5. 失真分析

双击输入信号源,设定失真频率 1 的幅值。然后对电路进行失真分析,可得二次和三次谐波失真结果,如图 5-72(a)和(b)所示。由图中可以看到,10 Hz 以后,谐波失真增加。在 1 MHz 左右,谐波失真最大,此时二次谐波失真大于三次谐波失真。

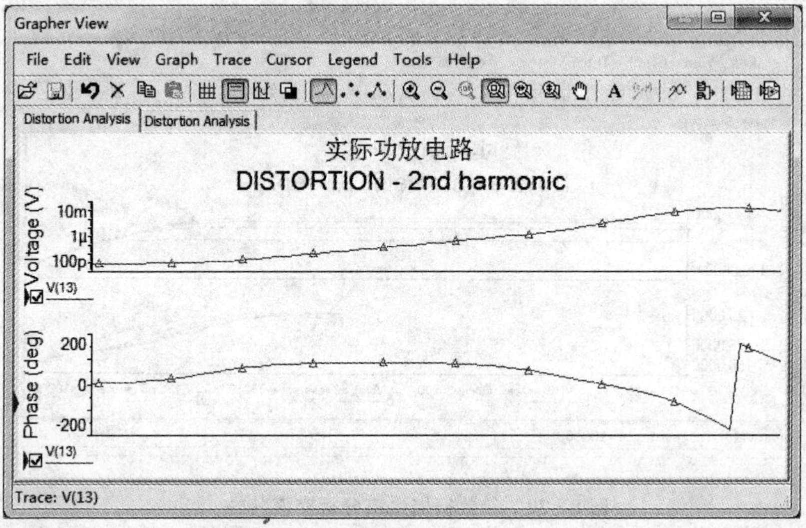

(a)

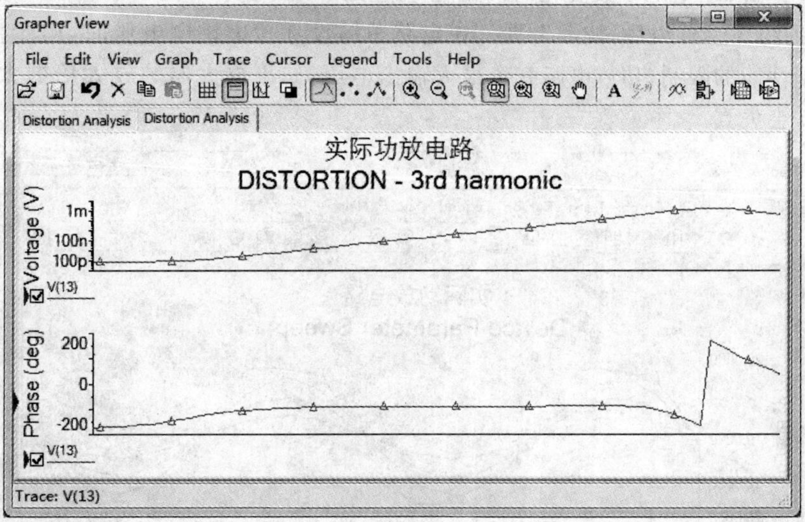

(b)

图 5-72 谐波失真分析

双击输入信号源,分别设定失真频率 1 和失真频率 2 的幅值。然后对电路进行失真分析,可得在不同互调频率处的互调失真结果,如图 5-73(a)、(b)和(c)所示。

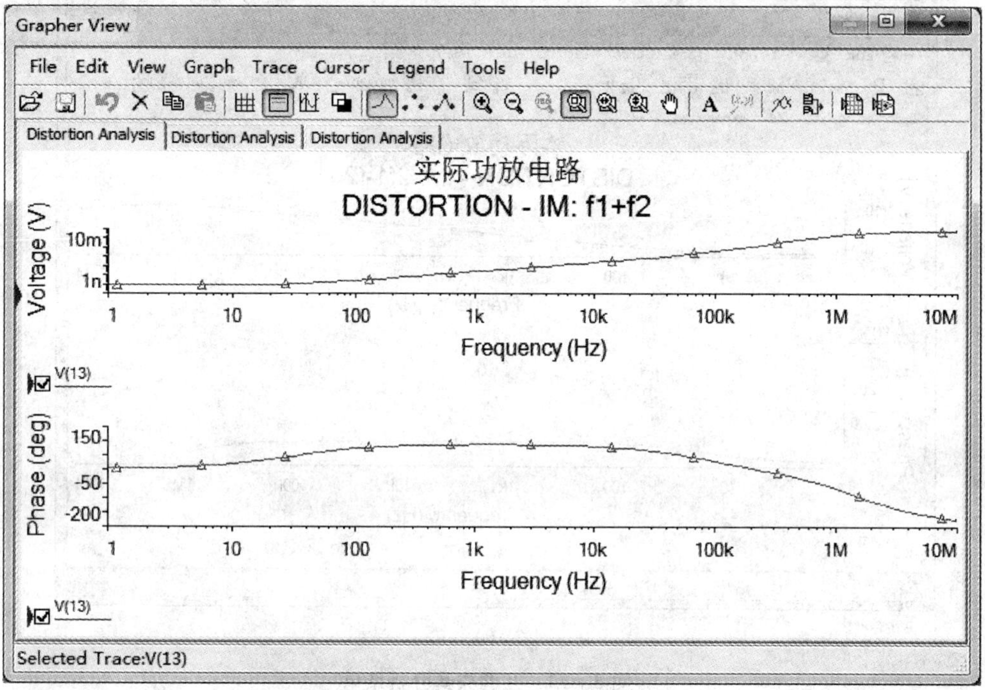
Grapher View
File Edit View Graph Trace Cursor Legend Tools Help
Distortion Analysis
Distortion Analysis
Distortion Analysis
实际功放电路
DISTORTION - IM: f1+f2
Voltage (V)
10m
1n
1
10
100
1k
10k
100k
1M
10M
Frequency (Hz)
V(13)
Phase (deg)
150
-50
-200
Selected Trace:V(13)

(a)

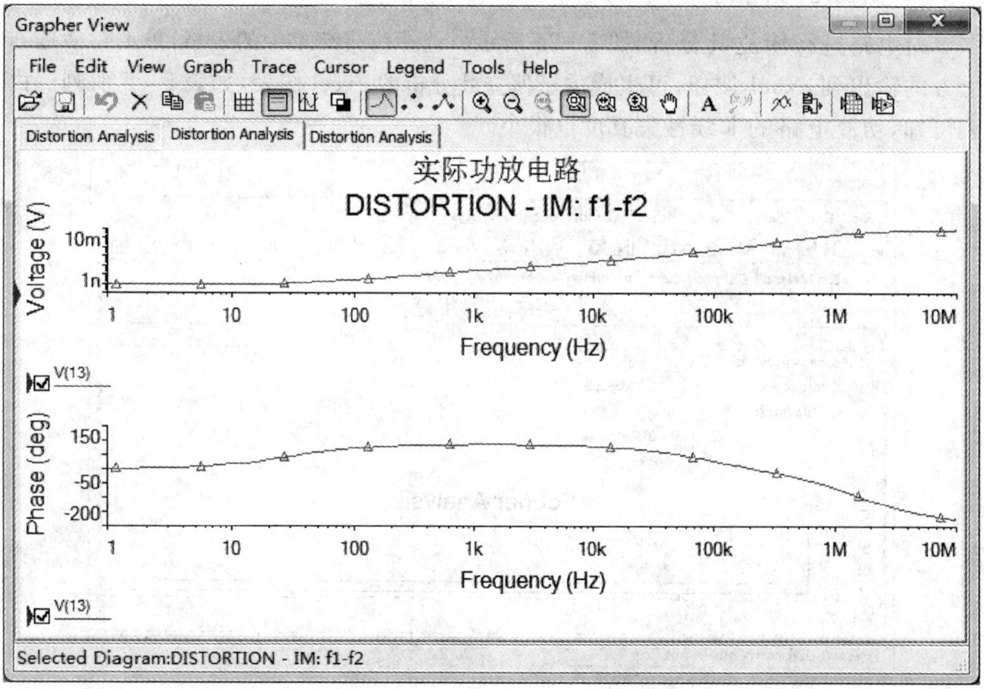
Grapher View
File Edit View Graph Trace Cursor Legend Tools Help
Distortion Analysis
Distortion Analysis
Distortion Analysis
实际功放电路
DISTORTION - IM: f1-f2
Voltage (V)
10m
1n
1
10
100
1k
10k
100k
1M
10M
Frequency (Hz)
V(13)
Phase (deg)
150
-50
-200
Selected Diagram:DISTORTION - IM: f1-f2

(b)

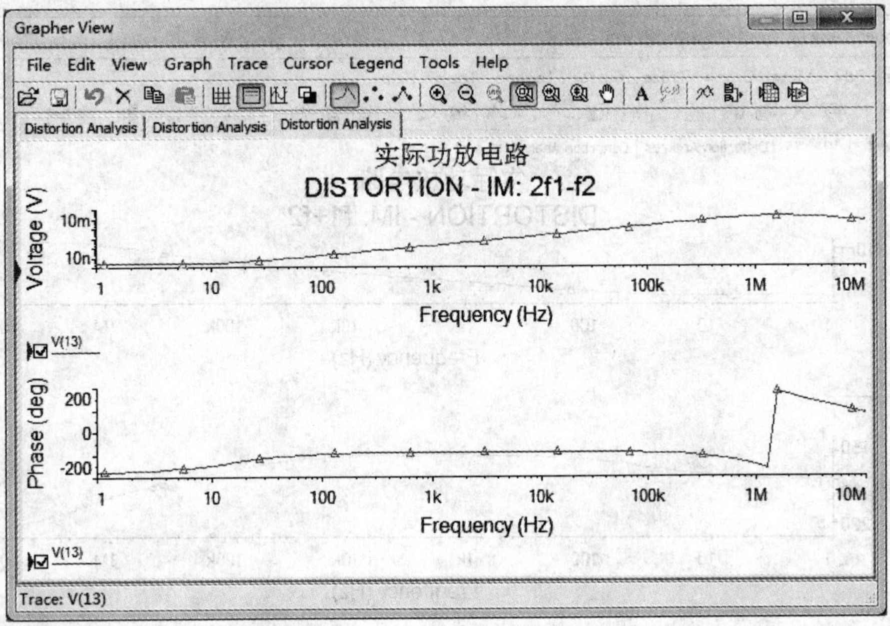

(c)

图 5－73　互调失真分析结果

6. 傅立叶分析

对电路进行傅立叶分析，如 5－74 所示。选择仿真结果中的表格，单击对话框右上方的输出到 excel 按钮，可生成关于傅立叶分析的 excel 图表，如表 5－5 所列。由表可知，功放电路的非线性失真度也很小。

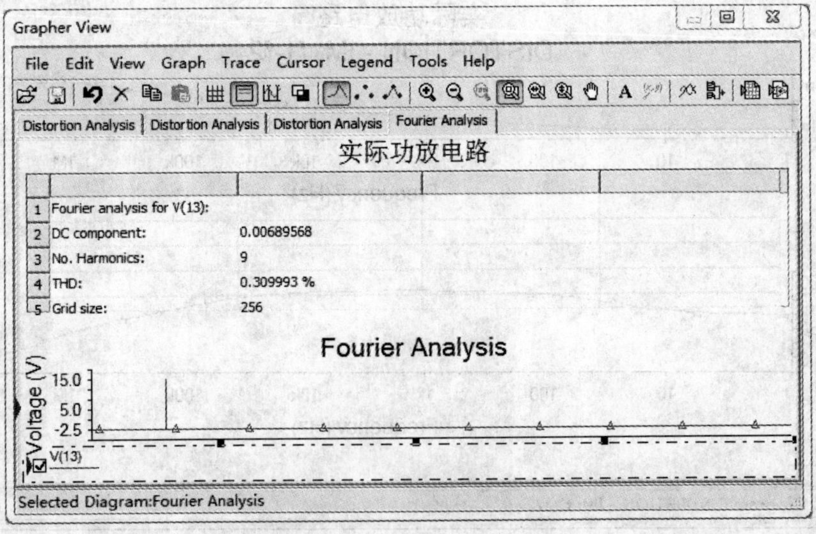

图 5－74　傅立叶分析

表 5-5 傅立叶详细结果

指 标	说 明				
DC component:	0.009 999 78				
No. Harmonics:	9				
THD:	7.255 94e−005 %				
Gridsize:	256				
Interpolation Degree:	1				
Harmonic	Frequency	Magnitude	Phase	Norm. Mag	Norm. Phase
1	1 000	8.482 31	−0.039 609	1	0
2	2 000	6.077 57e−007	−10.471	7.164 99e−008	−10.431
3	3 000	2.991 87e−006	39.036 3	3.527 19e−007	39.075 9
4	4 000	1.119 36e−007	−107.71	1.319 64e−008	−107.67
5	5 000	2.317 92e−006	168.344	2.732 65e−007	168.383
6	6 000	1.080 65e−007	−76.318	1.274 01e−008	−76.278
7	7 000	3.325 56e−006	134.998	3.920 58e−007	135.037
8	8 000	1.065 01e−007	−76.692	1.255 56e−008	−76.653
9	9 000	3.477 39e−006	−46.469	4.099 57e−007	−46.429

5.3.4 Multisim 综合电路分析

把以上各电路组合起来就构成一个简单的音频功放电路，如图 5-75 所示，此电路没有加音调控制电路，实际中需要，可在功放级前加入。

下面对综合电路进行具体的仿真分析。

1. 瞬态分析

图 5-76 所示为瞬态分析结果，波形基本不失真。调节电路中的电阻 R_6 和 R_{11}，可改变输出幅度。

当输入接地时，电路的瞬态输出如图 5-77(a)所示，输出点探针指示如图 5-77(b)。系统存在小幅度的交流噪声。但交流噪声功率远小于 10 mV。

2. 静态工作点分析

输入不加信号，对电路进行静态工作点分析，如图 5-78 所示。由输出静态电压所计算而得的静态电流小于 20 mA，属于正常情况。集成运放功率放大电路的输出静态电流和电压都大于晶体管功率放大电路，且调节不方便。

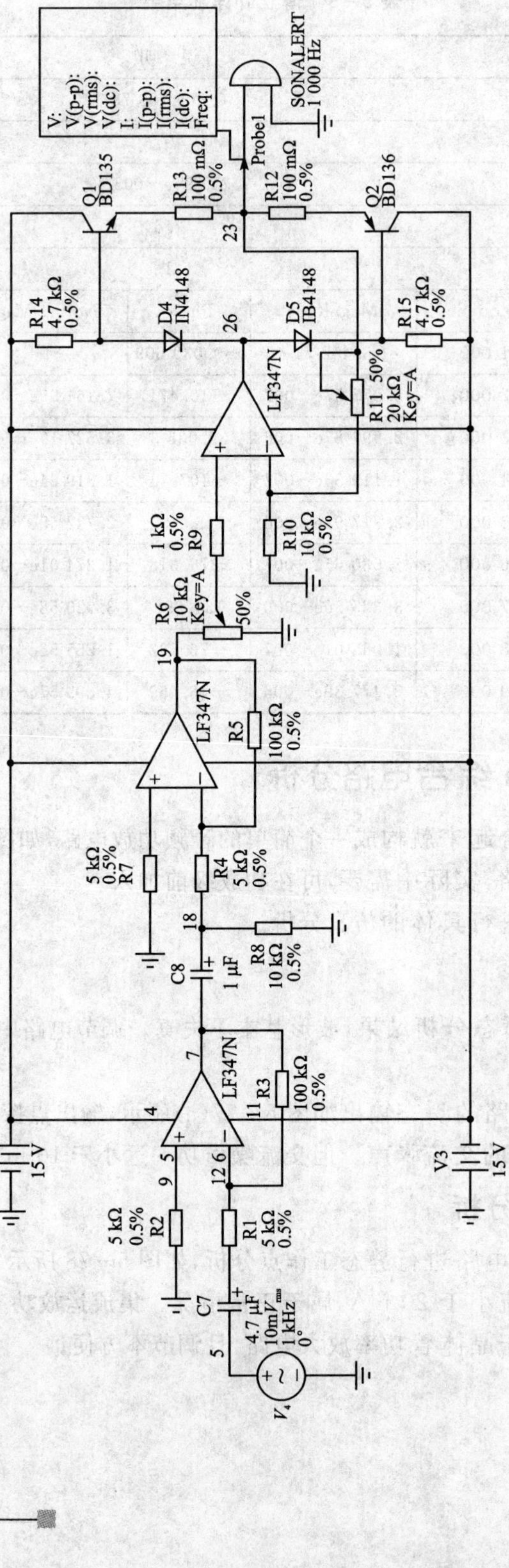
V:
V(p-p):
V(rms):
V(dc):
I:
I(p-p):
I(rms):
I(dc):
Freq:
SONALERT
1 000 Hz
Probe1
Q1
BD135
R13
100 mΩ
0.5%
R12
100 mΩ
0.5%
Q2
BD136
23
R14
4.7 kΩ
0.5%
D4
IN4148
26
D5
IB4148
R15
4.7 kΩ
0.5%
LF347N
R11 50%
20 kΩ
Key=A
1 kΩ
0.5%
R9
R10
10 kΩ
0.5%
R6
10 kΩ
Key=A
50%
19
LF347N
R5
100 kΩ
0.5%
5 kΩ
0.5%
R7
R4
5 kΩ
0.5%
18
C8
1 μF
R8
10 kΩ
0.5%
7
LF347N
R3
100 kΩ
0.5%
4
11
V2
15 V
V3
15 V
9
5
12
6
5 kΩ
0.5%
R2
R1
5 kΩ
0.5%
C7
4.7 μF
10mVrms
1 kHz
0°
5
V4

图 5-75 综合电路设计

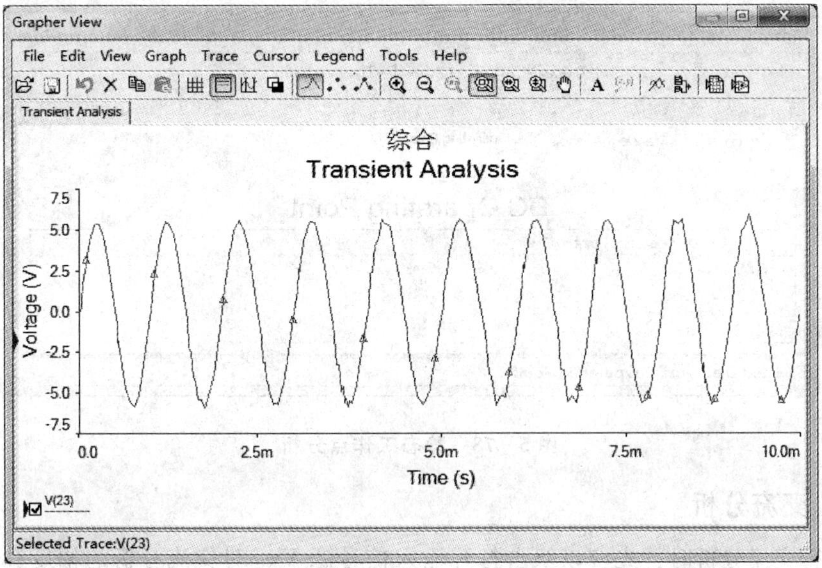

图 5-76　瞬态分析结果

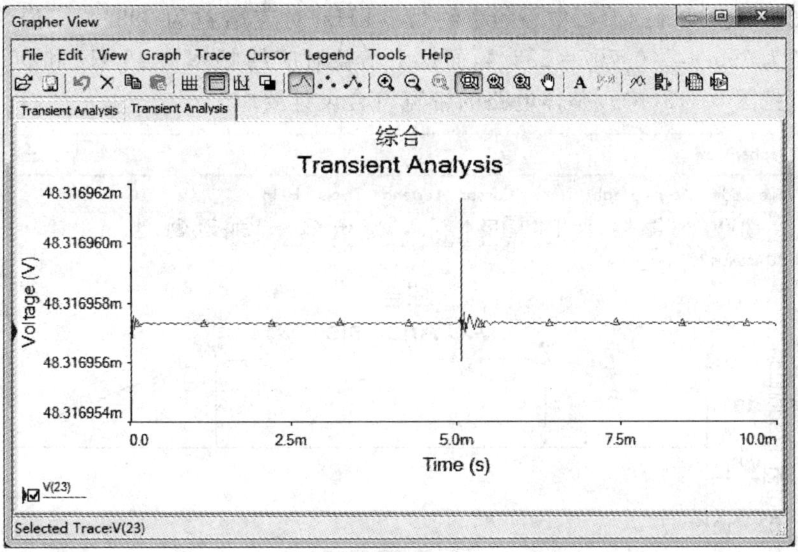

(a)

V: 48.3 mV
V(p-p): 11.9 pV
V(rms): 48.3 mV
V(dc): 48.3 mV
I: 6.04 mA
I(p-p): 1.49 pA
I(rms): 6.04 mA
I(dc): 6.04 mA
Freq.: 32.0 kHz

(b)

图 5-77　零输入时的输出状态

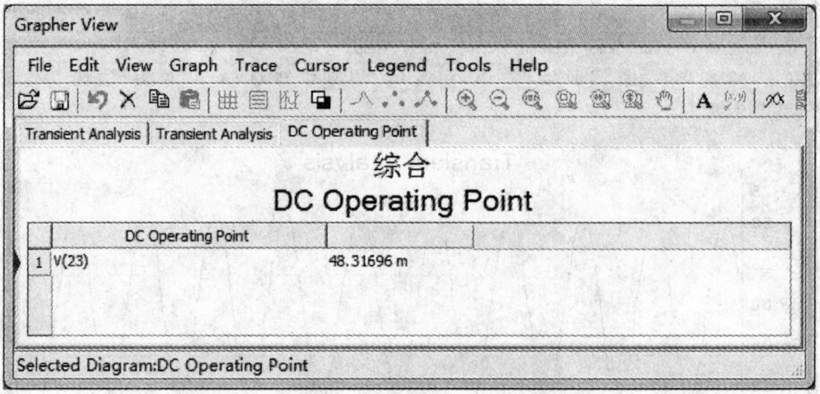

图 5-78 静态工作点分析

3. 交流分析

进行交流分析时首先应该双击打开输入信号源 V1,对交流分析的幅度进行设置(详见第 4 章交流分析一节)。交流分析的结果如图 5-79(a)所示,单击显示游标按钮可在图上显示准确的值。中心频率约为 1 kHz,对应增益为 399.44。通带截止频率处增益为 399.44×0.707=282.4,而这个增益对应的频率为 49 Hz 和 90.3 kHz,具体数值见图 5-78(b)。整体电路的带宽符合设计要求。

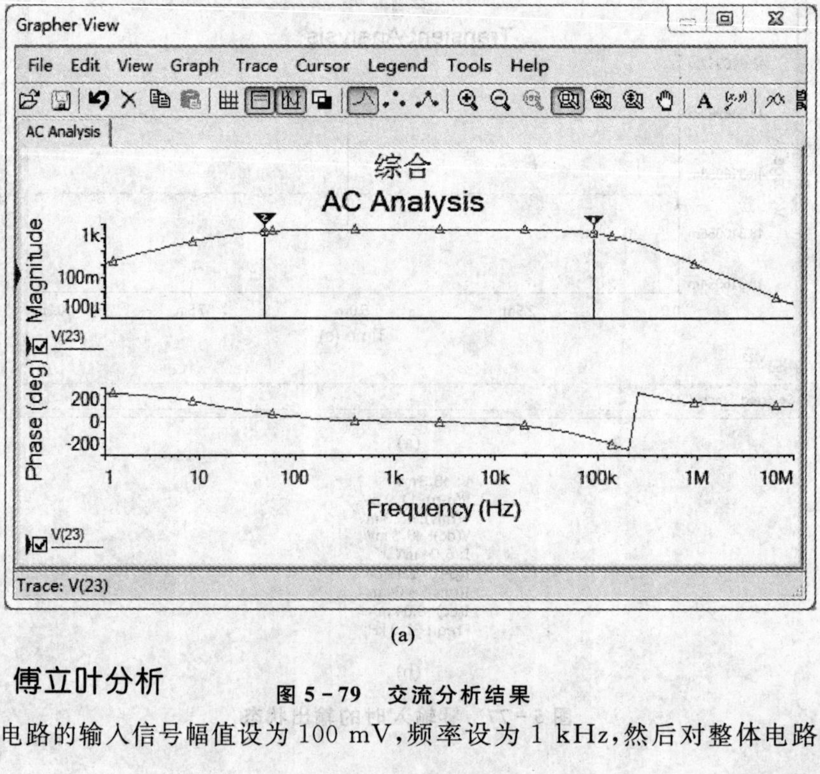

(a)

图 5-79 交流分析结果

4. 傅立叶分析

把电路的输入信号幅值设为 100 mV,频率设为 1 kHz,然后对整体电路进行傅

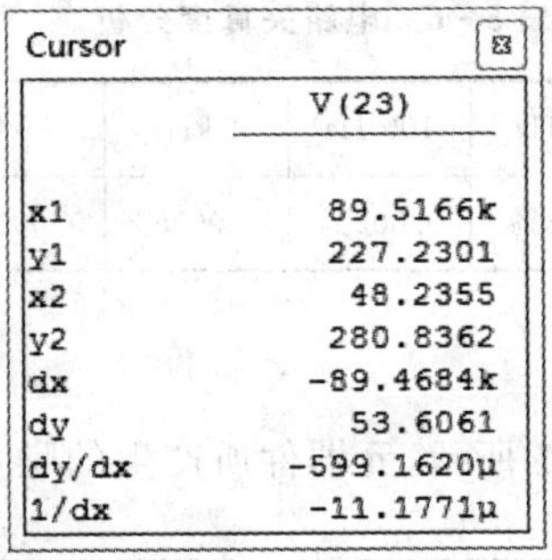

(b)

图 5-79　交流分析结果(续)

立叶分析,如图 5-80 所示,此时非线性失真率为 0.36%,所以波形失真很小。

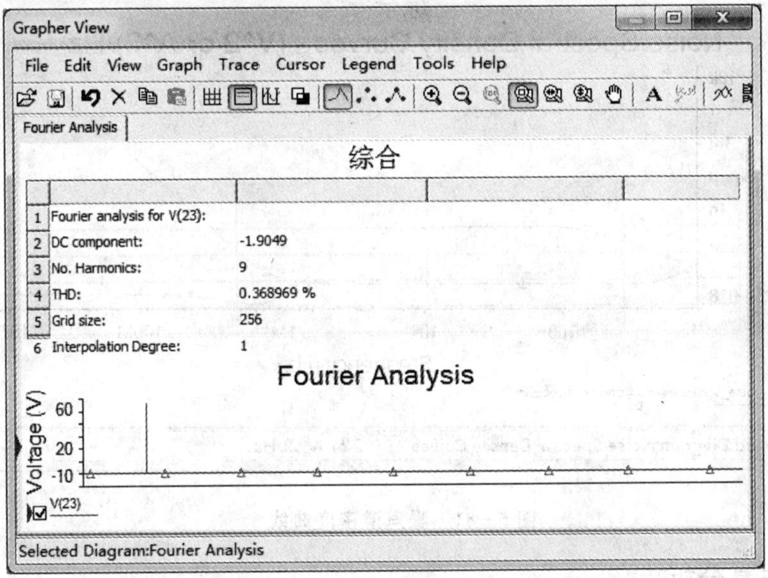

图 5-80　傅立叶分析结果

把输入信号的幅值改成 10 mV,分别在表 5-6 所列的频率下对电路进行傅立叶分析,得到相应的总谐波失真度值。在设计要求的频带内,总的失真度非常小,达到设计要求。

表 5-6 电路失真度分析

频 率	20 Hz	100 Hz	1 kHz	5 kHz	20 kHz
失真度	0.33%	0.002%	0.00005%	0.0001%	0.014%

5. 噪声分析

噪声谱密度曲线如图 5-81 所示,元器件所产生的噪声数量级非常小。

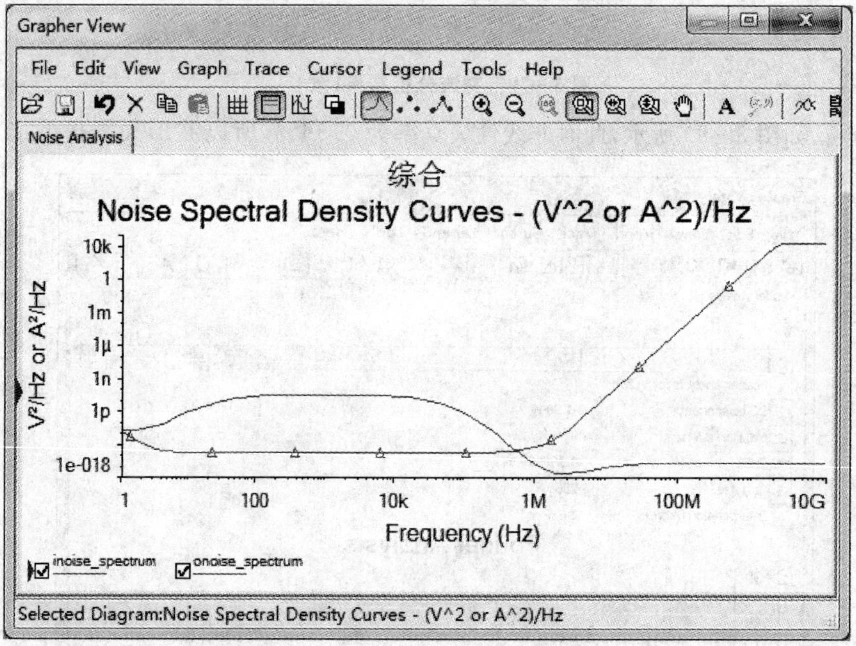

图 5-81 噪声谱密度曲线

6. 失真分析

首先分析电路的谐波失真,图 5-82(a)、(b)分别为二次和三次谐波失真曲线。

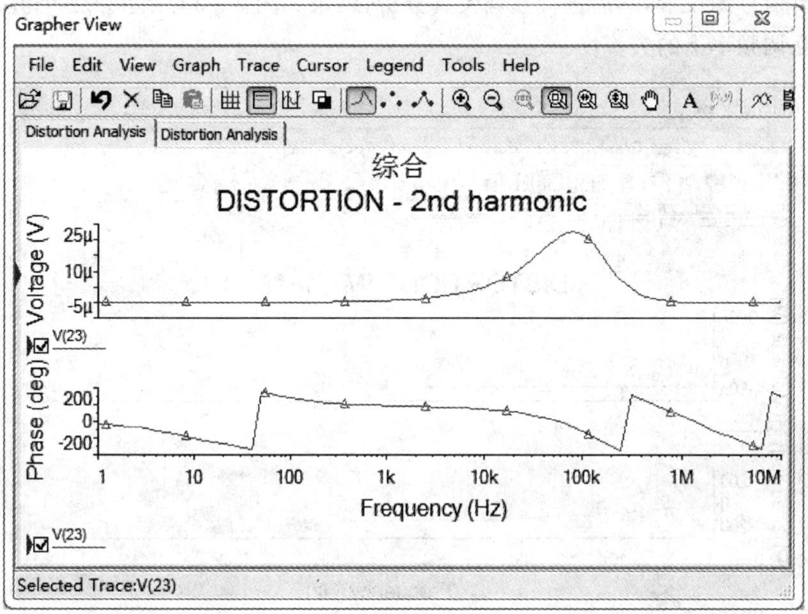

(a)

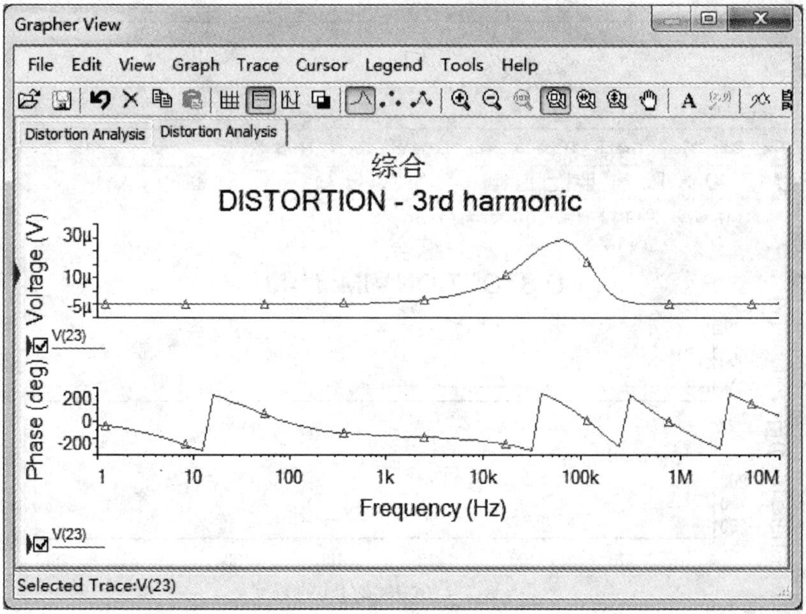

(b)

图 5-82　谐波失真分析

更改信号源设置,然后进行互调失真分析,结果如图 5-83 所示。三个波形分别为不同互调频率下的失真度。

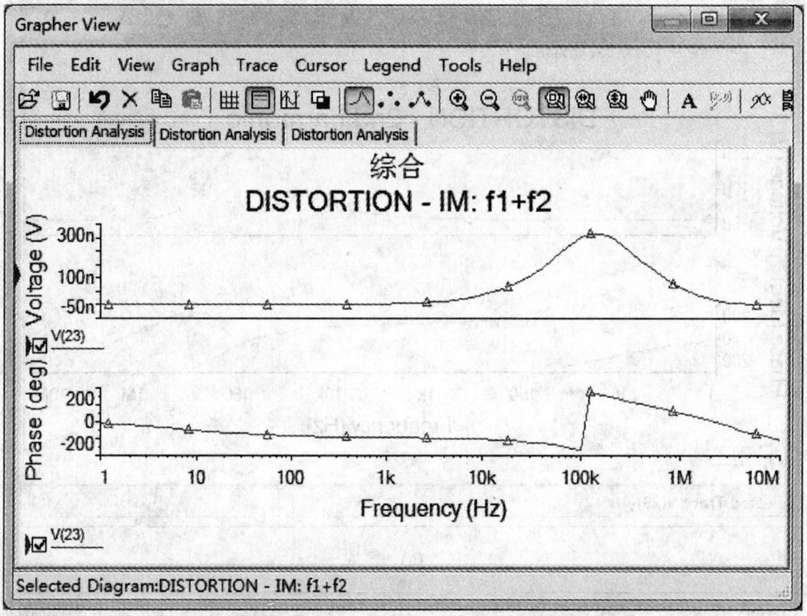

(a)

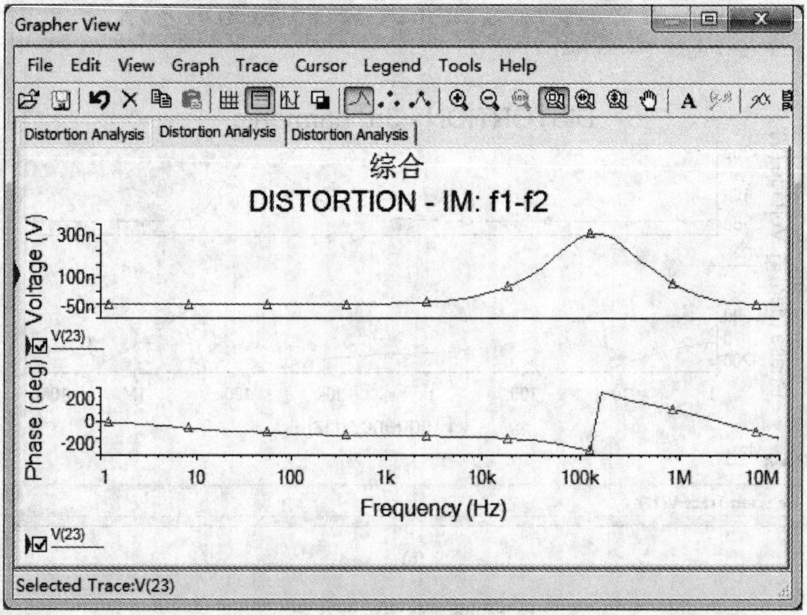

(b)

图 5-83 互调失真分析

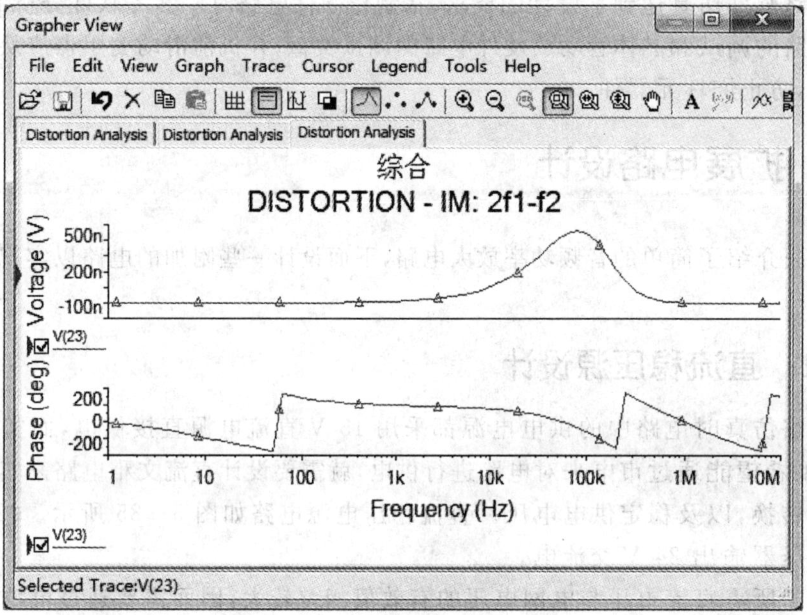

(c)

图 5-83　互调失真分析(续)

7. 零极点分析

电路零极点分析如图 5-84 所示,由于所有极点位于左半 S 平面,所以系统稳定。

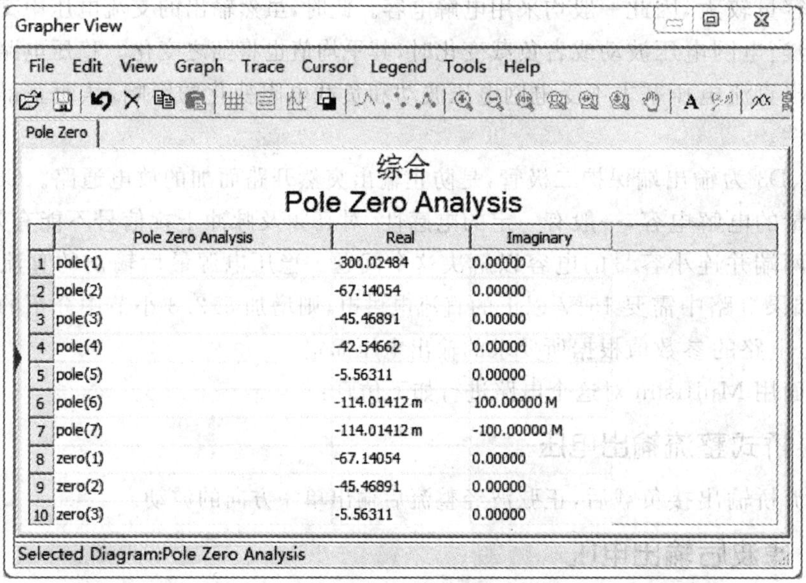

	Pole Zero Analysis	Real	Imaginary
1	pole(1)	-300.02484	0.00000
2	pole(2)	-67.14054	0.00000
3	pole(3)	-45.46891	0.00000
4	pole(4)	-42.54662	0.00000
5	pole(5)	-5.56311	0.00000
6	pole(6)	-114.01412 m	100.00000 M
7	pole(7)	-114.01412 m	-100.00000 M
8	zero(1)	-67.14054	0.00000
9	zero(2)	-45.46891	0.00000
10	zero(3)	-5.56311	0.00000

图 5-84　零极点分析

电路软件仿真达到了设计的要求,在制作硬件电路时应参考软件分析的结果。硬件电路的调试和晶体管功放硬件电路的调试类似,开机前滑动变阻器应从最小值往大调,防止烧坏元器件。

5.4 扩展电路设计

上面介绍了简单的音频功率放大电路,下面设计一些附加的电路以实现更多的功能。

5.4.1 直流稳压源设计

电路仿真时电路中的供电电源都采用 15 V 直流电源直接供电,而实际应用中,如果希望能通过市电来对电路进行供电,就需要设计直流文雅电路来实现交一直流的转换,以及稳定供电电压。直流稳压电源电路如图 5-85 所示。220 V 市电经变压器输出 24 V 交流电。

由于所需直流电压与电网电压的有效值相差较大,因而需要通过电源变压器降压后,再对交流电压进行处理。变压器输出端接桥式整流器,将正弦波电压转换成单一方向的脉动电压,它含有较大的交流分量,会影响负载电路的正常工作,例如交流分量会混入输入信号被放大电路放大,甚至在放大电路的输出端所混入的电源交流分量大于有用信号,因而不易直接作为电子电路的供电电源。

解决的办法是整流桥输出接入电容构成低通滤波器,使输出电压平滑。由于滤波电容容量较大,因此一般均采用电解电容。此时,虽然输出的支流电压中交流分量较小,但当电网电压波动或者负载变化时,其平均值也将随之变化。稳压电路的功能是使输出直流电压基本不受电网电压波动和负载电阻变化的影响,从而获得足够高的稳定性。

D2、D3 为输出端保护二极管,是防止输出突然开路而加的放电通路。C3、C4 属于大容量的电解电容,一般有一定的电感性,对高频及脉冲干扰信号不能有效滤除,故在其两端并连小容量的电容以解决这个问题。稳压电源最后输出的直流电压约 15 V,如果电路中需要 15 V 以下的直流电供电,则增加 5.2.3 小节中介绍的分压电路,分压电路的参数值根据所要求的输出电压而定。

下面用 Multisim 对这个电路进行如下仿真:

1. 桥式整流输出电压

整流桥输出接负载后,正弦波经整流后输出单一方向的波动。

2. 滤波后输出电压

整流桥后接滤波器,交流成分减小,但仍然存在小的波动。

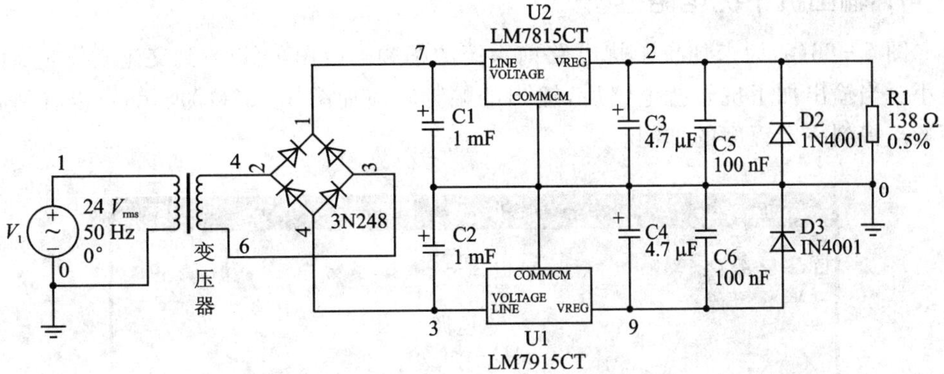

图5-85 直流稳压源电路

3. 接三端稳压后输出

接三端稳压后，输出电压基本稳定。

4. 电压调整率

输入220 V交流电，变化范围为+15%～-20%，所以电压波动范围为176～253 V。在额定输入电压下，当输出满载时，调整输出电阻，使电流约为最大输出电流，即0.1 A，得满载时电阻为138 Ω。当输入电压为176 V、负载为138 Ω时，输出电压U_1为14.832 V；当输入电压为220 V、负载为138 Ω时，输出电压U0为14.839 V；当输入电压为253 V，负载为138 Ω时，输出电压U_2为14.842 V。

取U为U_1和U_2中相对U_0变化较大的值，则$U=14.832$，所以电压调整率：$S_V=\frac{|U-U_0|}{U_0}\times 100\%=\frac{|14.832-14.839|}{14.839}\times 100\%=\frac{0.007}{14.839}\times 100\%\approx 0.05\%$

5. 电流调整率

设输入信号为额定220 V交流电，当输出满载(138 Ω)时，输出电压U_0为14.839 V；当输出空载时，输出电压U为15.26 V；当输出为50%满载时，输出电压U_0为14.98 所以电压调整率：

$$S_I=\frac{|U-U_0|}{U_0}\times 100\%=\frac{|15.26-14.98|}{14.98}\times 100\%=\frac{0.28}{14.98}\times 100\%\approx 1.9\%$$

6. 纹波电压

在额定220 V输入电压下，输出满载，即负载电阻为138 Ω时，因只选择了观察交流成分，所以所观察到的信号即纹波电压信号，其峰峰值为2.143 nV。

7. 输出抗干扰电路分析

图 5-86(a)为未加抗干扰电路前系统的幅频响应图,可以看到交流成分的幅值很小。当输出加了抗干扰电路后,输出的幅频响应如图 5-86(b)所示,可以看到高频噪声得到一定程度的抑制。

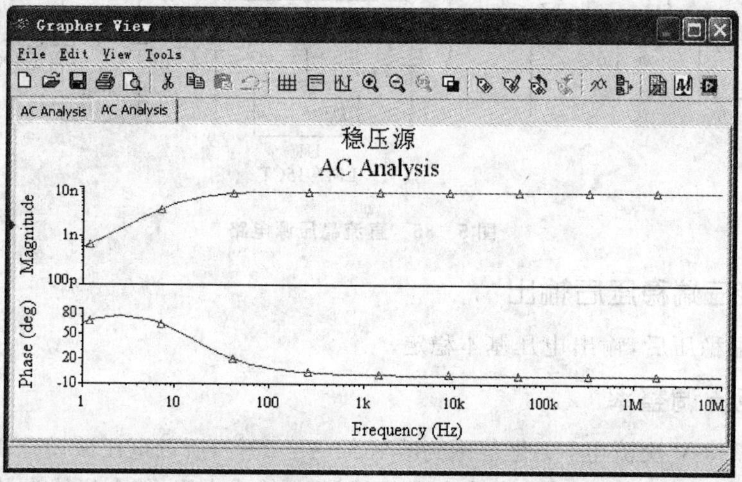

(a)

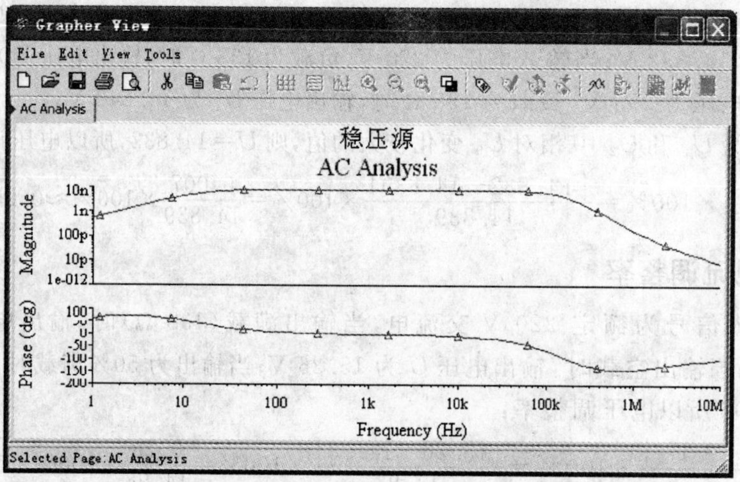

(b)

图 5-86 抗干扰电路交流分析

5.4.2 50 Hz 的陷波器设计

上面主体电路的仿真是由标准 15 V 直流源供电,而实际电路中,当用 220 V 交流电通过变压器及直流稳压电源对电路供电,可能会引入 50 Hz 的工频干扰。虽然晶体管功放的前置放大电路对共模干扰具有较强的抑制作用，但有部分工频干扰是以差模信号方式进入电路的，所以必须专门滤除。下面介绍一种双T陷波器。

滤波器电路如图5-87所示，该电路的Q值和反馈系数β有关，其中$0<\beta<1$。Q值与β的关系如下：$Q=\frac{1}{4(1-\beta)}$。而β与R_4和R_5的比值有关，调节他们的比值就可改变Q值。同时电路引入了正反馈，适当的调整R_3和C_3可使中心频率f_0处的电压放大倍数增加，而又不会因正反馈过强而产生自激振荡。

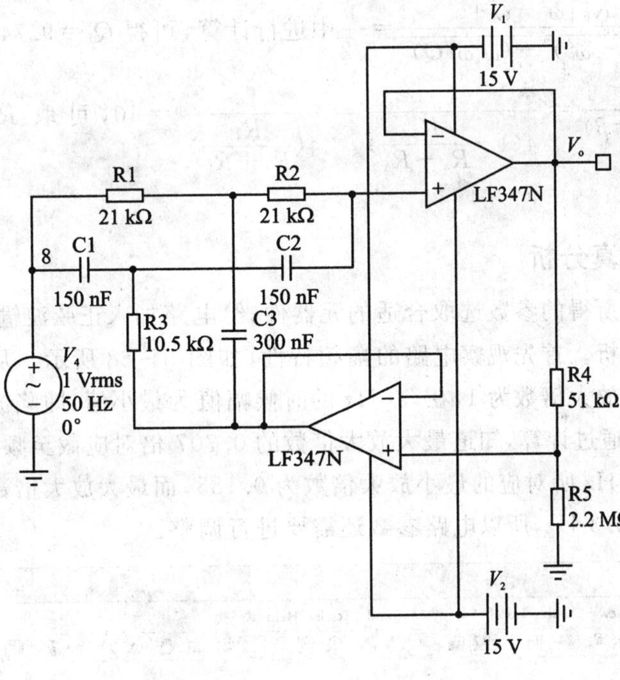

图5-87　双T陷波滤波器设计

1. 元器件参数参数计算

根据双T陷波器的特性，应取$R_1=R_2=R$，$R_3=R/2$，$C_1=C_2=C$，$C_3=2C$。所以本电路中取$C=0.15\ \mu F$，由公式$R=\frac{1}{2\pi f_0 C}$，当中心频率$f_0=50$ Hz时，计算得$R\approx 21\ k\Omega$，所以元器件参数可用设定为：$R_1=R_2=21\ k\Omega$，$C_1=C_2=0.15\ \mu F$，$R_3=R/2=10.5\ k\Omega$，$C_3=2C=0.3\ \mu F$。

50 Hz陷波器的传递函数为：

$$H(s)=\frac{K_P(s^2+\omega_0^2)}{s^2+(\omega_0/Q)s+\omega_0^2} \tag{5-25}$$

幅频特性为：

$$A(\omega)=\frac{K_P\left|\omega^2-\omega_0^2\right|}{\sqrt{(\omega^2-\omega_0^2)^2+(\omega_0\omega/Q)^2}} \tag{5-26}$$

其中，$K_P=1$，$\omega_0=100\pi$。

国家允许交流供电频率在 49.5～50.5 Hz 范围内，所以 50 Hz 陷波器的 Q 值并不是越高越好，当 Q 值太高时，阻带过窄，若工频干扰频率发生波动，则根本达不到滤除工频干扰的目的。而 Q 值太小时，又可能会滤掉有用信号。本设计中选择 3dB 处截止频率分别为为 47.5 Hz，52.5 Hz，将 $\omega_1=2\pi\times47.5$ 和 $\omega_2=2\pi\times52.5$ 分别代入 $A(\omega)=\frac{K_p\left|\omega^2-\omega_0^2\right|}{\sqrt{(\omega^2-\omega_0^2)^2+(\omega_0\omega/Q)^2}}=\frac{1}{\sqrt{2}}$ 中进行计算，可得 $Q_1=9.74$，$Q_1=10.24$，所以取 $Q=\frac{1}{4(1-\beta)}=\frac{1}{4(1-\frac{R_5}{R_4+R_5})}=\frac{1}{4(\frac{R_4}{R_4+R_5})}=10$，可取 $R_4=51\ \text{k}\Omega$，$R_4=2.2\ \text{M}\Omega$。

2. 电路仿真分析

按以上计算所得的参数选取合适的元器件，给电路加入正弦波输入信号，然后对电路进行仿真分析。首先观察电路的幅频特性，如图 5-88 所示。从图中可以看到在通带中的电压放大倍数为 1，在 50 Hz 的时候幅值为最小值，即陷波器的中心频率正好为 50 Hz。通过计算，知道最大放大倍数的 0.707 倍对应截至频率。从图 5-88(b)可以看到 50 Hz 所对应的最小放大倍数为 0.185，而最大放大倍数的 0.707 倍所对应的频率为 43.3 Hz，所以电路参数还需要进行调整。

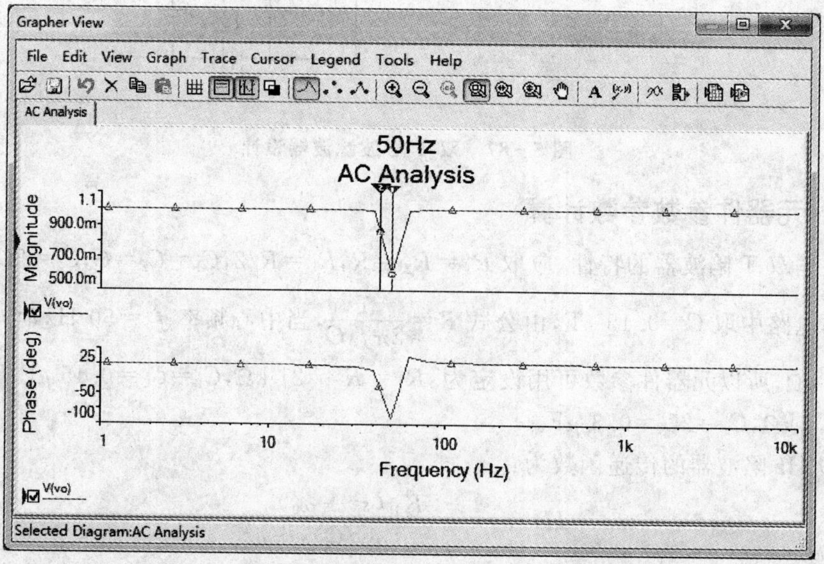

(a)

图 5-88 初始电路交流分析

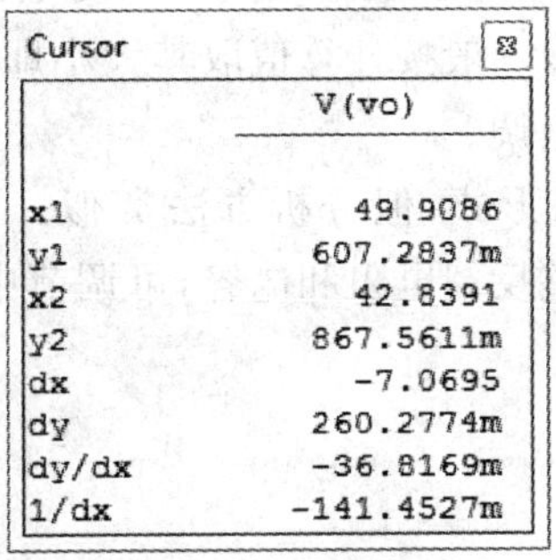
Cursor
V(vo)
x1 49.9086
y1 607.2837m
x2 42.8391
y2 867.5611m
dx -7.0695
dy 260.2774m
dy/dx -36.8169m
1/dx -141.4527m

(b)

图 5-88　初始电路交流分析(续)

从上面的计算过程知道滤波器的 Q 值大小与 R_4 和 R_5 的比值有关。所以在这里，固定 R_4，然后对 R_5 进行参数扫描，观察电路特性的变化，如图 5-89 所示，可以看到 R_5 的阻值越大，滤波器的阻带越小，但阻带放大倍数变小。考虑再增大 R_5 的阻值，阻带的变化不明显，所以可以其他的方法来调整滤波器性能。

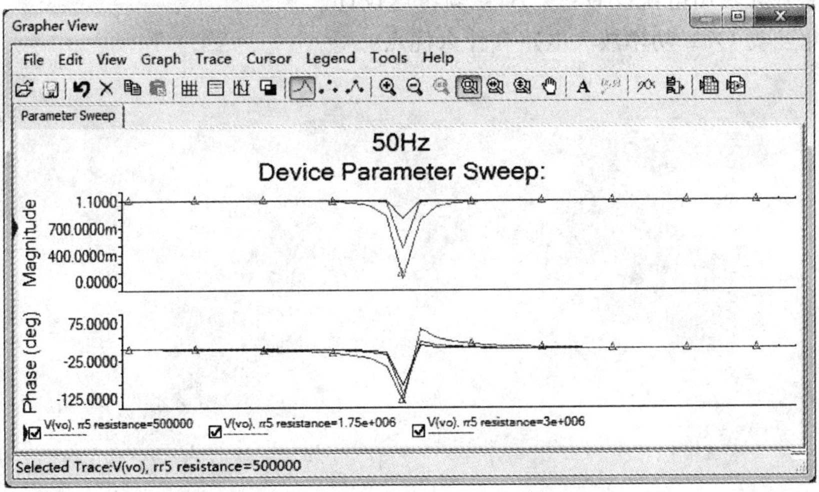

图 5-89　对电阻 R_5 的参数扫描分析

改变 R_3 的阻值可以改变中心频率处的放大倍数，对 R_3 进行参数扫描分析，观察 R_3 阻值变化对电路交流特性的影响。R_3 太大或太小，电路的阻带特性都不是很好，应在 10 kΩ～11 kΩ 之间调节阻值，使电路阻带宽度达到要求的同时，又具备高的阻带放大倍数，再在这个范围内对 R_3 进行参数扫描，选 R_3＝10 kΩ 可使阻带宽度达到设计要求。

同样，改变 C_3 的值也可达到改变中心频率处电压放大倍数的目的，对 C_3 进行参数扫描，观察其取值对滤波器特性的影响。C_3 选的太大或太小，会影响滤波器的幅度特性和相位特性。当信号频率趋于零时，由于 C_3 的电抗趋于无穷大，因而正反馈很弱。由于电容不易微调，所以一般按计算值取其大小即可，R_3 可与一个 1 kΩ 的可变电阻器相串联，对电路进行微调。

模拟陷波器还有别的电路形式，但分析方法类似。根据设计要求合理选择 Q 点，是陷波器设计的关键。调整反馈电阻和电容，可调节中心频率处的幅值和相位。

本章小结

本章介绍了晶体管音频功率放大电路和集成运放音频放大电路的各级电路的设计方法，并详细说明了电路的原理和元件参数的确定方法。考虑电路设计的整体性，还补充了直流稳压源和 50 Hz 陷波器的设计方法。本章所有电路均经仿真验证通过。

习题与参考题

1. 将最大输出电流设为 0.2 A，重新考虑设计。
2. 甲乙类 OCL 功率放大电路有什么优点？

第6章

直流稳压源的设计

6.1 设计要求

在许多电子装置中，都需要按用户的要求提供稳定的直流源来供电。本章将介绍低噪声的单相小功率直流稳压电源的设计方法。一个性能良好的直流稳压源一般由四部分组成，如图6-1的框图所示。直流稳压源的输入为220 V(50 Hz)的市电，由于所需直流电大小和交流电有效值相差较大，所以先用一变压器对交流电降压后，再进行交流和直流的转换。整流电路将变压器副边输出的交流电压转化为单一方向的脉动电压，然后通过滤波电路输出直流电，但此直流电波纹系数太大，且容易随负载的变化而波动，在一般稳压源设计中，都会加稳压电路。

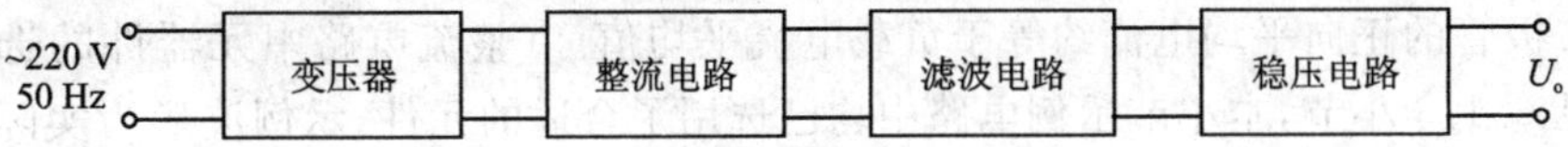

图6-1　直流稳压源的组成

本章的设计都是基于串联型电源，开关型电源虽然转换效率高，体积小且重量轻，但其输出直流电压有较大的噪声，所以不研究。在输入电压220 V、50 Hz、电压变化范围＋15%～－20%条件下，稳压电源设计的具体要求为：

1) 输出电压可调范围为0～±15 V；

2) 最大输出电流为0.2 A；

3) 电压调整率≤0.2%；

4) 负载调整率≤1%；

5) 纹波电压(峰－峰值)≤5 mV；

6) 具有过流及短路保护功能。

本章6.2～6.5节将结合仿真来介绍直流稳压源各组成部分的基本原理，第6.6节将根据设计要求对整个直流稳压源进行设计仿真。

6.2 整流电路

整流电路基本原理是利用整流二极管的导通特性将交流电压转换为单一方向的半波电压。根据整流二极管连接形式的不同,又可分为半波整流和桥式整流。

6.2.1 半波整流电路

半波整流电路由变压器的副边接一个二极管构成,如图 6-2 所示。当变压器的副边电压为正时,二极管导通,当其为负时,二极管截至。也就是说,在半波整流电路中,二极管只在半个周期内导通,由于电路只在半个周期内对负载提供功率,所以半波整流电路的转换效率较低。变压器副边电压和半波整流电路的两个波形周期相同设为 T,变压器副边电压波形的峰值约等于$\sqrt{2}U_2$,由于实际变压器存在内阻且二极管正向导通时存在损耗,所以整流电路输出电压峰值的绝对值略小于$\sqrt{2}U_2$。设电路中的损耗电压峰值约为 U_S,则实际输出电压为$\sqrt{2}U_2-U_S$。半波整流电路中二极管的正向平均电流约等于负载电流平均值。(整流电路中元器件的选取方法参见 6.1.3 小节,本小节示例电路中均已选用了合适的元件,示例波形为实际仿真波形,仅用来说明电路原理。)

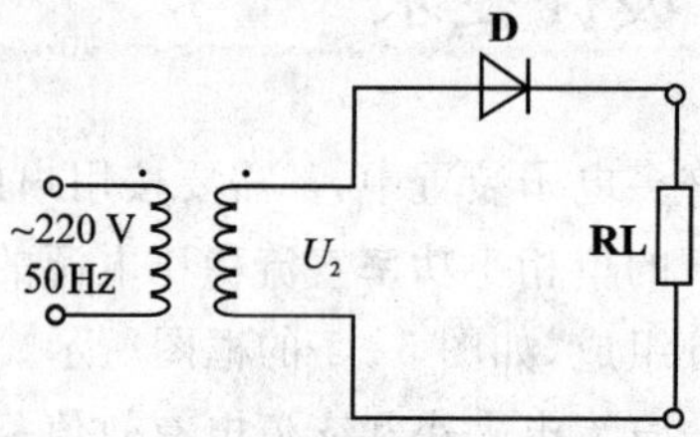

图 6-2 半波整流电路

6.2.2 变压器中心抽头式全波整流电路

利用有中心抽头的变压器和两个二极管可构成全波整流电路,如图 6-3 所示。中心抽头的上下部分分别构成半波整流电路,由于上下二极管交替导通,两个半波整流电路的波形在输出端叠加,就使输出电压在一个周期内有两个峰值,从而使平均输

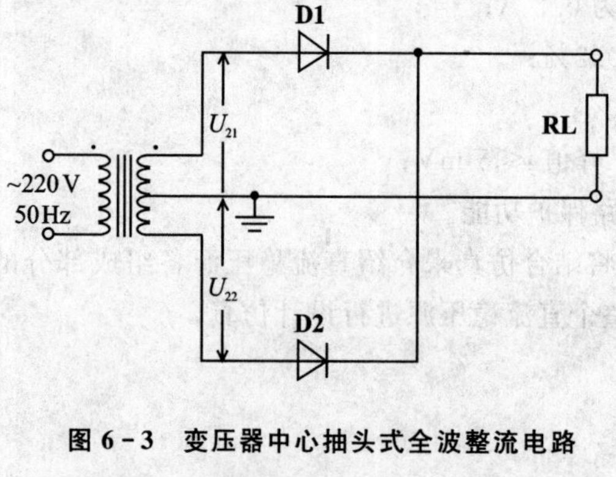

图 6-3 变压器中心抽头式全波整流电路

出电压是半波整流电路的两倍，提高了整流电路的效率。用虚拟示波器观察变压器副边中心抽头以上的电压波形和输出端电压，U_S 同样为变压器和二极管的损耗。

变压器中心抽头式全波整流电路中，每个二极管承受的反向电压峰值比半波整流时高一倍，而且变压器的次级绕组必须有中心抽头。

6.2.3 桥式全波整流电路

桥式整流电路由四只二极管组成，如图 6-4(a)所示。当变压器副边电压为正时，二极管 D1 和 D3 导通；当变压器副边电压为负时，二极管 D2 和 D4 导通。这样两对二极管轮流导通，使负载上整个周期内都有电压输出。桥式整流电路的常用画法如图 6-4(b)所示。

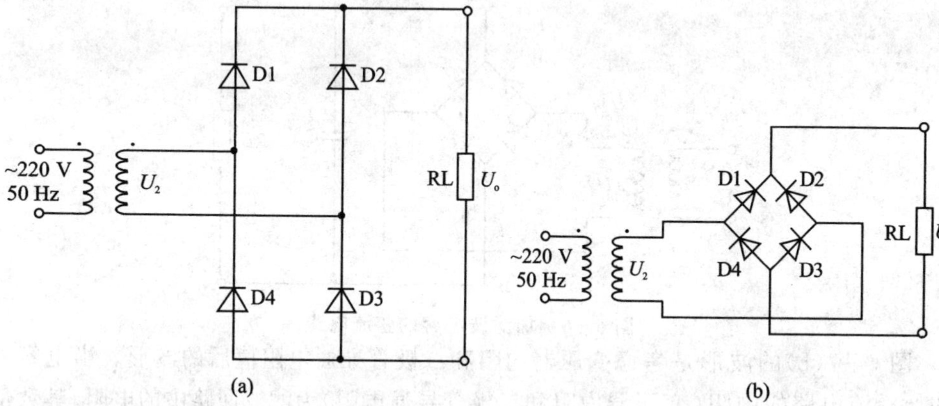

图 6-4 桥式全波整流电路

变压器副边电压波形和桥式全波整流电路的输出电压波形由于都是全波整流，所以此电路的输出电压波形和变压器中心抽头式全波整流电路的输出电压波形相似。

如果改用有中心抽头的变压器，则可在输出得到关于 x 轴对称的正负两个电压输出，电路如图 6-5 所示。正负输出电压的波形峰值的绝对值相等，略小于变压器副边电压的峰值。

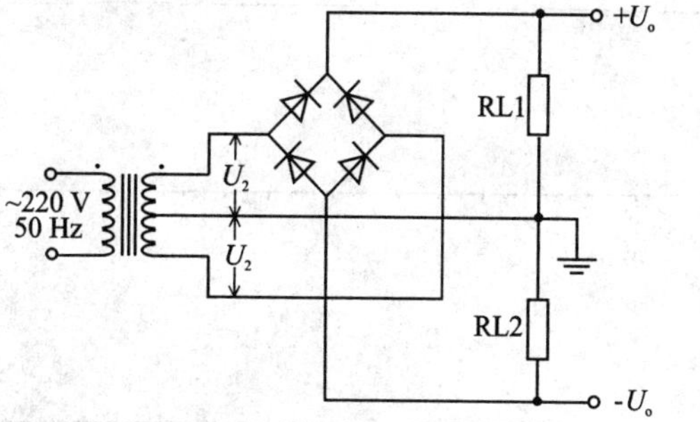

图 6-5 正负电压输出的桥式整流电路

6.3 电容滤波电路

由整流电路输出的电压虽然是单方向的波形，但输出还不是直流电压，所以电路需要加平滑电容器来滤波，以得到近似直流的信号。此平滑滤波器采用无源电路，所以负载的大小会影响滤波效果。同时由于整流二极管工作在非线性状态，所以滤波特性也不相同。图 6-6 为加了滤波电容后的桥式整流电路，电路中当负载电阻较大，即 I_O 较小时，输出电压比较平滑，如图6-7(a)所示；而当负载电阻较小时，即 I_O 较大，则输出电压存在波动，反映了电容的充放电过程，如图 6-7(b)所示。此时要减小脉动电压就要增大平滑电容的容量。

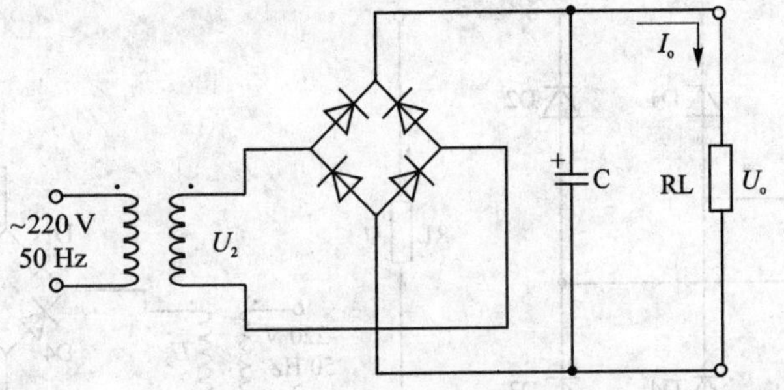

图 6-6　加滤波电容的整流电路

图 6-7(b)的波形是考虑变压器内阻和二极管导通电阻值后的波形。当电容充电时，整流电路的内阻(变压器内阻和二极管导通电阻)为滤波回路中的电阻，其数值较小，因而充电时间较短；电容放电时，负载电阻 R_L 为滤波回路中的电阻，因而放电时间较长。滤波效果主要取决于放电时间，也就是说 R_LC 越大，滤波效果越好。经过滤波处理后的电压波形变得平滑，而且电压平均值也变大。由于整流电路内阻压降 U_S 的影响，输出电压的峰值略小于$\sqrt{2}U_2$。

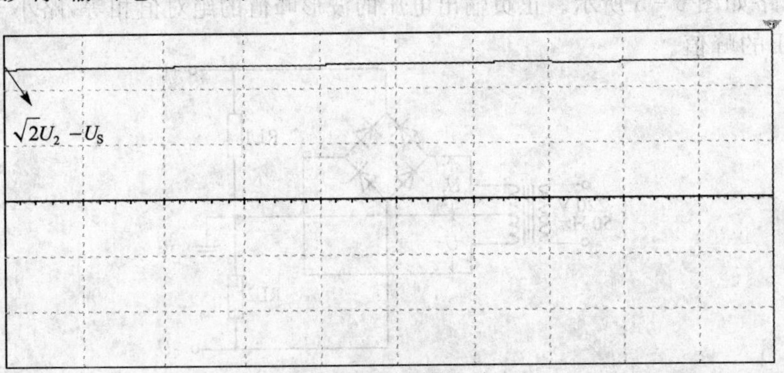

(a) 输出电阻较大时

图 6-7　输出电压波形

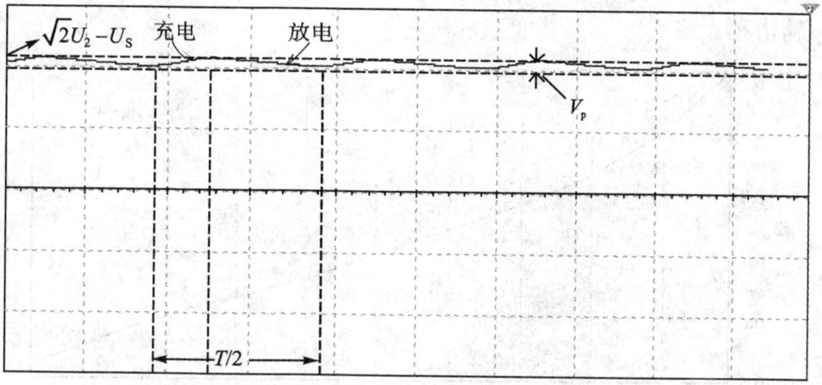

(b) 输出电阻较大时

图 6－7　输出电压波形(续)

6.4　整流滤波电路参数选取方法

本节将介绍整流滤波电路的实际设计方法，对于图 6－6 所示的电路，要求电路输出电流为 0.2 A、输出电压大于 21 V 小于 35 V。下面介绍一下简单整流滤波电路元器件的选取。

6.4.1　变压器的选择

当选择副边电压有效值为 18 V 时，峰值 U_m 约为 25 V。因为变压器由铜线绕成，所以会有一定的内阻 r，当有电流流过变压器时，就会造成一定的损耗。变压器的直流电阻可用万用表测出来，本例中测得变压器的内阻 $r=0.5\ \Omega$。

设整流滤波电路的输出电流为 I_O，输出电压为 U_O，流过变压器的工作电流为 I_t，则 $r_1=\frac{I_O\cdot r}{U_m}$为输出电压降的比率，$r_2=\frac{U_O}{U_m}$为输出电压的比率，$r_3=\frac{I_t}{I_O}$为变压器的工作电流与输出电流的比率，图 6－8 给出了它们之间的关系。从图 6－8(a)可以看到，$I_O\cdot r$ 越小，整流滤波电路的输出电压就越接近于变压器副边电压的峰值 U_m，也就是电路的效率越高。当 I_O 为 0，流过变压器的电流 I_t 也为 0，所以变压器内部不会产生电压降，当然如果变压器的内阻为 0，则变压器上也不会有电压的损耗。随着输出电流和变压器内阻的增大，变压器上的损耗增大，输出电压就会下降。

本例中由于 $U_m=25\ \text{V}$，$r=0.5\ \Omega$，$I_O=0.2\ \text{A}$，则 $r_1=\frac{I_O\cdot r}{U_m}=0.004$，所以从 6－8(a)对应可得 r_3 约为 0.995，所以 $U_O=0.995\ U_m\approx 24.9\ \text{V}$，其中约 0.1 V 的偏差为变压器的损耗。又因为正向导通的每个二极管上有大约 1 V 的损耗，所以事实上输

出电压约为 23 V。对于中心抽头型全波整流电路,由于每次只有一个二极管正向导通,所以输出稍大些。

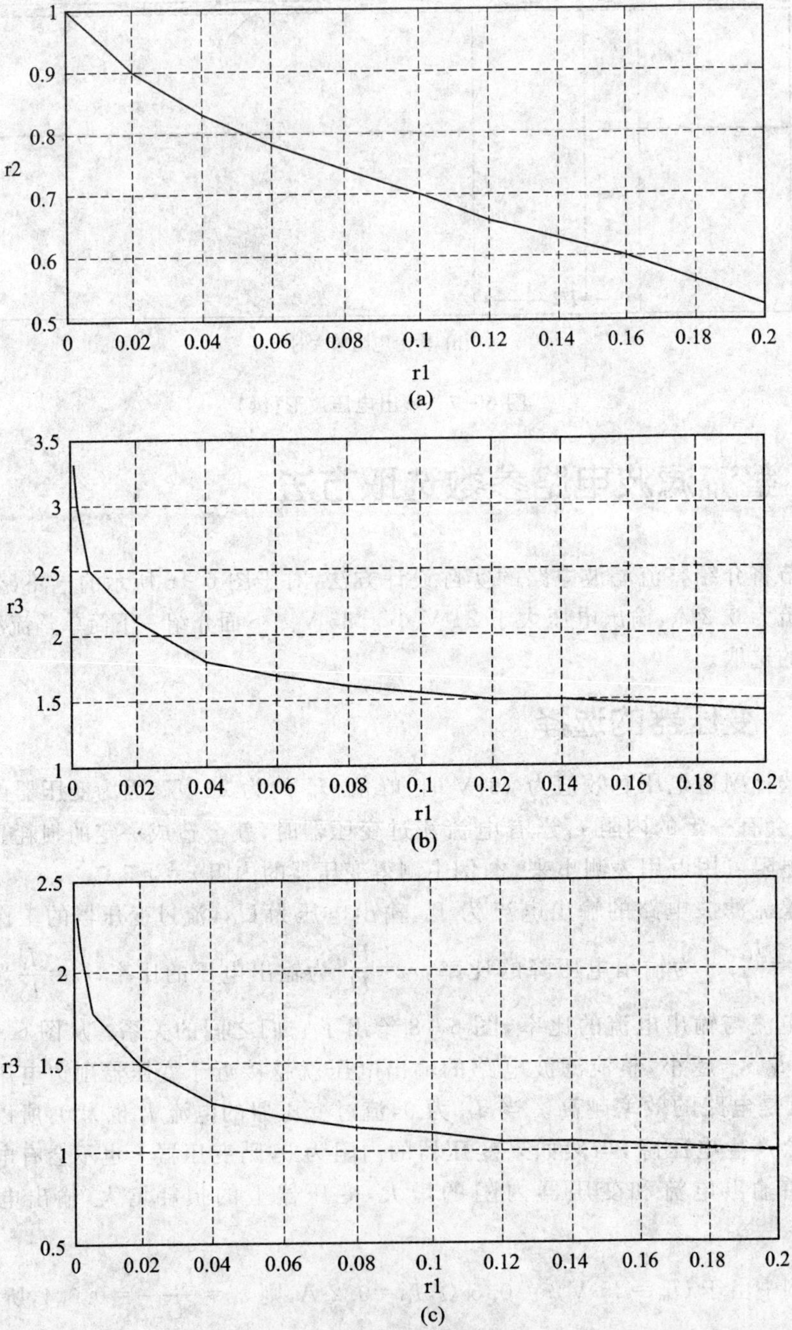

图 6-8　变压器参数关系

图 6-8(b)和(c)分别为桥式和中央抽头型全波整流电路中变压器的工作电流与输出电流比率 r_3 的曲线。由于图 6-6 的电路为桥式整流电路，有上面计算所得结果 $r_1=0.004$，对照图 6-8(b)可得 $r_3\approx3.2$，所以 $I_t=3.2\ I_O=0.64$ A。那么应选择额定电流大于 0.64 A 的变压器。实际的变压器中当变压器输出电流小于额定电流，那么变压器输出电压的峰值将大于 25 V，也可以得到整流电路的输出电压可能大于 23 V。若选择中央抽头型变压器，输出电压降的比率 r_1 相同的情况下，变压器所需的额定电流要小一些。

6.4.2　整流二极管的选择

在未加滤波电容之前，无论是半波整流还是全波整流电路，二极管都是仅在半个周期处于导通状态；而加了滤波电容之后，只有电容充电时二极管才导通，所以导通时间小于半个周期。由于加了电容后电路输出的平均电压和平均电流都增大，而二极管的导通时间反而减少，因此整流二极管在短暂的时间内将流过一个很大的电流为电容充电，这就要求二极管的额定电流应足够大。全波整流电路每个二极管的正向平均电流约等于负载电流平均值的一半(本例中约为 0.1 A)，而最大值要比平均值大一些，所以应使整流二极管最大平均电流大于负载平均电流一半的 2～3 倍，故二极管的额定电流可选 0.3 A 以上。

当电路接通电源的瞬间对电容充电时，可能流过的最大电流为：

$$I_{SV}=U_m/r=25\ \text{V}/0.5\ \Omega=50\ \text{A}$$

所以需选择耐波动电流大于 50 A 的二极管。此外，应选择耐压大于 $1.1\ U_m$ 的二极管，考虑一定的裕度，选择耐压为 50 V 的二极管。表 6-1 为符合要求的一些常用二极管的参数。

表 6-1　常用整流二极管

型　号	耐压/V	正向电流/A	耐波动电流/A	正向电压/(V/A)
1S1885	100	1	60	1.2/1.5
S5277B	100	1	50	1.2/1
10D1	100	1	50	0.9/1
ERB12－01	100	1	60	1.1/2

桥式整流电路中也可以采用已封装在一起的整流二极管堆来代替原先的 4 个二极管，常用产品型号见表 6-2。

表 6-2 整流二极管堆

型 号	耐压/V	正向电流/A	耐波动电流/A	正向电压/(V/A)
1B4B41	100	1	50	1.2/1.5
1B4B42	100	1	30	1/0.5
1S2371A	100	1	30	1.05/0.5

普通二极管在流过 1 A 左右的电流时，会产生 1 V 以上的压降，这样造成了整流电路的效率低下。而采用肖特基二极管可以减小二极管上的正向压降。肖特基二极管的缺点是耐压不高，适用于桥式整流电路，同时肖特基二极管比普通二极管贵，所以这里没有选用。表 6-3 为常用整流肖特基二极管。

表 6-3 整流肖特基二极管

型号	耐压/V	正向电流/A	耐波动电流/A	正向电压/(V/A)
ERA81-004	40	1	50	0.55/1
HRP22	50	1	50	0.55/1
AK04	40	1	25	0.6/1

6.4.3 滤波电容的选择

若给电容充以 Q 的电荷，电容两端的电压为 V，则：

$$Q = CV \tag{6-1}$$

当电容放电时，电容器两端电压将下降。对式 6-1 两端分别取微分，可得单位时间内电容两端电压的下降率，即：

$$\frac{\mathrm{d}V}{\mathrm{d}t} = \frac{1}{C} \cdot \frac{\mathrm{d}Q}{\mathrm{d}t} \tag{6-2}$$

因为 $\frac{\mathrm{d}Q}{\mathrm{d}t}$ 为流过电容器的电流 I，所以 6-2 式可以写为以下形式：

$$\frac{\mathrm{d}V}{\mathrm{d}t} = \frac{I}{C} \tag{6-3}$$

对于图 6-7(b)所示的滤波电路电容充放电过程，因为电容的放电时间远大于充电时间，所以可以认为电压下降的时间为 $T/2$，当电压下降值(即电压脉动值)为 V_p，则

$$V_p = \frac{I_O}{C}\left(\frac{T}{2}\right) = \frac{I_O}{2fC} \tag{6-4}$$

已经算出输出电压最大值约为 23 V，减去脉动电压 V_p，电路的最低输出应大于设计要求的 21 V，这是因为稳压电路没有升压作用，所以脉动电压 V_p 不能太大。而由 6-4 式可知电容容量越小，脉动电压越大，所以应尽量选择容量大一些的电容器。

对于本电路，已知 $I_O=0.2\ \text{A}$，$f=50\ \text{Hz}$，设 $V_p=2\ \text{V}$，则：

$$C=\frac{I_O}{2fV_p}=\frac{0.2\text{A}}{2\times 50\ \text{Hz}\times 2\ \text{V}}=0.001\ \text{F}=1\ 000\ \mu\text{F}$$

由于滤波电容的容量较大，一般采用电解电容，另外选择电容时应考虑电容的耐压，一般选择输出电压的两倍，这里可以选择 50 V。

以上介绍了桥式整流电路元件的选择，中心抽头型全波整流和桥式全波整流电路有以下几点不同：(1)在桥式整流电路中，由于每次有两个二极管同时导通，两个二极管都存在损耗，所以在相同输入电压的情况下，中心抽头型电路的输出电压会高一些；(2)中心抽头型整流电路中流过变压器的电流时桥式电路的$\sqrt{2}$倍；(3)两个电路中二极管上要求的内压不同，桥式电路中二极管的耐压应大于 $1.1U_m$，而中心抽头整流电路中二极管的耐压应是桥式电路中 2 倍。

6.5 稳压电路

以上的整流滤波电路输出电压的不够稳定，会随着电网电压的波动而波动，且和负载的大小变化有关，而在实际应用中常常需要输出稳定的电压源，这就需要增加稳压电路来稳定输出电压，减小电压的脉动。

6.5.1 稳压二极管稳压电路

稳压二极管稳压电路是最简单的一种稳压电路，它由一个稳压二极管和一个限流电阻组成，如图 6-9 所示。从图 6-10 的稳压管稳压特性曲线可以看到，只要稳压管的电流 $I_Z\leqslant I_{Dz}\leqslant I_{ZM}$，则稳压管就使输出稳定在 U_Z 附近，其中 U_Z 是在规定的稳压管反向工作电流下，所对应的反向工作电压。限流电阻的作用一是起限流作用，以保护稳压管；其次是当输入电压或负载电流变化时，通过该电阻上电压降的变化，取出误差信号以调节稳压管的工作电流，从而起到稳压作用。

设计稳压二极管稳压电路首先需要根据设计要求和实际电路的情况来选取合适的电路元件，以下参数是设计前必须知道的：要求的输出电压 U_O、负载电流的最小值 I_{Lmin} 和最大值 I_{Lmax}（或者负载 R_L 的最大值 R_{Lmax} 和最小值 R_{Lmin}）、输入电压 U_I 的波动范围。

根据上面的情况，可以确定以下元件和参数的选取：

① 输入电压 U_I 的确定：

知道了要求的稳压输出 U_O，一般选 U_I 为 U_O 的 2～3 倍。也就是如果要获得 10 V 的输出电压，那么整流滤波电路的输出电压应在二十几伏左右，然后可根据上节的方法来选取合适的变压器。

② 稳压二极管的选择：

稳压二极管的主要参数有 3 个：稳压值 U_Z、最小稳定电流 I_{Zmin}（即手册中的 I_Z）

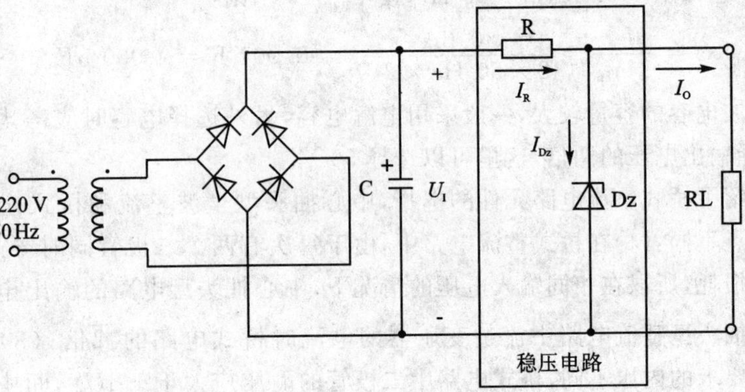

图 6-9　稳压二极管稳压电路

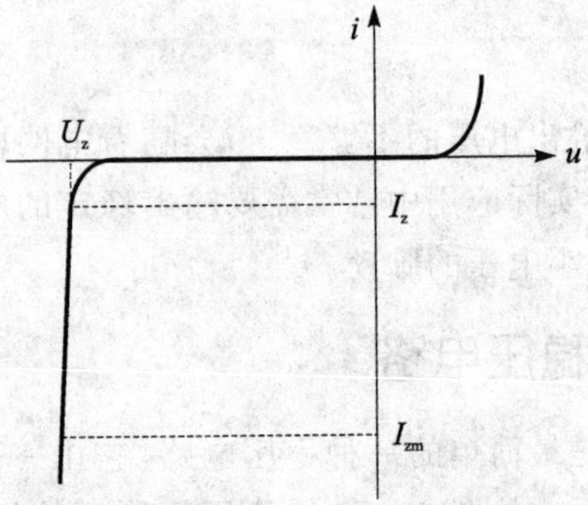

图 6-10　稳压二极管稳压特性曲线

和最大稳定电流 I_{Zmax}(即手册中的 I_{ZM})。

选择稳压二极管时,应首先根据要求的输出电压来选择稳压值 U_Z,使 $U_O=U_Z$。确定了稳压值后,可根据负载的变化范围来确定稳定电流的最小值 I_Z 和最大值 I_{ZM}。一般要求额定稳定电流的变化范围大于实际负载电流的变化范围,即 $I_{ZM}-I_Z>I_{Lmax}-I_{Lmin}$,同时最大稳定电流的选择应留有一定的余量,以免稳压二极管被击穿。综上所述,选择稳压二极管应满足:

$$\begin{cases} U_Z = U_O \\ I_{ZM} - I_Z > I_{Lmax} - I_{Lmin} \\ I_{ZM} \geqslant I_{Lmax} + I_Z \end{cases} \qquad (6-5)$$

③ 限流电路 R 的选择:

限流电阻的选取应是稳压管中的电流在额定的稳定电流范围内,即 $I_Z \leqslant I_{Dz} \leqslant I_{ZM}$。由图 6-13 可知:

$$\begin{cases} I_R = \dfrac{U_I - U_Z}{R} \\ I_Z = I_R - I_L \end{cases} \tag{6-6}$$

当电网电压最低且负载电流最大时，稳压管中流过的电流最小，应保证此时的最小电流大于稳定电流的最小值 I_Z，即：

$$\frac{U_{Imin} - U_Z}{R} - I_{Lmax} \geqslant I_Z$$

可得限流电阻的上限值为：

$$R_{max} = \frac{U_{Imin} - U_Z}{I_Z + I_{Lmax}} \tag{6-7}$$

相反当电网电压最高且负载电流最小时，稳压管中流过的电流最大，此时应使此最大电流不超过稳定电流的最大值，即：

$$\frac{U_{Imax} - U_Z}{R} - I_{Lmin} \leqslant I_{ZM}$$

根据上式可得限流电阻的下限值为：

$$R_{min} = \frac{U_{Imax} - U_Z}{I_{ZM} + I_{Lmin}} \tag{6-8}$$

稳压管稳压电路的电路简单，所用元器件少，但受稳压管自身参数的限制，其输出电流较小，输出电压不可调。此外，实际应用时负载电阻的变化范围有时也不易确定。

6.5.2 简单三端稳压器稳压电路

实际中常用三端稳压器来做稳压电路。使用三端稳压器不仅元件数量少，而且内部具有限流电路，输出断路时不会损坏元件，并具有热击穿功能。三端稳压器具有输入输出和接地三端，外形和晶体管类似，最常用的各系列三端稳压器及其参数如表 6-4 所列，78 系列输出正电压和正电流，79 系列输出负电压和负电流。三端稳压器输出电压不需调整，固定为 5 V、6 V、7 V、8 V、12 V、15 V、18 V、24 V。78/79 系列三端稳压 IC 有很多电子厂家生产，通常前缀为生产厂家的代号，如 TA 表示是东芝的产品，AN 表示松下的产品，LM 表示是美国国半的产品等。有时在数字 78 或 79 后面还有一个 M 或 L，如 78M12 或 79L24，用来区别输出电流和封装形式等，其中 78L 系列的最大输出电流为 100 mA，78M 系列最大输出电流为 1 A，78 系列最大输出电流为 1.5 A。它们的具体封装形式，使用时可参见元件的具体手册。塑料封装的稳压电路具有安装容易、价格低廉等优点，因此用得比较多。

当制作中需要一个能输出 1.5 A 以上电流的稳压电源，通常采用几块三端稳压电路并联起来，使其最大输出电流为 N 个 1.5 A，但应用时需注意：并联使用的集成稳压电路应采用同一厂家、同一批号的产品，以保证参数的一致。另外在输出电流上留有一定的余量,以避免个别集成稳压电路失效时导致其他电路的连锁烧毁。

表 6－5 为 78 系列三端稳压器的具体参数。

表 6－4　不同系列三端稳压器参数比较

参数＼类型		78L	78N	78M	78	79L	79N	79M	79	单位
输入最大电压	输入 5～18 V	35	35	35	35	－35	－35	－35	－35	V
	输入 24 V	40	40	40	40	－40	－40	－40	－40	V
输出电流		0.15	0.3	0.5	1	－0.15	－0.3	－0.5	－1	A
最大损耗		0.5	8	7.5	15	0.5	8	7.5	15	W
工作温度		－30～75	－30～80	－30～75	－30～75	－30～75	－30～80	－30～75	－30～75	℃

* 不同厂家的产品参数有所不同

表 6－5　78 系列三端稳压器的具体参数

参数＼型号	7805	7806	7807	7808	7812	7815	7818	7824	单位
输出电压	4.8～5.2	5.7～6.3	6.7～7.3	7.7～8.3	11.5～12.5	14.4～15.6	17.3～18.7	23～25	V
输入稳定度	3	5	5.5	6	10	11	15	18	mV
负荷稳定度	15	14	13	12	12	12	12	12	mV
偏流	4.2	4.3	4.3	4.3	4.3	4.4	4.6	4.6	mA
脉动压缩度	78	75	73	72	71	70	69	66	dB
最小输入输出电压差	3	3	3	3	3	3	3	3	V
输出短路电流	0.75	0.75	0.75	0.75	0.75	0.75	0.75	0.75	A
输出峰值电流	2.2	2.2	2.2	2.2	2.2	2.1	2.1	2.1	A
输出电压温度系数	－1.1	－0.8	－0.8	－0.8	－1	－1	－1	－1.5	mV/℃

* 不同厂家的产品参数有所不同

从表 6－4 和表 6－5 可知,稳压器要正常工作,输入输出端需要存在一个压差。对于表 6－5 中的稳压器,这个差值为 3 V,而这个差值又不能太大,对于三端稳压器 7815 来说,最大输入电压不能超过 35 V。

脉动压缩度为在稳压电路中对输入端的脉动分量压低的程度。例如 7815 的脉动压缩度为70dB，就表示输出的脉动电压衰减到输入脉动电压的$\frac{1}{10^{3.5}}$，如果输入的脉动电压为几伏，则输出的脉动电压为毫伏级，该值是很理想的。

图6-11为7815三端稳压器的应用电路，在三端稳压器输出端接有一电容C2，它的作用是降低三端稳压器的交流输出阻抗。一般这个电容值可选1～100 μF，本电路中由于要求的输出电流较小，约为0.2 A，所以可以选择20 μF。由于铝介质电解电容的高频特性不太好，所以在C2上并联一个高频特性好的陶瓷电容C3，容量选0.1 μF。

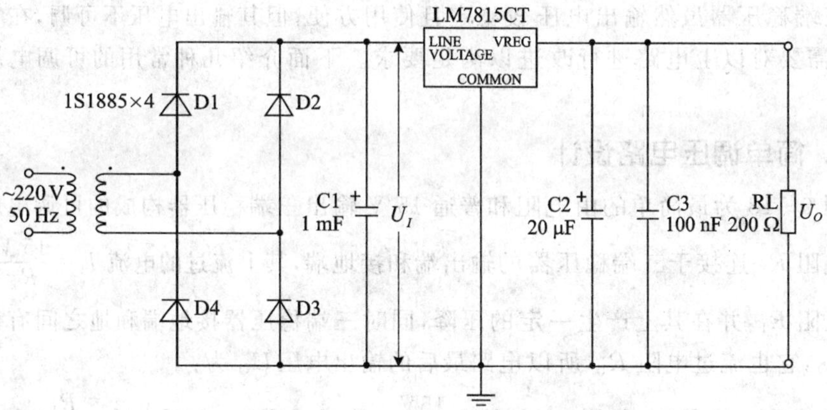

图6-11　三端稳压器的应用电路

当电阻为200 Ω时，对图6-11的电路进行仿真，电路输出端接示波器。稳压后电路输出约14.8 V的电压，且电压波形比较平直。给输出端加探针可以观察到输出电流值，如图6-12(a)所示，增加负载到500 Ω时，观察探针的变化如图6-12(b)，可以看到输出电流随负载的增大而减小，输出电压值有微小的增大，但仍在稳压范围内。在电网波动范围内改变输入电压，观察输出端探针，电压和电流值基本不变。

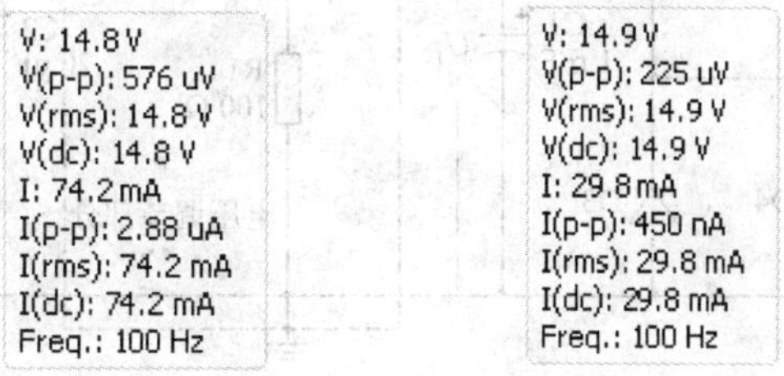

(a) 负载为200 Ω时　　(a) 负载为500 Ω时

图6-12　输出端探针

为了提高三端稳压器承受功耗的能力，实际使用时一般都需要使用散热器。LM7815CT不加散热器时允许的功耗约为2 W，当输入端电压为24 V时，

LM7815CT 输入输出之间的电压差为 9 V,当要求的输出电流为 0.2 A,所以三端稳压器功耗为:

$$P = 0.2\ \text{A} \times 9\ \text{V} = 1.8\ \text{W}$$

考虑输出短路的情况,78N15 可流过 0.75 A 左右的短路电流,功耗将大于 6.7 W,此时必须使用散热器来保护三端稳压器。通过以上分析可知,在使用三端稳压器时,输入电压与输出电压的差值不能太大,太大了会使功耗增大。

6.5.3 输出电压可调的稳压电路

三端稳压器虽然输出电压较稳定且使用方便,但其输出电压不可调,在实际应用中,需要对以上电路进行改进以满足要求。下面介绍几种常用的可调电压稳压电路。

1. 简单调压电路设计

图 6-13 为最简单的由电阻和普通 15 V 输出三端稳压器构成的可调电压稳压器。电阻 R_1 连接于三端稳压器的输出端和接地端,其上流过的电流 $I_1 = \frac{15\ V}{R_2}$,I_1 也流过电阻 R_1,并在其上产生一定的压降,同时三端稳压器接地端和地之间有微小的电流 I_Q,它也流过电阻 R_1,所以电路最后的输出电压 U_O 为:

$$U_O = 15V + I_1 R_1 + I_Q R_1 = 15\text{V} + \frac{15\text{V}}{R_2} \cdot R_1 + I_Q R_1 = 15\text{V} \cdot \left(1 + \frac{R_1}{R_2}\right) + I_Q R_1 \tag{6-9}$$

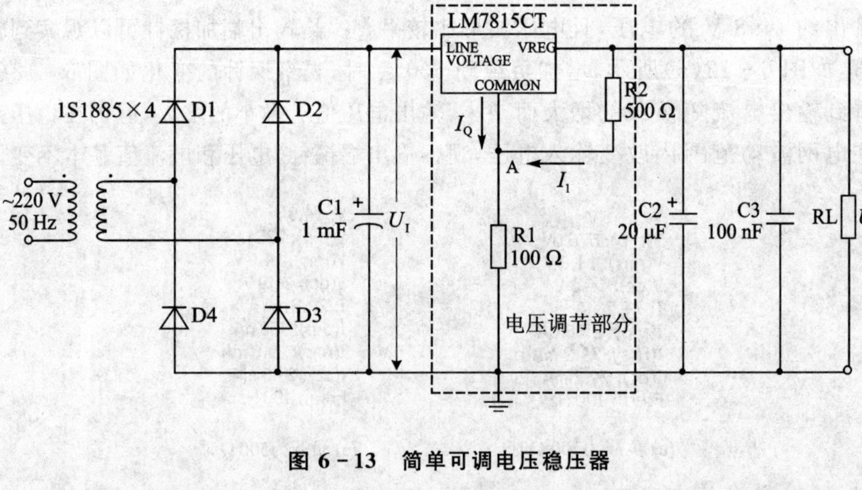

图 6-13 简单可调电压稳压器

对于三端稳压器 7815,I_Q 为毫伏级,只要 R_1 的选择不太大,$I_Q R_1$ 项的值就很小。可调稳压电路的输出电压大小也有一定的范围,一般输入电压应比输出电压大 3 V 左右,当输入输出电压的差值太小时,输出电压将达不到由 6-9 式计算所得的值。

对图 6－13 所示的电路，如果忽略 I_QR_1 项的值，由于滤波后电压约为 24 V，减去 3 V 的压差，输出端电压最好不要超过 21 V，所以$\frac{R_1}{R_2}$应小于等于 0.4。要想增大输出电压，应增大整流滤波电路的输出电压，但此可调的稳压电路的最低输出电压不低于 15 V。电路中将 R_1 用可调电阻代替，则调节 R_1 的大小就能得到期望的输出电压。

在图 6－13 的电压调节电路中，在 A 点和三端稳压器的公共端之间接入电压跟随器，可得图 6－14 的电路。电压跟随器基本吸收了三端稳压器接地端和地之间的电流 I_Q，起到了缓冲隔离的作用。

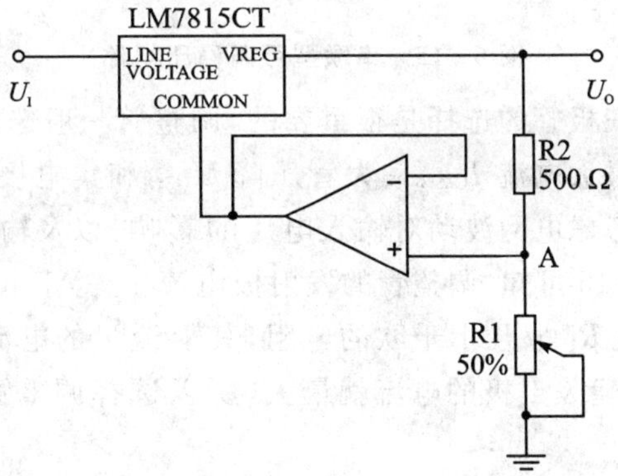

图 6－14　加电压跟随器的电压调节电路

2. 最低电压可调电路

上面介绍的电压可调电路的最低可调电压和三端稳压器的输出稳压值相等，而这常常不能满足实际应用的需要。78 系列三端稳压器中输出稳压值最小为 5 V，当需要 5 V 以下稳压输出时，需要重新设计电路。

先来看看常用的串联型可调稳压电路，如图 6－15 所示。晶体管采用射极输出的形式，引入了电压负反馈，同时起到了电流放大的作用。为了使输出电压可调，又引入了放大电路，和晶体管整体构成负反馈形式，由于集成运放开环差模增益可达 80 dB 以上，所以电路引入了深度负反馈。运算放大器正输入端接一基准电源 V_{REF}，当运放的放大倍数足够大，就可将运放近似为工作于线性区的理想运放，从而可以认为电路中 A 点电压和正输入端电压 V_{REF} 近似相等。当 V_{REF} 从 0 V 开始改变时，电路相当于一个同相比例放大电路，所以电路输出电压 U_O 可通过下式求得：

$$U_O = (1 + \frac{R_2}{R_1})V_{REF} \tag{6-10}$$

由于电路中运算放大器使用三端稳压器进行稳压，所以 A 的工作电压是稳定的。因为晶体管分担了三端稳压器的一部分功耗，所以对于总体电路来说并没有增加三端稳压器的功耗。

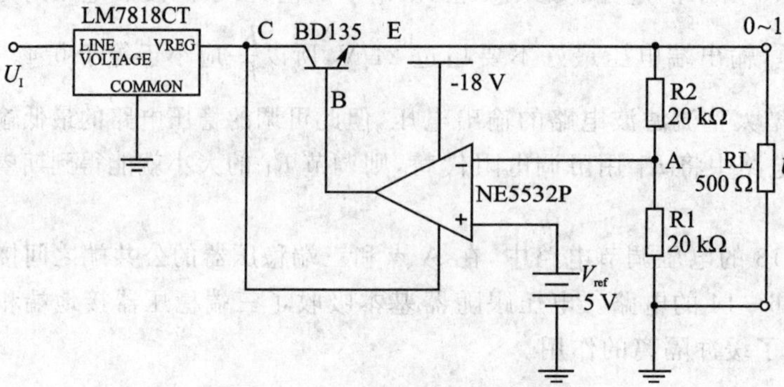

图 6-15　串联型可调稳压电路

电路中调整管即三极管的选择是很重要的,调整管一般选择大功率管,所以需要考虑的参数有集电极最大电流 I_{CM}、最大管压降 U_{CEO} 和集电极最大功耗 P_{CM}。调整管极限参数的确定需考虑电网波动对输入电压的影响,以及输出电压和负载电流变化的影响。由电路 6-15 可知,调整管的发射极电流 I_E 等于电阻 R_1 上和负载 R_L 上的电流之和,通常电阻 R_1 取几十千欧的电阻,其上流过的电流不太大,所以当负载电流最大时,流过调整管发射极的电流就最大,所以选择调整管时,应保证其最大集电极电流

$$I_{CM} > I_{Imax} \tag{6-11}$$

调整管的管压降 U_{CE} 等于输入电压 U_I 和输出电压 U_O 之差,显然当电网电压最高且输出电压又最低时,调整管承受的管压降最大,所以应保证最大管压降

$$U_{CEO} > U_{Imax} - U_{Omin} \tag{6-12}$$

所以集电极最大功耗应满足:

$$P_{CM} > I_{Lmax}(U_{Imax} - U_{Omin}) \tag{6-13}$$

在本电路中,当最大负载电流为 0.2 A 时,应使 $I_{CM}>0.2$ A;由于输入端有三端稳压器,所以输入电压基本不受电网电压的影响,最大输入电压约为 18 V,又最小可调电压为 0 V,所以应使 $U_{CEO}>18$ V;同时 $P_{CM}>0.2\times18=3.6$ W,考虑余量的同时,还应按三极管使用手册上的规定采取散热措施。根据以上要求,本电路中调整管可选择 BD135。

图 6-16 的电路也可以实现电压从 0 V 起调。设三端稳压器的输出稳压值为 5 V,则电路中三端稳压器可以认为是具有 $V_{be}=5$ V 的限制器的晶体管,它和放大器构成了负反馈的形式。运算放大器正输入端接可变基准电源 V_{REF},则电路中 A 点电压随正输入端电压 V_{REF} 变化。整个电路构成一同相比例放大电路,于是电路输出电压 U_O 可通过式(6-10)求得。

由于三端稳压器输出端和接地端的压差近似等于稳压输出值,所以运算放大器

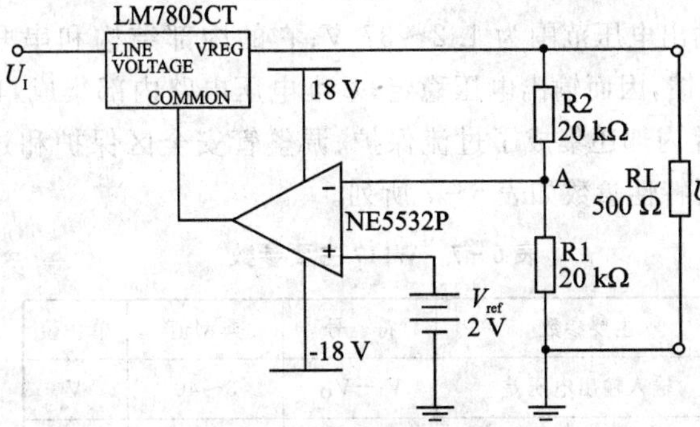

图 6－16　常用可调稳压电路

的输出端电压往往比电路输出电压低 5 V 左右，即当输出电压从 0 V 起调时，运算放大器的输出电压可能为－5 V 左右，所以运算放大器需要由正负电源同时供电。由于电路中使用三端稳压器，所以不用再设计电流限制电路和其他保护电路。

注意：三端稳压器输入输出之间的压差应在 3～35 V 之间，否则稳压器将起不到稳压作用。

3. 可调式三端稳压器的应用

以上由普通三端稳压器构成的可调稳压电路需外接基准电源来实现调压功能，且电路元件较多，实际应用中可用集成的可调式三端稳压器来代替上面的电路。常用的可调式三段稳压器有 W117、W217、W317，它们具有相同的引出端、相同的基准电压和相似的内部结构，不同的是它们的工作温度范围不同，W117 的工作温度范围为－55～150℃，W217 的工作温度范围为－25～150℃，W317 的工作温度范围为 0～125℃。对于同类型稳压器，器件名称后缀不同，其最大输出电流、器件封装形式和额定功耗也不同，如表 6－6 所列。应用中如需更大的输出电流，可选 LM150 系列(3A)和 LM138 系列(5A)，如同时需负的可调三端稳压器，可选择 LM137 系列。

表 6－6　同系列器件参数对比

后缀名	封　装	额定功耗/W	最大负载电流/A
K	TO－3	20	1.5
H	TO－39	2	0.5
T	TO－220	20	1.5
E	LCC	2	0.5
S	TO－263	4	1.5

下面以 W117 为例来介绍可调式三端稳压器的使用。

W117 的可调输出电压范围为 1.2～37 V;它的内部结构和串联型稳压电路类似,引入了电压负反馈,因而输出电压稳定;基准电压电路内部集成,典型基准电压值为 1.25 V;同时芯片内部还集成了过流保护、调整管安全区保护和过热保护等保护电路。W117 的主要特性参数如表 6-7 所列。

表 6-7　W117 主要参数

主要参数	符　号	典型值	单　位
输入输出电压差	$V_I - V_O$	3～40	V
输出电压	V_O	1.2～37	V
参考电压	V_{REF}	1.25	V
调整端电流	I_Q	50	μA
最小负载电流	I_{Lmin}	3.5	mA
纹波抑制	RR	65	dB

W117 的基本应用电路如图 6-17 所示,R_2 两端的电压大小约为 1.25 V,即为标称参考电压值;R_2 上的电流 I_1 流过可调电阻 R_1,形成一个可变的电压;W117 的调整管电流很小,一般在 R_1 上形成的压降很小,所以电路的输出电压大小可由下式计算得到:

$$U_O = V_{REF}\left(1+\frac{R_1}{R_2}\right) = 1.25\left(1+\frac{R_1}{R_2}\right) \tag{6-14}$$

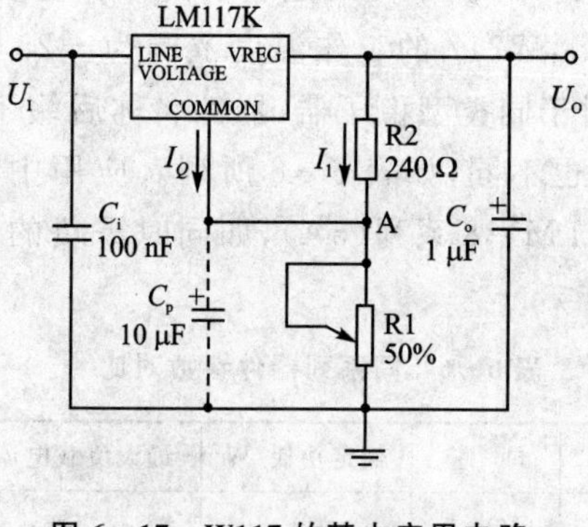

图 6-17　W117 的基本应用电路

因为 W117 是浮动变压器,所以只要输入输出端的压差满足使用手册的要求,W117 可以提供较高的输出电压,但必须同时考虑功耗和散热问题。当稳压器离电源滤波器有一定的距离时,需要加一个滤波器 C_I,可以选择 0.1 μF 的圆片电容或1 μF固体钽电容。输出端电容 C_O 对稳定性而言不必要,但可以改善瞬态响应。和其他反馈电路相同,某些值的外部电容会引起过分振荡,1 μF 钽电容或 25 μF

铝电解电容作为输出电容可以消除这一现象并保证稳定性。可通过把调节端 A 旁路到地来提高纹波抑制，该旁路电容 C_p 可防止输出电压增大的同时纹波被放大。

有外加电容的情况下，有时需要加保护二极管以防止电容通过稳压器内部低电流通路放电而损坏稳压器。图 6-18 为输出电压大于 25 V 或电容较高（$C_O>25\ \mu F$，$C_p>10\ \mu F$）时的带保护二极管的应用电路。二极管 D1 可防止输入短路时 C_O 经集成电路放电；二极管 D2 可防止输出短路时旁路电容 C_p 对集成电路放电；D1 和 D2 的组合可防止输入短路时 C_p 对集成电路的放电。

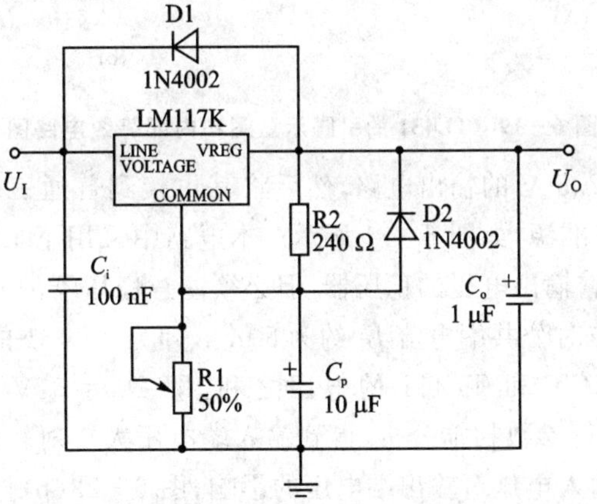

图 6-18　W117 带保护二极管的应用电路

6.5.4　基准电源的设计

对于图 6-15 和图 6-16 的电路，必须外接基准源。一般常用齐纳二极管作为基准电压元件，但在要求稍高的场合，普通齐纳二极管不能满足设计的要求。下面介绍一种并联调整稳压器 TL431，它的输出电压可调，调节范围约为 2.5～36 V，具有约 0.22 Ω 的低动态电阻和低输出噪声，其温度系数约为 50 ppm/°C，因此广泛应用于基准电压电路。图 6-19 为 TL431 的引脚示意图和内部等效电路图。TL431 内部的基准电压约为 2.5 V，当参考端电压接近 2.5 V 时，器件阴极将会有一个稳定的非饱和电流通过，而且随着参考端电压的微小变化而变化，电流变化范围为 1～100 mA。当然，图 6-19(b)绝不是 TL431 的实际内部结构，所以不能简单地用这种组合来代替它。但如果在设计、分析应用 TL431 的电路时，这个模块图对开启思路，理解电路都是很有帮助的。

当把 TL431 的参考端和阴极直接相连，其阳极和阴极之间的电压为输出最小电压，即相当于稳压值为 2.5 V 的稳压二极管，其最简单的应用如图 6-20 所示，电路输出 2.5 V 的恒定电压，在此电路输出端接和地之间接一个可变电阻器，则可实现

0～2.5 V之间的调压。这里需要注意的一点就是电阻 R 阻值的选择,根据输入电压的大小和负载电阻的变化范围,选择一个合适的电阻 R,使 TL431 的工作电流 I_K 保证在 1～100 mA 之内。

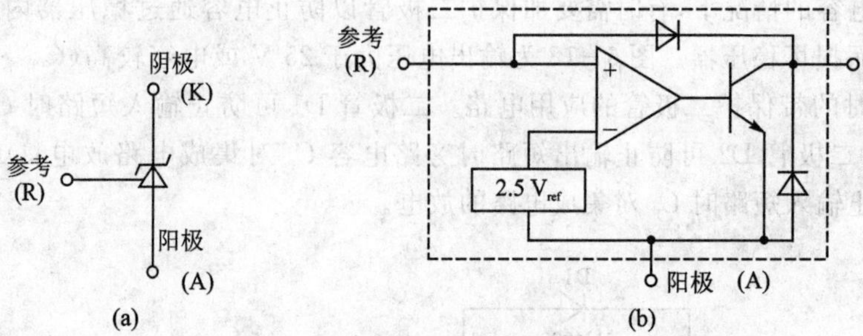

图 6-19　TL431 的引脚示意图和内部等效电路图

将 TL431 接成 2.5 V 的输出电路,然后将其再接到普通三端稳压器的接地端,可构成固定输出的基准源,如图 6-21 所示。本电路中采用了 LM7805CT 三端稳压器,当然还可选用其它输出电压的稳压器,但必须注意稳压器的使用条件,如压差等。LM7805CT 正常工作时公共端电流 I_Q 约为 5 mA,即为 TL431 的电流。该电路输出电压 U_O 为 LM7805CT 和 TL431 的电压之和,即 $U_O = 5\ V + 2.5\ V = 7.5\ V$。图 6-22为对电路进行参数扫描分析,得到输入端电压大小对输出结果的影响,其中图 6-22(a)显示了输入电压对输出端电压的影响,图 6-22(b)显示了输入电压对三端稳压器工作状态的影响。从图 6-22(a)可以看到当电路输入电压大于10 V,即输入输出之间的压差大于 2.5 V 左右时,输出电压恒定,约为 7.5 V,而当输入电压小于 10 V 时,输出电压随输入电压的减小而减小;从图 6-22(b)的分析结果可以得出,当输入端电压偏低而输出端电压下降的主要原因是,三端稳压器输入输出电压差没有达到其正常工作的最小压差,从而使三端稳压器的输出电压不到 5 V。电路中 LM7805CT 输出端的最终电压为 7.5 V,为了确保其正常工作,应使输入电压大于 10 V。由于三端稳压器的输出电压占了整个电路输出电压的主要部分,所以电路的输出特性主要取决于三端稳压器。

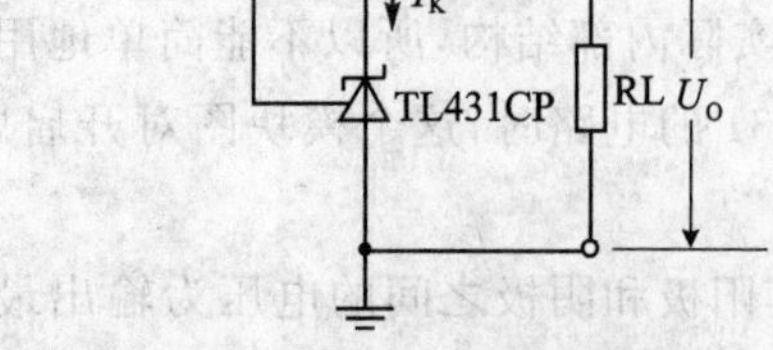

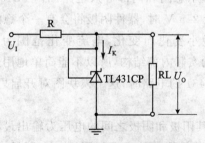

图 6-20　TL431 的简单应用

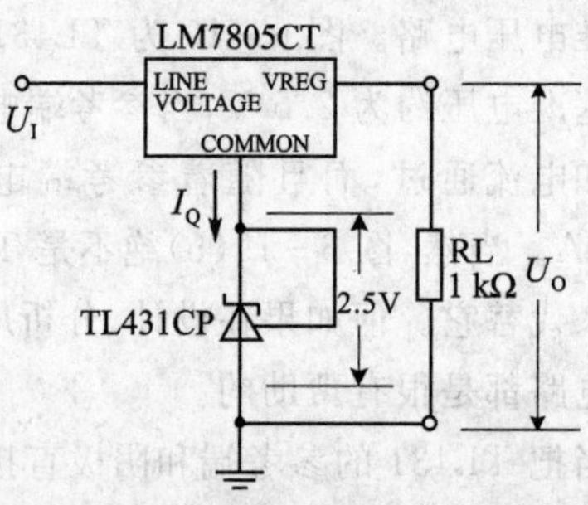

图 6-21　TL431 和三端稳压器的简单组合

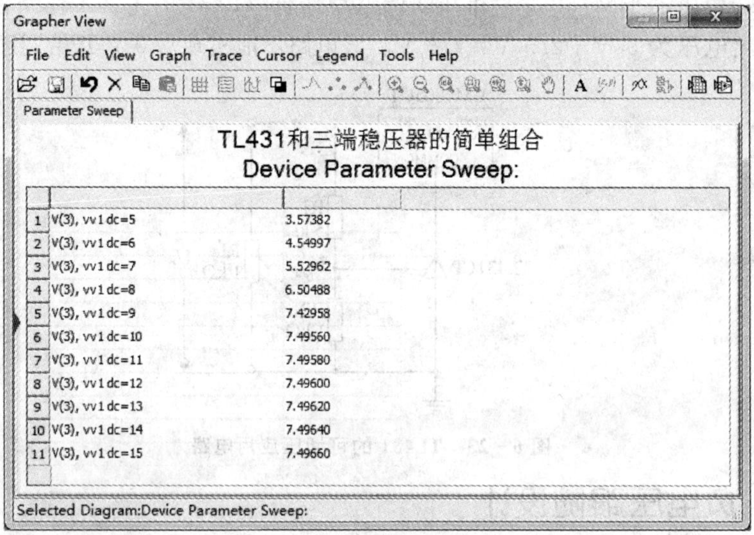

(a) 输出端电压分析

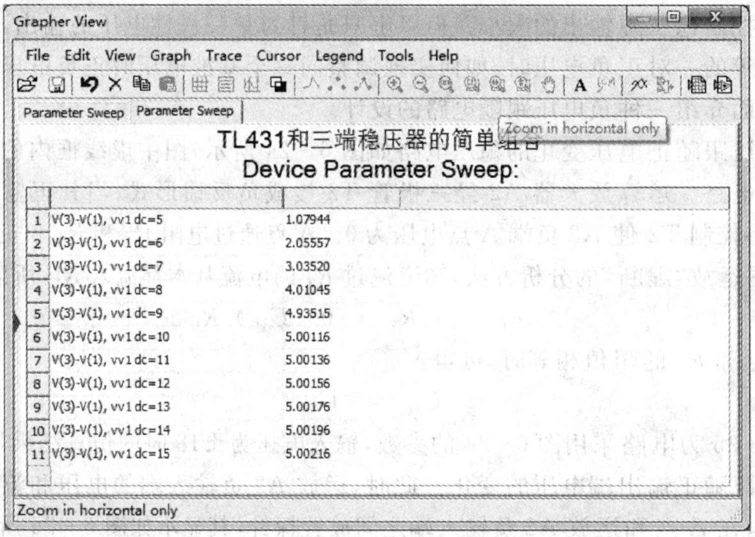

(b) 三端稳压器输出压降分析

图 6－22　对输入端电压的参数扫描分析

图 6－23 为 TL431 的可调压应用电路，把 LM7805CT 放于 TL431 的反馈环路，,则输出电压为：

$$U_O = V_{REF}(1+\frac{R_1}{R_2}) = 2.5(1+\frac{R_1}{R_2}) \qquad (6-15)$$

该电路的输出电压主要由 TL431 的特性决定,而输出保护仍由 LM7805CT 提供。在三端稳压器 LM7805CT 和并联调整稳压器 TL431 的正常工作条件下,电路的最低输出电压为 5 V+2.5 V=7.5 V。该电路不能实现从 0 V 开始调压。

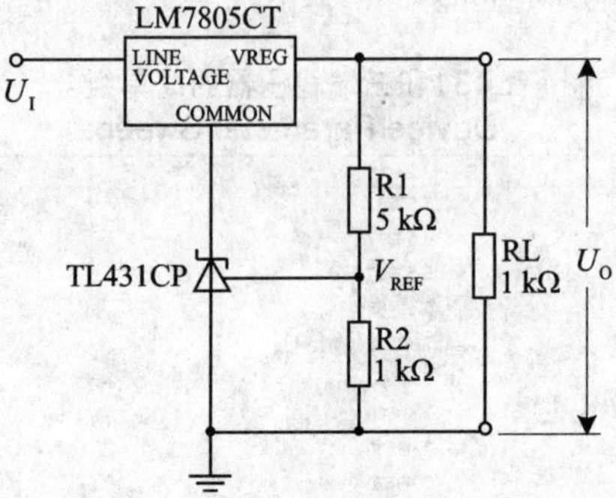

图 6-23　TL431 的可调压应用电路

6.5.5　负电压跟随设计

上面介绍了输出可调稳压源和可变基准电压的设计方法,可通过调节基准电压的大小来控制稳压源输出的大小。但以上只是针对单一极性电压的输出,当需要输出大小相等的一对正负电压时,如何实现调整同一个基准电压时正负电压的同时变化呢?下面介绍一种负电压跟随电路的设计。

负电压跟随正电压变化的稳压电路如图 6-24 所示,图中虚线框内的电路即负电压跟随电路。运算放大器 A2 经三极管 T2 接成负反馈形式,当其正输入端接地时,运放将控制 T2 使 A2 负端 A 点电压为 0。A 点通过电阻 R_3 和 R_4 和正负输出端相连,根据运放"虚断"的分析方法,知道流过 R_3 的电流基本都流入 R_4,所以:

$$(U_{O1}-0)/R_3=(0-U_{O2})/R_4 \tag{6-16}$$

当电阻 R_3 和 R_4 的阻值相等时,可得:

$$U_{O1}=-U_{O2} \tag{6-17}$$

图 6-25 为电路采用图 6-24 的参数,输入电压为±18 时的仿真结果,负输出端电压基本跟随正输出端电压的变化。此时,运放 A2 负输入端的电压和流过的电流基本为零,在 A 点和运放 A2 负输入端之间放置探针,其显示如图 6-26 所示。

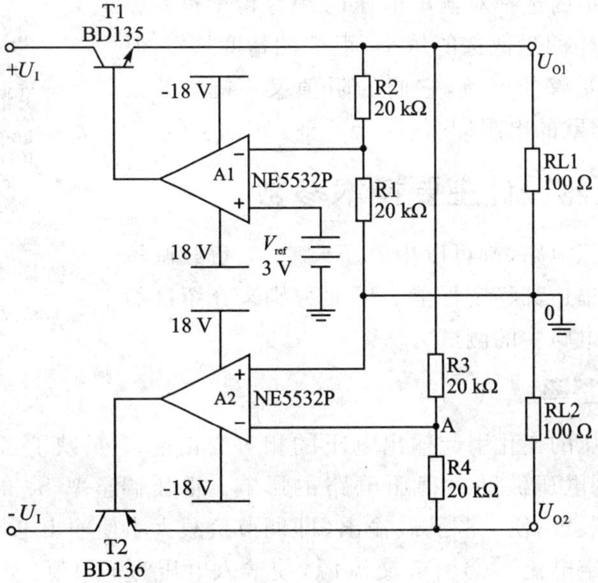

图 6－24　负电压跟随稳压电路

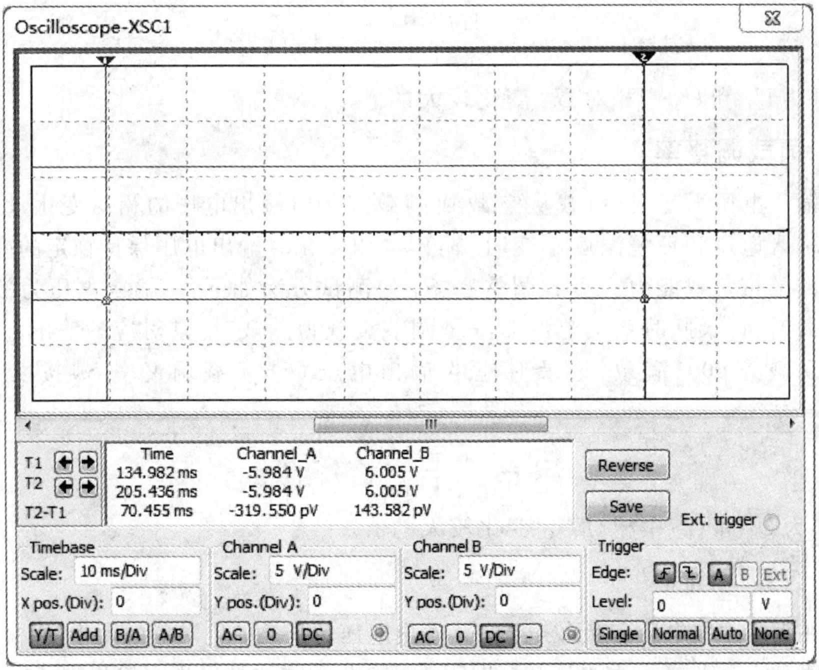

图 6－25　虚拟示波器显示结果

R_3 和 R_4 大小的选择对输出电压的跟踪精度也有影响。一般 R_3 和 R_4 的阻值选的越小,跟踪的精度越好,但为了给负载提供足够的电流,它们的阻值又不能选的太小,一般选几十千欧的电阻即可。

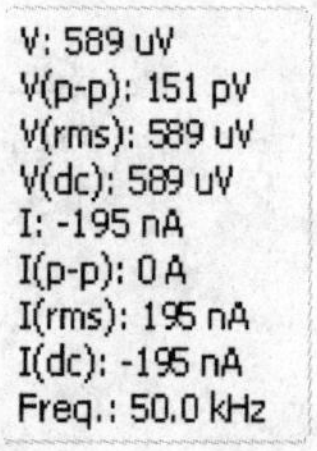

图 6-26 A2 负输入端探针显示结果

6.5.6 稳压器设计主要技术参数

对于任何稳压电路,都可以用电压调整率、负载调整率和纹波电压来描述其稳定性能。下面分别来介绍这些性能指标以及在电路中的测试方法。

1. 电压调整率

是指输入电压的变化引起输出电压的相对变化量,它反映了当负载电流和环境温度不变时,电网电压波动对稳压电路的影响。电压调整率 S_V 的测试方法如下:①设置可调负载装置,使电源满载输出(即调节负载大小使输出电压为额定电压时,输出电流达到额定电流);②调节交流源,使输入电压为下限值(模拟电网电压最低值),记录对应的输出电压 U_1;③增大输入电压到额定值,记录对应的输出电压 U_O;④调节输入电压为上限值,记录对应的输出电压 U_2;⑤按下式计算:

$$S_V = \frac{|U - U_O|}{U_O} \times 100\% \tag{6-18}$$

其中:U 为 U_1 和 U_2 中相对 U_O 变化较大的值。

2. 负载调整率

在输入电压不变时,负载从空载到满载变化时输出电压的相对变化量。它反映了当输入电压和环境温度不变时,输出电阻变化时输出电压保持稳定的能力,即稳压电路的带负载能力。负载调整率 S_R 的测试方法如下:①输入电压为额定值,输出空载时,记录此时输出电压 U_1;②调节负载为满载,记录对应的输出电压 U_2;③调节负载为 50% 满载,记录对应的输出电压 U_O,负载调整率 S_R 按以下公式计算:

$$S_R = \frac{|U - U_O|}{U_O} \times 100\% \tag{6-19}$$

其中:U 为 U_1 和 U_2 中相对 U_O 变化较大的值。

3. 纹波电压

指在额定输出电压和负载电流下,输出电压的纹波的绝对值的大小,通常以峰值或有效值表示。需要注意的是,纹波不同于噪声。纹波是出现在输出端子间的一种与输入信号频率同步的成分,一般在输出电压的 0.5% 以下;噪声是出现在输出端子间的纹波以外的一种高频成分,一般在输出电压的 1% 左右。纹波电压的测试方法为:先用示波器将整个波形捕获,然后将关心的纹波部分放大来观察和测量;同时还要利用示波器的 FFT 功能从频域进行分析。

除了纹波电压还有两个和纹波相关的定义：一是纹波系数，指在额定负载电流下，输出纹波电压的有效值与输出直流电压之比；一是纹波电压抑制比，指在规定的纹波频率(例如 50 Hz)下，输出电压中的纹波电压与输出电压中的纹波电压之比。

6.6 可调直流稳压源设计与 Multisim 仿真

6.6.1 电路设计

5.4.1 小节介绍了简单稳压源的设计，其输出为不可调＋15 V 电压，电压调整率和电流调整率分别小于 0.2%和 2%。本小节将设计一种输出电压幅值可调的稳压源，且输出为大小相等的一对正负电压，要求稳压性能更高，可以为要求高稳定度供电电压的器件提供稳定的正负电压。

图 6-27 为设计的整体电路图。首先先确定整流滤波电路的元件参数。变压器中点接地，可获得正负交流输出电压。由于输出为 18 V 的三端稳压器要求输入电压的最小值应大于等于 21 V，考虑输出电压的波动和电路中元件的损耗，应使变压器输出电压的峰值在 25 V 左右即可。变压器幅值不能太大，否则三端稳压器输入输出端的压差将不能满足其工作要求。整流电桥选择整流二极管堆 1B4B42，具体选取方法参见 6.4.2 小节。经整流桥输出的脉动电压经电容滤波后输出近似的直流电压信号，由于要求的最大输出电流 I_O＝0.2 A，设滤波后的脉动电压 V_p＝2 V，则根据式 6-4 可以计算出电容 C1 和 C2 的电容值应选 1 000 μF，耐压选为输出电压的 2 倍，可选 50 V 耐压的电容。

以上整流滤波电路，当输出负载较小时，输出电压中将存在脉动，为了进一步实现稳压，利用集成稳压器件设计了后面的稳压电路。其中又可以分为以下几部分：运放正负供电稳压源部分、可调稳压源部分和负电压跟随部分。下面对这几部分电路的设计进行分析。

1. 运放正负供电稳压源部分

这部分是一个简单的三端稳压器稳压电路，输出±18 V 直流电压对运放供电，以及对后级稳压电路提供稳定的输入电压。由于设计要求可调电压的最大值为±15 V，考虑一定的压差，选择此部分的输出电压为±18 V。设计要求最大输出电流为 0.2 A，所以应使三端稳压器的额定输出电流大于 0.2 A，这里正负输出三端稳压器分别选取了 LM7818CT 和 LM7918CT。电容 C3 和 C4 用于降低输出阻抗，这里选用耐压为 25 V 的 20 μF 铝介质电解电容。为改善铝介质电解电容的高频特性，可在 C3、C4 旁并联高频特性好的陶瓷电容，容量选为 0.1 μF。

2. 可调稳压源部分

这部分电路的原理可参见 6.5.3 小节。TL431 对电路提高基准电压,2.5 V 的基准电压经分压电位器 R_2 分压后送入运放的正输入端,所以此可调电压的变化范围为 0～2.5 V。R_1 的大小控制流过 TL431 的电流,当 R_1 取 10 kΩ 的电阻时,此流过 R_1 上的电流值为:

$$I_{R1} = \frac{18\ \text{V} - 2.5\ \text{V}}{R_1} = \frac{15.5\ \text{V}}{10\ 000\ \Omega} = 1.55\ \text{mA}$$

电位器 R_2 上流过的电流是 R_1 中电流的一部分,当 R_2=10 kΩ 时,电位器 R_2 上的电流为:

$$I_{R2} = \frac{2.5\ \text{V}}{R2} = \frac{2.5\ \text{V}}{10\ 000\ \Omega} = 0.25\ \text{mA}$$

因此流过 TL431 的电流约为 1.3 mA,在 TL431 的工作范围内。

由于供电电压为±18 V,所以运放选择了耐压为±22 V 的 NE5532,NE5532 的一片芯片中集成了两个相同的运放,其参数见表 6-8 所列。

表 6-8 NE5532 主要参数

指　标	说　明
最大额定供电电压	±22 V
输入偏移电压	0.5 mA
输入偏移电流	200 mA
同相输入电压	±13 V(±15 V 工作时)
转换速度	9 V/μS

电路中三端稳压器可以认为是具有 V_{be}=5 V 的限制器的晶体管接于放大器的反馈回路中,电阻 R_3 与 R_4 的比例决定了整个稳压电路输出电压的可调范围,输出电压 $U_O = U_{REF}(1+\frac{R_3}{R_4})$,其中 U_{REF} 从 0～2.5 V 可调,要想使最大输出电压为 15 V,R_3/R_4 应等于 5。

3. 负电压跟随部分

负电压跟随电路的原理可参见 6.5.5 小节,只是本电路中晶体管换成了恒定输出电压的稳压三极管,具有更稳定的性能。

输出端二极管 D2 和 D3 的作用是防止输出反向,电容 C5～C8 的作用和 18 V 输出三端稳压器输出端电容的作用相同。

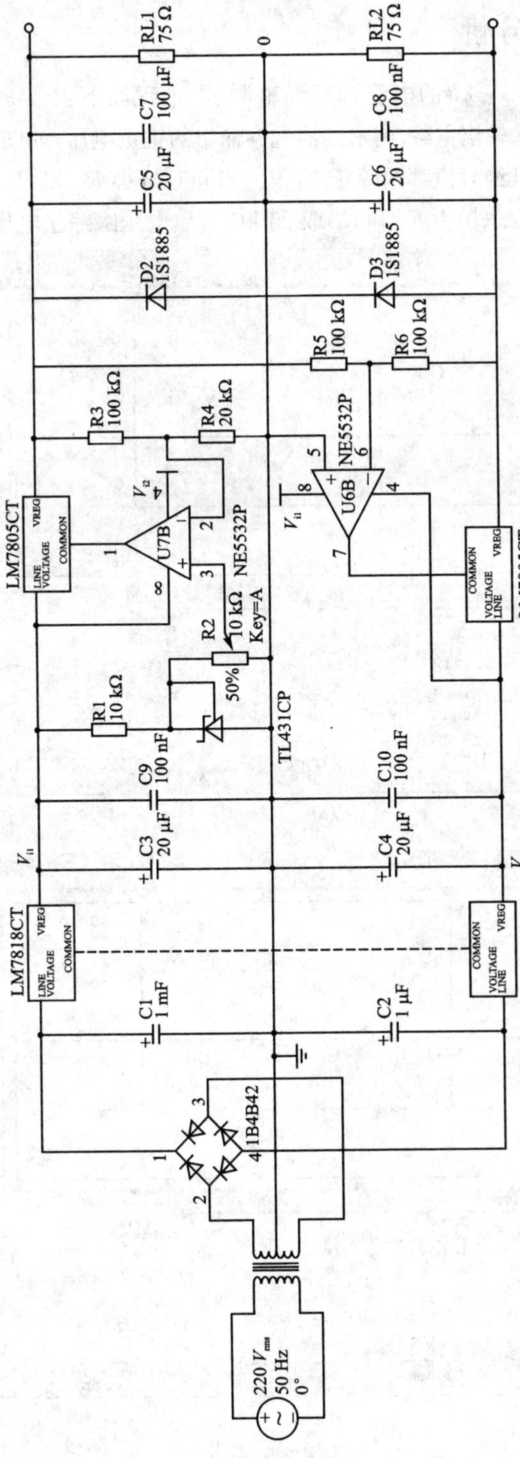

图 6-27　可调稳压源整体设计电路

图 6-27　可调稳压源整体设计电路

6.6.2 电路仿真分析

在 Multisim 中对图 6－27 的电路进行调整测试,过程如下:

1) 将 R_2 调到最大值,输出空载,用示波器观察输出的正负电压,如图 6－28(a)所示。负电压基本跟随正电压,且绝对值都约等于 15 V。当同时减小 R_5 和 R_6 的值时,负电压的跟随性能会提高,图 6－28(b)为 R_5 和 R_6 取 20 kΩ 时负电压跟踪正电压的情况。

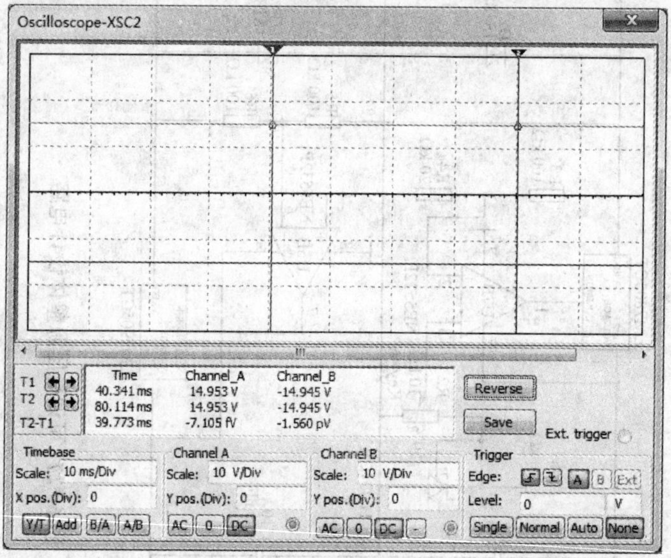

(a)

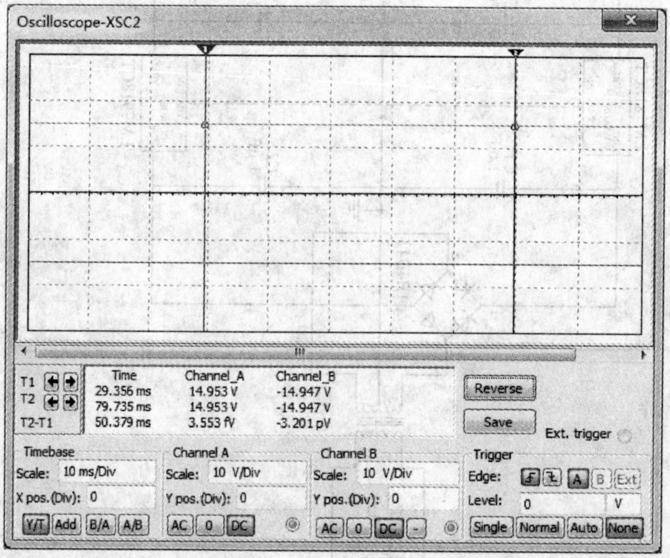

(b)

图 6－28 正负电压测试

在正负输出端与地间接入负载电阻，在负载回来添加探针观察负载电流，改变负载电阻的大小使输出电流为 0.2 A，正负输出回路探针显示如图 6－29 所示，此时对应的负载电阻大小为 75 Ω。

图 6－29 正负输出回路探针显示

2）改变 R_2 的值，输出仍然空载，确定最低输出电压的大小，从图 6－30 所示的测试结果可知，正负最低输出电压接近于 0。

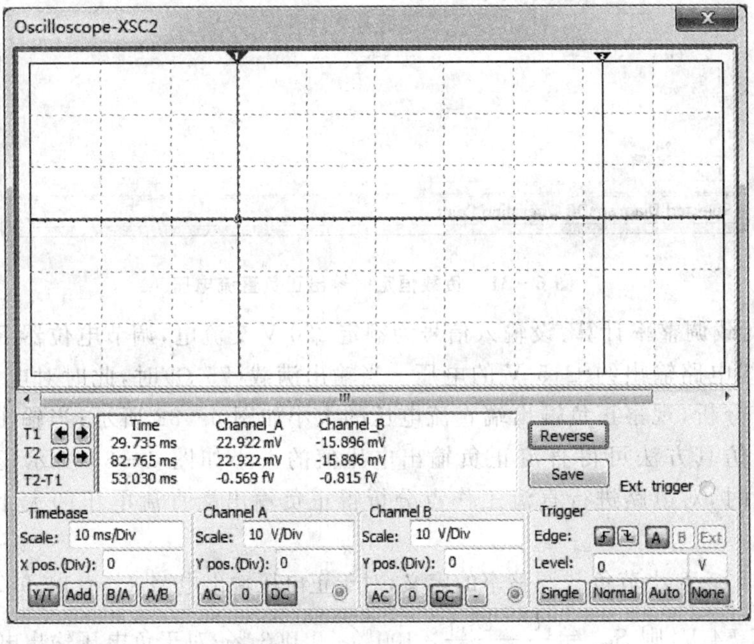

图 6－30 最低输出电压测试

3）将输出端直接与地做一次短路，如果电路仍能恢复工作，说明电路能够正常工作。

4）电压调整率计算：输入 220 V 交流电，当电网波动范围为＋15％～－20％时，电压波动范围为 176～253V。调节电位器 R_2 使其阻值最大，即电路输出约±15 V 的电压。设定输入为 220 V 额定电压，调整负载电阻 R_{L1} 和 R_{L2} 使输出满载，即使正负输出回路的电流均为 0.2 A,得此时电阻 R_{L1} 和 R_{L2} 都为 75 Ω。此时对电路进行直流工作点分析,观察正负输出端直流电压的大小,如图 6-31 所示;使输入电压为 176 V,负载电阻 R_{L1} 和 R_{L2} 仍为 75 Ω,用同样的仿真方法可得直流正负输出电压值和图 6-31 相同;使输入电压为 253 V,负载电阻为 75 Ω 时,输出电压仍然和以上分析结果相同。

根据以上仿真结果,结合 6.5.6 小节电压调整率的定义,可得此电路的正负输出电压的电压调整率近似为 0。以上分析是在仿真软件中进行的,实际电路达不到如此好的效果。

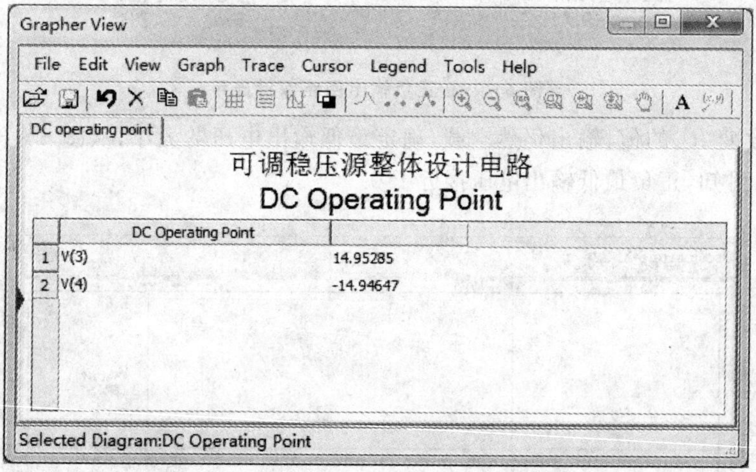

图 6-31 负载恒定时输出正负直流电压

5) 负载调整率计算:设输入信号为额定 220 V 交流电,调节电位器 R2 使其阻值最大,即电路输出约±15 V 的电压。当输出满载(75 Ω)时,此时对电路进行直流工作点分析,观察正负输出端直流电压的大小如图 6-32 所示;当输出空载时,用同样的仿真方法可得直流正负输出电压值的大小如图 6-33 所示;当输出为 50%满载时,对电路进行直流工作点分析得正负输出端直流电压的大小如图 6-34 所示。

根据 6.5.6 小节负载调整率的定义,对于正电压输出电路,U_O=14.987 98 V,U 取 14.987 54 V,则 $S_{R+}=\frac{|U-U_O|}{U_O}\times 100\%\approx 0.003\ \%$;对于负电压输出电路,$U_O$=−14.981 76 V,$U$ 取−14.981 17 V,则 $S_{R-}=\frac{|U-U_O|}{U_O}\times 100\%\approx 0.004\ \%$。可见电路的负载调整率非常小。

6) 纹波电压:在额定 220 V 输入电压下,输出满载,即负载电阻为 75 Ω 时,在示波器中观察输出波形,如图 6-35 所示。因只选择了观察交流成分,所以所观察到的信号即纹波电压信号,其峰值为 5.08 fV,远小于设计要求。

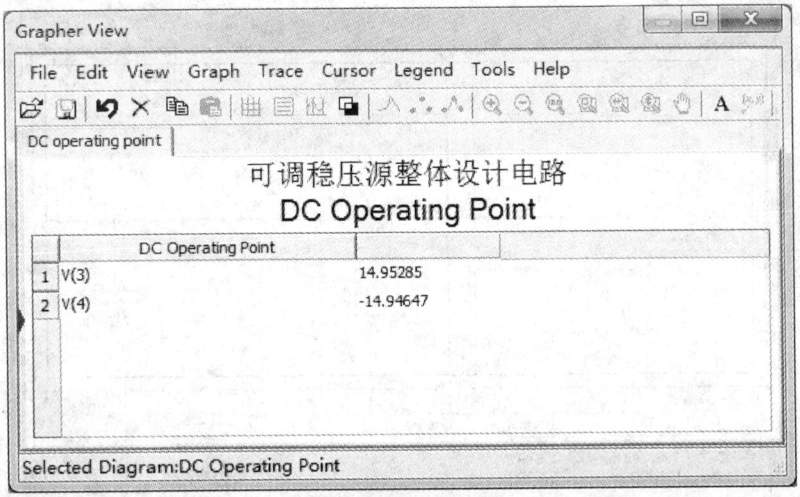

图 6-32　满载时输出正负直流电压

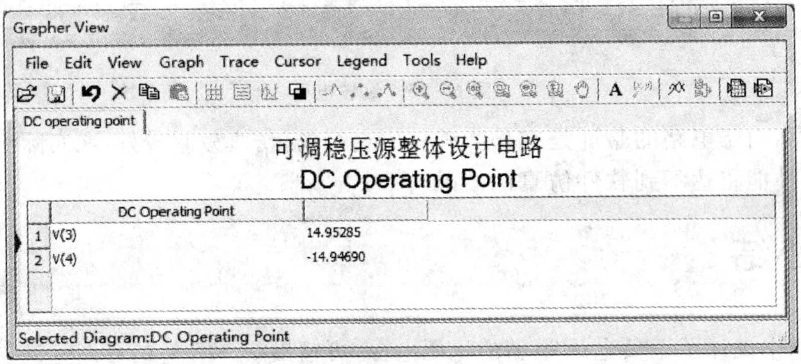

图 6-33　空载时输出正负直流电压

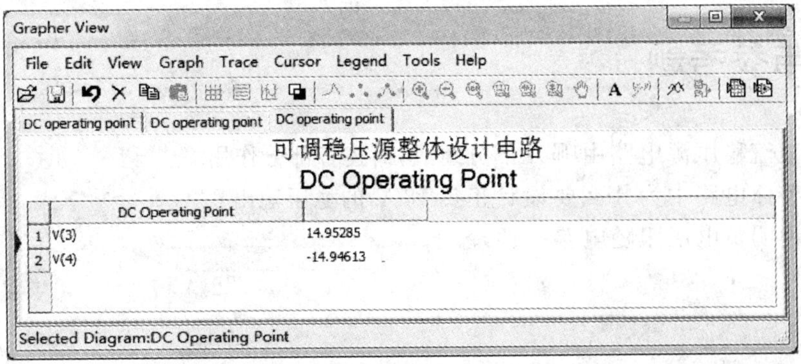

图 6-34　50%满载时输出正负直流电压

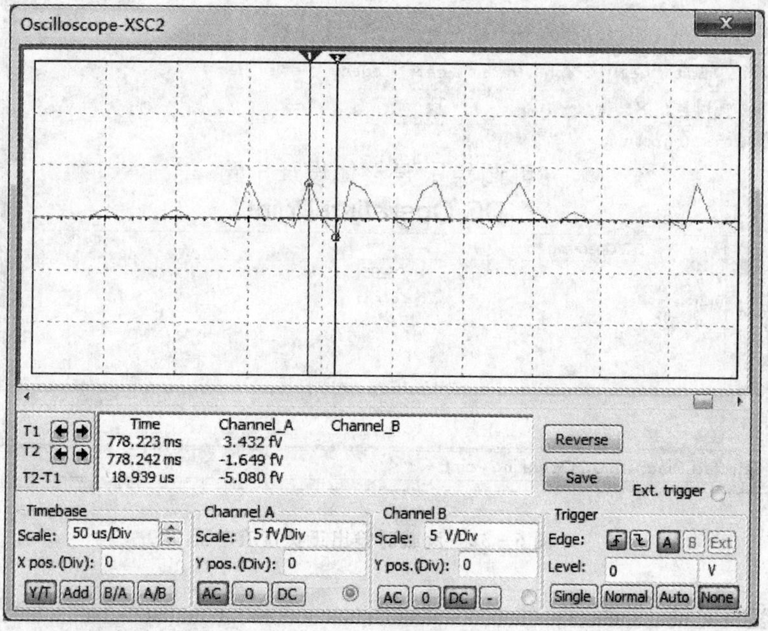

图 6-35　纹波电压

注意:由于电路的验证是在仿真软件中进行的,仿真效果较好,在实际测试条件下,电路性能将达不到软件仿真的效果。

本章小结

本章中设计了正负电压跟随的稳压电源,可输出 0～15 V 的可调直流电压。电路原理和元件选取部分都进行了详细介绍,最后通过仿真可知电路性能满足设计的要求,且留有很大的余量。

习题与参考题

1. 直流稳压源电路由哪几部分组成,简述各部分作用。
2. 整体电路中为什么要设计正负 18 V 的稳压输出?
3. 说明负电压跟随电路的原理。

第 7 章

老虎机(数字骰子)电路设计

7.1 设计背景简介

骰子,亦作色子,为一正多面体,通常作为桌上游戏的小道具,最常见的骰子是 6 面,它是一颗正立方体,上面分别有一到 6 个孔(或数字),其相对两面之数字和必为 7。中国的骰子习惯在 1 点和 4 点漆上红色。骰子是容易制作和取得的乱数产生器。其中一种典型的老虎机(赌博器)就是用电子电路的方式来实现骰子,因而称为数字骰子。在本实例中将利用简单的电子电路来实现其基本功能。

7.2 实例分析

大家熟知,一般的骰子有 6 个面,每个面用点数来表示其对应的数字,即也可认为每个面分别代表一种状态,在设计电路时可以将每种状态的点数用 7 个 LED 灯代替,具体 LED 的分布位置如下图所示:

图 7-1　LED 模型

7.3 基于 Multisim 电子电路设计

7.3.1 原理设计

由以上的分析确定了其数字骰子的基本模型,如图 7-1 所示,分析其每种状态可知,可以对每个 LED 控制来实现所需的功能,这种方法构思简单,但其控制电路的实现较为复杂,不建议使用。现采用一种较为简单的控制方式来实现这项功能,其包括显示模块、译码模块、数字时钟模块、状态产生模块。以下分别介绍每个模块的设计及仿真。

本电路的设计在 Multimis 12.0 学生教育专用版和 LabVIEW 的环境下进行设

计,并安装有 NI ELVIS II 的相关驱动,具体操作可以去 NI 官方网站 http://www.ni.com/zhs/进行查询。

1. 显示模块

分析每种状态可知,每种状态都是由基本的 4 种状态构成,并将这 4 种状态分别记为 A、B、C、D,如图 7-2 所示:

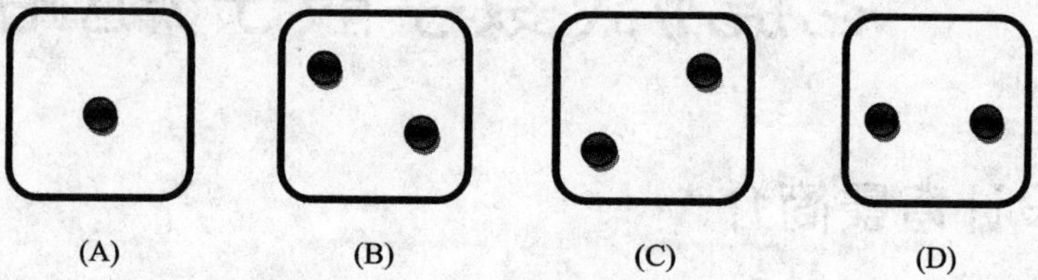

图 7-2 四种基本状态模型

基本状态 A 只有一个 LED,位于中心位置,基本状态 B、C、D 均由两个 LED 构成,分别处于对角线以及水平位置。根据其显示的 6 种状态和其 4 种基本状态模型列出如下真值表(其中 1 代表状态有效,0 代表状态无效):

表 7-1 显示真值表

State	A	B	C	D
1	1	0	0	0
2	0	1	0	0
3	1	1	0	0
4	0	1	1	0
5	1	1	1	0
6	0	1	1	1

数字骰子的 6 种状态分别由其 4 种基本状态控制,故在电路设计中由 4 个开关控制其状态的转换。在电路中,为了避免 LED 由于电流太大而损坏,故在电路中加入限流电阻,阻值为 220 Ω。具体电路设计步骤如下:

打开已安装好的 Multisim 12.0,选择 File→New 菜单项,弹出相应的电路设计的模板,选择 NI ELVIS II design 进行模板创建,创建完成后会出现 NI ELVIS II 的虚拟界面,并对其保存。其他关于原理图的设置较为简单,这里就不在赘述。

① 创建原理图。

创建原理图之前需对其元器件进行选择,最新的 Multisim 版本提供了 3D 虚拟器件,使原理图的设计更为形象,在 Multisim 中选择元件的方式较多,在这里将举例说明 LED 的选择方式。

使用快捷键 Ctrl＋W 就会打开元件库，在元件库中有许多不同种类的器件，Multisim 已将其很好的归类，只要选择对应的组，组中有相应的类，输入要查找的器件名称即可。例如：要查找 LED 器件，先用快捷键打开元件库，在 Database（数据库）选项中选择 Master Database，在 Group 列表中选择 Basic，在 Basic 列表中选择 3D_VIRTUAL，在右边的元件中选择 Led3_Green。则完成了对元件的选择。

显示模块的其他元器件的选择与上述类似，NI ELVIS II 模板中提供了许多的虚拟器件，使用方便、简单。这里就不在赘述，显示模块的原理图如图 7－3 所示：

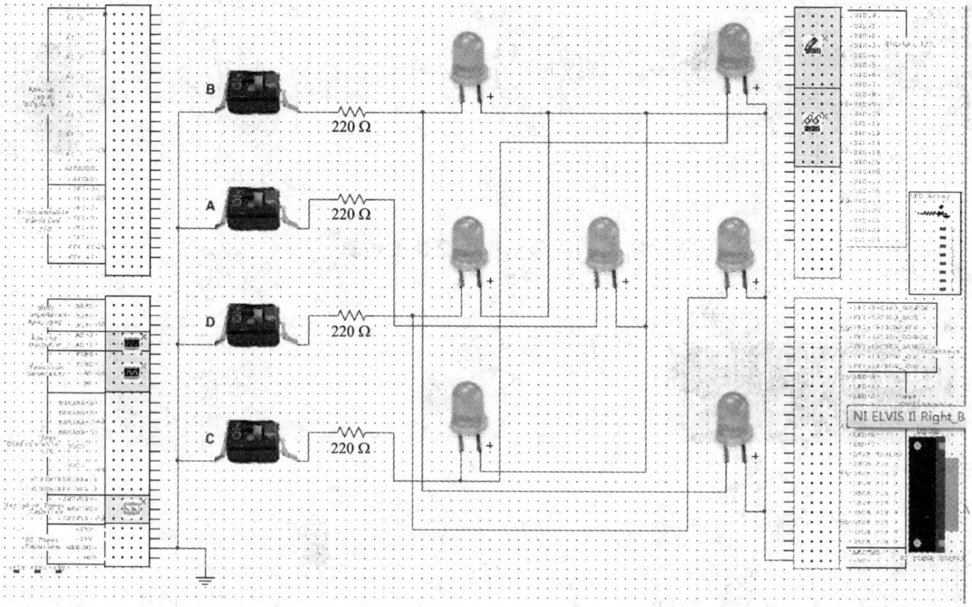

图 7－3　显示模块原理图

② 电路仿真。

显示模块电路设计几乎不包含模拟电路的相关设计，因而在这里不使用模拟电路的仿真方法。直接进行简单的仿真即可，使 B、C、D 的开关处于低电平（有效状态），则应显示第 6 种状态，仿真结果如图 7－4 所示。

用 NI ELVIS II 模板中的虚拟器件进行仿真，虚拟仪器 Digtal Writer－XLV8 是 8 位数字数据写入端，每位均可产生标准的高低电平，可在原理仿真时进行方便的操作，仿真结果与预期的电路设计吻合。仿真如图 7－5 所示。

2. 状态产生模块

实际的数字骰子，不能依靠手动开关来产生对应的状态，故需要设计一个能

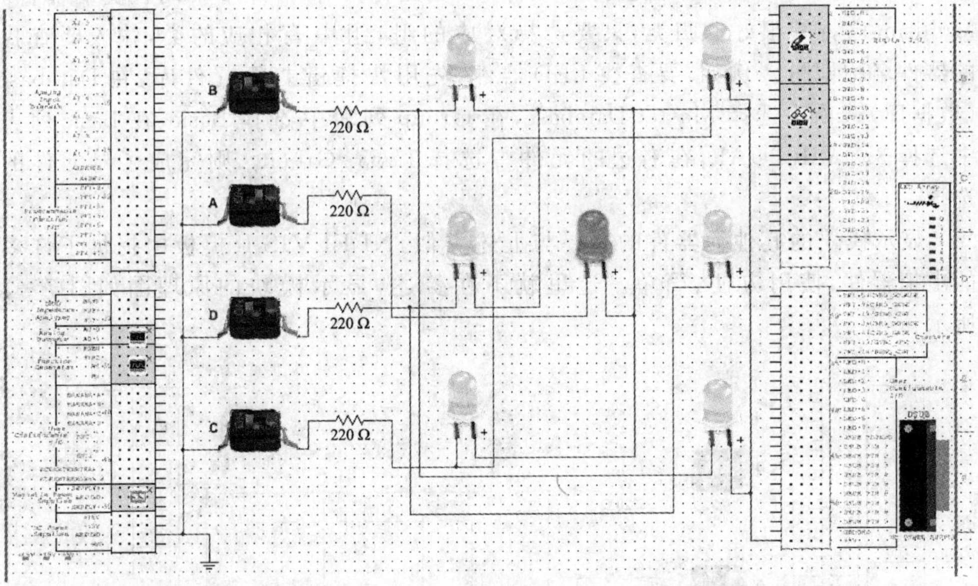

图 7-4　显示模块原理图仿真

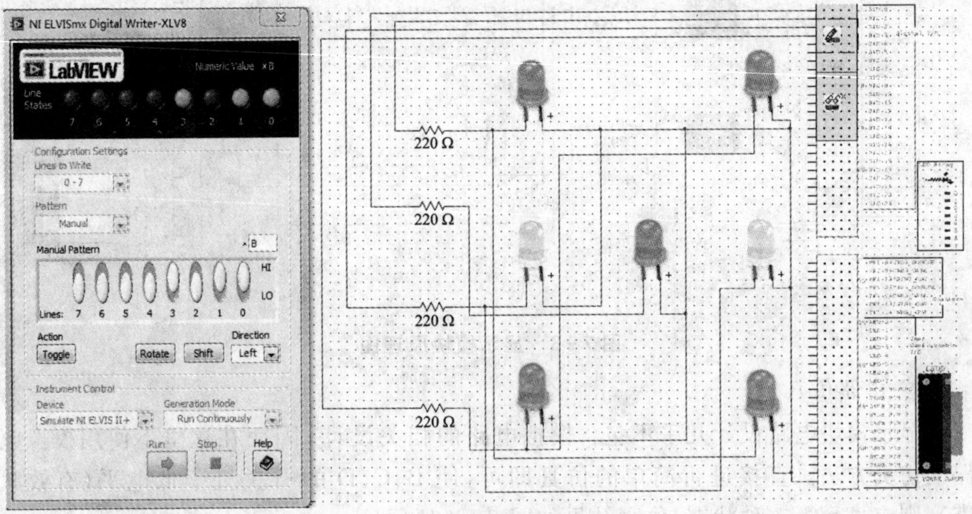

图 7-5　显示模块原理图仿真

循环产生状态的电路,即使用计数器(移位寄存器)可完成这一功能。因为数字骰子有 6 个状态,故采用 3 位同步计数器,且计数器的模为 6,则只需将最后一级的取反输出连接到第一级的输入端 D,即可完成所需功能。真值表如表 7-2 所列。

计数器由 3 个 D 触发器构成,本设计中采用 7474N 双 D 型边沿触发器,即每个芯片中包含有两个D触发器,输出为Q,每个D触发器均有Clear(CLR)和Preset(PR)输入,3个D触发器接相同的时钟,构成同步计数器。

为了观察Q1、Q2、Q3端的输出,即在每个取反输出端接一个LED,其低电平有效,使用NI ELVIS II模板中的虚拟器件(Function Generator)提供时钟。幅值为5 V_{pk-pk},偏移量为2.5 V,波形为方波,频率为60 Hz。具体设置如图7-6所示。

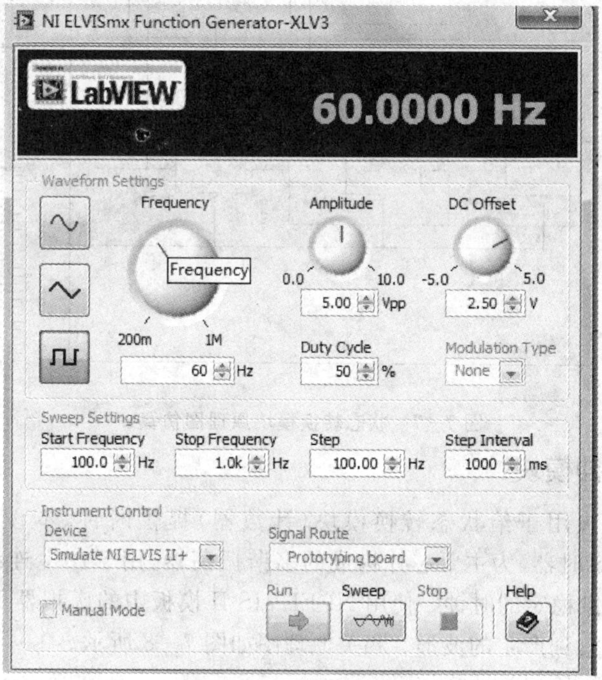

图7-6　Function Generator的设置

表7-2　计数器真值表

DState	Q1	Q2	Q3
1	0	0	0
2	1	0	0
3	1	1	0
4	1	1	1
5	0	1	1
6	0	0	1
7	0	0	0

其状态方程如下:

$$Q_1^{n+1} = \bar{Q}_3^n \tag{7-1}$$

$$Q_2^{n+1} = Q_1^n \tag{7-2}$$

$$Q_3^{n+1} = Q_2^n \tag{7-3}$$

具体设计电路如图 7-7 所示。

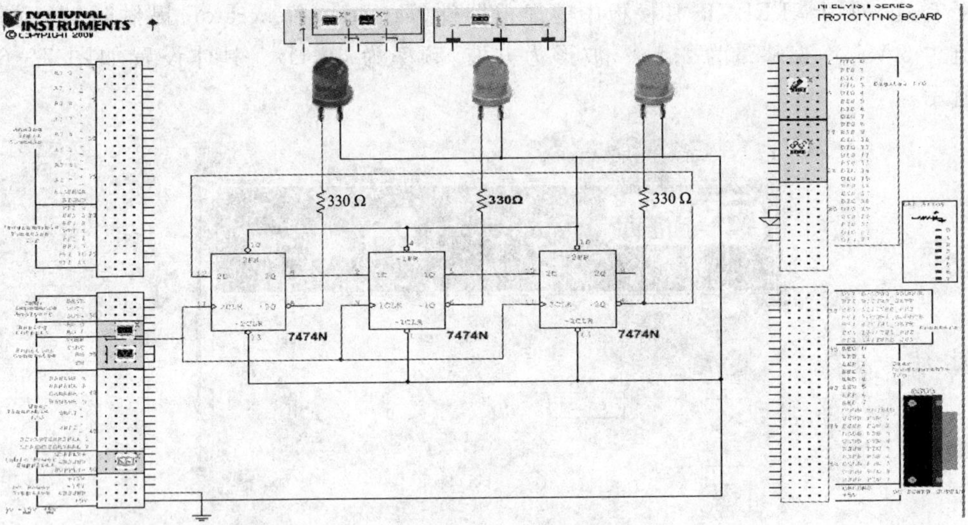

图 7-7 状态转换模块原理图仿真

3. 数字时钟模块

数字时钟模块用于给状态转换模块(计数器)提供时钟,本设计电路采用由 LM555CN(555 定时器)为主要芯片构成的多谐振荡器,用于产生连续的矩形波,即能够为计数器提供稳定的时钟。使用 NI ELVIS II 模板中的虚拟器 Dynamic Signal Analyzer 可以观察到产生的波形。相关原理图如图 7-8 所示。

时钟电路参数的相关计算如下:

电容放电所需时间(矩形波低电平的时间):

$$T_{pl} = R_2C \cdot \ln 2 = 0.7R_2C \tag{7-4}$$

电容充电所需时间(矩形波高点品的时间):

$$T_{ph} = (R_1 + R_2)C \cdot \ln2 = 0.7(R_1 + R_2)C \tag{7-5}$$

输出矩形波的频率:

$$f = \frac{1}{(T_{pl} + T_{ph})} = \frac{1.43}{(R_1 + 2R_2)C} \tag{7-6}$$

输出矩形波的占空比:

$$q = \frac{T_{ph}}{(T_{pl} + T_{ph})} = \frac{(R_1 + R_2)}{(R_1 + 2R_2)} \tag{7-7}$$

计算结果如下:

$$T_{pl} = 0.000\ 7\ \text{s}; T_{ph} = 0.001\ 4\ \text{s};$$

$$f = 476.7\ \text{Hz}; q = \frac{2}{3} = 66.7\ \%;$$

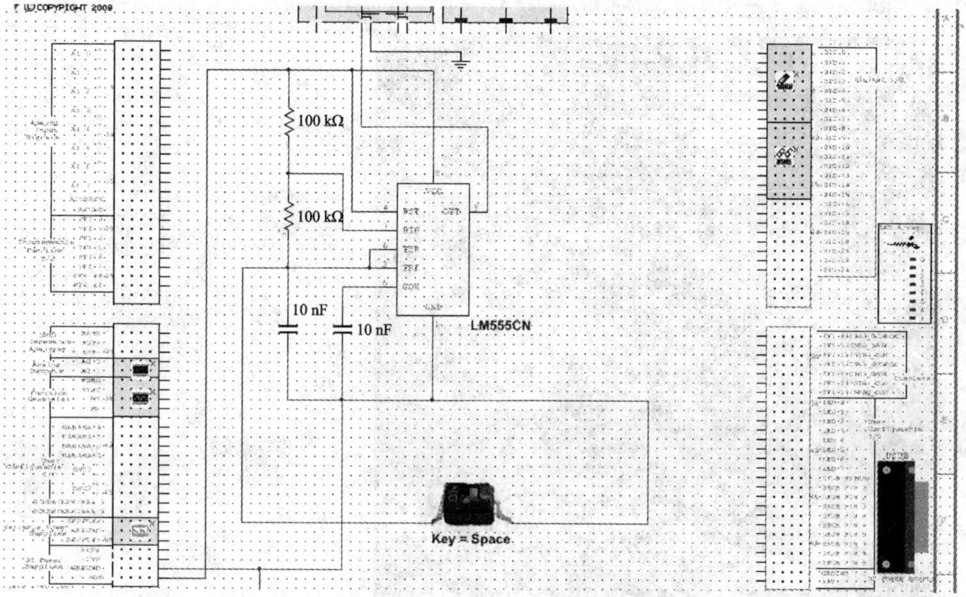

图 7－8　数字时钟模块原理图

电路仿真结果如图 7－9 所示：

由仿真结果可知，其与计算结果相同，则可以通过改变电路的参数，使其输出的波形发生相应的变化。虚拟仪器的参数调整，可以参阅 Multisim 帮助文件进行设置，这里就不在赘述。

4．译码模块

在状态转换模块中，计数器输出为三位，而在显示电路中采用的四位输入来控制数字骰子，故需要将计数器的输出进行转换。即需要设计 3－4 译码电路。根据数字骰子的控制要求，对其状态进行分配，其真值表如表 7－3 所列。

表 7－3　状态分配表

S						
6	0	0	0	1	1	1
4	1	0	0	0	1	1
2	1	1	0	0	0	1
1	1	1	1	0	0	0
3	0	1	1	1	0	0
5	0	0	1	1	1	0

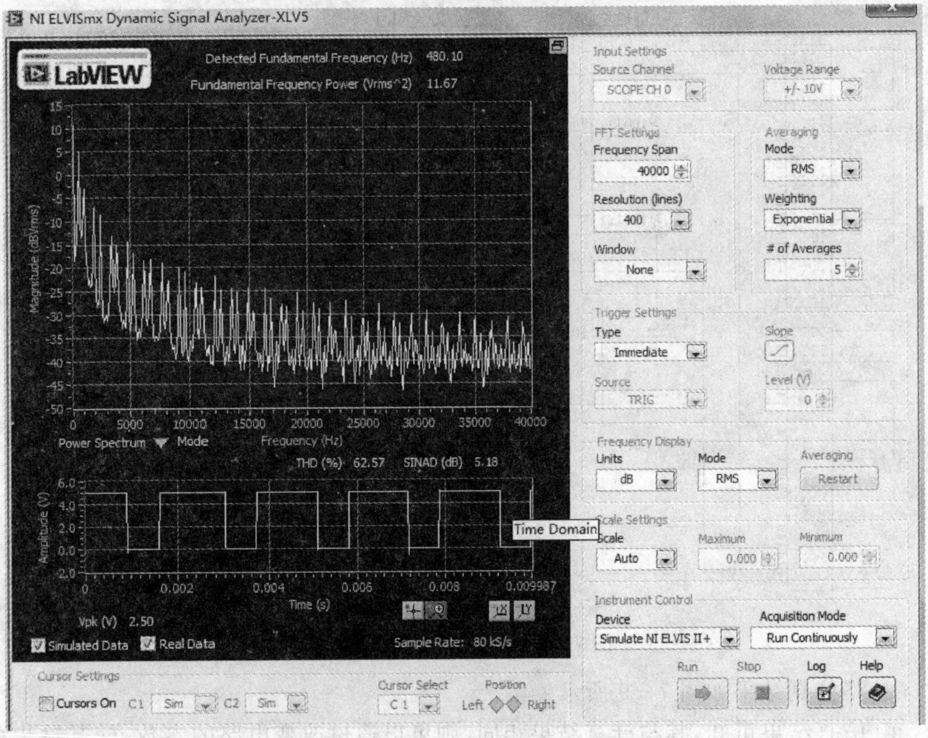

图 7-9　数字时钟仿真结果

结合前面的真值表可得：

$$A=\overline{Q_3} \tag{7-8}$$

$$B=Q_3\ Q_2\ Q_1 \tag{7-9}$$

$$C=Q_2 \tag{7-10}$$

$$D=\overline{\overline{Q_3}\ \overline{Q_2}\ \overline{Q_1}} \tag{7-11}$$

具体设计电路如下图 7-13 所示：

译码电路的仿真使用了 NI ELVIS II 模板中的 Digtal Writer－XLV8，Digtal Reader-XLV7 虚拟器件，为方便的了观察其译码的效果，在电路中加入显示模块，可以更方便了解其状态的变化。

仿真如图 7-11～图 7-16 所示。

编码电路的种类较多，也可以利用现有的集成电路进行设计，在进行逻辑仿真时也可以利用 LabVIEW 进行逻辑仿真和转换，具体设计不再赘述。

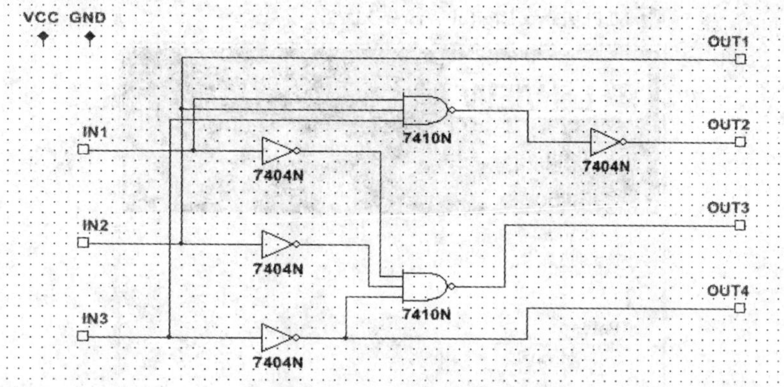

图 7 - 10　译码电路

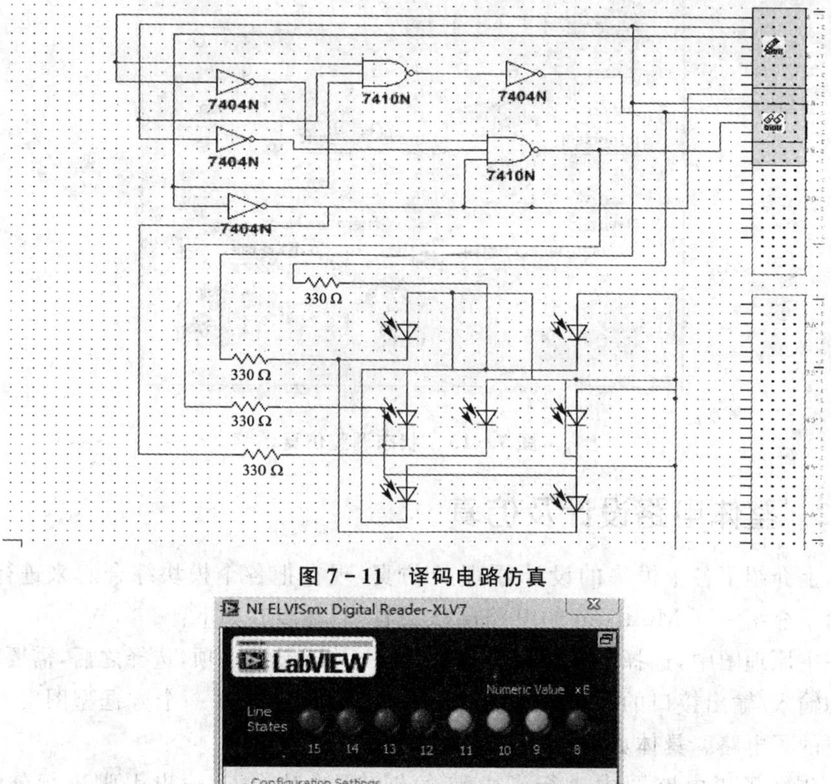

图 7 - 11　译码电路仿真

图 7 - 12　状态结果仿真

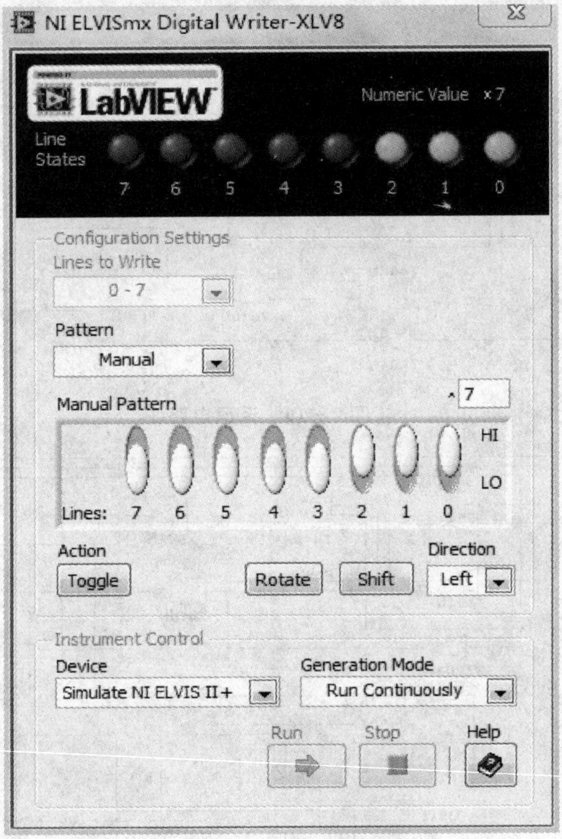

图 7-13 状态调整仿真

7.3.2 整体电路设计及仿真

以上介绍了各个模块的设计原理及仿真，现在把各个模块综合起来进行仿真。首先简单介绍一下 Multisim 的电路层次设计，具体步骤如下：

在主原理图中，选择 Place→New hierarchi block 菜单项，选择之后，需要填入子电路的输入/输出接口的数目，创建后会在主原理图中出现一个方框型图案，代表了所创建的子电路。具体如图 7-17 所示。

在创建了子电路图中进行子电路的创建，并对输入/输出引脚进行分配。在主原理图中可以对模型进行参数的设置，选中方框，右击选择 Edit symbol/title block 之后可以对其属性参数进行修改。具体如图 7-15 和图 7-16 所示。

在子电路的创建过程中，为了子电路之间的相互通信，需要加入连接节点，在主原理图中可选择 Place→Connectors 菜单项进行连接节点的选择，然后加入子电路图中即可。图 7-17 为子电路计数器(模 6)的电路图。

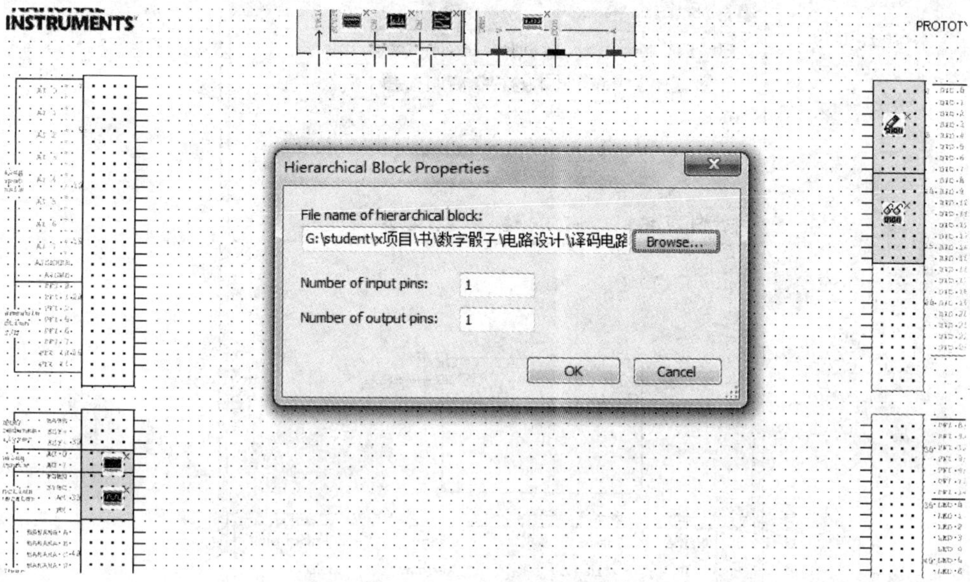

图 7 - 14　子电路图的创建过程

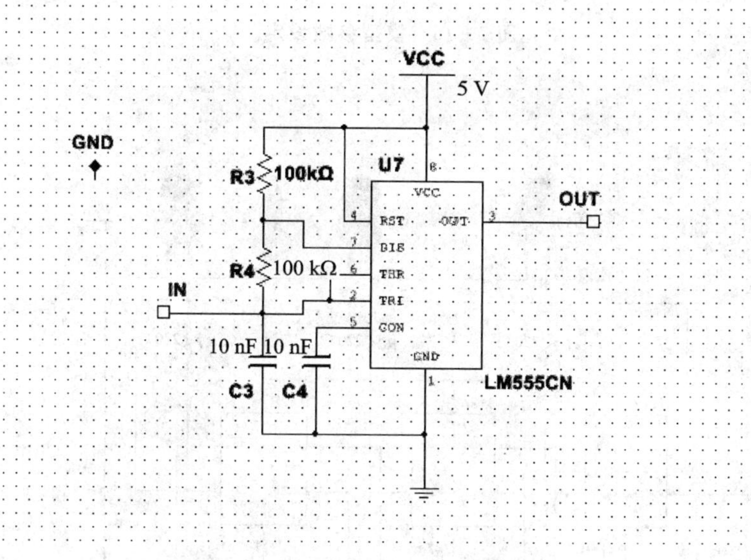

图 7 - 15　555 定时器子电路图的创建

在上述层次电路设计基础上整体原理图如图 7 - 18 所示，其仿真图如图 7 - 19 所示：

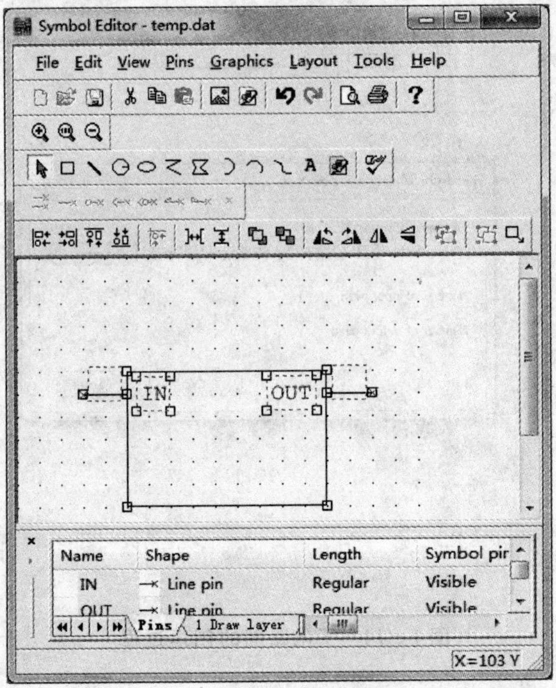

图 7-16 模型参数设定

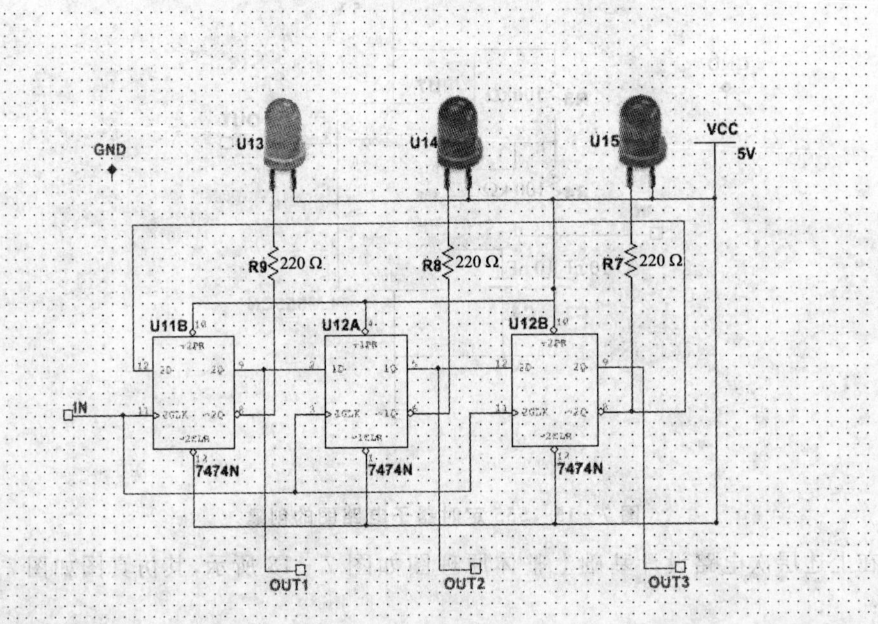

图 7-17 计数器(模 6)

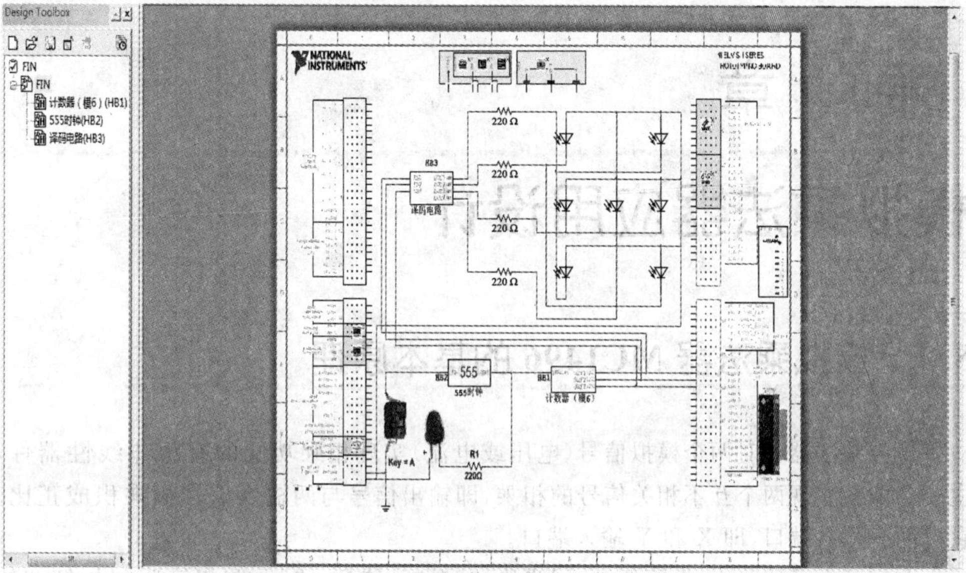

图 7－18　整体电路

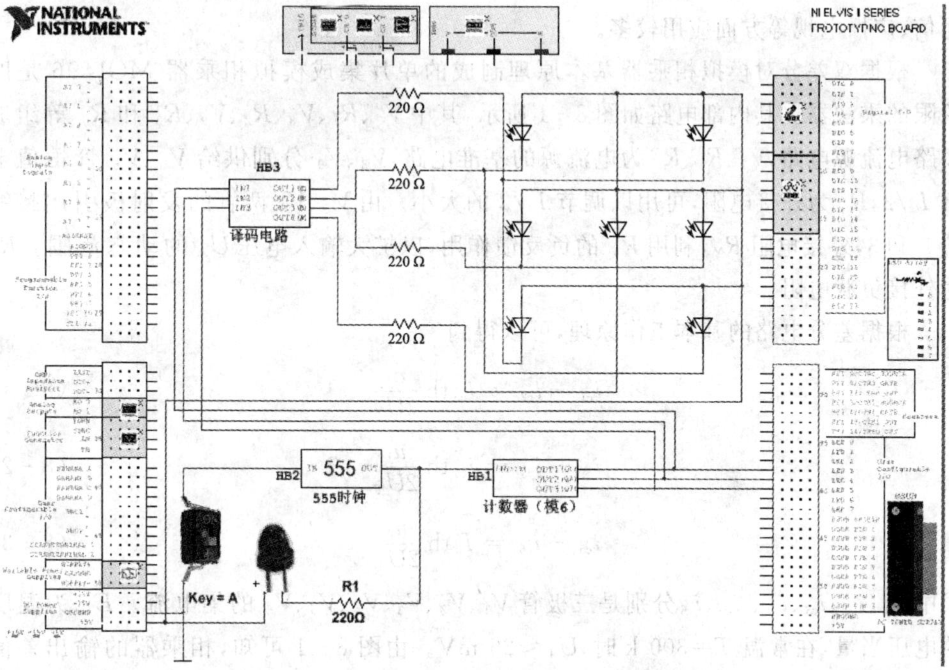

图 7－19　整体电路仿真

第 8 章

模拟乘法器应用设计

8.1 模拟乘法器 MC1496 的基本原理

模拟乘法器是对两个模拟信号(电压或电流)实现相乘功能的有源非线性器件,主要功能是实现两个互不相关信号的相乘,即输出信号与两输入信号相乘积成正比。它有两个输入端口,即 X 和 Y 输入端口。

在高频电子线路中,振幅调制、同步检波、混频、倍频、鉴频、鉴相等调制与解调的过程,均可视为两个信号相乘或包含相乘的过程。采用集成模拟乘法器实现上述功能比采用分离器件如二极管和三极管要简单得多,而且性能优越。所以目前在无级通信、广播电视等方面应用较多。

根据双差分对模拟相乘器基本原理制成的单片集成模拟相乘器 MC1496 是四象限的乘法器。其内部电路如图 8-1 所示,其中 V_7、R_1、V_8、R_2、V_9、R_3 和 R_5 等组成多路电流源电路,V_7、R_5、R_1 为电流源的基准电路,V_8、V_9 分别供给 V_5、V_6 管恒值电流 $I_0/2$,R_5 为外接电阻,可用以调节 $I_0/2$ 的大小。由 V_5、V_6 两管的发射极引出接线端 2 和 3,外接电阻 R_Y,利用 R_Y 的负反馈作用,以扩大输入电压 U_2 的动态范围。R_C 为外接负载电阻。

根据差分电路的基本工作原理,可以得到

$$i_{c1} - i_{c2} = i_{c5}\,\mathrm{th}\,\frac{u_1}{2U_T} \tag{8-1}$$

$$i_{c4} - i_{c3} = i_{c6}\,\mathrm{th}\,\frac{u_1}{2U_T} \tag{8-2}$$

$$i_{c5} - i_{c6} = I_0\,\mathrm{th}\,\frac{u_2}{2U_T} \tag{8-3}$$

式中 i_{c1}、i_{c2}、i_{c3}、i_{c4}、i_{c5}、i_{c6}分别是三极管 V_1、V_2、V_3、V_4、V_5、V_6 的集电流。E_T 为温度的电压当量,在常温 $T=300$ k 时,$U_T \approx 26$ mV。由图 8-1 可知,相乘器的输出差值电流

$$i = i_{13} - i_{24} = (i_{c1} + i_{c3}) - (i_{c2} - i_{c4}) = (i_{c1} - i_{c2}) - (i_{c3} - i_{c4}) \tag{8-4}$$

将式(8-1)、(8-2)、(8-3)代入(8-4),可得

$$i = (i_{c5} - i_{c6})\,\text{th}\,\frac{u_1}{2U_T} = I_0\,\text{th}\,\frac{u_1}{2U_T} i_{c6}\,\text{th}\,\frac{u_2}{2U_T} \tag{8-5}$$

由于 V_5、V_6 两管发射极之间跨接负反馈电阻 R_Y，当 R_Y 远大于 V_5、V_6 管的发射结电阻时

$$i_{c5} - i_{c6} \approx i_{E5} - i_{E6} = \frac{2u_2}{R_Y} \tag{8-6}$$

将式(8－6)代入(8－5)可得

$$i = \frac{2u_2}{R_Y}\,\text{th}\,\frac{u_1}{2U_T} \tag{8-7}$$

可见，输出电流中包含两个输入信号的乘积。

MC1496 的管脚排列如图 8－2 所示，其符号如图 8－3 所示。

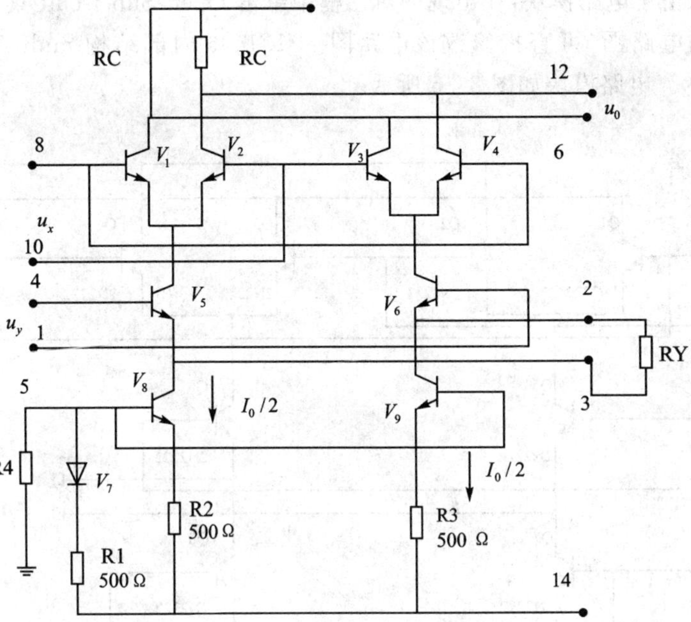

图 8－1　MC1496 的内部结构

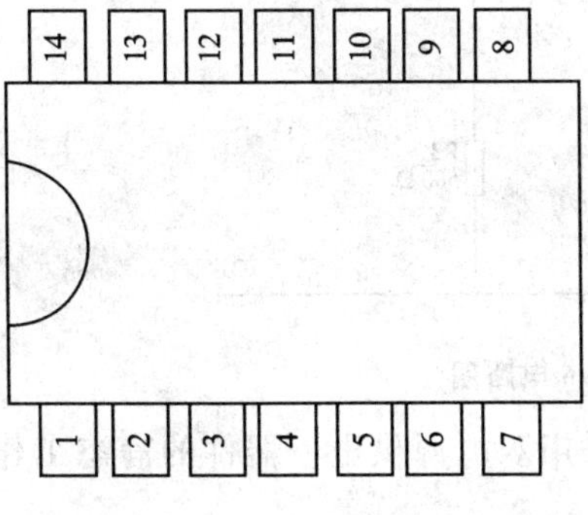

图 8－2　MC1496 的管脚排列

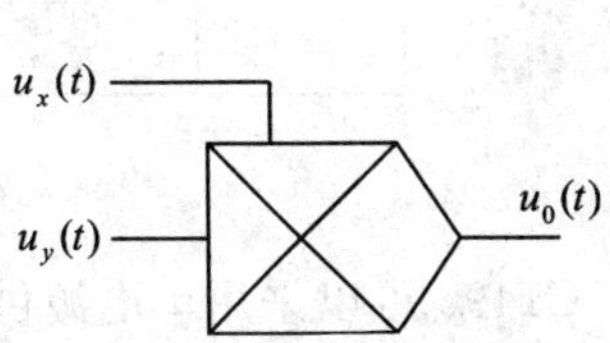

图 8－3　MC1496 符号

8.2 模拟乘法器 MC1496 的创建

按照图 8-4 创建原理图。为了能对子电路进行外部连接,需要对子电路添加输入/输出。选择 Place→Connecter→Hierarchial connector 菜单项或使用 Ctrl+I 快捷操作,屏幕上出现输入/输出符号,将其与子电路的输入/输出信号端进行连接。带有输入/输出符号的子电路才能与外电路连接。将子电路全部选中右击,选择 Replace by Subcircuit 菜单项,屏幕上出现 Subcircuit Name 对话框,在对话框中输入 MC1496,单击 OK,完成子电路的创建。选择电路复制到用户器件库,同时给出子电路图标。双击子电路模块,在出现的对话框中单击 Open Subcircuit 菜单项,屏幕显示子电路的电路图,可直接修改该电路图。MC1496 内部结构 multisim 电路图如图 8-4所示。电路模块如图 8-5 所示。

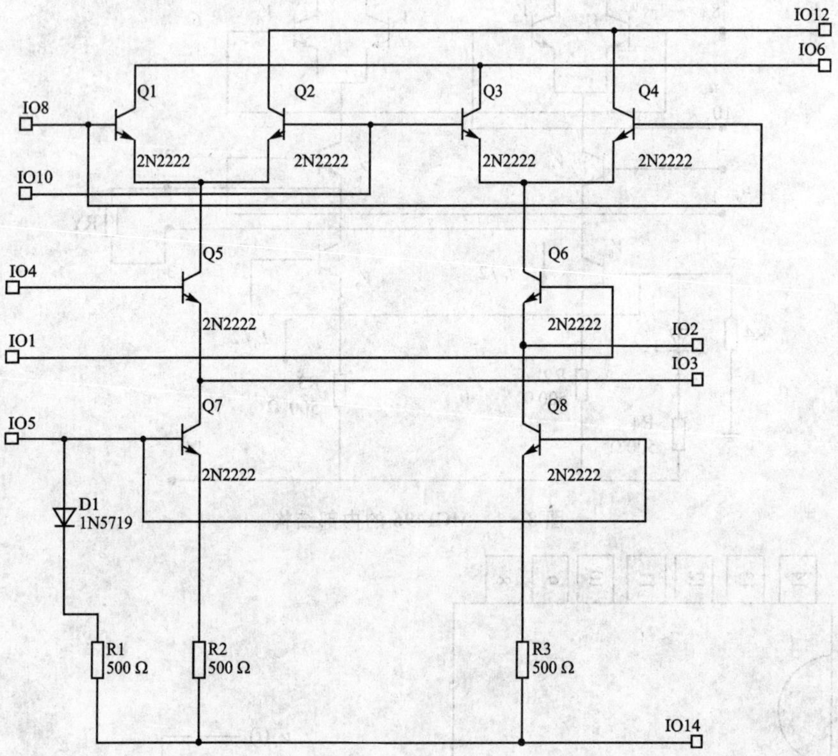

图 8-4 MC1496 电路图

MC1496 可以采用单电源供电,也可以采用双电源供电。器件的静态工作点由外接元件确定。

静态偏置电压的设置应保证各个晶体管工作在放大状态,即晶体管的集电极与

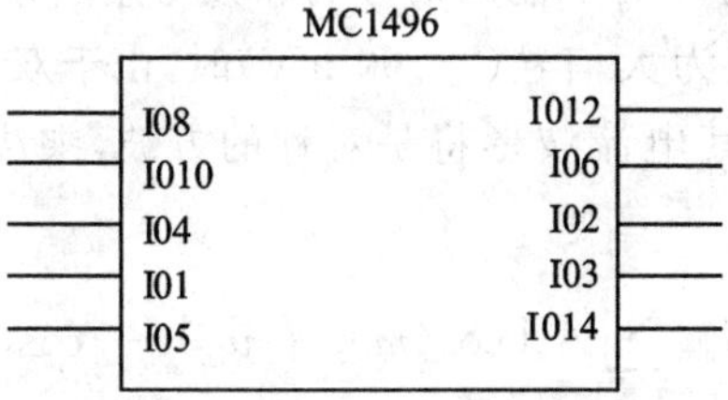

图 8-5　MC1496 子电路替代模块

基极间的电压应大于或等于 2 V，小于或等于最大允许工作电压。根据 MC1496 的特性参数，应用时，静态偏置电压(输入电压为 0 时)应满足下列关系。即

$$u_8 = u_{10},\quad u_1 = u_4,\quad u_6 = u_{12} \tag{8-8}$$

$$\left.\begin{aligned} 15\ \text{V} &\geqslant (u_6, u_{12}) - (u_8, u_{10}) \geqslant 2\ \text{V} \\ 15\ \text{V} &\geqslant (u_8, u_{10}) - (u_1, u_4) \geqslant 2.7\ \text{V} \\ 15\ \text{V} &\geqslant (u_1, u_4) - u_5 \geqslant 2.7\ \text{V} \end{aligned}\right\} \tag{8-9}$$

一般情况下，晶体管的基极电流很小，三对差分放大器的基极电流 I_8、I_{10}、I_1 和 I_4 可以忽略不记，因此器件的静态偏置电流主要由恒流源 I_0 的值确定。当器件为单电源工作时，引脚 14 接地，5 脚通过一电阻 R_5 接正电源($+U_{CC}$的典型值为+12 V)，由于 I_0 是 I_5 的镜像电流，所以改变电阻 R_5 可以调节 I_0 的大小，即

$$I_0 \approx I_5 = \frac{u_{cc} - 0.7\ \text{V}}{R_5 + 500\ \Omega} \tag{8-10}$$

当器件为双电源工作时，引脚 14 接负电源$-U_{EE}$(一般接−8 V)，5 脚通过电阻 R_5 接地，因此，改变 R_5 也可以调节 I_0 的大小，即

$$I_0 \approx I_5 = \frac{|-u_{EE}| - 0.7\ \text{V}}{R_5 + 500\ \Omega} \tag{8-11}$$

根据 MC1496 的性能参数，器件的静态电流小于 4 mA，一般取 $I_0 = I_5 = 1$ mA 左右。器件的总耗散功率可由下式估算

$$P_D = 2I_5(u_6 - u_{14}) + I_5(u_5 - u_{14}) \tag{8-12}$$

P_D 应小于器件的最大允许耗散功率(33 mW)。

设输入信号 $U_x = U_{xm}\cos\omega_x t$，$U_y = U_{ym}\cos\omega_y t$，则 MC1496 乘法器的输出 U_0 与反馈电阻 R_L 及输入信号 U_x、U_y 的幅值有关。

8.2.1　不接负反馈电阻(脚 2 和脚 3 短接)

当 U_x 和 U_y 皆为小信号(<26 mV)时，由于三对差分放大器(V_1、V_2、V_3、V_4 及 V_5、V_6)均工作在线性放大状态，则输出电压 U_0 可近似表示为

$$U_0 \approx \frac{I_0 R_L}{2U_T^2} U_x U_y = K_0 U_x U_y = \frac{1}{2} K_0 U_{xm} U_{ym} [\cos(w_x + w_y)t + \cos(w_x - w_y)t] \tag{8-13}$$

输出信号 U_0 中只包含两个输入信号的和频与差额分量。

当 U_y 为小信号,U_x 为大信号(>100 mV)时,由于双差分放大器(V_1、V_2 和 V_3、V_4)处于开关工作状态,其电流波形将是对称的方波,乘法器的输出电压 U_0 可近似表示为

$$U_0 \approx K_0 U_x U_y = K_0 U_{gm} \sum_{n=1}^{\infty} A_n [\cos(nw_x + w_y)t + \cos(nw_x - w_y)t] (n \text{ 为奇数}) \tag{8-14}$$

输出信号 U_0 中包含 $w_x \pm w_y$,$3w_x \pm w_y$,$5w_x \pm w_y$,……,$(2n-1)w_x \pm w_y$ 等频率分量。

8.2.2 接入负反馈电阻

由于 R_L 的接入,扩展了 U_y 的线性动态范围,所以器件的工作状态主要由 U_x 决定,分析表明:

当 U_x 为小信号(<26 mV)时,输出电压 U_0 可表示为

$$U_0 = \frac{R_L}{R_E U_T} U_x U_y = \frac{1}{2} K_E U_{xm} U_{ym} [\cos(W_x + W_y)t + \cos(W_x - W_y)t] \tag{8-15}$$

其中:$K_E = \dfrac{R_L}{R_E U_T}$

式(8-15)表明,接入负反馈电阻 R_L 后,U_x 为小信号时,MC1496 近似为一理想的乘法器,输出信号 U_0 中只包含两输入信号的和频与差频。

当 U_x 为大信号(>100 mv)时,输出电压 U_0 可近似表示为

$$U_0 \approx \frac{2R_L}{R_E} U_Y \tag{8-16}$$

上式表明,U_x 为大信号时,输出电压 U_0 与输入信号 U_x 无关。

8.3 模拟乘法器 MC1496 的应用

8.3.1 调幅设计

在幅度调制过程中,根据所取出已调信号的频谱分量不同,分为普通调幅(AM)、抑制载波的双边带调幅(DSB)等。它们的主要区别如表 8-1 所列。

表 8-1　普通调幅与双边带调幅的区别

	普通调幅	抑制载波双边带调幅
电压表达式	$V_0(1+m_a\cos\Omega t)\cos\omega_0 t$	$m_a V_0\cos\Omega t\cos\omega_0 t$
波形图	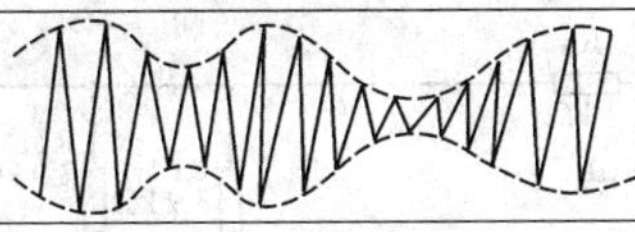	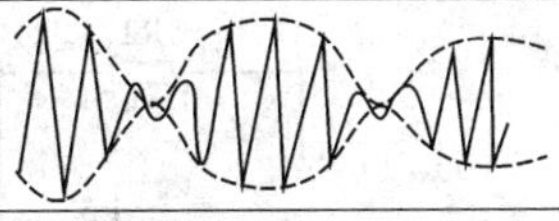
信号带宽	$2(\frac{\Omega}{2\pi})$	$2(\frac{\Omega}{2\pi})$

1. 普通调幅(AM)

按照如图 8-6 所示建立 MC1496 普通调幅电路的原理图文件。

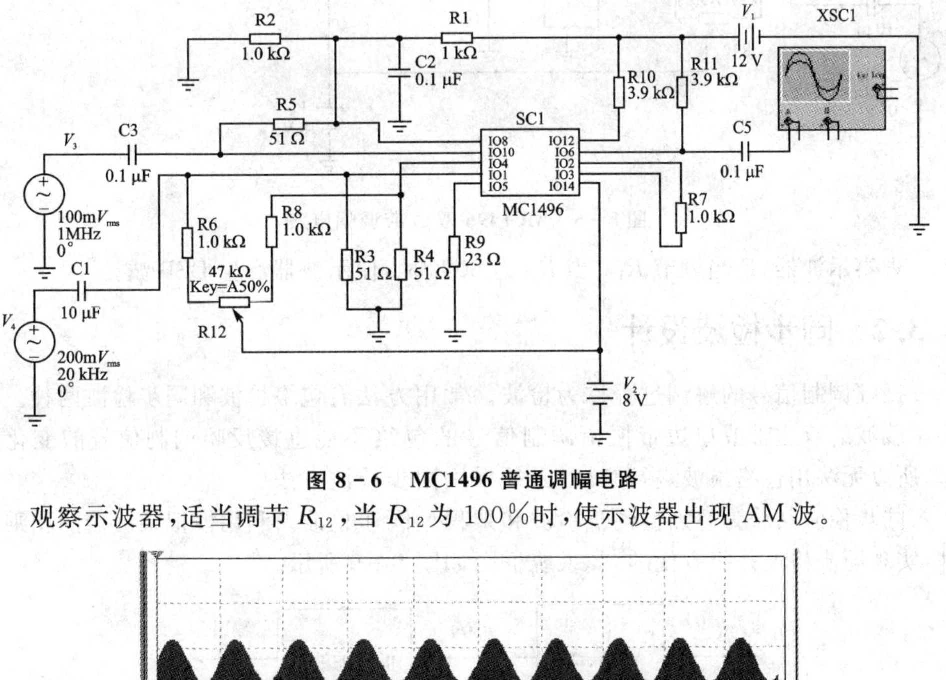

图 8-6　MC1496 普通调幅电路

观察示波器，适当调节 R_{12}，当 R_{12} 为 100%时，使示波器出现 AM 波。

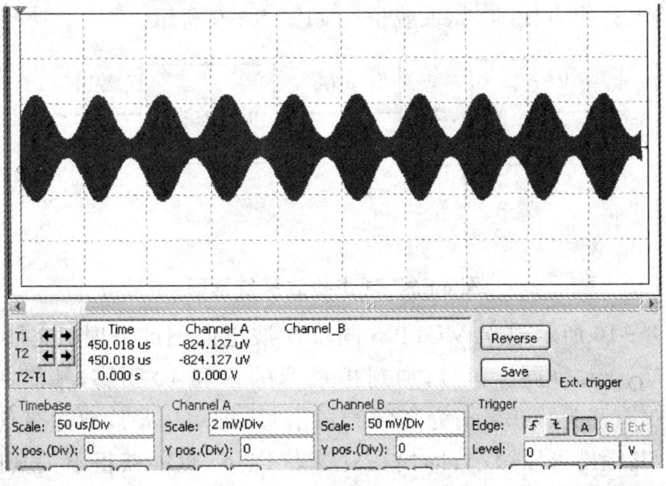

图 8-7　MC1496 普通调幅波

2. 抑制载波的双边带调幅(DSB)

按照如图 8-8 所示建立 MC1496 双边带调幅电路的原理图文件。

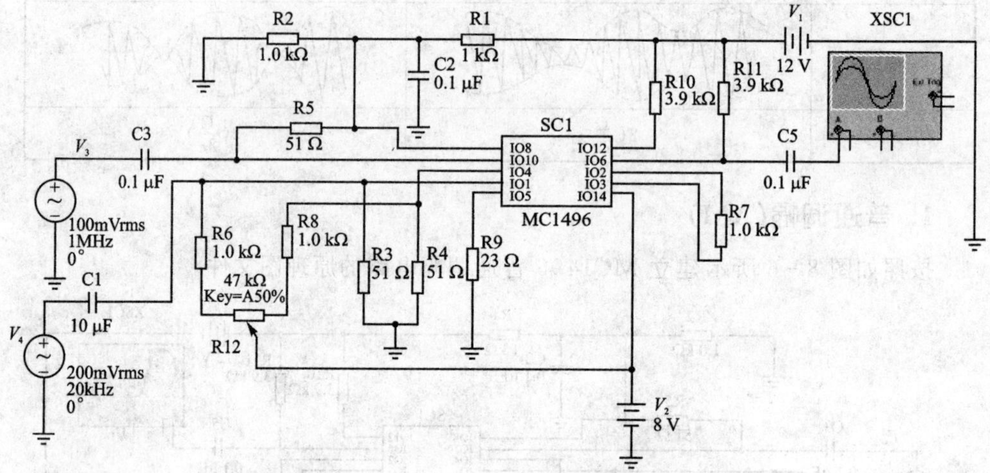

图 8-8 MC1496 双边带调幅电路

观察示波器,适当调节 R_{12},当 R_{12} 为 50%时,使示波器产生 DSB 波。

8.3.2 同步检波设计

振幅调制信号的解调过程称为检波。常用方法有包络检波和同步检波两种。而抑制载波的双边带或单边带振幅调制信号的包络不能直接反映调制信号的变化规律,所以无法用包络检波进行解调,必须采用同步检波方法。

同步检波又分为叠加型同步检波和乘积型同步检波。利用模拟乘法器的相乘原理,实现同步检波是很方便的,其系统框图如图 8-9 所示。

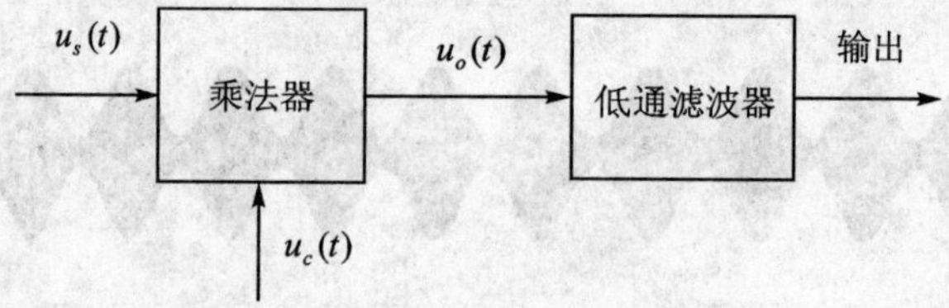

图 8-9 同步检波系统框图

按照如图 8-10 所示建立 MC1496 同步检波电路图的原理图文件。

图中 $u_c=U_{cm}\cos\omega_c t$ 同步信号,加到相乘器的 8 和 10 引脚,其值一般比较大,使相乘器工作在双向开关状态。u_s 为高频调幅信号,即单边带或双边带信号,加到相乘器的 1、4 引脚,其幅度可以很小,即使在几毫伏以下,也能获得不失真的解调。解调信号由 12 引脚单端输出,C_7 为输出耦合隔直电容,用以耦合低频、隔除直流。

MC1496 采用单电源供电，5 引脚通过 R_5 过接到正电源，以便为器件内部管子提供合适的静态偏置电流。

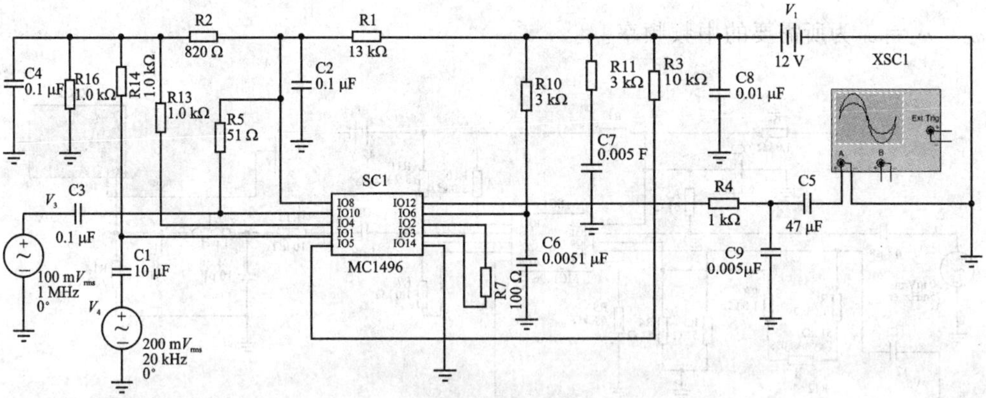

图 8-10 MC1496 同步检波电路图

设输入信号为双边带信号

$$u_s = U_{sm}\cos\omega_c t\cos\Omega t U \tag{8-17}$$

同步信号 u_c 与载波信号同频同相关信号，当 u_c 大信号时用傅立叶级数展开成

$$4\cos\omega_c t/\pi - 4\cos 3\omega_c t/3\pi + 4\cos 5\omega_c t/5\pi - 4\cos 7\omega_c t/7\pi + \Lambda \tag{8-18}$$

则输出信号为

$$\begin{aligned} u_0 = A u_c u_s &= A U_{sm}\cos\omega_c t\cos\Omega t(4\cos\omega_c t/\pi - 4\cos 3\omega_c t/3\pi + 4\cos 5\omega_c t/5\pi \\ &\quad - 4\cos 7\omega_c t/7\pi + \Lambda) \\ &= (2AU_{sm}/\pi)\cos\Omega t + (2AU_{sm}/\pi)\cos 2\omega_c t\cos\Omega t - (2AU_{sm}/3\pi)\cos 2\omega_c t\cos\Omega t \\ &\quad - (2AU_{sm}/3\pi)\cos 4\omega_c t\cos\Omega t + (2AU_{sm}/5\pi)\cos 4\omega_c t\cos\Omega t \\ &\quad + (2AU_{sm}/5\pi)\cos 6\omega_c t\cos\Omega t + \Lambda \end{aligned} \tag{8-19}$$

由上式可见，只要用低通滤波器滤除高频分量，即可获得低频信号输出。若输入信号为单边带信号，同理也获得低频信号输出。

8.3.3 混频设计

按照如图 8-11 所示建立 MC1496 混频电路的原理图文件。

用模拟乘法器实现混频，就是在 U_x 端和 U_y 端分别加上两个不同频率的信号，相差一中频，再经过带通滤波器取出中频信号。

$$U_x(t) = U_s\cos\omega_s t\ ;U_y(t) = U_0\cos\omega_0 t \tag{8-20}$$

$$\begin{aligned} U_c(t) &= KU_sU_0\cos\omega_s t\cos\omega_0 t \\ &= \frac{1}{2}KU_sU_0[\cos(\omega_s + \omega_0)t + \cos(\omega_0 - \omega_s)t] \end{aligned} \tag{8-21}$$

经带通滤波器后，取差频

$$U_0(t) = \frac{1}{2}KU_sU_0\cos(\omega_0 - \omega_s)t \tag{8-22}$$

$\omega_0 - \omega_s = \omega_i$ 为所需要的中频频率。

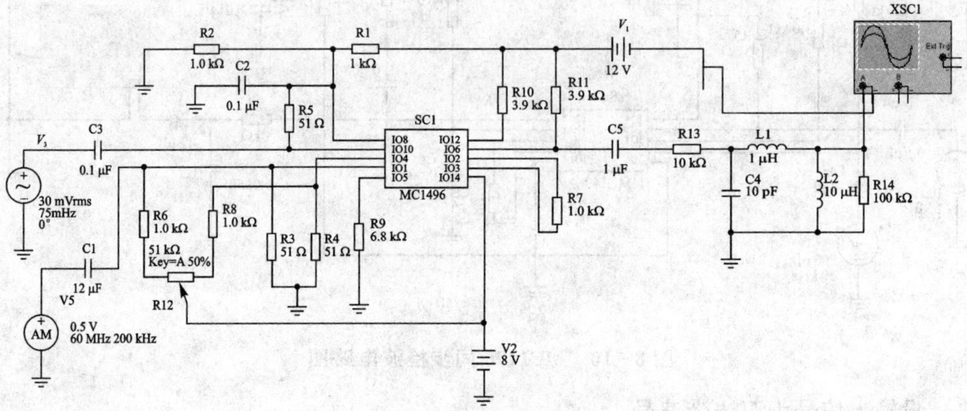

图 8-11　MC1496 混频电路

图 8-11 中，正弦波由 10 端(X 输入端)注入，高频信号源输出的正弦波由 1 端(Y 输入端)输入，混频后的中频电压由 6 端经带通滤波器输出，其中 C_8、L_2、C_5、R_{17} 构成一选频滤波回路，调节可变电阻 R_{12} 能使1、4引脚直流电位差为零，可以减小输出信号的波形失真，使电路平衡。在 2、3 引脚之间加接电阻，可扩展输入信号 u_s 的线性范围。

输入正弦波信号 30 mV，70 MHz，调幅信号载波振幅为 10 V，载波频率为 60 MHz，调制指数为 0.6，输出波形杂乱且有毛刺，调节 R_{12} 无效。

降低调幅信号的载波振幅值，波形渐渐清晰，直至载波振幅为 0.5 V。

8.3.4　乘积型鉴相设计

调相信号的解调叫相位检波，简称鉴相。它是将调相信号的相位$[\omega_c t + m_p f(t)]$与载波的相位 $\omega_c t$ 相减，取出它们的相位差 $m_p f(t)$，从而实现相位检波，即完成相位——电压的变换作用。按照图 8-12 所示建立 MC1496 乘积型鉴相设计的原理图文件。

若 u_1 和 u_2 均为小信号，当$|U_{1m}| \leqslant 26$ mV、$|U_{2m}| \leqslant 26$ mV 时，可得输出电流为

$$\begin{aligned} i &= I_0 \frac{u_1 u}{4U_T^2} = \frac{I_0}{4U_T^2} U_{1m} U_{2m} \sin(\omega_c t + \Delta\bar{\omega})\cos\omega_c t \\ &= \frac{1}{2}KU_{1m}U_{2m}\sin\Delta\bar{\omega} + \frac{1}{2}KU_{1m}U_{2m}\sin(2\omega_c t + \Delta\bar{\omega}) \end{aligned} \tag{8-23}$$

式中，$K = I_0 \frac{u_1 u}{4U_T^2}$，为乘法器的相乘增益因子。通过低通滤波器后，上式中第二

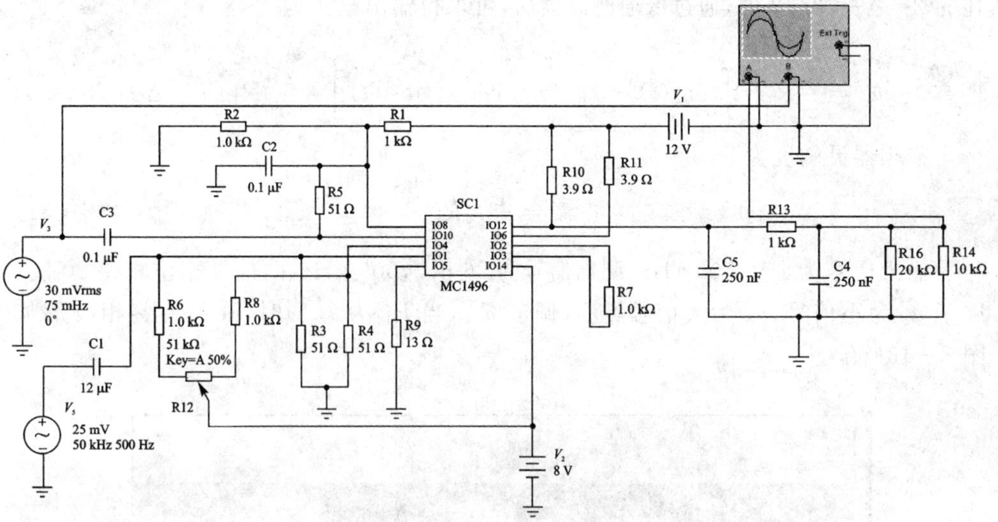

图 8-12　MC1496 乘积型鉴相电路图

项被滤除，于是可得输出电压为

$$u_0 = \frac{1}{2}KU_{1m}U_{2m}R_L\sin\Delta\varphi \tag{8-24}$$

鉴相器灵敏度为

$$S = \frac{1}{2}KU_{1m}U_{2m}R_L \tag{8-25}$$

若 u_1 为小信号，u_2 为大信号，当 $|U_{1m}| \leqslant 26$ mV、$|U_{2m}| \geqslant 100$ mV 时，可得输出电流为

$$i = I_0K_2(\omega t)\frac{u_1}{2U_T} = \frac{I_0}{2U_T}\left(\frac{4}{\pi}\cos\omega_c t - \frac{4}{3\pi}\cos3\omega_c t + \Lambda\right)U_{1m}\sin(\omega_c t + \Delta\varphi)$$

$$= \frac{I_0}{\pi U_T}U_{1m}[\sin\Delta\varphi + \sin(2\omega_c t + \Delta\varphi) + \Lambda] \tag{8-26}$$

通过低通滤波器后，上式中第二项被滤除，于是可得输出电压为

$$u_0 = \frac{I_0R_L}{\pi U_T}U_{1m}\sin\Delta\varphi \tag{8-27}$$

鉴相器灵敏度为

$$S = \frac{I_0R_L}{\pi U_T}U_{1m} \tag{8-28}$$

若 u_1 和 u_2 均为大信号，当 $|U_{1m}| \geqslant 100$ mV，$|U_{2m}| \geqslant 100$ mV 时，由式(6-43)可得输出电流为

$$u_0 = \frac{I_0}{\pi}R_L\int_0^{\pi}du_c(t) = \frac{I_0}{\pi}R_L\left[\int_0^{\pi}du_c(t) - \int_{\frac{\pi}{2}}^{\pi-\Delta\varphi}du_c(t) + \int_{\pi-\Delta\varphi}^{\pi}du_c(t)\right] = \frac{2I_0}{\pi}R_L\Delta\varphi$$

$$\tag{8-29}$$

在 $\pi/2<\Delta\varphi<3\pi/2$ 内,通过低通滤波器后,可求得输出电压为

$$u_0=\frac{I_0}{\pi}R_L\left[\int_0^{\pi-\Delta\varphi}du_c(t)-\int_{\pi-\Delta\varphi}^{\frac{\pi}{2}}du_c(t)+\int_{\pi}^{\pi-\Delta\varphi}du_c(t)\right]=\frac{2I_0}{\pi}R_L(\pi-\Delta\varphi) \quad (8-30)$$

鉴相器灵敏度为

$$S_d=\frac{2}{\pi}I_0R_L \quad (8-31)$$

输入信号为 1 V,500 kHz,调幅信号为 26 mV,500 kHz,两信号相位相差 90 度。属于 u_1 为小信号,u_2 为大信号类型,调节 R_{12},当 R_{12} 为 70%时,乘积型鉴相波形如图 8-13所示。

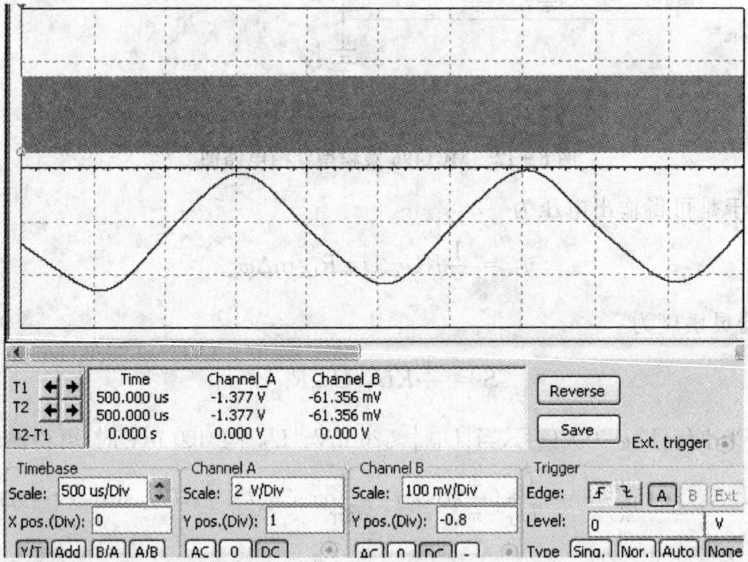

图 8-13　MC1496 乘积型鉴相波形图

8.3.5　语音信号调制

按照如图 8-14 所示建立语音信号调制电路原理图,并在界面右侧选择四踪示波器,及 LabVIEW 虚拟仪器中的麦克风。

双击麦克风,进行录音并保存,单击界面上方正中绿色三角按钮,双击示波器可观察波形。图 8-15 为四双踪示波器 xsc1 的输出波形,A 通道为麦克风输入信号,B 通道为调幅电路,C 通道为解调信号。

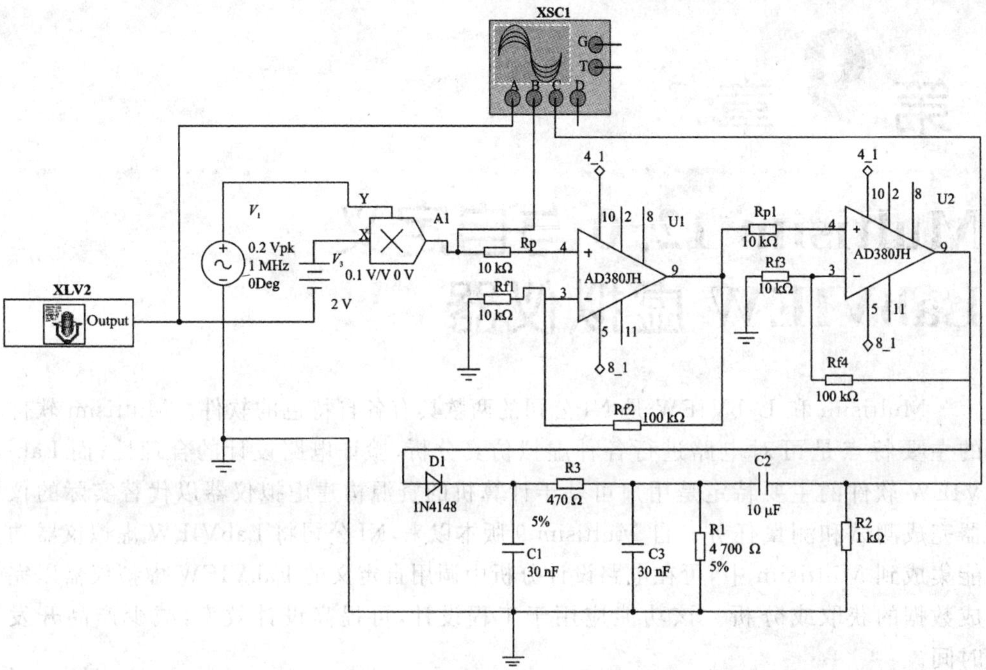

图 8－14　语音信号的调制与解调

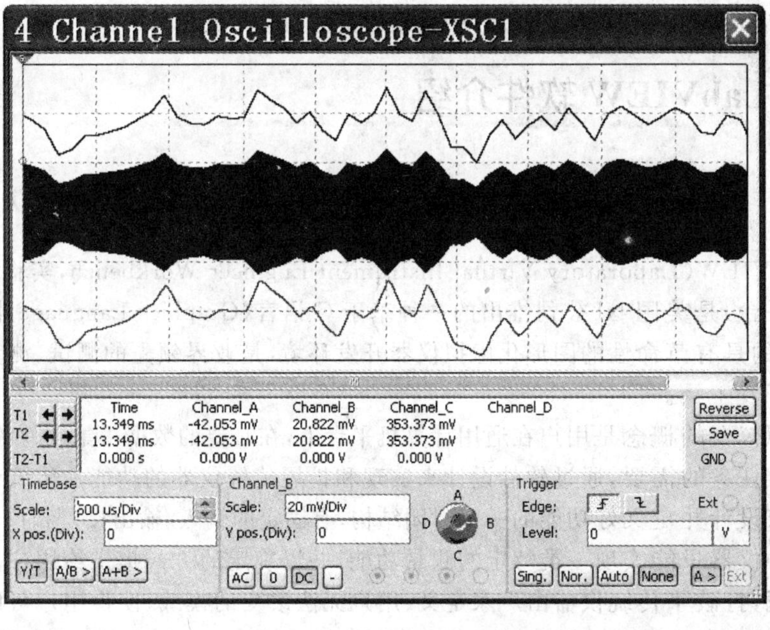

图 8－15　四踪示波器 xsc1 的输出波形

第 9 章

Multisim 12.0 与自定义 LabVIEW 虚拟仪器

Multisim 和 LabVIEW 是 NI 公司的两款具有各自特色的软件。Multisim 软件的主要特点是可对电路进行各种虚拟仿真分析，验证电路设计的合理性；而 LabVIEW 软件的主要特定是用户可基于计算机的资源构建虚拟仪器以代替实际的仪器完成测试和测量任务。自 Multisim 9 版本以来，NI 公司将 LabVIEW 虚拟仪器功能集成到 Multisim 中，可在电路设计分析中调用自定义的 LabVIEW 虚拟仪器以完成数据的获取或分析。该功能应用于工程设计，可提高设计效率，减少产品开发时间。

在第 3 章中介绍了 Multisim 中的虚拟仪器，本章中介绍了 LabVIEW 软件及其简单使用后，将详细说明向 Multisim 软件中导入已设计好的 LabVIEW 虚拟仪器的方法，最后还将介绍虚拟仪器设计中数据采集的相关知识。

9.1 LabVIEW 软件介绍

9.1.1 LabVIEW 软件的特点与功能

LabVIEW(Laboratory Virtual Instrument Engineer Workbench，实验室虚拟仪器工作平台)是美国 NI 公司推出的一种基于 G 语言(Graphics Language，图形化编程语言)的具有革命性的图形化虚拟仪器开发环境，是业界领先的测试、测量和控制系统的开发工具。

虚拟仪器的概念是用户在通用计算机平台上，在必要的数据采集硬件的支持下，根据测试任务的需要，通过软件设计来实现和扩展传统仪器的功能。传统台式仪器是由厂家设计并定义好功能的一个封闭结构，有固定的输入/输出接口和仪器操作面板。每种仪器只能实现一类特定的测量功能，并以确定的方式提供给用户。虚拟仪器的出现，打破了传统仪器由厂家定义、用户无法改变的模式，使得用户可以根据自己的需求，设计自己的仪器系统，并可通过修改软件来改变或增减仪器的功能，真正体现了“软件就是仪器”这一新概念。

作为虚拟仪器的开发软件，LabVIEW 的特点如下：

1）具有图形化的编程方式，设计者无需编写任何文本格式的代码，是真正的工程师语言。

2）提供丰富的数据采集，分析及存储的库函数。

3）提供传统的数据调试手段，如设置断点，单步运行，同时提供独具特色的执行工具，使程序动画式进行，利于设计者观察到程序运行的细节，使程序的调试和开发更为便捷。

4）囊括了 PCI，GPIB，PXI，VXI，RS-232/485，USB 等各种仪器通信总线标准的所有功能函数，使得不懂总线标准的开发者也能驱动不同总线标准接口设备与仪器。

5）提供大量与外部代码或软件进行连接的机制，诸如 DLL（动态链接库），DDE（共享库）和 Activex 等。

6）具有强大的 Internet 功能，支持常用的网络协议，方便网络，远程测控仪器开发。

在测试和测量方面，LabVIEW 已经变成了一种工业的标准开发工具；在过程控制和工厂自动化应用方面，LabVIEW 软件非常适用于过程监测和控制；而在研究和分析方面，LabVIEW 软件有力的软件分析库提供了几乎所有经典的信号处理函数和大量现代的高级信号的分析。它内具信号采集、测量分析与数据显示功能，集开发、调试、运行于一体，而且 LabVIEW 虚拟仪器程序（Virtual Instrument，简称 VI）可以非常容易的与各种数据采集硬件、以太网系统无缝集成，与各种主流的现场总线通信以及与大多数通用数据库链接。"软件就是仪器"反映了其虚拟仪器技术的本质特征。用 LabVIEW 设计的虚拟仪器可脱离 LabVIEW 开发环境，用户最终看见的是和实际硬件仪器相似的操作界面。如今虚拟仪器已是现代检测系统中非常重要的一部分。

9.1.2 创建 LabVIEW 虚拟仪器的方法

LabVIEW 与虚拟仪器有着紧密联系，在 LabVIEW 中开发的程序都被称为 VI（虚拟仪器），其扩展名默认为 vi。所有的 VI 都包括前面板（Front panel）、框图（Block diagram）以及图标和连接器窗格（Icon and connector pane）三部分。

LabVIEW 程序设计在前面板开发窗口和流程图编辑窗口完成。虚拟仪器的交互式用户接口被称为前面板，因为它模仿了实际仪器的面板。前面板包含旋钮、按钮、图形和其他的控制与显示对象。通过鼠标和键盘输入数据、控制按钮，可在计算机屏幕上观看结果，它主要完成显示和控制。流程图编辑窗口主要完成图形化编程（用 G 语言创建），即选用工具模板中相应的工具去取用功能模板上的有关图标来设计制作虚拟仪器流程图（流程图是图形化的源代码），以完成虚拟仪器的设计工作。

一个虚拟仪器的图标和连接就像一个图形(表示某一虚拟仪器)的参数列表。这样,其他的虚拟仪器才能将数据传输给子仪器。图标和连接允许将此仪器作为最高级的程序,也可以作为其他程序或子程序中的子程序(子仪器)。

LabVIEW 提供了三个模板来编辑虚拟仪器:工具模板(Tools Palettes)、控制模板(Controls Palettes)、功能模板(Functions Palettes)。工具模板提供用于图形操作的各种工具,诸如移动,选取,设置卷标、断点,文字输入等。控制模板则提供所有用于前面板编辑的控制和显示对象的图标以及一些特殊的图形。功能模板包含一些基本的功能函数,也包含一些已做好的子仪器。这些子仪器能实现一些基本的信号处理功能,具有普遍性。其中控制、功能模板都有预留端,用户可将自己制作的子仪器图标放入其中,便于日后调用。

具体创建一个 VI 的步骤如下:

① 从开始菜单中运行已安装的 National Instruments Labview 2012。

②在 Getting Started 窗口左边的控件里,创建项目用于新建项目。

项目模板用于建立一个新程序;VI 模板按类型列出 LabVIEW 系统提供的程序模板,用户可以以这些模板为基础,建立自己的程序。当选中一个模板 VI 时,Front panel preview 和 Block diagram preview 子窗口给出其前面板和框图预览。建立一个新的 LabVIEW 程序,框图面板和前面板分别如图 9-1(a)和(b)所示。

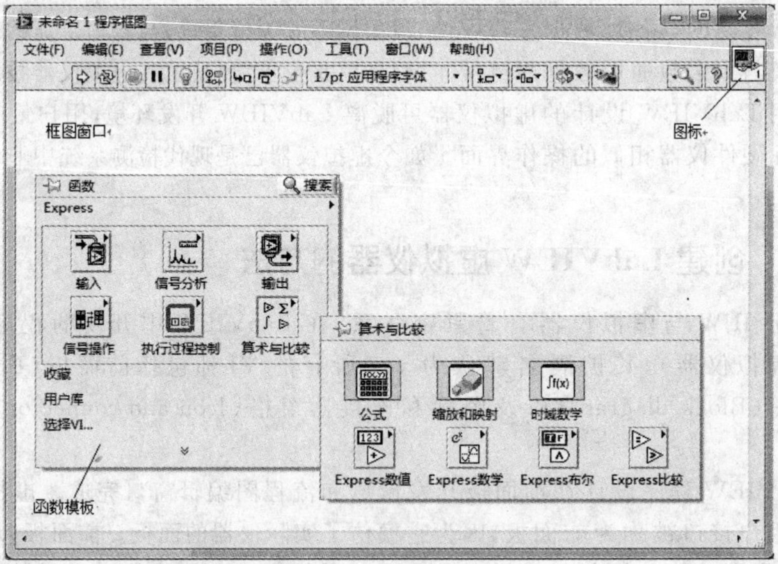

(a) 框图面板及函数模板

图 9-1　前面板及控件模板

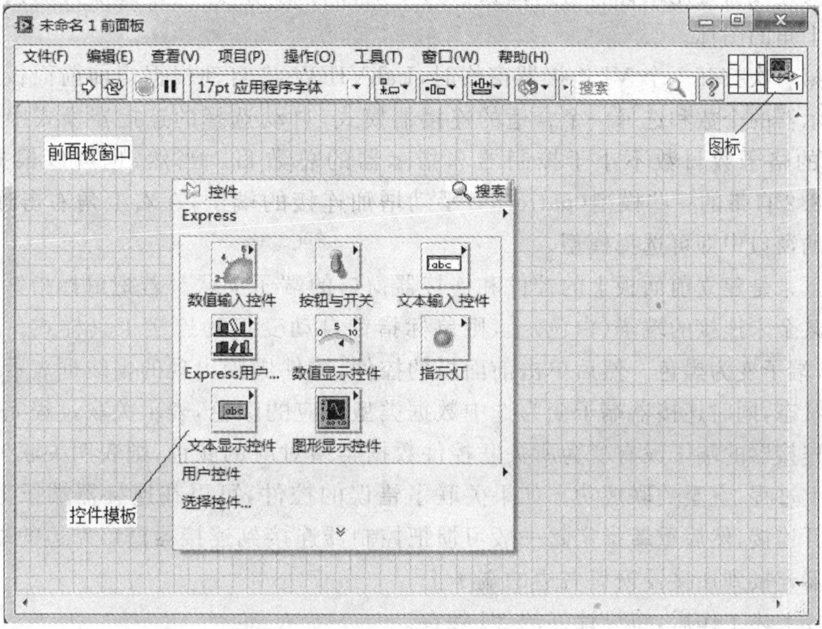

(b) 前面板及控件模板

图 9-1 前面板及控件模板(续)

③ 在前面板上放置设计要求的仪器图形。前面板上有交互式的输入和输出两类图形,分别称为 Control(控制器)和 Indicator(指示器)。Control 包括开关、旋钮、按钮和其他各种输入设备;Indicator 包括图形(Graph 和 Chart)、LED 和其他显示输出对象。

④ 在框图窗口中放置编程需要的功能函数模块,并根据编程要求连接前面板控件、指示器在框图窗口中的相应图标和功能函数模块图标。在框图中对 VI 编程的主要工作就是从前面板上的输入控件获得用户输入信息,然后进行计算和处理,最后在输出控件中把处理结果反馈给用户。框图上的编程元素除了包括于前面板上的 Control 和 Indicator 对应的连线端子(Terminal)外,还有函数、子 VI、常量、结构和连线等。

⑤ 当框图程序编译通过后,在前面板调节各控件与指示器位置,并使界面美化。控制模板下子模板提供制作美观界面的装饰元素。同时可右击打开前面板各模块的属性,修改颜色及其他设置。

⑥ 定义图标与连接器,完成子程序流程框图的编程后,需要定义连接器,以便在子 VI 调用时方便连接端口。图标和连接器指定了数据流入流出 VI 的路径。VI 是分层次和模块化的,可将作为顶层程序,也可将其作为其他程序的子程序。图标是子 VI 在程序图上的图形化表示,而连接器定义了子 VI 和主调程序之间的参数形式和接口。

定义连接器是用鼠标右击前面板窗口中的图标窗格,连接器窗格会取代前面板窗口右上角的图标。

在第一次打开一个 VI 连接器窗格时,LabVIEW 将自动根据当前前面板上控制器和指示器的个数和选择一个合适的连接器模式,自动选择的连接器模式中表示连接端子的格子数目数不小于控制器和指示器的总数目。当然,也可以根据 LabVIEW 8.2 自带的一些模型(patterns)手动增加连接的端子,在右上角右击连接器,在弹出的窗口中即可选择模型。

接下来是建立前面板上的控件和连接器窗口的端子关联。若把鼠标指针放在连接器的某个未连接的端子(白色)上,则鼠标指针自动变换为连接工具样式。单击选中端子,端子变为黑色。然后单击前面板的控件,控件周围出现的虚线框表示控件处于选中状态,同时连接器端子变为选中数据类型对应的颜色,表示关联过程完成。如果白色连接器的端子没有变为所关联控件数据类型对应的颜色,则表明关联失败,可重复以上过程,直至关联成功。如果关联了错误的控件,可以在连接器端子上右击,选择断开连接,然后重新指定。一般习惯把控制器连接到连接器窗口左边的端子上,把指示器连接到连接器窗口右边的端子上。

完成上述工作后,将设计好的 VI 保存。

9.2 Multisim 和 LabVIEW 的输入接口研究

Multisim 和 LabVIEW 的接口电路是由 Mutisim 所提供的模板,可以在 Multisim 目录下的 Sampling→LabVIEW Instruments→Templates→Input(Output)中获得。它有输入输出两个接口模块。导入 Multisim 中的 LabVIEW 仪器,它只能是单独的输入或单独的输出形式,而不能既有输入又有输出。在输入接口模块中,它允许应用者对从 Multisim 采样数据到 LabVIEW 中的采样率进行按需设置。输入接口模块的后面板可分为两大部分:窗口操作部分和数据传送部分,下面进行详细的说明。

9.2.1 窗口操作部分

在 LabVIEW 中窗口操作部分后面板电路如图 9-8 所示。

从图中可以知道,窗口操作部分是利用 Obtain Queue 这个节点来获取 Multisim Callback Queue 中关于 Multisim 对 LabVIEW 的操作信息(包含关掉界面、停止运行、启动运行、暂停等)和设备在 Multisim 中的 ID 号,并且将所获得的数据送入 While 循环中进行处理。在 While 循环中有一个 Event Structure 结构,这个结构就好像是具有 Wait On Occurrence(等待事件发生)能力的选择结构(Case Structure),但是这个选择结构能够同时相应多个选择。当没有任何事件发生时,Event Structure 就会处于睡眠状态,直到有一个或多个预先设定的动作。

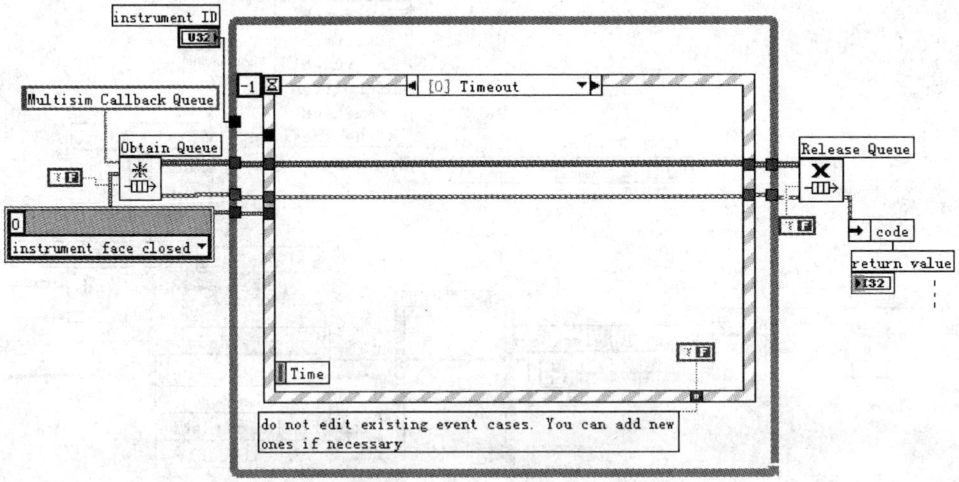

图 9-2　窗口操作

9.2.2　数据传输部分

数据传输可分为三个部分:通知和队列的获取部分、数据的处理部分、通知和队列的销毁部分,下面对这三部分进行说明。

1. 通知和队列的获取部分

该部分的电路图如图 9-3 所示。由图可知当 LabVIEW 被 Multisim 调用时,Call Chain 会获取 Multisim 调用 LabVIEW 的路径,经过 Index Array 对数组进行索引后,把信号送到 Open VI Reference 中。Open VI Reference 节点的功能是打开并返回一个运行在指定的 VI 应用程序的 Reference,所以到这里前面这一系列的工作的主要目的是把 Multisim 调用 LabVIEW 的路径的 Reference 找到,为的是在后面正确的把 Multisim 中的数据传输给 LabVIEW。Instrument Occurrence 是一个产生通告的节点,当 LabVIEW 被调用的同时它就产生一个通告,后面的等待通告的节点接到通告后就开始工作。此后利用 Obtain Queue 和 Obtain Notifier 这两个节点获取指定的队列和通告后,把相应的数据送入数据处理部分。这时在 Multism Command Element 节点中获得的信息包括控制 LabVIEW 运行的控制代码和 Multisim 中的电路运行时的产生数据也将被送进数据处理部分。

2. 数据的处理部分

该部分的电路图如图 9-4 所示。该部分是在一个 While 循环中完成其全部的数据处理功能的。在 While 循环中嵌套着一个 Case Structure 选框。这个选框中的

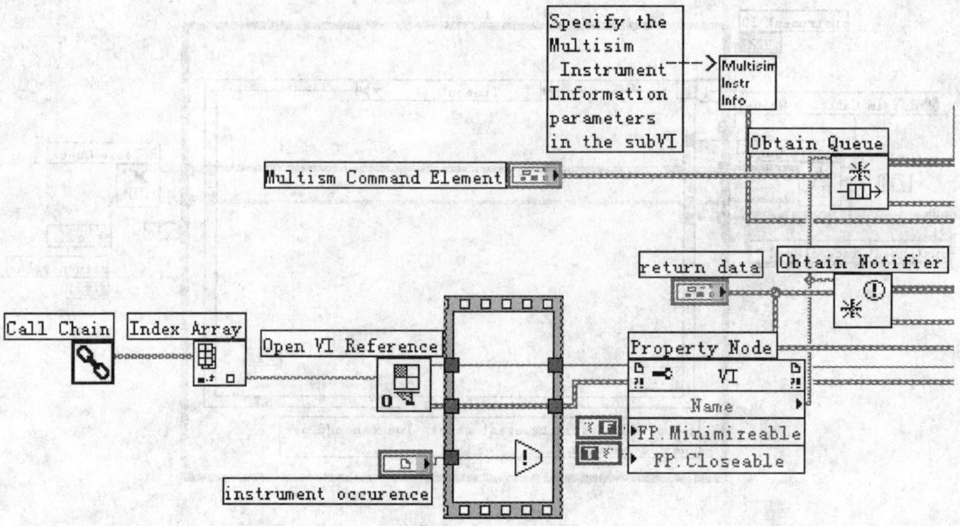

图 9-3 获取通知和队列

子选框有:Default、Update Data Begin、Update Data、Destroy Instance、Serialize Data 和 Deserialize Data。这个情况选框中所拥有的所有功能的执行与机执行顺序都是由 Control Code 节点来控制的。当 Control Code 选中了哪个情况的子选框后,才执行哪个子选框中相应的内容。子选框执行的先后顺序也由该控制节点发出控制信号的先后来决定的。如果需要对数据进行平滑化,可在 Serialize Data 选项框中进行设计;要加入处理信号的子 VI,可在 Update Data 中进行。

这里只介绍在 Case Structure 中的三个常用的情况选框中进行设计的方法。

① Update Data 情况子选框。

该选框如图 9-5 所示,它要完成的主要工作是调用已经做好的子 VI,调用的方式是:在后面板空白处右击选择→Functions→Select a VI→要调用的子 VI 的存放路径,然后单击"确定"按钮,子 VI 就被调进来了。在这个选框中所调用的子 VI 必须注意,它必须在有限的时间内处理完数据并把处理权交出,否则如果子 VI 不断循环,则 Multisim 只会送一次数据给 LabVIEW,之后就不工作了,而且 Multisim 还会产生自关闭现象。这样就不能实现 Multisim 和 LabVIEW 之间的数据交换。总之,Update Data 情况子选框的功能是实现对信号的处理与输出。

② Serialize Data 情况子选框。

该子选框的连线如图 9-6 所示。在这里 Sampling Rate [Hz]这个节点是通过右击原有的 Sampling Rate [H_Z]节点→Create→Property Node→Value 而建立的属性节点。在这个子选框中的主要工作是对数据进行平滑化。在 LabVIEW 保存数据

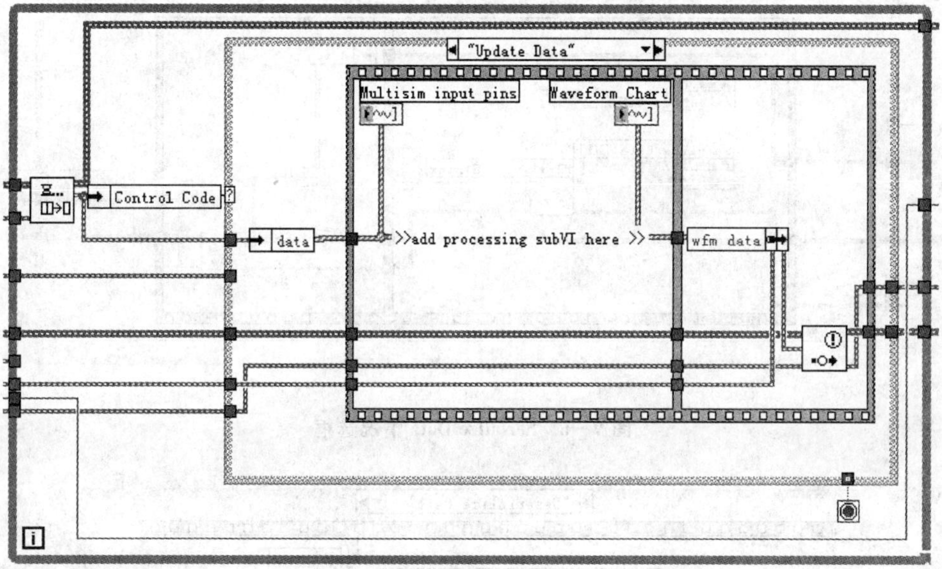

图 9-4 数据的处理

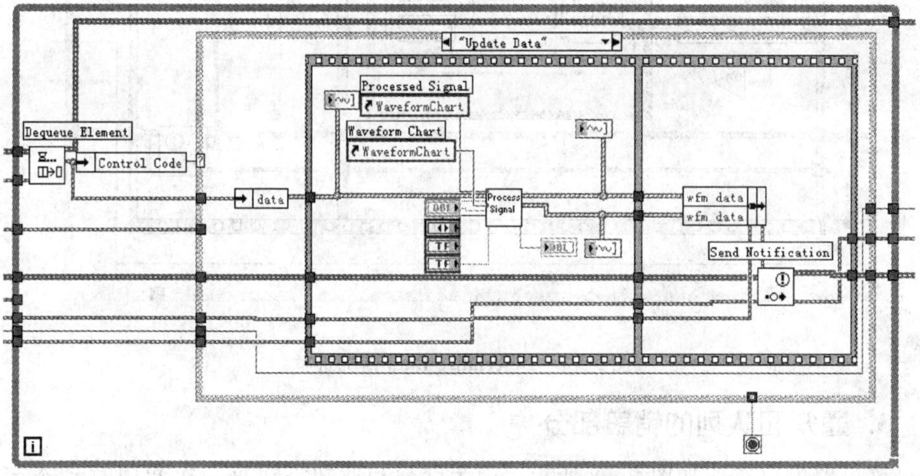

图 9-5 Update Data 子选框

之前需要将数据平化为一个单个的字符串。因为这里的数据只是在 LabVIEW 中保存的，所以只用 Flatten to String 节点就可以实现平滑数据了。

③ Deserialize Data 情况选框。

该框的连线如图 9-7 所示，它的功能是将数据反平滑化，使数据便于读取。

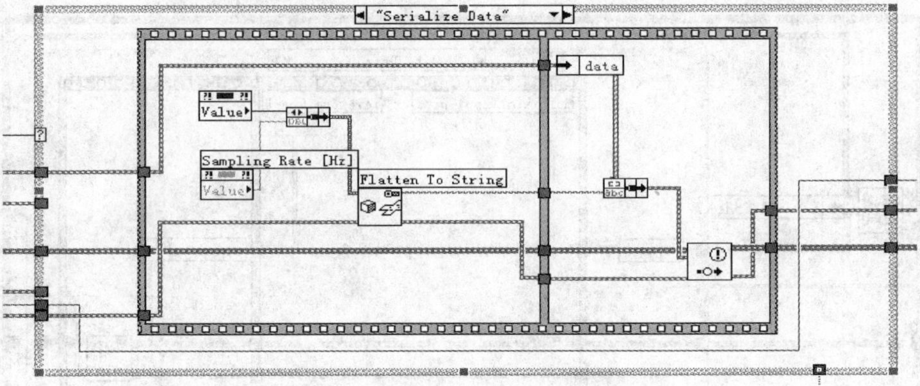

图 9－6　Serialize Data 情况选框

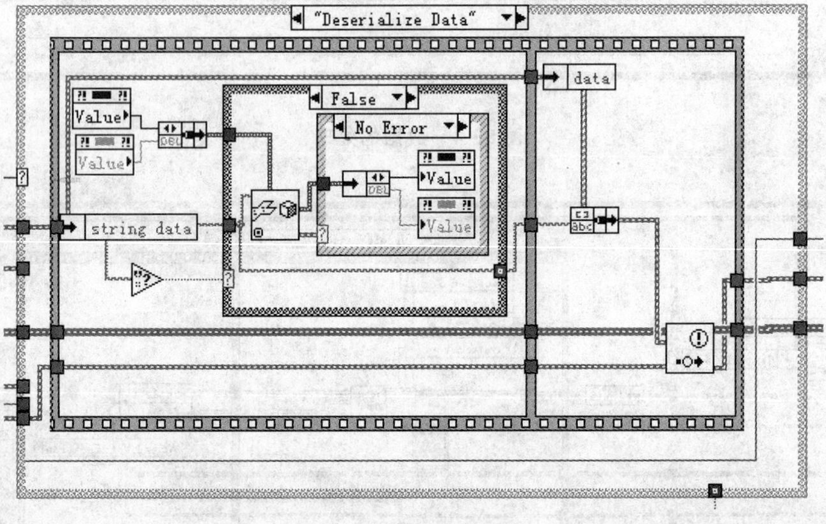

图 9－7　Deserialize Data 情况选框

3. 通知和队列的销毁部分

该电路的电路图如图 9－8 所示。因为队列和通知是在每一次调用时动态产生的,每一次产生的都不一样,所以每一次产生的队列和通知在用完之后必须销毁,因为 Reference 也是动态产生的,所以也要把它销毁。

综合上面的三个部分,可得到数据传输部分的整体电路图如图 9－9 所示。这部分的整体电路协调起来一起完成 Multisim 和 LabVIEW 之间的数据交换与处理。

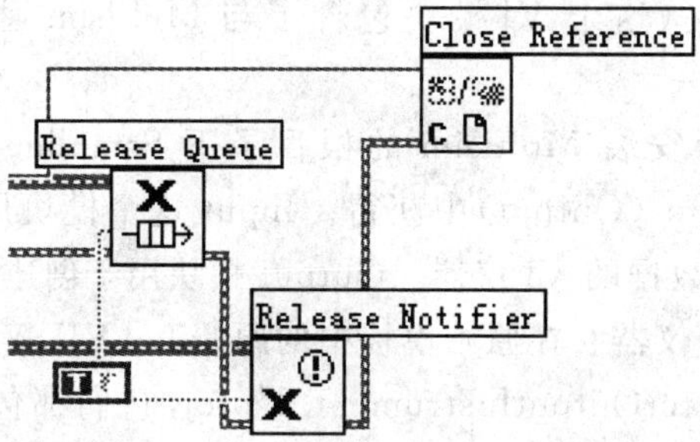

图 9-8 通知和队列的销毁

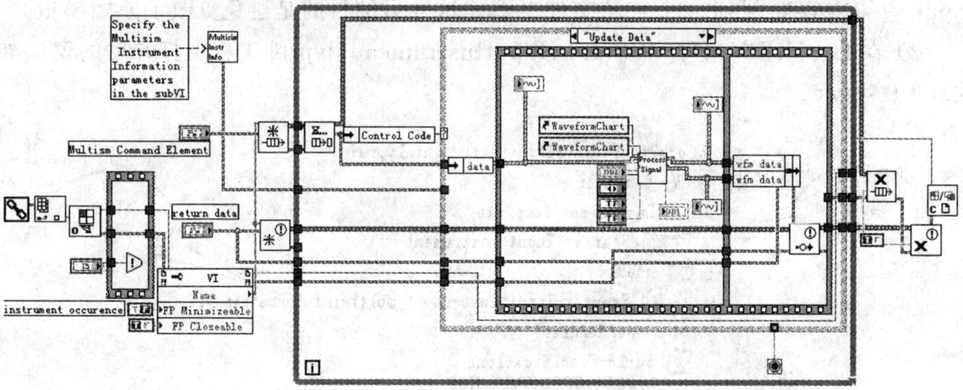

图 9-9 数据传输部分的整体电路

9.3 Multisim 中导入 LabVIEW 虚拟仪器的方法

9.3.1 系统要求

如果想要在 Multisim 中启动和运行 LabVIEW 仪器，在计算机中必须装有 LabVIEW 8.0 或更高版本的 LabVIEW 软件。所安装的 Multisim 软件中必须包括 LabVIEW Run-Time Engine 这个模块，且这个模块的版本与创建导入 MultisimVI 时所使用的 LabVIEW 开发系统版本要一致。

9.3.2 创建导入 Multisim 的 LabVIEW 虚拟仪器

导入 Multisim 的原始 LabVIEW VI 是一种标准的与 Multisim 交换数据的模板。Multisim 提供了两种的形式的模板：输入模板和输出模板。这些标准原始模板包含了一个 LabVIEW 工程(这个工程里包含了一些在编译时的一些必需的设置)和一个 VI 模块(这个 VI 模块包含了与 Multisim 通信的前面板和后面板)。

原始模板可以在所安装 Multisim 的根目录下 Sampling→LabVIEW Instruments→Templates→Input(Output)中获得。Input 这个模块用于创建从 Multisim 中接收数据并分析这些数据的 VI 仪器。Output 模块用于创建一个产生数据并传送给 Multisim 进行处理的仪器。在原始模板中的原始 LabVIEW 工程 StarterInputInstrument. lvproj 和 StarterOutputInstrument. lvproj,它们都包含两个文件 Source Distribution 和 Build Specifications。下面将以输入(Input)仪器为例来详细地介绍创建导入 Multisim 的 LabVIEW 虚拟仪器的方法。

1) 把 Multisim 安装目录下 Sampling→LabVIEW Instruments→Templates→Input 中的内容复制到一个空的文件夹下。这样做的目的是避免更改了原始模板。

2) 在 LabVIEW 中打开 StarterInputInstrument . lvproj 工程。打开后的窗口如图 9-10 所示。

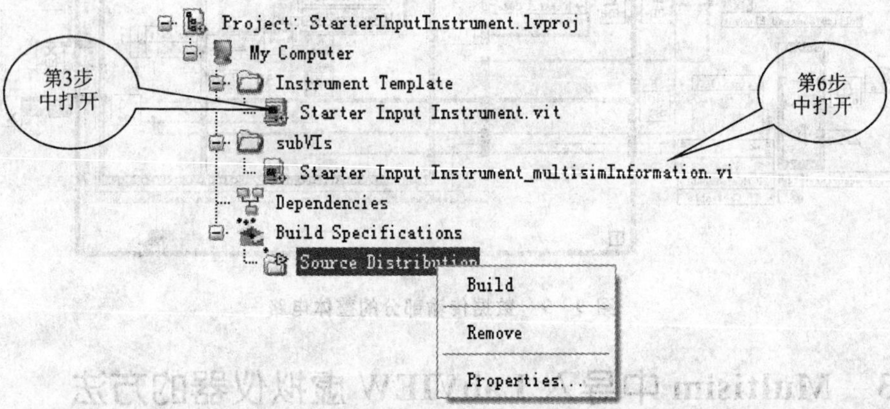

图 9-10 StarterInputInstrument . lvproj 工程

3) 在工程树中 My Computer→Instrument Template→Starter Input Instrument. vit 目录下右击并选择 Open。其打开后的窗口如图 9-11 所示。进行前面板及框图面板的变成设计,建立 Multisim 与 LabVIEW 的接口。

4) 接口程序设计好后,单击菜单栏,选择 File→Save As。在保存对话框中选择 Rename Option→Continue。在下一个对话框中为 VI 模板重新命名或选择一个新的存放路径,然后单击 OK。

5) 关闭第 4 步中打开的新命名的 VI 模板。

6) 在打开的原始工程树中,在图 9-10 的目录 My Computer→SubVIs→Starter Input Instrumentmultisim_Information. vi 下右击。其窗口如图 9-12 所示。在这个窗口中可对新建仪器命名,设置 ID 号,定义仪器输入输出端口数,以及仪器的版本

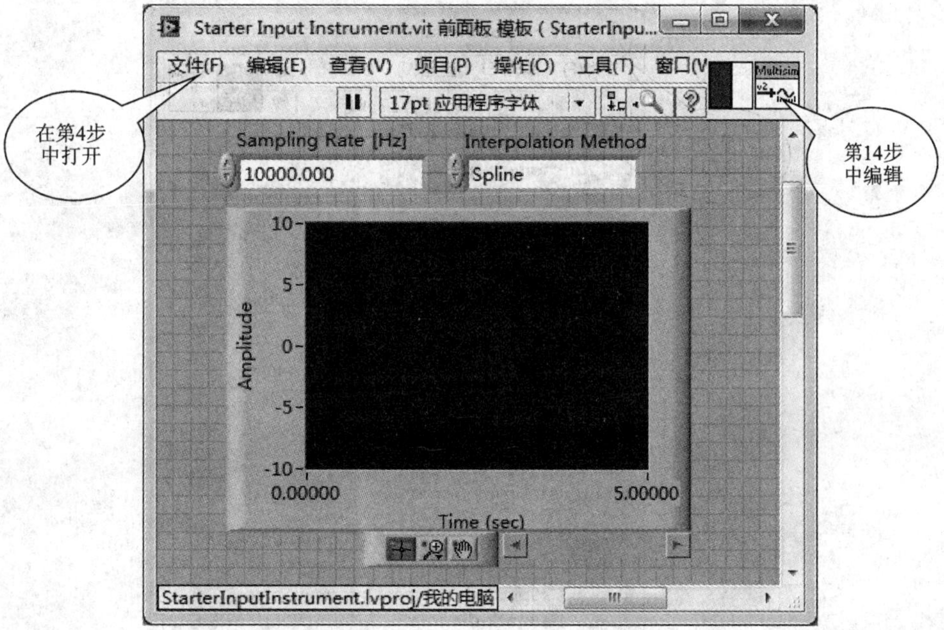

图 9-11 Starter Input Instrument. vit 前面板

(用于多次改进仪器)。这里仪器 ID 可根据自己习惯而建立,但要保证 ID 的不重复性。

7) 在第 6 步打开的 VI 中选择 File→Save As,在保存对话框中选择 Rename Option,→Continue,在下一个对话框中为这个 VI 重新命名或选择一个新的存放路径,然后单击 OK(其打开的窗口与图 9-12 相同)。这里需要注意的是,它的名字应该与第 4 步中的名字一样,只是把第 4 步扩展名. vit 改为 _multisimInformation. vi。例如,如果在第 4 步中命名为 My Instrument. vit,则在这里的 VI 的名字应该为 My Instrument_multisimInformation. vi。

8) 关闭第 7 步打开的新命名的 VI。

9) 在工程树中 My Computer→Build Specification→Source Distribution 目录下右击,在出现的选项中选择 Properties,以便编辑 Build Speccification 中的内容 。打开 Properties 的窗口如图 9-13 所示。

10) 在打开的 Specification Properties 对话框中的 Category 中选择 Distination Settings,在出现的页面种选择 Custom Distinations 中的 Distination Directory,修改 Distination Path 中的内容。它是编译完后的 VI 库所存放的路径,且是唯一的路径(如可以修改为 My Custom Instrument. llb)。

11) 在与第 10 步相同的位置,修改在 Support Directory 对话框下的 Distination Path 中的内容,使它是独一无二的(如可以修改为 My Custom Instrument)。

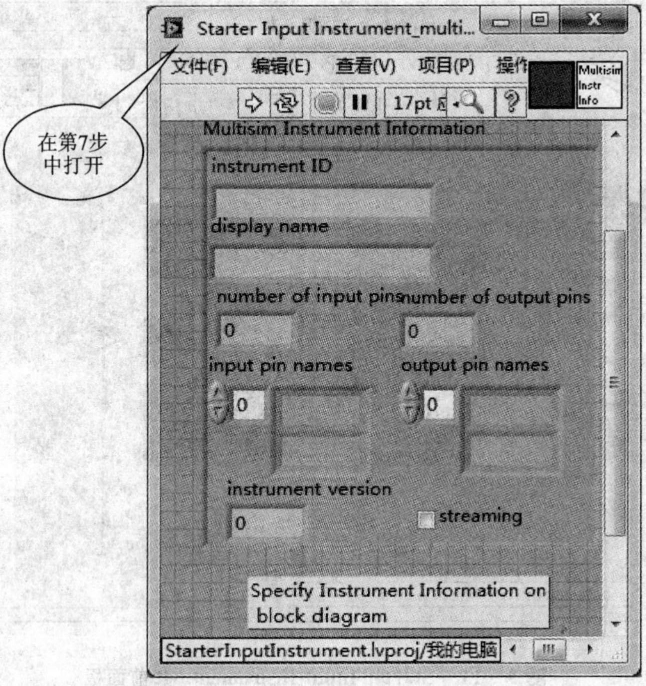

图 9-12 Starter Input Instrument_multisimInformation. vi 前面板

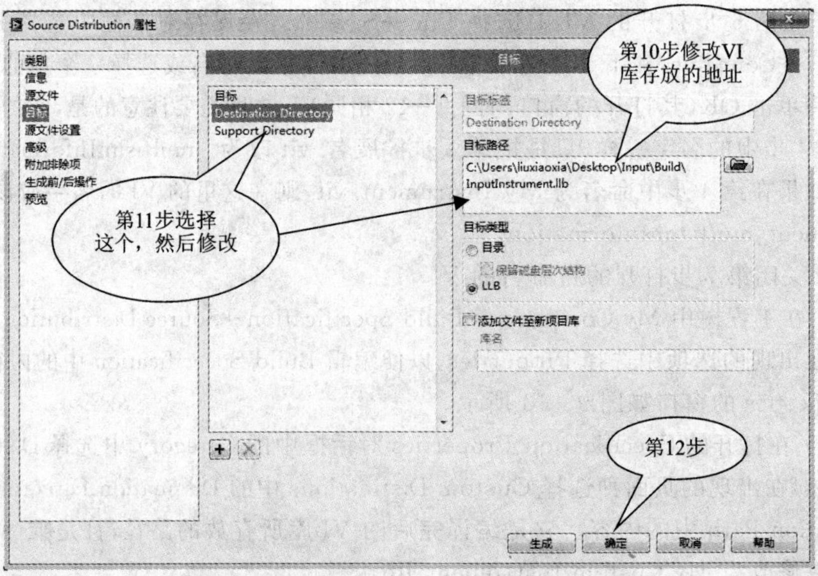

图 9-13 Properties 窗口

12) 单击 OK 就完成了对 Build Specification 属性的修改了,之后保存一下打开的工程。

13)重新打开第 3 步时打开的 VI 模板。

14) 编辑第 4 步中打开的 VI 模板前面板中右上角的图标。在 Multisim 中将用这个图标作为这个 VI 的符号标志。

15) 根据下面所给的创建指导方针及第 13 步中打开的 VI 模板的前后面板中的提示信息,对这个 VI 模板的前面板和后面板进行按需进行创建。这一步的创建用来完成所需要的功能。这一步骤工作的参考实例可以在所安装 Multisim 的根目录下的 Sampling→LabVIEW Instruments→Microphone and Speaker(Signal Analyzer 和 Signal Generator)中获得,同时上节对如何创建自己所需要的模块进行了分析,这有助于完善这一步骤地工作。

16) 在完成第 15)步的工作后,保存这个 VI 模板。

9.3.3 编译 LabVIEW 虚拟仪器

在上面创建 LabVIEW 虚拟仪器的工作已经做好的情况下,接下来的工作是编译 LabVIEW 虚拟仪器。为了防止编译后仪器的 ID 号、名称与以前编译过的重复,在编译之前应该做两项工作:1)打开 Starter Input Instrument_multisimInformation. vi(在工程树中的 SubVIs 中,如图 9-10 所示),并且打开它的后面板,在 display name 和 instrument ID 两个输入中,修改显示的名称及 ID 号,这样就能避免与以前的名称、ID 号重复;2)右击在工程树中的 Sub VI→Add File 选择所调用的子 VI 的路径。在完成以上的两步后就可以编译了。在 My Computer→Build Specification→source Distribution 目录下右击,在所出现的下拉框中单击 Build 即可编译 LabVIEW 虚拟仪器。在编译后的工程中将产生的两个文件:VI 库文件(. llb)和与之同名的没有扩展名的目录文件夹。这个 VI 库文件包含主 VI 模板、用在主 VI 模板中不同层次中的子 VI 和所有在主 VI 中不同层次所涉及到的所有器件库中的成员 VI,不管它们是否在实际工作中起到作用;而那个目录文件夹包含主 VI 中不同层次的所有非 VI 的部分和所引用的工程,如 VI 的动态连接库,LabVIEW 的菜单文件等。

9.3.4 导入 LabVIEW 虚拟仪器

把编译 LabVIEW 虚拟仪器完成时产生的两个文件(有唯一名字的 VI 器件库和与之同名的没有扩展名的目录文件夹)复制到所安装的 Multisim 目录下的 Lvinstrument 目录下,这就完成了导入工作。当再次打开 Multisim 时,会在 LabVIEW 虚拟仪器按键下拉框下找到所导入的 LabVIEW 虚拟仪器。

9.3.5 正确创建 LabVIEW 仪器指导方针

当想为 Multisim 创建一个 LabVIEW 虚拟仪器时，必须遵守下面的指导方针。

1) 不管你所创建的新 VI 的模板来自原始模板文件还是来范例中的模板文件，这个模板文件必须包含前面板、后面板和使仪器正常工作的一些必要设置。

2) 不要删除或修改在原始模板中的所有器件。可以增加新的控制、显示和额外的处理事件，但是不要删除或修改原有的东西。

3) 可以在原始模块的后面板中规定的有注释的位置增加你需要的处理功能模块。如在上节中所提到的在 Update data 选项中调用测量频率的子 VI，在 Serialize data 选项中对数据进行平滑化等。

4) 所有导入 Multisim 中的 LabVIEW 仪器都必须有唯一的名称。特别是包含主 VI 模板的 VI 库、主 VI 和支持程序正确运行的目录文件等，必须都有自已唯一名称。

5) 所有的用在 LabVIEW 仪器中的子 VI 必须只能有唯一的名称，除非想在多个不同的仪器中使用同一个子 VI。

6) 所有的用在 LabVIEW 仪器中的器件库只能有唯一的名称，除非想在多个不同的仪器中使用同一个仪器库。

7) LabVIEW 仪器中的作为器件库一部分的 VI 版本，必须与在计算机中的器件库是同一个版本，如果版本不一致，得对它们进行重新设置，使它与机器中所安装的版本相一致。

8) 在 LabVIEW 工程中的 Build Specification 子目录 Source Distribution 必须设置成永远包含所有项目的形式。要实现这个步骤，右击打开 Source Distribution 对话框中的 Source File Settings 页面，在其出现的目录中选择 Properties→Source File Settings→Dependencies→Always include，即可把 Source Distribution 设置成永远包含所有项目的形式。这一项工作在每个原始 VI 模板中都已经设置。

9) 最后该要考虑的一个问题是所设计的子 VI 是否设置为可重入执行形式。如果子 VI 中用到了特殊的执行结构，如移位寄存器、首次调用模块，特殊功能模块等，那么必须把子 VI 设置成可重入执行形式。在子 VI 中的菜单 File→VI Properties→Execution 可以把子 VI 设置为可重入执行形式。这个设置对于仪器的正常工作起到了非常重要的作用。

9.4 数据采集与虚拟仪器

9.4.1 数据采集基础

1. 数据采样原理

当虚拟仪器的实际输入是由硬件电路输出的模拟或数字信号，需要数据采集卡进行信号的获取，对于某些信号，还需在 LabVIEW 中编程实现信号的滤波、去噪等处理，下面将逐步介绍这些内容。

假设现在对一个模拟信号 $x(t)$ 每隔 Δt 时间采样一次。时间间隔 Δt 被称为采样间隔或者采样周期。它的倒数 $1/\Delta t$ 被称为采样频率，单位是采样数/每秒。$t=0$，Δt ，$2\Delta t$ ，$3\Delta t$ ……，$x(t)$的数值就被称为采样值。所有 $x(0)$，$x(\Delta t)$，$x(2\Delta t)$ 都是采样值。这样信号 $x(t)$可以用一组分散的采样值来表示。图 9－14 显示了一个模拟信号和它采样后的采样值。采样间隔是 Δt，注意，采样点在时域上是分散的。

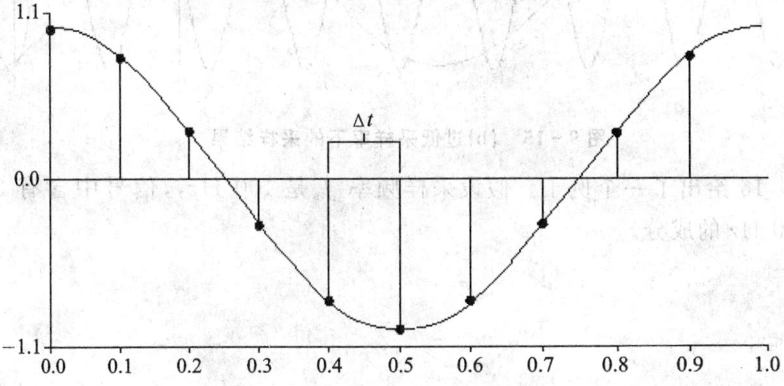

图 9－14 模拟信号和采样显示

如果对信号 x(t)采集 N 个采样点，那么 $x(t)$就可以用下面这个数列表示：

$$X = \{x(0), x(1), x(2), \cdots, x(N-1)\}$$

这个数列被称为信号 x(t)的数字化显示或者采样显示。注意这个数列中仅仅用下标变量编制索引，而不含有任何关于采样率(或 Δt)的信息。所以如果只知道该信号的采样值，并不能知道它的采样率，缺少了时间尺度，也不可能知道信号 $x(t)$的频率。

根据采样定理，最低采样频率必须是信号频率的两倍。反过来说，如果给定了采样频率，那么能够正确显示信号而不发生畸变的最大频率叫恩奎斯特频率，它是采样频率的一半。如果信号中包含频率高于奈奎斯特频率的成分，信号将在直流和恩奎斯特频率之间畸变。图 9－15 显示了一个信号分别用合适的采样率和过低的采样率进行采样的结果。

采样率过低的结果是还原的信号的频率看上去与原始信号不同。这种信号畸变叫混叠(alias)。出现的混频偏差(alias frequency)是输入信号的频率和最靠近的采样率整数倍的差的绝对值。

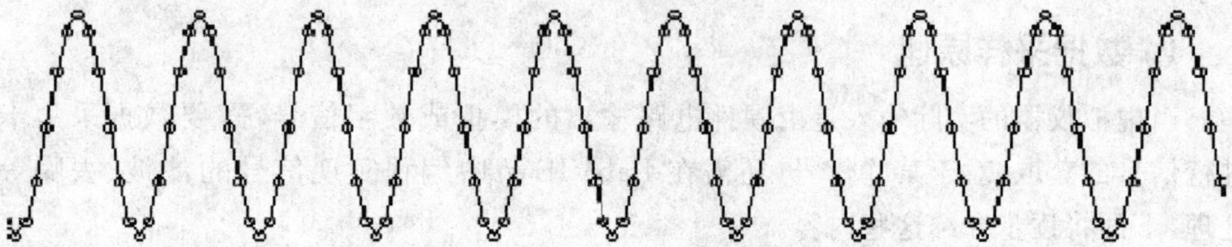

图 9-15 (a)足够的采样率下的采样结果

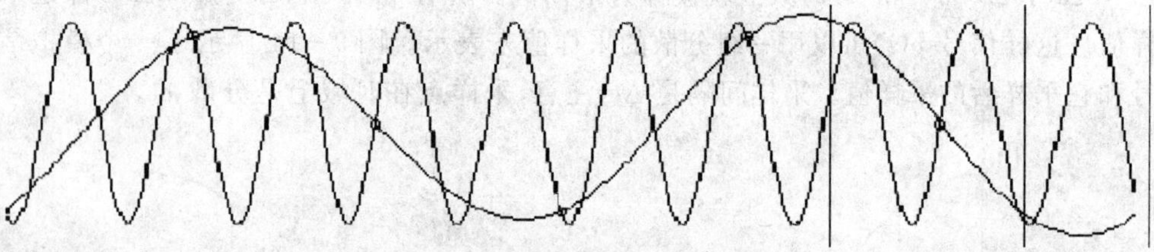

图 9-15 (b)过低采样率下的采样结果

图 9-16 给出了一个例子。假设采样频率 f_s是 100 Hz,,信号中含有 25 、70、160 和 510 Hz 的成分。

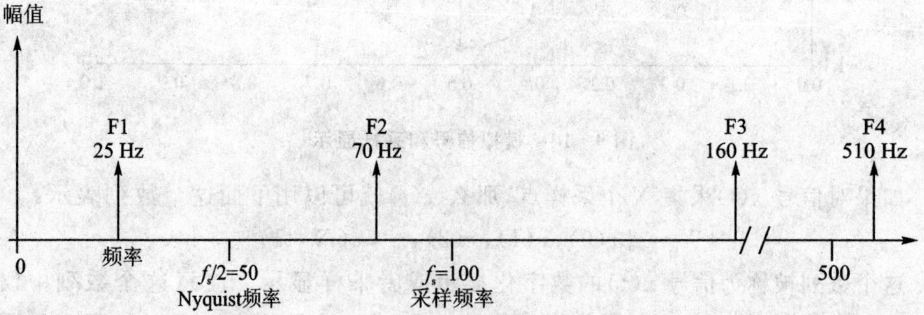

图 9-16 说明混叠的例子

采样的结果将会是低于奈奎斯特频率($f_s/2=50$ Hz)的信号可以被正确采样。而频率高于 50 Hz 的信号成分采样时会发生畸变,分别产生了 30、40 和 10 Hz 的畸变频率 F_2、F_3 和 F_4。计算混频偏差的公式是:

混频偏差=ABS(采样频率的最近整数倍-输入频率)

其中 ABS 表示“绝对值”,例如:

混频偏差 F2 = |100 - 70| = 30 Hz

混频偏差 F3 = |(2)100 - 160| = 40 Hz

混频偏差 F4 = |5 * 100 - 510| = 10 Hz

为了避免这种情况的发生，通常在信号被采集(A/D)之前，经过一个低通滤波器，将信号中高于奈奎斯特频率的信号成分滤去。在图 9-16 的例子中，这个滤波器的截止频率自然是 25 HZ。这个滤波器称为抗混叠滤波器。

采样频率应当怎样设置呢？可能会首先考虑用采集卡支持的最大频率。但是，较长时间使用很高的采样率可能会导致没有足够的内存或者硬盘存储数据太慢。理论上设置采样频率为被采集信号最高频率成分的 2 倍就够了，实际上工程中选用 5～15倍，有时为了较好地还原波形，甚至更高一些。

通常，信号采集后都要去做适当的信号处理，例如 FFT 等。这里对样本数又有一个要求，一般不能只提供一个信号周期的数据样本，希望有 5～10 个周期，甚至更多的样本。并且希望所提供的样本总数是整周期个数的。这里又发生一个困难，有时并不知道，或不确切知道被采信号的频率，因此不但采样率不一定是信号频率的整倍数，也不能保证提供整周期数的样本。所有的仅仅是一个时间序列的离散的函数 x(n)和采样频率，这是测量与分析的唯一依据。

2. 采集卡基础

图 9-17 表示了数据采集卡的结构。在数据采集之前，程序将对采集板卡初始化，板卡上和内存中的 Buffer 是数据采集存储的中间环节。数据采集卡采集到的信号在 PC 机中用 LabVIEW、Measurement Studio、VI Logger，还是其他的 ADEs 软件做各种处理，以实现设计功能。N6013/I6014 是实验中常用的一种数据采集卡，下面将结合 NI PCI6013/6014 采集卡讲述采集卡的一些基本知识。

NI PCI 6013/6014 器件是 PCI 的高性能、多功能模拟、数字及定时 I/O 器件。NI 6014 有 16 个 16 位模拟输入通道 (AI)、2 个 16 位的模拟输出通道(AO)和 8 个数字 I/O (DIO)口。NI 6013 与 NI 6014 是基本一样，但 6013 没有模拟输出通道。NI 6013/6014 使用 NI 数据采集系统定时控制器(DAQ-STC) 满足与时间相关的函数的要求。DAQ-STC 包含 3 个定时组，用以控制 AI、AO 和多态计数器/定时器函数。这些组总计包含 7 个 24 位和 3 个 16 位的计数器和一个最大时间分辨率为 50 ns 的定时器。DAQ-STC 使得诸如缓冲脉冲发生器、等时采样和无缝隙采样率转换的应用成为可能。

当设计 NI DAQ 硬件时，无论在 NI 应用开发环境 (ADE)或其他 ADEs 开发环境中，都使用 NI-DAQ。工作于 NI 6013/6014 的 NI-DAQ 有一个丰富的函数库，此函数库可从 ADE 调用。这些函数允许你使用 NI 6013/6014 的所用特性。

NI-DAQ 可实现许多复杂的交互操作，诸如计算机和 DAQ 硬件之间的设计中断。NI－DAQ 在不同版本的软件界面保持一致,这使得当改变版本时,可对其进行最少的改动,即可使用。

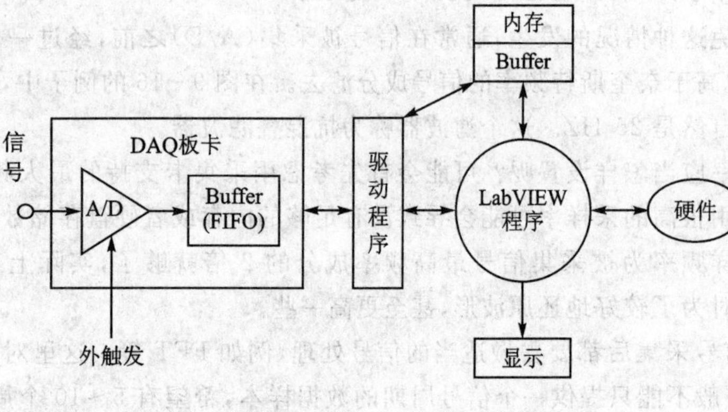

图 9－17　数据采集的结构

9.4.2　模拟输入信号源类型

当进行信号连接时,设计者必须首先确定信号源是浮动信号,还是接地信号。接下来的部分将对这两种信号进行描述。

1. 浮动信号源

浮动信号源不以任何形式与建筑物地相连接,但是,它有一个孤立的地参考点。浮动信号源常见的例子有变压器的输出、热电偶的输出、电池器件的输出、光隔离器的输出及隔离放大器的输出等。

有孤立输出端的设备或器件就可认为是浮动信号源。设计者必须将输出端的参考地与 NI 6013/6014 模拟地端相连接,用以为信号建立局部或电路板的参考地。否则,测量的输入信号将随着电源的浮动而漂移出正常模式下的输入范围。

2. 接地信号源

接地信号源即电源以某种方式连接到建筑物地,非孤立输出端的设备或器件(已连接到电源系统)就可认为是接地信号源。连接到同一个接地系统地两个设备之间的地电势通常在 1～100 mV,但是如果电源分配电路未恰当的连接,则这一地电势的值会更大。如果接地信号源被错误的测量,这一差值会作为测量误差出现。接地信号源的连接说明,用以消除来自测量信号的地电势的差值。

9.4.3　模拟输入/输出信号的连接

1. 模拟输入信号的连接

接下来的部分将对信号单端测量、差分测量的使用进行阐述,并对浮动信号源的测量和接地信号源的测量给出如下建议。表 9-1 总结了两种信号源类型的推荐输入连接方式,AIGNT 为模拟接地端,AISENSE 为模拟输入参考端。

表 9-1 信号的连接方式

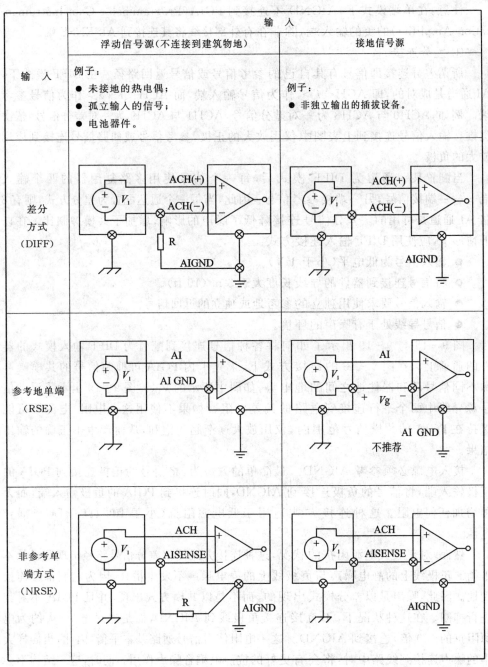

	输 入	
	浮动信号源(不连接到建筑物地)	接地信号源
输 入	例子: ● 未接地的热电偶; ● 孤立输入的信号; ● 电池器件。	例子: ● 非独立输出的插拔设备。
差分方式(DIFF)	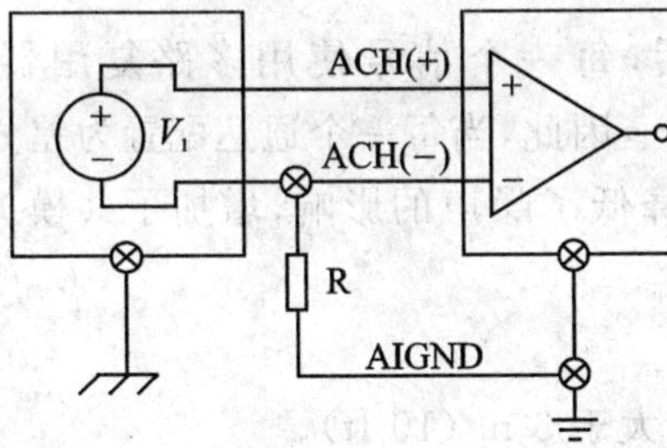	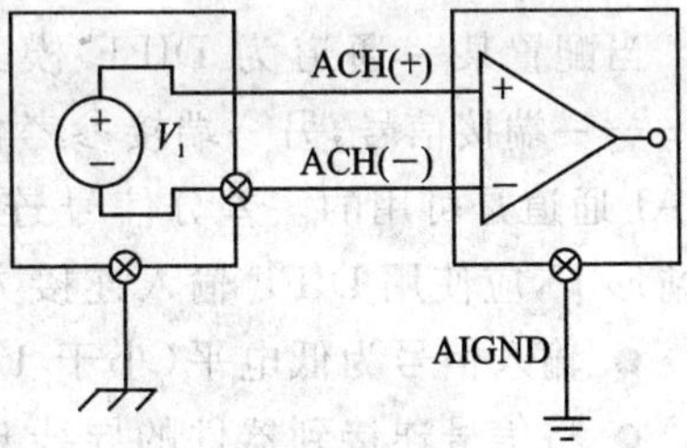
参考地单端(RSE)	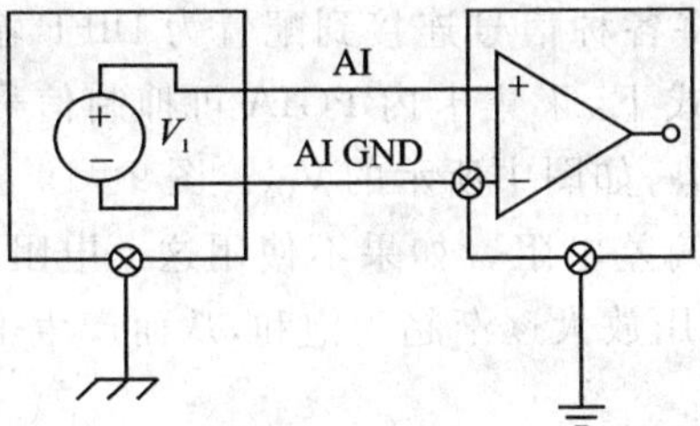	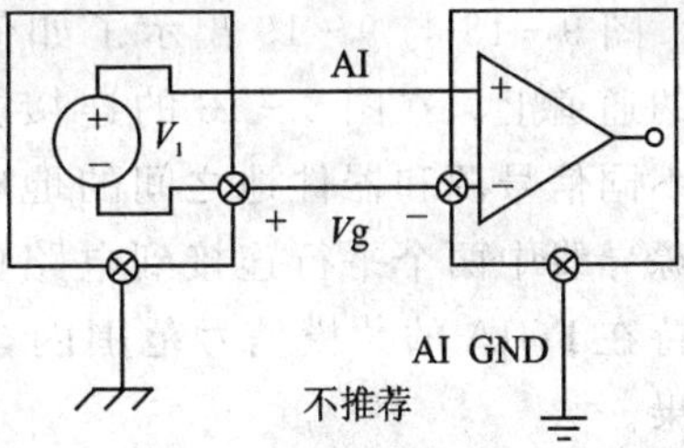
非参考单端方式(NRSE)	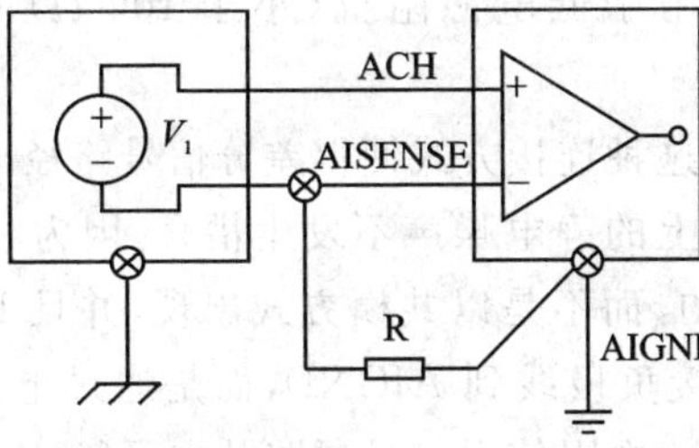	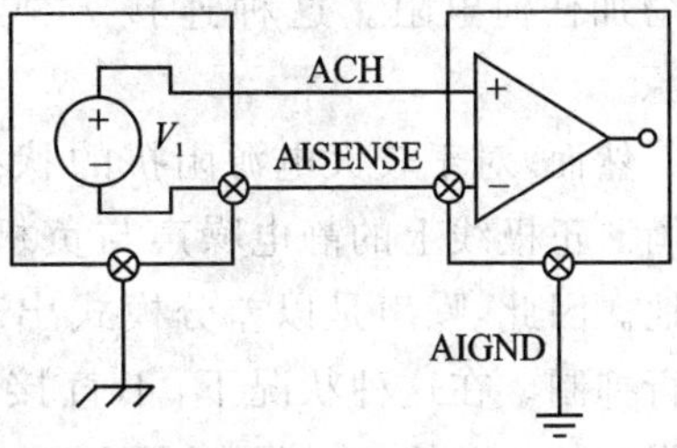

注意:NI6013/6014 只有 DIFF 和 NRSE 两种模拟输入模式。可依据对 NI6013/6014 的不同配置模式,如 NRSE 或 DIFF 模式,用不同的方式使用 NI6013/6014 内部放大器。

注意:在单端模式下,AIGND 不连接到 PGIA(Programmable Gain Instrumentation Amplifier)的负的输入端,除非在有外部接线将其连接到 AISENSE 端。

① 差分连接。

所谓差分连接即信号有其自己的参考信号或信号返回路径。在 DIFF 模式下,AI 通道是成对的,即 ACH＜i＞ 作为信号输入端,而 ACH＜$i+8$＞作为信号参考端。例如,ACH0 与 ACH8 为一对差分信号,ACH1 与 ACH9 为一对差分信号,依次类推。输入信号连接到上表图中仪用放大的正极,参考信号或回路信号连接到应用放大的负极。

当配置某一通道为 DIFF 模式后,每一个信号使用多路复用器的两个输入端——一端接信号,另一端接参考信号。因此,当每一个通达配置为差分方式,则有 8 路 AI 通道是可用的。差分信号连接降低了噪声的影响,增加了共模抑制比。在以下情形下,应使用 DIFF 输入连接方式:

- 输入信号为低电平(小于 1 V)。
- 将信号连接到器件的导线长度大于 3 m (10 ft)。
- 输入信号要求使用独立的参考地或独立的返回信号。
- 信号导线处于有噪声的环境。

图 9-18 与 9-19 出示了如何将各种信号连接到配置为 DIFF 输入模式的器件的通道上。在图 9-18 的连接方式下,采集卡内 PGIA 可抑制信号的共模噪声和不同信号源和器件地之间的地电势,如图中所示的 V_{cm}。图 9-19 出示了浮动信号源导线中两个平行连接到电路的偏差电阻。如果不使用这一电阻,电源不可能保持在 PGIA 的共模信号范围内,仪用放大逐渐趋于饱和,从而产生不正确的输出结果。

接入电源必须参考 AIGND。最简单的方法为:将信号的正极连接到 PGIA 的正极输入端,将信号的负极连接到 AIGND,同时连接到 PGIA 的负极输入端,而无须增加任何电阻。这种连接方式适用于低电源阻抗(小于 100 Ω)的 DC-耦合电源。

然而,对于较大电源阻抗的状况,这种连接方式使得差分信号路径出现明显的不平衡。正极线上的静电噪声与负极线上的静电噪声不发生耦合,因为它们都被连接到地。因此,噪声是以差分模式出现的,而不是以共模方式出现,并且 PGIA 不对其进行抑制。在这种状况下,不直接连接负极线到 AIGND,而是通过电阻(大约为电源阻抗的 100 倍)连接到 AIGND。这一电阻使得信号通路基本平衡,因此,当同样大小的噪声连接到线路中时,将会有更好的抗静电耦合噪声作用。同时,这一结构不会使电源负载过大(除了会引起 PGIA 的高输入阻抗)。

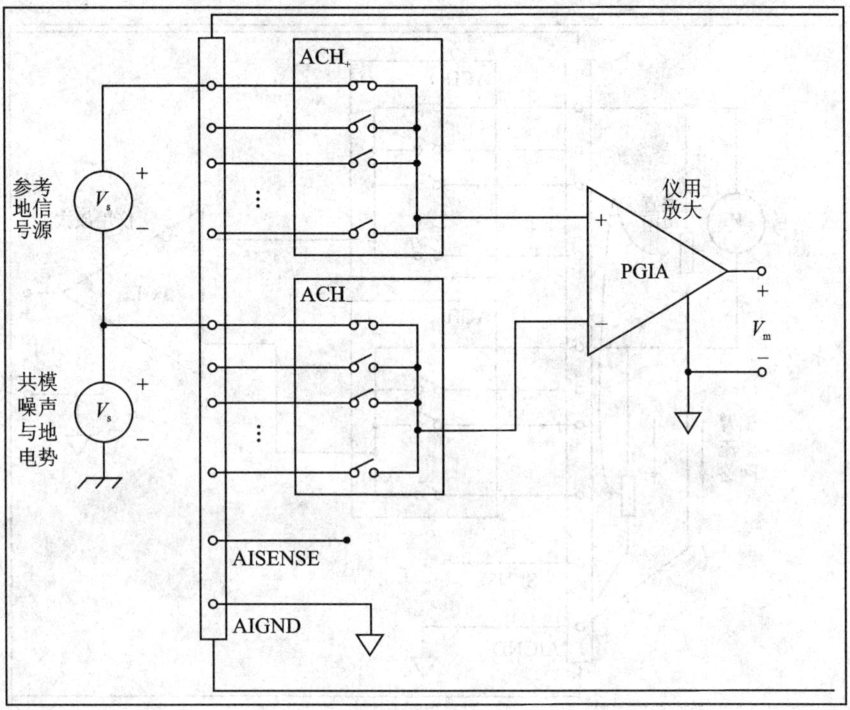

图 9-18 参考地信号的差分输入连接

通过在正极输入端和 AIGND 之间连接相同阻值的电阻，可使得信号通路完全的平衡，如图 9-19 所示。这种完全的平衡结构提供较好的抗噪声性能，但是，由于两个电阻的串联，增加了电源负载。如果，例如，电源阻抗为 2 kΩ，则两个电阻中都为 100 kΩ，则电阻使电源的负载增加 200 kΩ，并产生 −1% 增益误差。

PGIA 的两个输入端要求与地之间有一条 DC 通道，用以使 PGIA 正常工作。如果电源为 AC coupled（电容耦合），则 PGIA 需要在正极输入端和 AIGND 之间连接一个电阻。如果电源为低阻抗型，则需选择一个电阻，此电阻不能太大，以免增加电源负荷，同时也不能太小，以免产生明显的输入偏移电压，从而导致产生输入偏差电流（通常为 100 kΩ～1 MΩ）。在这样的状况下，可直接将负极输入端与 AIGND 连接起来。如果电源具有高输出阻抗特性，则应该按照以前的方法，在正极输入端和负极输入端使用阻值相同的电阻来平衡信号通路。同时应该意识到存在来自电源负载的增益误差。

② 单端连接。

单端连接即采集卡的模拟输入信号参考公共地（与其他输入信号共享一个地），单端又可分为 RSE 和 NRSE 两种模式。输入信号连接到放大器的正极，公共地使用 AISENSE 连接到放大器的负极。当每一通道都被配置为单端输入方式，则共有 16 路通道可用。符合以下情形的信号，可使用单端输入连接方式：

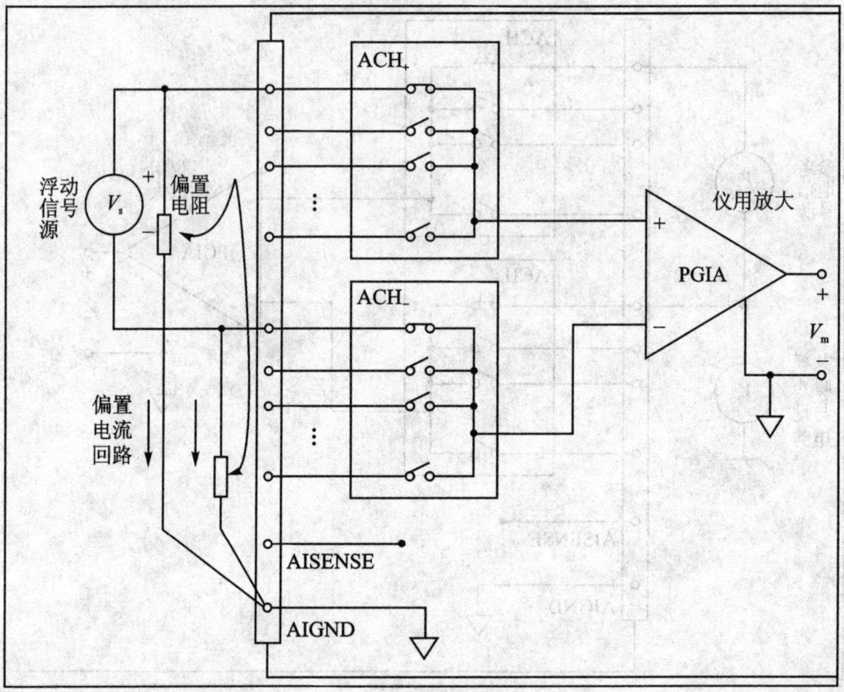

图 9－19　浮动信号的差分输入连接

- 输入为高电平(高于 1 V)。
- 连接信号到器件的导线长度小于 3 m (10 ft)。
- 输入信号可与其他信号共享一个公共参考地。

NRSE 模式是 NI 6013/6014 器件支持的唯一的一种信号单端连接方式。对于浮动信号源和接地信号源，AISENSE 的连接方式不同。对于浮动信号源，AISENSE 直接连接到 AIGND，并且 NI 6013/6014 为外部信号提供参考接地点。对于接地信号源，AISENSE 被连接到外部信号参考接地点，用于预防电流回流和测量误差。

在单端结构下，信号接线当中存在比差分结构中更多的静电耦合噪声和磁耦合噪声。耦合是由于信号通路中的差值引起。磁耦合噪声与两个信号导线间的距离成比例。静电耦合噪声是两导线之间电位差的函数。

图 9－20 所示为如何连接一个浮动信号源到采集卡，通道配置为 NRSE 输入模式的情况。

当测量一个单端结构的接地信号源时，必须将采集卡配置为 NRSE 输入模式。然后将信号连接到放大器的正极输入端，并将信号的局部参考地连接到放大器的负极输入端。因此，信号接地点应连接到 AISENSE 引脚。器件地与信号地之间的容

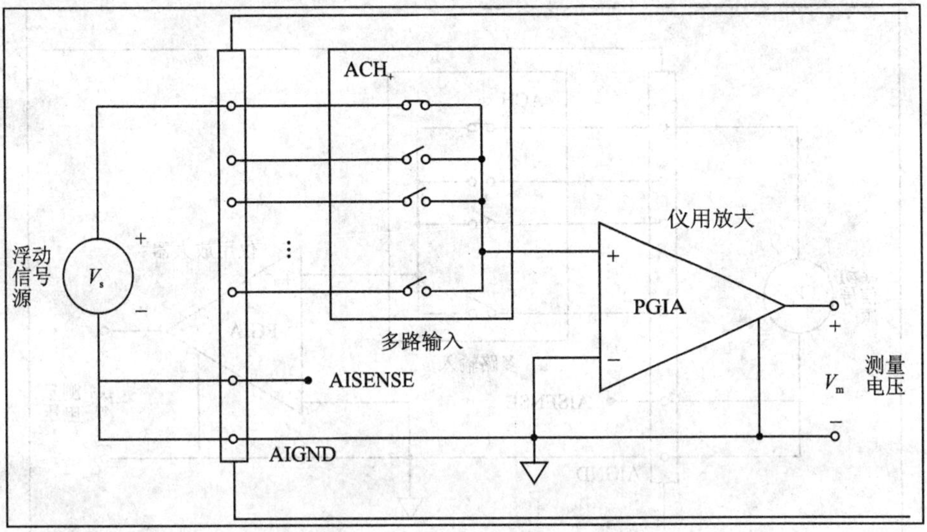

图 9-20　非参考或浮动信号的单端连接

差在放大器正极输入端和负极输入端以共模信号的形式出现，并且这一差值被放大器所抑制。如果在这种情形下，将 AISENSE 连接到 AIGND，则地电势的容差在标准电压中以误差出现。

图 9-21 为如何连接一个接地信号源到 NI6013/6014 上的配置为 NRSE 模式的通道上。

图 9-18 和 9-21 出示了与 NI6013/6014 参考同一个接地点的信号源的连接。在这些情形下，PGIA 可抑制任何由信号源和器件之间接地容差引起的电压。此外，在差分输入连接方式下，PGIA 可抑制由连接信号源和器件之间的导线引起的共模噪声。PGIA 也可抑制 V_{in}＋和 V_{in}－(输入信号)与 AIGND 之间的压差在±11 V 内的共模信号。

2. 模拟输出信号的连接

NI6014 有模拟信号输出端。图 9-22 出示了如何连接 AO 信号到 NI 6014。图中 DAC0OUT 是 AO channel 0 的电压输出信号端。DAC1OUT 是 AO channel 1 的电压输出信号端。AOGND 是 AO 两个通道及外部参考信号的接地参考端。

9.4.4 数字输入/输出信号的连接

DIO<0..7>组成了 DIO 端口，DGND 为 DIO 端口的接地参考信号。可对所有的数字信号线进行独立编程，确定其输入和输出属性。图 9-23 为将 DIO<0..3>

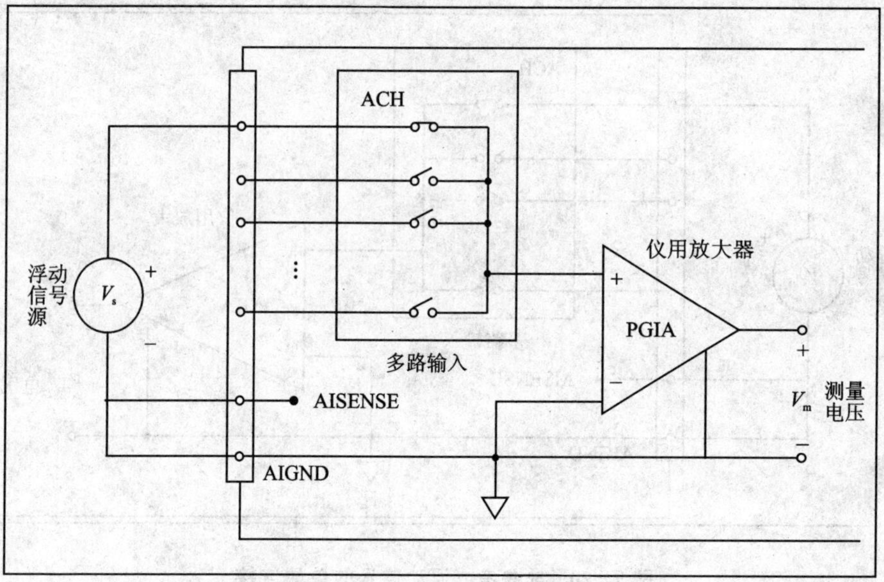

图 9-21 参考地信号的单端连接

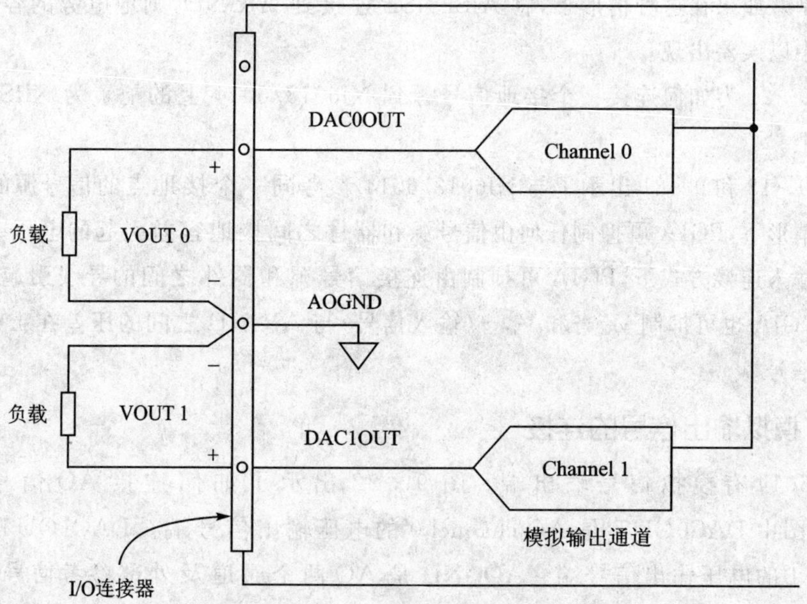

图 9-22 模拟输出连接

配置为数字输入端口,将 DIO<4..7>配置为数字输出端口的示例。数字输入的应用包括接收 TTL 信号和检测外部器件的状态,诸如图 9-23 所示的开关的状态。数字输出的应用包括发送 TTL 信号和驱动外部器件,诸如图 9-23 所示的驱动 LED。

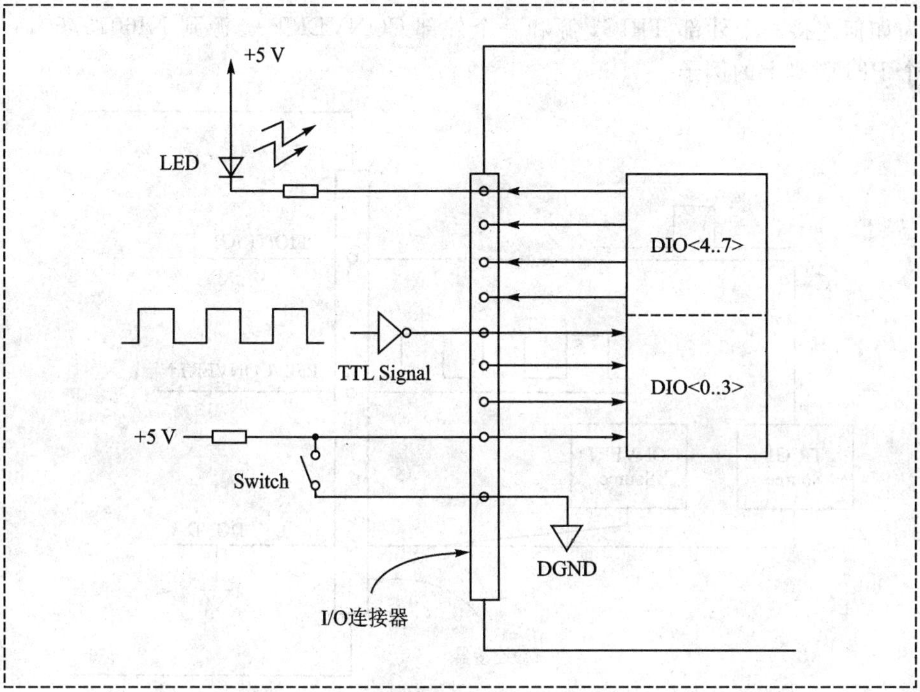

图 9-23 DIO 信号的连接应用

1. 电源连接

I/O 连接器上的两个引脚使用自设置保险丝从计算机电源提供+5 V 电压。在过电流状况结束后，保险丝自动在几秒内进行自设置。这些引脚以 DGND 为参考接地点，并可为外部数字电路提供电源。电源的额定功率为 T +4.65～+5.25 VDC 、1 A。

注意：勿直接将+5 V 电源引脚直接连接到模拟地或数字地，或 NI6013/6014 上的其他电压源，或任何其他器件。如果进行了上述操作，则会损坏 NI6013/6014 和计算机。

2. 定时信号连接

器件的所有外部控制定时都通过标号为 PFI＜0..9＞的 10 个 PFIs 实现。这些信号在可编程功能输入连接部分有详细的说明。这些 PFIs 具有双向性，作为输出时，它们是不可编程的，并且反映许多 DAQ、波形发生器和多功能定时信号的状态。有 5 个专门为时间信号的其他信号提供的输出端。作为输入，PFI 信号是可编程，可控制任何 DAQ、波形发生器和多功能定时信号。

在 DAQ 定时连接部分对 DAQ 信号做出说明。波形发生定时连接部分对波形发生信号有说明，多功能定时信号连接部分对多功能定时信号做出说明。

连接到器件的所有数字信号以 DGND 为参考地。连接方式如图 9-24 所示,图中为如何连接一个外部 TRIG1 源和一个外部 CONVERT * 源到 NI6013/6014 的两个 PFI 引脚上的例子。

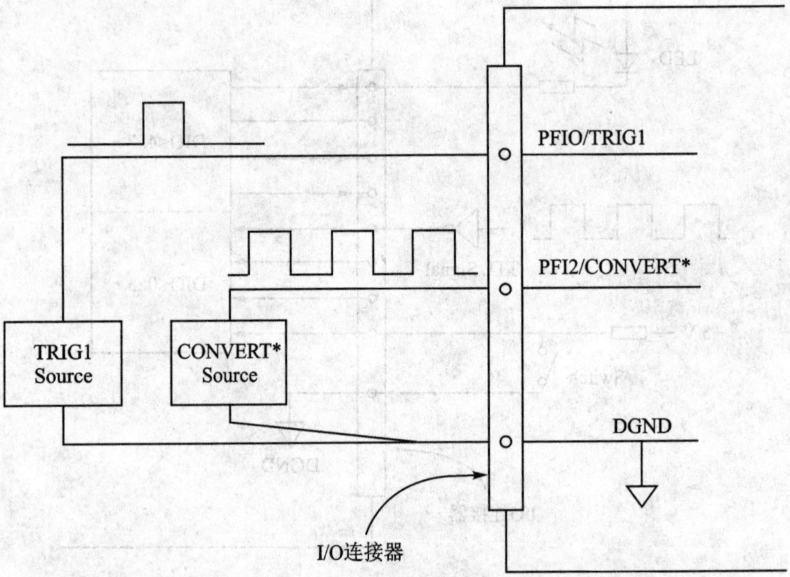

图 9-24　定时信号的连接

① 可编程功能输入连接。

器件有 13 个外部时间信号,其可以通过 PFI 引脚对其进行控制。当想要对其控制时,这些信号的源可通过软件选择任意一个 PFI 引脚。这一灵活的连接方式,使得当在不同的应用时,无须改变器件 I/O 连接器上的实际连线。

可以独立使用任意一个 PFI 引脚输出一个指定的内部时间信号。例如,如果需要 CONVERT * 信号作为输出信号,则可用软件开启 PFI2/CONVERT * 引脚的输出启动器。

注意:当某个 PFI 被设置为输出时,勿在其上加外部驱动信号。

作为输入,可独立的为每个 PFI 引脚配置触发边沿或触发电平及极性。可对任意一个时间信号选择极性,但触发边沿或触发电平的选择则须依据被控制的时间信号而定。每个时间信号的触发要求都被列在讨论各个信号的部分。

在边沿触发模式下,最小脉冲时间宽度要求为 10 ns。这一要求对于上升沿极性配置和下降沿极性配置都适用。在边沿触发模式中,没有要求最大脉冲时间宽度。在电平触发模式下,虽然 PFI 没有要求最小、最大脉冲时间宽度,但是,被控制的特定时间信号对其有限制。相关的限制将在本章的最后部分列出。

② DAQ 定时连接。

DAQ 定时信号包括 TRIG1、TRIG2、STARTSCAN、CONVERT＊、AIGATE、SISOURCE、SCANCLK 和 EXTSTROBE＊。

Pretriggered 数据采集方式允许触发之后，触发信号及采集信号到来之前查看所采集的信号。图 9－25 出示了一个典型的 pretriggered DAQ 序列。图中所提到的信号的描述将在下文列出。

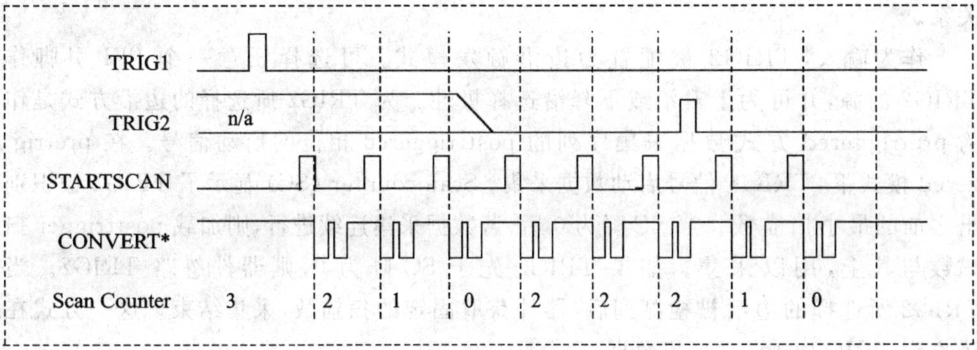

图 9－25 典型的 posttriggered DAQ 时序图

● TRIG1 Signal

任何一个 PFI 引脚可外部输入 TRIG1 信号，而在 PFI0/TRIG1 引脚为一个输出端时，这一信号才是有用的。查阅图 9－26，可得出 TRIG1 与 DAQ 序列之间的关系。

作为输入，TRIG1 被配置为边沿触发模式。可选择任意一个 PFI 引脚作 TRIG1 的源，并可为上升沿或下降沿选择极性。为 TRIG1 所选择的边沿方式是作为 posttriggered 和 pretriggered 两种方式数据采集的启动信号。作为输出，即使数据采集是由另外的 PFI 通过外部触发进行的，TRIG1 也可反映启动某一次 DAQ 序列的行为。其输出为高电平，脉宽为 50～100 ns。这一输出端在启动时被设置为高阻抗方式。图 9－26 和 9－27 出示了 TRIG1 的输入、输出时间要求。

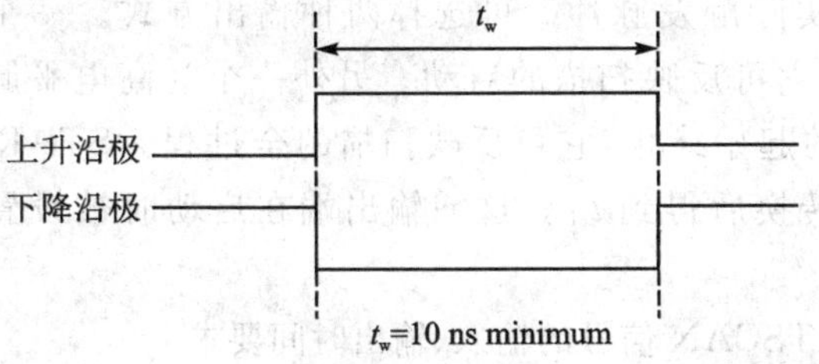

图 9－26 TRIG1 输入定时

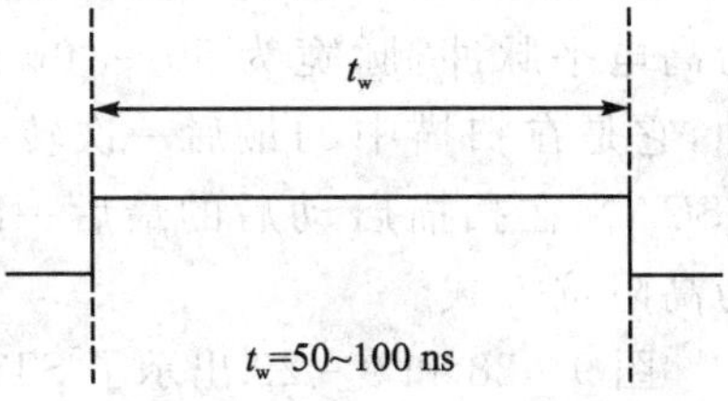

图 9－27 TRIG1 输出定时

器件也可使用 TRIG1 启动 pretriggered DAQ 操作。在绝大多数 pretriggered 应用中,TRIG1 由软件触发生成。关于在 pretriggered DAQ 操作中使用 TRIG1 和 TRIG2 的详细描述,请查阅 TRIG2 signal。

● TRIG2 Signal

任何一个 PFI 引脚可外部输入 TRIG2 信号,在 PFI1/TRIG2 引脚为一个输出端时,这一信号是非常有用的。查阅图 9-25,可得出 TRIG2 与 DAQ 序列之间的关系。

作为输入,TRIG2 被配置为边沿触发模式。可选择任意一个 PFI 引脚作 TRIG2 的源,并可为上升沿或下降沿选择极性。为 TRIG2 所选择的边沿方式是作为 pretriggered 方式数据采集序列的 posttriggered 相位的启动信号。在 pretriggered 模式下,TRIG1 信号启动数据采集。Scan counter (SC) 显示了 TRIG2 被识别出之前的最小扫描数。当 SC 降为 0 后,若数据采集连续进行,则加载 posttrigger 扫描数与其上,用以采集。如果 TRIG2 先于 SC 降为 0,则器件忽略 TRIG2。当 TRIG2 所选择的边沿被检测到后,器件获取固定的扫描数,采集结束。这一方式在接收到 TRIG2 的前后采集数据。

作为输出,即使数据采集是由另外的 PFI 通过外部触发进行的,TRIG2 也可反映 pretriggered DAQ 序列中的 posttrigger。TRIG2 在 posttriggered 数据采集中不使用。其输出为高电平,脉宽为 50～100 ns。这一输出端在启动时被设置为高阻抗方式。TRIG2 的输入、输出时间要求与 TRIG1 类似。

● STARTSCAN Signal

任何一个 PFI 引脚可作为 STARTSCAN 信号的输入端,在 PFI7/STARTSCAN 引脚为一个输出端时,这一信号是非常有用的。查阅图 9-25,可得出 STARTSCAN 与 DAQ 序列之间的关系。

作为输入,STARTSCAN 被配置为边沿触发模式。可选择任意一个 PFI 引脚作 STARTSCAN 的源,并可为上升沿或下降沿选择极性。为 STARTSCAN 所选择的边沿方式是作为某次扫描的启动信号。如果选择内部触发 CONVERT* 方式,则启动采样间隔计数器。

作为输出,即使数据采集是由另外的 PFI 通过外部触发进行的,STARTSCAN 也可反映启动某次扫描的实际触发脉冲。可选择两种输出方式。一个为高电平脉冲,脉宽为 50～100 ns,它可反映扫描的启动。另外一个为高电平脉冲,它是在扫描中的最后一次转换的起始终止,它可反映扫描的全过程。STARTSCAN 在扫描启动后的最后一次转换后得到 t_{off}。这一输出端在启动时被设置为高阻抗方式。

图 9-28 和 9-29 出示了 STARTSCAN 信号的输入、输出时间要求。

CONVERT* 脉冲信号一直保持为 0,直至器件产生 STARTSCAN 信号才跳变为 1。如果选择使用内部信号产生转换,则当面板上的采样转换信号(SI2)降低为 0

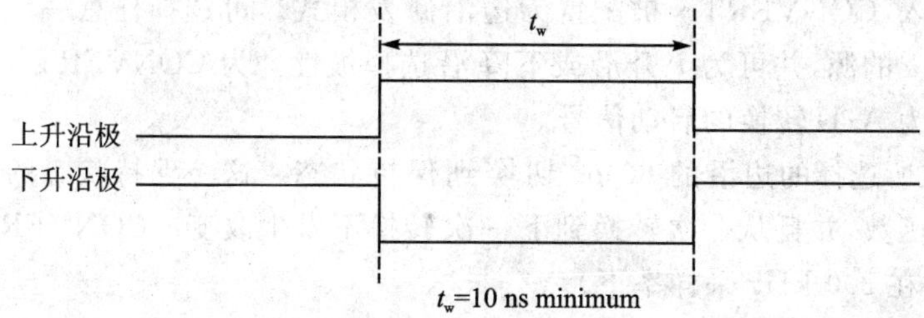

图 9-28 STARTSCAN 信号的输入定时

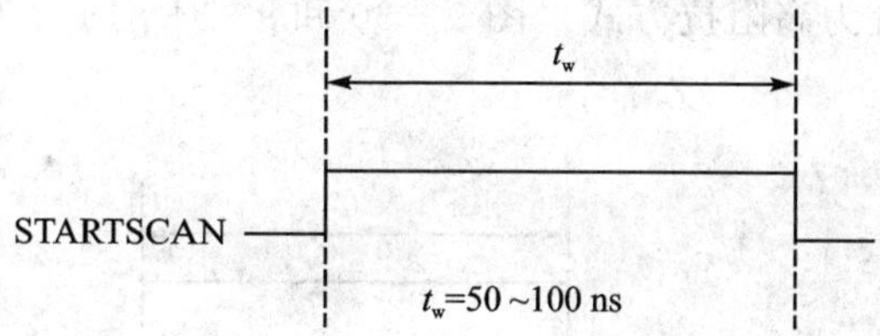

(a)扫描开始

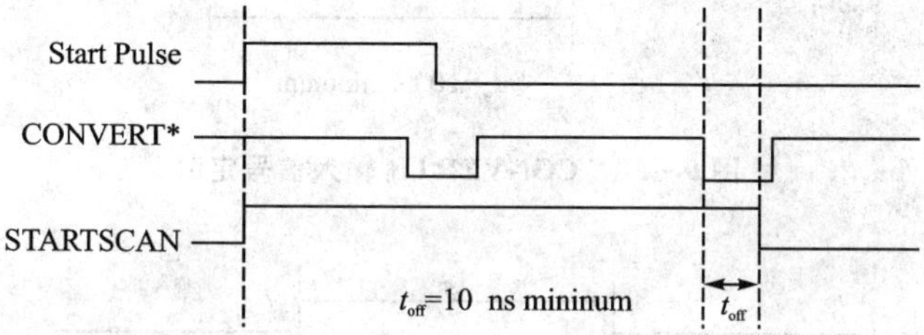

(b)扫描中一次扫描两次翻转

图 9-29 STARTSCAN 输出信号定时

时,才出现第一个 CONVERT * 信号。如果选择外部 CONVERT *,则当 STARTSCAN 发生转换,出现一个外部脉冲信号。STARTSCAN 脉冲信号应至少间隔一个扫描周期。

NI 6013/6014 的计数器是在内部生成 STARTSCAN 信号,但也可选择外部信号源生成 STARTSCAN 信号。这一计数器由 TRIG1 信号进行启动,由软件或采样计数器终止。

由内部或外部 STARTSCAN 信号生成的扫描信号是被抑制的,除非是在 DAQ 序列中生成。发生在 DAQ 序列中的扫描信号由硬件信号(AIGATE)或软件命令寄存器门限限制。

● CONVERT * Signal

任何一个 PFI 引脚可作为 CONVERT * 信号的输入端,在 PFI2/CONVERT * 引脚为一个输出端时,这一信号是非常有用的。查阅图 9-25,可得出 CONVERT * 与 DAQ 序列之间的关系。

作为输入,CONVERT * 被配置为边沿触发模式。可选择任意一个 PFI 引脚作 CONVERT * 的源,并可为上升沿或下降沿选择极性。为 CONVERT * 所选择的边沿方式是作为 A/D 转换的启动信号。

ADC 在所选择的边沿的 60 ns 切换到保持状态。这一保持状态的延迟时间是关于温度的函数,并且从一次转换到下一次转换不发生改变。CONVERT * 脉冲应至少间隔 5(在 200 kHz 采样率下)。

作为输出,即使转换是由另外的 PFI 通过外部触发进行的,CONVERT * 也可反映连接到 ADC 的实际转换脉冲。其输出为低电平,脉宽为 50～150 ns 。这一输出端在启动时被设置为高阻抗方式。图 9－30 和 9－31 出示了 CONVERT * 信号的输入、输出时间要求。

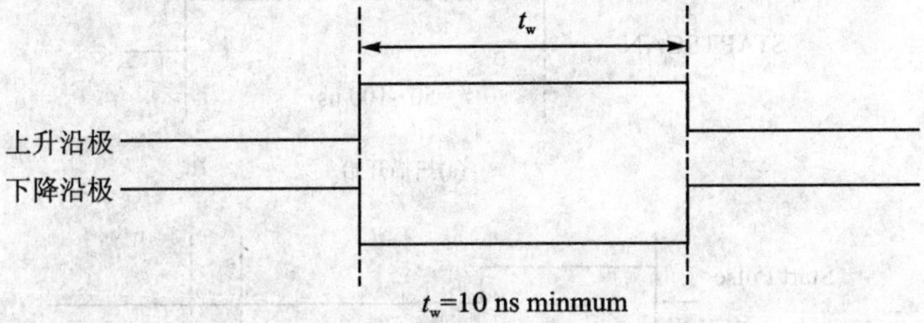

图 9－30　CONVERT * 输入信号定时

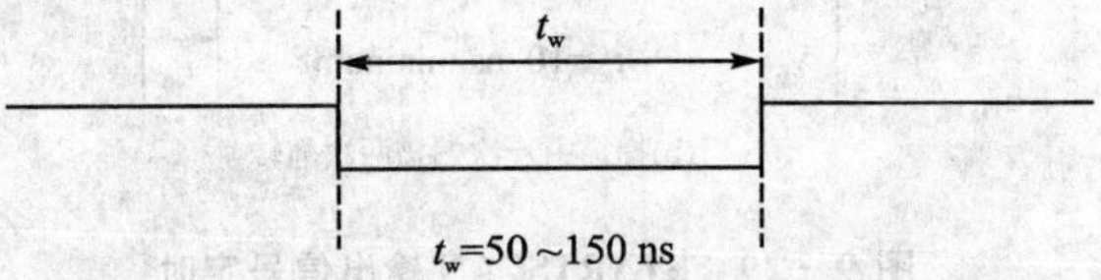

图 9－31　CONVERT * 输出信号定时

不选择外部信号源时,NI 6013/6014 上的 SI2 计数器通常用以产生 CONVERT * 信号。这一计数器由 STARTSCAN 信号启动,并进行下计数,直至扫描结束后,对其进行再装载。再装载的目的为当下一个 STARTSCAN 脉冲到达后,进行下一次计数。

由内部或外部 CONVERT * 信号生成的 A/D 转换时,除非这一事件发生在 DAQ 序列中。发生在 DAQ 序列中的扫描信号由硬件信号(AIGATE)或软件命令寄存器门限限制。

● AIGATE Signal

任何一个 PFI 引脚都可作为 AIGATE 信号的输入端,在 I/O 连接器为一个输出端时,这一信号是没有意义的。在某一 DAQ 序列中,AIGATE 信号可终止扫描。在电平检测模式中,可选择任意 PFI 引脚作为 AIGATE 信号的信号源。同时可为高电平有效 PFI 引脚或低电平 PFI 引脚配置极性。在电平检测模式下,如果

AIGATE 有效，则 STARTSCAN 信号无效，即没有扫描发生。

AIGATE 不能在转换过程中终止扫描，也不能继续被 AIGATE 终止的扫描。换句话说，一旦扫描被启动，则 AIGATE 不能终止转换，直至下次扫描开始，相反，如果扫描被 AIGATE 信号终止，AIGATE 信号也不能继续本次扫描，需等待下一次扫描启动。

● SISOURCE Signal

任何一个 PFI 引脚都可作为 SISOURCE 信号的输入端，在 I/O 连接器为输出端时，这一脚是没有意义的。器件上的扫描间隔（SI）计数器使用 SISOURCE 作为时钟，对 STARTSCAN 信号的生成进行计时。在电平检测模式中，可选择任意 PFI 引脚作为 SISOURCE 信号的信号源。同时可为高电平有效 PFI 引脚或低电平 PFI 引脚配置极性。

它的最大允许频率为 20 MHz，高电平或低电平的最小脉冲时间为 23 ns。其没有最小频率限制。

在没有外部输入源时，由 20 MHz 或 100 kHz 内部时钟生成 SISOURCE 信号。图 9－32 出示了 SISOURCE 信号的时间要求。

● SCANCLK Signal

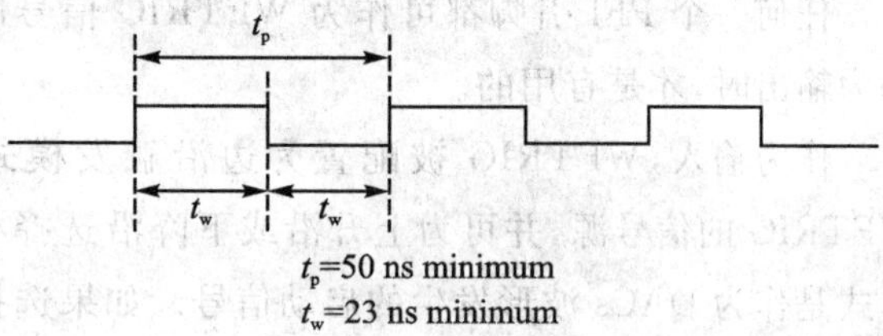

图 9－32　SISOURCE 信号的定时

SCANCLK 是一个输出信号，它在一次 A/D 转换开始后，产生一个时宽为 50～100 ns 引起边沿触发的脉冲。这一输出的极性是由软件设定的，但是常被特别的设定，因此它的上升沿可告知 AI 多路复用器何时输入信号可采样，何时可去除输入。这一信号的脉宽为 400～500 ns，并且可用软件激活。图 9－33 出示了 SCANCLK 信号的时间要求。

注意：当使用 NI－DAQ、SCANCLK 时，极性为从低到高，且不能通过编程对其进行修改。

● EXTSTROBE＊ Signal

EXTSTROBE＊是一个输出信号，在 hardware－strobe 模式下，生成一个单脉冲或 8 脉冲的序列。外部器件可使用这一信号锁存信号或触发事件。在单脉冲模式下，使用软件控制 EXTSTROBE＊的电平。在 hardware－strobe 模式下，10 μs 和 1.2 μs 的时钟对于生成一个 8 脉冲序列是有用的。图 9－34 为 hardware－strobe 模式下，EXTSTROBE＊ 信号的时间要求。

注意：EXTSTROBE＊不可被 NI－DAQ 激活。

③ 波形发生定时连接。

由 WFTRIG、UPDATE＊和 UISOURCE 信号控制器件的模拟输入输出组。

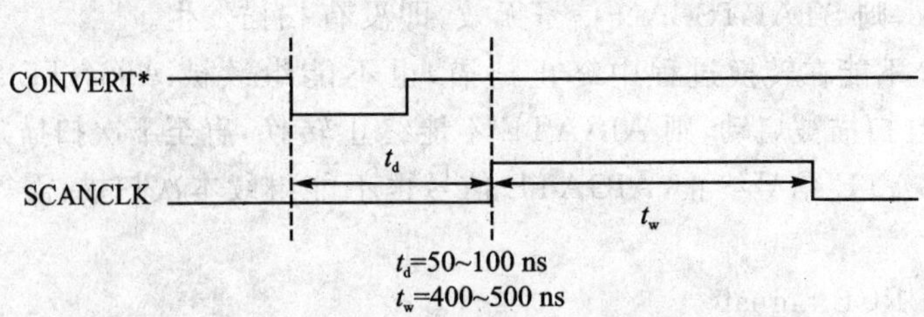

图 9-33 SCANCLK 信号的时序

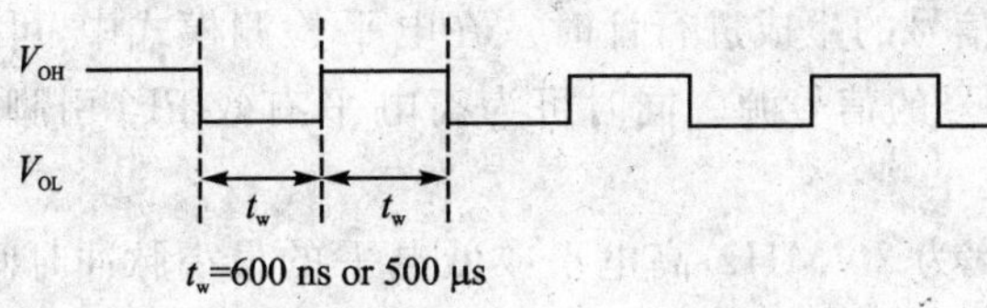

图 9-34 EXTSTROBE＊ 信号的定时

● WFTRIG Signal

任何一个 PFI 引脚都可作为 WFTRIG 信号的输入端口,在 PFI6/WFTRIG 引脚为输出时,才是有用的。

作为输入,WFTRIG 被配置为边沿触发模式。可选择任意一个 PFI 引脚作 WFTRIG 的信号源,并可为上升沿或下降沿选择极性。为 WFTRIG 所选择的边沿方式是作为 DACs 波形发生的启动信号。如果选择内部生成 UPDATE＊信号,则会启动更新间隔(UI)计数器。

作为输出,即使波形发生是由另外的 PFI 通过外部触发进行的,WFTRIG 也可反映出启动波形发生的触发脉冲。其输出为高电平有效,脉宽为 50～150 ns 。这一输出端在启动时被设置为高阻抗方式。图 9-35 和 9-36 出示了 WFTRIG 信号的输入输出的时间要求。

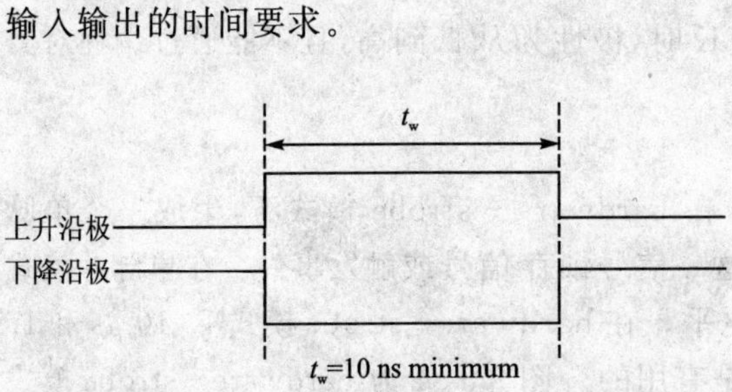

图 9-35 WFTRIG 输入信号定时

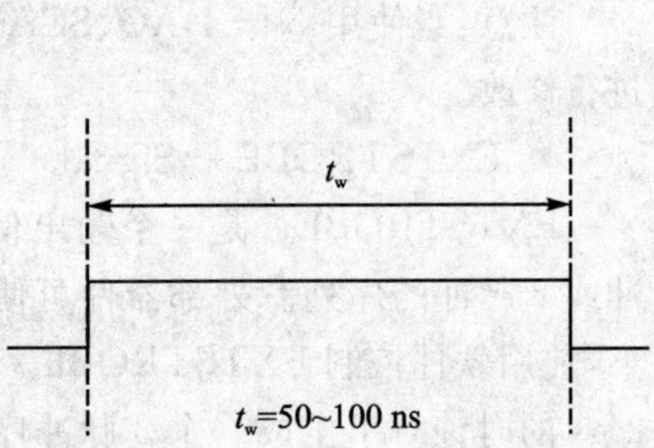

图 9-36 WFTRIG 输出信号定时

● UPDATE＊ Signal

任何一个 PFI 引脚都可作为 UPDATE＊信号的输入端口,在 PFI5/UPDATE＊引脚为输出时，才是有用的。

作为输入，UPDATE＊被配置为边沿触发模式。可选择任意一个 PFI 引脚作 UPDATE＊的信号源，并可为上升沿或下降沿选择极性。为 UPDATE＊所选择的边沿方式是作为 DACs 输出的更新信号。为了使用 UPDATE＊信号，需设置 DACs 为 posted－update 模式。

作为输出，即使更新是由另外的 PFI 通过外部触发进行的，UPDATE＊也可反映出连接到 DACs 的实际更新脉冲。其输出为低电平有效，脉宽为 300～350 ns 。这一输出端在启动时被设置为高阻抗方式。图 9－37 和 9－38 出示了 UPDATE＊信号的输入输出的时间要求。

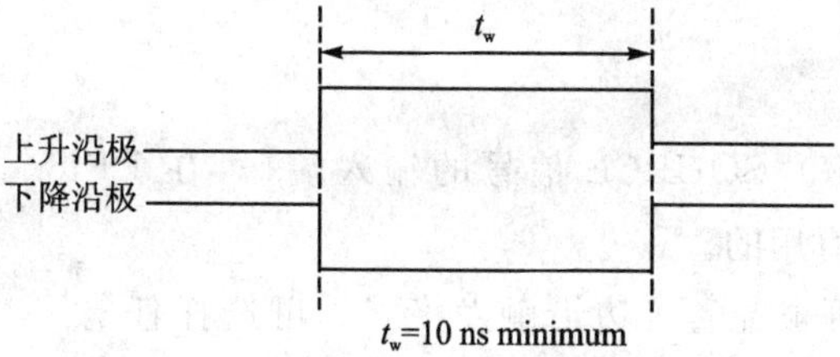

图 9－37 UPDATE＊信号的输入定时

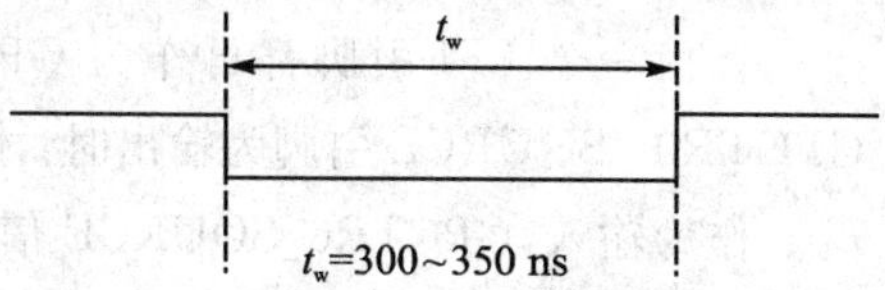

图 9－38 UPDATE＊信号的输出定时

DACs 是在引导边沿(leading edge)的 100 ns 内被更新的。使 UPDATE＊脉冲之间有足够的间隔，则有新的数据可写入 DAC 锁存器。

在没有外部信号时，UI(更新间隔)计数器用以生成 UPDATE＊信号。UI 计数器由 WFTRIG 信号启动，由软件或内部缓存计数器(BC)终止。

当被软件命令寄存器门限限制时，由内部或外部 UPDATE＊信号启动的 D/A 转换不会发生转换。

● UISOURCE Signal

任何一个 PFI 引脚都可作为 UISOURCE 信号的输入端口，在 I/O 连接器为输出时，这一脚是没用的。

UI 计数器使用 UISOURCE 信号作为时钟，记录 UPDATE＊ 信号的生成时间。在电平触发模式，必须配置所选择的 PFI 引脚作为 UISOURCE 信号的信号源，同时为高电平有效 PFI 引脚或低电平 PFI 引脚配置极性。图 9－39 出示了 UISOURCE 信号的时间要求。

最大允许频率为 20 MHz，高电平或低电平最小脉宽为 23 ns。不存在最小脉宽限制。在没有外部输入源时，由 20 MHz 或 100 kHz 内部时钟生成 UISOURCE 信号。

④ 多功能定时信号连接。

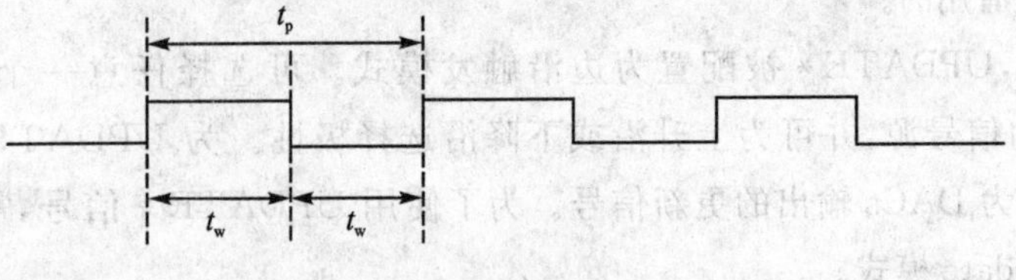

图 9-39 UISOURCE 信号定时

多功能时间信号包括 GPCTR0_SOURCE、GPCTR0_GATE、GPCTR0_OUT、GPCTR0_UP_DOWN、GPCTR1_SOURCE、GPCTR1_GATE、GPCTR1_OUT、GPCTR1_UP_DOWN 和 FREQ_OUT。

● GPCTR0_SOURCE Signal

任何一个 PFI 引脚都可作为 GPCTR0_SOURCE 信号的输入端口，在 PFI8/GPCTR0_SOURCE 引脚为输出时，才是有用的。

作为输入，GPCTR0_SOURCE 信号可被配置为边沿触发模式。可选择任意一个 PFI 引脚作 GPCTR0_SOURCE 的信号源，并可为上升沿或下降沿选择极性。

作为输出，即使是由另外的 PFI 通过外部提供时钟信号的，GPCTR0_SOURCE 也可反映出连接到多功能计数器 0 的实际时钟。这一输出端在启动时被设置为高阻抗方式。图 9-40 出示了 GPCTR0_SOURCE 信号的时间要求。

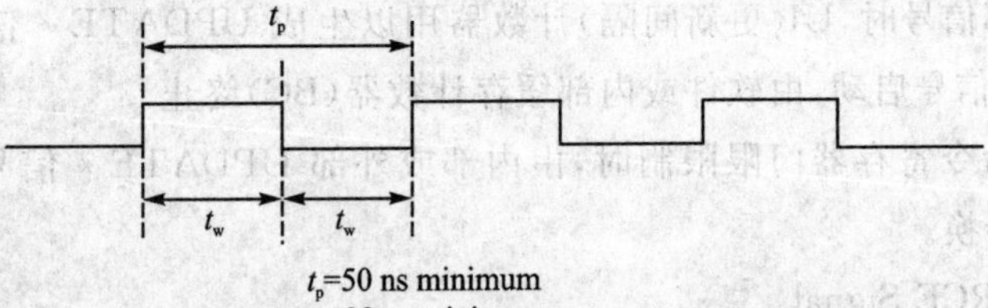

图 9-40 GPCTR0_SOURCE 信号定时

最大允许频率为 20 MHz，高电平或低电平最小脉宽为 23 ns。不存在最小脉宽限制。在没有外部输入源时，由 20 MHz 或 100 kHz 内部时钟生成 GPCTR0_SOURCE 信号。

● GPCTR0_GATE Signal

任何一个 PFI 引脚都可作为 GPCTR0_GATE 信号的输入端口，在 PFI9/GPCTR0_GATE 引脚为输出端时，这一信号才是有用的。

作为输入，GPCTR0_GATE 信号可被配置为边沿触发模式。可选择任意一个 PFI 引脚作 GPCTR0_GATE 的信号源，并可为上升沿或下降沿选择极性。在各种不同的应用中，可使用门信号执行诸如启动和终止计数器、产生中断和保存计数结果等操作。

作为输出，即使是由另外的 PFI 通过外部提供门限信号的，GPCTR0_GATE 也可反映出连接到多功能计数器 0 的实际门限信号。这一输出端在启动时被设置为高阻抗方式。图 9 - 41 出示了 GPCTR0_SOURCE 信号的时间要求。

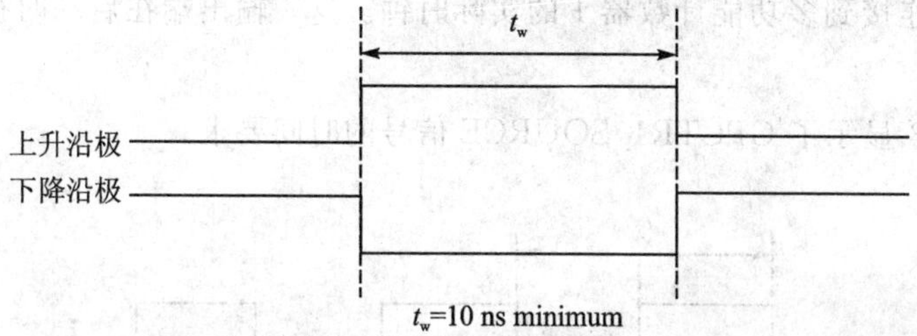

图 9 - 41　在边沿检测模式下的 GPCTR0_SOURCE 信号定时

● GPCTR0_OUT Signal

这一信号只有 GPCTR0_OUT 引脚作为输出时才有效。GPCTR0_OUT 反映多功能计数器 0 终止计数(TC)。设计者有两种可选择的软件输出方式—pulse on TC 和 toggle output polarity on TC。两个选项的输出极性具有软件可选择性。这一输出端在启动时被设置为高阻抗方式。图 9 - 42 显示了 GPCTR0_OUT 信号的时间要求。

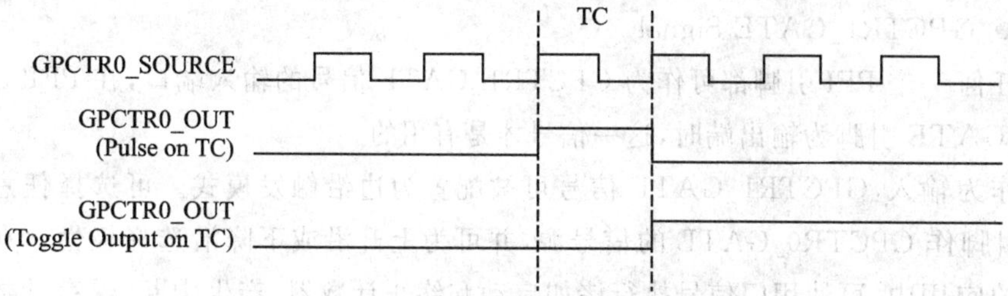

图 9 - 42　GPCTR0_OUT 信号定时

注意：当互相关 DIO 使用外部时钟模式时，这一引脚用作外部时钟的输入端。

● GPCTR0_UP_DOWN Signal

这一信号可使用 DIO6 引脚，通过外部输入方式对其负值，但当其作为 I/O 连接器的输出端时，这一信号则没有意义。当这一引脚的值为逻辑低时，多功能计数器 0 下计数；当这一引脚的值为逻辑高时，多功能计数器 0 上计数。也可使这一输入无效，以便软件控制其上、下计数，而释放 DIO6 引脚作为普通引脚使用。

● GPCTR1_SOURCE Signal

任何一个 PFI 引脚都可作为 GPCTR1_SOURCE 信号的输入端口，在 PFI3/

GPCTR1_ SOURCE 引脚为输出时,这一信号才是有用的。

作为输入,GPCTR1_SOURCE 信号可被配置为边沿触发模式。可选择任意一个 PFI 引脚作 GPCTR1_SOURCE 的信号源,并可为上升沿或下降沿选择极性。

作为输出,即使是由另外的 PFI 通过外部提供时钟信号的,GPCTR0_SOURCE 也可反映出连接到多功能计数器 1 的实际时钟。这一输出端在启动时被设置为高阻抗方式。

图 9-43 显示了 GPCTR1_SOURCE 信号的时间要求。

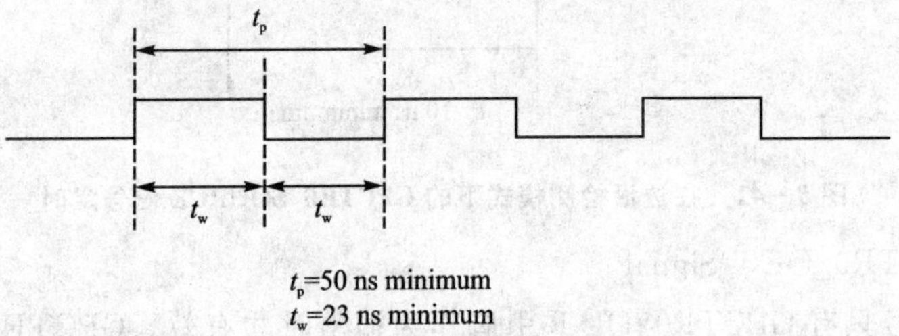

图 9-43 GPCTR1_SOURCE 信号定时

最大允许频率为 20 MHz,高电平或低电平最小脉宽为 23 ns。不存在最小脉宽限制。在没有外部输入源时,由 20 MHz 或 100 kHz 内部时钟生成 GPCTR1_ SOURCE 信号。

● GPCTR1_GATE Signal

任何一个 PFI 引脚都可作为 GPCTR1_GATE 信号的输入端口,在 PFI9/GPCTR0_GATE 引脚为输出端时,这一信号才是有用的。

作为输入,GPCTR1_GATE 信号可被配置为边沿触发模式。可选择任意一个 PFI 引脚作 GPCTR0_GATE 的信号源,并可为上升沿或下降沿选择极性。在各种不同的应用中,可使用门信号执行诸如启动和终止计数器、产生中断、保存计数结果等操作。

作为输出,即使是由另外的 PFI 通过外部提供门限信号的,GPCTR1_GATE 也可反映出连接到多功能计数器 1 的实际门限信号。这一输出端在启动时被设置为高阻抗方式。

图 9-44 显示了 GPCTR1_SOURCE 信号的时间要求。

● GPCTR1_OUT Signal

这一信号只有 GPCTR1_OUT 引脚作为输出时才有效。GPCTR1_OUT 反映多功能计数器 1 终止计数(TC)。设计者有两种可选择的软件输出方式——pulse on TC 和 toggle output polarity on TC。两个选项的输出极性具有软件可选择性。这

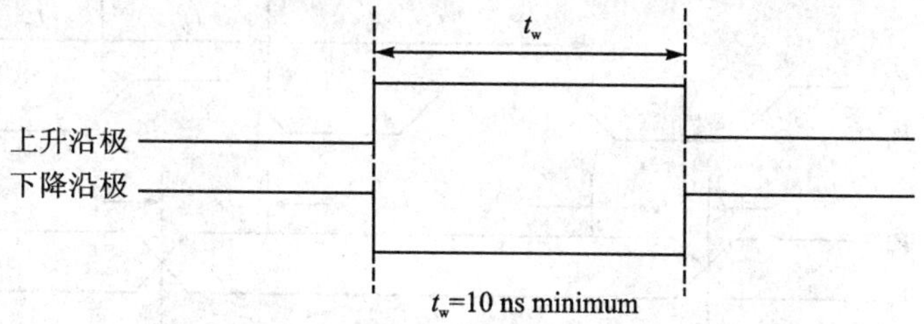

图 9-44　在边沿检测模式下 GPCTR1_SOURCE 信号的定时

一输出端在启动时被设置为高阻抗方式。

图 9-45 显示了 GPCTR1_OUT 信号的时间要求。

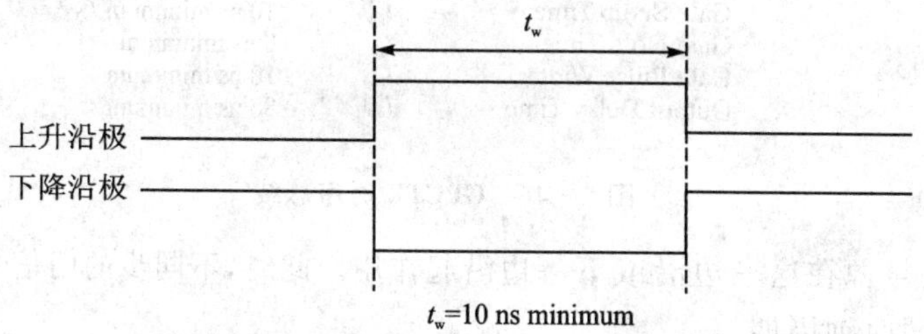

图 9-45　GPCTR1_OUT 信号的定时

● GPCTR1_UP_DOWN Signal

这一信号可使用 DIO7 引脚，通过外部输入方式对其负值，但当其作为 I/O 连接器的输出端时，这一信号则没有意义。当这一引脚的值为逻辑低时，多功能计数器 1 下计数；当这一引脚的值为逻辑高时，多功能计数器 1 上计数。也可使这一输入无效，以便软件控制其上、下计数，从而释放 DIO6 引脚作为普通引脚使用。

图 9-46 显示了 GATE 和 SOURCE 输入信号的时间要求，及器件的 OUT 输出信号的时间说明。

图 9-46 所示的 GATE 和 OUT 的信号转换是以 SOURCE 信号的上升沿为参考。此图是在假定图中的计数器是在信号的上升沿进行计数的基础上绘制的。当计数器被设置为下降沿开始计数时，也可绘制出同样的时间图，只是 source 信号是以 source 信号的下降沿为参考，并进行反转。

GATE 输入时间参数可作为 SOURCE 输入信号或 NI 6013/6014 器件生成的信号的参考指标。图 9-46 出示了参考 source 信号的上升沿的 GATE 信号。Gate 应至少在 source 信号的上升沿或下降沿到达的前 10 ns 有效(Gate 即可为高电平，也可为低电平)，以便 gate 在 source 的边沿有效，如图 9-46 中 t_{gsu} 和 t_{gh} 参数。在 source 信号的有效边沿到达之后，不需要保持 gate 信号。

如果使用内部时钟信号，则门信号与时钟信号不同步。在这种情形下，门信号被

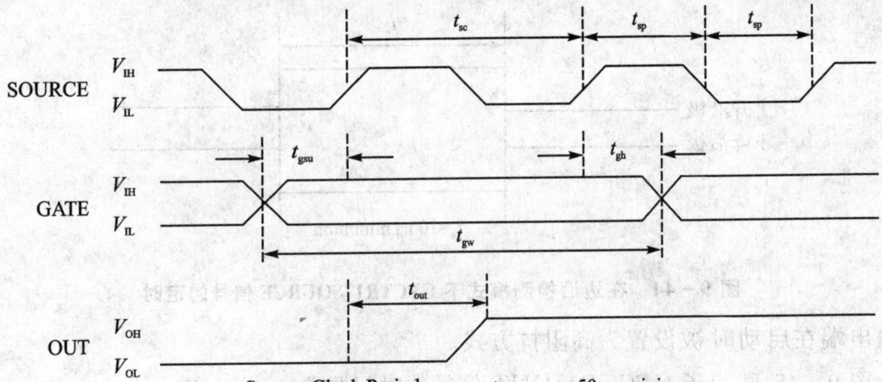

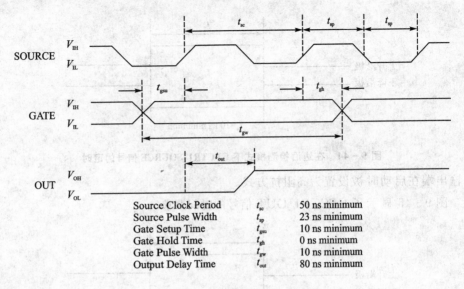

Source Clock Period	t_{sc}	50 ns minimum
Source Pulse Width	t_{sp}	23 ns minimum
Gate Setup Time	t_{gsu}	10 ns minimum
Gate Hold Time	t_{gh}	0 ns minimum
Gate Pulse Width	t_{gw}	10 ns minimum
Output Delay Time	t_{out}	80 ns minimum

图 9-46　GPCTR 时序总结

屏蔽，时钟信号源在这一边沿或下一边沿起作用。此时，不同步的门信号源会引起一个不确定的源时钟周期。

OUT 输出时间参数可作为 SOURCE 输入信号或 NI 6013/6014 器件生成的信号的参考指标。图 9-46 出示了参考 source 信号的上升沿的 OUT 信号。Source 信号的上升沿或下降沿到达后的 80 ns 内，任何一个 OUT 信号的状态会发生改变。

● FREQ_OUT Signal

这一信号只有在 FREQ_OUT 引脚被配置为输出时，才有效。器件的频率发生器经由 FREQ_OUT 引脚输出信号。这里的频率发生器为一个 4 bit 计数器，可对输入时钟进行 1～16 分频。频率发生器的输入时钟可进行软件选择，可选择器件的内部时钟 10 MHz 和 100 kHz。其输出极性也可进行软件选择，这一输出端口在启动时被设置为高阻状态。

9.4.5 数据采集卡的应用

数据采集卡的安装及注意事项可参考附录部分，待硬件安装完毕后，要安装数据采集卡的软件驱动，以及资源管理程序。采集卡使用之前，应在资源管理程序 Measurement&Automation Explorer 中进行测试和必要的设置。数据采集系统进行调试之前和运行中发生异常时，也需要首先对数据采集设备进行测试，以排除硬件故障。

Measurement&Automation Explorer 是访问计算机当中 NI 的各种软硬件资源的一个接口，在树形结构下，看到有本机系统和远程系统两大项，本书没用到远程采集，所以对远程系统不作介绍。本机系统下有 Data Neighborhood 和 Devices and Interfaces 子树，在硬件与接口子树下可以看到数据采集卡 PCI 6014 已经安装好，且知 PCI6014 只限于传统 NI－DAQ 系统的数据采集。

在本机系统 My System 项下可以完成以下任务：

① 创建新的虚拟通道、任务、和标度等。

在传统 DAQ 系统中可以使用物理通道定址也可以使用虚拟通道定址。物理通道定址不需要在 Measurement&Automation Explorer 中进行通道设置，只要在程序中数据采集函数的通道参数中写入实实在在的通道号就能访问指定通道采集数据；可通过右击 Data Neighborhood 来新建一个传统 DAQ 虚拟通道，选择新建通道后，在创建虚拟通道向导的引导下一步步选择通道类型、通道名、传感器类型、信号单位、标度、何使用的数据采集设备等。

② 察看连接到系统的设备和仪器。

③ 对 NI 硬件进行安装和设置，在 PCI6014 上右击 Properties 可对设备进行设置，在这个对话框中可各标签下的内容如下：

System：包括设备的编号和 Windows 给卡分配的系统资源，在这个标签下单击 Test Resources 按钮，弹出一个对话框，说明资源已通过测试。

AI：包括设备默认的采样范围和信号的连接方式（PCI6014 可选差分或非参考单端方式）。

AO：显示系统默认的模拟输出极性 Bipolar，双极性表示模拟输出既包含正值也包含负值。

Accessory：数据采集卡的附件（I/O 接线板），选 CB－68LP。

OPC：使用 OPC 服务器时设备的重校准周期。

Remote Access：设置远端客户对此设备访问的口令。

单击 System 下的 Test Panel 选项可对设备进行详细测试，开始测试前按参考单端方式将 CB－68LP 接线端子的 68 针与 22 针、67 针与 55 针分别连接起来，这样使数据采集卡的模拟输出 0 通道为模拟输入 0 通道提供信号。模拟输出测试选择 0 通道，可选择输出直流电压或正弦波，并可调节幅度。选模拟输入标签可进行模拟输入测试，产生的正弦波是由模拟输出通道 0 提供的，回到模拟输入页下可选择输出直流电压，拖动幅值滑块选择一个电压值，单击 Update Channel 按钮，再回到模拟输入测试，观察直流电压输入情况。但测试结束后需要回到模拟输出测试面板把电压值拖回 0，然后单击 Update Channel，否则输出电压值会一直保持到关机。

其他测试由于本书中没有用到，所以不做说明。设备通过测试后，就可通过数据采集卡把数据采集到计算机中进行处理。数据处理可在 LabVIEW 中实现，LabVIEW 含有信号处理模块和输入输出模块，可编程实现所要求的功能，完成虚拟仪器设计。利用 LabVIEW 处理数据采集卡采来的数据的实例见第 8 章的霍尔位移测量。

本章小结

本章主要介绍了将 LabVIEW 虚拟仪器导入到 Multisim 中的方法，当虚拟仪器导入 Multisim 后，可以用自定义的仪器进行电路的测试。若需要用外部的实测信号作为测试电路的输入信号，则所设计的 LabVIEW 虚拟仪器需要配合数据采集卡等硬件来完成数据采集功能，对于不同的输入信号类型及不同的数据采集设备，硬件电路的连接和软件的配置都将有所不同。

习题与参考题

1. 在 Multisim 软件中导入 LabVIEW 虚拟仪器，对软件系统有什么要求？
2. 什么是数据采样原理？
3. 模拟输入信号源包括哪几种？它们有什么区别？
4. 假设采样频率 fs 是 150 Hz，信号中含有 50 、70、160 和 510 Hz 的成分，将产生畸变的频率成分是哪些？新产生的畸变频率为多少？

第10章

小型称重系统设计

10.1 设计任务

本例是利用金属箔式应变片设计一个小型称重装置。硬件部分包括应变片模型和测量电路(是在 Multisim 中仿真设计的),软件显示与分析部分由 LabVIEW 虚拟仪器完成。整个测量系统的仿真全部在软件环境中完成,最终测量系统可直接显示称重值。Multisim 软件的详细用法请参见相关书籍。本设计完成过程中需要掌握以下几点。

- 掌握金属箔式应变片的应变效应,单臂、全桥电桥工作原理和性能;
- 学会利用应变片原理建立仿真模型;
- 比较单臂与全桥电桥的不同性能,了解其特点;
- 学会使用全桥电路;
- 会使用 G 语言编程实现虚拟仪器的功能。

10.2 测量电路原理与设计

10.2.1 传感器模型的建立

电阻应变片的工作原理是基于电阻应变效应,即在导体产生机械变形时,它的电阻值相应发生变化。应变片是由金属导体或半导体制成的电阻体,其阻值将随着压力所产生的变化而变化。对于金属导体,电阻变化率$\frac{\Delta R}{R}$的表达式为

$$\frac{\Delta R}{R} \approx (1+2\mu)\varepsilon \tag{10-1}$$

式中,μ 为材料的泊松系数;ε 为应变量。

通常把单位应变所引起电阻相对变化称作电阻丝的灵敏系数,对于金属导体,其表达式为

$$k_0 = \frac{\Delta R}{R} = (1+2\mu)\varepsilon \tag{10-2}$$

所以

$$\frac{\Delta R}{R} = k_0\varepsilon \tag{10-3}$$

在外力作用下，应变片产生变化，同时应变片电阻也发生相应变化。当测得阻值变化为 ΔR 时，可得到应变值 ε，根据应力与应变关系，得到应力值为

$$\sigma = E\varepsilon \tag{10-4}$$

式中，σ 为应力；ε 为应变量(为轴向应变)；E 为材料的弹性模量(kg/mm^2)。

又重力 G 与应力 σ 的关系为

$$G = mg = \sigma S \tag{10-5}$$

式中，G 为重力；S 为应变片截面积。

根据以上各式可得到

$$\frac{\Delta R}{R} \frac{k_0}{ES} mg \tag{10-6}$$

由此便得出了应变片电阻变化与重物质量的关系，即

$$\Delta R = \frac{k_0}{ES} gRm \tag{10-7}$$

根据应变片常用的材料(如康铜)取

$$k_0 = 2; E = 16\ 300 kg/mm^2; S = 1\ cm^2 = 100\ mm^2; R = 348\ \Omega; g = 10.8\ m/s^2$$

$$\Delta R = [(2 \times 9.8 \times 348)/(16\ 300 \times 100)]m = 0.004\ 185\ m$$

所以在 Multisim 中可以建立以下模型来代替应变片进行仿真，如图 10-1 所示。

在图 10-1 中，R_1 模拟的是不受压力时的电阻值 R_0，压控电阻用来模拟电阻值的变化 ΔR，V 可理解为重物的质量 m(单位：kg)。当 V 反接时，表示受力相反。

10.2.2 桥路部分电路原理

电阻应变计把机械应变转换成 $\Delta R/R$ 后，应变电阻变化一般都很微小，这样小的电阻变化既难以直接精确测量，又不便直接处理。因此，必须采用转换电路，把应变计的 $\Delta R/R$ 变化转换成电压或电流变化。通常采用惠斯登电桥电路实现这种转换。

图 10-2 所示的是直流电桥。对于单臂电桥，当电桥平衡时，相对的两臂电阻乘积相等，即

$$R_1 \cdot R_4 = R_2 \cdot R_3 \tag{10-8}$$

$$U_o = \frac{(R_4/R_3)(\Delta R_1/R_1)}{(1 + \Delta R_1/R_1 + R_2/R_1)(1 + R_4/R_3)} U_i \tag{10-9}$$

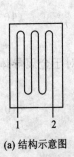

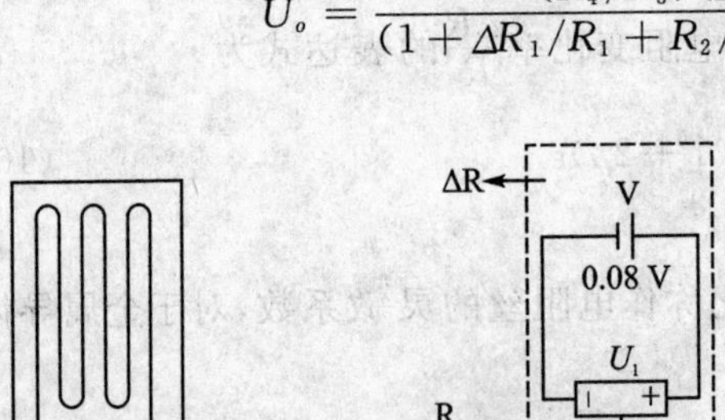

(a) 结构示意图　　(b) 仿真模型

图 10-1　金属丝式应变片模型

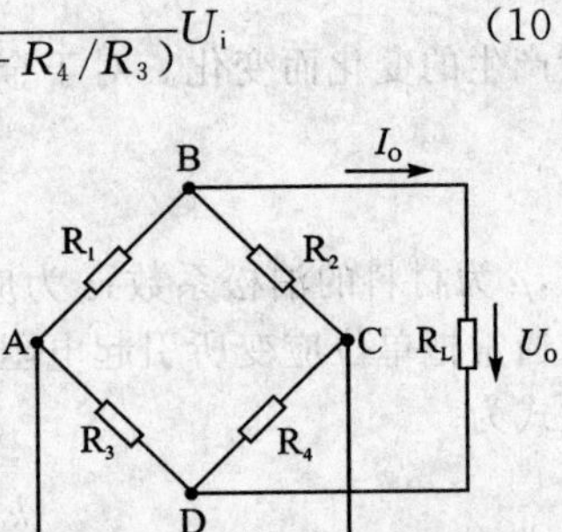

图 10-2　直流电桥

设桥臂比 $n=R_2/R_1=R_4/R_3$，由于 $\Delta R_1=R_1$，分母中 R_1/R_1 可忽略，于是

$$U_o \approx U_i \frac{n}{(1+n)^2}\frac{\Delta R_1}{R_1} \tag{10-10}$$

电桥电压灵敏度定义为

$$S_V=\frac{U_o}{\Delta R_1/R_1}=U_i\frac{n}{(1+n)^2} \tag{10-11}$$

从上式分析可以发现：

➢ 电桥电压灵敏度正比于电桥供电电压，供电电压越高，电桥电压灵敏度越高。但是，供电电压的提高受到应变片的允许功耗的限制，所以一般供电电压应适当选择。

➢ 电桥电压灵敏度是桥臂电阻比值 n 的函数，因此必须恰当地选择桥臂比 n 的值，保证电桥具有较高的电压灵敏度。

由 求$\frac{\partial S_v}{\partial n}=0$ 求 S_V 的最大值，由此得

$$\frac{\partial S_v}{\partial}=\frac{1-n^2}{(1+n)^4}=0 \tag{10-12}$$

求得 $n=1$ 时，S_v 最大。也就是供电电压确定后，当 $R_1=R_2$，$R_3=R_4$ 时，电桥的电压灵敏度最高，此时可得到：

$$U_o \approx \frac{1}{4}U_i\frac{\Delta R}{R} \tag{10-13}$$

$$S_V=\frac{1}{4}U_i \tag{10-14}$$

由上式可知，当电源电压 U_i 和电阻相对变化 $\Delta R/R$ 一定时，电桥的输出电压及其灵敏度也是定值，且与各桥臂阻值大小无关。

由于上面的分析中忽略了 $\Delta R/R$，所以存在非线性误差，解决的办法有如下两种。

➢ 提高桥臂比：提高了桥臂比，非线性误差可以减小，但从电压灵敏度 $SV\approx\frac{1}{n}U_i$ 考虑，灵敏度将降低，这是一种矛盾。因此，采用这种方法的时候应该适当提高供桥电压 U_i。

➢ 采用差动电桥：根据被测试件的受力情况，若使一个应变片受拉，另一个受压，则应变符号相反；测试时，将两个应变片接入电桥的相邻臂上，成为半桥差动电路，则电桥输出电压 U_o 为

$$U_o=U_i\left(\frac{R_1+\Delta R_1}{R_1+\Delta R_1+R_2-\Delta R_2}-\frac{R_3}{R_3+R_4}\right) \tag{10-15}$$

若 $\Delta R_1=\Delta R_2$，$R_1=R_2$，$R_3=R_4$，则有

$$U_o=\frac{1}{2}U_i\frac{\Delta R_1}{R_1} \tag{10-16}$$

由此可知，U_o 和 $\Delta R_1/R_1$ 成线性关系，差动电桥无非线性误差，而且电压灵敏度

$S_V=\frac{1}{2}U_i$ 为，比使用一只应变片提高了一倍，同时可以起到温度补偿的作用。

若将电桥四臂接入 4 个应变片，即两个受拉，两个受压，将两个应变符号相同的接入相对臂上，则构成全桥差动电路，若满足 $\Delta R_1=\Delta R_2=\Delta R_3=\Delta R_4$，则输出电压为

$$U_o=U_i\frac{\Delta R}{R} \tag{10-17}$$

$$S_V=U_i \tag{10-18}$$

由此可知，差动桥路的输出电压 U_o 和电压灵敏度是用单片时的 4 倍，是半桥差动电路的两倍。

因为采用的是金属应变片测量，所以本设计采用全桥电路，能够有比较好的灵敏度，并且不存在非线性误差。

10.2.3 放大电路原理

主要放大电路采用如图 10－3 所示的仪用放大电路。

该放大电路具有很强的共模抑制比。它由两级放大器组成，第一级由集成运放 A_1、A_2 组成，由于采用同一型号的运放，所以可进一步降低漂移。电阻 R_1、R_2 和 R_3 组成同相输入式并联差分放大器，具有非常高的输入阻抗。第二级是由 A_3 和 4 个电阻 R_4、R_5、R_6 和 R_7 组成的反相比例放大器，它将双端输入变成单端输出。阻值：$R_1=R_3$，$R_4=R_5$，$R_6=R_7$。

根据运算电路基本分析方法，可得到输出电压

$$U_o=-\frac{R_6}{R_4}\left(1+2\frac{R_1}{R_2}\right)(U_{I1}-U_{I2}) \tag{10-19}$$

为了方便调节，再加一级比例放大器，同时将仪用放大电路输出的信号反相，如图 10－4 所示。R_W 为调零电阻。

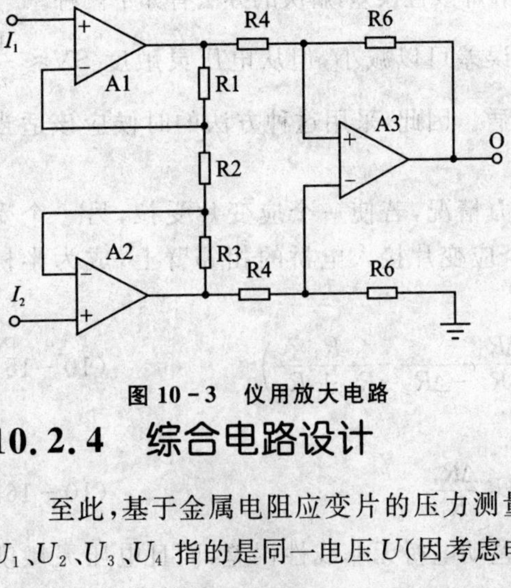

图 10－3 仪用放大电路

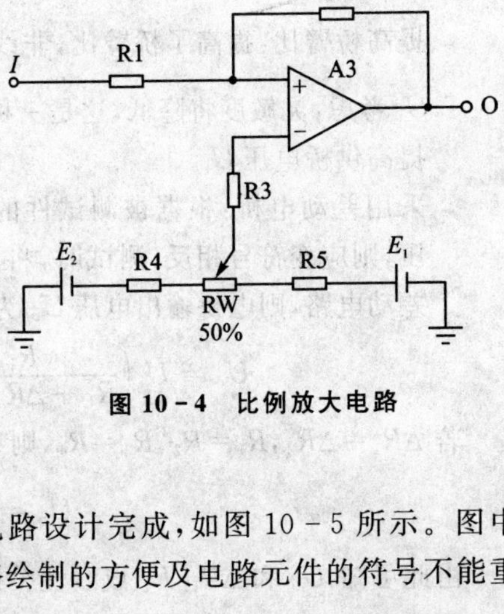

图 10－4 比例放大电路

10.2.4 综合电路设计

至此，基于金属电阻应变片的压力测量电路设计完成，如图 10－5 所示。图中 U_1、U_2、U_3、U_4 指的是同一电压 U(因考虑电路绘制的方便及电路元件的符号不能重

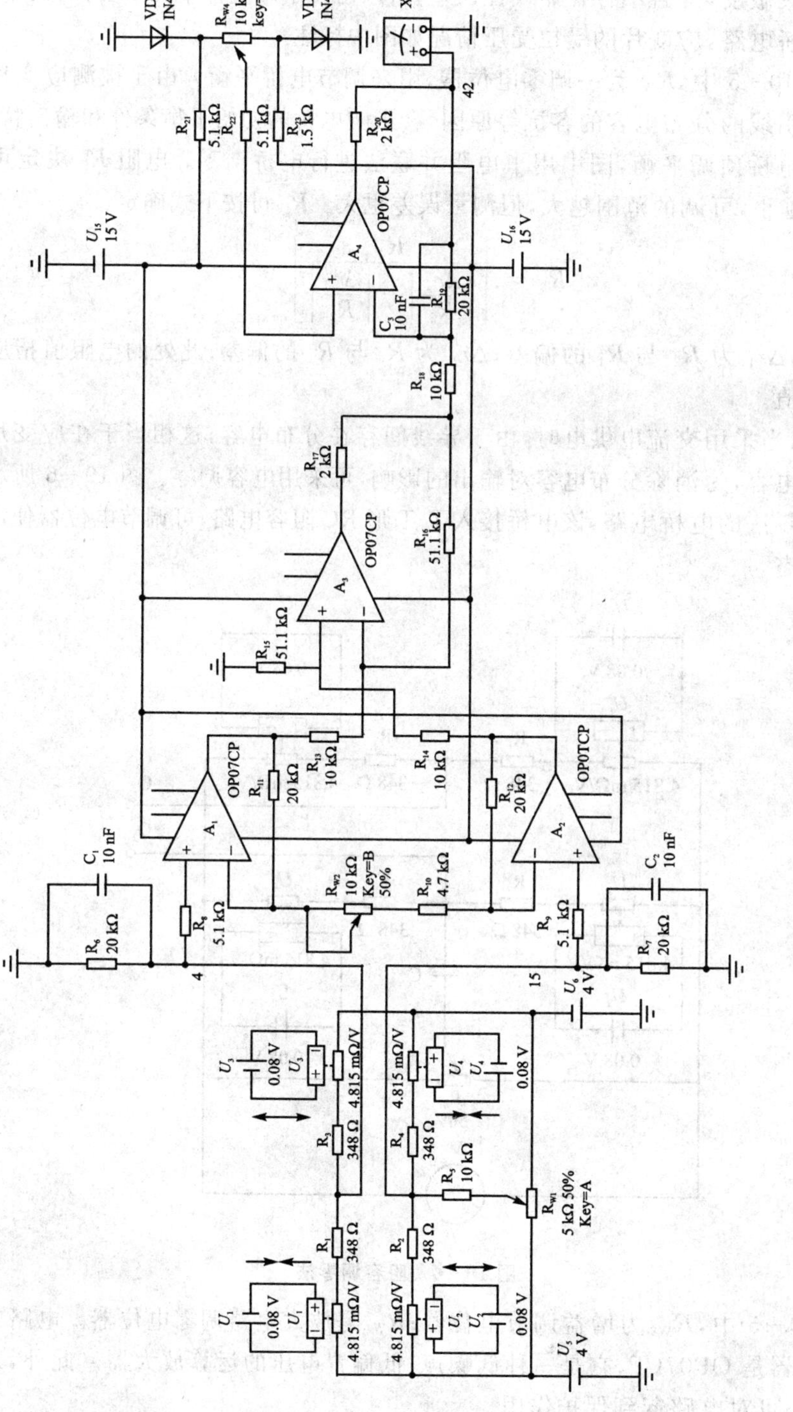

图 10-5 基于金属电阻应变片的单臂桥测量电路

复,所以分开标号),它用来模拟物体质量 m。由以上分析可知采用全桥电路能够有比较好的灵敏度,并且不存在非线性误差,所以由 4 个应变片中两个受拉,两个受压,可组成全桥电路,应变片的受拉受压情况如图中标注。

在图 10－5 中,R_{W1} 为一调零电位器,用来调节电桥平衡。由于被测应变片的性能差异及引线的分布电容的容抗等原因,会影响电桥的初始平衡条件和输出特性,因此必须对电桥预调平衡,图中用了电阻并联法进行电桥调零。电阻 R_5 决定可调的范围,R_5 越小,可调的范围越大,但测量误差也大。R_5 可按下式确定:

$$R_5 = \left[\frac{R_2}{\left|\frac{\Delta r_1}{R_2}\right| + \left|\frac{\Delta r_2}{R_3}\right|}\right]_{\max} \tag{10-20}$$

式中,Δr_1 为 R_2 与 R_4 的偏差;Δr_2 为 R_1 与 R_3 的偏差;此处的电阻值指应变片的初始阻值。

此外,当采用交流电供电时,由于导线间存在分布电容,这相当于在应变片上并联了一个电容,为消除分布电容对输出的影响,可采用电容调零。图 10－6 所示为采用阻容调零法的电桥电路,该电桥接入了 T 形 RC 阻容电路,可调节电位器使电桥达到平衡状态。

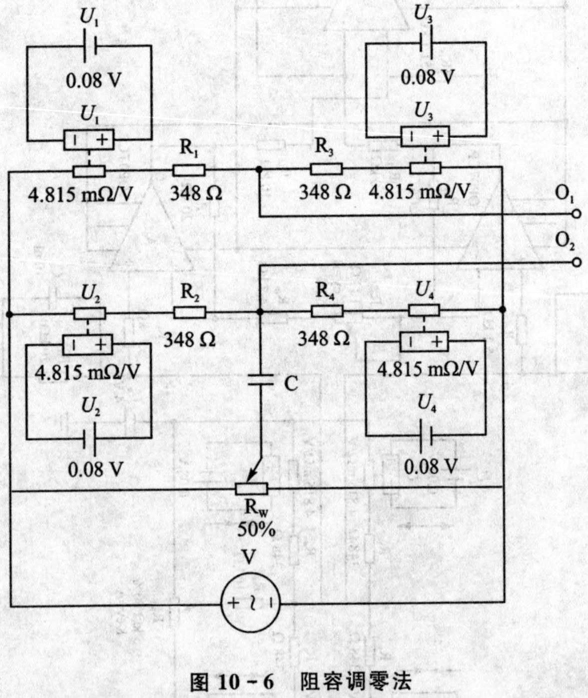

图 10－6　阻容调零法

图 10－5 中,R_{W2} 为增益调节电位器;R_{W4} 是放大电路调零电位器。电路中所选用的放大器是 OP07CP,它是一种低噪声、低偏置电压的运算放大器。此外,二极管 VD_3、VD_4 可对电路起到保护作用。

10.2.5 综合电路仿真

将仪用放大电路的两个输入端接地，滑动变阻器 R_{W2} 调到最小值，即使放大电路的放大倍数调到最大，然后调节 R_{W4}，使电路的输出近似为零。放大电路部分调零完成后，再和电桥电路相连，将模拟物体质量的电压源的值设为零，调节 R_{W1}，使电路的输出为零，从而完成电桥调零。电路参数调好以后，即可对电路进行仿真。

1）直流工作点分析。当将电路中模拟物体质量的电压源的值设为零，选择菜单栏 Simulate/Analyses 下的直流工作点分析，观察此时综合电路中输出端 42 和仪用放大电路两输入端 4 和 15 的直流电压值，如图 10－7 所示。电路调零后，当重物的质量为 0 时，电路的输出节点 42 处的电压近似为零。

2）直流扫描分析。再来分析当质量逐渐增加时，输出电压与质量的关系。对于本设计也就是当模拟质量 m 的电压源的值 U 变化时，观察电路输出电压的变化情况。打开菜单栏 Simulate/Analyses 下的直流扫描分析，弹出扫描设置对话框，如图 10－8 所示。在图 10－8(a)中选择要扫描的直流源。在电路中把 $U_1 \sim U_4$ 用一个直流源 U 代替，所以直流源就选 vv。在图 10－8(b)中选择观察输出点，输出节点应选节点 42。参数设置好后，单击仿真按钮，可得图 10－9 的直流传输特性，即质量变化时输出电压的变化曲线。由图可知，输出电压的线性度较好。

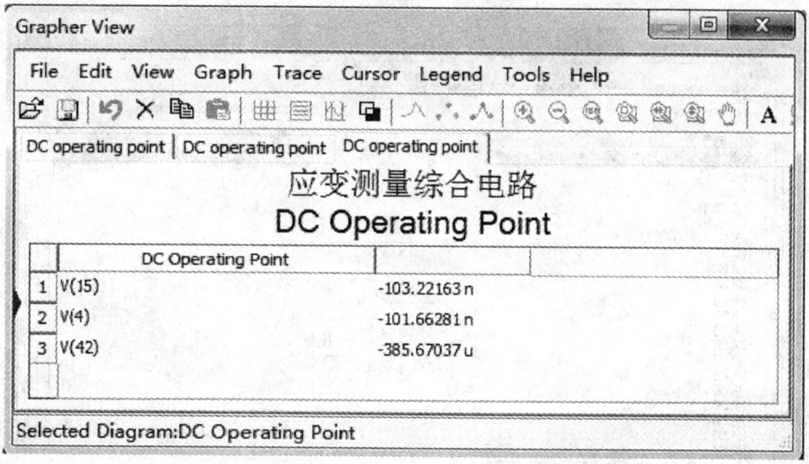

图 10－7　综合电路直流工作点分析结果

3）交流分析。将仪用放大电路的输入端改接交流源，电路的输出节点仍然选择节点 42，观察电路的交流特性，如图 10－10 所示，可以看到放大电路的通带放大倍数约为 100 倍，在输入信号的频率大于约 1 kHz 时，放大倍数有所下降。

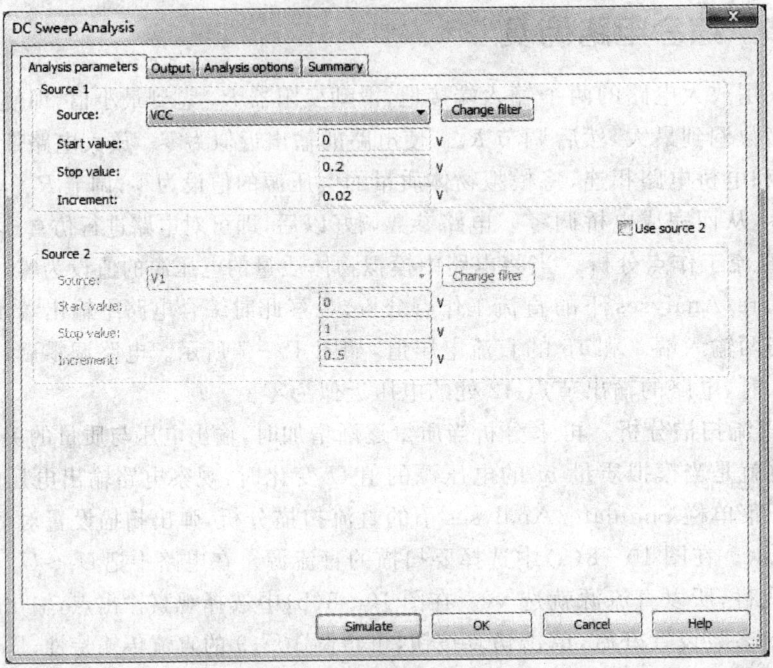

(a) 扫描源选择

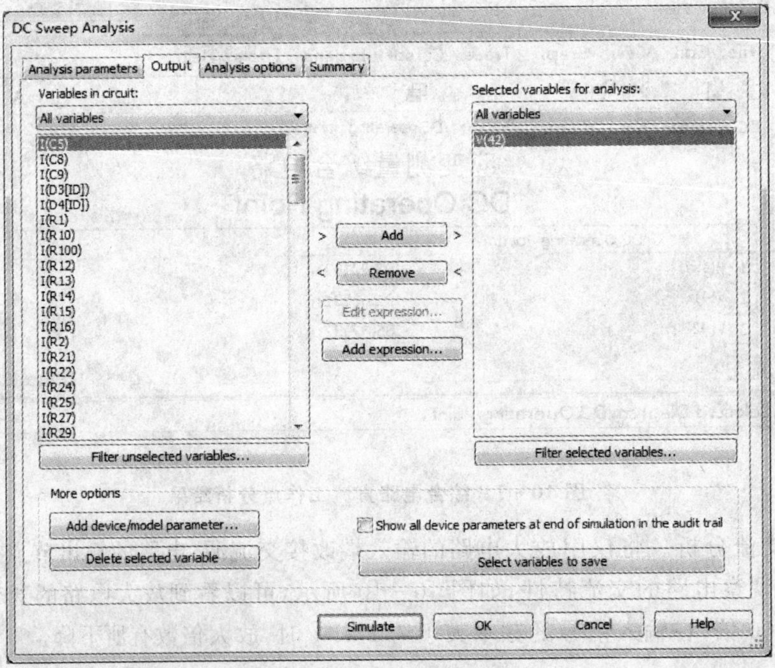

(b) 输出节点选择

图 10-8　直流扫描设置

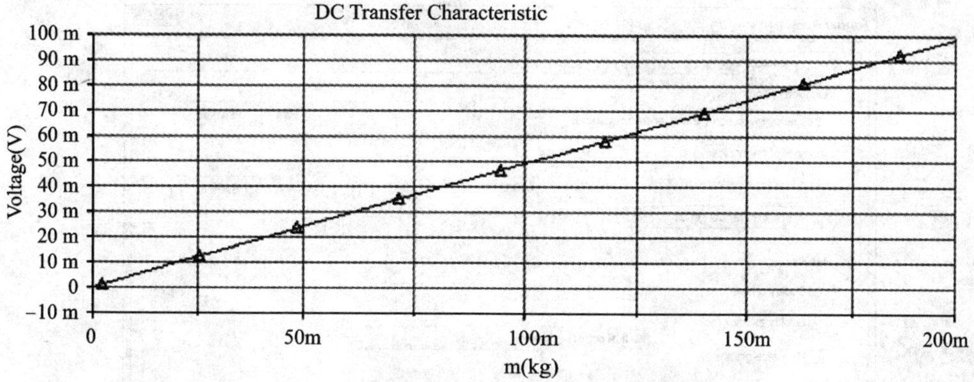

图 10 - 9　质量变化时输出电压的变化曲线

4）傅立叶分析。设放大电路的输入端接的信号源为 50 Hz，100 mV 的交流源，对放大电路进行傅立叶分析，傅立叶分析的设置如图 10 - 11 所示，输出节点仍然选择节点 42，仿真结果如图 10 - 12 所示，电路的总谐波失真 THD 很小，各次谐波的幅值都很小。

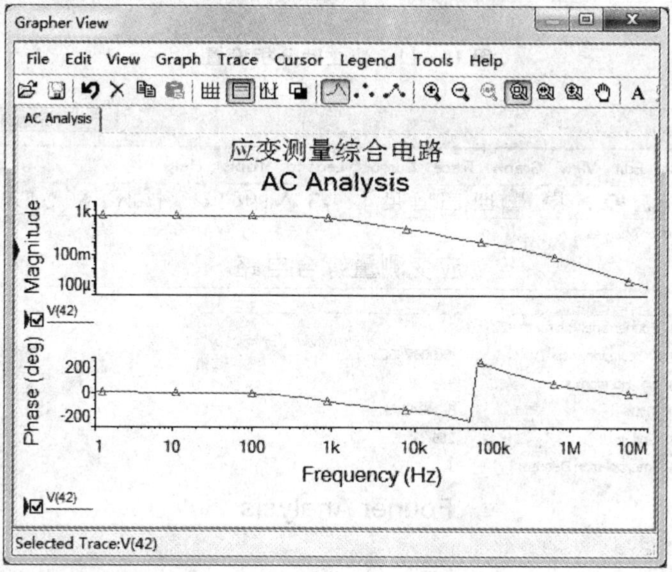

图 10 - 10　放大电路交流分析结果

当交流源的幅值改为 1 V 以后，再对电路进行傅立叶分析，结果如图 10 - 13 所示。当交流源幅值增加后，各谐波的幅值明显增加，电路总谐波失真也明显增加。

5）噪声分析。设放大电路的输入端接 100 mV、50 Hz 的交流源，对电路进行噪声分析，其设置如图 10 - 14 所示，输入噪声参考源为接入的交流源，参考节点为接地

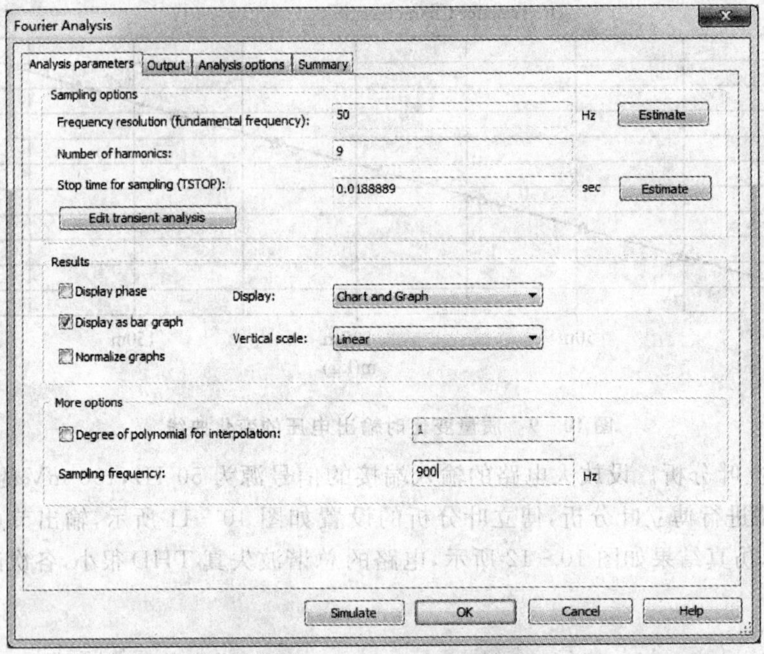

图 10－11　傅立叶分析设置

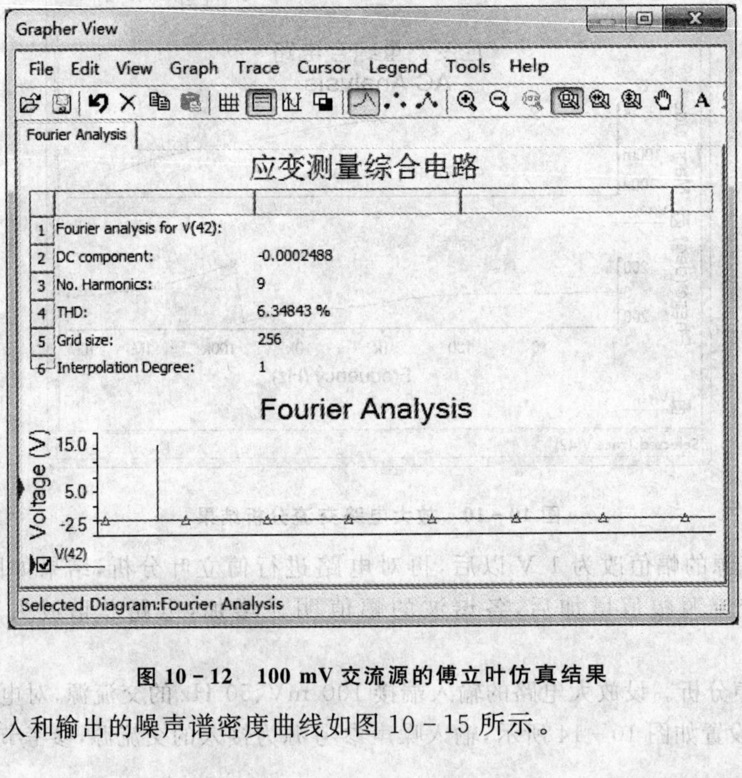

图 10－12　100 mV 交流源的傅立叶仿真结果

端，观察输入和输出的噪声谱密度曲线如图 10－15 所示。

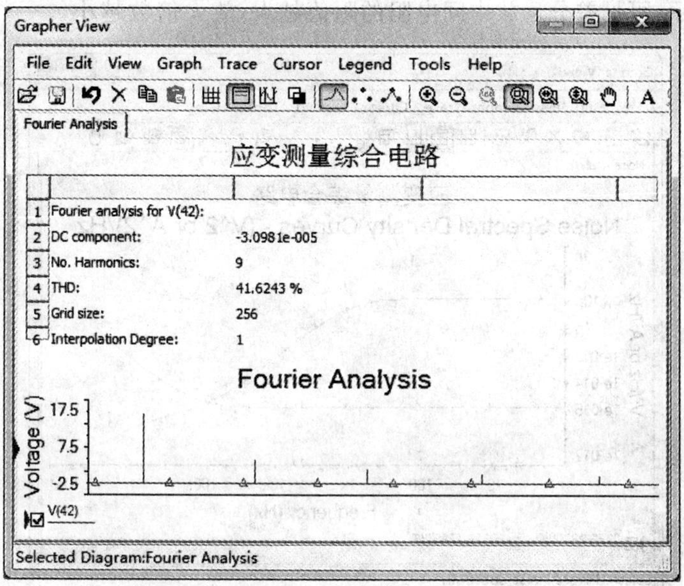

图 10-13 1 V 交流源的傅立叶分析结果

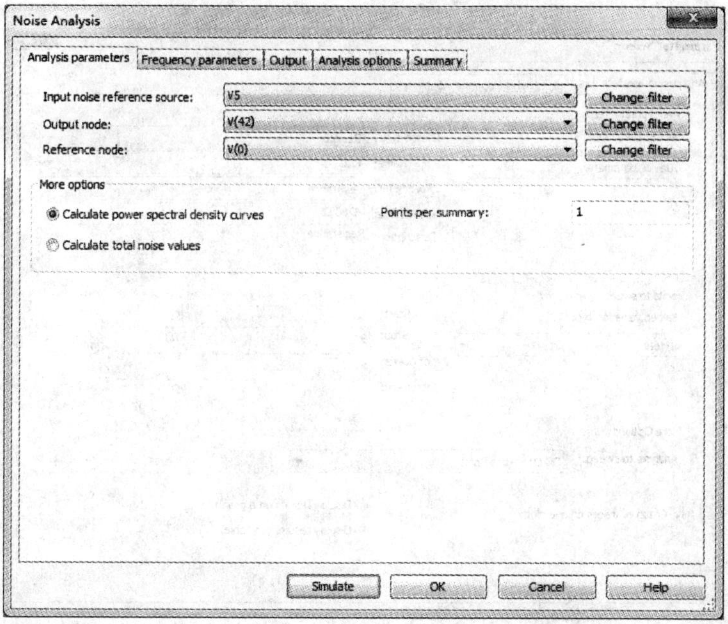

图 10-14 噪声分析设置

6）参数扫描分析。对电路进行参数扫描，分析当电阻 R_{10} 变化时，对放大电路放大倍数的影响。参数扫描的设置如图 10-16 所示。输出变量选择输出节点电压与放大电路两输出节点电压之差的比值，即为该放大电路的放大倍数，仿真结果如

图 10-17所示,可见差分运放中间电阻的阻值越大,放大倍数越小。

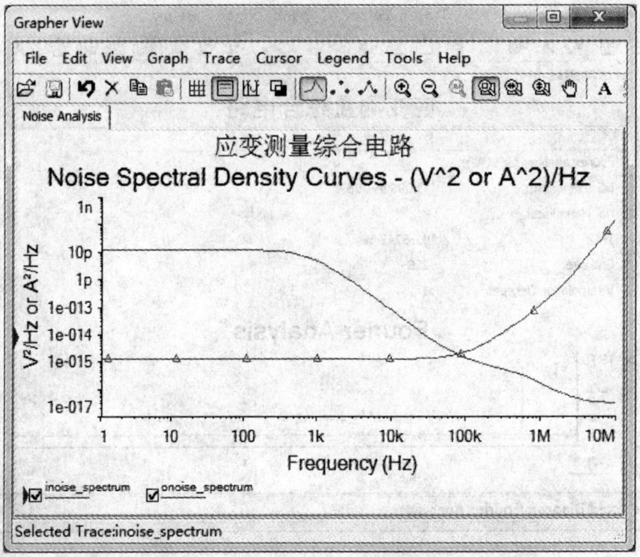

图 10-15 噪声分析结果

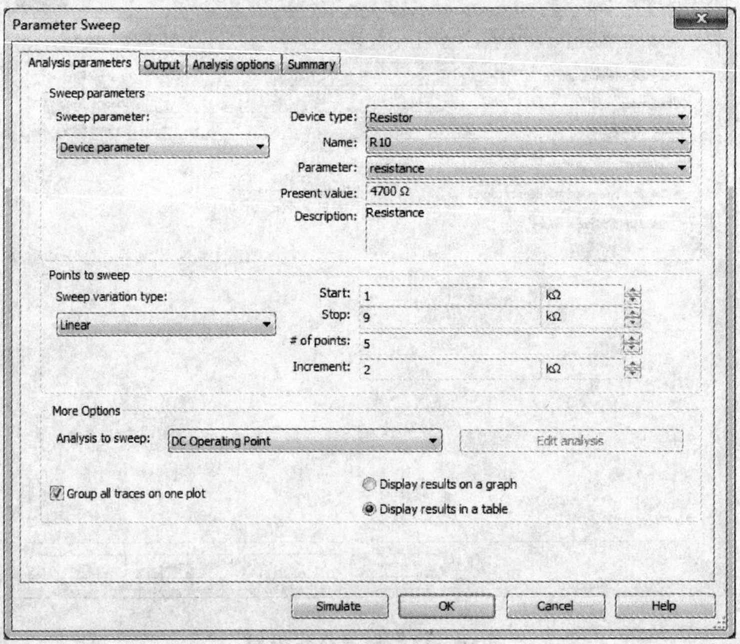

(a) 分析参数设置

图 10-16 参数扫描设置

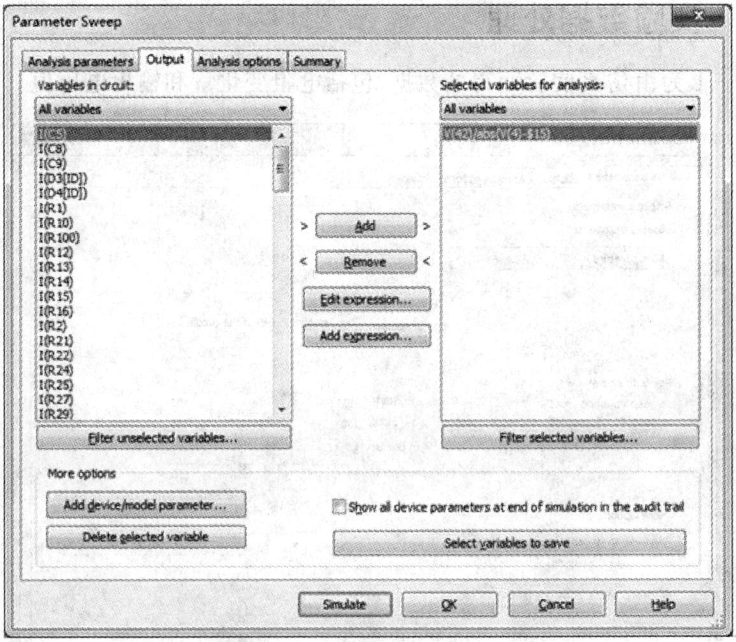

（b）输出变量设置

图 10-16　参数扫描设置(续)

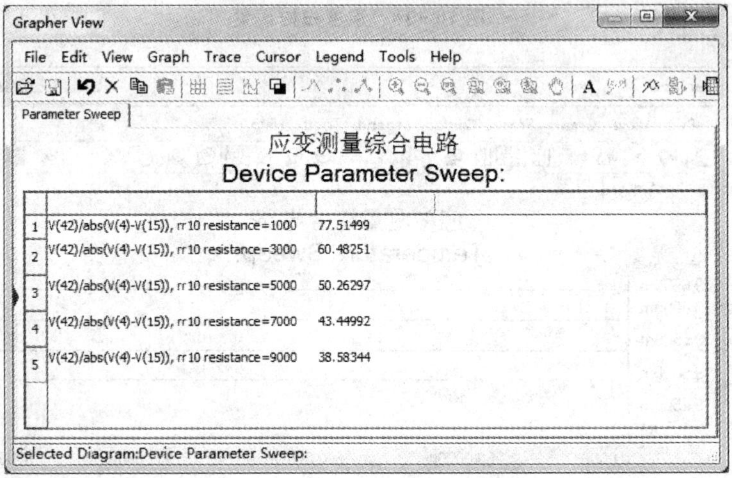

图 10-17　参数扫描仿真结果

7）温度扫描分析。对电路进行温度扫描分析，分析当环境温度变化时，对电路的影响。温度扫描的设置如图 10-18 所示，扫描分析的结果如图 10-19 所示，可见当温度变化时，电路的输出电压也随着有微小的变化。

10.2.6 实验数据处理

表 10-1 为由仿真实验而得的数据,包括电阻变化量和输出电压值。

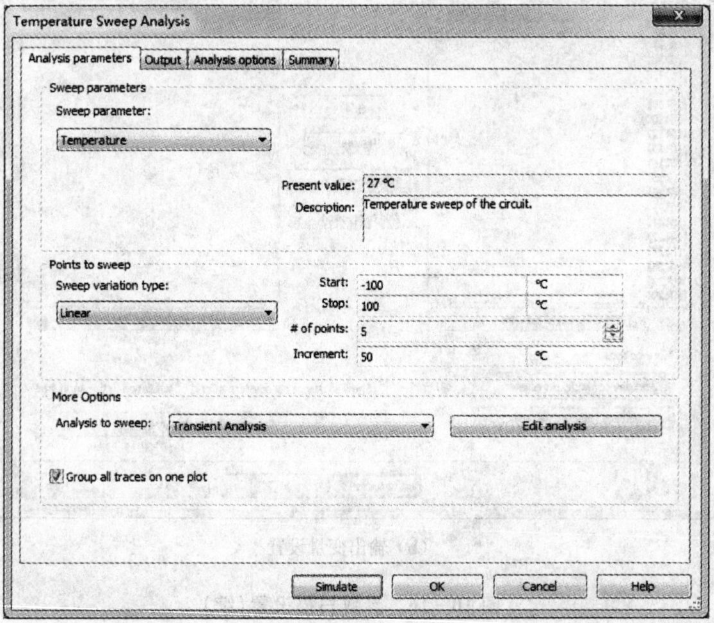

图 10-18　温度扫描设置

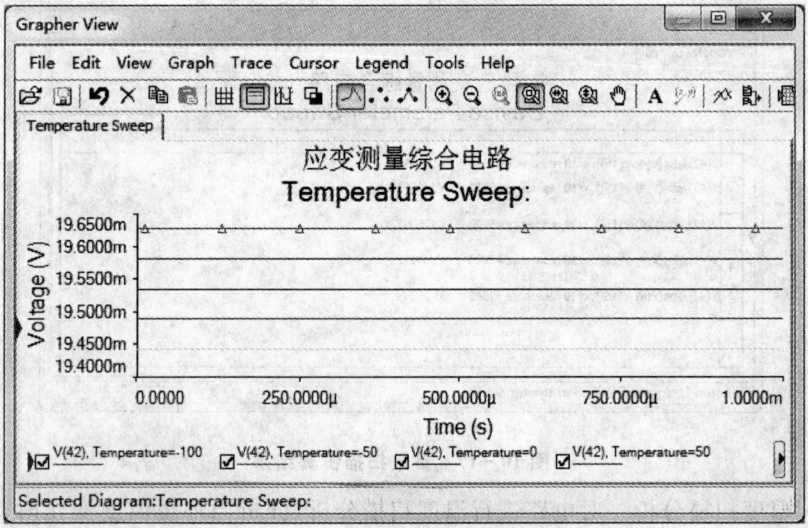

图 10-19　温度扫描分析结果

表 10-1 实验结果

m(kg)	ΔR=0.004 185m	U_o(V)
0.02	0.000 083 7	10.913×10^{-3}
0.04	0.000 167 4	110.825×10^{-3}
0.06	0.000 251 1	210.738×10^{-3}
0.08	0.000 334 8	310.651×10^{-3}
0.10	0.000 418 5	410.564×10^{-3}
0.12	0.000 502 2	510.577×10^{-3}
0.14	0.000 585 9	610.39×10^{-3}
0.16	0.000 669 6	710.303×10^{-3}
0.18	0.000 753 3	810.216×10^{-3}
0.20	0.000 837	910.129×10^{-3}

使用最小二乘法对以上数据进行拟合，设拟合直线方程式为

$$y = Kx + b \tag{10-21}$$

式中，y 表示输出电压 U_o，x 表示电阻变化 ΔR。

实际校准测试点有 11 个，第 i 个校准数据 y_i 与拟合直线上相应值之间的残差为

$$\Delta i = y_i -(Kx_i + b) \tag{10-22}$$

最小二乘法拟合直线原理是使 $\sum_{i=1}^{n}\Delta i^2$ 为最小值，也就是使 $\sum_{i=1}^{n}\Delta i^2$ 对 K 和 b 的一阶偏导数等于零，即

$$\frac{\partial}{\partial K}\Sigma\Delta i^2 = 2\Sigma(y_i - Kx_i - b)(-x_i) = 0 \tag{10-23}$$

$$\frac{\partial}{\partial b}\partial\Sigma\Delta i^2 = 2\Sigma(y_i - Kx_i - b)(-1) = 0 \tag{10-24}$$

从而得到

$$K = \frac{n\Sigma x_i y_i - \Sigma x_i y_i}{n\Sigma x_i^2 - (\Sigma x_i)^2} \tag{10-25}$$

$$b = \frac{\Sigma x_i{}^2\Sigma y_i - \Sigma x_i\Sigma x_i y_i}{n\Sigma x_i^2 - (\Sigma x_i)^2} \tag{10-26}$$

代入数据，近似求得

$$K118.4\text{ ，}\quad b = 0$$

即 y=118.4x。换为电压 U_o 和电阻变化 R 的关系为

$$U_o = 118.4 \times \Delta R \tag{10-27}$$

再根据电阻变化与压力的关系

$$\frac{\Delta R}{R} = \frac{k_0}{ES}mg \tag{10-28}$$

便可以得出电阻变化与压力关系,即

$$\Delta R = \frac{k_0 R}{ES} mg \tag{10-29}$$

把式(10－29)代入式(10－27)中可得输出电压变化与压力之间的关系为

$$U_o \frac{k_0 RK}{ES} mg \tag{10-30}$$

将 $E=16\ 300$,$S=100$,$R=348$,$k_0=2$,$K=118.4$ 等常数代入,得到

$$\Delta R = \frac{68\ 208}{163\ 000} m \tag{10-31}$$

$$U_o = \frac{118.4 \times 68\ 208}{163\ 000} m = \frac{8\ 075\ 827.2}{163\ 000} m \tag{10-32}$$

10.3 LabVIEW 虚拟仪器设计

根据设计的要求,在显示模块中需要显示电子电路的输出电压 U_o,应变片受压后电阻的变化的绝对值 ΔR(受拉为 $+\Delta R$,受压为 $-\Delta R$)和最终度量的量——重物的质量 m。此外,在显示模块中,又加入一些参数的显示,如灵敏系数 k_0、弹性模量 E、应变片截面积 S 和电阻值 R_0。

由上面的分析可知

$$\Delta R = \frac{U_O}{118.4} \tag{10-33}$$

$$m = \frac{ES}{R_0 k_0 g} \Delta R \tag{10-34}$$

根据以上两个式子和第 12 章中对 LabVIEW 的基本介绍,可建立一个子 VI,具体步骤如下。

1) 从开始菜单中运行 National Instruments LabVIEW 8.2,在 Getting Started 窗口左边的 Files 控件里,选择 Blank VI 建立一个新程序。

2) 框图程序的绘制。

如图 10－20 所示,U_o 是 Multisim 中所设计的电路图的输出电压。添加方法为在前面板中右击打开控制模板,如图 10－21 所示,选数型结构下的数字控制元件,修改名称为 U_o,它在框图面板下以图标形式显示,为节省空间考虑,在图标上右击,取消选择 View As Icon,则显示形式如图 10－20 所示,以下框图都采用非图标显示形式。

常量 10.8 是重力加速度 g(单位 m/s^2),程序中除以 10.8 后输出为质量,单位是 kg,再乘以 1 000 后,输出单位为 g。

其他各常量如图 10－20 所示,在各常量上右击选择创建指示器,并相应改变名称,如弹性模量 E、应变片面积 S 等。运算函数可在功能面板中选择,如乘除运算等,

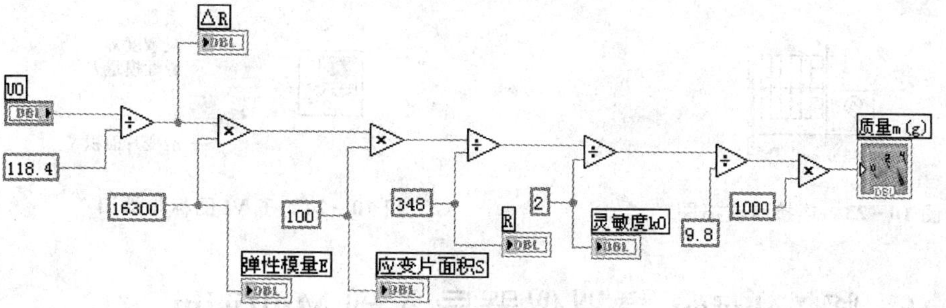

图 10-20　子 VI 设计

如图 10-22 所示。放置好元件后，根据功能完成连线，最后输出端接图 10-21 中所示的 meter 指示器，作为质量的显示仪表。以上各模块均为橘黄色，表示数据类型为双精度类型。

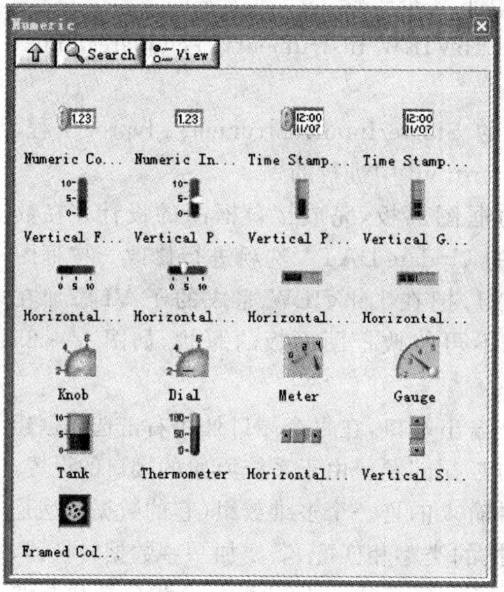

图 10-21　控制模板 Numeric 子模板

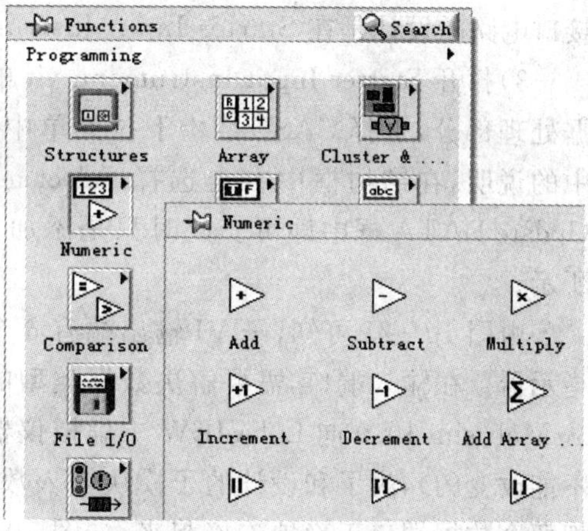

图 10-22　运算函数

3) 定义图标与连接器。双击右上角图标进行编辑后，右击前面板窗口中的图标窗格，在快捷菜单中选择 Show Connector，然后图标变为图 10-23 所示形式。

接下来是建立前面板上的控件和连接器窗口的端子关联。输入与 U_0 关联，输出的 6 个端子分别与输出质量显示、灵敏度 k_0、弹性模量 E、R、ΔR、应变片面积 S 相关联，完成上述工作后，将设计好的 VI 保存。下次调用该 VI 时，图标与端口如图 10-24所示。

图 10-23 连接器窗格图

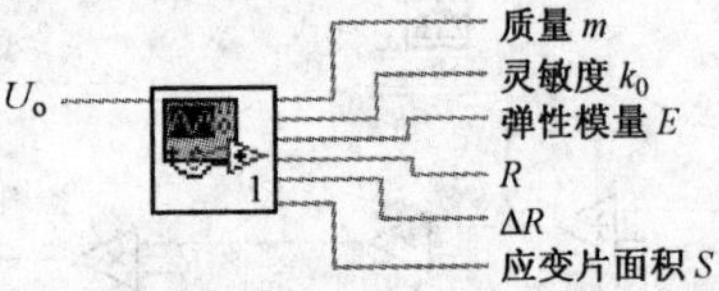

图 10-24 子 VI 图标与端口

10.4 将 Labview 虚拟仪器导入到 Multisim

10.4.1 接口电路的设计

关于接口的研究及 LabVIEW 仪器向 Multisim 的导入的原理请参照第 12 章的内容。本设计中接口电路的设计与编译分以下几个步骤。

1)把 Multisim 安装目录下 Sampling/LabVIEW Instruments/Templates/Input 文件夹复制到另外一个地方。

2)在 LabVIEW 中打开步骤中所复制的 StarterInputInstrument . lvproj 工程，接口电路的设计是在 Starter Input Instrument. vit 中进行的。

3)打开 Starter Input Instrument. vit 的框图面板，完成接口框图的设计。在数据处理部分，选择 CASE 结构下拉菜单中的 Update DATA 选项进行修改。按框图中的说明，在结构框中右击选择 Select a VI，把在 LabVIEW 完成的子 VI 添加在 Update DATA 框中即可。此时只是添加，不可修改框图面板的原状，如图 10-25 所示。

由图 10-25 可知，子 VI 输出端有 6 个输出端口，在每个端口处用右击选择创建指示器。在输入端口，需要解决数据类型的匹配问题。由于系统原始的接口的设置，从 Multisim 10.0 向 LabVIEW 中虚拟仪器输入的是一个多维数组(它的数据类型是不能改变的)，为了和设计的子模块输入数据的类型相匹配，需要加一些数据转换器，把两个数据端口正确地连接起来，如图 10-25 所示，data 后的第一个程序模块是波形建立模块，接着的是提取 Y 值模块。实现数据类型的匹配还有另外两种方法，这将在以后章节的设计实例中介绍。

程序框图设计好后，要进行前面板的设计，除了要完成功能外，还要兼顾美观。完成后选择重命名，保存为 proj1. vit。

4)编译之前，要对虚拟仪器进行基本信息设置。打开 subVIs 下的 Starter Input Instrument_multisimInformation. vi 的后面板，如图 10-26 所示，在仪器 ID 中和显示名称中填入唯一的标志，如一起设为 Plotterhxx11。同时把输入端口数设为 1，因为只有一个电压输入；把输出端口设为 0，此模块不需要向 Multisim 输出信号。设置完后另存为 proj1_multisimInformation. vi，注意前半部分的名字和接口程序部分的命名必须一致。

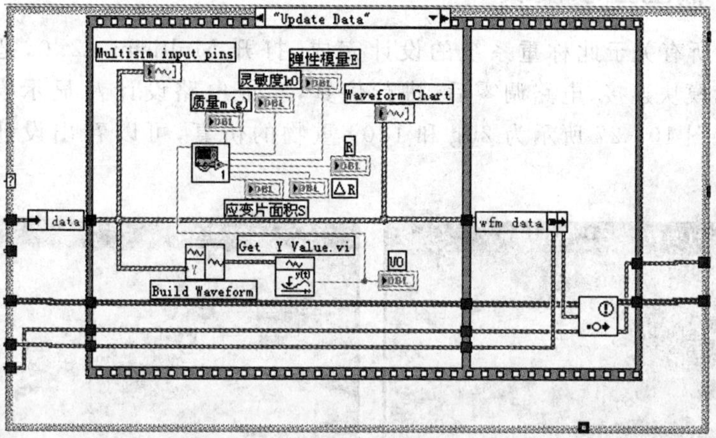

图 10-25 显示仪板的程序框图

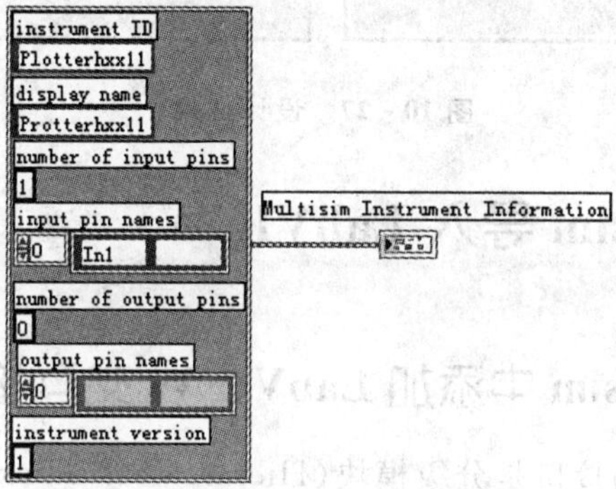

图 10-26 虚拟仪器的设置

10.4.2 Labview 虚拟仪器的编译

1)打开 Build Specifications,右击 Source Distribution,选择属性设置,在保存目录和支持目录中,都将编译完成后要生成的库文件重命名,如 proj1(.lib)。同时在原文件设置中选择总是包括所有包含的条目。属性设置完成并对工程进行保存后,再在 Source Distribution 上右击,在弹出的菜单中选择 Build 即可。

2)编译完成后,在 Input 文件夹下生成一个 Build 文件夹,打开后把里面的文件复制到 Electronics Workbench\EWB9 下的 lvinstruments 文件夹中,这样就完成了虚拟仪器的导入,当再打开 Multisim 时,在 LabVIEW 仪器下拉菜单下就会显示设计的模块(plotterhxx11)。

10.4.3 输出显示模块

到这里所有关于此称重系统的设计完成,打开 Multisim 12.0,把设计好的电路和显示模块连接,电路调零后,进行仿真,验证电路设计及显示模块的设计是否合理。图 10-27 所示为 20g 和 120g 重物的仿真,可以看出设计基本符合要求。

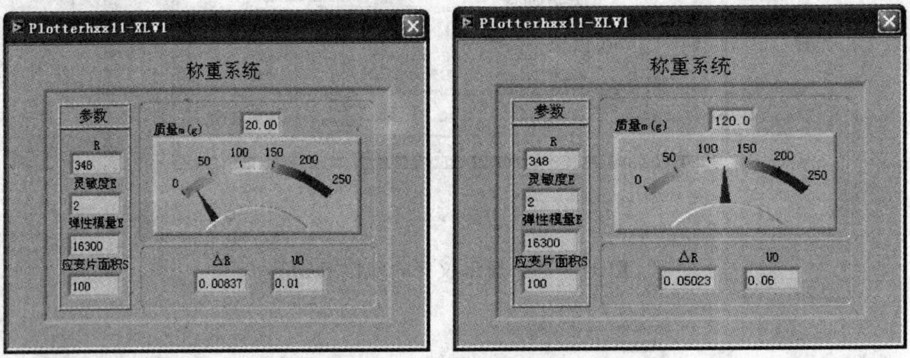

图 10-27 设计结果

10.5 将 Multisim 导入 LabVIEW

10.5.1 在 Multisim 中添加 LabVIEW 交互接口

这些 Multisim 中的接口是分级模块(Hierarchical Block)和子电路(Sub-Circuit)接口(Hierarchical connector),用来与 LabVIEW 仿真引擎之间进行数据收发。

1) 右击鼠标并从弹出的快捷菜单中选择 Place on schematic/Hierarchical connector。放置一个接口在电路图的左上方,另一个放置在右上方。按照图 10-28 将电路与接口连接起来。

2) 设置接口:打开 View 菜单下的 LabVIEW Co-simulation Terminals 窗口,设置针对 LabVIEW 的输入或者输出。为了将各个接口配置为输入或者输出,在模式设置中选择所需要的选项,然后可以在类型设置中将各个接口设置为电压或者电流输出/输出。最后,如果你想将放置的输入输出接口设置为不同的功能对,可以选择 Negative Connection。将 IO1 配置为输入,然后将 IO2 配置为输出。如图 10-29 所示为设置好的 LabVIEW Co-simulation Terminals 窗口,图 10-30 为即将被 Labview 调用的 Multisim design VI preview 图标。

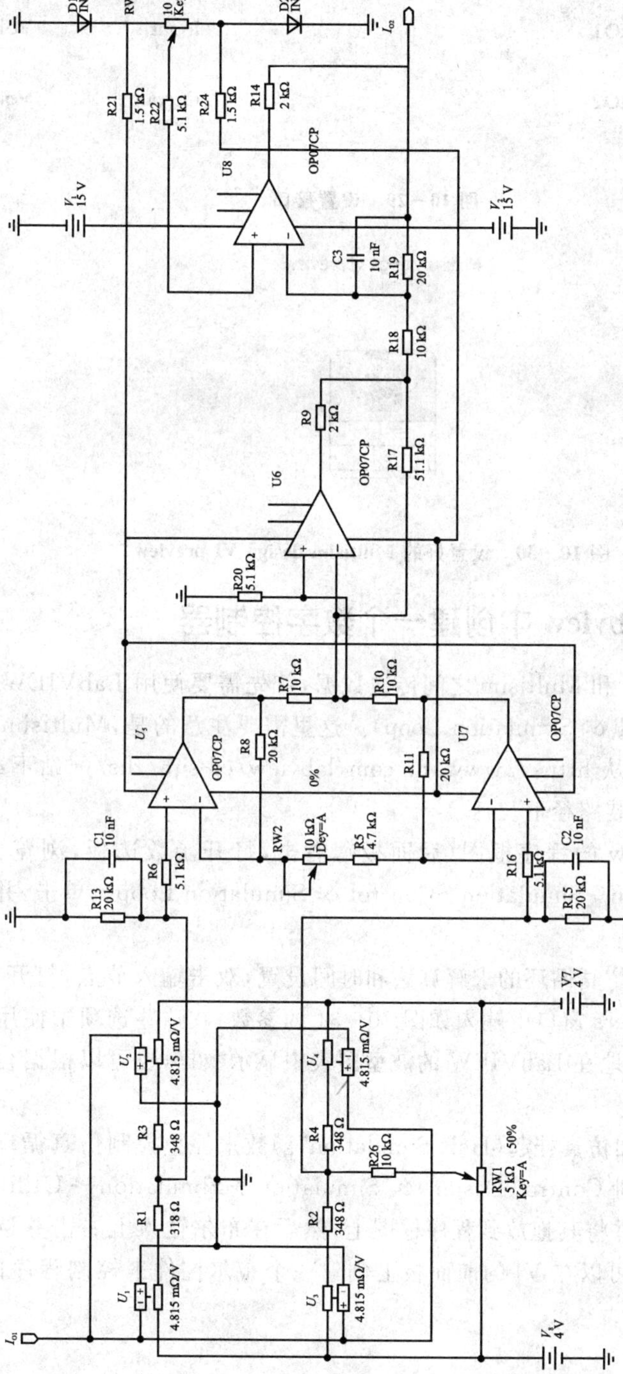
D1
IN4148
RW4
10 kΩ
Key=D
50 %
D2
IN4148
I_{o2}
R21
1.5 kΩ
R22
5.1 kΩ
R24
1.5 kΩ
R14
2 kΩ
U8
OP07CP
V_1
15 V
V_2
15 V
C3
10 nF
R19
20 kΩ
R18
10 kΩ
R9
2 kΩ
R17
51.1 kΩ
U6
OP07CP
R20
5.1 kΩ
R7
10 kΩ
R10
10 kΩ
U_5
OP07CP
R8
20 kΩ
U7
OP07CP
R11
20 kΩ
0%
C1
10 nF
RW2
10 kΩ
Dey=A
R5
4.7 kΩ
C2
10 nF
R13
20 kΩ
R6
5.1 kΩ
R16
5.1 kΩ
R15
20 kΩ
V7
4 V
U_2
4.815 mΩ/V
U_4
4.815 mΩ/V
R3
348 Ω
R4
348 Ω
R26
10 kΩ
50%
RW1
5 kΩ
Key=A
R1
318 Ω
R2
348 Ω
U_1
4.815 mΩ/V
U_3
4.815 mΩ/V
I_{o1}
V_8
4 V

图 10-28 接口电路

LabVIEW terminal	Positive connection	Negative connection	Direction	Type
Input				
质量	IO1	0	Input	Voltage
Output				
显示	IO2	0	Output	Voltage
Unused				

图 10-29　设置接口

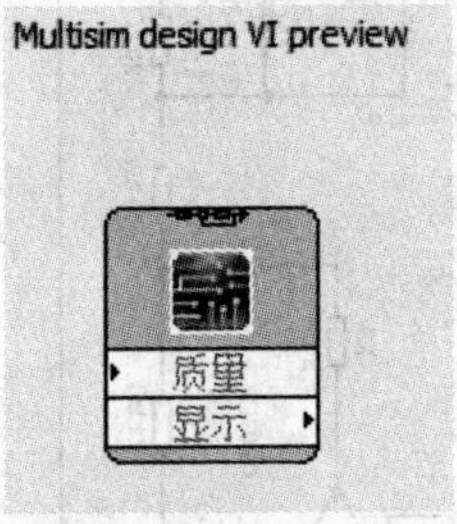

图 10-30　设置好的 Multisim design VI preview

10.5.2　在 Labview 中创建一个数字控制器

要在 LabVIEW 和 Multisim 之间传送数据，首先需要使用 LabVIEW 中的控制与仿真循环(Control & Simulation Loop)。这里需要注意的是，Multisim 安装包中没有这个模块，需要从 http://www.ni.com/labview/cd-sim/zhs/网站下载，然后安装在 Multisim 的安装路径下。

1）打开 Labview 的程序框图(后面板)，右击，打开函数选板，浏览到 Control Design & Simulation→Simulation→Control & Simulation Loop。单击，并将其拖放到程序框图上。

2）要修改控制仿真循环的求解算法和时间设置，双击输入节点，打开 Configure Simulation Parameters 窗口。输入如图 10-31 的参数；在这些选项中使用本文后面提供参数，可以有效地在 LabVIEW 的波型图表中显示数据，也可以根据自己的需求设置。

3）在 VI 中添加仿真挂起(Halt Simulation)函数来停止控制仿真循环。右击打开函数选板，浏览到 Control Design & Simulation→Simulation→Utilities→Halt Simulation。单击，并将其拖放到程序框图上，然后在布尔输入上右击并选择 Create →Control。这样就可以在 VI 的前面板上创建一个布尔控件来控制程序的挂起，来停止仿真 VI 的运行。

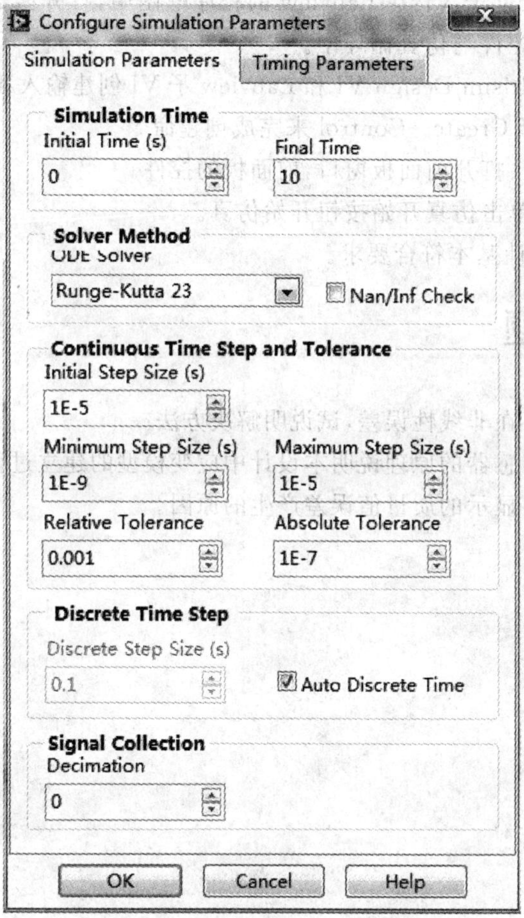

图 10-31　节点参数设置

10.5.3　放置 Multisim Design VI

Multisim Design VI 是管理 LabVIEW 和 Multisim 仿真引擎之间通信的。

1）右击，打开函数选板，浏览到 Control Design & Simulation→Simulation →External Models→Multisim→Multisim Design，单击，并将其拖放到控制与仿真循环之中，注意这个 VI 必须放置到控制仿真循环中。

将 Multisim Design VI 放置到程序框图上以后，会弹出选择一个 Multisim 设计(Select a Multisim Design)对话框。在对话框中可以直接输出文件的路径，或者浏览到文件所在的位置来进行指定。

Multisim Design VI 会生成接线端，接线端的形式与 Multisim 环境中的 Multisim Design VI 预览一致，具有相对应的输入与输出。如果接线端没有显示出来。单击下双箭头，展开接线端。

2）调用 Labview 子 VI：在 Labview 的程序框图中，打开函数选板，选择前面设计好的子 VI，放在控件与仿真循环中。

3）分别为 Multisim Design VI 和 Labview 子 VI 创建输入和显示控件。右击输入接线端，然后选择 Create→Control 来完成创建命令。

4）整理前面板：打开前面板窗口，前面板的控件。

5）开始仿真：单击仿真开始按钮开始仿真。

由结果可知设计基本符合要求。

习题与参考题

1. 单臂电桥存在非线性误差，试说明解决方法。
2. 根据应变传感器的原理说明本设计中应变模型的建立过程。
3. 试分析最终显示的质量值误差产生的原因。

第11章 铂电阻温度测量系统设计

11.1 设计任务

本例设计的是一个测温范围为 0～100℃的测温仪。读者应能够根据铂电阻的特性建立传感器的模型，并设计相应的测量电路。最后输出物理量的分析在虚拟仪器中完成。通过本设计，应掌握以下内容：

- 了解铂电阻测温的原理，会根据铂电阻的阻值与温度的关系建立仿真模型；
- 掌握铂电阻的测温电路；
- 会用 LabVIEW 设计温度显示模板，把电路输出电压值转换成温度及参数的显示。

11.2 电路设计

11.2.1 传感器模型的建立

金属铂电阻器性能十分稳定，在－260～＋630℃之间，铂电阻可用做标准温度计；在 0～＋630℃之间，铂电阻与温度的关系为

$$R_t = R_0(1 + A \times T + B \times T^2) \qquad (11-1)$$

其中，(0℃时电阻)$R_0=100$，$A=3.9684\times10^{-3}$，$B=-5.847\times10^{-7}$。

把参数代入得

$$R_t = -5.847 \times 10^{-5} T^2 + 0.39684T + 100 \qquad (11-2)$$

有了温度与铂电阻的关系式，就可以建立以下的模型，如图 11－1 所示。以 V_1 代表温度 T，压控多项式函数模块用来实现上述函数，其输出为电压值，由铂电阻的原理，模型模拟的应是电阻值，所以再加一个比例系数为 1 的压控电阻，因此输出电阻值按算式随温度值的变化而变化。

11.2.2 测量电路组成与原理

当温度变化时，热电阻的阻值随温度的变化而变化。对温度的测量转化为对电阻的测量，可将阻值的变化转化为电压或电流的变化输入测量仪表，通过测量电路的

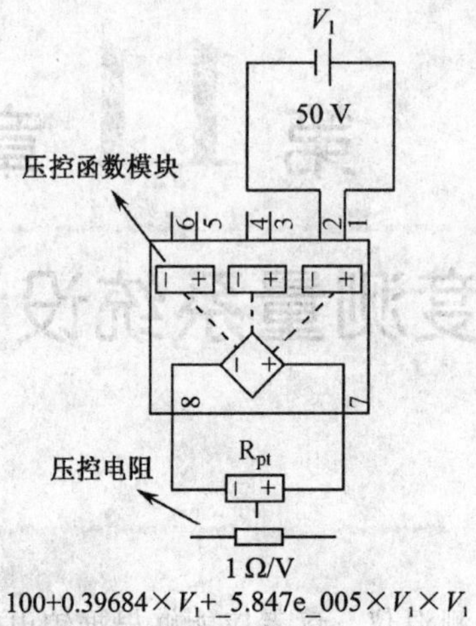

图 11-1 铂电阻模型

转换,即可得被测温度。测温电路由以下 4 部分组成。

1. 稳压环节

稳压环节用于为后面的电路提供基准电压,如图 11-2 所示。稳压二极管稳压电路的输出端接电压跟随器来稳定输出电压。电压跟随器具有高输入阻抗、低输出阻抗的优点。

稳压二极管稳压电路是最简单的一种稳压电路,它由一个稳压二极管和一个限流电阻组成。从图 11-3 所示的稳压管稳压特性曲线可以看到,只要稳压管的电流,$I_Z \leqslant I_{DZ} \leqslant I_{ZM}$,则稳压管就使输出稳定在 U_Z 附近,其中 U_Z 是在规定的稳压管反向工作电流下所对应的反向工作电压。限流电阻的作用一是起限流作用,以保护稳压管;另外,当输入电压或负载电流变化时,通过该电阻上电压降的变化,取出误差信号以调节稳压管的工作电流,从而起到稳压作用。

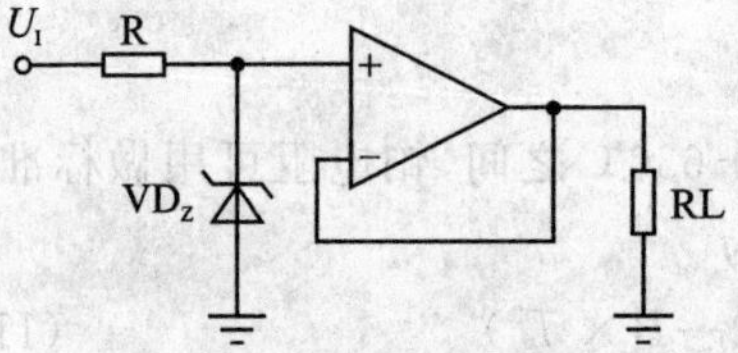

图 11-2 稳压环节

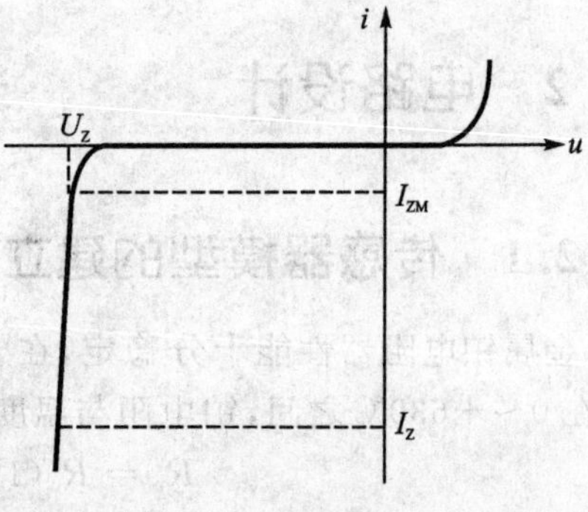

图 11-3 稳压二极管稳压特性曲线

设计稳压二极管稳压电路,首先需要根据设计要求和实际电路的情况来的选取合适的电路元件,以下参数是设计前必须知道的:要求的输出电压 U_O、负载电流的最小值 I_{Lmin} 和最大值 I_{Lmax}(或者负载 R_L 的最大值 R_{Lmax} 和最小值 R_{Lmin})、输入电压 U_i 的波动范围。

根据上面的情况,可以确定以下元件和参数的选取。

(1) 输入电压 U_i 的确定

知道了要求的稳压输出 U_o,一般选 U_i 为 U_o 的 2~3 倍。例如,如果要获得 10 V 的输出电压,那么整流滤波电路的输出电压应在 20~30 V,然后选取合适的变压器,以提供合适的电压。

(2) 稳压二极管的选择

稳压二极管的主要参数有 3 个，即稳压值 U_Z、最小稳定电流 I_{zmin}（即手册中的 I_z）和最大稳定电流 I_{Zmax}（即手册中的 I_{ZM}）。

选择稳压二极管时，应首先根据要求的输出电压来选择稳压值 U_Z，使 $U_o=U_z$。确定了稳压值后，可根据负载的变化范围来确定稳定电流的最小值 I_Z 和最大值 I_{ZM}。一般要求额定稳定电流的变化范围大于实际负载电流的变化范围，即 $I_{ZM}-I_Z>I_{Lmax}-I_{Lmin}$。同时，最大稳定电流的选择应留有一定的余量，以免稳压二极管被击穿。综上所述，选择稳压二极管应满足

$$\begin{cases} U_Z = U_o \\ I_{ZM} - I_Z > I_{Lmax} - I_{Lmin} \\ I_{ZM} \geqslant I_{Lmax} + I_Z \end{cases} \tag{11-3}$$

(3) 限流电阻 R 的选择

限流电阻的选取应使稳压管中的电流在额定的稳定电流范围内，即 $I_Z \leqslant I_{Dz} \leqslant I_{ZM}$。由图 11-2 可知

$$\begin{cases} I_R = \dfrac{U_I - U_Z}{R} \\ I_Z = I_R - I_L \end{cases} \tag{11-4}$$

当电网电压最低且负载电流最大时，稳压管中流过的电流最小，应保证此时的最小电流大于稳定电流的最小值 I_Z，即

$$\frac{U_{Imin} - U_Z}{R} - I_{Lmax} \geqslant I_Z$$

可得，限流电阻的上限值为

$$R_{max} = \frac{U_{Imin} - U_Z}{I_Z + I_{Lmax}} \tag{11-5}$$

与之相反，当电网电压最高且负载电流最小时，稳压管中流过的电流最大，此时应使此最大电流不超过稳定电流的最大值，即

$$\frac{U_{Imax} - U_Z}{R} - I_{Lmin} \leqslant I_{ZM}$$

根据上式可得，限流电阻的下限值为

$$R_{min} = \frac{U_{Imax} - U_Z}{I_{ZM} + I_{Lmin}} \tag{11-6}$$

2. 基本放大电路

本设计没有采用电桥法测量铂电阻，这是因为铂电阻测温采用单臂电桥，单臂电桥本身存在一定的非线性，为了避免电桥引入的非线性，所以采用放大电路测温。

基本放大电路的设计如图 11-4 所示，它可以分解为图 11-5 所示的两个简单的放大电路。

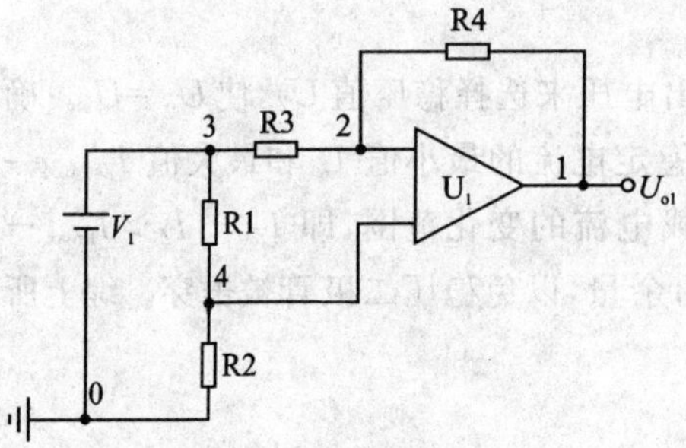

图 11-4　基本放大电路

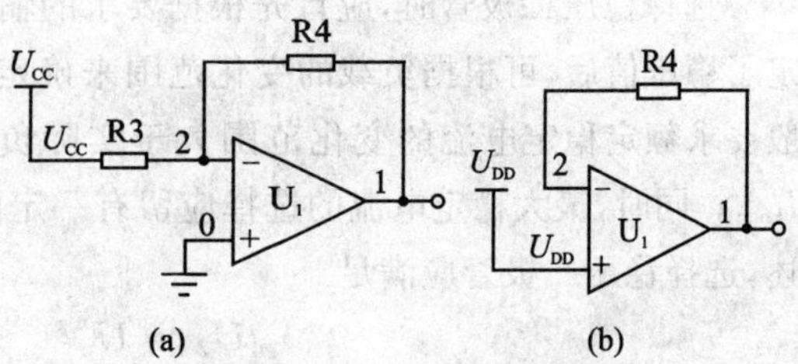

图 11-5　两个简单的放大电路

图 11-5(a)的电路满足下面的关系：

$$u_1 = \frac{R_4}{R_3} U_{CC} \tag{11-7}$$

$$U_{CC} = \frac{R_1}{R_1 + R_2} V_1 \tag{11-8}$$

所以

$$U_1 = -\frac{R_4}{R_3} \cdot \frac{R_1}{R_1 + R_2} V_1 \tag{11-9}$$

图 11-5(b)所示为一个电压跟随器，所以

$$U_1 = U_{DD} = \frac{R_2}{R_1 + R_2} V_1 \tag{11-10}$$

所以，图 11-4 基本放大电路的输出电压为上述两电路输出电压的叠加，即

$$U_{o1} = -\frac{R_4}{R_3} \cdot \frac{R_1}{R_1 + R_2} V_1 + \frac{R_2}{R_1 + R_2} V_1 \tag{11-11}$$

由式 11-11 知，当 V_1，R_1，R_2，R_3 的值确定以后，U_{o1}的值与 R_4 的值成比例。但图 11-5(b)所示电路产生的输出电压项是不希望有的，要在以后的矫正电路加以消除。

3. 矫正环节

虽然在图 11-1 的模型中温度的二次项系数很小，但仍存在一定程度的非线性。图 11-6 所示为铂电阻测温的总体电路，其中由运算放大器 U_3 和电阻 R_8、R_9、R_{15} 组成的反相比例放大器为电路引入负反馈，可使电路输出的线性度变好。图中还由电阻 R_{W1} 引入了电流并联负反馈。

4. 电路输出范围的调节

铂电阻的阻值小且变化范围小，为了使输出变化明显，总体电路中又加上了反相比例放大电路，调节 R_{W3} 的值可以调节输出电压的范围。

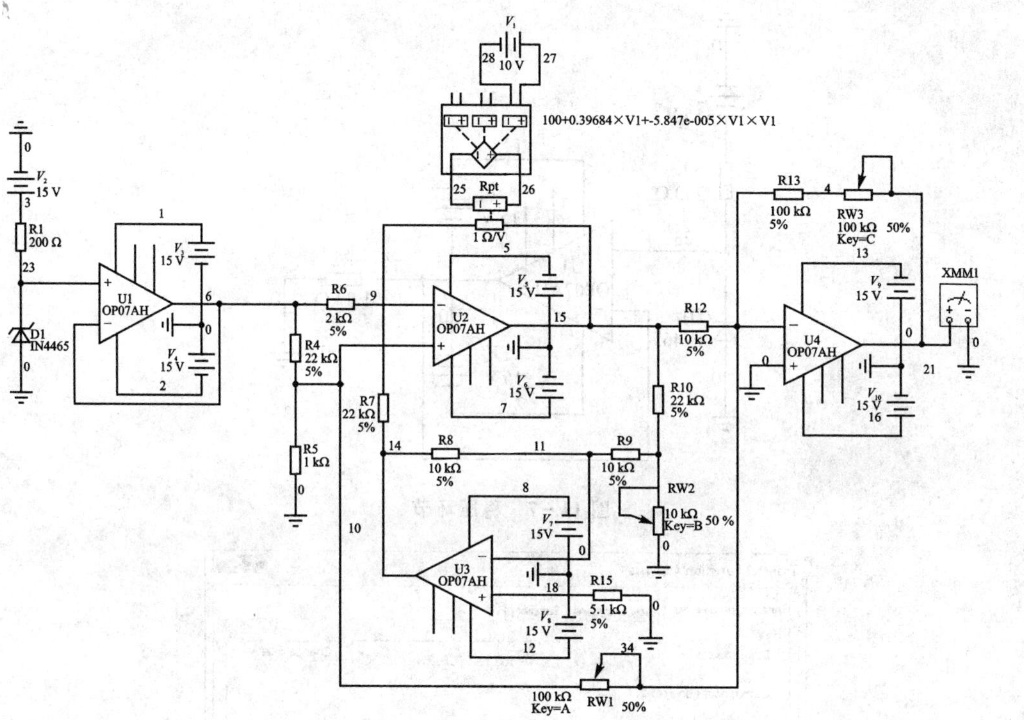

图 11-6 测量电路

11.2.3 整体电路分析与设计

铂电阻测温的整体测量电路中 R_{W1} 用于基本放大电路调零，R_{W2} 用于调线性，R_{W3} 用于调节电压放大倍数。VD_1 为稳压值为 10 V 的稳压二极管，其最大直流电流为 143 mA。下面对电路进行分析，并确定电路的参数。

1)稳压环节分析。将图 11-6 所示的稳压环节的输出端接一个负载电阻，如图 11-7 所示。为了确定这一负载电阻的大致范围，将与稳压环节相连的放大电路的输入端改接一个 10 V 的直流源，然后对电路进行传递函数分析，其设置如图 11-8 所示，将新加入的直流源作为输入源(图中的 vv11)，电路的总输出端作为输出节点，接地端作为参考节点。传递函数分析的结果如图 11-9 所示，输入阻抗约为 1.9 kΩ。

将图 11-7 中的 R_2 设为 1.92 kΩ，然后对 R_1 进行参数扫描，确定其取值。参数扫描的设置如图 11-10 所示，将 R_1 从 10 Ω～1 kΩ 之间取 10 个扫描点，然后选择扫描直流工作点，输出节点为 17 点，其扫描结果如图 11-11 所示，R_1 应在 120～230 Ω 之间取值，才能保证稳压二极管工作在稳压状态，最后取 R_1 为 200 Ω。

下面来分析电压跟随器在电路中的作用。将图 11-7 中运算放大器的正输入端接一个 10 V 的直流电压源，然后对修改后的电路进行传递函数分析，结果如

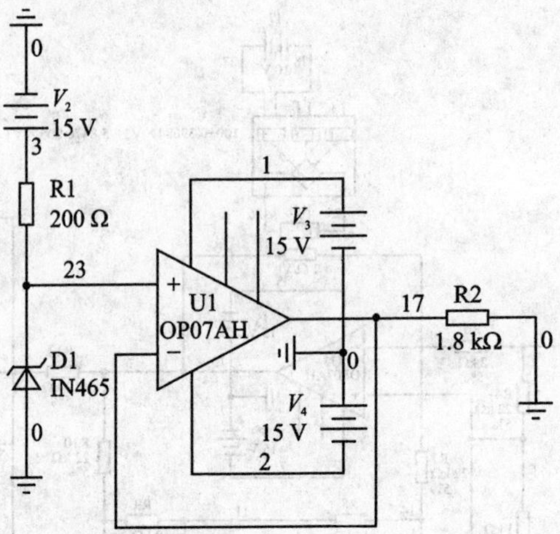

图 11-7　稳压环节

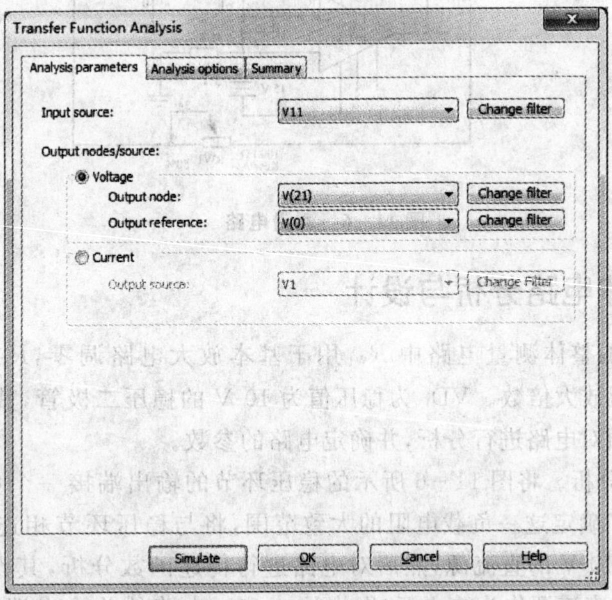

图 11-8　传递函数分析设置

图 11-12所示,可见电压跟随器具有很高的输入阻抗和很低的输出阻抗。

对图 11-7 所示的电路进行参数扫描分析,观察负载电阻 R_2 变化对输出电压的影响。使 R_2 在 1 Ω～10 kΩ 之间均匀的取 10 个值,然后对输出节点 17 进行直流工作点扫描,结果如图 11-13 所示。将图 11-7 中的电压跟随器去掉,将负载电阻 R_2 直接与稳压二极管稳压电路的输出端相连,然后仍按上面的设置对 R_2 进行参数扫描分析,分析结果如图 11-14 所示。比较图 11-13 和图 11-14 可知,由于电压跟随器的输入电阻较大,则流过 R_1 的电流基本全部流向稳压二极管,且电压跟随器隔

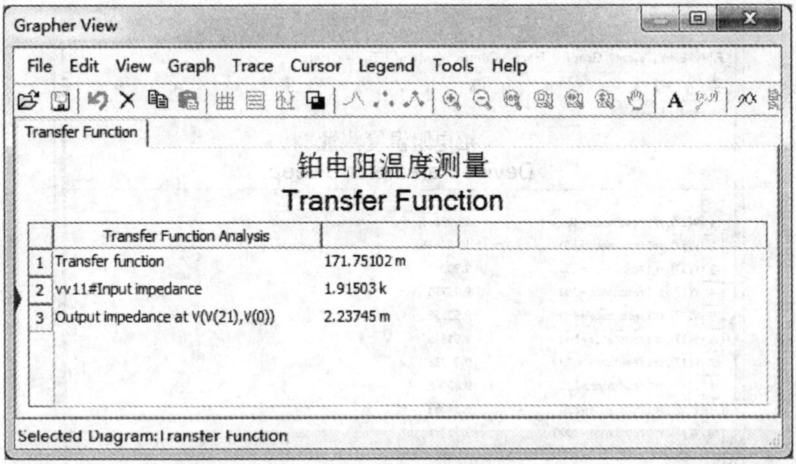

图 11-9　传递函数分析结果

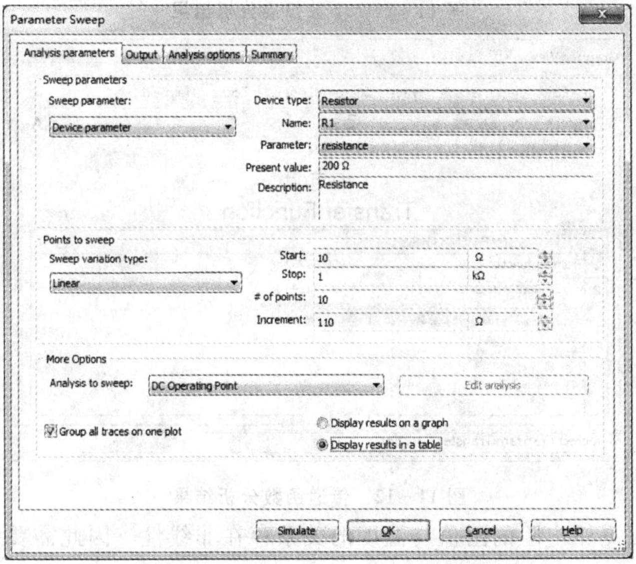

图 11-10　参数扫描分析设置

离了负载电阻变化对二极管稳压电路的影响，所以加电压跟随器的稳压电路，在稳压范围内输出电压较稳定，且约等于 10 V。

2) 铂电阻温度特性分析。在图 11-6 的总测量电路中，对铂电阻模块进行直流扫描分析，观察测量温度与铂电阻阻值的关系。直流扫描分析的设置如图 11-15 所示，扫描电源为模拟测量温度数值的电压源 V_1，扫描范围为 0～500 V(即模拟 0～500℃的变化)，观察节点 2 和 15 间的电压差的变化(模拟铂电阻的变化)。直流扫描分析的结果如图 11-16 所示，其中实线为分析所得的数据，虚线为连接实线两端点

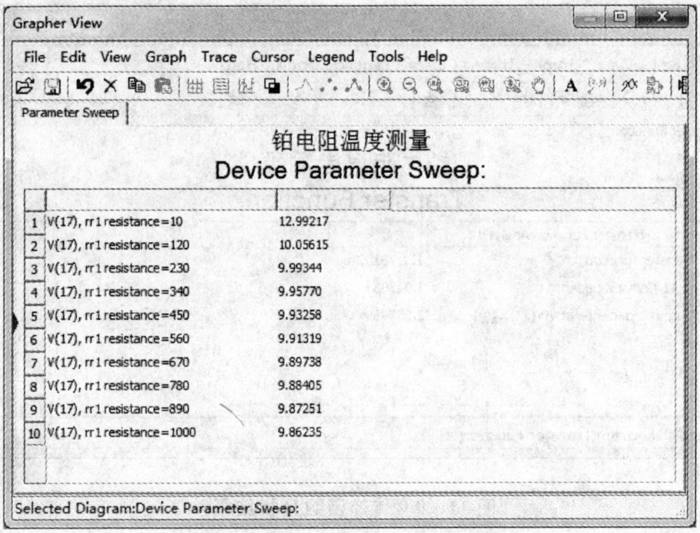

1	V(17), rr1 resistance=10	12.99217
2	V(17), rr1 resistance=120	10.05615
3	V(17), rr1 resistance=230	9.99344
4	V(17), rr1 resistance=340	9.95770
5	V(17), rr1 resistance=450	9.93258
6	V(17), rr1 resistance=560	9.91319
7	V(17), rr1 resistance=670	9.89738
8	V(17), rr1 resistance=780	9.88405
9	V(17), rr1 resistance=890	9.87251
10	V(17), rr1 resistance=1000	9.86235

图 11-11　参数扫描分析结果

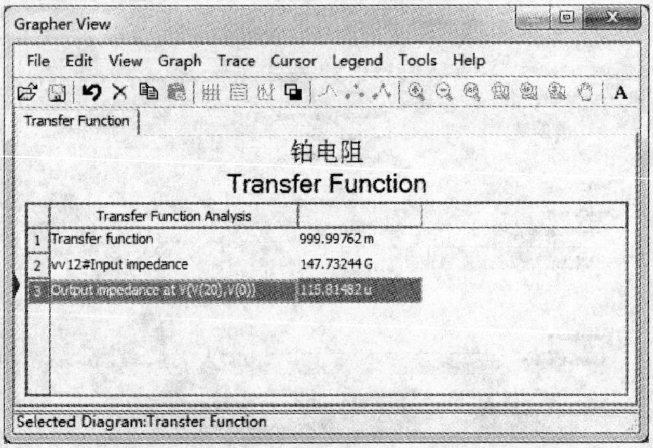

	Transfer Function Analysis	
1	Transfer function	999.99762 m
2	vv12#Input impedance	147.73244 G
3	Output impedance at V(V(20),V(0))	115.81482 u

图 11-12　传递函数分析结果

所得的直线,可见铂电阻的阻值与温度的关系存在非线性。因此需要调节 R_{W2} 来调节负反馈的程度,从而矫正输出电压与温度的非线性关系。

3) R_{W1} 作用分析。将滑动变阻器 R_{W1} 用一个任意大小的电阻代替,然后对该电阻进行参数扫描分析,观察 R_{W1} 变化时,输出电压在什么时候接近于零。R_{W1} 阻值的扫描范围为 1~100 kΩ,从图 11-17 的分析结果可知,R_{W1} 取大约 60 kΩ 时,输出端电压才接近于零,所以应取 100 kΩ 的滑动变阻器来进行调零。最后调节滑动变阻器 R_{W1} 使其两端阻值约为 63.1 kΩ。

在去掉 R_{W1} 的情况下对电路进行直流扫描分析,观察 V_1 在 0~100 V 扫描后输出电压的变化,结果如图 11-18 所示。加入滑动变阻器,并调整好滑动变阻器的大小后,再进行参数扫描分析,结果如图 11-19 所示。比较图 11-18 和图 11-19 可

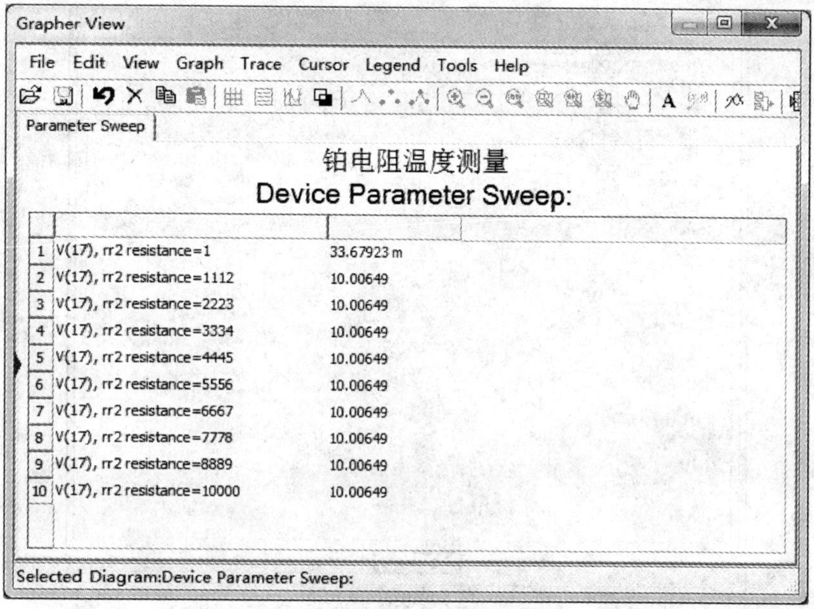

1	V(17), rr2 resistance=1	33.67923 m
2	V(17), rr2 resistance=1112	10.00649
3	V(17), rr2 resistance=2223	10.00649
4	V(17), rr2 resistance=3334	10.00649
5	V(17), rr2 resistance=4445	10.00649
6	V(17), rr2 resistance=5556	10.00649
7	V(17), rr2 resistance=6667	10.00649
8	V(17), rr2 resistance=7778	10.00649
9	V(17), rr2 resistance=8889	10.00649
10	V(17), rr2 resistance=10000	10.00649

图 11-13　带电压跟随器的稳压环节分析

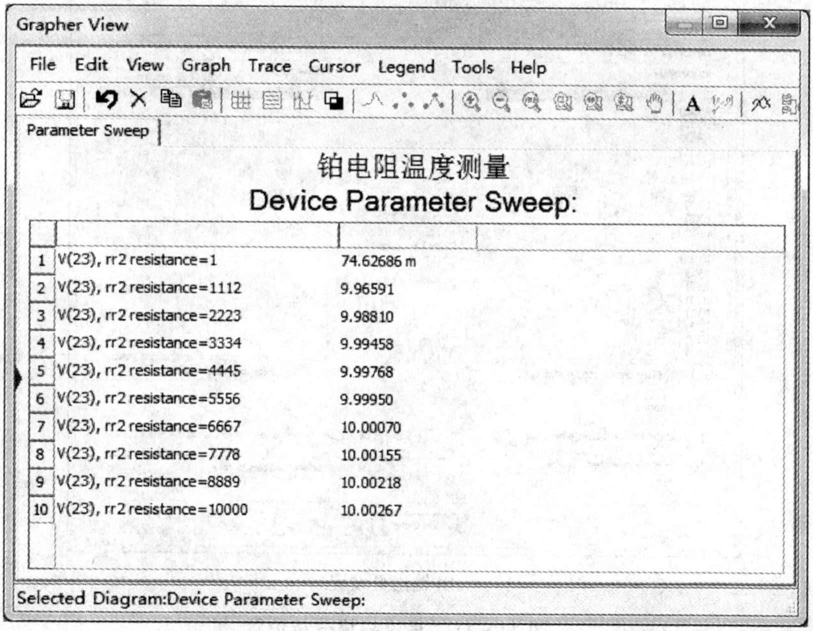

1	V(23), rr2 resistance=1	74.62686 m
2	V(23), rr2 resistance=1112	9.96591
3	V(23), rr2 resistance=2223	9.98810
4	V(23), rr2 resistance=3334	9.99458
5	V(23), rr2 resistance=4445	9.99768
6	V(23), rr2 resistance=5556	9.99950
7	V(23), rr2 resistance=6667	10.00070
8	V(23), rr2 resistance=7778	10.00155
9	V(23), rr2 resistance=8889	10.00218
10	V(23), rr2 resistance=10000	10.00267

图 11-14　去掉电压跟随器的稳压环节分析

知，两条曲线基本平行，滑动变阻器调节后，当温度为 0℃时输出电压为 0，即 R_{W1} 的作用为测量电路调零。

4)电路验证。铂电阻在实际使用时都会有电流流过，电流流过会使电阻发热，使电阻阻值增大，为了避免这一因素引起的误差，一般流过热电阻的电流应小于6 mA。

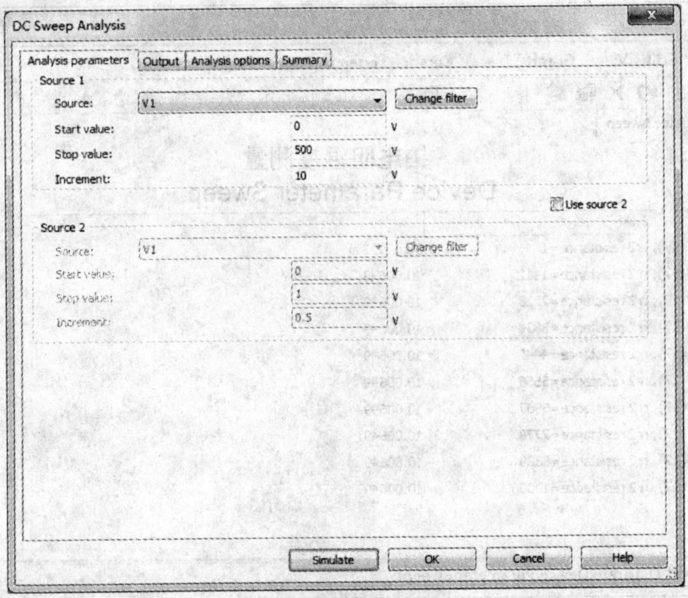

(a) 分析参数页设置

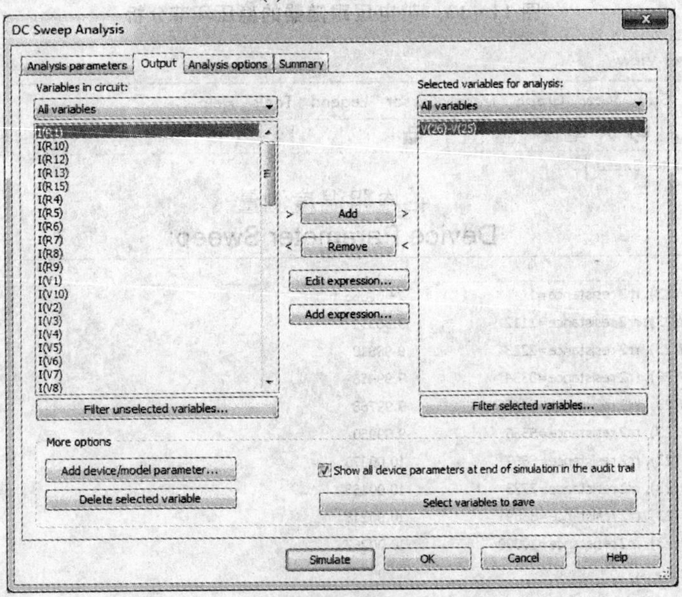

(b) 输出页设置

图 11－15　直流扫描分析设置

在铂电阻的连接回路添加测量探针，双击探针，在打开的属性对话框的参数页下选择要显示的参数，打开电路仿真按钮，探针中显示的铂电阻中流过的电流为 4.77 mA，符合要求。

最后对电路进行仿真，记录仿真数据可得电路的输出电压与铂电阻的变化关系如图 11－20 所示，可以看出测量电路的输出线性度很好。

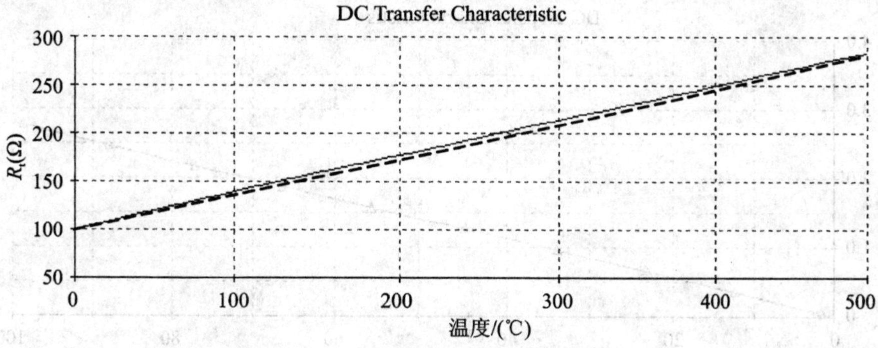

图 11－16　铂电阻阻值与温度的关系

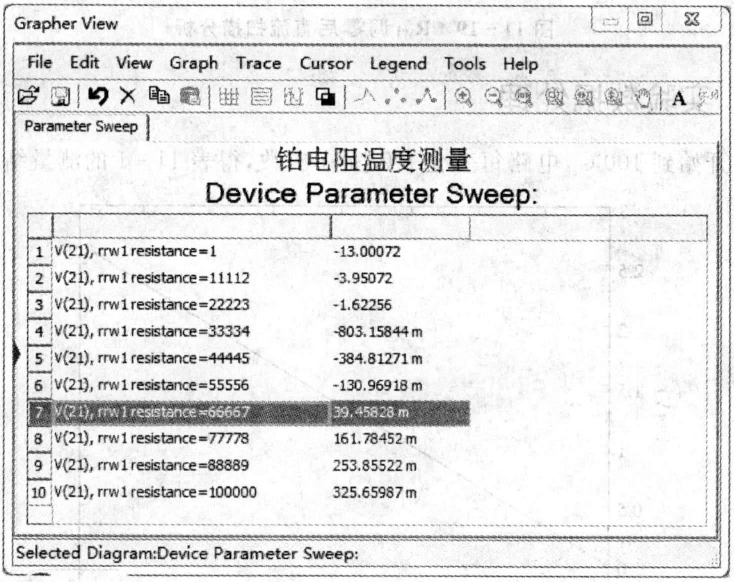

图 11－17　R_{W1} 大小的确定

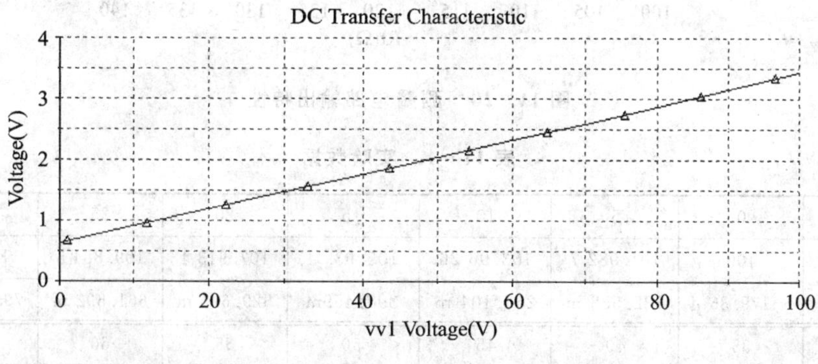

图 11－18　无 R_{W1} 情况下直流扫描分析

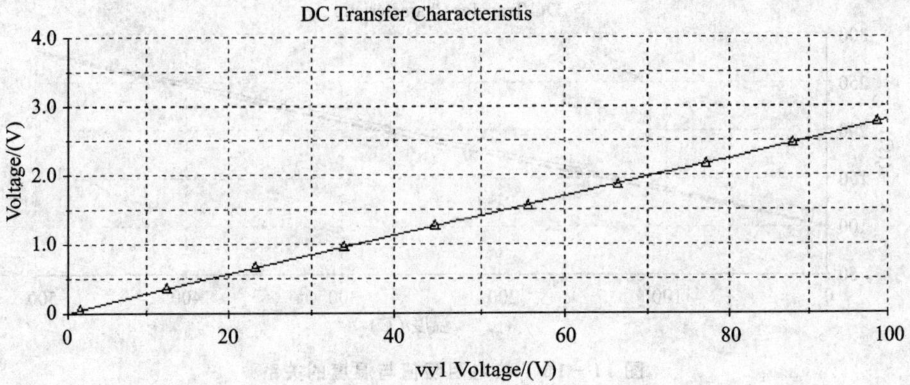

图 11－19　R_{W1} 调零后直流扫描分析

11.2.4　实验数据处理

从 0℃开始到 100℃，电路每变化 5℃读一次数，得表 11－1 的测量结果。

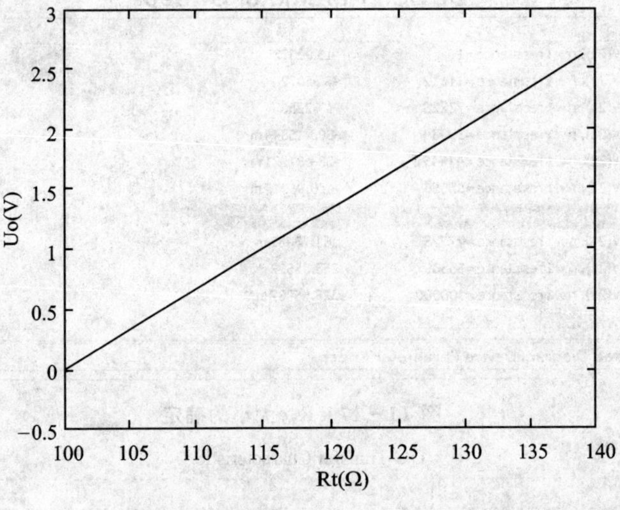

图 11－20　测量电路输出特性

表 11－1　实验数据

T/(℃)	0	5	10	15	20	25	30
R_t	100	101.982 7	103.96 26	105.939 4	107.913 4	109.884 5	111.852 6
U/(V)	−179.36 μ	132.558 m	256.104 m	397.459m	529.621 m	661.592 m	793.371 m
T/(℃)	35	40	45	50	55	60	65
R_t	113.817 8	115.780 0	117.739 4	119.695 8	121.649 3	123.599 9	125.547 6
U/(V)	924.959 m	1.056	1.188	1.319	1.449	1.58	1.71

续表 11-1

T/(℃)	70	75	80	85	90	95	100
R_t	127.492 3	129.434 1	131.373 0	133.309 0	135.242 0	137.172 1	139.099 3
U/(V)	1.841	1.971	2.101	2.23	2.36	2.489	2.618

把 U 和 R_t 的值在 MATLAB 中用最小二乘法进行多项拟合得

$$U = 0.067R_t - 6.7031 \tag{11-12}$$

所以

$$R_t = \frac{6.7031 + U}{0.067} \tag{11-13}$$

11.3 LabVIEW 虚拟仪器设计

根据铂电阻随温度变化时，电压和温度的关系可设计数据显示子 VI。由式(11-2)：

$$R_t = -5.847 \times 10^{-5} T^2 + 0.396\ 84T + 100$$

所以

$$T = \frac{-0.396\ 84 \pm \sqrt{0.396\ 84^2 + 4 \times 5.847 \times 10^{-5}(100 - R_t)}}{2 \times (-5.847 \times 10^{-5})}$$

$$= \frac{3.968\ 4\ \mathrm{m}\ \sqrt{18.086\ 998\ 56 - 0.023\ 388R_t}}{1.169\ 4 \times 10^{-3}} \tag{11-14}$$

由铂电阻的测温范围知

$$T = \frac{3.968\ 4 - \sqrt{18.086\ 888\ 56 - 0.023\ 388\ R_t}}{1.169\ 4 \times 10^{-3}} \tag{11-15}$$

由式(11-13)和式(11-15)，可建立一个子 VI，具体步骤如下。

1)从开始菜单中运行 National Instruments LabVIEW 8.2，在 Getting Started 窗口左边的 Files 控件里，选择 Blank VI 建立一个新程序。

2)框图程序的绘制：图 11-21 所示为本设计子程序的程序框图。本设计关于数据的转换采用第二种方法设计程序框图，用这种方法设计的子程序在接口电路设计时不用再考虑数据转换。考虑数据输入(data)是关于时间和电压的 2 维数组，设计一个时域信号的采集器，它由控制模板 I/O 模块里的波形函数经矩阵化而成，如图 11-22 所示。利用 For Loop 的自动索引功能，完成数组的转换。这里 For Loop 的自动索引是指使循环框外面的数组成员逐个依次进入循环框内，或使循环框内的数据累加成一个数组输出循环框外面的功能。这样数据类型的转换就可以直接在 VI 程序中完成，而不用从接口进行。

通过时域信号采集器，将电压的波形提取出来，再将连续电压值作为 VI 输

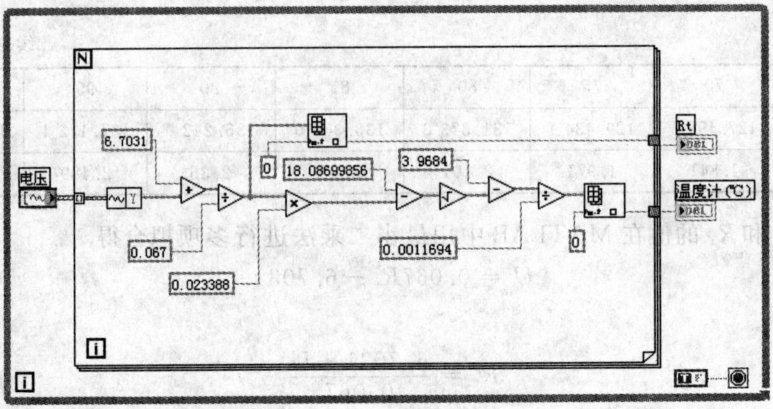

图 11-21　程序框图

入。循环时会将数据单个地输出,所以很重要的一点是循环结束时不能使用自动索引,否则输出的将是一维数组而不是单个数值。程序中用到了矩阵的索引,以得到单个显示值。While 循环的条件端口选择 Stop if Ture,连接的常数设为 T。

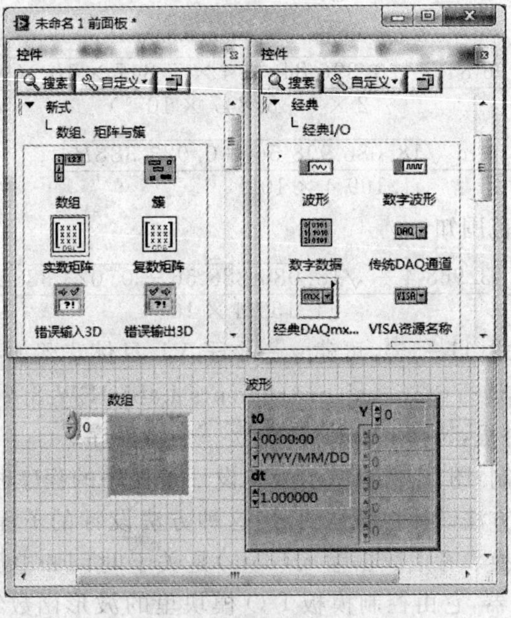

图 11-22　设计埋域信号采集器

3) 定义图标与连接器:双击编辑好图标后,右击前面板窗口中的图标窗格,在快捷菜单中选择显示连接器,并根据输入/输出端口数来选择连接器的模型。接下来是建立前面板上的控件和连接器窗口的端子关联。把输入端口与时域信号采集器"电压”相关联；两输出端口分别与 R_t 和“温度计”两显示模块相关联。完成上述工作后，将设计好的 VI 保存。

11.4 将 Labview 虚拟仪器导入到 Multisim

11.4.1 接口电路的设计

关于接口的研究及 LabVIEW 仪器向 Multisim 的导入的原理请参照第 12 章的内容。接口部分的设计是为了把以上设计的子程序嵌入到 Multisim 中进行温度及其他参数的显示。本设计中接口电路的设计与编译可分为以下几个步骤。

1）把 Multisim 安装目录下 Sampling/LabVIEW Instruments/Templates/Input 文件夹复制到另外一个地方。

2）在 LabVIEW 中打开步骤(1)中所复制的 StarterInputInstrument. lvproj 工程，接口电路的设计是在 Starter Input Instrument. vit 中进行的。

3）打开 Starter Input Instrument. vit 的框图面板，完成接口框图的设计。在数据处理部分，选择 CASE 结构下拉菜单中的 Update DATA 选项进行修改。按框图中的说明，在结构框中右击选择 Select a VI，把在 LabVIEW 完成的子 VI 添加在 Update DATA 选项中，子程序的接口连接 Multisim 的输出数据接口，在子程序的输出端创建指示器，如图 11 - 23 所示。此时只能在已有框图的基础上增加新的内容，而不能删除原有模块。

程序框图设计好后，要进行前面板的设计，除了要完成功能外，还要兼顾美观。信号采集部分位于左下框内，t0 是采集起始时间，dt 是时间间隔，Y 是采样值。

完成后选择重命名，保存为 Proj2. vit。

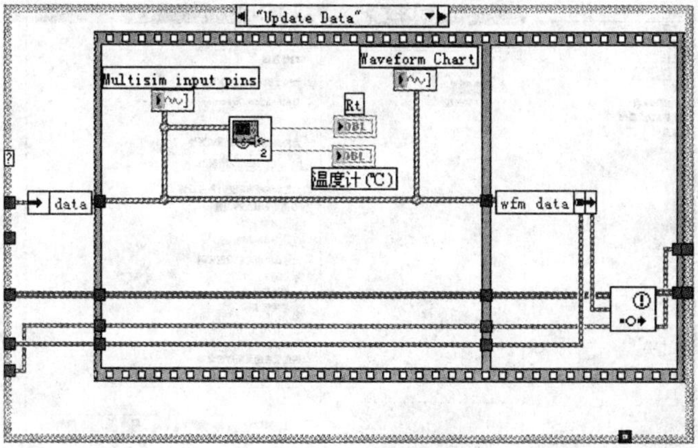

图 11 - 23 接口电路设计

4) 编译之前,要对虚拟仪器进行基本信息设置。打开 subVIs 下的 Starter Input Instrument_multisimInformation. vi 的后面板,在仪器 ID 中和显示名称中填入唯一的标志,如一起设为 Proj2。同时把输入端口数设为 1,因为只有一个电压输入;把输出端口设为 0,此模块不需要输出。设置完后另存为 Proj2_multisimInformation. vi,注意前半部分的名字和接口程序部分的命名必须一致。

11.4.2 编译 LabVIEW 虚拟仪器

1) 打开 Build Specifications,右击 Source Distribution,选择属性设置。在保存目录和支持目录中,都将编译完成后要生成的库文件重命名,如 Proj2(. lib)。同时在源文件设置中选择总是包括所有包含的条目,如图 11-24 所示。属性设置完成并对工程进行保存后,再在 Source Distribution 上右击,在弹出的菜单中选择 Build 即可。

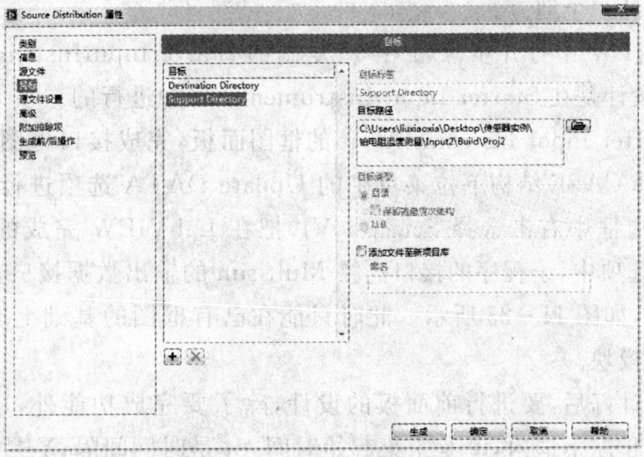

(a) 文件分布设置

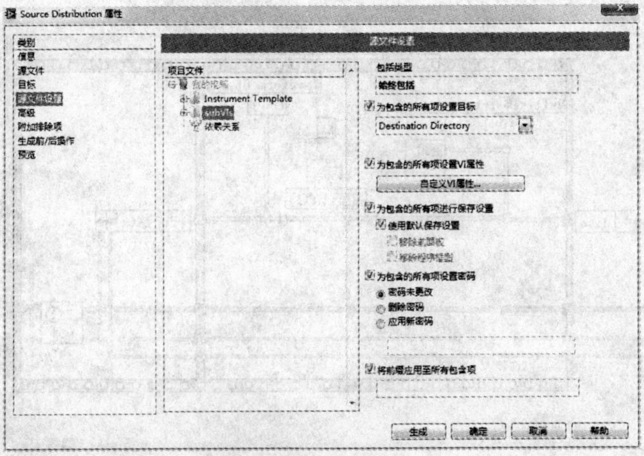

(b) 源文件设置

图 11-24 编译属性设置

2)编译完成后,在 Input 文件夹下生成一个 Build 文件夹,打开后把里面的文件复制到 Electronics Workbench\EWB9 下的 lvinstruments 文件夹中,这样就完成了虚拟仪器的导入,当再打开 Multisim 时,在 LabVIEW 仪器下拉菜单下就会显示设计的模块(Proj2)。

11.4.3 输出显示模块

打开前面在 Multisim 12.0 中设计的电路图,在 LabVIEW 仪器下拉菜单下选择导入的显示模块 Proj2。把设计好的电路和显示模块连接,电路调整后,进行仿真,验证电路设计及显示模块的设计是否合理。图 11－25 所示为取的 4 个不同温度时的仿真,可以看出小温度值时,非线性误差偏大,但约为 2%,符合设计要求。

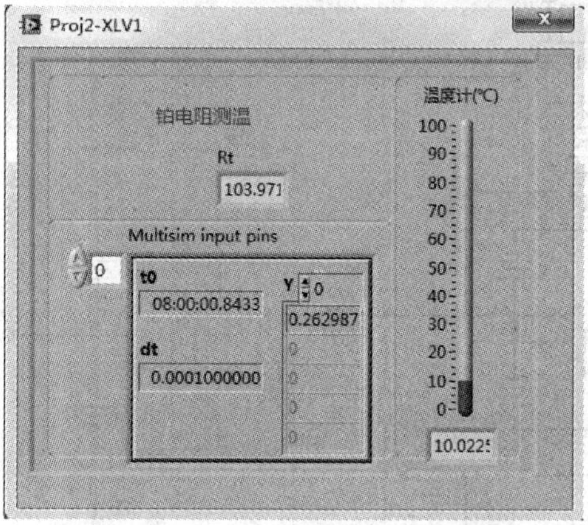

(a) 10℃

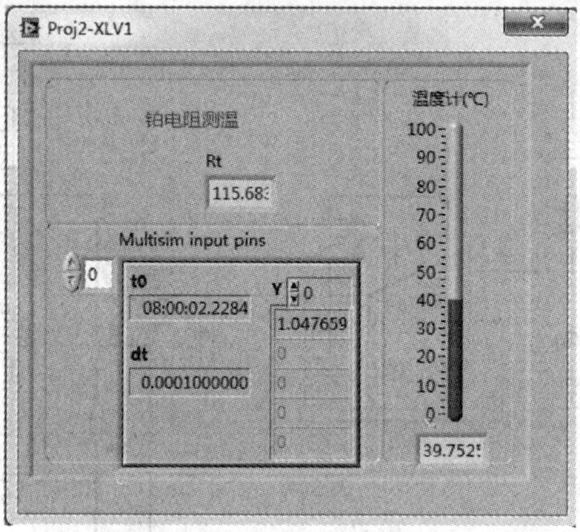

(b) 40℃

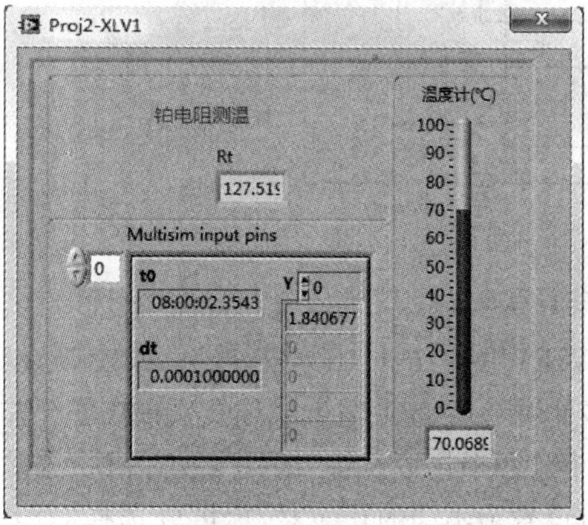

(c) 70℃

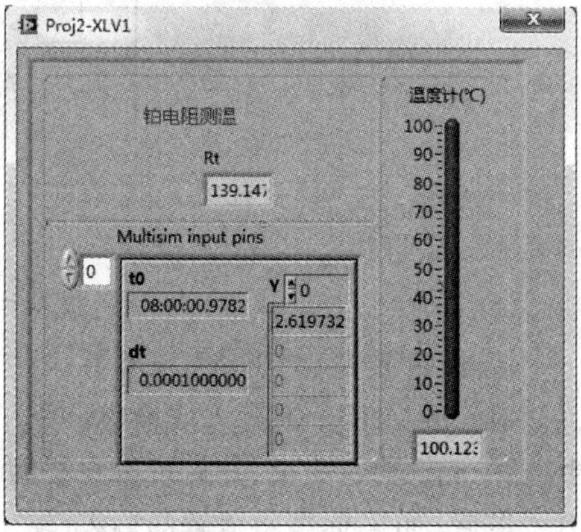

(d) 100℃

图 11－25 实验结果

11.5 将 Multisim 导入 Labview

11.5.1 在 Multisim 中添加 LabVIEW 交互接口

这些 Multisim 中的接口是分级模块(Hierarchical Block)和子电路(Sub-Circuit)接口(Hierarchical connector),用来与 LabVIEW 仿真引擎之间进行数据收发。

1) 右击并从弹出的快捷菜单中选择 Place on schematic→Hierarchical connector 菜单。放置一个接口在电路图的左上方,另一个放置在右上方。按照图 13-26 将电路与接口连接起来。

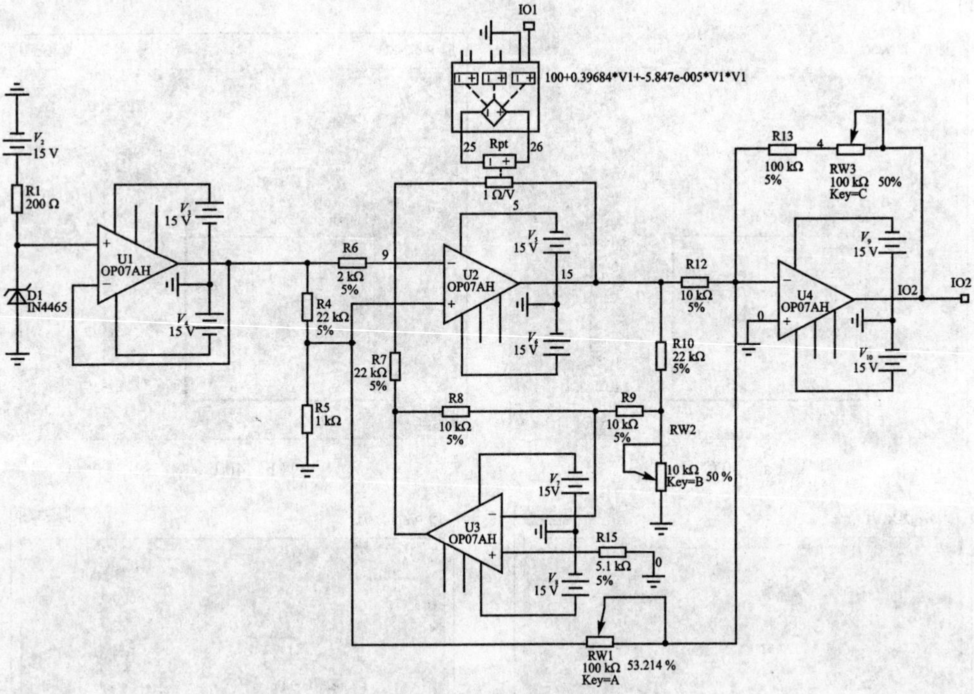

图 11-26 接口电路

2) 设置接口:打开 View 菜单下的 LabVIEW Co-simulation Terminals 窗口,设置针对 LabVIEW 的输入或输出。为了将各个接口配置为输入或输出,在模式设置中选择所需要的选项,然后可以在类型设置中将各个接口设置为电压或电流输入/输出。最后,如果你想将放置的输入/输出接口设置为不同的功能对,你可以选择 Negative Connection。将 I/O1 配置为输入,然后将 I/O2 配置为输出。

11.5.2 在 Labview 中创建一个数字控制器

要在 LabVIEW 和 Multisim 之间传送数据，首先需要使用 LabVIEW 中的控制与仿真循环(Control & Simulation Loop)。这里需要注意的是，Multisim 安装包中没有这个模块，需要从 http://www.ni.com/labview/cd-sim/zhs/ 网站下载，然后安装在 Multisim 的安装路径下。

1) 打开 Labview 的程序框图(后面板)，右击打开函数选板，浏览到 Control Design & Simulation→Simulation→Control & Simulation Loop。单击，并将其拖放到程序框图上。

2) 要修改控制仿真循环的求解算法和时间设置，双击输入节点，打开 Configure Simulation Parameters 窗口。使用本文后面提供参数，可以有效地在 LabVIEW 的波型图表中显示数据，也可以根据自己的需求改变这些参数。

3) 在 VI 中添加仿真挂起(Halt Simulation)函数来停止控制仿真循环。右点击打开函数选板，浏览到 Control Design & Simulation→Simulation→Utilities→Halt Simulation。单击并将其拖放到程序框图上，然后在布尔输入上右击并选择 Create Control。这样就可以在 VI 的前面板上创建一个布尔控件来控制程序的挂起，来停止仿真 VI 的运行。

11.5.3 放置 Multisim Design VI

Multisim Design VI 是管理 LabVIEW 和 Multisim 仿真引擎之间通信的。

1) 右击，打开函数选板，浏览到 Control Design & Simulation→Simulation→External Models→Multisim→Multisim Design，单击并将其拖放到控制与仿真循环之中，注意这个 VI 必须放置到控制仿真循环中。

将 Multisim Design VI 放置到程序框图上以后，会弹出选择一个 Multisim 设计(Select a Multisim Design)对话框。在对话框中可以直接输出文件的路径，或者浏览到文件所在的位置来进行指定。

Multisim Design VI 会生成接线端，接线端的形式与 Multisim 环境中的 Multisim Design VI 预览一致，具有相对应的输入与输出。如果接线端没有显示出来。单击下双箭头，展开接线端。

2) 调用 Labview 子 VI：在 LabVIEW 的程序框图中，打开函数选板，选择前面设计好的子 VI，放在控件与仿真循环中。

3) 分别为 Multisim Design VI 和 LabVIWE 子 VI 创建输入和显示控件。右击输入接线端，然后选择 Create→Control 来完成创建。

4) 连接 Multisim Design VI 和 Labview 子 VI：这里涉及数据匹配问题，打开 LabVIEW 的即时帮助，可以看到 LabVIEW 子 VI 的输入端需要接入的数据类型。

由即时帮助我们知道,LabView 子 VI 需要接入的数据类型是数组和波形的叠加,但是 Multisim Design VI 的输出是一个双精度的实数,所以这里需要创建一个一维数组和波形。

右击程序框图,打开函数选板,选择 Programming→Array→Build Array(编程→数组→创建数组)菜单项,然后单击并将其拖放到程序框图中,将鼠标指针放到 Build Array 函数下面中间位置,会变成大小调整指针,然后单击,拖动函数,将 Build Array 函数调整会两个输入端口。将 Multisim Design VI 的位移(输入端)连接到数组上面的输入端口,电压(输出端)连接到数组下面的端口。这样就可以创建一个两个元素的一位数组。

现在需要创建一个仿真时间波形来达到数据类型的匹配。打开程序框图,单击鼠标右键,选择 Control Design & Simulation→Simulation→Graph Utilities→Simulation Time Waveform 菜单项,VI 会自动地放置一个波型图表(Waveform)。但是这里不需要这个图表(Waveform),所以要将它删除。然后将 Simulation Time Waveform 的输出端与子 Labview 的 VI 连接。

5) 整理前面板:打开前面板窗口。

6) 开始仿真:单击仿真开始按钮开始仿真。

由结果可知设计基本符合要求。

习题与参考题

1. 在−260~0℃的范围内,铂电阻与温度的关系不再服从式(11-1),查阅相关资料,在 Multisim 中完成该温度范围内铂电阻模型的建立。

2. 试说明稳压环节中电压跟随器的作用。

3. 根据图 11-17 的分析结果,将电阻 R_{W1} 在 89~100 kΩ 的范围内再进行参数扫描,确定使输出电压近似为 0 的电阻值。

4. 分析最终测量误差的产生有哪些原因?

第12章

热电偶温度测量系统设计

12.1 设计任务

本设计用K型热电偶设计量程范围为0～100℃的温度显示器，并在电路设计中加入冷端补偿器对冷端温度进行补偿，最后利用LabVIEW设计虚拟仪器显示测量温度值。通过本设计必须掌握以下几点：

- 了解K型热电偶测量温度的方法和电桥补偿法；
- 掌握利用热电偶的原理建立仿真模型；
- 会使用LabVIEW进行编程。

12.2 电路原理与设计

12.2.1 传感器模型的建立

热电偶是把温度转化为电势大小的热电式传感器。表12－1为K型热电偶的分度表，这是在冷端温度为0℃时测定的数值。对大量数据进行分析，可得热电偶的数学模型为

$$V_{out} = (41\ \mu V/℃) \times (t_R - t_{AMR}) \tag{12-1}$$

式中，t_R 表示测量温度；t_{AMR} 表示测温参考点。

表12－1 K型热电偶分度表(参考端温度为0℃)

温度/(℃)	热电动势/mV									
	0	10	20	30	40	50	60	70	80	90
0	0	0.397	0.798	1.203	1.611	2.022	2.436	2.850	3.266	3.681
100	4.095	4.508	4.919	5.327	5.733	6.137	6.539	6.939	7.338	7.737
200	8.137	8.537	8.938	9.341	9.745	10.151	10.560	10.969	11.381	11.793
300	12.207	12.623	13.039	13.456	13.874	14.292	14.712	12.132	12.552	12.974

续表 12-1

温度(℃)	热电动势(mV)									
	0	10	20	30	40	50	60	70	80	90
400	16.395	16.818	17.241	17.664	18.088	18.513	18.938	19.363	19.788	20.214
500	20.640	21.066	21.493	21.919	22.346	22.772	23.198	23.624	24.050	24.476
600	24.902	25.327	25.751	26.176	26.599	27.022	27.445	27.867	28.288	28.709

根据式(12-1)在 Multisim 中建立热电偶的仿真模型如图 12-1 所示。图 12-1(a)所示为热电偶示意图;图 12-1(b)所示为测温参考点即冷端温度为 0℃时的模型;图 12-1(c)所示为冷端温度为室温(25℃)时的模型。压控电压源模拟了式(12-1)的系数。

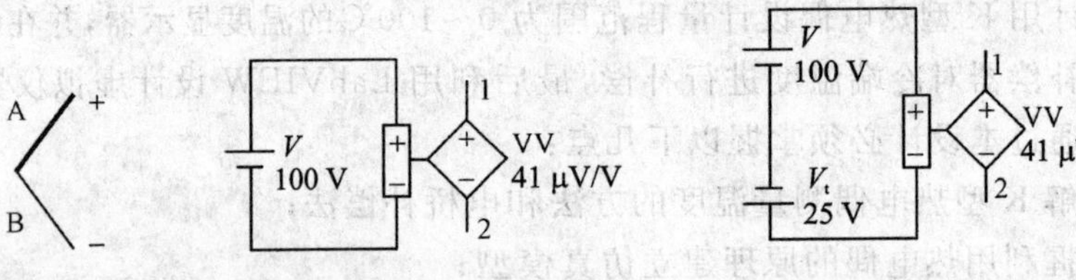

(a) 热电偶示意图　(b) 冷端温度为0℃时的模型　(c) 冷端温度为室温时的模型

图 12-1　热电偶模型

以上模型只是对热电偶性能的一个近似,是线性的,而实际热电偶的特性表明它具有一定的非线性。

12.2.2　温度补偿电路的设计

若用热电偶测量温度时,热电偶的工作端(热端)被放置在待测温场中,而自由端(冷端)通常被放在 0℃的环境中。若冷端温度不是 0℃,则会产生测量误差,此时要进行冷端补偿。

本设计的冷端补偿采用电桥补偿,如图 12-2 所示,当热电偶自由端的温度升高,导致输出总电势降低时,补偿器感受到自由端的变化,产生一个电位差,其值正好等于热电偶降低的电势,两者互相抵消以达到自动补偿的目的。三极管基极与集电极相连,相当于一个负温度系数的 PN 结。三极管可选用 9013,由于 Multisim 器件库中没有,选用三极管 2N2222 代替。

电桥中 R_3 的值应和 R_4 的值相等,调节滑动变阻器使上面的左、右两桥臂的总电阻值也相等,才能使电桥平衡。调整电桥上下两臂的电阻的比值,可调节输出电压的大小,即补偿电压的大小,合理选择这个比值,可使补偿电路的电压正好等于热电偶自由端温度上升而降低的电压值,从而起到电压补偿的作用。

注意:电桥调零时,应使三极管 2N2222 的参数测量温度为 0℃,即此时自由端温度为 0℃，不用进行温度补偿。

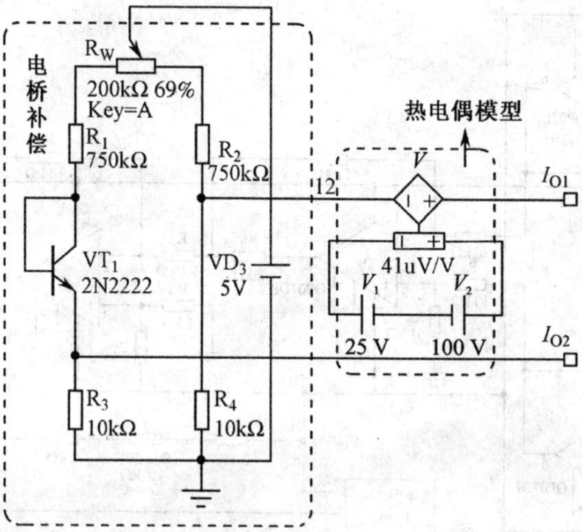

图 12－2　电桥补偿

补偿电路的输出端接 HB/SC 连接器，将该电路全部选中，右击该电路，然后选择用子电路替换，将该子电路的名称设为 K，子电路模块的两输出端分别为补偿电路的正、负输出端。

12.2.3　放大电路设计

放大电路部分与 13.2 节的金属应变片放大电路相似，由仪用放大器和比例放大环节组成，如图 12－3 所示，其中 R_{W1} 可调节仪用放大器的放大倍数，R_{W2} 用于电路调零。电路设计好后，要进行电桥、比例放大的调零和增益的调整。

12.2.4　直流稳压源设计

电路中的供电电源都采用 15 V 直流电源直接供电。实际应用中，如果希望能通过市电来对电路进行供电，就需要设计直流稳压电路来实现 AC/DC 的转换，以及稳定供电电压。直流稳压电源电路如图 12－4 所示。220 V 市电经变压器输出 24 V AC。由于所需直流电压与电网电压的有效值相差较大，因而需要通过电源变压器降压后，再对交流电压进行处理。变压器输出端接桥式整流器，将正弦波电压转换成单一方向的脉动电压，它含有较大的交流分量，会影响负载电路的正常工作，如交流分量会混入输入信号被放大电路放大，甚至在放大电路的输出端所混入的电源交流分量大于有用信号，因而不宜直接作为电子电路的供电电源。解决的办法是整流桥输出接入电容构成低通滤波器，使输出电压平滑。由于滤波电容容量较大，因此一般均采用电解电容。此时，虽然输出的支流电压中交流分量较小，但当电网电压波动或负载变化时，其平均值也将随之变化。稳压电路的功能是使输出直流电压基本不受电

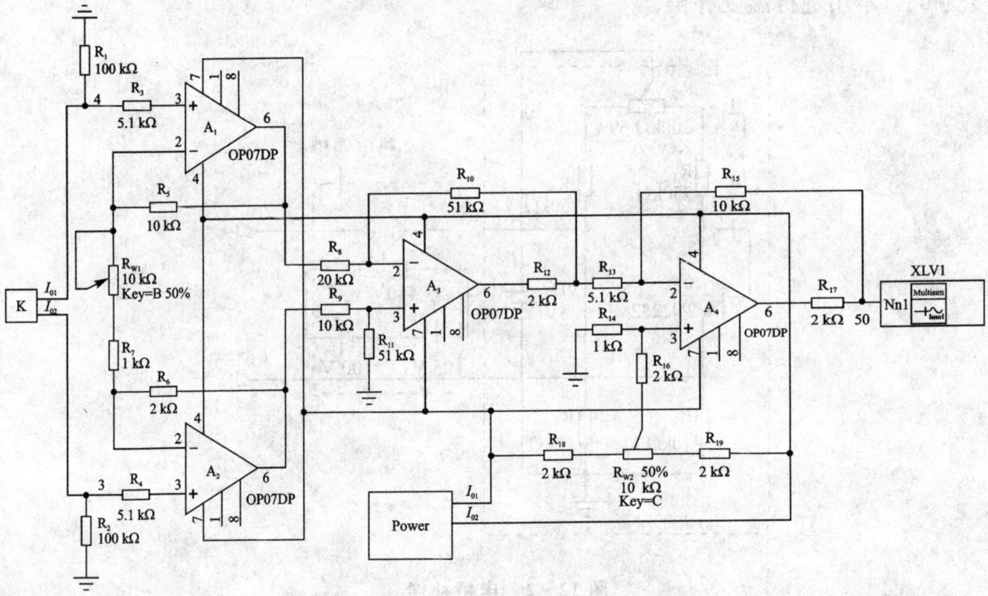

图 12-3 放大电路设计

网电压波动和负载电阻变化的影响,从而获得足够高的稳定性。

VD_2、VD_3 为输出端保护二极管,是防止输出突然开路而加的放电通路。C_3、C_4 属于大容量的电解电容,一般有一定的电感性,对高频及脉冲干扰信号不能有效滤除,故在其两端并连小容量的电容以解决这个问题。稳压电源最后输出的直流电压约 15 V。

直流稳压电路的输出端接 HB/SC 连接器,将该电路全部选中,用鼠标右击该电路,然后选择用子电路替换,将此子电路的名称设为 Power,子电路模块的两输出端分别为直流稳压电路的±15 V 电压输出端。

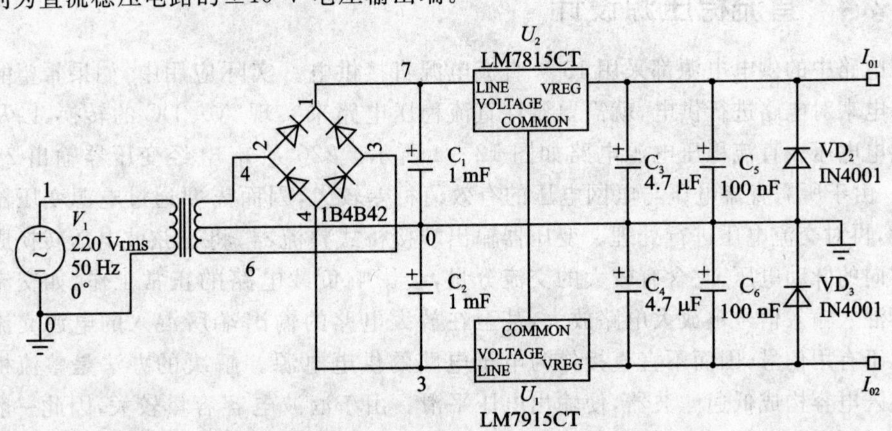

图 12-4 直流稳压源电路

12.2.5 综合电路仿真

综合电路如图 12-4 所示，其中 K 模块和 Power 模块分别为热电偶及热电偶补偿子电路与直流稳压源子电路模块。主放大电路的分析方法在第 6 章已详细介绍，这里不再重复。下面主要对各子电路模块进行仿真分析。

1. 热电偶及热电偶补偿子电路分析

在图 12-3 所示的电桥补偿电路中，对三极管 2N2222 进行温度参数扫描分析，扫描参数设为 temp(温度)，从 0～3℃每隔 1℃扫描一个值。输出电压值为三极管的集电极与发射极电压之差，扫描的分析是瞬态分析。分析的结果如图 12-5 所示，温度每增加 1℃，三极管两端电压下降约 2 mV。

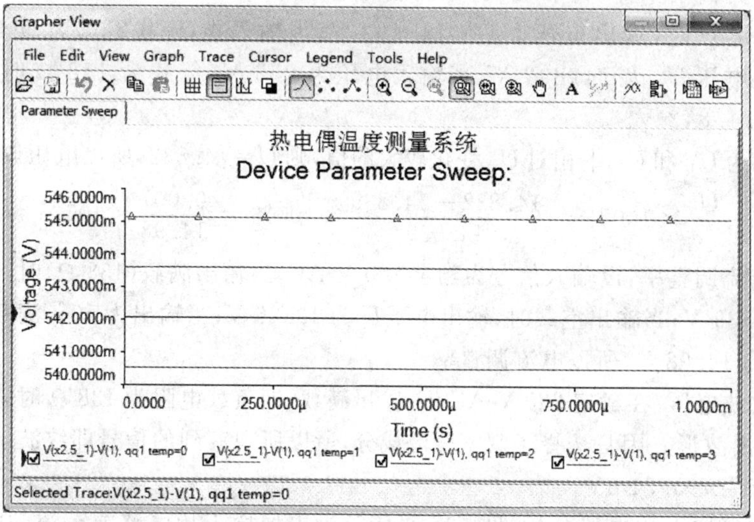

图 12-5 PN 结负温度特性

补偿电桥电路应首先调零，调零的方法是首先双击三极管，打开属性设置对话框，单击 Edit Model 按钮，可打开元件模型编辑窗口，将参数测量温度设为 0℃，然后调节滑动变阻器 R_W，使电桥两输出端 12 与 I_{O2}之间的电压近似为 0。当自由端温度(即环境温度)为 25℃时，将模拟环境温度的 V_1 的值设为 25 V，将三极管的参数测量温度设为 25℃，然后对电路进行参数扫描分析，选择模拟温度变化的电压源作为扫描对象，在 0～100 V 的范围内，每隔 10 V 扫描一次，设置扫描直流工作点，输出变量选择子电路的两输出端之差，如图 12-8(b)所示。将该仿真数据与表 12-1 的 K 型热电偶分度表进行比较，可知经补偿后，在表 12-1 所列的各温度下子电路总的输出电压和分度表中的值基本相符。

注意：因仿真中所用的仿真模型只是对热电偶的近似，所以在自由端温度为 0℃的情况下，热电偶模型的输出电压值就有误差，而补偿电桥的设计只是保证 0℃时仿真电桥电路的输出为 0,所以仿真子电路输出的电压值和 K 型热电偶分度表的相应值会有一定误差。

2. 直流稳压源子电路分析

1) 桥式整流输出电压:整流桥输出接负载后,用示波器观察波形,正弦波经整流后输出单一方向的波动。

2) 滤波后输出电压:整流桥后接滤波器,输出接电阻后交流成分减小,但仍然存在小的波动。

3) 接三端稳压后输出:接三端稳压后输出电压基本稳定。

4) 电压调整率:输入 220 V AC,变化范围为 +15%～−20%,所以电压波动范围为 176～253 V。在额定输入电压下,当输出满载时,调整输出电阻,使电流约为最大输出电流,即 0.1 A,得满载时电阻为 138 Ω。当输入电压为 176 V、负载为 138 Ω 时,输出电压 U_1 为 14.832 V;当输入电压为 220 V、负载为 138 (时,输出电压 U_o 为 14.839 V;当输入电压为 253 V,负载为 138 Ω 时,输出电压 U_2 为 14.842 V。

取 U 为 U_1 和 U_2 中相对 U_o 变化较大的值,则 $U=14.832$,所以电压调整率:

$$S_V = \frac{U-U_o}{U_o}\times 100\% = \frac{14.832-14.839}{14.839}\times 100\% = \frac{0.007}{14.98}\times 100\% \approx 0.05\%$$

5) 电流调整率:设输入信号为额定 220 V AC,当输出满载(138 Ω)时,输出电压 U_o 为 14.839 V;当输出空载时,输出电压 U 为 12.26 V;当输出为 50%满载时,输出电压 U_o 为 14.98 V,所以电流调整率:

6) 纹波电压:在额定 220 V AC 下,输出满载,即负载电阻为 138 Ω 时,在示波器中观察输出波形。因只选择了观察交流成分,所以所观察到的信号即纹波电压信号,其峰-峰值为 795.74 μV。

7) 输出抗干扰电路分析:图 12-6 所示为未加抗干扰电路前系统的幅频响应图,可以看到交流成分的幅值很小。当输出加了抗干扰电路后,输出的幅频响应如图 12-14(b)所示,可以看到高频噪声得到一定程度的抑制。

电路分析完成后,对电路进行仿真得到实验结果见表 12-2。

表 12-2 实验数据

温 度/℃	0	10	20	30	40	50
电压/mV	0.049531	7.946	12.843	23.74	31.637	39.534
温度/℃	60	70	80	90	100	
电压/mV	47.431	55.328	63.225	71.122	79.013	

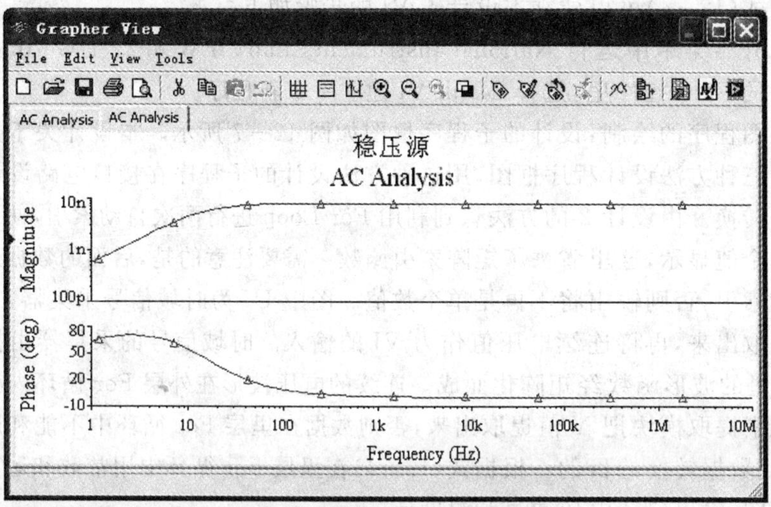

(a) 无抗干扰电路

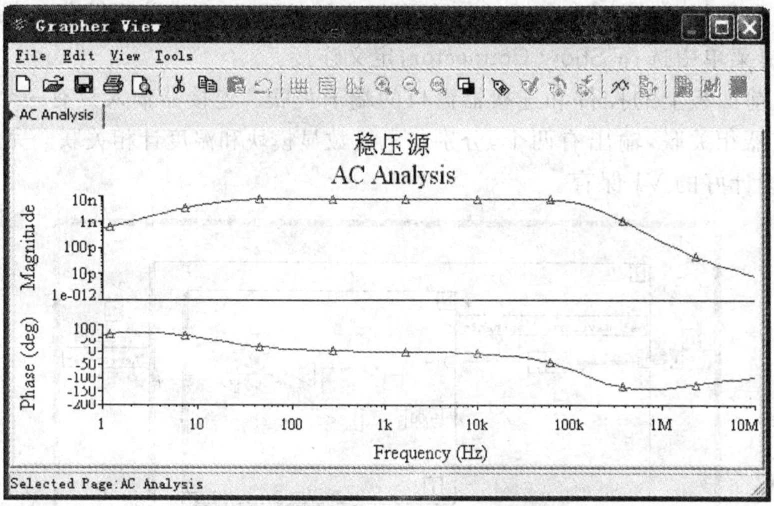

(b) 有抗干扰电路

图 12-6 抗干扰电路交流分析

12.3 LabVIEW 虚拟仪器设计

将 12.2 节中表 12-3 的数据经 Matlab 多项式拟合后，得式(12-3)：

$$U = \frac{0.789T + 0.049\,2}{10^3} \tag{12-3}$$

反解得到

$$T = \frac{1\,000U - 0.049\,2}{0.789\,7} \tag{12-4}$$

根据式(12－4)可得建立本设计子 VI 的步骤如下：

1)从开始菜单中运行 National Instruments LabVIEW 8.2,在 Getting Started 窗口左边的 Files 控件里,选择 Blank VI 建立一个新程序。

2)框图程序的绘制:设计的子程序框图如图 12－7 所示。本设计关于数据的转换采用第三种方法设计程序框图,用这种方法设计的子程序在接口电路设计时不用考虑数据转换。由设计 2 的方法想到利用 For Loop 进行两次自动索引,便可以使数据变为单个值显示,这里省去了矩阵索引函数。需要注意的是,后面的数据通道不能设为自动索引,否则输出将不再是单个数值。图中 U_o 为时域信号采集器,它将电压的波形提取出来,再将连续电压值作为 VI 的输入。时域信号的采集器由控制模板 I/O 模块里的波形函数经矩阵化而成。连续的电压波形在外层 For 循环内必须加一个波形元素提取模块把 Y 值提取出来,否则数据在里层 For 循环中不能利用自动索引,达不到数据转换的目的。根据式(12－4)在里层 For 循环中用常数和运算函数构建程序框图,输出包括电压数显和温度计。

3)定义图标与连接器:双击右上角图标进行编辑后,右击前面板窗口中的图标窗格,在快捷菜单中选择 Show Connector,定义连接。

建立前面板上的控件和连接器窗口的端子关联。连接器输入只有一个,与时域波形采集器相关联,输出有两个,分别与电压数显模块和温度计相关联。完成上述工作后,将设计好的 VI 保存。

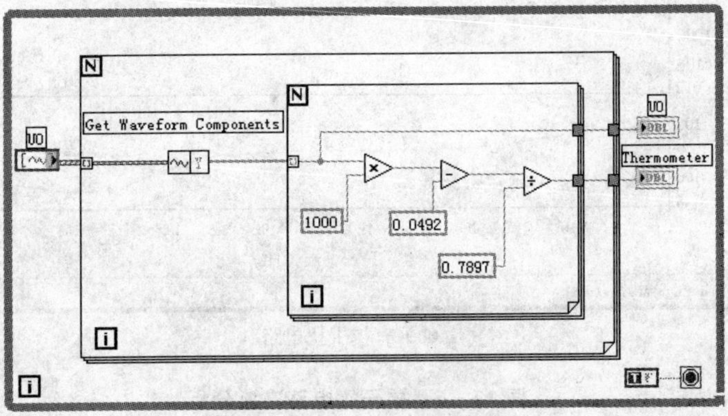

图 12－7　子程序框图

12.4　Labview 虚拟仪器的设计

12.4.1　接口电路的设计

子程序设计好后,需要设计接口电路。本设计中接口电路的设计与编译分以下几个步骤：

1）把 Multisim 安装目录下 Sampling/LabVIEW Instruments/Templates/Input 文件夹复制到另外一个地方。

2）在 LabVIEW 中打开步骤 1)中所复制的 Starter Input Instrument. lvproj 工程。接口电路的设计是在 Starter Input Instrument. vit 中进行的。

3）打开 Starter Input Instrument. vit 的框图面板，完成接口框图的设计。在数据处理部分，选择 CASE 结构下拉菜单中的 Update DATA 选项进行修改。按框图中的说明，在结构框中右击选择 Select a VI，把在 LabVIEW 完成的子 VI 添加在 Update DATA 选项中即可。此时只能添加功能，不可修改框图面板的原状，如图 12-8 所示。由于数据的转换在子 VI 的设计中已经实现，所以子 VI 的输入直接与 Multisim 的输出数据相连即可。为子 VI 的输出创建指示器，并设置室温 T0 为 25。框图面板设计好后，在前面板中还需进一步地调整，并用控制模板下的修饰(Decorations)子模板对界面进行美化。最后保存修改，并重命名为 proj3. vit。

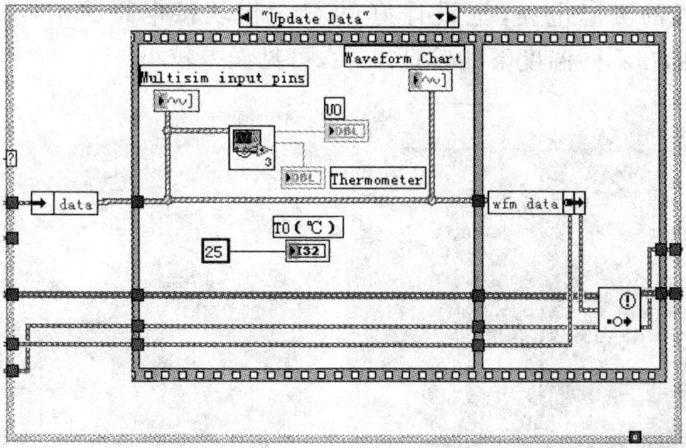

图 12-8　数据处理部分框图

4）注意，虚拟仪器信息的设置也可在 Instrument Template 下 proj3. vit 的程序框图里设计，如图 12-9 所示。打开 Multisim Instr Info 子程序设置各项，在仪器 ID 中和显示名称中填入唯一的标志，同时把输入端口数设为 1，因为只有一个电压输入；把输出端口设为 0，此模块不需要向 Multisim 输出。修改后选另存为后把它重命名为 proj3_multisimInformation. vi。保存后查看工程文件 StarterInputInstrument. lvproj 下的 SubVIs，它下面的子程序已被修改。

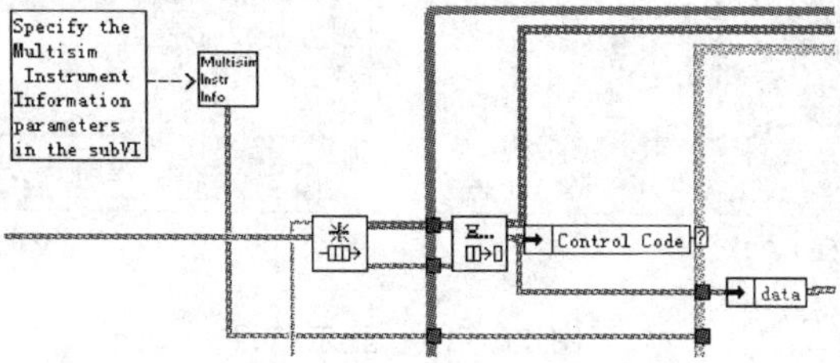

图 12-9　ID 号设置的另一种方法

12.4.2 编译 Labview 虚拟仪器

1) 打开 Build Specifications,右击 Source Distribution,选择属性设置,在保存目录和支持目录中,都将编译完成后要生成的库文件重命名,如 proj3(.lib)。同时在原文件设置中选择总是包括所有包含的条目。属性设置完成并保存后,再在 Source Distribution 上右击,在弹出的菜单中选择 Build 即可。

2) 编译完成后,在 Input 文件夹下生成一个 Build 文件夹,打开后把里面的文件复制到 Electronics Workbench\EWB9 下的 lvinstruments 文件夹中,这样就完成了虚拟仪器的导入,当再打开 Multisim 时,在 LabVIEW 仪器下拉菜单下就会显示所设计的模块。

12.4.3 输出显示模块

打开热电偶的测温电路,把设计好的显示模块接电路输出,电路调零后得如图 12-10所示的在不同温度下的验证结果,可见误差较小。

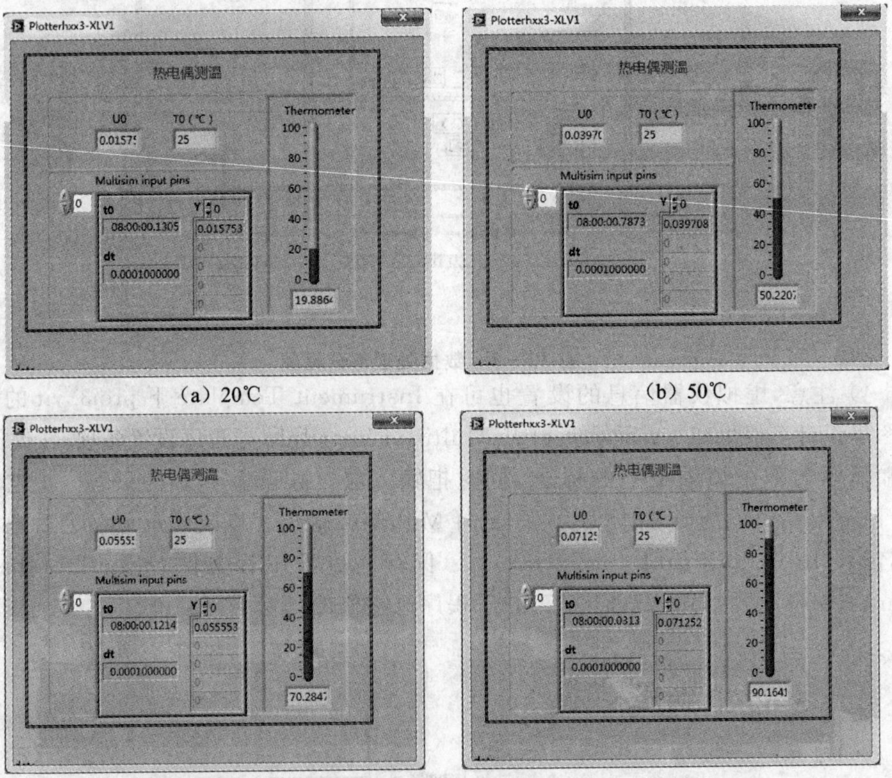

(a) 20℃ (b) 50℃

(c) 70℃ (d) 90℃

图 12-10 显示结果

12.5 将 Multisim 导入 Labview

12.5.1 在 Multisim 中添加 LabVIEW 交互接口

这些 Multisim 中的接口是分级模块(Hierarchical Block)和子电路(Sub-Circuit)接口(Hierarchical connector),用来与 LabVIEW 仿真引擎之间进行数据收发。

1) 右击并从弹出的快捷菜单中选择 Place on schematic→Hierarchical connector。放置一个接口在电路图的左上方,另一个放置在右上方。按照图 13-11 将电路与接口连接起来。

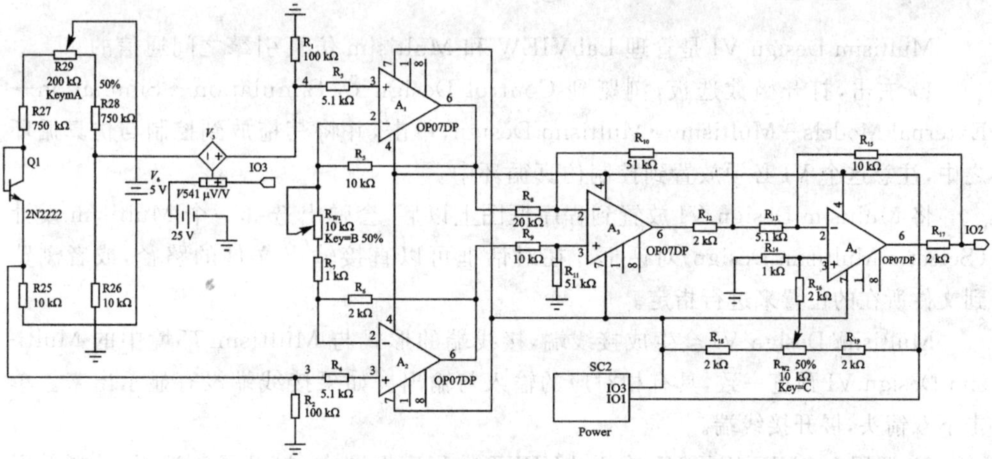

图 12-11 接口电路

2) 设置接口:打开 View 菜单下的 LabVIEW Co-simulation Terminals 窗口,设置针对 LabVIEW 的输入或输出。为了将各个接口配置为输入或输出,在模式设置中选择所需要的选项,然后可以在类型设置中将各个接口设置为电压或者电流输入/输出。最后,如果你想将放置的输入/输出接口设置为不同的功能对,你可以选择 Negative Connection。将 I/O1 配置为输入,然后将 I/O2 配置为输出。

12.5.2 在 Labview 中创建一个数字控制器

要在 LabVIEW 和 Multisim 之间传送数据,首先需要使用 LabVIEW 中的控制与仿真循环(Control & Simulation Loop)。这里需要注意的是,Multisim 安装包中没有这个模块,需要从 http://www.ni.com/labview/cd-sim/zhs/网站下载,然后安装在 Multisim 的安装路径下。

1) 打开 Labview 的程序框图(后面板),右击打开函数选板,浏览到 Control Design & Simulation→Simulation→Control & Simulation Loop。单击并将其拖放到

程序框图上。

2) 要修改控制仿真循环的求解算法和时间设置,双击输入节点,打开 Configure Simulation Parameters 窗口。使用本文后面提供参数,可以有效地在 LabVIEW 的波型图表中显示数据,也可以根据自己的需求改变这些参数。

3) 在 VI 中添加仿真挂起(Halt Simulation)函数来停止控制仿真循环。右击打开函数选板,浏览到 Control Design & Simulation→Simulation→Utilities→Halt Simulation。单击并将其拖放到程序框图上,然后在布尔输入上右击并选择 Creat→Control。这样就可以在 VI 的前面板上创建一个布尔控件来控制程序的挂起,来停止仿真 VI 的运行。

12.5.3 放置 Multisim Design VI

Multisim Design VI 是管理 LabVIEW 和 Multisim 仿真引擎之间通信的。

1) 右击,打开函数选板,浏览到 Control Design & Simulation→Simulation→External Models→Multisim→Multisim Design,单击,并将其拖放到控制与仿真循环之中,注意这个 VI 必须放置到控制仿真循环中。

将 Multisim Design VI 放置到程序框图上以后,会弹出选择一个 Multisim 设计(Select a Multisim Design)对话框。在对话框可以直接输出文件的路径,或者浏览到文件所在的位置来进行指定。

Multisim Design VI 会生成接线端,接线端的形式与 Multisim 环境中的 Multisim Design VI 预览一致,具有相对应的输入与输出。如果接线端没有显示出来。单击下双箭头,展开接线端。

2) 调用 LabVIEW 子 VI:在 LabVIWE 的程序框图中,打开函数选板,选择前面设计好的子 VI,放在控件与仿真循环中。

3) 分别为 Multisim Design VI 和 LabVIEW 子 VI 创建输入和显示控件。右击输入接线端,然后选择 Create→Control 来完成创建命令。

4) 连接 Multisim Design VI 和 LabVIEW 子 VI:这里涉及到数据匹配问题,打开 LabVIEW 的即时帮助,可以看到 LabVIEW 子 VI 的输入端需要接入的数据类型。

由即时帮助得知,LabVIEW 子 VI 需要接入的数据类型是数组和波形的叠加,但是 Multisim Design VI 的输出是一个双精度的实数,所以这里需要创建一个一维数组和波形。

右击程序框图,打开函数选板,选择 Programming→Array→Build Array(编程→数组→创建数组)菜单项,然后单击并将其拖放到程序框图中,将鼠标指针放到 Build Array 函数下面中间位置,会变成大小调整指针,单击拖动函数,将 Build Array 函数调整会两个输入端口。将 Multisim Design VI 的位移(输入端)连接到数组上面的输入端口,电压(输出端)连接到数组下面的端口。这样就可以创建一个两个元素的一位数组。

现在需要创建一个仿真时间波形来达到数据类型的匹配。打开程序框图，右击，选择 Control Design & Simulation→Simulation→Graph Utilities→Simulation Time Waveform 菜单项，VI 会自动地放置一个波型图表（Waveform），但是这里不需要这个图表（Waveform），所以要将它删除。然后将 Simulation Time Waveform 的输出端与子 Labview 的 VI 连接。

5）整理前面板：打开前面板窗口。

6）开始仿真：单击仿真开始按钮开始仿真。

由结果可知设计基本符合要求。

习题与参考题

1. 热电偶补偿电桥中，若没有所提到的三极管，请用其他元件代替，并调整电桥电路，使补偿后的输出误差最小。

2. 试在 Matlab 中用最小二乘法对表 12－1 的数据进行拟合，以得到热电偶的近似模型。

3. 本设计中 LabVIEW 虚拟仪器是如何对 Multisim 输出的数据进行数据类型的转换的？

第13章

霍尔传感器位移测量系统设计

13.1　设计要求

用霍尔传感器设计一个量程范围为−0.6～0.6 mm 的位移测量仪。霍尔传感器是利用霍尔效应实现磁电转换的一种传感器。当霍尔元件作线性测量时，最好选用灵敏度低一点、不等位电位小、稳定性和线性度优良的霍尔元件。当物体在一对相对的磁铁中水平运动时，在一定的范围内，磁场的大小随位移的变化而发生线性变化，利用此原理可制成位移测量器。通过本设计，要掌握以下内容：

- 了解霍尔传感器测量位移的原理；
- 掌握霍尔元件的测量电路；
- 测量电路硬件实现后，当输出模拟信号时，会用数据采集卡进行采集；
- 掌握采集后的信号在 LabVIEW 中的处理，实现位移值的显示；
- 了解分别采用软件仿真和实际硬件电路时，在 LabVIEW 中编程与处理的不同。

13.2　电路原理与设计

13.2.1　传感器模型建立

霍尔传感器基于霍尔效应，用公式表示如下

$$U_H = K_H IB \tag{13-1}$$

式中，U_H 为霍尔电压；K_H 为霍尔元件灵敏度；I 为控制电流；B 为垂直于霍尔元件表面的磁感应强度。

两块相对的磁铁间形成磁场，当物体在沿垂直于磁场方向运动时，在一定的测量范围内，磁感应强度与位移的关系是近似线性的，所以输出电压与位移也存在线性关系。

图 13-1 所示为实际霍尔传感器测量位移的特性，可见在−0.6～0.6 mm 之间，电压位移关系近似线性。对实验数据进行拟合，由于实际数据是经过放大后的数据，

在拟合前要将数据除以放大倍数。拟合后的数学表达式为

$$U_H = 151.7155X \tag{13-2}$$

式中，U_H 为霍尔元件输出电压，单位为 mV；X 为被测位移量，单位为 mm。

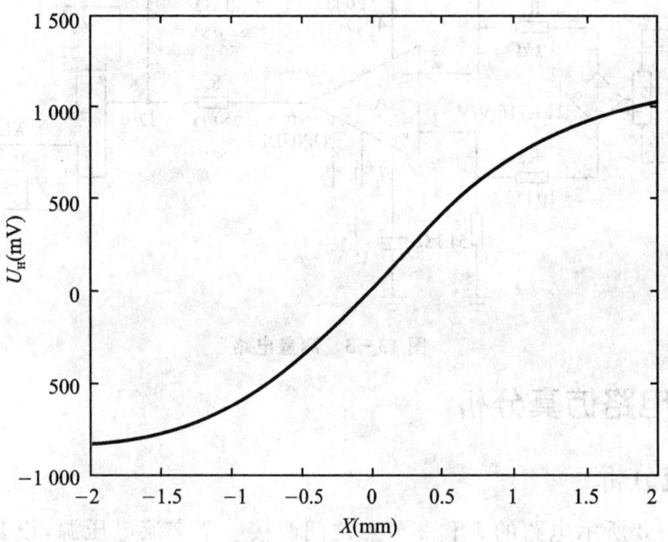

图 13-1　霍尔位移传感器的特性

由以上分析可知，霍尔位移传感器只在很小的范围内呈线性，所以它是用来测量微小位移的。在 Mulitisim 中霍尔传感器模型的建立如图 13-2 所示（图中 1、2 为激励电极，3、4 为霍尔电极），它的测量范围是 0.6～0.6 mm。V_1 可模拟位移，压控电压源 V_2 模拟霍尔元件随位移而变化的输出电压 U_H。

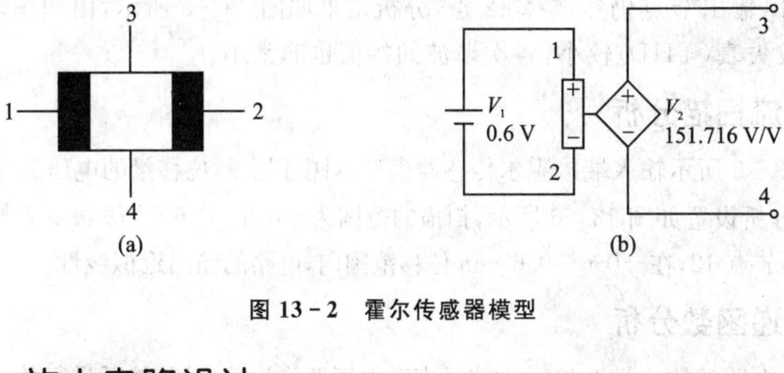

图 13-2　霍尔传感器模型

13.2.2　放大电路设计

霍尔电势一般在 mV 量级，在实际使用时必须加放大电路，此处加的是差分放大电路，如图 13-3 所示。

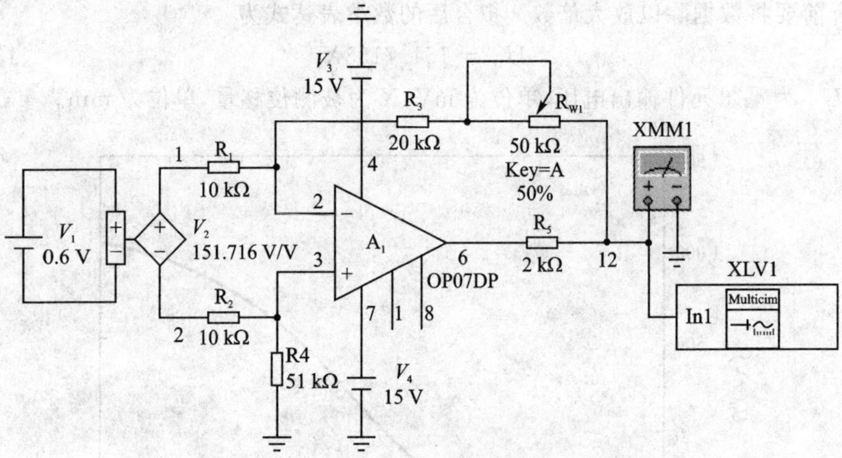

图 13-3 测量电路

13.2.3 电路仿真分析

1. 交流分析

将图 13-3 所示电路的 1 和 2 节点之间改接一个交流电压源,设其幅值和相位分别为 1 V 和 50 Hz,然后对电路进行交流分析,设开始和终止频率分别为 1 Hz 和 1 MHz,输出节点选择节点 12,其他设置按默认设置,该放大电路的带宽约 100 kHz。

2. 傅立叶分析

电路的输入端仍然接上面的交流源,对电路进行傅立叶分析,其设置如图 13-4 所示,频率分辨率(基本频率)项和采样停止时间项都可通过单击其后的 Estimate 按钮进行估计,输出节点仍然选择 12 点,分析结果如图 13-5 所示,由图中表格可知电路的总谐波失真(THD)较小,各次谐波的幅值也非常小。

3. 直流扫描分析

按图 13-3 所示输入端接霍尔传感器模型,对模拟实际位移量的电压源 V_1 进行直流参数扫描,分析设置如图 13-6 所示,扫描的范围为−0.6~0.6 V,每 0.2 V 扫描一次,输出节点选择节点 12,在−0.6~0.6 mm 位移范围内,电路的输出近似线性。

4. 传递函数分析

将放大电路的输入端改接一小信号直流电压源作为输入源,然后进行传递函数分析,放大电路的放大倍数约为(4.8 倍,电路输入阻抗约为 20 kΩ,输出阻抗约为 0.024 Ω。

5. 参数扫描分析

滑动变阻器 R_{W1} 的中心抽头打在中间位置不变,对电阻 R_3 的阻值进行参数扫描,分析其大小的变化对电路放大倍数的影响。参数扫描的设置如图 13-7 所示,要分析的输出变量设为输出节点与两输入节点之差的比值，即放大电路的放大倍数。由于电阻 R_4 为 51 kΩ，所以当反馈回路上总的电阻和 R_4 的阻值不相等，即参数不对称时，放大倍数并不等于反馈回路总电阻与 R_1 阻值的比值，还和 R_4 有关。

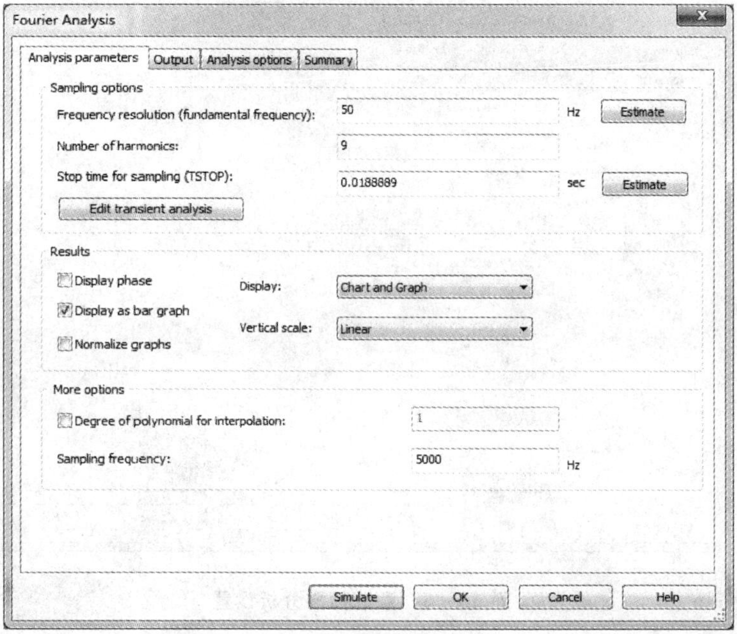

图 13-4　傅立叶分析设置

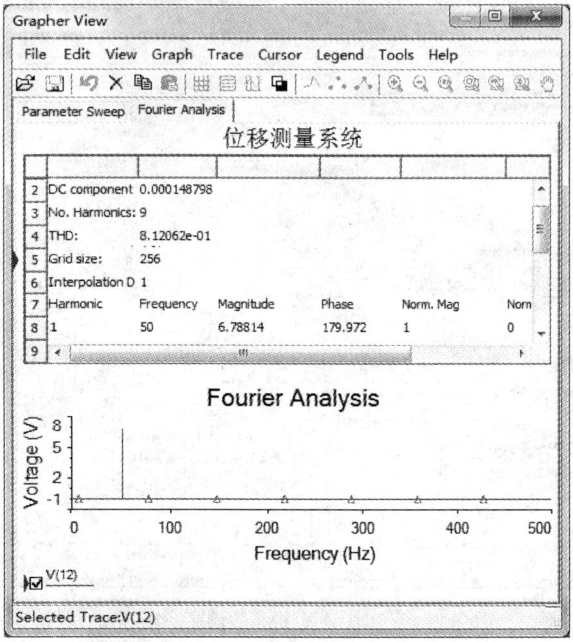

图 13-5　傅立叶分析结果

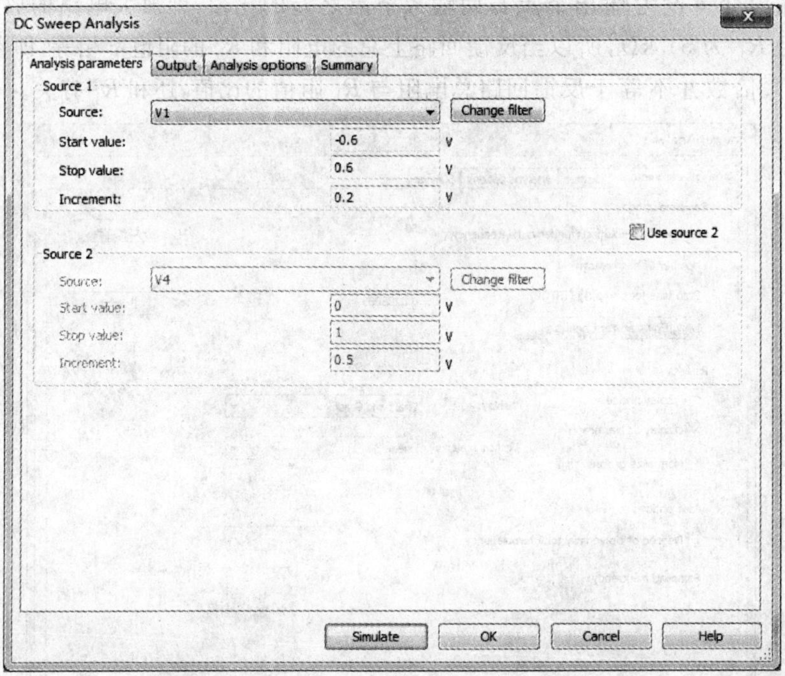

图 13-6 直流扫描分析设置

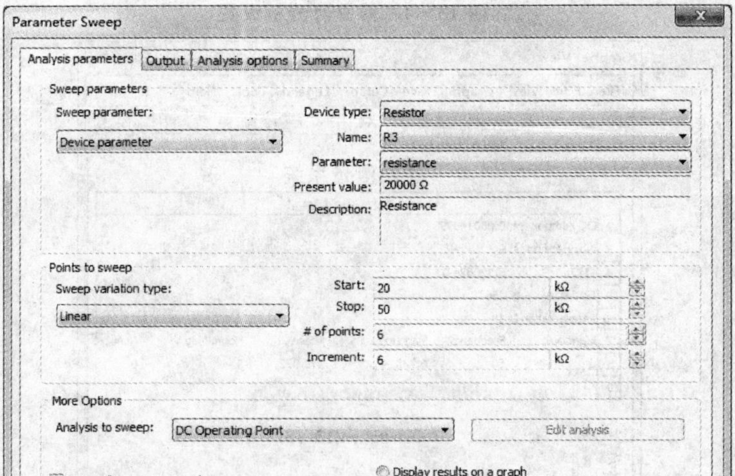

(a) 分析参数设置

图 13-7 参数分析设置

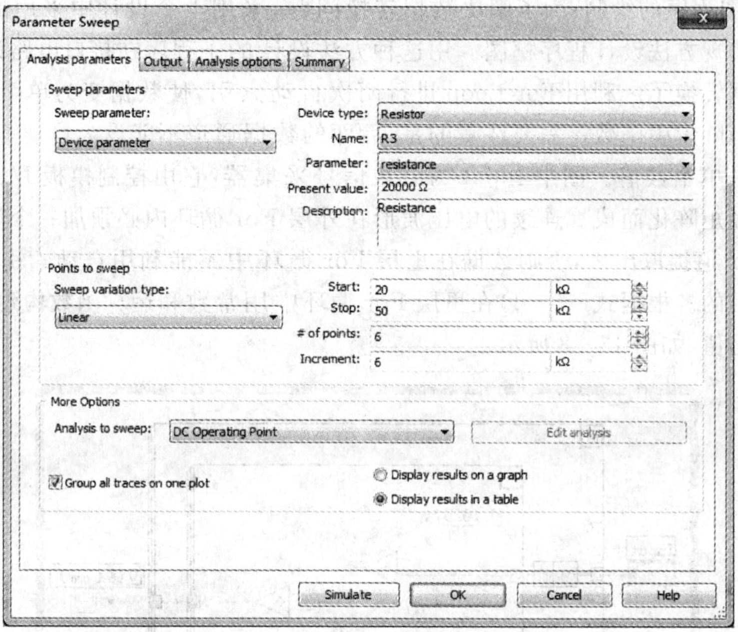

(b) 输出变量设置

图 13-7　参数分析设置(续)

6. 实验数据处理

电路调好后进行仿真,可得表 13-1 的实验结果。

表 13-1　实验结果

位移 X/mm	−0.6	−0.4	(0.2	0	0.2	0.4	0.6
电压 U_o/mV	464.408	309.659	154.911	0.162598	−154.586	−309.334	−464.083

用 Matlab 进行对表 13-1 的实验结果拟合后得

$$U_o = -773.7421X + 0.1625 \qquad (13-3)$$

13.3　LabVIEW 显示模块设计

由 13.2 节式(13-3)可得位移表达式

$$X = \frac{0.1625 - U_o}{773.7421} \qquad (13-4)$$

根据式(13-4)可建立一个子 VI,具体步骤如下。

1) 从开始菜单中运行 National Instruments LabVIEW 8.2,在 Getting Started 窗口左边的 Files 控件里,选择 Blank VI 建立一个新程序。

2) 框图程序的绘制:为了解决数据转换问题,采用上个设计中采用的数据转换的第 3 种实现方法设计程序框图。用这种方法设计的子程序在接口电路设计时就不用考虑数据转换了。利用 For Loop 进行两次自动索引,使数据变为单个值显示,这里省去了矩阵索引函数。需要注意的是,后面的数据通道不能设为自动索引,否则输出将不再是单个数值。图中 Input 为时域信号采集器,它由控制模板 I/O 模块里的波形函数经矩阵化而成。连续的电压波形在外层 For 循环内必须加一个波形元素提取模块把 Y 值提取出来,否则数据在里层 For 循环中不能利用自动索引,达不到数据转换的目的。根据式(13-4)在里层 For 循环中用常数和运算函数构建程序框图,输出为位移值,如图 13-8 所示。

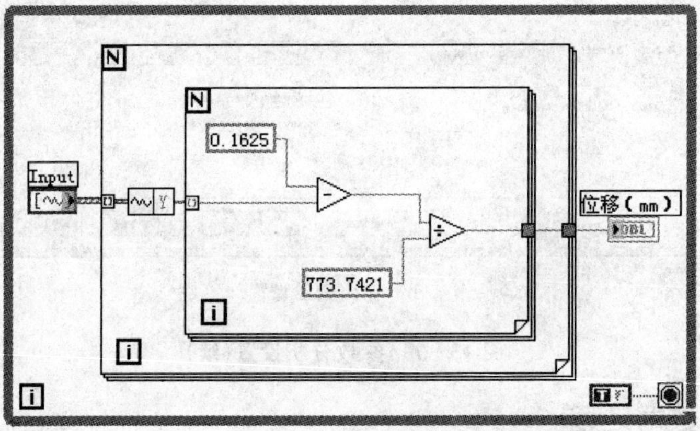

图 13-8 程序框图

3) 定义图标与连接器:双击右上角图标编辑后右击前面板窗口中的图标窗格,在快捷菜单中选择 Show Connector,此时连接窗格为默认模式,右击一种单输入单输出的模式,左边窗格与时域信号采集器 Input 相关联,右边窗格与位移显示相关联。完成上述工作后,将设计好的 VI 保存。

13.4 将 Labview 导入 Multisim 中

13.4.1 接口电路的设计

1) 把 Multisim 安装目录下 Sampling/LabVIEW Instruments/Templates/Input 文件夹复制到另外一个地方。

2) 在 LabVIEW 中打开步骤 1)中所复制的 StarterInputInstrument .lvproj 工程,接口电路的设计是在 Starter Input Instrument. vit 中进行的。

3) 打开 Starter Input Instrument. vit 的框图面板,完成接口框图的设计。在数据处理部分,选择 CASE 结构下拉菜单中的 Update DATA 选项进行修改。按框图中的说明，在结构框中右击选择 Select a VI，把在 LabVIEW 完成的子 VI 添加在 Update DATA 选项中即可。子 VI 输入端 Input 与 Multisim 的对仪器的输入端相连，在子 VI 的输出端右击创建位移指示表，如图 13-9 所示。

程序框图设计好后，要进行前面板的设计，除了要完成功能外，还要兼顾美观。完成修改后选择重命名，保存为 proj4. vit。

4）编译之前，要对虚拟仪器进行基本信息设置。打开 subVIs→Starter Input Instrument_multisimInformation. vi 的后面板，在仪器 ID 中和显示名称中填入唯一的标志，如一起设为 plotterproj4。同时把输入端口数设为 1，因为只有一个电压输入；把输出端口设为 0，此模块不需要输出。设置完后另存为 proj4_multisimInformation. vi，注意前半部分的名字和接口程序部分的命名必须一致。

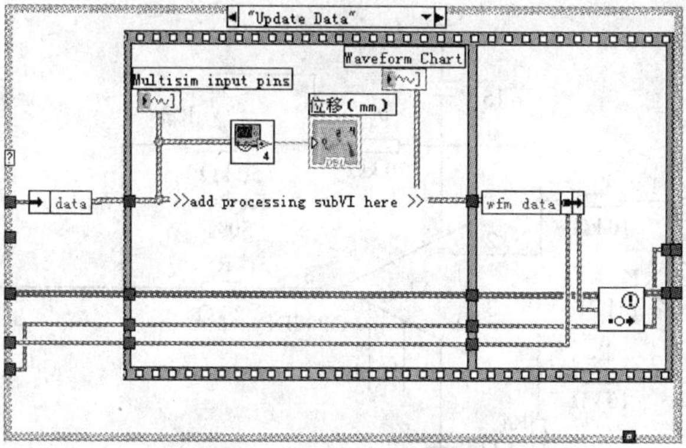

图 13-9　接口部分设计

13.4.2　Labview 虚拟仪器的编译

1）编译属性设置：打开 Build Specifications，右击 Source Distribution，选择属性设置，在保存目录和支持目录中，都将编译完成后要生成的库文件重命名，如 proj4(. lib)。同时在原文件设置中选择总是包括所有包含的条目属性设置完成并保存后，再在 Source Distribution 上右击在弹出的菜单中选择 Build 即可。

2）编译完成后，在 Input 文件夹下生成一个 Build 文件夹，打开后把里面的文件复制到 National Instruments\Circuit Design Suite 10.0 下的 lvinstruments 文件夹中，这样就完成了虚拟仪器的导入，当再打开 Multisim 时，在 LabVIEW 仪器下拉菜单下就会显示所设计的模块(plotterproj4)。

13.4.3　输出显示模块

霍尔位移测量电路的输出接设计好的显示模块，电路调零后可见设计结果基本符合要求。

13.5 将 Multisim 导入 LabVIEW

13.5.1 在 Multisim 中添加 LabVIEW 交互接口

这些 Multisim 中的接口是分级模块(Hierarchical Block)和子电路(Sub-Circuit)接口(Hierarchical connector),用来与 LabVIEW 仿真引擎之间进行数据收发。

1) 右击并从弹出的快捷菜单中选择 Place on schematic→Hierarchical connector 菜单项。放置一个接口在电路图的左上方,另一个放置在右上方。按照图 13-10将电路与接口连接起来。

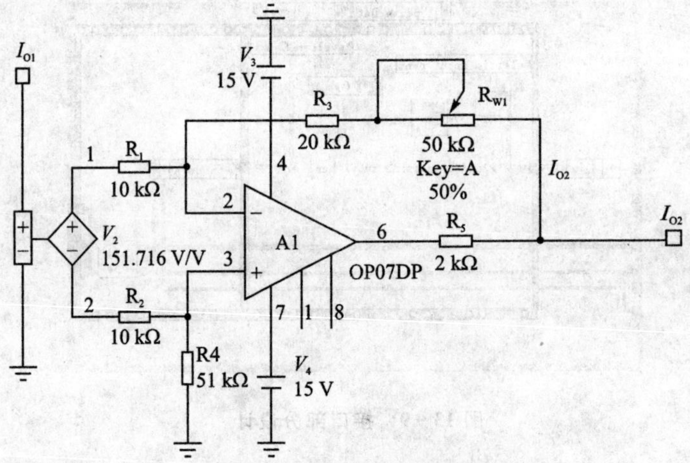

图 13-10 接口电路

2) 设置接口:打开 View 菜单下的 LabVIEW Co-simulation Terminals 窗口,设置针对 LabVIEW 的输入或输出。为了将各个接口配置为输入或输出,在模式设置中选择所需要的选项,然后可以在类型设置中将各个接口设置为电压或电流输入/输出。最后,如果想将放置的输入输出接口设置为不同的功能对,可以选择 Negative Connection。将 I/O1 配置为输入,然后将 I/O2 配置为输出。

13.5.2 在 Labview 中创建一个数字控制器

要在 LabVIEW 和 Multisim 之间传送数据,首先需要使用 LabVIEW 中的控制与仿真循环(Control & Simulation Loop)。这里需要注意的是,Multisim 安装包中没有这个模块,需要从 http://www.ni.com/labview/cd-sim/zhs/下载,然后安装在 Multisim 的安装路径下。

1) 打开 LabVIEW 的程序框图(后面板),右键点击,打开函数选板,浏览到 Control Design & Simulation→Simulation→Control & Simulation Loop。单击并将其

拖放到程序框图上。

2）要修改控制仿真循环的求解算法和时间设置，双击输入节点，打开 Configure Simulation Parameters 窗口。使用本文后面提供参数，可以有效地在 LabVIEW 的波型图表中显示数据，也可以根据自己的需求改变这些参数。

3）在 VI 中添加仿真挂起（Halt Simulation）函数来停止控制仿真循环。右击打开函数选板，浏览到 Control Design & Simulation→Simulation→Utilities→Halt Simulation。单击并将其拖放到程序框图上，然后在布尔输入上右击并选择 Create→Control。这样就可以在 VI 的前面板上创建一个布尔控件来控制程序的挂起，来停止仿真 VI 的运行。

13.5.3 放置 Multisim Design VI

Multisim Design VI 是管理 LabVIEW 和 Multisim 仿真引擎之间通信的。

1）右击打开函数选板，浏览到 Control Design & Simulation→Simulation→xternal Models→Multisim→Multisim Design，单击并将其拖放到控制与仿真循环之中，注意这个 VI 必须放置到控制仿真循环中。

将 Multisim Design VI 放置到程序框图上以后，会弹出选择一个 Multisim 设计（Select a Multisim Design）对话框。在对话框中可以直接输出文件的路径，或者浏览到文件所在的位置来进行指定。

Multisim Design VI 会生成接线端，接线端的形式与 Multisim 环境中的 Multisim Design VI 预览一致，具有相对应的输入与输出。如果接线端没有显示出来，单击下双箭头，展开接线端。

2）调用 LabVIEW 子 VI：在 LabVIEW 的程序框图中，打开函数选板，选择前面设计好的子 VI，放在控件与仿真循环中。

3）分别为 Multisim Design VI 和 LabVIEW 子 VI 创建输入和显示控件。右击输入接线端，然后选择 Create→Control 来完成创建。

4）连接 Multisim Design VI 和 LabVIEW 子 VI：这里涉及数据匹配问题，打开 LabVIEW 的即时帮助，可以看到 LabVIEW 子 VI 的输入端需要接入的数据类型。

由即时帮助得知，LabVIEW 子 VI 需要接入的数据类型是数组和波形的叠加，但是 Multisim Design VI 的输出是一个双精度的实数，所以这里需要创建一个一维数组和波形。

右击程序框图，打开函数选板，Programming→Array→Build Array（编程→数组→创建数组）菜单项，然后单击将其拖放到程序框图中，将鼠标指针放到 Build Array 函数下面中间位置，会变成大小调整指针，单击拖动函数，将 Build Array 函数调整会两个输入端口。将 Multisim Design VI 的位移（输入端）连接到数组上面的输入端口，电压（输出端）连接到数组下面的端口。这样就可以创建一个两个元素的一位数组。

现在需要创建一个仿真时间波形来达到数据类型的匹配。打开程序框图,右击选择 Control Design & Simulation→Simulation→Graph Utilities→Simulation Time Waveform,VI 会自动地放置一个波型图表(Waveform),但是这里不需要这个图表(Waveform),所以要将它删除。然后将 Simulation Time Waveform 的输出端与子 Labview 的 VI 连接。

5) 整理前面板:打开前面板窗口。

这里可以把输入控件替换成其他的样式,例如用一个滑竿或者旋钮代替输入控件。右击位移输入控件,单击替换,然后选择需要的数字输入控件。选择一个垂直的填充滑竿代替,并设置他的标尺范围为-0.6~0.6 mm。

6) 开始仿真:单击仿真开始按钮开始仿真。

由结果可知设计基本符合要求。

参考文献

1. 周凯. EWB虚拟电子实验室——Multisim 7&Ultiboard 7电子电路设计与应用[M]. 北京:电子工业出版社,2005.
2. 童诗白,华成英. 模拟电子技术基础[M]. 3版. 北京:高等教育出版社,2001
3. 黄正瑾. 电子设计竞赛赛题解析(一)[M]. 南京:东南大学出版社,2003.
4. 罗四维. 从设计到组装——20种实用电子装置详解[M]. 北京:科学技术文献出版社,1994.
5. 杨乐平,李海涛. LabVIEW高级程序设计[M]. 北京:清华大学出版社,2003.
6. 杨乐平,李海涛. LabVIEW程序设计与应用[M]. 北京:电子工业出版社,2001.
7. 王雪文,张志勇. 传感器原理及应用[M]. 北京:北京航空航天大学出版社,2004.
8. 何希才. 传感器及其应用电路[M]. 北京:电子工业出版社,2001.